精通 STM32F4
（库函数版）
（第 2 版）

张 洋　刘 军　严汉宇　左忠凯　编著

北京航空航天大学出版社

内 容 简 介

本书由浅入深,旨在讲解 STM32F407 的各个功能。本书总共分为 3 篇:第一篇为硬件篇,主要介绍实验平台;第二篇为软件篇,主要介绍 STM32F4 常用开发软件的使用以及下载调试的一些技巧,并详细介绍几个常用的系统文件(程序);第三篇为实战篇,通过 33 个实例带领读者一步步深入了解 STM32F4。本次修订对部分知识进行了更新。

本书可配套 ALIENTEK 探索者 STM32F4 开发板学习使用,配套资料包含详细原理图以及所有实例的完整代码。这些代码都有详细的注释,并且所有源码都已经经过严格测试,不会有任何警告和错误。另外,源码已生成 hex 文件,读者只需要通过串口/仿真器下载到开发板即可看到实验现象,亲自体验实验过程。

本书适用于广大学生和电子爱好者学习 STM32F4,其大量的实验以及详细的解说也是公司产品开发的有力助手。

图书在版编目(CIP)数据

精通 STM32F4:库函数版 / 张洋等编著. -- 2 版.
-- 北京:北京航空航天大学出版社,2019.2
ISBN 978-7-5124-2944-4

Ⅰ.①精… Ⅱ.①张… Ⅲ.①微控制器 Ⅳ.
①TP332.3

中国版本图书馆 CIP 数据核字(2019)第 031903 号

版权所有,侵权必究。

精通 STM32F4(库函数版)(第 2 版)
张 洋 刘 军 严汉宇 左忠凯 编著
责任编辑 董立娟
*
北京航空航天大学出版社出版发行
北京市海淀区学院路 37 号(邮编 100191) http://www.buaapress.com.cn
发行部电话:(010)82317024 传真:(010)82328026
读者信箱:emsbook@buaacm.com.cn 邮购电话:(010)82316936
涿州市新华印刷有限公司印装 各地书店经销
*
开本:710×1 000 1/16 印张:31 字数:697 千字
2019 年 3 月第 2 版 2022 年 1 月第 4 次印刷 印数:10 001~12 000 册
ISBN 978-7-5124-2944-4 定价:89.00 元

若本书有倒页、脱页、缺页等印装质量问题,请与本社发行部联系调换。联系电话:(010)82317024

前言

作为 Cortex-M3 市场的最大占有者之一，ST 公司在 2011 年推出了基于 Cortex-M4 内核的 STM32F4 系列产品。相比 STM32F1/F2 等 Cortex-M3 产品，STM32F4 最大的优势就是新增了硬件 FPU 单元以及 DSP 指令，同时，其主频也提高了很多，达到 168 MHz（可获得 210 DMIPS 的处理能力），这使得 STM32F4 尤其适用于需要浮点运算或 DSP 处理的应用，因而被称为 DSC，具有非常广泛的应用前景。

STM32F4 相对于 STM32F1，主要优势如下：

① 更先进的内核。STM32F4 采用 Cortex-M4 内核，带 FPU 和 DSP 指令集，而 STM32F1 采用的是 Cortex-M3 内核，不带 FPU 和 DSP 指令集。

② 更多的资源。STM32F4 拥有 192 KB 的片内 SRAM，带摄像头接口（DCMI）、加密处理器（CRYP）、USB 高速 OTG、真随机数发生器、OTP 存储器等。

③ 增强的外设功能。对于相同的外设部分，STM32F4 具有更快的模/数转换速度、更低的 ADC/DAC 工作电压、32 位定时器、带日历功能的实时时钟（RTC）、复用功能大大增强的 I/O、4 KB 的电池备份 SRAM 以及更快的 USART 和 SPI 通信速度。

④ 更高的性能。STM32F4 最高运行频率可达 168 MHz，而 STM32F1 只能到 72 MHz；STM32F4 拥有 ART 自适应实时加速器，可以达到相当于 FLASH 零等待周期的性能，STM32F1 则需要等待周期；STM32F4 的 FSMC 采用 32 位多重 AHB 总线矩阵，相比 STM32F1 总线访问速度明显提高。

⑤ 更低的功耗。STM32F40x 的功耗为 238 μA/MHz，其中，低功耗版本的 STM32F401 更是低到 140 μA/MHz，而 STM32F1 则高达 421 μA/MHz。

STM32F4 家族目前拥有 STM32F40x、STM32F41x、STM32F42x 和 STM32F43x 等几个系列、数十个产品型号，不同型号之间软件和引脚具有良好的兼容性，可方便客户迅速升级产品。其中，STM32F42x/43x 系列带 LCD 控制器和 SDRAM 接口，对于想要驱动大屏或需要大内存的用户来说，是个不错的选择。目前 STM32F4 这些芯片型号都已量产，可以方便地购买到。性价比最高的是 STM32F407。本书将以 STM32F407 为例来讲解 STM32F4。

内容特点

学习 STM32F4 经常用到的资料：《STM32F4xx 中文参考手册》、《STM32F3 与 F4 系列 Cortex-M4 内核编程手册》英文版、《ARM Cortex-M3 与 M4 权威指南》英文版。

最常用的是《STM32F4xx 中文参考手册》，该手册是 ST 官方针对 STM32 的一份通用参考资料，内容翔实，但是没有实例，也没有对 Cortex-M4 构架进行太多介绍，读者只能根据自己对书本的理解来编写相关代码。

《STM32F3 与 F4 系列 Cortex-M4 内核编程手册》则重点介绍了 Cortex-M4 内核的汇编指令及其使用、内核相关寄存器（如 SCB、NVIC、SYSTICK 等寄存器），是《STM32F4xx 中文参考手册》的重要补充。很多在《STM32F4xx 中文参考手册》无法找到的内容都可以在这里找到，不过目前该文档没有中文版本，只有英文版。

《ARM Cortex-M3 与 M4 权威指南》详细介绍了 Cortex-M3 和 Cortex-M4 内核的体系架构，并配有简单实例。对于想深入了解 Cortex-M4 内核的读者来说，这是非常好的参考资料。该文档目前只有英文版。由于 Cortex-M3 和 Cortex-M4 很多地方都是通用的，所以有的时候可以参考《ARM Cortex-M3 权威指南（中文版）》文档。

本书将结合以上 3 份资料，从库函数级别出发，深入浅出地向读者展示 STM32F4 的各种功能。全书配有 33 个实例，每个实例均配有软硬件设计，在介绍完软硬件之后附上实例代码，并带有详细注释及说明，可让读者快速理解代码。

本书实例涵盖了 STM32F4 的绝大部分内部资源，提供很多实用级别的程序，如内存管理、文件系统、图片解码、IAP 等。所有实例在 MDK5 编译器下编译通过，读者只须下载程序到 ALIENTEK 探索者 STM32 开发板即可验证实验。

读者对象

不管你是一个 STM32 初学者，还是一个老手，本书都非常适合。对于初学者，本书将手把手地教你如何使用 MDK，包括新建工程、编译、仿真、下载调试等一系列步骤，让你轻松上手。

配套资料

本书的实验平台是 ALIENTEK 探索者 STM32 开发板，有这款开发板的朋友可直接拿本书配套的例程在开发板上运行、验证。而没有这款开发板的朋友，可以上淘宝购买。当然，如果已有了一款自己的开发板，只要你的板子上有 ALIENTEK 探索者 STM32 开发板上的相同资源（需要实验用到的）也可以，代码一般都是通用的，你需要做的只是把底层的驱动函数（比如 I/O 口修改）稍做修改，使之适合你的开发板即可。

本书配套资料包括：探索者 STM32F407 开发板及其相关模块原理图（pdf 格式）、视频教程、文档教程、配套软件、各例程程序源码和相关参考资料等。所有这些资料都可以在：http://www.openedv.com/thread-13912-1-1.html 下载。

感谢

衷心感谢意法半导体（ST）中国区高级市场经理曹锦东先生对本书的大力支持，他为本书提供了很多参考资料和指导意见。

衷心感谢陈贵东、谭春凤、李小虎、刘勇材、罗建、周莉等人审稿，帮我找到了很多缺陷和错误，并提出了宝贵的意见。

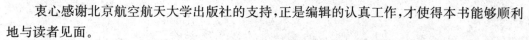

衷心感谢北京航空航天大学出版社的支持,正是编辑的认真工作,才使得本书能够顺利地与读者见面。

作者力求将本书写好,但由于时间有限,书中难免会有出错的地方,欢迎读者指正,作者邮箱:389063473@qq.com,也可以去 www.openedv.com 论坛给作者留言,在此先向各位读者表示诚挚的感谢。

作　者

2019 年 1 月

目 录

第1篇 硬件篇

第1章 实验平台简介 3
1.1 ALIENTEK 探索者 STM32F4 开发板资源初探 3
1.2 ALIENTEK 探索者 STM32F4 开发板资源说明 5
 1.2.1 硬件资源说明 5
 1.2.2 软件资源说明 11

第2章 实验平台硬件资源详解 13
2.1 开发板原理图详解 13
2.2 开发板使用注意事项 30
2.3 STM32F4 学习方法 31

第2篇 软件篇

第3章 MDK5 软件入门 35
3.1 STM32 官方标准固件库简介 35
 3.1.1 库开发与寄存器开发的关系 35
 3.1.2 STM32 固件库与 CMSIS 标准讲解 36
 3.1.3 STM32F4 官方库包介绍 37
3.2 MDK5 简介 41
3.3 新建基于 STM32F40x 固件库的 MDK5 工程模板 42
 3.3.1 MDK5 安装步骤 42
 3.3.2 新建工程模板 42
3.4 程序下载与调试 58
 3.4.1 STM32 串口程序下载 58
 3.4.2 ST-LINK 下载与调试程序 63

第4章 STM32F4 开发基础知识入门 70
4.1 MDK 下 C 语言基础复习 70
4.2 STM32F4 总线架构 75
4.3 STM32F4 时钟系统 76
 4.3.1 STM32F4 时钟树概述 76
 4.3.2 STM32F4 时钟初始化配置 80
 4.3.3 STM32F4 时钟使能和配置 83
4.4 I/O 引脚复用器和映射 85

4.5　STM32 NVIC 中断优先级管理 ··· 89
4.6　MDK 中寄存器地址名称映射分析 ·· 93
4.7　MDK 固件库快速组织代码技巧 ·· 95

第 5 章　SYSTEM 文件夹介绍 ·· 101
5.1　delay 文件夹代码介绍 ··· 101
5.2　sys 文件夹代码介绍 ·· 106
5.3　usart 文件夹介绍 ·· 108
　　5.3.1　printf 函数支持 ··· 109
　　5.3.2　uart_init 函数 ·· 109
　　5.3.3　USART1_IRQHandler 函数 ·· 111

第 3 篇　实战篇

第 6 章　跑马灯实验 ··· 117
第 7 章　按键输入实验 ··· 132
第 8 章　串口通信实验 ··· 136
第 9 章　外部中断实验 ··· 145
第 10 章　独立看门狗（IWDG）实验 ·· 152
第 11 章　窗口看门狗（WWDG）实验 ··· 157
第 12 章　定时器中断实验 ·· 162
第 13 章　PWM 输出实验 ··· 170
第 14 章　输入捕获实验 ·· 176
第 15 章　TFTLCD 显示实验 ·· 186
第 16 章　USMART 调试组件实验 ··· 213
第 17 章　RTC 实时时钟实验 ·· 223
第 18 章　待机唤醒实验 ·· 240
第 19 章　ADC 实验 ·· 248
第 20 章　DAC 实验 ·· 260
第 21 章　DMA 实验 ··· 269
第 22 章　I²C 实验 ··· 282
第 23 章　SPI 实验 ··· 289
第 24 章　RS485 实验 ·· 299
第 25 章　CAN 通信实验 ·· 306
第 26 章　触摸屏实验 ·· 331
第 27 章　FLASH 模拟 EEPROM 实验 ··· 349
第 28 章　外部 SRAM 实验 ··· 361
第 29 章　内存管理实验 ·· 368
第 30 章　SD 卡实验 ·· 377
第 31 章　FATFS 实验 ··· 398

第 32 章	汉字显示实验 ·································	409
第 33 章	图片显示实验 ·································	423
第 34 章	FPU 测试(Julia 分形)实验 ······················	433
第 35 章	DSP 测试实验 ·································	440
第 36 章	串口 IAP 实验 ·································	453
第 37 章	USB 读卡器(Slave)实验 ························	465
第 38 章	USB U 盘(Host)实验 ··························	475

参考文献 ·· 483

第1篇 硬件篇

实践出真知,要想学好 STM32F4,实验平台必不可少!本篇详细介绍 STM32F4 的硬件平台——ALIENTEK 探索者 STM32F4 开发板,使读者了解其功能及特点。

为了让读者更好地使用 ALIENTEK 探索者 STM32F4 开发板,本篇还介绍开发板使用时的注意事项。读者在使用开发板的时候一定要注意。

本篇将分为如下两章:
➢ 实验平台简介;
➢ 实验平台硬件资源详解。

第1章

实验平台简介

本章简要介绍实验平台：ALIENTEK 探索者 STM32F4 开发板。通过本章的学习，读者会对实验平台有个大概的了解，为后面的学习打基础。

1.1 ALIENTEK 探索者 STM32F4 开发板资源初探

在 ALIENTEK 探索者 STM32F4 开发板之前，ALIENTEK 推出的两款 STM32F1 系列开发板：MiniSTM32 开发板和战舰 STM32 开发板，常年稳居淘宝销量前列，累计出货量超过 3 万套。而这款探索者 STM32F4 开发板，则是 ALIENTEK 推出的首款 Cortex-M4 开发板，其资源图如图 1.1 所示。

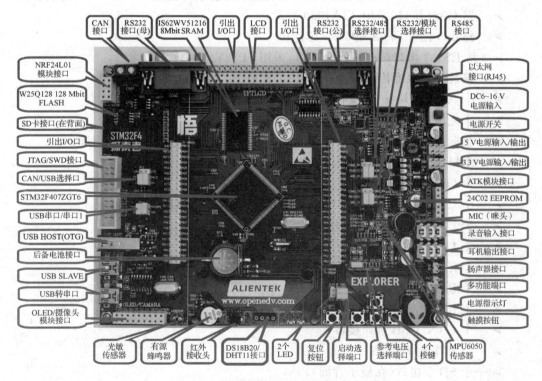

图 1.1 探索者 STM32F4 开发板资源图

从图 1.1 可以看出，ALIENTEK 探索者 STM32F4 开发板资源十分丰富，并把 STM32F407 的内部资源发挥到了极致，几乎所有 STM32F407 的内部资源都可以在此开发板上验证，同时扩充了丰富的接口和功能模块，整个开发板显得十分大气。

开发板的外形尺寸为 121 mm×160 mm，充分考虑了人性化设计，并结合 ALIENTEK 多年的 STM32 开发板设计经验，同时听取了很多网友以及客户的建议，经过多次改进（面市之前，硬件改版超过 5 次，目前最新版本为 V1.6），最终确定了设计方案。

ALIENTEK 探索者 STM32F4 开发板板载资源如下：

- CPU：STM32F407ZGT6，LQFP144，FLASH：1 024 KB，SRAM：192 KB；
- 外扩 SRAM：IS62WV51216，1 MB；
- 外扩 SPI FLASH：W25Q128，16 MB；
- 一个电源指示灯（蓝色）；
- 2 个状态指示灯（DS0：红色，DS1：绿色）；
- 一个红外接收头，并配备一款小巧的红外遥控器；
- 一个 EEPROM 芯片，24C02，容量 256 字节；
- 一个 6 轴（陀螺仪＋加速度）传感器芯片，MPU6050；
- 一个高性能音频编解码芯片，WM8978；
- 一个 2.4 GHz 无线模块接口，支持 NRF24L01 无线模块；
- 一路 CAN 接口，采用 TJA1050 芯片；
- 一路 485 接口，采用 SP3485 芯片；
- 2 路 RS232 串口（一公一母）接口，采用 SP3232 芯片；
- 一路数字温湿度传感器接口，支持 DS18B20/DHT11 等；
- 一个 ATK 模块接口，支持 ALIENTEK 蓝牙/GPS 模块；
- 一个光敏传感器；
- 一个标准的 2.4/2.8/3.5/4.3/7 寸 LCD 接口，支持电阻/电容触摸屏；
- 一个摄像头模块接口；
- 一个 OLED 模块接口；
- 一个 USB 串口，可用于程序下载和代码调试（USMART 调试）；
- 一个 USB SLAVE 接口，用于 USB 从机通信；
- 一个 USB HOST（OTG）接口，用于 USB 主机通信；
- 一个有源蜂鸣器；
- 一个 RS232/RS485 选择接口；
- 一个 RS232/模块选择接口；
- 一个 CAN/USB 选择接口；
- 一个串口选择接口；
- 一个 SD 卡接口（在板子背面）；
- 一个百兆以太网接口（RJ45）；
- 一个标准的 JTAG/SWD 调试下载口；

- 一个录音头(MIC/咪头);
- 一路立体声音频输出接口;
- 一路立体声录音输入接口;
- 一路扬声器输出接口,可接 1 W 左右小喇叭;
- 一组多功能端口(DAC/ADC/PWM DAC/AUDIO IN/TPAD);
- 一组 5 V 电源供应/接入口;
- 一组 3.3 V 电源供应/接入口;
- 一个参考电压设置接口;
- 一个直流电源输入接口(输入电压范围:DC6~16 V);
- 一个启动模式选择配置接口;
- 一个 RTC 后备电池座,并带电池;
- 一个复位按钮,可用于复位 MCU 和 LCD;
- 4 个功能按钮,其中 KEY_UP(即 WK_UP)兼具唤醒功能;
- 一个电容触摸按键;
- 一个电源开关,控制整个板的电源;
- 独创的一键下载功能;
- 除晶振占用的 I/O 口外,其余所有 I/O 口全部引出。

ALIENTEK 探索者 STM32F4 开发板的特点包括:

① 接口丰富。板子提供十多种标准接口,可以方便地进行各种外设的实验和开发。

② 设计灵活。板上很多资源都可以灵活配置,以便在不同条件下的使用。这里引出了除晶振占用的 I/O 口外的所有 I/O 口,可以极大地方便读者扩展及使用。另外,板载一键下载功能可避免频繁设置 B0、B1 的麻烦,仅通过一根 USB 线即可实现 STM32 的开发。

③ 资源充足。主芯片采用自带 1 MB FLASH 的 STM32F407ZGT6,并外扩 1 MB SRAM 和 16 MB FLASH,满足大内存需求和大数据存储。板载高性能音频编解码芯片、6 轴传感器、百兆网卡、光敏传感器以及各种接口芯片,满足各种应用需求。

④ 人性化设计。各个接口都有丝印标注,使用起来一目了然;接口位置设计安排合理,方便顺手;资源搭配合理,物尽其用。

1.2 ALIENTEK 探索者 STM32F4 开发板资源说明

这里分为硬件资源说明和软件资源说明。

1.2.1 硬件资源说明

首先详细介绍探索者 STM32F4 开发板的各个部分(图 1.1 中的标注部分)的硬件资源,这里将按逆时针的顺序依次介绍。

(1) NRF24L01 模块接口

这是开发板板载的 NRF24L01 模块接口(U6),只要插入模块就可以实现无线通信,从而使得板子具备了无线功能。但是这里需要 2 个模块和 2 个开发板同时工作,只有一个开发板或一个模块是没法实现无线通信的。

(2) W25Q128 128 Mbit FLASH

这是开发板外扩的 SPI FLASH 芯片(U11),容量为 128 Mbit,也就是 16 MB,可用于存储字库和其他用户数据,满足大容量数据存储要求。当然,如果觉得 16 MB 还不够用,则可以把数据存放在外部 SD 卡。

(3) SD 卡接口

这是开发板板载的一个标准 SD 卡接口(SD_CARD)。开发板的背面采用大 SD 卡接口(相机卡,TF 卡是不能直接插的,TF 卡得加卡套才行),SDIO 方式驱动。有了这个 SD 卡接口,就可以满足海量数据存储的需求。

(4) 引出 I/O 口(共 3 处)

这是开发板 I/O 引出端口,总共有 3 组主 I/O 引出口:P3、P4 和 P5。其中,P3 和 P4 分别采用 2×22 排针引出,共引出 86 个 I/O 口;P5 采用 1×16 排针,按顺序引出 FSMC_D0~D15 共 16 个 I/O 口。而 STM32F407ZGT6 总共只有 112 个 I/O,除去 RTC 晶振占用的 2 个 I/O,还剩下 110 个,前面 3 组主引出排针,总共引出 102 个 I/O,剩下的分别通过 P6、P9、P10 和 P11 引出。

(5) JTAG/SWD 接口

这是 ALIENTEK 探索者 STM32F4 开发板板载的 20 针标准 JTAG 调试口(JTAG),直接可以和 ULINK、JLINK 或者 STLINK 等调试器(仿真器)连接。同时,由于 STM32 支持 SWD 调试,这个 JTAG 口也可以用 SWD 模式来连接。

(6) CAN/USB 选择口

这是一个 CAN/USB 的选择接口(P11),因为 STM32 的 USB 和 CAN 共用一组 I/O(PA11 和 PA12),所以通过跳线帽来选择不同的功能,以实现 USB/CAN 的实验。

(7) STM32F407ZGT6

这是开发板的核心芯片(U4),型号为 STM32F407ZGT6。该芯片集成 FPU 和 DSP 指令,并具有 192 KB SRAM、1 024 KB FLASH、12 个 16 位定时器、2 个 32 位定时器、2 个 DMA 控制器(共 16 个通道)、3 个 SPI、2 个全双工 I²S、3 个 I²C、6 个串口、2 个 USB(支持 HOST/SLAVE)、2 个 CAN、3 个 12 位 ADC、2 个 12 位 DAC、一个 RTC(带日历功能)、一个 SDIO 接口、一个 FSMC 接口、一个 10/100M 以太网 MAC 控制器、一个摄像头接口、一个硬件随机数生成器以及 112 个通用 I/O 口等。

(8) USB 串口/串口 1

这是 USB 串口同 STM32F407ZGT6 的串口 1 进行连接的接口(P6),标号 RXD 和 TXD 是 USB 转串口的 2 个数据口(对 CH340G 来说),而 PA9(TXD)和 PA10(RXD)则是 STM32 的串口 1 的两个数据口(复用功能下)。它们通过跳线帽对接就可以连接在一起了,从而实现 STM32 的程序下载以及串口通信。

设计成USB串口是考虑到现在计算机的串口正在消失,尤其是笔记本电脑,几乎都没有串口,所以板载了USB串口,方便读者下载代码和调试,而板子上并没有直接连接在一起,则是出于使用方便的考虑。这样就可以把ALIENTEK探索者STM32F4开发板当成一个USB转TTL串口来和其他板子通信,而其他板子的串口也可以方便地接到ALIENTEK探索者STM32F4开发板上。

(9) USB HOST(OTG)

这是开发板板载的一个侧插式的USB-A座(USB_HOST)。由于STM32F4的USB是支持HOST的,所以可以通过USB-A座连接U盘/USB鼠标/USB键盘等其他USB从设备,从而实现USB主机功能。特别注意,USB HOST和USB SLAVE共用PA11和PA12,所以不可以同时使用。

(10) 后备电池接口

这是STM32后备区域的供电接口,可以用来给STM32的后备区域提供能量。在外部电源断电的时候,维持后备区域数据的存储以及RTC的运行。

(11) USB SLAVE

这是开发板板载的一个MiniUSB头(USB_SLAVE),用于USB从机(SLAVE)通信,一般用于STM32与计算机的USB通信。通过此MiniUSB头,开发板就可以和计算机进行USB通信了。注意:该接口不能和USB HOST同时使用。

开发板总共板载了2个MiniUSB头,一个(USB_232)用于USB转串口,连接CH340G芯片;另外一个(USB_SLAVE)用于STM32内带的USB。同时开发板可以通过此MiniUSB头供电,板载2个MiniUSB头(不共用),主要是考虑了使用的方便性以及可以给板子提供更大的电流(2个USB都接上)这两个因素。

(12) USB转串口

这是开发板板载的另外一个MiniUSB头(USB_232),用于USB连接CH340G芯片,从而实现USB转串口。同时,此MiniUSB接头也是开发板电源的主要提供口。

(13) OLED/摄像头模块接口

这是开发板板载的一个OLED/摄像头模块接口(P8),如果是OLED模块,靠左插即可(右边两个孔位悬空)。如果是摄像头模块(ALIENTEK提供),则刚好插满。通过这个接口,可以分别连接2个外部模块,从而实现相关实验。

(14) 光敏传感器

这是开发板板载的一个光敏传感器(LS1)。通过该传感器,开发板感知周围环境光线的变化,从而实现类似自动背光控制的应用。

(15) 有源蜂鸣器

这是开发板的板载蜂鸣器(BEEP),可以实现简单的报警/闹铃。

(16) 红外接收头

这是开发板的红外接收头(U13),可以实现红外遥控功能。通过这个接收头可以接收市面上常见的各种遥控器的红外信号,甚至可以实现万能红外解码。当然,如果应用得当,该接收头也可以用来传输数据。

探索者 STM32F4 开发板配备了一个小巧的红外遥控器，外观如图 1.2 所示。

(17) DS18B20/DHT11 接口

这是开发板的一个复用接口(U12)，由 4 个镀金排孔组成，可以用来接 DS18B20/DS1820 等数字温度传感器或 DHT11 这样的数字温湿度传感器，实现一个接口 2 个功能。不用的时候可以拆下上面的传感器，放到其他地方去用，使用十分方便灵活。

(18) 2 个 LED

这是开发板板载的 2 个 LED 灯(DS0 和 DS1)。DS0 是红色的，DS1 是绿色的，方便识别。这里提醒读者不要停留在 51 跑马灯的思维上，这么多灯除了浪费 I/O 口，实在是想不出其他什么优点。

图 1.2　红外遥控器

一般应用中使用 2 个 LED 就足够了，在调试代码的时候，使用 LED 来指示程序状态是非常不错的辅助调试方法。探索者 STM32F4 开发板的几乎每个实例都使用了 LED 来指示程序的运行状态。

(19) 复位按钮

这是开发板板载的复位按键(RESET)，用于复位 STM32。它还具有复位液晶的功能，因为液晶模块的复位引脚和 STM32 的复位引脚是连接在一起的，按下该键时 STM32 和液晶一并被复位。

(20) 启动选择端口

这是开发板板载的启动模式选择端口(BOOT)。STM32 有 BOOT0(B0) 和 BOOT1(B1) 两个启动选择引脚，用于选择复位后 STM32 的启动模式作为开发板，这两个是必需的。在开发板上，通过跳线帽选择 STM32 的启动模式。

(21) 参考电压选择端口

这是 STM32 的参考电压选择端口(P7)，默认接开发板的 3.3 V(VDDA)。如果想设置其他参考电压，只需要把参考电压源接到 Vref+ 和 GND 即可。

(22) 4 个按键

这是开发板板载的 4 个机械式输入按键(KEY0、KEY1、KEY2 和 KEY_UP)，其中，KEY_UP 具有唤醒功能，连接到 STM32 的 WAKE_UP(PA0)引脚，可用于待机模式下的唤醒，在不使用唤醒功能的时候，也可以当作普通按键输入使用。

其他 3 个是普通按键，可以用于人机交互的输入。这 3 个按键是直接连接在 STM32 的 I/O 口上的。注意，KEY_UP 是高电平有效，而 KEY0、KEY1 和 KEY2 是低电平有效。

(23) MPU6050 传感器

这是开发板板载的一个 6 轴传感器(U8)。MPU6050 是一个高性能的 6 轴传感

第1章 实验平台简介

器,内部集成一个 3 轴加速度传感器和一个 3 轴陀螺仪,并且带 DMP 功能,该传感器在 4 轴飞控方面应用非常广泛。所以喜欢玩 4 轴的读者,也可以通过开发板进行学习。

(24) 触摸按钮

这是开发板板载的一个电容触摸输入按键(TPAD),利用电容充放电原理实现触摸按键检测。

(25) 电源指示灯

这是开发板板载的一颗蓝色的 LED 灯(PWR),用于指示电源状态。电源开启的时候(通过板上的电源开关控制),该灯会亮;否则,不亮。通过这个 LED 可以判断开发板的上电情况。

(26) 多功能端口

这是一个由 6 个排针组成的接口(P2&P12)。可别小看这 6 个排针,这可是本开发板设计很巧妙的一个端口(由 P2 和 P12 组成),这组端口通过组合可以实现的功能有 ADC 采集、DAC 输出、PWM DAC 输出、外部音频输入、电容触摸按键、DAC 音频、PWM DAC 音频、DAC ADC 自测等,所有这些只需要一个跳线帽的设置就可以逐一实现。

(27) 扬声器接口

这是开发板预留的一个扬声器接口(P1),可以外接 1 W(8 Ω)左右的小喇叭(喇叭需要自备),使用 WM8978 放音的时候,就可以直接推动喇叭输出音频了。

(28) 耳机输出接口

这是开发板板载的音频输出接口(PHONE),可以插 3.5 mm 的耳机。当 WM8978 放音的时候,就可以通过在该接口插入耳机,欣赏音乐。

(29) 录音输入接口

这是开发板板载的外部录音输入接口(LINE_IN),通过咪头只能实现单声道的录音,而通过这个 LINE_IN 却可以实现立体声录音。

(30) MIC(咪头)

这是开发板的板载录音输入口(MIC),直接接到 WM8978 的输入上,可以用来实现录音功能。

(31) 24C02 EEPROM

这是开发板板载的 EEPROM 芯片(U14),容量为 2 kbit,也就是 256 字节,用于存储一些掉电不能丢失的重要数据,比如系统设置的一些参数/触摸屏校准数据等。有了这个就可以方便地实现掉电数据保存。

(32) ATK 模块接口

这是开发板板载的一个 ALIENTEK 通用模块接口(U7),目前可以支持 ALIENTEK 开发的 GPS 模块和蓝牙模块,直接插上对应的模块就可以进行开发。

(33) 3.3 V 电源输入/输出

这是开发板板载的一组 3.3 V 电源输入/输出排针(2×3)(VOUT1),用于给外部提供 3.3 V 的电源,也可以用于从外部接 3.3 V 的电源给板子供电。注意,USB 供电的时候,最大电流不能超过500 mA;外部供电的时候,最大可达1 000 mA。

(34) 5 V电源输入/输出

这是开发板板载的一组5 V电源输入/输出排针(2×3)(VOUT2),该排针用于给外部提供5 V的电源,也可以用于从外部接5 V的电源给板子供电。

(35) 电源开关

这是开发板板载的电源开关(K1)。该开关用于控制整个开发板的供电,如果切断,则整个开发板都将断电。电源指示灯(PWR)会随着此开关的状态而亮灭。

(36) DC 6~16 V电源输入

这是开发板板载的一个外部电源输入口(DC_IN),采用标准的直流电源插座。开发板板载了DC-DC芯片(MP2359),用于给开发板提供高效、稳定的5 V电源。由于采用了DC-DC芯片,所以开发板的供电范围十分宽,读者可以很方便地找到合适的电源(只要输出范围在DC 6~16 V的基本都可以)来给开发板供电。在耗电比较大的情况下,比如用到4.3寸屏/7寸屏/网口的时候,建议使用外部电源供电,以提供足够的电流给开发板使用。

(37) 以太网接口(RJ45)

这是开发板板载的网口(EARTHNET),可以用来连接网线、实现网络通信功能。该接口使用STM32F4内部的MAC控制器外加PHY芯片,实现10/100M网络的支持。

(38) RS485接口

这是开发板板载的RS485总线接口(RS485),通过2个端口和外部RS485设备连接。这里提醒大家,RS485通信的时候,必须A接A、B接B,否则通信可能不正常!

(39) RS232/模块选择接口

这是开发板板载的一个RS232(COM3)/ATK模块接口(U7)选择接口(P10)。通过该选择接口,可以选择STM32的串口3连接在COM3还是连接在ATK模块接口上面,以实现不同的应用需求。这样的设计还有一个好处,就是开发板还可以充当RS232到TTL串口的转换(注意,这里的TTL高电平是3.3 V)。

(40) RS232/485选择接口

这是开发板板载的RS232(COM2)/485选择接口(P9)。因为RS485基本上就是一个半双工的串口,为了节约I/O,RS232(COM2)和RS485共用一个串口,通过P9来设置当前是使用RS232(COM2)还是RS485。这样设计还有一个好处就是我们的开发板既可以充当RS232到TTL串口的转换,又可以充当RS485到TTL485的转换(注意,这里的TTL高电平是3.3 V)。

(41) RS232接口(公)

这是开发板板载的一个RS232接口(COM3),通过一个标准的DB9公头和外部的串口连接。通过这个接口,可以连接带有串口的计算机或者其他设备,实现串口通信。

(42) LCD 接口

这是开发板板载的 LCD 模块接口,该接口兼容 ALIENTEK 全系列 TFTLCD 模块,包括 2.4 寸、2.8 寸、3.5 寸、4.3 寸和 7 寸等,并且支持电阻/电容触摸功能。

(43) IS62WV51216 8 Mbit SRAM

这是开发板外扩的 SRAM 芯(U3)片,容量为 8 Mbit,也就是 1 MB,这样,对大内存需求的应用(比如 GUI),就可以很好地实现了。

(44) RS232 接口(母)

这是开发板板载的另外一个 RS232 接口(COM2),通过一个标准的 DB9 母头和外部的串口连接。通过这个接口,我们可以连接带有串口的计算机或者其他设备,实现串口通信。

(45) CAN 接口

这是开发板板载的 CAN 总线接口,通过 2 个端口和外部 CAN 总线连接,即 CANH 和 CANL。注意,CAN 通信的时候,必须 CANH 接 CANH、CANL 接 CANL,否则通信可能不正常!

1.2.2 软件资源说明

接下来介绍探索者 STM32F4 开发板的软件资源。探索者 STM32F4 开发板提供的标准例程多达 59 个,限于篇幅,本书将只介绍其中 33 个,其他实验例程的教程请看本书配套资料的"STM32F4 开发指南(库函数版).pdf"。

一般的 STM32 开发板仅提供库函数代码,而我们则提供寄存器和库函数两个版本的代码(本书是寄存器版本)。我们提供的这些例程基本都是原创,拥有非常详细的注释,代码风格统一、循序渐进,非常适合初学者入门。而其他开发板的例程大都是来自 ST 库函数的直接修改,注释也比较少,对初学者来说不那么容易入门。

本书要介绍的探索者 STM32F4 开发板的例程如表 1.1 所列。此表仅列出了本书将要介绍的例程,还有 26 个例程本书没介绍,但是其源码和配套教程(即《STM32F4 开发指南(库函数版)》)都放在本书配套资料里面了,学习的时候请注意这个问题!

从表 1.1 可以看出,ALIENTEK 探索者 STM32F4 开发板的例程基本上涵盖了 STM32F407ZGT6 的所有内部资源,并且外扩展了很多有价值的例程,比如 FLASH 模拟 EEPROM 实验、USMART 调试实验、μC/OS-II 实验、内存管理实验、IAP 实验、综合实验等。从表 1.1 还可以看出,例程安排是循序渐进的,首先从最基础的跑马灯开始,然后一步步深入,从简单到复杂,有利于读者的学习和掌握。

表 1.1 探索者 STM32F4 开发板例程表

编 号	实验名字	编 号	实验名字
1	跑马灯实验	18	SPI 实验
2	按键输入实验	19	RS485 实验
3	串口通信实验	20	CAN 实验
4	外部中断实验	21	触摸屏实验
5	独立看门狗实验	22	FLASH 模拟 EEPROM 实验
6	窗口看门狗实验	23	外部 SRAM 实验
7	定时器中断实验	24	内存管理实验
8	PWM 输出实验	25	SD 卡实验
9	输入捕获实验	26	FATFS 实验
10	TFTLCD 实验	27	汉字显示实验
11	USMART 调试实验	28	图片显示实验
12	RTC 实验	29	FPU 测试(Julia 分形)实验
13	待机唤醒实验	30	DSP 测试实验
14	ADC 实验	31	串口 IAP 实验
15	DAC 实验	32	USB 读卡器(Slave)实验
16	DMA 实验	33	USB U 盘(Host)实验
17	I²C 实验		

第 2 章

实验平台硬件资源详解

本章详细介绍 ALIENTEK 探索者 STM32F4 开发板各部分的硬件原理图,让读者深入理解该开发板的各部分硬件原理,同时介绍使用开发板的注意事项,为后面的学习做好准备。

2.1 开发板原理图详解

1. MCU

ALIENTEK 探索者 STM32F4 开发板选择 STM32F407ZGT6 作为 MCU,拥有的资源包括集成 FPU 和 DSP 指令、192 KB SRAM、1 024 KB FLASH、12 个 16 位定时器、2 个 32 位定时器、2 个 DMA 控制器(共 16 个通道)、3 个 SPI、2 个全双工 I^2S、3 个 I^2C、6 个串口、2 个 USB(支持 HOST/SLAVE)、2 个 CAN、3 个 12 位 ADC、2 个 12 位 DAC、一个 RTC(带日历功能)、一个 SDIO 接口、一个 FSMC 接口、一个 10/100M 以太网 MAC 控制器、一个摄像头接口、一个硬件随机数生成器以及 112 个通用 I/O 口等。该芯片的配置十分"强悍",相对 STM32F1 来说很多功能都有重大改进,比如 FSMC 的速度,F4 刷屏速度可达 3 300 万像素/秒,而 F1 的速度则只有 500 万像素/秒左右。

MCU 部分的原理图如图 2.1(原理图比较大,细节可参考本书配套资料)所示。图中 U4 为主芯片:STM32F407ZGT6。这里主要讲解以下 3 个地方:

① 后备区域供电引脚 V_{BAT} 的供电采用 CR1220 纽扣电池和 VCC3.3 混合供电的方式。在有外部电源(VCC3.3)的时候,CR1220 不给 V_{BAT} 供电,而在外部电源断开的时候,则由 CR1220 给其供电。这样,V_{BAT} 总是有电的,以保证 RTC 的走时以及后备寄存器的内容不丢失。

② 图中的 R31 和 R32 用来隔离 MCU 部分和外部的电源,这样的设计主要是考虑了后期维护。如果 3.3 V 电源短路,那么可以断开这两个电阻来确定是 MCU 部分短路、还是外部短路,有助于生产和维修。当然在自己的设计上,这两个电阻是完全可以去掉的。

③ 图中 P7 是参考电压选择端口。开发板默认接板载的 3.3 V 作为参考电压,如果想用自己的参考电压,则把参考电压接入 V_{ref+} 即可。

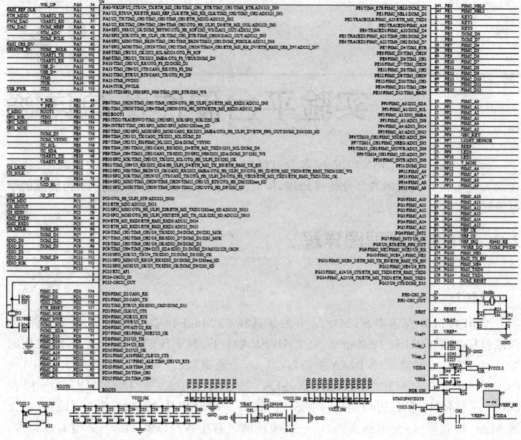

图 2.1　MCU 部分原理图

2. 引出 I/O 口

ALIENTEK 探索者 STM32F4 开发板引出了 STM32F407ZGT6 的所有 I/O 口，如图 2.2 所示。图中 P3、P4 和 P5 为 MCU 主 I/O 引出口，这 3 组排针共引出了 102 个 I/O 口。STM32F407ZGT6 总共有 112 个 I/O，除去 RTC 晶振占用的 2 个，还剩 110 个，这 3 组主引出排针总共引出了 102 个 I/O，剩下的 8 个 I/O 口分别通过 P6（PA9&PA10）、P9（PA2&PA3）、P10（PB10&PB11）和 P11（PA11&PA12）这 4 组排针引出。

3. USB 串口/串口 1 选择接口

ALIENTEK 探索者 STM32F4 开发板板载的 USB 串口和 STM32F407ZGT6 的串口是通过 P6 连接起来的，如图 2.3 所示。图中 TXD/RXD 是相对 CH340G 来说的，也就是 USB 串口的发送和接收脚。而 USART1_RX 和 USART1_TX 则是相对于 STM32F407ZGT6 来说的。这样，通过对接就可以实现 USB 串口和 STM32F407ZGT6 的串口通信了。同时，P6 是 PA9 和 PA10 的引出口。

这样设计的好处就是使用上非常灵活。比如需要用到外部 TTL 串口和 STM32

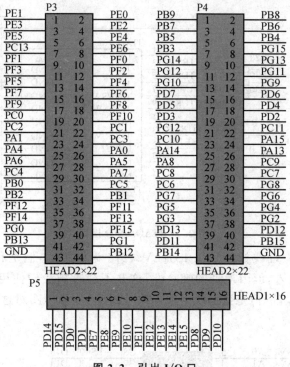

图 2.2 引出 I/O 口

通信的时候，只需拔了跳线帽，通过杜邦线连接外部 TTL 串口，就可以实现和外部设备的串口通信了；又比如有个板子需要和计算机通信，但是计算机没有串口，那么就可以使用开发板的 RXD 和 TXD 来连接设备，把开发板当成 USB 转串口用了。

4. JTAG/SWD

ALIENTEK 探索者 STM32F4 开发板板载的标准 20 针 JTAG/SWD 接口电路如图 2.4 所示。这里采用的是标准的 JTAG 接法，但是 STM32 还有 SWD 接口，SWD 只需要最少 2 根线（SWCLK 和 SWDIO）就可以下载并调试代码了，这同我们使用串口下载代

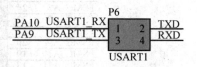

图 2.3 USB 串口/串口 1 选择接口

码差不多，而且速度非常快，能调试。所以建议读者在设计产品的时候可以留出 SWD 来下载调试代码，而摒弃 JTAG。STM32 的 SWD 接口与 JTAG 是共用的，只要接上 JTAG 就可以使用 SWD 模式了（其实并不需要 JTAG 这么多线）。当然，调试器必须支持 SWD 模式，JLINK V7/V8、ULINK2 和 ST LINK 等都支持 SWD 调试。

特别提醒：JTAG 有几个信号线用来接其他外设，但是 SWD 是完全没有接任何其他外设的，所以在使用的时候，推荐读者一律使用 SWD 模式！

5. SRAM

ALIENTEK 探索者 STM32F4 开发板外扩了 1 MB 的 SRAM 芯片，如图 2.5 所

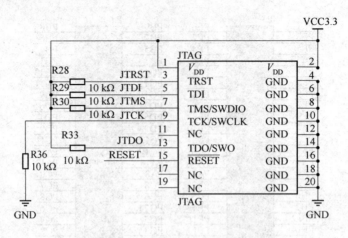

图 2.4　JTAG/SWD 接口

示。注意,图中的地址线标号是以 IS61LV51216 为模版的,但是和 IS62WV51216 的 datasheet 标号有出入,但因地址的唯一性,这并不会影响我们使用 IS62WV51216(特别提醒:地址线可以乱,但是数据线必须一致),因此,该原理图对这两个芯片都是可以正常使用的。

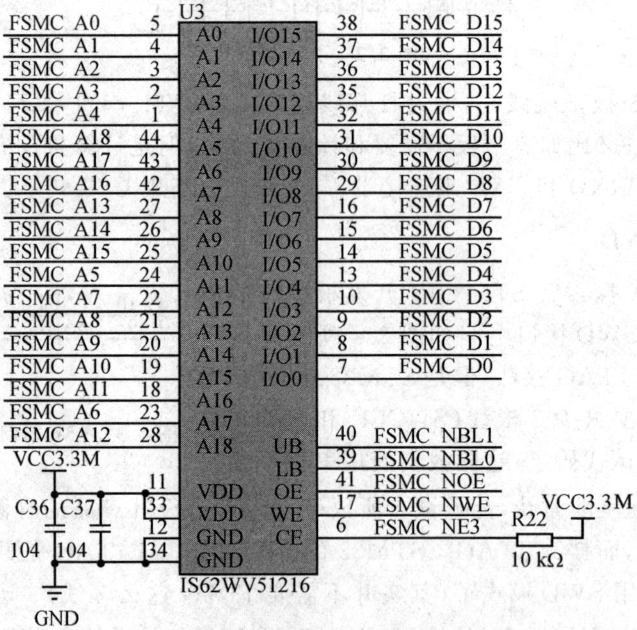

图 2.5　外扩 SRAM

图中 U3 为外扩的 SRAM 芯片,型号为 IS62WV51216,容量为 1 MB,挂在 STM32 的 FSMC 上。这样大大扩展了 STM32 的内存(芯片本身有 192 KB),从而在需要大内存的场合,探索者 STM32F4 开发板也可以胜任。

6. LCD 模块接口

ALIENTEK 探索者 STM32F4 开发板板载的 LCD 模块接口电路如图 2.6 所示。图中 TFT_LCD 是一个通用的液晶模块接口,支持 ALIENTEK 全系列 TFTLCD 模块,包括 2.4 寸、2.8 寸、3.5 寸、4.3 寸和 7 寸等尺寸的 TFTLCD 模块。LCD 接口连接在 STM32F407ZGT6 的 FSMC 总线上,可以显著提高 LCD 的刷屏速度。

图中的 T_MISO、T_MOSI、T_PEN、T_CS、T_CS 用来实现对液晶

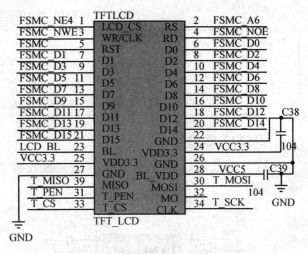

图 2.6 LCD 模块接口

触摸屏的控制(支持电阻屏和电容屏)。LCD_BL 则控制 LCD 的背光。液晶复位信号 RESET 则直接连接在开发板的复位按钮上,和 MCU 共用一个复位电路。

7. 复位电路

ALIENTEK 探索者 STM32F4 开发板的复位电路如图 2.7 所示。因为 STM32 是低电平复位,所以我们设计的电路也是低电平复位的,这里的 R24 和 C48 构成了上电复位电路。同时,开发板把 TFT_LCD 的复位引脚也接在 RESET 上,这样这个复位按钮不仅可以用来复位 MCU,还可以复位 LCD。

8. 启动模式设置接口

ALIENTEK 探索者 STM32F4 开发板的启动模式设置端口电路如图 2.8 所示。其中,BOOT0 和 BOOT1 用于设置 STM32 的启动方式,对应启动模式如表 2.1 所列。

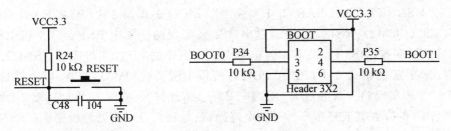

图 2.7 复位电路　　　　　　　　图 2.8 启动模式设置接口

由表 2.1 可见,一般情况下如果想用串口下载代码,则必须配置 BOOT0 为 1,BOOT1 为 0;而如果想让 STM32 一按复位键就开始跑代码,则需要配置 BOOT0 为 0,BOOT1 随便设置都可以。ALIENTEK 探索者 STM32F4 开发板专门设计了一键下载电路,通过串口的 DTR 和 RTS 信号来自动配置 BOOT0 和 RST 信号,因此不需要用户手动切换它们的状态,直接下载软件自动控制就可以。

表 2.1　BOOT0、BOOT1 启动模式表

BOOT0	BOOT1	启动模式	说　　明
0	X	用户闪存存储器	用户闪存存储器,也就是 FLASH 启动
1	0	系统存储器	系统存储器启动,用于串口下载
1	1	SRAM 启动	SRAM 启动,用于在 SRAM 中调试代码

9. RS232 串口

ALIENTEK 探索者 STM32F4 开发板板载了一公一母两个 RS232 接口,电路原理图如图 2.9 所示。

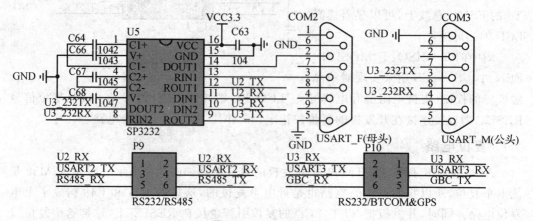

图 2.9　RS232 串口

因为 RS232 电平不能直接连接到 STM32,所以需要一个电平转换芯片。这里选择 SP3232(也可以用 MAX3232)来做电平转接。图中的 P9 用来实现 RS232(COM2)、RS485 的选择,P10 用来实现 RS232(COM3)、ATK 模块接口的选择,以满足不同实验的需要。

图中 USART2_TX、USART2_RX 连接在 MCU 的串口 2 上(PA2、PA3),所以这里的 RS232(COM2)、RS485 都是通过串口 2 来实现的。图中 RS485_TX 和 RS485_RX 信号连接在 SP3485 的 DI 和 RO 信号上。而图中的 USART3_TX、USART3_RX 则连接在 MCU 的串口 3 上(PB10、PB11),所以 RS232(COM3)、ATK 模块接口都是通过串口 3 来实现的。图中 GBC_RX 和 GBC_TX 连接在 ATK 模块接口 U7 上面。

P9、P10 的存在其实还带来另外一个好处,就是我们可以把开发板变成一个 RS232 电平转换器或者 RS485 电平转换器。比如你买的核心板可能没有板载 RS485、RS232 接口,通过连接探索者 STM32F4 开发板的 P9、P10 端口,就可以让你的核心板拥有 RS232、RS485 的功能。

10. RS485 接口

ALIENTEK 探索者 STM32F4 开发板板载的 RS485 接口电路如图 2.10 所示。RS485 电平也不能直接连接到 STM32,同样需要电平转换芯片。这里使用 SP3485 来

做 RS485 电平转换,其中 R44 为终端匹配电阻,而 R38 和 R40 则是 2 个偏置电阻,以保证静默状态时 RS485 总线维持逻辑 1。

RS485_RX/RS485_TX 连接在 P9 上面,通过 P9 跳线来选择是否连接在 MCU 上面;RS485_RE 则是直接连接在 MCU 的 I/O 口(PG8)上的,用来控制 SP3485 的工作模式(高电平为发送模式,低电平为接收模式)。

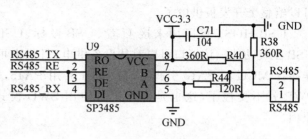

图 2.10　RS485 接口

注意:RS485_RE 和 NRF_IRQ 共同接在 PG8 上面,在同时用到这 2 个外设的时候需要注意这个问题。

11. CAN/USB 接口

ALIENTEK 探索者 STM32F4 开发板板载的 CAN 接口电路以及 STM32 USB 接口电路如图 2.11 所示。CAN 总线电平也不能直接连接到 STM32,同样需要电平转换芯片。这里使用 TJA1050 来做 CAN 电平转换,其中,R51 为终端匹配电阻。

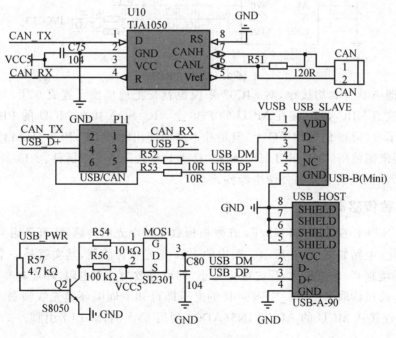

图 2.11　CAN/USB 接口

USB_D+/USB_D- 连接在 MCU 的 USB 口(PA12/PA11)上,同时,因为 STM32 的 USB 和 CAN 共用这组信号,所以我们通过 P11 来选择使用 USB 还是 CAN。图中共有 2 个 USB 口:USB_SLAVE 和 USB_HOST,前者用来做 USB 从机通信,后者则是用来做 USB 主机通信。

USB_SLAVE 可以用来连接计算机,实现 USB 读卡器或声卡等 USB 从机实验。另外,该接口还具有供电功能,VUSB 为开发板的 USB 供电电压,通过这个 USB 口就可以给整个开发板供电了。

USB HOST 可以用来接 U 盘、USB 鼠标、USB 键盘和 USB 手柄等设备,实现 USB 主机功能。该接口可以对从设备供电,且供电可控,通过 USB_PWR 控制该信号连接在 MCU 的 PA15 引脚上,与 JTDI 共用 PA15,所以用 JTAG 仿真的时候,USB_PWR 就不受控了,这也是推荐读者使用 SWD 模式而不用 JTAG 模式的另外一个原因。

12. EEPROM

ALIENTEK 探索者 STM32F4 开发板板载的 EEPROM 电路如图 2.12 所示。EEPROM 芯片使用的是 24C02,该芯片的容量为 2 Kbit,也就是 256 字节,对于普通应用来说是足够了。当然,也可以选择换大的芯片,因为电路在原理上是兼容 24C02～24C512 全系列 EEPROM 芯片的。

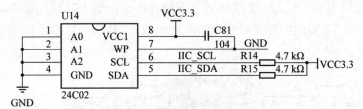

图 2.12 EEPROM

这里把 A0～A2 均接地,对 24C02 来说也就是把地址位设置成 0 了,写程序的时候要注意这点。IIC_SCL 接在 MCU 的 PB8 上,IIC_SDA 接在 MCU 的 PB9 上,这里虽然接到了 STM32 的硬件 I^2C 上,但是并不提倡使用硬件 I^2C,因为 STM32 的 I^2C 是"鸡肋",请谨慎使用。IIC_SCL、IIC_SDA 总线上总共挂了 3 个器件:24C02、MPU6050 和 WM8978,后续再介绍另外两个器件。

13. 光敏传感器

ALIENTEK 探索者 STM32F4 开发板板载了一个光敏传感器,可以用来感应周围光线的变化,电路如图 2.13 所示。图中的 LS1 是光敏传感器,其实就是一个光敏二极管,周围环境越亮,电流越大,反之电流越小,即可等效为一个电阻,环境越亮阻值越小,反之越大,通过读取 LIGHT_SENSOR 的电压即可知道周围环境光线强弱。LIGHT_SENSOR 连接在 MCU 的 ADC3_IN5(ADC3 通道 5)上面,即 PF7 引脚。

14. SPI FLASH

ALIENTEK 探索者 STM32F4 开发板板载的 SPI FLASH 电路如图 2.14 所示。SPI FLASH 芯片型号为 W25Q128,该芯片的容量为 128 Mbit,也就是 16 MB。该芯片和 NRF24L01 共用一个 SPI(SPI1),通过片选来选择使用某个器件,使用其中一个器件的时候,须务必禁止另外一个器件的片选信号。

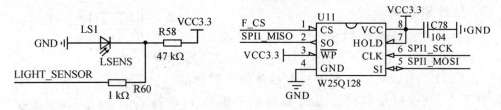

图 2.13　光敏传感器电路　　　　图 2.14　SPI FLASH 芯片

图中 F_CS 连接在 MCU 的 PB14 上,SPI1_SCK、SPI1_MOSI、SPI1_MISO 则分别连接在 MCU 的 PB3、PB5、PB4 上,其中 PB3、PB4 又是 JTAG 的 JTDO 和 JTRST 信号,所以在 JTAG 仿真的时候 SPI 就用不了了,但是用 SWD 仿真则不存在任何问题,所以推荐使用 SWD 仿真!

15. 6 轴加速度传感器

ALIENTEK 探索者 STM32F4 开发板板载的 6 轴加速度传感器电路如图 2.15 所示。6 轴加速度传感器芯片型号为 MPU6050,该芯片内部集成一个 3 轴加速度传感器和一个 3 轴陀螺仪,并且自带 DMP(Digital Motion Processor),该传感器可以用于 4 轴飞行器的姿态控制和解算。这里使用 I^2C 接口来访问。同 24C02 一样,该芯片的 IIC_SCL 和 IIC_SDA 同样是挂在 PB8 和 PB9 上,共享一个 I^2C 总线。

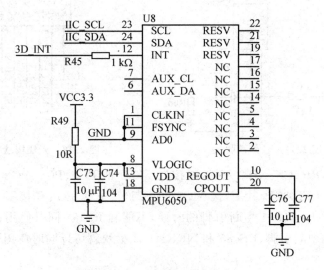

图 2.15　3D 加速度传感器

16. 温湿度传感器接口

ALIENTEK 探索者 STM32F4 开发板板载的温湿度传感器接口电路如图 2.16 所示。该接口支持 DS18B20、DS1820、DHT11 等单总线数字温湿度传感器。1WIRE_DQ 是传感器的数据线,该信号连接在 MCU 的 PG9 上。特别注意:该引脚同时还接到了摄像头模块的 DCMI_PWDN 信号上面,不能同时使用,但可以分时复用。

17. 红外接收头

ALIENTEK 探索者 STM32F4 开发板板载的红外接收头电路如图 2.17 所示。HS0038 是一个通用的红外接收头，几乎可以接收市面上所有红外遥控器的信号，有了它，就可以用红外遥控器来控制开发板了。REMOTE_IN 为红外接收头的输出信号,连接在 MCU 的 PA8 上。特别注意：PA8 同时连接了 DCMI_XCLK，如果要用到 DCMI_XCLK，HS0038 就不能同时使用了，但可以分时复用。

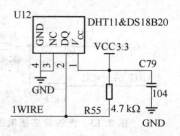

图 2.16　温湿度传感器接口

18. 无线模块接口

ALIENTEK 探索者 STM32F4 开发板板载的无线模块接口电路如图 2.18 所示。该接口用来连接 NRF24L01 等 2.4G 无线模块，从而实现开发板与其他设备的无线数据传输（注意：NRF24L01 不能和蓝牙、WIFI 连接）。NRF24L01 无线模块的最大传输速度可以达到 2 Mbps，传输距离最大可以到 30 m 左右（空旷地，无干扰）。

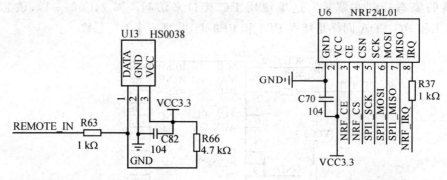

图 2.17　红外接收头　　　　　　图 2.18　无线模块接口

NRF_CE、NRF_CS、NRF_IRQ 连接在 MCU 的 PG6、PG7、PG8 上，而另外 3 个 SPI 信号则和 SPI FLASH 共用，接 MCU 的 SPI1。注意，PG8 还接了 RS485 的 RE 信号，所以在使用 NRF24L01 中断引脚的时候，不能和 RS485 同时使用；不过，如果没用到 NRF24L01 的中断引脚，RS485 和 NRF24L01 模块就可以同时使用了。

19. LED

ALIENTEK 探索者 STM32F4 开发板板载总共有 3 个 LED，原理图如图 2.19 所示。其中 PWR 是系统电源指示灯，为蓝色。LED0(DS0) 和 LED1(DS1) 分别接在 PF9 和 PF10 上。为了方便判断，这里选择了 DS0 为红色的 LED，DS1 为绿色的 LED。

20. 按　　键

ALIENTEK 探索者 STM32F4 开发板板载总共有 4 个输入按键，其原理图如图 2.20 所示。KEY0、KEY1 和 KEY2 用作普通按键输入，分别连接在 PE4、PE3 和 PE2 上，这里并没有使用外部上拉电阻,但是 STM32 的 I/O 作为输入的时候,可以设置上下拉电阻,所以使用 STM32 的内部上拉电阻来为按键提供上拉。

KEY_UP 按键连接到 PA0(STM32 的 WKUP 引脚),除了可以用作普通输入按键外,还可以用作 STM32 的唤醒输入。注意:这个按键是高电平触发的。

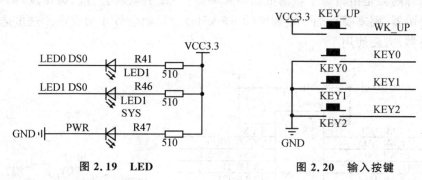

图 2.19　LED　　　　　　　　图 2.20　输入按键

21. TPAD 电容触摸按键

ALIENTEK 探索者 STM32F4 开发板板载了一个电容触摸按键,其原理图如图 2.21 所示。图中 1 MΩ 电阻是电容充电电阻,TPAD 并没有直接连接在 MCU 上,而是连接在多功能端口(P12)上面,通过跳线帽来选择是否连接到 STM32。电容触摸按键的原理将在后续的实战篇里面介绍。

图 2.21　电容触摸按键

22. OLED/摄像头模块接口

ALIENTEK 探索者 STM32F4 开发板板载了一个 OLED/摄像头模块接口,其原理图如图 2.22 所示。图中 P8 是接口,可以用来连接 ALIENTEK OLED 模块或者 ALIENTEK 摄像头模块。如果是 OLED 模块,则 DCMI_PWDN 和 DCMI_XCLK 不需要接(在板上靠左插即可);如果是摄像头模块,则需要用到全部引脚。

其中,DCMI_SCL、DCMI_SDA、DCMI_RESET、DCMI_PWDN、DCMI_XCLK 这 5 个信号不属于 STM32F4 硬件摄像头接口的信号,通过普通 I/O 控制即可,分别接在 MCU 的 PD6、PD7、PG15、PG9、PA8 上面。特别注意:DCMI_PWDN 和 1WIRE_DQ 信号共用 PG9 这个 I/O,所以摄像头和 DS18B20、DHT11 不能同时使用,但是可以分时复用。另外,DCMI_XCLK 和 REMOTE_IN 共用,在用到 DCMI_XCLK 信号的时候,则红外接收和摄像头不可同时使用,不过同样是可以分时复用的。

其他信号全接在 STM32F4 的硬件摄像头接口上,DCMI_VSYNC、DCMI_HREF、DCMI_D0、DCMI_D1、DCMI_D2、DCMI_D3、DCMI_D4、DCMI_D5、DCMI_D6、DCMI_D7、DCMI_PCLK 分别连接在 PB7、PA4、PC6、PC7、PC8、PC9、PC11、PB6、PE5、PE6、PA6 上。特别注意:这些信号和 DAC1 输出以及 SD 卡、I²S 音频等有 I/O 共用,所以在使用 OLED 模块或摄像头模块的时候,不能和 DAC1 的输出、SD 卡使用

和 I^2S 音频播放这 3 个功能同时使用,只能分时复用。

23. 有源蜂鸣器

ALIENTEK 探索者 STM32F4 开发板板载了一个有源蜂鸣器,其原理图如图 2.23 所示。有源蜂鸣器是指自带了振荡电路的蜂鸣器,一接上电就会自己振荡发声。而如果是无源蜂鸣器,则需要外加一定频率($2\sim5$ kHz)的驱动信号才会发声。这里选择使用有源蜂鸣器,方便使用。

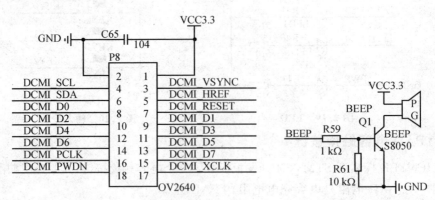

图 2.22　OLED/摄像头模块接口　　　　图 2.23　有源蜂鸣器

图中 Q1 是用来扩流,R61 则是一个下拉电阻,避免 MCU 复位的时候,蜂鸣器可能发声的现象。BEEP 信号直接连接在 MCU 的 PF8 上面,PF8 可以做 PWM 输出,所以如果想玩高级点(如控制蜂鸣器"唱歌"),就可以使用 PWM 来控制蜂鸣器。

24. SD 卡接口

ALIENTEK 探索者 STM32F4 开发板板载了一个 SD 卡(大卡/相机卡)接口,其原理图如图 2.24 所示。图中 SD_CARD 为 SD 卡接口,在开发板的底面,这也是探索者 STM32F4 开发板底面唯一的元器件。

SD 卡采用 4 位 SDIO 方式驱动,理论上最大速度可以达到 24 MB/s,非常适合需要高速存储的情况。图中 SDIO_D0、SDIO_D1、SDIO_D2、SDIO_D3、SDIO_SCK、SDIO_CMD 分别连接在 MCU 的 PC8、PC9、PC10、PC11、PC12、PD2 上面。特别注意,SDIO 和 OLED、摄像头的部分 I/O 有共用,所以在使用 OLED 模块或摄像头模块的时候只能和 SDIO 分时复用,不能同时使用。

25. ATK 模块接口

ALIENTEK 探索者 STM32F4 开发板板载了 ATK 模块接口,其原理图如图 2.25 所示。U7 是一个 1×6 的排座,可以用来连接 ALIENTEK 推出的一些模块,比如蓝牙串口模块、GPS 模块等。有了这个接口,连接模块就非常简单,插上即可工作。

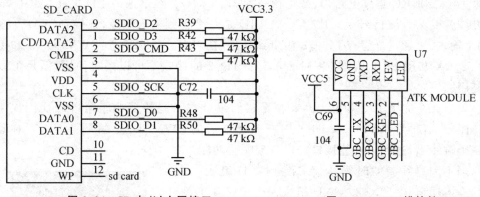

图 2.24　SD 卡/以太网接口　　　　　图 2.25　ATK 模块接口

图中，GBC_TX、GBC_RX 可通过 P10 排针选择接入 PB11、PB10（即串口 3），而 GBC_KEY 和 GBC_LED 则分别连接在 MCU 的 PF6 和 PC0 上面。特别注意：GBC_LED 和 3D_INT 共用 PC0，所以同时使用 ATK 模块接口和 MPU6050 的时候，要注意这个 I/O 的设置。

26. 多功能端口

ALIENTEK 探索者 STM32F4 开发板板载的多功能端口，是由 P12 和 P2 构成的一个 6PIN 端口，其原理图如图 2.26 所示。从这个图读者可能还看不出这个多功能端口的全部功能，别担心，下面我们会详细介绍。

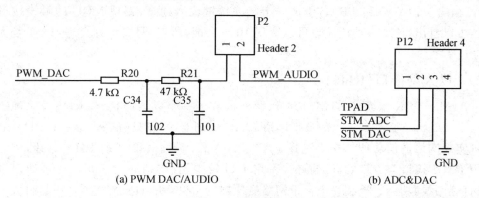

图 2.26　多功能端口

首先介绍左侧的 P12，其中 TPAD 为电容触摸按键信号，连接在电容触摸按键上。STM_ADC 和 STM_DAC 则分别连接在 PA5 和 PA4 上，用于 ADC 采集或 DAC 输出。当需要电容触摸按键的时候，我们通过跳线帽短接 TPAD 和 STM_ADC，就可以实现电容触摸按键（利用定时器的输入捕获）。STM_DAC 信号既可以用作 DAC 输出，也可以用作 ADC 输入，因为 STM32 的该管脚同时具有这两个复用功能。特别注意：STM_DAC 与摄像头的 DCMI_HREF 共用 PA4，所以不可以同时使用，但是可以分时复用。

再来看看 P2。PWM_DAC 连接在 MCU 的 PA3，是定时器 2/5 的通道 4 输出，后面跟一个二阶 RC 滤波电路,其截止频率为 33.8 kHz。经过这个滤波电路,MCU 输出的方波就变为直流信号了。PWM_AUDIO 是一个音频输入通道,连接到 WM8978 的 AUX 输入,可通过配置 WM8978 输出到耳机/扬声器。特别注意:PWM_DAC 和 USART2_RX 共用 PA3,所以 PWM_DAC 和串口 2 的接收不可以同时使用,但是可以分时复用。

单独介绍完了 P12 和 P2,再来看看它们组合在一起的多功能端口,如图 2.27 所示。图中 AIN 是 PWM_AUDIO,PDC 是滤波后的 PWM_DAC 信号。下面来看看通过一个跳线帽,这个多功能接口可以实现哪些功能。

当不用跳线帽的时候:①AIN 和 GND 组成一个音频输入通道;②PDC 和 GND 组成一个 PWM_DAC 输出;③DAC 和 GND 组成一个 DAC 输出/ADC 输入(因为 DAC 脚也刚好也可以做 ADC 输入);④ADC 和 GND 组成一组 ADC 输入;⑤TPAD 和 GND 组成一个触摸按键接口,可以连接其他板子实现触摸按键。

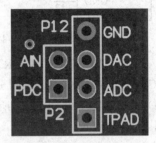

图 2.27　组合后的多功能端口

当使用一个跳线帽的时候:①AIN 和 PDC 组成一个 MCU 的音频输出通道,实现 PWM DAC 播放音乐。②AIN 和 DAC 同样可以组成一个 MCU 的音频输出通道,也可以用来播放音乐。③DAC 和 ADC 组成一个自输出测试,用 MCU 的 ADC 来测试 MCU 的 DAC 输出。④PDC 和 ADC 组成另外一个子输出测试,用 MCU 的 ADC 来测试 MCU 的 PWM DAC 输出。⑤ADC 和 TPAD 组成一个触摸按键输入通道,实现 MCU 的触摸按键功能。可以看出,这个多功能端口可以实现 10 个功能,所以,只要设计合理,1+1 是大于 2 的。

27. 以太网接口(RJ45)

ALIENTEK 探索者 STM32F4 开发板板载了一个以太网接口(RJ45),原理图如图 2.28 所示。STM32F4 内部自带网络 MAC 控制器,所以只需要外加一个 PHY 芯片即可实现网络通信功能。这里选择 LAN8720A 作为 STM32F4 的 PHY 芯片,该芯片采用 RMII 接口与 STM32F4 通信,占用 I/O 较少,且支持 auto mdix(可自动识别交叉、直连网线)功能。板载一个自带网络变压器的 RJ45 头(HR91105A),一起组成一个 10、100M 自适应网卡。

图中,ETH_MDIO、ETH_MDC、RMII_TXD0、RMII_TXD1、RMII_TX_EN、RMII_RXD0、RMII_RXD1、RMII_CRS_DV、RMII_REF_CLK、ETH_RESET 分别接在 MCU 的 PA2、PC1、PG13、PG14、PG11、PC4、PC5、PA7、PA1、PD3 上。特别注意:网络部分 ETH_MDIO 与 USART2_TX 共用 PA2,所以网络和串口 2 的发送不可以同时使用,但是可以分时复用。

28. I²S 音频编解码器

ALIENTEK 探索者 STM32F4 开发板板载 WM8978 高性能音频编解码芯片,其

第 2 章 实验平台硬件资源详解

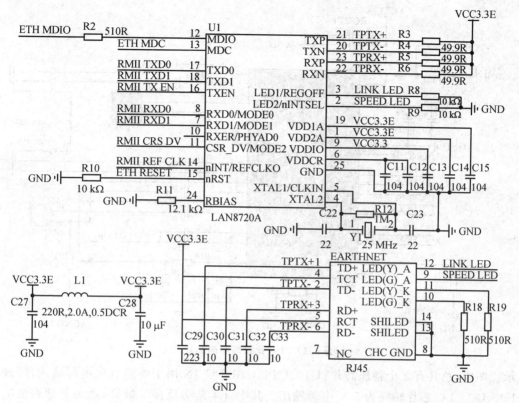

图 2.28 以太网接口电路

原理图如图 2.29 所示。WM8978 是一颗低功耗、高性能的立体声多媒体数字信号编解码器,内部集成了 24 位高性能 DAC&ADC,可以播放最高 192K@24bit 的音频信号,并且自带段 EQ 调节,支持 3D 音效等功能。不仅如此,该芯片还结合了立体声差分麦克风的前置放大与扬声器、耳机和差分、立体声线输出的驱动,减少了应用时必需的外部组件,可以直接驱动耳机(16Ω@40 mW)和喇叭(8 Ω/0.9 W),无须外加功放电路。

图中,P1 是扬声器接口,可以用来接外界 1 W 左右的扬声器。MIC 是板载的咪头,可用于录音机实验,实现录音。PHONE 是 3.5 mm 耳机输出接口,可以用来插耳机。LINE_IN 则是线路输入接口,可以用来外接线路输入,实现立体声录音。

该芯片采用 I^2S 接口与 MCU 连接,图中 I2S_LRCK、I2S_SCLK、I2S_SDOUT、I2S_SDIN、I2S_MCLK、IIC_SCL、IIC_SDA 分别接在 MCU 的 PB12、PB13、PC2、PC3、PC6、PB8、PB9 上。特别注意:I2S_MCLK 和 DCMI_D0 共用 PC6,所以 I^2S 音频播放和 OLED 模块/摄像头模块不可以同时使用。另外,IIC_SCL 和 IIC_SDA 是与 24C02、MPU6050 等共用一个 I^2C 接口。

29. 电　源

ALIENTEK 探索者 STM32F4 开发板板载的电源供电部分原理图如图 2.30 所

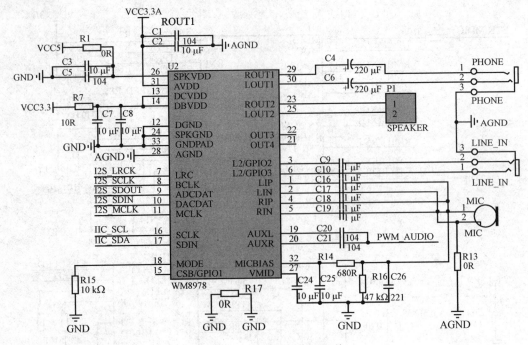

图 2.29 I²S 音频编解码芯片

示。图中,总共有 3 个稳压芯片:U15、U16、U18,DC_IN 用于外部直流电源输入,经过 U15 DC-DC 芯片转换为 5 V 电源输出。其中,D4 是防反接二极管,避免外部直流电源极性搞错的时候,烧坏开发板。K1 为开发板的总电源开关,F1 为 1 000 mA 自恢复保险丝,用于保护 USB。U16 和 U18 均为 3.3 V 稳压芯片,给开发板提供 3.3 V 电源,其中 U16 输出的 3.3 V 给数字部分用,U18 输出的 3.3 V 给模拟部分(WM8978)使用,分开供电,以得到最佳音质。

这里还有 USB 供电部分没有列出来,其中 VUSB 就来自于 USB 供电部分,我们将在相应章节进行介绍。

30. 电源输入输出接口

ALIENTEK 探索者 STM32F4 开发板板载了两组简单电源输入输出接口,其原理图如图 2.31 所示。图中,VOUT1 和 VOUT2 分别是 3.3 V 和 5 V 的电源输入输出接口,有了这 2 组接口,就可以通过开发板给外部提供 3.3 V 和 5 V 电源了;虽然功率不大(最大 1 000 mA),但是一般情况都够用了。同时,这两组端口也可以用来由外部给开发板供电。

图中 D5 和 D6 为 TVS 管,可以有效避免 VOUT 外接电源和负载不稳的时候(尤其是开发板外接电机、继电器、电磁阀等感性负载的时候)对开发板造成的损坏。同时还能一定程度防止外接电源接反。

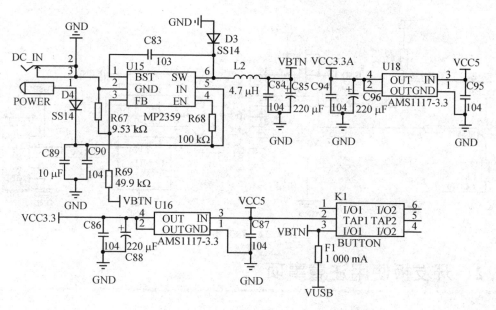

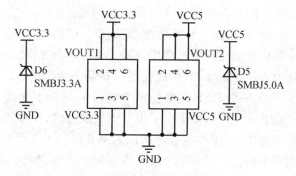

图 2.30 电源

图 2.31 电源输入输出接口

31. USB 串口

ALIENTEK 探索者 STM32F4 开发板板载了一个 USB 串口,其原理图如图 2.32 所示。USB 转串口,这里选择的是 CH340G,是南京沁恒的产品,经测试稳定性还不错。图中 Q3 和 Q4 的组合构成了开发板的一键下载电路,只需要在 flymcu 软件设置 DTR 的低电平复位,RTS 高电平进 BootLoader 就可以一键下载代码了,而不需要手动设置 B0 和按复位了。其中,RESET 是开发板的复位信号,BOOT0 则是启动模式的 B0 信号。

一键下载电路的具体实现过程:首先,mcuisp 控制 DTR 输出低电平,则 DTR_N 输出高,然后 RTS 置高,则 RTS_N 输出低,这样 Q4 导通了,BOOT0 被拉高,即实现设置 BOOT0 为 1,同时 Q3 也会导通,STM32F4 的复位脚被拉低,实现复位。然后,延时 100 ms 后,mcuisp 控制 DTR 为高电平,则 DTR_N 输出低电平,RTS 维持高电平,则 RTS_N 继续为低电平,此时由于 Q3 不再导通,STM32F4 的复位引脚变为高电平,STM32F4 结束复位,但是 BOOT0 还是维持为 1,从而进入 ISP 模式。接着 mcuisp 就可以开始连接 STM32F4 下载代码了,从而实现一键下载。

USB_232 是一个 MiniUSB 座,提供 CH340G 和计算机通信的接口,同时可以给开发板供电,VUSB 就是来自计算机 USB 的电源,USB_232 是本开发板的主要供电口。

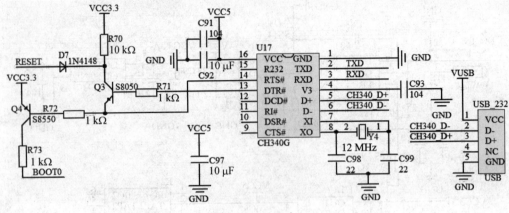

图 2.32 USB 串口

2.2 开发板使用注意事项

为了让读者更好地使用 ALIENTEK 探索者 STM32F4 开发板,这里总结该开发板使用的时候要特别注意的一些问题。

① 开发板一般情况由 USB_232 口供电,在第一次上电的时候,由于 CH340G 在和计算机建立连接的过程中导致 DTR/RTS 信号不稳定,会引起 STM32 复位 2~3 次。这个现象是正常的,后续按复位键就不会出现这种问题了。

② 一个 USB 最多供电 500 mA,且由于导线电阻存在,供到开发板的电压一般都不会有 5 V。如果使用了很多大负载外设,比如 4.3 寸屏、网络、摄像头模块等,那么可能引起 USB 供电不够。所以如果是使用 4.3 寸屏或者同时用到多个模块,建议读者使用一个独立电源供电。如果没有独立电源,建议同时插 2 个 USB 口,并插上 JTAG,这样供电可以更足一些。

③ JTAG 接口有几个信号(JTDI、JTDO、JTRST)被 USB_PWR(USB HOST)、SPI1(W25Q128 和 NRF24L01)占用了,所以调试这几个模块的时候,建议选择 SWD 模式,其实最好就是一直用 SWD 模式。

④ 想把某个 I/O 口用作其他用处的时候,须先看看开发板的原理图,确认该 I/O 口是否连接在开发板的某个外设上。如果有,接着确认该外设的这个信号是否会对你的使用造成干扰,确定无干扰后再使用这个 I/O。比如 PF8 就不适合用做其他输出,因为它接了蜂鸣器,如果输出高电平就会听到蜂鸣器的叫声了。

⑤ 开发板上的跳线帽比较多,使用某个功能的时候,要先查查是否需要设置跳线帽,以免浪费时间。

⑥ 当液晶显示白屏的时候,须先检查液晶模块是否插好(拔下来重新插);如果还不行,可以通过串口看看 LCD ID 是否正常,再做进一步的分析。

⑦ 开发板的 USB SLAVE 和 USB HOST 共用同一个 USB 口,所以不可以同时使用。

至此,本书实验平台(ALIENTEK 探索者 STM32F4 开发板)的硬件部分就介绍完了。了解整个硬件对后面的学习会有很大帮助,有助于理解后面的代码,编写软件的时候可以事半功倍,希望读者细读!另外,ALIENTEK 开发板的其他资料及教程更新,都可以在技术论坛 www.openedv.com 下载,读者可以经常去这个论坛获取更新的信息。

2.3 STM32F4 学习方法

STM32F4 是目前较热门的 ARM Cortex-M4 处理器,其强大的功能可替代 DSP 很多特性,正在被越来越多的公司选用。学习 STM32F4 的朋友也越来越多,初学者可能认为 STM32F4 很难学,以前可能只学过 51,甚至连 51 都没学过的,一看到 STM32F4 那么多寄存器就憷了。其实,万事开头难,只要掌握了方法,学好 STM32F4 还是非常简单的。这里总结学习 STM32F4 的几个要点。

① 一款实用的开发板。

这是实验的基础,有个开发板在手,什么东西都可以直观地看到。但开发板不宜多,多了的话连自己都不知道该学哪个了,觉得这个也还可以,那个也不错,那就这个学半天,那个学半天,结果学个四不像。倒不如从一而终,学完一个再学另外一个。

② 3 本参考资料,即《STM32F4xx 中文参考手册》、《STM32F3 与 F4 系列 Cortex-M4 内核编程手册》和《ARM Cortex-M3 与 M4 权威指南》。

《STM32F4xx 中文参考手册》是 ST 的官方资料,有 STM32F4 的详细介绍,包括了 STM32F4 的各种寄存器定义以及功能等,是学习 STM32F4 的必备资料之一。而《STM32F3 与 F4 系列 Cortex-M4 内核编程手册》则是对《STM32F4xx 中文参考手册》的补充,很多关于 Cortex-M4 内核的介绍(寄存器等)都可以在这个文档找到答案。该文档同样是 ST 的官方资料,专门针对 ST 的 Cortex-M4 产品。最后,《ARM Cortex-M3 与 M4 权威指南》则针对 Cortex-M4 内核进行了详细介绍,并配有简单实例,对于想深入了解 Cortex-M4 内核的朋友,这是非常好的参考资料。

③ 掌握方法,勤学善悟。

STM32F4 不是"妖魔鬼怪",不要畏难,STM32F4 的学习和普通单片机一样,基本方法就是:

a) 掌握时钟树图(见《STM32F4xx 中文参考手册》图 13)

任何单片机必定是靠时钟驱动的,时钟是动力,STM32F4 也不例外。通过时钟树可以知道,各种外设的时钟是怎么来的?有什么限制?从而理清思路,方便理解。

b) 多思考,多动手

所谓熟能生巧,先要熟,才能巧。如何熟悉?这就要靠大家自己动手,多多练习了,光看/说是没什么太多用的。很多人问笔者,STM32F4 这么多寄存器,如何记得啊?回答是:不需要全部记住。学习 STM32F4,不是应试教育,不需要考试,不需要倒背如流。只需要知道这些寄存器在哪个地方,用到的时候可以迅速查找到就可以了。完全可以翻书、可以查资料、可以抄袭的,不需要死记硬背。掌握学习的方法远比掌握学习的内容重要。

熟悉之后就应该进一步思考,也就是所谓的巧了。我们提供了几十个例程供大家学习,跟着例程走,无非就是熟悉 STM32F4 的过程,只有进一步思考,才能更好地掌握 STM32F4,即所谓的举一反三。例程是死的,人是活的,所以,可以在例程的基础上自由发挥,实现更多的其他功能,并总结规律,为以后的学习/使用打下坚实的基础,如此方能信手拈来。

所以,学习一定要自己动手,光看视频,光看文档是不行的。举个简单的例子,你看视频,教你如何煮饭,几分钟估计你就觉得学会了,实际上可以自己测试下是否真能煮好?

只要以上 3 点做好了,学习 STM32F4 基本上就不会有什么太大问题了。如果遇到问题,可以在我们的技术论坛(开源电子网 www.openedv.com)提问。论坛 STM32 板块已经有 3 万多个主题,很多疑问已经有网友提过了,所以可以先在论坛搜索一下,很多时候可以直接找到答案。论坛是一个分享交流的好地方,是一个可以让大家互相学习、互相提高的平台,有时间可以多上去看看。

另外,很多 ST 官方发布的资料(芯片文档、用户手册、应用笔记、固件库、勘误手册等),都可以到 www.stmcu.org 下载。经常关注一下,ST 会将最新的资料都放到这个网址。

第 2 篇　软件篇

本篇将详细介绍 STM32F4 的开发软件 MDK5。通过该篇的学习,你将了解到:①如何在 MDK5 下新建 STM32F4 工程;②工程的编译;③MDK5 的一些使用技巧;④软件仿真;⑤程序下载;⑥在线调试。以上几个环节概括了一个完整的 STM32F4 开发流程。通过本篇的学习,希望大家能掌握 STM32F4 的开发流程,并能独立开始 STM32F4 的编程和学习。

本篇将分为如下 3 章:
- MDK5 软件入门;
- STM32F4 开发基础知识入门;
- SYSTEM 文件夹介绍。

第 3 章
MDK5 软件入门

本章介绍 MDK5 软件的使用,通过本章的学习,我们最终将建立一个自己的基于 STM32F40X 系列的 MDK5 工程,同时还介绍 MDK5 软件的一些使用技巧。

3.1 STM32 官方标准固件库简介

ST(意法半导体)为了方便用户开发程序,提供了一套丰富的 STM32F4 固件库。到底什么是固件库?它与直接操作寄存器开发有什么区别和联系?很多初学用户很是费解,这一节将讲解 STM32 固件库相关的基础知识,希望能够让读者对 STM32F4 固件库有一个初步的了解,至于固件库的详细使用方法,我们会在后面的章节一一介绍。

固件库包资料路径(是压缩包形式,解压即可):\8,STM32 参考资料\STM32F4xx 固件库\stm32f4_dsp_stdperiph_lib.zip。同时,也可以到开源电子网 http://www.openedv.com 下载。

3.1.1 库开发与寄存器开发的关系

很多用户都是从 51 单片机开发转而想进一步学习 STM32 开发的,他们习惯了 51 单片机的寄存器开发方式,突然一个 ST 官方库摆在面前会一头雾水,不知道从何下手。下面通过一个简单的例子来告诉 STM32 固件库到底是什么,和寄存器开发有什么关系?其实一句话就可以概括:固件库就是函数的集合,固件库函数的作用是向下负责与寄存器直接打交道,向上提供用户函数调用的接口(API)。

在 51 的开发中我们常常的作法是直接操作寄存器,比如要控制某些 I/O 口的状态,则直接操作寄存器:

P0 = 0x11;

而在 STM32 的开发中,我们同样可以操作寄存器:

GPIOF->BSRRL = 0x0001; //这里是针对 STM32F4 系列

这种方法当然可以,但是这种方法的缺点是需要掌握每个寄存器的用法,这样才能正确使用 STM32,而对于 STM32 这种级别的 MCU,数百个寄存器记起来又谈何容易。于是 ST 推出了官方固件库,固件库将这些寄存器底层操作都封装起来,提供一整套接口(API)供开发者调用,大多数场合下,你不需要去知道操作的是哪个寄存器,只需要知道调用哪些函数即可。比如上面的控制 BSRRL 寄存器实现电平控制,官方库封装了一个函数：
```
void GPIO_SetBits(GPIO_TypeDef * GPIOx, uint16_t GPIO_Pin)
{
    GPIOx->BSRRL = GPIO_Pin;
}
```

这个时候你不需要再直接去操作 BSRRL 寄存器了，只需要知道怎么使用 GPIO_SetBits()函数就可以了。对外设的工作原理有一定的了解后，你再去看固件库函数，基本上函数名字能告诉你这个函数的功能是什么、该怎么使用，这样开发会方便很多。

任何处理器，不管它有多么的高级，归根结底都是要对处理器的寄存器进行操作。但是固件库不是万能的，如果想要把 STM32 学透，光读 STM32 固件库是远远不够的，你是要了解一下 STM32 的原理、了解 STM32 各个外设的运行机制，这样在进行固件库开发过程中才可能得心应手、游刃有余。只有了解了原理，才能做到"知其然，知其所以然"，所以学习库函数的同时，别忘了要了解一下寄存器大致配置过程。

3.1.2 STM32 固件库与 CMSIS 标准讲解

前面讲到，STM32F4 固件库就是函数的集合，那么对这些函数有什么要求呢？这里就涉及一个 CMSIS 标准的基础知识。经常有人问到，STM32 和 ARM 以及 ARM7 是什么关系这样的问题，其实 ARM 是一个做芯片标准的公司，它负责的是芯片内核的架构设计，而 TI、ST 这样的公司并不做标准，它们是芯片公司，是根据 ARM 公司提供的芯片内核标准设计自己的芯片。所以，任何一个 Cortex-M4 芯片的内核结构都是一样的，不同的是其存储器容量、片上外设、I/O 以及其他模块的区别。所以你会发现，不同公司设计的 Cortex-M4 芯片的端口数量、串口数量、控制方法这些都是有区别的，它们可以根据自己的需求理念来设计。同一家公司设计的多种 Cortex-M4 内核芯片的片上外设也会有很大的区别，比如 STM32F407 和 STM32F429，它们的片上外设就有很大的区别。

既然大家都使用的是 Cortex-M4 核，也就是说，本质上都是一样的，这样 ARM 公司为了能让不同芯片公司生产的 Cortex-M4 芯片在软件上基本兼容，和芯片生产商共同提出了一套 CMSIS 标准(Cortex Microcontroller Software Interface Standard)，翻译过来是"ARM Cortex 微控制器软件接口标准"。ST 官方库就是根据这套标准设计的。这里引用参考资料里面的图片来看看基于 CMSIS 应用程序基本结构，如图 3.1 所示。

CMSIS 分为以下 3 个基本功能层：

① 核内外设访问层：ARM 公司提供的访问，定义处理器内部寄存器地址以及功能函数。

② 中间件访问层：定义访问中间件的通用 API，由 ARM 提供，芯片厂商根据需要更新。

③ 外设访问层：定义硬件寄存器的地址以及外设的访问函数。

从图 3.1 中可以看出，CMSIS 层在整个系统中处于中间层，向下负责与内核、各个

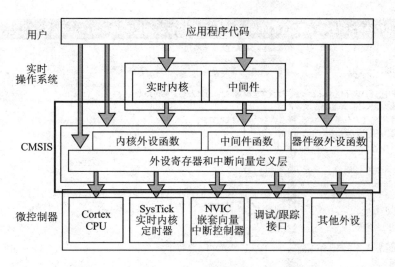

图 3.1 基于 CMSIS 应用程序基本结构

外设直接打交道,向上提供实时操作系统用户程序调用的函数接口。如果没有 CMSIS 标准,那么各个芯片公司就会设计自己喜欢的风格的库函数,而 CMSIS 标准就是要强制规定,芯片生产公司设计的库函数必须按照 CMSIS 这套规范来设计。

其实不用这么讲这么复杂的,举一个简单的例子。我们在使用 STM32 芯片的时候首先要进行系统初始化,CMSIS 规范就规定:系统初始化函数名字必须为 SystemInit,所以各个芯片公司写自己的库函数的时候就必须用 SystemInit 对系统进行初始化。CMSIS 还对各个外设驱动文件的文件名字规范化,以及函数名字规范化等一系列规定。前面讲的 GPIO_ResetBits 函数名字也是不能随便定义的,是要遵循 CMSIS 规范的。

至于 CMSIS 的具体内容就不多讲了,需要详细了解的读者可以到网上搜索资料,相关资料非常多的。

3.1.3 STM32F4 官方库包介绍

这一小节主要讲解 ST 官方提供的 STM32F4 固件库包的结构。ST 官方提供的固件库完整包可以在官方网站下载,本书配套资料也会提供。固件库是不断完善升级的,所以有不同的版本,我们使用的是 V1.4 版本的固件库,读者可以到本书配套资料目录找到其压缩文件:\8,STM32 参考资料\STM32F4xx 固件库\stm32f4_dsp_stdperiph_lib.zip,然后解压即可。下面看看官方库包的目录结构,如图 3.2 和图 3.3 所示。

1. 文件夹介绍

Libraries 文件夹下面有 CMSIS 和 STM32F4xx_StdPeriph_Driver 两个目录,包含固件库核心的所有子文件夹和文件。CMSIS 文件夹存放的是符合 CMSIS 规范的一些文件,包括 STM32F4 核内外设访问层代码、DSP 软件库、RTOS API 以及 STM32F4 片上外设访问层代码等。后面新建工程的时候会从这个文件夹复制一些文件到我们

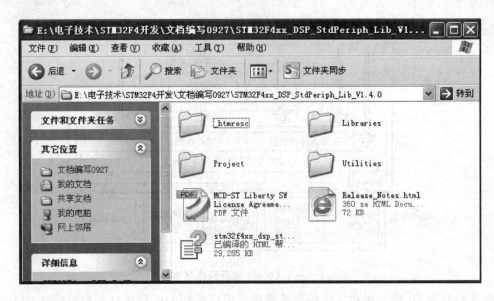

图 3.2 官方库包根目录

工程。

STM32F4xx_StdPeriph_Driver 放的是 STM32F4 标准外设固件库源码文件和对应的头文件。inc 目录存放的是 stm32f4xx_ppp.h 头文件，无须改动。src 目录下面放的是 stm32f4xx_ppp.c 格式的固件库源码文件。每一个 .c 文件和一个相应的 .h 文件对应。这里的文件也是固件库外设的关键文件，每个外设对应一组文件。

Libraries 文件夹里面的文件在我们建立工程的时候都会使用到。

Project 文件夹下面有两个文件夹。顾名思义，STM32F4xx_StdPeriph_Examples 文件夹下面存放的是 ST 官方提供的固件实例源码，在以后

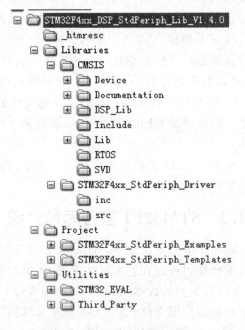

图 3.3 官方库目录列表

的开发过程中可以参考修改这个官方提供的实例来快速驱动自己的外设，很多开发板的实例都参考了官方提供的例程源码，这些源码对以后的学习非常重要。STM32F4xx_StdPeriph_Template 文件夹下面存放的是工程模板。

Utilities 文件下就是官方评估板的一些对应源码，这个可以忽略不看，本书用不到。

根目录中还有一个 stm32f4xx_dsp_stdperiph_lib_um.chm 文件,直接打开可以知道,这是一个固件库的帮助文档,这个文档非常有用,只可惜是英文的,在开发过程中,这个文档会经常用到。

2. 关键文件介绍

介绍一些关键文件之前,首先来看看一个基于固件库的 STM32F4 工程需要哪些关键文件,这些文件之间有哪些关联关系。其实这个可以从 ST 提供的英文版 STM32F4 固件库说明里面找到。这里讲解的一些知识也是为后面章节"新建 STM32F4 工程模板"做铺垫。这些文件之间的关系如图 3.4 所示。

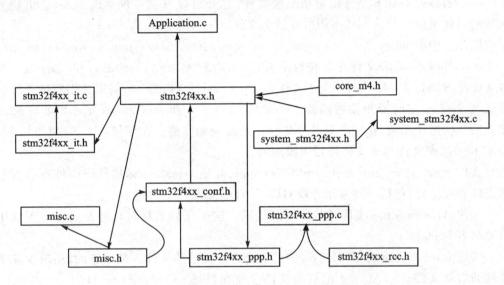

图 3.4　STM32F4 标准外设固件库文件关系图

core_cm4.h 文件位于\STM32F4xx_DSP_StdPeriph_Lib_V1.4.0\Libraries\CMSIS\Include 目录下面,是 CMSIS 核心文件,提供进入 Cortex-M4 内核接口。这是 ARM 公司提供的,对所有 Cortex-M4 内核的芯片都一样。永远都不需要修改这个文件,所以这里就点到为止。

stm32f4xx.h 和 system_stm32f4xx.h 文件存放在\STM32F4xx_DSP_StdPeriph_Lib_V1.4.0\Libraries\CMSIS\Device\ST\STM32F4xx\Include 文件夹下面。

system_stm32f4xx.h 是片上外设接入层系统头文件,主要是申明设置系统及总线时钟相关的函数。与其对应的源文件 system_stm32f4xx.c 在目录\STM32F4xx_DSP_StdPeriph_Lib_V1.4.0\Project\STM32F4xx_StdPeriph_Templates 可以找到。这里面有一个非常重要的 SystemInit()函数申明,这个函数在我们系统启动的时候都会调用,用来设置系统的整个系统和总线时钟。

stm32f4xx.h 是 STM32F4 片上外设访问层头文件。这个文件相当重要,只要做 STM32F4 开发,几乎时刻都要查看这个文件相关的定义。这个文件打开可以看到,里面有非常多的结构体以及宏定义。这个文件里面主要是系统寄存器定义申明以及包装内存操作,对于这里是怎样申明以及怎样将内存操作封装起来的,我们在后面的章节"MDK中寄存器地址名称映射分析"中会讲到。同时,该文件还包含了一些时钟相关的定义、FPU和MPU单元开启定义、中断相关定义等。

stm32f4xx_it.c、stm32f4xx_it.h以及stm32f4xx_conf.h等文件可以从\STM32F4xx_DSP_StdPeriph_Lib_V1.4.0\Project\STM32F4xx_StdPeriph_Templates文件夹中找到。这几个文件后面新建工程也会用到。stm32f4xx_it.c和stm32f4xx_it.h里面是用来编写中断服务函数,中断服务函数也可以随意编写在工程里面的任意一个文件里面,笔者觉得这个文件没太大意义。

stm32f4xx_conf.h是外设驱动配置文件,打开可以看到一堆#include,这里建立工程的时候可以注释掉一些不用的外设头文件。

图3.4中的misc.c、misc.h、stm32f4xx_ppp.c、stm32f4xx_ppp.h、stm32f4xx_rcc.c和stm32f4xx_rcc.h文件存放在目录Libraries\STM32F4xx_StdPeriph_Driver。这些文件是STM32F4标准的外设库文件。其中,misc.c和misc.h是定义中断优先级分组以及Systick定时器相关的函数。stm32f3xx_rcc.c和stm32f4xx_rcc.h是与RCC相关的一些操作函数,作用主要是一些时钟的配置和使能。在任何一个STM32工程,RCC相关的源文件和头文件是必须添加的。

文件stm32f4xx_ppp.c和stm32f4xx_ppp.h是stm32F4标准外设固件库对应的源文件和头文件,包括一些常用外设GPIO、ADC、USART等。

文件Application.c实际就是应用层代码。这个文件名称可以任意取了。工程中直接取名为main.c。

实际上,一个完整的STM32F4的工程光有上面这些文件还是不够的,还缺少非常关键的启动文件。STM32F4的启动文件存放在目录\STM32F4xx_DSP_StdPeriph_Lib_V1.4.0\Libraries\CMSIS\Device\ST\STM32F4xx\Source\Templates\arm下面。不同型号的STM32F4系列对应的启动文件也不一样。我们的开发板是STM32F407系列,所以选择的启动文件为startup_stm32f40_41xxx.s。启动文件到底有什么作用?可以打开启动文件进去看看。启动文件主要是进行堆栈之类的初始化、中断向量表以及中断函数定义。启动文件要引导进入main函数。Reset_Handler中断函数是唯一实现了的中断处理函数,其他的中断函数基本都是死循环。Reset_handler在我们系统启动的时候会调用,下面看看Reset_handler这段代码:

```
; Reset handler
Reset_Handler    PROC
                 EXPORT  Reset_Handler    [WEAK]
        IMPORT  SystemInit
        IMPORT  __main
                 LDR     R0, =SystemInit
                 BLX     R0
                 LDR     R0, =__main
                 BX      R0
                 ENDP
```

这段代码的作用是在系统复位之后引导进入 main 函数,同时在进入 main 函数之前,首先要调用 SystemInit 系统初始化函数。这一节就简要介绍到这里,后面会介绍怎样建立基于 V1.4 版本固件库的工程模板。

3.2 MDK5 简介

MDK 源自德国的 Keil 公司,是 RealView MDK 的简称。在全球 MDK 被超过 10 万的嵌入式开发工程师使用,目前最新版本为 MDK5.11a;该版本使用 μVision5 IDE 集成开发环境,是目前针对 ARM 处理器,尤其是 Cortex-M 内核处理器的最佳开发工具。

MDK5 向后兼容 MDK4 和 MDK3 等,以前的项目同样可以在 MDK5 上进行开发(但是头文件方面得全部自己添加),MDK5 同时加强了针对 Cortex-M 微控制器开发的支持,并且对传统的开发模式和界面进行升级。MDK5 由两个部分组成:MDK Core 和 Software Packs。其中,Software Packs 可以独立于工具链进行新芯片支持和中间库的升级,如图 3.5 所示。

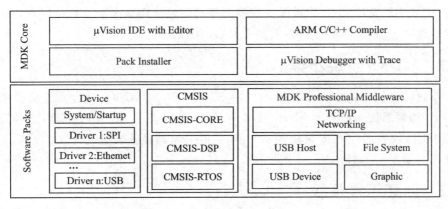

图 3.5　MDK5 组成

从图 3.5 可以看出,MDK Core 又分成 4 个部分:μVision IDE with Editor(编辑器)、ARM C/C++ Compiler(编译器)、Pack Installer(包安装器)、μVision Debugger with Trace(调试跟踪器)。μVision IDE 从 MDK4.7 版本开始就加入了代码提示功能和语法动态检测等实用功能,相对于以往的 IDE 改进很大。

Software Packs(包安装器)又分为 Device(芯片支持)、CMSIS(ARM Cortex 微控制器软件接口标准)和 Mdidleware(中间库)3 个小部分,通过包安装器可以安装最新的组件,从而支持新的器件、提供新的设备驱动库以及最新例程等,加速产品开发进度。

同以往的 MDK 不同,以往的 MDK 把所有组件都包含到一个安装包里面,显得十分"笨重",MDK5 则不一样,MDK Core 是一个独立的安装包,并不包含器件支持、设备驱动、CMSIS 等组件,大小才 300M 左右,相对于 MDK4.70a 的 500 多 M,"瘦身明显"。MDK5 安装包可以在 http://www.keil.com/demo/eval/arm.htm 下载到。而器件支持、设备驱动、CMSIS 等组件,则可以单击 MDK5 的 Build Toolbar 的最后一个图标调出 Pack Installer 来安装各种组件。也可以在进入 http://www.keil.com/dd2/pack 下载安装。

MDK5 安装完成后,要让 MDK5 支持 STM32F407 的开发,还要安装 STM32F4 的器件支持包:Keil.STM32F4xx_DFP.2.13.0.pack(STM32F4 的器件包)。在配套资料的 MDK5 安装完成之后,单击这个 pack 即可完成安装。

3.3 新建基于 STM32F40x 固件库的 MDK5 工程模板

前面介绍了 STM32F4 官方库包的一些知识,这里着重讲解建立基于固件库的工程模板的详细步骤。在此之前,首先我们要准备如下资料:

① V1.4.0 固件库包 STM32F4xx_DSP_StdPeriph_Lib_V1.4.0,这是 ST 官网下载的固件库完整版,本书配套资料目录(压缩包):\8,STM32 参考资料\STM32F4xx 固件库\stm32f4_dsp_stdperiph_lib.zip。我们官方论坛开源电子网 www.openedv.com 也可以下载。

② MDK5 开发环境(我们板子的开发环境目前是使用这个版本),可以在本书配套资料的软件目录下面找到安装包:软件资料\软件\MDK5。

3.3.1 MDK5 安装步骤

本节教读者如何新建一个基于固件库 STM32F4 的 MDK5 工程。这里需要特别说明一下,如果您使用过其他 MDK 或者 Keil,请确保新的 MDK5 的安装路径跟以前版本的 MDK 或者 Keil 的安装路径不一样,同时安装路径不要包含中文,否则,就会出一些奇怪的错误。

3.3.2 新建工程模板

在新建之前首先说明一下,这一小节新建的工程放在本书配套资料,目录路径为:"4,程序源码\标准例程-库函数版本\实验 0 Template 工程模板",如果在学习新建工程过程中遇到一些问题,可以直接打开这个模板对比学习。

① 建立工程之前建议用户在计算机的某个目录下面建立一个文件夹,后面建立的工程都可以放在这个文件夹下面。这里建立一个文件夹为 Template,这是工程的根目录文件夹。为了方便我们存放工程需要的一些其他文件,这里还新建下面 5 个子文件夹:CORE、FWLIB、OBJ、SYSTEM 和 USER。这些文件夹名字实际上是可以任取的,这样取名只是为了方便识别。对于这些文件夹用来存放什么文件,后面的步骤会一一提到。新建好的目录结构如图 3.6 所示。

② 接下来,打开 Keil,选择 Project→New μVision Project 菜单项,然后将目录定位到刚才建立的文件夹 Template 下的 USER 子目录,同时,工程取名为 Template,之后单击"保存",我们的工程文件就都保存到 USER 文件夹下面。

③ 接下来会弹出一个选择 Device 的界面,如图 3.7 所示,就是选择芯片型号,这里

第3章 MDK5 软件入门

图 3.6 新建文件夹

定位到 STMicroelectronics 下面的 STM32F407ZG(针对我们的 ExplorerSTM32 板子是这个型号)。这里选择 STMicroelectronics → STM32F4 Series → STM32F407 → STM32F407ZG(如果使用的是其他系列的芯片,选择相应的型号就可以了,例如我们的战舰 STM32 开发板是 STM32F103ZE。特别注意:一定要安装对应的器件 pack 才会显示这些内容)。

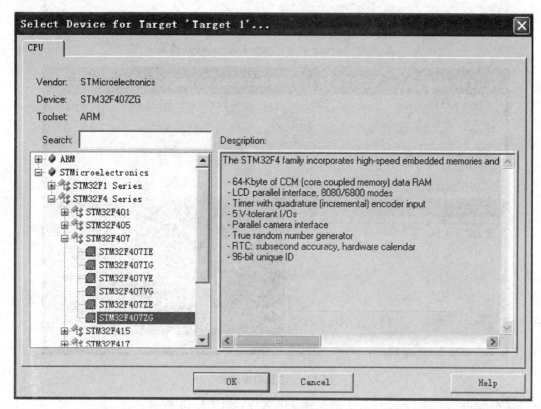

图 3.7 选择芯片型号

单击 OK,则 MDK 弹出 Manage Run-Time Environment 对话框,如图 3.8 所示。这是 MDK5 新增的一个功能。在这个界面可以添加自己需要的组件,从而方便构建开发环境,不过这里不做介绍。所以在图 3.8 所示界面直接单击 Cancel 即可得到如

• 43 •

图 3.9 所示界面。

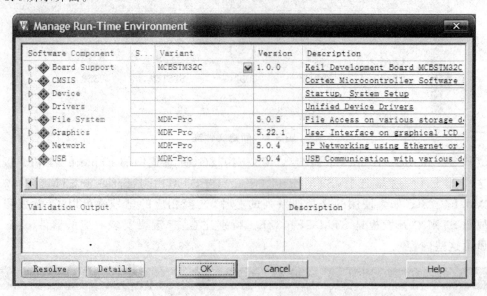

图 3.8 Manage Run-Time Environment 界面

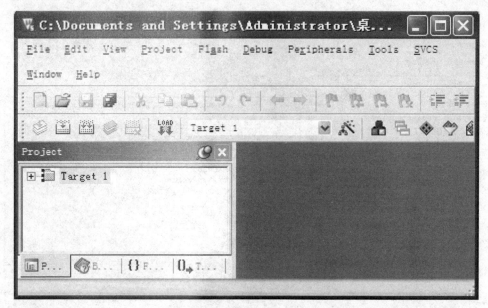

图 3.9 工程初步建立

④ 现在看看 USER 目录下面包含 2 个文件,如图 3.10 所示。

⑤ 下面要将官方固件库包里的源码文件复制到我们的工程目录文件夹下面。打开官方固件库包,定位到我们之前准备好的固件库包的目录:\STM32F4xx_DSP_Std-Periph_Lib_V1.4.0\Libraries\STM32F4xx_StdPeriph_Driver 下面,将目录下面的 src,inc 文件夹复制到我们刚才建立的 FWLib 文件夹下面。src 存放的是固件库的 .c

第 3 章　MDK5 软件入门

图 3.10　工程 USER 目录文件

文件，inc 存放的是对应的.h 文件，打开这两个文件目录可以发现，每个外设对应一个.c 文件和一个.h 头文件，如图 3.11 所示。

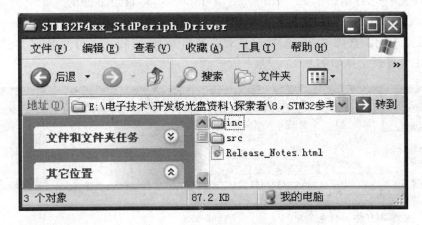

图 3.11　官方库源码文件夹

⑥ 下面要将固件库包里面相关的启动文件复制到我们的工程目录 CORE 之下。打开官方固件库包，定位到目录\STM32F4xx_DSP_StdPeriph_Lib_V1.4.0\Libraries\CMSIS\Device\ST\STM32F4xx\Source\Templates\arm 下面，将文件 startup_stm32f40_41xxx.s 复制到 CORE 目录下面。然后定位到目录\STM32F4xx_DSP_StdPeriph_Lib_V1.4.0\Libraries\CMSIS\Includ，将里面的头文件 core_cm4.h 和 core_cm4_simd.h 同样复制到 CORE 目录下面。现在看看我们的 CORE 文件夹下面的文件，如图 3.12 所示。

⑦ 接下来要复制工程模板需要的一些其他头文件和源文件到我们工程。首先定位到目录 STM32F4xx_DSP_StdPeriph_Lib_V1.4.0\Libraries\CMSIS\Device\ST\STM32F4xx\Include，将里面的 2 个头文件 stm32f4xx.h 和 system_stm32f4xx.h 复制

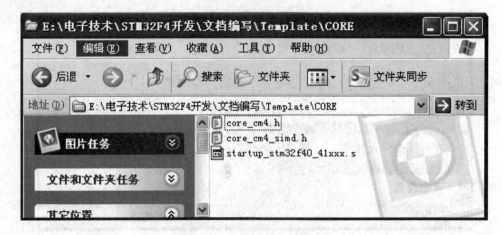

图 3.12 CORE 文件夹文件

到 USER 目录下。这 2 个头文件是 STM32F4 工程非常关键的 2 个头文件。后面我们讲解相关知识的时候会详细讲解。然后进入目录\STM32F4xx_DSP_StdPeriph_Lib_V1.4.0\Project\STM32F4xx_StdPeriph_Templates，将目录下面的 5 个文件 main.c、nstm32f4xx_conf.h、nstm32f4xx_it.c、nstm32f4xx_it.h、nsystem_stm32f4xx.c 复制到 USER 目录下面。按图 3.13 选中 5 个文件然后复制，将相关文件复制到 USER 目录之后 USER 目录文件如图 3.14 所示。

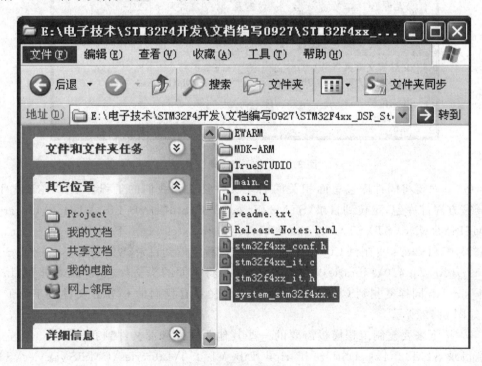

图 3.13 USER 目录文件浏览

第 3 章　MDK5 软件入门

图 3.14　USER 目录文件浏览

⑧ 前面 7 个步骤将需要的固件库相关文件复制到了我们的工程目录下面，下面将这些文件加入我们的工程中去。右击 Target1，在弹出的级联菜单中选择 Manage Project Items，如图 3.15 所示。

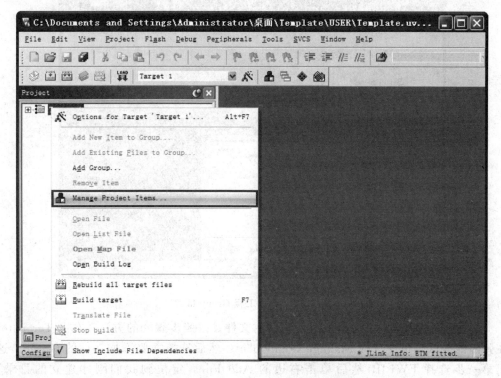

图 3.15　选择 Management Project Items

· 47 ·

⑨ 在图 3.16 所示的 Project Targets 栏将 Target 名字修改为 Template，然后在 Groups 栏删掉一个 Source Group1，建立 3 个 Groups：USER、CORE 和 FWLIB。然后单击 OK，则可以看到我们的 Target 名字以及 Groups 情况，如图 3.17 所示。

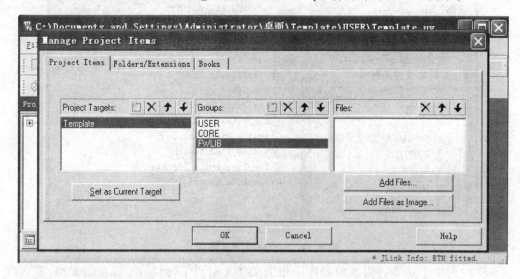

图 3.16 新建 GROUP

图 3.17 查看工程 Group 情况

⑩ 下面往 Group 里面添加我们需要的文件。按照步骤⑧的方法，右击 Tempate，在弹出的级联菜单中选择 Manage Components，然后选择需要添加文件的 Group。这里第一步选择 FWLIB，然后单击右边的 Add Files，定位到我们刚才建立的目录\FWLIB\src 下面，将里面所有的文件选中（Ctrl＋A）再单击 Add，然后单击 Close 可以

看到,Files 列表下面包含我们添加的文件,如图 3.18 所示。

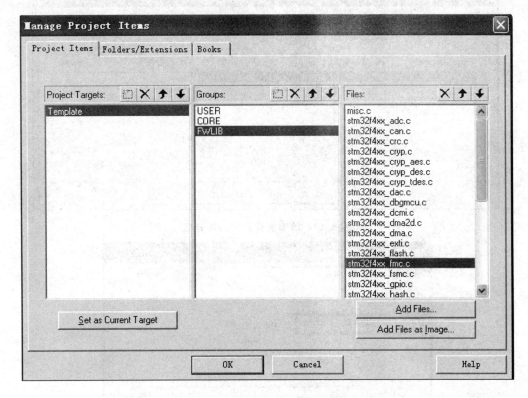

图 3.18　添加文件到 FWLIB 分组

这里需要说明一下,对于我们写代码,如果只用到了其中的某个外设,就可以不用添加没有用到的外设的库文件。例如只用 GPIO,则可以只添加 stm32f4xx_gpio.c,而其他的可以不用添加。这里全部添加进来是为了后面方便,不用每次添加;当然这样的坏处是工程太大,编译起来速度慢,用户可以自行选择。

这里 stm32f4xx_fmc.c 文件比较特殊。这个文件是 STM32F42 和 STM32F43 系列才用到,所以这里要把它删掉(注意,是 stm32f4xx_fmc.c 要删掉,不要删掉 stm32f4xx_fsmc.c)。

⑪ 同样的方法将 Groups 定位到 CORE 和 USER 下面,添加需要的文件。这里的 CORE 下面需要添加的文件为 startup_stm32f40_41xxx.s(注意,默认添加的时候文件类型为.c,也就是添加 startup_stm32f40_41xxx.s 启动文件的时候需要选择文件类型为 All files 才能看得到这个文件),USER 目录下面需要添加的文件为 main.c、stm32f4xx_it.c、system_stm32f4xx.c。这样,需要添加的文件已经添加到我们的工程中去了,最后单击 OK 回到工程主界面。操作过程如图 3.19～图 3.22 所示。

⑫ 接下来要在 MDK 里面设置头文件存放路径,也就是告诉 MDK 到哪些目录下面去寻找包含了的头文件。这一步骤非常重要。如果没有设置头文件路径,那么工程会出现报错头文件路径找不到。具体操作如图 3.23 所示,5 步之后添加相应的头文件路径。

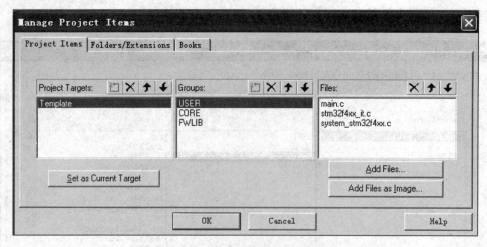

图 3.19 添加文件到 USER 分组

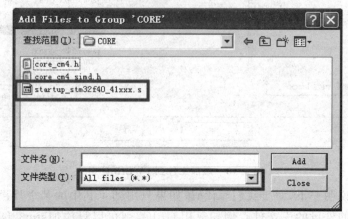

图 3.20 添加文件 startup_st32f40_41xxx.s

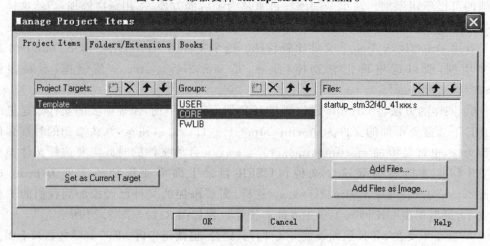

图 3.21 添加文件到 CORE 分组

第3章 MDK5 软件入门

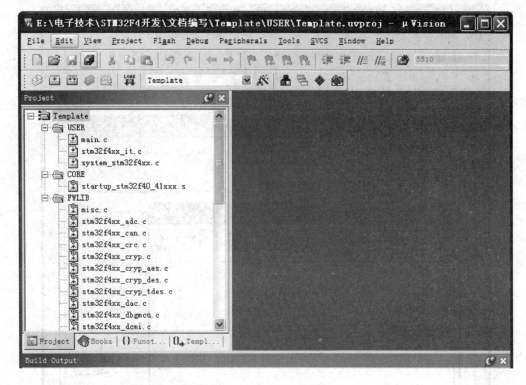

图 3.22 工程分组情况

这里需要添加的头文件路径包括：\CORE、\USER\ 以及 \FWLIB\inc。这里务必要仔细,固件库存放的头文件子目录是\FWLIB\inc,不是 FWLIB\src。很多朋友都是在这里弄错从而导致报很多奇怪的错误。添加完成之后如图 3.24 所示。

⑬ 接下来,对于 STM32F40 系列的工程,还需要添加一个全局宏定义标识符。添加方法是单击魔术棒之后进入 C/C++选项卡,然后在 Define 输入框输入:STM32F40_41xxx,USE_STDPERIPH_DRIVER,如图 3.25 所示。注意,这里是两个标识符 STM32F40_41xxx 和 USE_STDPERIPH_DRIVER,它们之间是用逗号隔开的。

读者可以直接打开本书配套资料中新建好的工程模板,从里面复制这个字符串。模板存放目录为"4,程序源码\标准例程-库函数版本\实验 0 Template 工程模板"。

⑭ 接下来要编译工程,编译之前首先要选择编译中间文件,用于编译后存放目录。方法是单击魔术棒 ,然后在弹出的 Options for Target 'Template'对话框中选择 Output 选项卡并单击 Select folder for objects,然后选择目录为上面新建的 OBJ 目录。同时将下方的 3 个选项框都选中,操作过程如图 3.26 所示。

这里说明一下步骤 4 的意义。选中 Create HEX File 选项是要求编译之后生成 HEX 文件。选中 Browse Information 选项是方便我们查看工程中的一些函数变量定义。

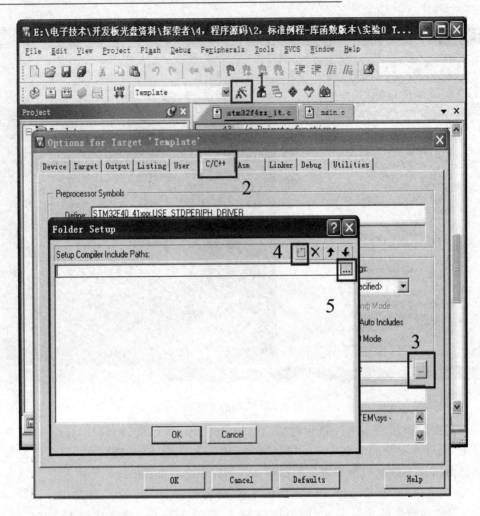

图 3.23 添加头文件路径到 PATH 步骤

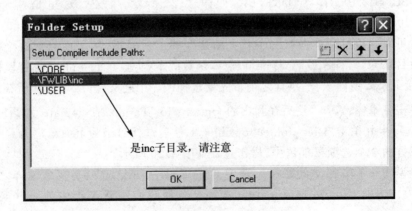

图 3.24 添加头文件路径

第 3 章 MDK5 软件入门

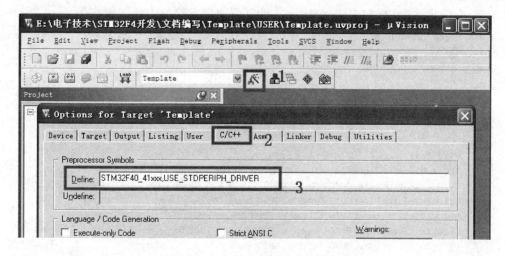

图 3.25 添加全局宏定义标识符

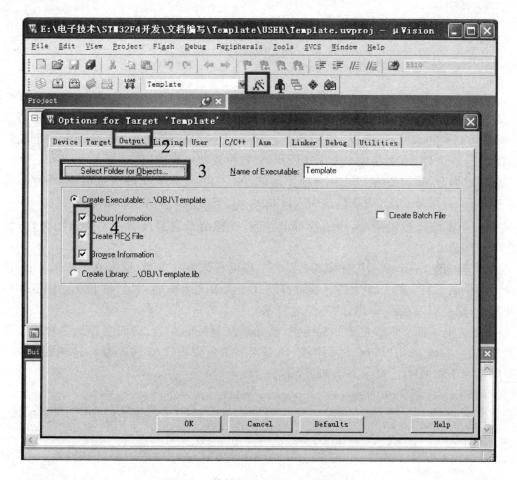

图 3.26 选择编译中间文件存放目录

⑮ 在编译之前，我们先把 main.c 文件里面的内容替换为如下内容：

```c
#include "stm32f4xx.h"
void Delay(__IO uint32_t nCount);
void Delay(__IO uint32_t nCount)
{
    while(nCount--){}
}
int main(void)
{
    GPIO_InitTypeDef  GPIO_InitStructure;
    RCC_AHB1PeriphClockCmd(RCC_AHB1Periph_GPIOF, ENABLE);
    GPIO_InitStructure.GPIO_Pin = GPIO_Pin_9 | GPIO_Pin_10;
    GPIO_InitStructure.GPIO_Mode = GPIO_Mode_OUT;
    GPIO_InitStructure.GPIO_OType = GPIO_OType_PP;
    GPIO_InitStructure.GPIO_Speed = GPIO_Speed_100MHz;
    GPIO_InitStructure.GPIO_PuPd = GPIO_PuPd_UP;
    GPIO_Init(GPIOF, &GPIO_InitStructure);
    while(1){
        GPIO_SetBits(GPIOF,GPIO_Pin_9|GPIO_Pin_10);
        Delay(0x7FFFFF);
        GPIO_ResetBits(GPIOF,GPIO_Pin_9|GPIO_Pin_10);
        Delay(0x7FFFFF);
    }
}
```

可以直接打开本书配套资料库函数源码目录：4，程序源码\标准例程—库函数版本\实验0 Template 工程模板，找到我们已经新建好的工程模板，工程中有一个 README.txt 文件，里面存放了上面这段代码，直接复制过来即可。

与此同时，我们要将 USER 分组下面的 stm32f4xx_it.c 文件内容清空，或者删掉其中第 32 行对 main.h 头文件的引入以及 144 行 SysTick_Handler 函数内容。

⑯ 单击编译按钮 📄 编译工程可以看到，工程编译通过没有任何错误和警告，如图 3.27 所示。

⑰ 到这里，一个基于固件库 V1.4 的工程模板就建立完成，同时在工程的 OBJ 目录下面生成了对应的 hex 文件。读者可以参考后面 3.4 节的内容，将 hex 文件下载到开发板，则可以发现两个 led 灯不停地闪烁。

⑱ 这里还有个非常重要的关键点，就是系统时钟的配置，后面会详细讲解。这里要修改 System_stm32f4xx.c 文件，把 PLL 第一级分频系数 M 修改为 8，这样达到主时钟频率为 168 MHz。修改方法如下：

```c
/************************* PLL Parameters *************************/
#if defined (STM32F40_41xxx) || defined (STM32F427_437xx) || defined (STM32F429_439xx) || defined (STM32F401xx)
/* PLL_VCO = (HSE_VALUE or HSI_VALUE / PLL_M) * PLL_N */
#define PLL_M      8
#else /* STM32F411xE */
#if defined (USE_HSE_BYPASS)
#define PLL_M      8
```

第3章 MDK5 软件入门

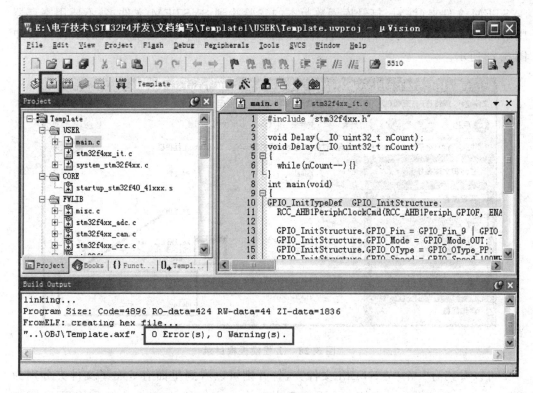

图 3.27 编译工程

```
#else /* STM32F411xE */
#define PLL_M        16
#endif /* USE_HSE_BYPASS */
#endif
```

这里 PLL_M 要修改为 8,这样系统时钟就是 168 MHz。详细原因 4.3 节会讲解。同时,我们要在 stm32f4xx.h 里面修改外部时钟 HSE_VALUE 值为 8 MHz,因为我们的外部高速时钟用的晶振为 8 MHz,具体修改方法如下:

```
#if ! defined (HSE_VALUE)
#define HSE_VALUE     ((uint32_t)8000000) /* !< Value of the External oscillator in Hz
*/
#endif /* HSE_VALUE */
```

大家一定要在对应的配置文件中找到相应的代码行,修改为符合我们硬件的值即可。

⑲ 实际上,经过前面 17 个步骤,我们的工程模板已经建立完成。但是在 ALIENTEK 提供的实验中,每个实验都有一个 SYSTEM 文件夹,下面有 3 个子目录分别为 sys、usart、delay,存放的是我们每个实验都要使用到的共用代码。该代码由我们 ALIENTEK 编写,原理在第 5 章会详细讲解,这里只是引入到工程中,方便后面的实验建立工程。

首先,找到我们实验目录,打开任何一个固件库的实验,则可以看到下面有一个

SYSTEM 文件夹（注意，打开库函数版本的实验找到 SYSTEM 文件夹，不要用寄存器版本的 SYSTEM 文件夹），比如打开我们的实验 0 Template 工程模板的工程目录如图 3.28 所示。

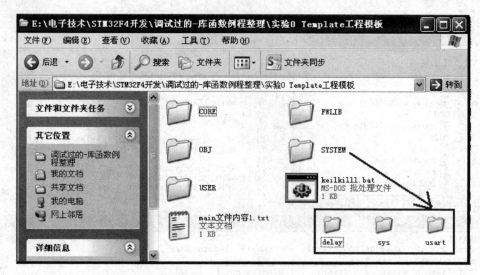

图 3.28　工程模板根目录

可以看到有一个 SYSTEM 文件夹，打开则可以看到里面有 3 个子文件夹分别为 delay、sys、usart，每个子文件夹下面都有相应的.c 文件和.h 文件。将 SYSTEM 文件夹和里面的 3 个子文件夹复制到我们工程根目录中，如图 3.29 所示。接下来要将这 3 个目录下面的源文件加入到我们工程，同时将头文件路径加入到 PATH 中。

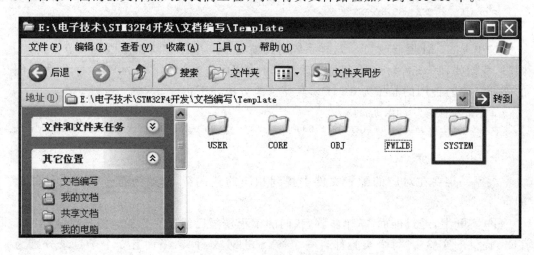

图 3.29　工程模板根目录

用之前讲解步骤⑨的办法，在工程中新建一个组，命名为 SYSTEM，然后加入这 3 个文件夹下面的.c 文件分别为 sys.c、delay.c、usart.c，如图 3.30 所示。然后单击 OK 可以看到工程中多了一个 SYSTEM 组，下面有 3 个.c 文件，如图 3.31 所示。

第 3 章 MDK5 软件入门

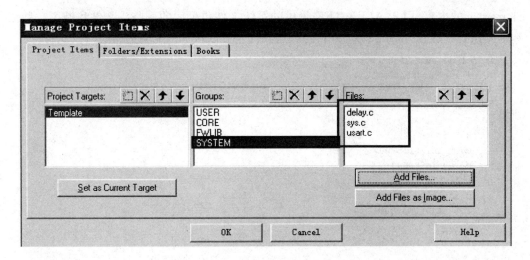

图 3.30 添加文件到 SYSTEM 分组

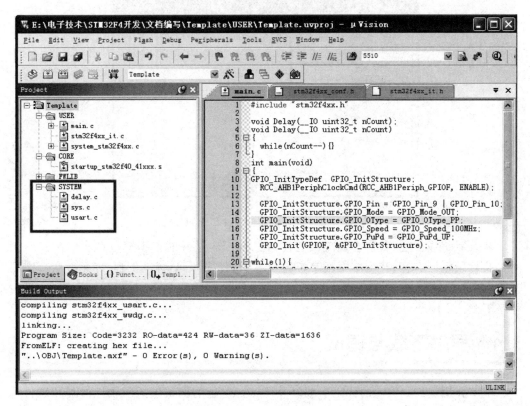

图 3.31 工程分组情况

接下来将对应的 3 个目录（sys、usart、delay）加入到 PATH 中去，因为每个目录下面都有相应的 .h 头文件，参考步骤⑫即可，加入后的截图如图 3.32 所示。

最后单击 OK。这样我们的工程模板就彻底完成了。接下来，修改主函数所在的文件 main.c 的内容,引入 ALIENTEK 提供的系统文件包里面的一些头文件和调用一些函数来测试,修改后的 main.c 文件内容为(这段代码可以从本书配套资料的模板复制):

```
#include "stm32f4xx.h"
#include "usart.h"
#include "delay.h"
int main(void)
{
    u32 t=0;
    uart_init(115200);
    delay_init(84);
    while(1)
    {
        printf("t:%d\r\n",t);
        delay_ms(500);
        t++;
    }
}
```

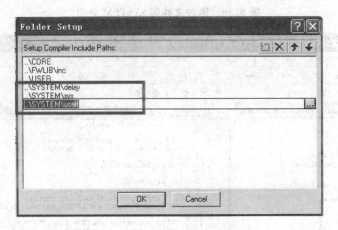

图 3.32 添加头文件路径到 PATH

修改后编译工程,我们会发现没有任何警告。建立好的工程模板在本书配套资料的实验目录里面有,路径为本书配套资料目录:4,程序源码\标准例程(库函数版)\实验 0 Template 工程模板。工程编译通过之后,接下来教大家怎么对 STM32F4 芯片进行程序下载。

3.4 程序下载与调试

本节介绍 STM32F4 的代码下载以及调试。这里的调试包括了软件仿真和硬件调试(在线调试)。

3.4.1 STM32 串口程序下载

STM32F4 的程序下载有多种方法:USB、串口、JTAG、SWD 等。不过,最简单也是最经济的,就是通过串口给 STM32F4 下载代码。本小节介绍如何利用串口给

STM32F4（以下简称 STM32）下载代码。

STM32 的串口下载一般是通过串口 1 下载的，本书的实验平台 ALIENTEK 探索者 STM32F4 开发板不是通过 RS232 串口下载的，而是通过自带的 USB 串口来下载。看起来像是 USB 下载（只需一根 USB 线，并不需要串口线）的，实际上是通过 USB 转成串口，然后再下载的。

下面就一步步教读者如何在实验平台上利用 USB 串口来下载代码。首先要在板子上设置一下，在板子上把 RXD 和 PA9（STM32 的 TXD）、TXD 和 PA10（STM32 的 RXD）通过跳线帽连接起来，这样就把 CH340G 和 MCU 的串口 1 连接上了。由于 ALIENTEK 这款开发板自带了一键下载电路，所以我们并不需要去关心 BOOT0 和 BOOT1 的状态，但是为了让下载完后可以按复位执行程序，建议把 BOOT1 和 BOOT0 都设置为 0。设置完成如图 3.33 所示。

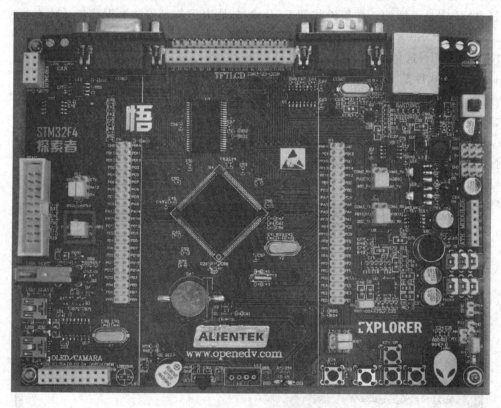

图 3.33 开发板串口下载跳线设置

这里简单说明一键下载电路的原理。我们知道，STM32 串口下载的标准方法是两个步骤：①把 B0 接 V3.3（保持 B1 接 GND）。②按一下复位按键。执行这两个步骤就可以通过串口下载代码了，下载完成之后，如果没有设置从 0X08000000 开始运行，则代码不会立即运行。此时，还需要把 B0 接回 GND，然后再按一次复位才会开始运行刚刚下载的代码。所以整个过程须跳动 2 次跳线帽，还得按 2 次复位，比较繁琐。而一键下载电路则利用串口的 DTR 和 RTS 信号，分别控制 STM32 的复位和 B0，配合上位机软件（flymcu，即 mcuisp 的最新版本），设置 DTR 的低电平复位、RTS 高电平进 BootLoader，这样，B0 和 STM32 的复位完全可以由下载软件自动控制，从而实现一键下载。

接着，在 USB_232 处插入 USB 线并接计算机，如果之前没有安装 CH340G 的驱动（如果已经安装过了驱动，则应该能在设备管理器里面看到 USB 串口；如果不能则要先卸载之前的驱动并重启计算机，再重新安装我们提供的驱动），则需要先安装 CH340G 的驱动，找到本书配套资料：软件资料→软件文件夹下的 CH340 驱动并安装。

驱动安装成功之后，拔掉 USB 线，然后重新插入计算机，此时计算机就会自动给其安装驱动了。安装完成后，可以在计算机的设备管理器里面找到 USB 串口（如果找不到，则重启计算机），如图 3.34 所示。可以看到，我们的 USB 串口被识别为 COM3。注意：不同的计算机可能不一样，读者的可能是 COM4、COM5 等，但是 USB - SERIAL CH340 一定是一样的。如果没找到 USB 串口，则有可能是安装有误或者系统不兼容。

安装了 USB 串口驱动之后就可以开始串口下载代码了，这里的串口下载软件选择的是 flymcu。该软件是 mcuisp 的升级版本（flymcu 新增对 STM32F4 的支持），由 ALIENTEK 提供部分赞助，mcuisp 开发。该软件可以在 www.mcuisp.com 免费下载，本书配套资料也附带了这个软件，版本为 V0.188。该软件启动界面如图 3.35 所示。

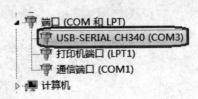

图 3.34　USB 串口

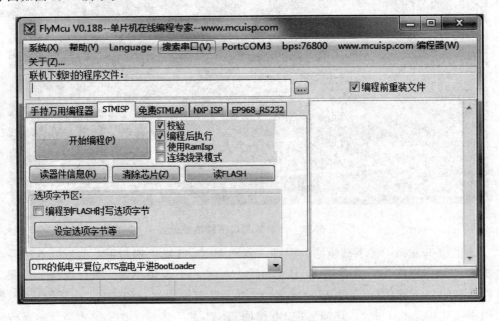

图 3.35　flymcu 启动界面

第3章 MDK5 软件入门

然后选择要下载的 Hex 文件。以前面新建的工程为例，因为前面在工程建立的时候就已经设置了生成 Hex 文件，所以编译的时候已经生成了 Hex 文件，我们只需要找到这个 Hex 文件下载即可。

用 flymcu 软件打开 OBJ 文件夹，找到对应的 hex 文件 Template.hex，打开并进行相应设置后，如图 3.36 所示。图中圈中的设置是我们建议的设置。编程后执行，这个选项在无一键下载功能的条件下很有用，选中该选项之后，可以在下载完程序之后自动运行代码。否则，还需要按复位键，才能开始运行刚刚下载的代码。

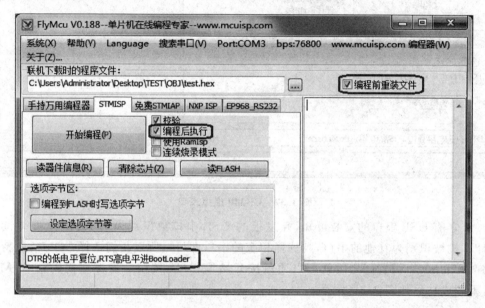

图 3.36 flymcu 设置

编程前重装文件，该选项也比较有用。选中该选项之后，flymcu 会在每次编程之前将 hex 文件重新装载一遍，这对于代码调试的时候是比较有用的。特别提醒：不要选择使用 RamIsp，否则可能没法正常下载。

最后，我们选择 DTR 的低电平复位，RTS 高电平进 BootLoader，这个选择项选中，则 flymcu 就会通过 DTR 和 RTS 信号来控制板载的一键下载功能电路，以实现一键下载功能。如果不选择，则无法实现一键下载功能。这个是必要的选项（在 BOOT0 接 GND 的条件下）。

在装载了 hex 文件之后，我们要下载代码还需要选择串口，这里 flymcu 有智能串口搜索功能。每次打开 flymcu 软件，软件会自动搜索当前计算机上可用的串口，然后选中一个作为默认的串口（一般是最后一次关闭时所选择的串口）。也可以通过单击菜单栏的搜索串口来实现自动搜索当前可用串口。串口波特率则可以通过 bps 那里设置，对于 STM32F4，由于 F4 自带的 bootlaoder 程序对高波特率支持不太好，所以，推荐设置波特率为 76 800 bps，高的波特率将导致极低的下载成功率。找到 CH340 虚拟的串口，如图 3.37 所示。

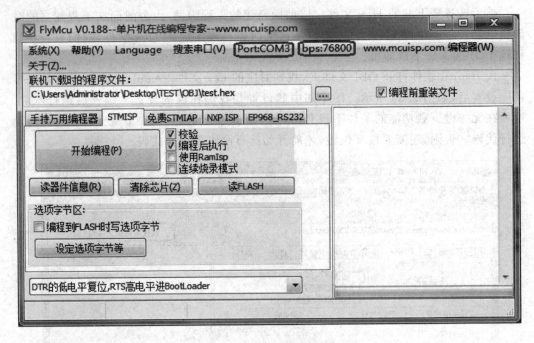

图 3.37 CH340 虚拟串口

从之前 USB 串口的安装可知,开发板的 USB 串口被识别为 COM3 了(如果读者的计算机被识别为其他的串口,则选择相应的串口即可),所以我们选择 COM3,波特率设置为 76 800。设置好之后就可以通过按开始编程(P)按钮一键下载代码到 STM32 上,下载成功后如图 3.38 所示。

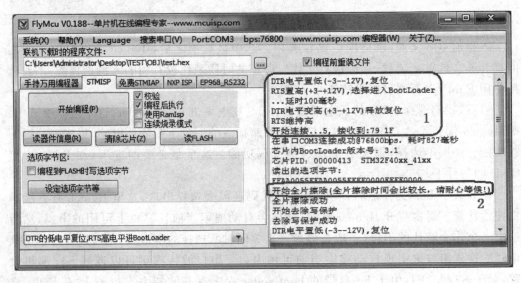

图 3.38 下载完成

图 3.38 中第一个圈圈出了 flymcu 对一键下载电路的控制过程,其实就是控制

DTR 和 RTS 电平的变化,控制 BOOT0 和 RESET,从而实现自动下载。第 2 个圈需要特别注意,因为 STM32F4 的每次下载都需要整片擦除,而 STM32F4 的整片擦除是非常慢的(STM32F1 比较快),这里的全片擦除得等待几十秒钟才可以执行完成,请耐心等待。但是 ST‐LINK 下载不存在这个问题,所以,建议最好用 ST‐LINK 下载,比较快。

另外,下载成功后,会有"共写入 xxxxKB,耗时 xxxx 毫秒"的提示,并且从 0X80000000 处开始运行了。打开串口调试助手(XCOM V2.0,在本书配套资料:6,软件资料→软件→串口调试助手里面),选择 COM3(根据实际情况选择),设置波特率为 115 200,则发现从 ALIENTEK 探索者 STM32F4 开发板发回来的信息,如图 3.39 所示。

图 3.39　程序开始运行了

接收到的数据和我们期望的一样,证明程序没有问题。至此,说明我们下载代码成功了,并且从硬件上验证了代码的正确性。

3.4.2　ST‐LINK 下载与调试程序

上一小节介绍了如何通过利用串口给 STM32 下载代码,并在 ALIENTEK 探索者 STM32F4 开发板上验证了程序的正确性。这个代码比较简单,所以不需要硬件调试,直接就一次成功了。可是,如果代码工程比较大,难免存在一些 bug,这时就有必要通过硬件调试来解决问题了。

串口只能下载代码,并不能实时跟踪调试,而利用调试工具,比如 JLINK、ULINK、STLINK 等就可以实时跟踪程序,从而找到程序中的 bug,使开发事半功倍。这里以 ST‐LINK 为例,说说如何在线调试 STM32F4。

ST‐LINK 支持 JTAG 和 SWD,同时 STM32 也支持 JTAG 和 SWD。所以,我们有 2 种方式可以用来调试,JTAG 调试的时候,占用的 I/O 线比较多,而 SWD 调试的时候占用的 I/O 线很少,只需要两根即可。

首先,我们需要安装 ST LINK 的驱动,可参考本书配套资料:6,软件资料→1,软件→ST LINK 驱动及教程 文件夹里面的《STLINK 调试补充教程.pdf》自行安装。之后,接上 ST LINK,并用灰排线连接 ST LINK 和开发板 JTAG 接口。打开 3.3 节新建的工程,单击 打开 Options for Target 对话框,在 Debug 栏选择仿真工具为 ST-LINK Debugger,如图 3.40 所示。图中还选中了 Run to main(),以后只要单击仿真就会直接运行到 main 函数;如果没选这个选项,则先执行 startup_stm32f40_41xxx.s 文件的 Reset_Handler,再跳到 main 函数。然后单击 Settings 设置 J-LINK 的一些参数,如图 3.41 所示。

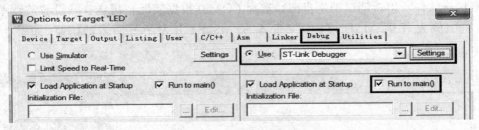

图 3.40 Debug 选项卡设置

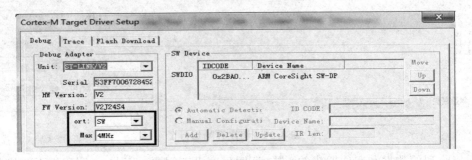

图 3.41 ST-LINK 模式设置

图 3.41 使用 ST-LINK 的 SW 模式调试,因为 JTAG 需要占用比 SW 模式多很多的 I/O 口,而在 ALIENTEK 探索者 STM32 开发板上这些 I/O 口可能被其他外设用到,于是造成部分外设无法使用。所以,建议读者在调试的时候,一定要选择 SW 模式。Max Clock 设置为最大:4 MHz(需要更新固件,否则最大只能到 1.8 MHz)。这里,如果你的 USB 数据线比较差,那么可能会出问题,此时可以通过降低这里的速率来试试。

单击 OK 完成此部分设置,接下来还需要在 Utilities 选项卡里面设置下载时的目标编程器,如图 3.42 所示。图中直接选中 Use Debug Driver,即和调试一样,选择 ST-LINK 来给目标器件的 FLASH 编程,然后单击 Settings,设置如图 3.43 所示。

这里 MDK5 会根据我们新建工程时选择的目标器件自动设置 FLASH 算法。我们使用的是 STM32F407ZGT6,FLASH 容量为 1 MB,所以 Programming Algorithm 里面默认会有 1 MB 型号的 STM32F4xx FLASH 算法。特别提醒:这里的 1 MB FLASH 算法不仅仅针对 1 MB 容量的 STM32F4,对于小于 1 MB FLASH 的型号,也是采用这个 FLASH 算法的。最后,选中 Reset and Run 选项,从而实现在编程后自动

第 3 章　MDK5 软件入门

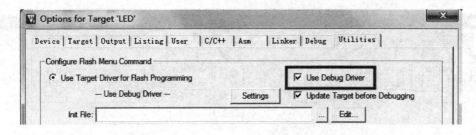

图 3.42　FLASH 编程器选择

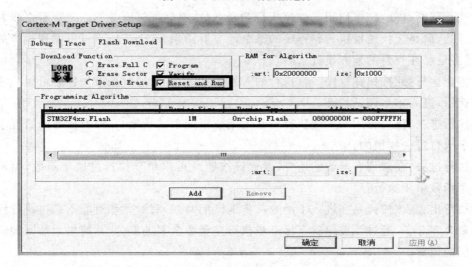

图 3.43　编程设置

运行,其他默认设置即可。

在设置完之后连续单击 OK 回到 IDE 界面,编译工程。接下来就可以通过 ST-LINK 下载代码和调试代码。配置好 ST-LINK 之后,只需要单击 LOAD 按钮就可以下载程序。下载完成之后程序就可以直接在开发板执行。

接下来看看用 ST-LINK 进行程序仿真。单击 ![icon] 开始仿真(如果开发板的代码没更新过,则先更新代码再仿真,也可以通过按 ![icon] 只下载代码,而不进入仿真。特别注意:开发板上的 B0 和 B1 都要设置到 GND,否则代码下载后不自动运行)。

因为之前选中了 Run to main() 选项,所以,程序直接就运行到了 main 函数的入口处。我们在 delay_init() 处设置了一个断点,单击 ![icon],程序将会快速执行到该处。

另外,此时 MDK 多出了一个工具条,这就是 Debug 工具条,这个工具条在我们仿真的时候是非常有用的,下面简单介绍一下 Debug 工具条相关按钮的功能。Debug 工具条部分按钮的功能如图 3.44 所示。

复位:其功能等同于硬件上按复位按钮,相当于实现了一次硬复位。按下该按钮之后,代码会重新从头开始执行。

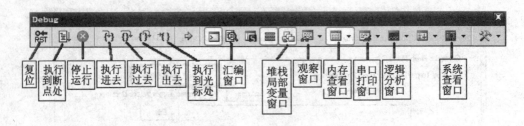

图 3.44 Debug 工具条

执行到断点处：该按钮用来快速执行到断点处，有时候读者并不需要观看每步是怎么执行的，而是想快速地执行到程序的某个地方看结果，这个按钮就可以实现这样的功能，前提是已在查看的地方设置了断点。

停止运行：此按钮在程序一直执行的时候会变为有效，通过按该按钮就可以使程序停止执行，进入单步调试状态。

执行进去：该按钮用来实现执行到某个函数里面去的功能，在没有函数的情况下是等同于执行过去按钮的。

执行过去：在碰到有函数的地方，通过该按钮就可以单步执行过这个函数，而不进入这个函数单步执行。

执行出去：该按钮是在进入了函数单步调试的时候，有时候你可能不必再执行该函数的剩余部分了，通过该按钮就直接一步执行完函数余下的部分，并跳出函数回到函数被调用的位置。

执行到光标处：该按钮可以迅速使程序运行到光标处，其实类似执行到断点处按钮功能，但是两者是有区别的，断点可以有多个，但是光标所在处只有一个。

汇编窗口：通过该按钮可以查看汇编代码，这对分析程序很有用。

堆栈局部变量窗口：通过该按钮，显示 Call Stack＋Locals 窗口，显示当前函数的局部变量及其值，方便查看。

观察窗口：MDK5 提供 2 个观察窗口（下拉选择），按下该按钮则弹出一个显示变量的窗口，输入想要观察的变量、表达式即可查看其值，是很常用的一个调试窗口。

内存查看窗口：MDK5 提供 4 个内存查看窗口（下拉选择），该按钮按下则弹出一个内存查看窗口，可以在里面输入要查看的内存地址，然后观察这一片内存的变化情况。这是很常用的一个调试窗口。

串口打印窗口：MDK5 提供 4 个串口打印窗口（下拉选择），该按钮按下则弹出一个类似串口调试助手界面的窗口，用来显示从串口打印出来的内容。

逻辑分析窗口：该图标下面有 3 个选项（下拉选择），一般用第一个，也就是逻辑分析窗口（Logic Analyzer）。单击即可调出该窗口，通过 SETUP 按钮新建一些 I/O 口就可以观察这些 I/O 口的电平变化情况，以多种形式显示出来，比较直观。

系统查看窗口：该按钮可以提供各种外设寄存器的查看窗口（通过下拉选择），选择对应外设即可调出该外设的相关寄存器表，并显示这些寄存器的值，方便查看设置是否正确。

Debug 工具条上的其他几个按钮用的比较少,这里就不介绍了。以上介绍的是比较常用的,当然也不是每次都用得着这么多,具体看程序调试的时候有没有必要观看这些东西来决定要不要看。

特别注意:串口打印窗口和逻辑分析窗口仅在软件仿真的时候可用,而 MDK5 对 STM32F4 的软件仿真基本上不支持(故本书没有介绍软件仿真),所以,基本上这两个窗口用不着。但是对 STM32F1 的软件仿真,MDK5 是支持的,在 F1 开发的时候可以用到。

这样,在上面的仿真界面里调出堆栈局部变量界面,如图 3.45 所示。

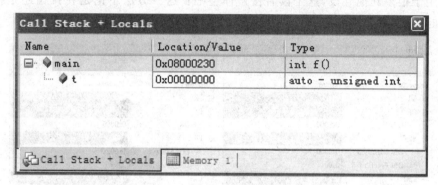

图 3.45　堆栈局部变量查看窗口

我们把光标放到 main.c 的第 15 行左侧的灰色区域然后单击,则可放置一个断点(红色的实心点,也可以通过鼠标右键弹出菜单来加入),再次单击则取消。然后单击,执行到该断点处,如图 3.46 所示。

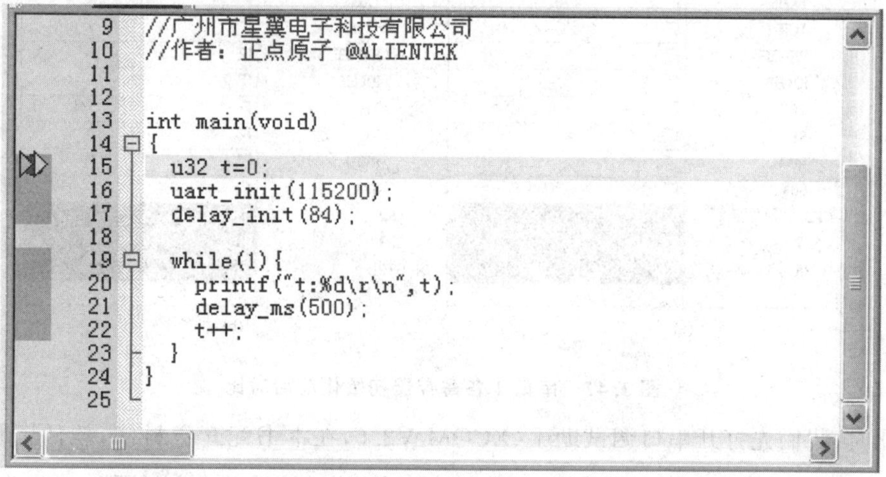

图 3.46　执行到断点处

现在先不忙着往下执行,选择 Peripherals→System Viewer→USART→USART1 菜单项,则弹出如图 3.47(a)所示界面,可以发现有很多外设可以查看,这里查看的是串口1的情况。

图3.47(a)是STM32的串口1的默认设置状态,从中可以看到所有与串口相关的寄存器全部在这上面表示出来了。接着单击一下 ![icon]，执行完串口初始化函数,得到了如图3.47(b)所示的串口信息。对比这两个图,就知道在"uart_init(115200);"函数里面大概执行了哪些操作。

通过图3.47(b)可以查看串口1各个寄存器设置状态,从而判断我们写的代码是否有问题。只有这里的设置正确了之后,才有可能在硬件上正确执行。同样,这样的方法也适用于很多其他外设,这个读者慢慢体会吧! 这一方法不论是在排错还是在编写代码的时候,都是非常有用的。

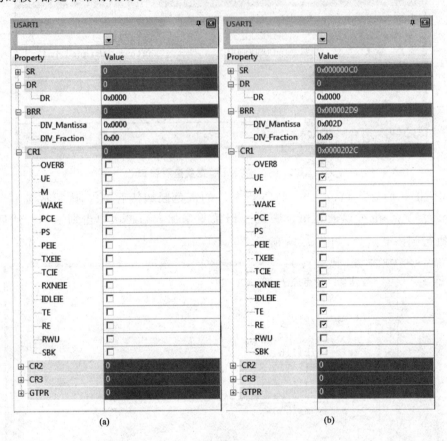

图3.47 串口1各寄存器初始化前后对比

此时,我们先打开串口调试助手(XCOM V2.0,在本书配套资料:6,软件资料→软件→串口调试助手里面),设置好串口号和波特率,然后继续单击 ![icon] 按钮,一步步执行,此时在堆栈局部变量窗口可以看到t值的变化,同时在串口调试助手中也可看到打印出t的值,如图3.48和图3.49所示。

第3章 MDK5 软件入门

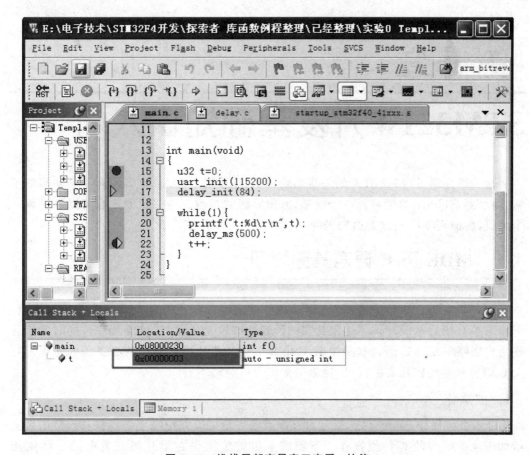

图 3.48 堆栈局部变量窗口查看 t 的值

关于 STM32F4 的硬件调试就介绍到这里,这仅仅是一个简单的 demo 演示,在实际使用中,硬件调试更是大有用处,所以读者一定要好好掌握。

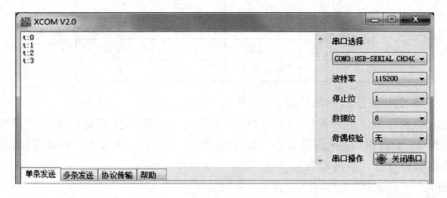

图 3.49 串口调试助手收到的数据

第 4 章

STM32F4 开发基础知识入门

这一章介绍 STM32 开发的一些基础知识,让读者对 STM32 开发有一个初步的了解,为后面 STM32 的学习做一个铺垫,方便后面的学习。这一章的内容可以只了解一个大概,后面需要用到这方面知识的时候再回过头来仔细看看。

4.1 MDK 下 C 语言基础复习

这一节主要讲解 C 语言基础知识。这里主要是简单复习几个 C 语言基础知识点,引导那些 C 语言基础知识不是很扎实的读者能够快速开发 STM32 程序。同时希望这些用户能够多复习 C 语言基础知识,C 语言毕竟是单片机开发中的必备基础知识。对于 C 语言基础比较扎实的读者,这部分知识可以忽略不看。

1. 位操作

C 语言位操作,简而言之,就是对基本类型变量可以在位级别进行操作。C 语言支持如表 4.1 所列的 6 种位操作。下面着重讲解位操作在单片机开发中的一些实用技巧。

表 4.1 6 种位操作

运算符	含 义	运算符	含 义
&	按位与	~	取反
|	按位或	<<	左移
^	按位异或	>>	右移

① 不改变其他位的值的状况下,对某几个位进行设值。

这个场景在单片机开发中经常使用,方法就是先对需要设置的位用"&"操作符进行清零操作,然后用"|"操作符设值。比如要改变 GPIOA→BSRRL 的状态,可以先对寄存器的值进行"&"清零操作:

GPIOA->BSRRL &= 0XFF0F;//将第 4~7 位清 0

然后再与需要设置的值进行|或运算:

GPIOA->BSRRL |= 0X0040;//设置相应位的值,不改变其他位的值

② 移位操作提高代码的可读性。

移位操作在单片机开发中也非常重要,看下面一行代码:

```
GPIOx->ODR = (((uint32_t)0x01) << pinpos);
```

这个操作就是将 ODR 寄存器的第 pinpos 位设置为 1,为什么要通过左移而不是直接设置一个固定的值呢?其实,这是为了提高代码的可读性以及可重用性。这行代码可以很直观地知道是将第 pinpos 位设置为 1。如果写成:

```
GPIOx->ODR = 0x0030;
```

这样的代码就不好看也不好重用了。

③ ~取反操作使用技巧

SR 寄存器的每一位都代表一个状态,某个时刻我们希望设置某一位的值为 0,同时其他位都保留为 1,简单的作法是直接给寄存器设置一个值:

```
TIMx->SR = 0xFFF7;
```

这样的做法可以设置第 3 位为 0,但是这样的作法同样不好看,并且可读性很差。看看库函数代码中怎样使用的:

```
TIMx->SR = (uint16_t)~TIM_FLAG;
```

而 TIM_FLAG 是通过宏定义定义的值:

```
#define TIM_FLAG_Update      ((uint16_t)0x0001)
#define TIM_FLAG_CC1         ((uint16_t)0x0002)
```

看这个应该很容易明白,可以直接从宏定义中看出 TIM_FLAG_Update 就是设置的第 0 位了,可读性非常强。

2. define 宏定义

define 是 C 语言中的预处理命令,用于宏定义,可以提高源代码的可读性,为编程提供方便。常见的格式:

```
#define 标识符 字符串
```

其中,"标识符"为定义的宏名,"字符串"可以是常数、表达式、格式串等。例如:

```
#define PLL_M      8
```

定义标识符 PLL_M 的值为 8。

至于 define 宏定义的其他一些知识,比如宏定义带参数这里就不多讲解。

3. ifdef 条件编译

单片机程序开发过程中,经常会遇到一种情况:当满足某条件时对一组语句进行编译,而当条件不满足时则编译另一组语句。条件编译命令最常见的形式为:

```
#ifdef 标识符
程序段 1
#else
程序段 2
#endif
```

它的作用是:当标识符已经被定义过(一般是用#define 命令定义),则对程序段 1

进行编译,否则编译程序段 2。其中#else 部分也可以没有,即：

```
#ifdef
    程序段 1
#endif
```

这个条件编译在 MDK 里面是用得很多的,在 stm32f4xx.h 头文件中经常会看到这样的语句：

```
#if defined (STM32F40_41xxx)
STM32F40x 系列和 STM32F41x 系列芯片需要的一些变量定义
#end
```

而(STM32F40_41xxx 则是我们通过#define 来定义的。条件编译也是 C 语言的基础知识,这里也就点到为止吧。

4. extern 变量申明

C 语言中 extern 可以置于变量或者函数前,以表示变量或者函数的定义在别的文件中,提示编译器遇到此变量和函数时在其他模块中寻找其定义。注意,对于 extern 申明变量可以多次,但定义只有一次。在我们的代码中会看到这样的语句：

```
extern u16 USART_RX_STA;
```

这个语句是申明 USART_RX_STA 变量在其他文件中已经定义了,这里要使用到。所以,你肯定可以找到在某个地方有变量定义的语句：

```
u16 USART_RX_STA;
```

的出现。下面通过一个例子说明一下使用方法。

在 Main.c 定义的全局变量 id,其初始化都是在 Main.c 里面进行的。Main.c 文件：

```
u8 id;//定义只允许一次
main()
{
    id = 1;
    printf("d%",id);//id = 1
    test();
    printf("d%",id);//id = 2
}
```

但是我们希望在 main.c 的 changeId(void)函数中使用变量 id,这个时候就需要在 main.c 里面去申明变量 id 是外部定义的了,因为如果不申明,变量 id 的作用域到不了 main.c 文件中。看下面 main.c 中的代码：

```
extern u8 id;//申明变量 id 是在外部定义的,申明可以在很多个文件中进行
void test(void){
    id = 2;
}
```

在 main.c 中申明变量 id 在外部定义,然后在 main.c 中就可以使用变量 id 了。extern 申明函数在外部定义的应用这里就不多讲解了。

5. typedef 类型别名

typedef 用于为现有类型创建一个新的名字,或称为类型别名,用来简化变量的定

义。typedef 在 MDK 用得最多的就是定义结构体的类型别名和枚举类型了。

```
struct _GPIO
{
    __IO uint32_tMODER;
    __IO uint32_tOTYPER;
    …
};
```

定义了一个结构体 GPIO，这样我们定义变量的方式为：

struct _GPIO GPIOA;//定义结构体变量 GPIOA

但是这样很繁琐，MDK 中有很多这样的结构体变量需要定义。这里可以为结构体定义一个别名 GPIO_TypeDef，这样就可以在其他地方通过别名 GPIO_TypeDef 来定义结构体变量了。方法如下：

```
typedef struct
{
    __IO uint32_tMODER;
    __IO uint32_tOTYPER;
    …
} GPIO_TypeDef;
```

Typedef 为结构体定义一个别名 GPIO_TypeDef，这样可以通过 GPIO_TypeDef 来定义结构体变量：

GPIO_TypeDef _GPIOA,_GPIOB;

这里的 GPIO_TypeDef 就与 struct _GPIO 是等同的作用了，这样是不是方便很多？

6. 结构体

很多用户经常提到对结构体使用不是很熟悉，但是 MDK 中太多地方使用结构体以及结构体指针，这让他们一下子摸不着头脑，学习 STM32 的积极性大大降低。其实结构体并不是那么复杂，这里稍微提一下结构体的一些知识，还有一些知识会在后面的"寄存器地址名称映射分析"中讲到一些。

声明结构体类型：

```
Struct 结构体名{
成员列表；
}变量名列表；
```

例如：

```
Struct U_TYPE {
Int BaudRate
Int  WordLength;
}usart1,usart2;
```

在结构体申明的时候可以定义变量，也可以申明之后定义，方法是：

Struct 结构体名字   结构体变量列表；

例如:struct U_TYPE usart1,usart2;
结构体成员变量的引用方法是:

结构体变量名.成员名

比如要引用 usart1 的成员 BaudRate,方法是:"usart1.BaudRate;"。结构体指针变量定义也是一样的,跟其他变量没有啥区别。例如:

struct U_TYPE * usart3;//定义结构体指针变量 usart1;

结构体指针成员变量引用是通过"→"符号实现,比如要访问 usart3 结构体指针指向的结构体的成员变量 BaudRate,方法是:

Usart3->BaudRate;

上面讲解了结构体和结构体指针的一些知识,其他的这里就不多讲解了。讲到这里,有人会问,结构体到底有什么作用呢?为什么要使用结构体呢?下面简单地通过一个实例回答一下这个问题。

在单片机程序开发过程中,经常会遇到要初始化一个外设比如串口,它的初始化状态是由几个属性来决定的,比如串口号、波特率、极性以及模式等。对于这种情况,在没有学习结构体的时候,我们一般的方法是:

voidUSART_Init(u8 usartx,u32 u32 BaudRate,u8 parity,u8 mode);

这种方式是有效的,并且在一定场合是可取的。但是试想,如果有一天,我们希望往这个函数里面再传入一个参数,那么势必需要修改这个函数的定义,重新加入字长这个入口参数。于是我们的定义被修改为:

voidUSART_Init (u8 usartx,u32 BaudRate, u8 parity,u8 mode,u8 wordlength);

但是如果这个函数的入口参数是随着开发不断增多,那么是不是我们就要不断地修改函数的定义呢?这是不是给我们开发带来很多的麻烦?那又怎样解决这种情况呢?使用结构体就能解决这个问题了。我们可以在不改变入口参数的情况下,只需要改变结构体的成员变量,就可以达到上面改变入口参数的目的。

结构体就是将多个变量组合为一个有机的整体。上面函数中 BaudRate、wordlength、Parity、mode、wordlength 这些参数,对于串口而言,是一个有机整体,都是来设置串口参数的,所以可以将它们通过定义一个结构体来组合在一个。MDK 中是这样定义的:

```
typedef struct
{
    uint32_t USART_BaudRate;
    uint16_t USART_WordLength;
    uint16_t USART_StopBits;
    uint16_t USART_Parity;
    uint16_t USART_Mode;
    uint16_t USART_HardwareFlowControl;
} USART_InitTypeDef;
```

于是,在初始化串口的时候入口参数就可以是 USART_InitTypeDef 类型的变量

或者指针变量了,MDK 中是这样做的:

void USART_Init(USART_TypeDef * USARTx, USART_InitTypeDef * USART_InitStruct);

这样,任何时候,我们只需要修改结构体成员变量,往结构体中间加入新的成员变量,而不需要修改函数定义就可以达到修改入口参数同样的目的了,这样的好处是不用修改任何函数定义就可以达到增加变量的目的。

理解了结构体在这个例子中间的作用吗?在以后的开发过程中,如果变量定义过多,如果某几个变量是用来描述某一个对象,则可以考虑将这些变量定义在结构体中,这样也许可以提高代码的可读性。

使用结构体组合参数可以提高代码的可读性,不会觉得变量定义混乱。当然,结构体的作用就远远不止这个了,同时,MDK 中用结构体来定义外设也不仅仅只是这个作用,这里只是举一个例子,通过最常用的场景让读者理解结构体的一个作用而已。后面还会讲解结构体的一些其他知识。

4.2 STM32F4 总线架构

STM32F4 的总线架构比 51 单片机强大很多,详细可以参考《STM32F4XX 中文参考手册》第 2 章,这里只把这一部分知识抽取出来讲解,是为了读者在学习 STM32F4 之前对系统架构有一个初步的了解。

这里所讲的 STM32F4 系统架构主要针对的是 STM32F407 系列芯片。首先看看 STM32 的总线架构图,如图 4.1 所示。

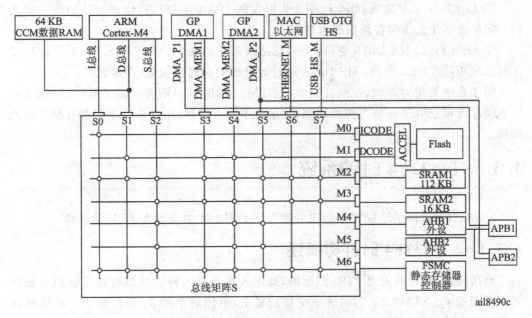

图 4.1　STM32F407 系统架构图

主系统由32位多层AHB总线矩阵构成。总线矩阵用于主控总线之间的访问仲裁管理。仲裁采取循环调度算法。总线矩阵可实现以下部分互联：

➢ 8条主控总线是：Cortex-M4内核I总线，D总线和S总线；DMA1存储器总线，DMA2存储器总线；DMA2外设总线；以太网DMA总线；USB OTG HS DMA总线。

➢ 7条被控总线：内部FLASH ICode总线；内部FLASH DCode总线；主要内部SRAM1(112 KB)辅助内部SRAM2(16 KB)；辅助内部SRAM3(64 KB)（仅适用STM32F42xx和STM32F43xx系列器件）；AHB1外设和AHB2外设；FSMC。

下面具体讲解一下图4.1中几个总线的知识。

① I总线(S0)：此总线用于将Cortex-M4内核的指令总线连接到总线矩阵。内核通过此总线获取指令。此总线访问的对象是包括代码的存储器。

② D总线(S1)：此总线用于将Cortex-M4数据总线和64 KB CCM数据RAM连接到总线矩阵。内核通过此总线进行立即数加载和调试访问。

③ S总线(S2)：此总线用于将Cortex-M4内核的系统总线连接到总线矩阵，也用于访问位于外设或SRAM中的数据。

④ DMA存储器总线(S3,S4)：此总线用于将DMA存储器总线主接口连接到总线矩阵。DMA通过此总线来执行存储器数据的传入和传出。

⑤ DMA外设总线：此总线用于将DMA外设主总线接口连接到总线矩阵。DMA通过此总线访问AHB外设或执行存储器之间的数据传输。

⑥ 以太网DMA总线：此总线用于将以太网DMA主接口连接到总线矩阵。以太网DMA通过此总线向存储器存取数据。

⑦ USB OTG HS DMA总线(S7)：此总线用于将USB OTG HS DMA主接口连接到总线矩阵。USB OTG HS DMA通过此总线向存储器加载/存储数据。

对于系统架构的知识，在刚开始学习STM32的时候只需要大概了解，大致知道是什么情况即可。对于寻址之类的知识，这里就不深入讲解，中文参考手册都有很详细的讲解。

4.3 STM32F4时钟系统

STM32F4时钟系统的详细知识可参考《STM32F4中文参考手册》第6章。

4.3.1 STM32F4时钟树概述

众所周知，时钟系统是CPU的脉搏，就像人的心跳一样。所以时钟系统的重要性就不言而喻了。STM32F4的时钟系统比较复杂，不像简单的51单片机一个系统时钟就可以解决一切。于是有人要问，采用一个系统时钟不是很简单吗？为什么STM32要有多个时钟源呢？因为首先STM32本身非常复杂，外设非常多，但是并不是所有外

第 4 章　STM32F4 开发基础知识入门

设都需要系统时钟这么高的频率，比如看门狗以及 RTC 只需要几十 k 的时钟即可。同一个电路，时钟越快功耗越大，同时抗电磁干扰能力也会越弱，所以对于较为复杂的 MCU 一般采取多时钟源的方法来解决这些问题。

首先来看看 STM32F4 的时钟系统图，如图 4.2 所示。

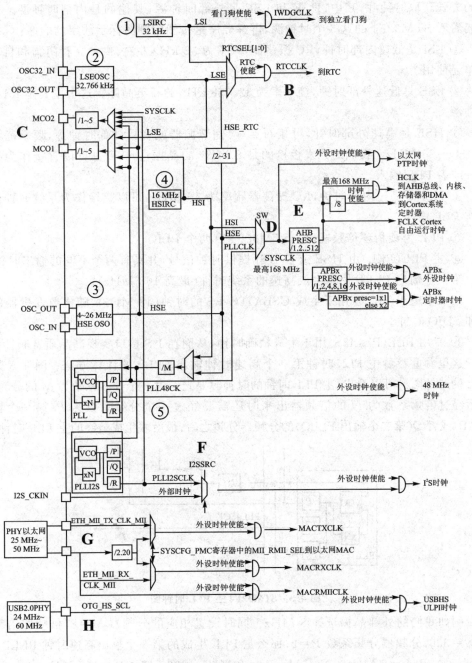

图 4.2　STM32 时钟系统图

STM32F4 中有 5 个最重要的时钟源,为 HSI、HSE、LSI、LSE、PLL。其中,PLL 实际是分为两个时钟源,分别为主 PLL 和专用 PLL。从时钟频率来分,可以分为高速时钟源和低速时钟源。在这 5 个中,HSI、HSE 以及 PLL 是高速时钟,LSI 和 LSE 是低速时钟。从来源可分为外部时钟源和内部时钟源,外部时钟源就是从外部通过接晶振的方式获取时钟源,其中,HSE 和 LSE 是外部时钟源,其他的是内部时钟源。下面我们看看 STM32F4 的这 5 个时钟源,讲解顺序是按图中圆圈标示数字的顺序:

① LSI 是低速内部时钟,RC 振荡器,频率为 32 kHz 左右,供独立看门狗和自动唤醒单元使用。

② LSE 是低速外部时钟,接频率为 32.768 kHz 的石英晶体。这个主要是 RTC 的时钟源。

③ HSE 是高速外部时钟,可接石英/陶瓷谐振器或者接外部时钟源,频率范围为 4 MHz~26 MHz。我们的开发板接的是 8 MHz 的晶振。HSE 也可以直接作为系统时钟或者 PLL 输入。

④ HSI 是高速内部时钟,RC 振荡器频率为 16 MHz,可以直接作为系统时钟或者用作 PLL 输入。

⑤ PLL 为锁相环倍频输出。STM32F4 有两个 PLL:

ⓐ 主 PLL(PLL)由 HSE 或者 HSI 提供时钟信号,并具有两个不同的输出时钟。

第一个输出 PLLP 用于生成高速的系统时钟(最高 168 MHz);

第二个输出 PLLQ 用于生成 USB OTG FS 的时钟(48 MHz),随机数发生器的时钟和 SDIO 时钟。

ⓑ 专用 PLL(PLLI2S)用于生成精确时钟,从而在 I²S 接口实现高品质音频性能。

这里着重看看主 PLL 时钟第一个高速时钟输出 PLLP 的计算方法。图 4.3 是主 PLL 的时钟图。可以看出,主 PLL 时钟的时钟源要先经过一个分频系数为 M 的分频器,然后经过倍频系数为 N 的倍频器出来时还需要经过一个分频系数为 P(第一个输出 PLLP)或者 Q(第二个输出 PLLQ)的分频器分频之后,最后才生成最终的主 PLL 时钟。

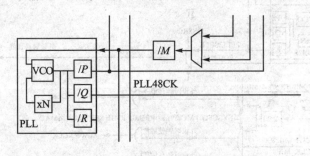

图 4.3 STM32F4 主 PLL 时钟图

例如我们的外部晶振选择 8 MHz。同时设置相应的分频器 $M=8$,倍频器倍频系数 $N=336$,分频器分频系数 $P=2$,那么主 PLL 生成的第一个输出高速时钟 PLLP 为:

PLL=8 MHz · $N/(M·P)$=8 MHz×336 /(8×2)=168 MHz

如果选择 HSE 为 PLL 时钟源,同时 SYSCLK 时钟源为 PLL,那么 SYSCLK 时钟为 168 MHz。我们后面的实验都是采用这样的配置。

上面简要概括了 STM32 的时钟源,那么这 5 个时钟源是怎么给各个外设以及系统提供时钟的呢?这里选择一些比较常用的时钟知识来讲解。

图 4.2 中我们用 A~G 标示需要讲解的地方。

A. 这里是看门狗时钟输入。从图中可以看出,看门狗时钟源只能是低速的 LSI 时钟。

B. 这里是 RTC 时钟源,可以看出,RTC 的时钟源可以选择 LSI、LSE 以及 HSE 分频后的时钟,HSE 分频系数为 2~31。

C. 这里是 STM32F4 输出时钟 MCO1 和 MCO2。MCO1 是向芯片的 PA8 引脚输出时钟。它有 4 个时钟来源,分别为:HSI、LSE、HSE 和 PLL 时钟。MCO2 是向芯片的 PC9 输出时钟,同样有 4 个时钟来源,分别为:HSE、PLL、SYSCLK 以及 PLLI2S 时钟。MCO 输出时钟频率最大不超过 100 MHz。

D. 这里是系统时钟。从图 4.2 可以看出,SYSCLK 系统时钟来源有 3 个方面:HSI、HSE 和 PLL。在实际应用中,因为对时钟速度要求都比较高,所以我们才会选用 STM32F4 这种级别的处理器,一般情况下都是采用 PLL 作为 SYSCLK 时钟源。根据前面的计算公式就可以算出系统的 SYSCLK 是多少。

E. 这里指的是以太网 PTP 时钟、AHB 时钟、APB2 高速时钟、APB1 低速时钟。这些时钟都来源于 SYSCLK 系统时钟。其中,以太网 PTP 时钟使用系统时钟。AHB、APB2 和 APB1 时钟是经过 SYSCLK 时钟分频得来。这里大家记住,AHB 最大时钟为 168 MHz,APB2 高速时钟最大频率为 84 MHz,而 APB1 低速时钟最大频率为 42 MHz。

F. 这里是指 I^2S 时钟源。从图 4.2 可以看出,I^2S 的时钟源来源于 PLLI2S 或者映射到 I2S_CKIN 引脚的外部时钟。I^2S 出于音质的考虑,对时钟精度要求很高。探索者 STM32F4 开发板使用的是内部 PLLI2SCLK。

G. 这是 STM32F4 内部以太网 MAC 时钟的来源。对于 MII 接口来说,必须向外部 PHY 芯片提供 25 MHz 的时钟,这个时钟可以由 PHY 芯片外接晶振,或者使用 STM32F4 的 MCO 输出来提供。然后,PHY 芯片再给 STM32F4 提供 ETH_MII_TX_CLK 和 ETH_MII_RX_CLK 时钟。对于 RMII 接口来说,外部必须提供 50 MHz 的时钟驱动 PHY 和 STM32F4 的 ETH_RMII_REF_CLK,这个 50 MHz 时钟可以来自 PHY、有源晶振或者 STM32F4 的 MCO。我们的开发板使用的是 RMII 接口,使用 PHY 芯片提供 50 MHz 时钟驱动 STM32F4 的 ETH_RMII_REF_CLK。

H. 这里是指外部 PHY 提供的 USB OTG HS(60 MHz)时钟。

这里还需要说明一下,Cortex 系统定时器 Systick 的时钟源可以是 AHB 时钟 HCLK 或 HCLK 的 8 分频。具体配置请参考 Systick 定时器配置,我们会在 5.1 节讲解 delay 文件夹代码的时候讲解。

在以上的时钟输出中,有很多是带使能控制的,例如 AHB 总线时钟、内核时钟、各种 APB1 外设、APB2 外设等。当需要使用某模块时,记得一定要先使能对应的时钟。后面讲解实例的时候会讲解到时钟使能的方法。

4.3.2 STM32F4 时钟初始化配置

接下来讲解一下 STM32F4 的系统时钟配置。STM32F4 时钟系统初始化是在 system_stm32f4xx.c 中的 SystemInit()函数中完成的。系统时钟关键寄存器设置主要是在 SystemInit 函数中调用 SetSysClock()函数来实现的。先看看 SystemInit()函数体:

```
void SystemInit(void)
{
    /* FPU 设置 */
    #if (__FPU_PRESENT == 1) && (__FPU_USED == 1)
    SCB->CPACR |= ((3UL<<10*2)|(3UL<<11*2)); /* 设置 CP10 和 CP11,开启硬件 FPU */
    #endif
    /* 设置 RCC 时钟相关配置 */
    /* 使能内部高速时钟 HSI */
    RCC->CR |= (uint32_t)0x00000001;
    /* 设置 CFGR 寄存器各位值为 0 */
    RCC->CFGR = 0x00000000;
    /* 清零 HSEON, CSSON 和 PLLON 相关位,关闭 HSE/PLL 时钟和时钟安全系统 */
    RCC->CR &= (uint32_t)0xFEF6FFFF;
    /* 重新设置 PLLCFGR 寄存器值 */
    RCC->PLLCFGR = 0x24003010;
    /* HSEBYP 位清零,不旁路 HSE 振荡器 */
    RCC->CR &= (uint32_t)0xFFFBFFFF;
    /* 关闭所有中断 */
    RCC->CIR = 0x00000000;
    #if defined (DATA_IN_ExtSRAM) || defined (DATA_IN_ExtSDRAM)
    SystemInit_ExtMemCtl();
    #endif /* DATA_IN_ExtSRAM || DATA_IN_ExtSDRAM */
    /* 配置系统时钟源、PLL 倍频器和分频因子,AHB 和 APBx 预分频器以及 FLASH 设置 */
    SetSysClock();
    /* 配置中断向量表基地址和偏移地址 */
    #ifdef VECT_TAB_SRAM
    SCB->VTOR = SRAM_BASE | VECT_TAB_OFFSET; /* 中断向量表在内部 SRAM */
    #else
    SCB->VTOR = FLASH_BASE | VECT_TAB_OFFSET; /* 中断向量表在内部 FLASH */
    #endif
}
```

SystemInit 函数开始先进行浮点运算单元设置,然后是复位 PLLCFGR、CFGR 寄存器,同时通过设置 CR 寄存器的 HSI 时钟使能位来打开 HSI 时钟。默认情况下,如果 CFGR 寄存器复位,那么是选择 HSI 作为系统时钟。这点可以查看 RCC→CFGR 寄存器的位描述最低 2 位得知,当低两位配置为 00 的时候(复位之后),会选择 HSI 振荡器为系统时钟。也就是说,调用 SystemInit 函数之后,首先选择 HSI 作为系统时钟。RCC→CFGR 寄存器的位 1:0 配置描述(CFGR 寄存器详细描述请参考《STM32F4 中

第 4 章 STM32F4 开发基础知识入门

文参考手册》6.3.31 小节)如图 4.4 所示。

位1:0 SW：系统时钟切换(System clock switch)
由软件置1和清零，用于选择系统时钟源。
由硬件置1，用于在退出停机或待机模式时或者在直接间接用作系统时钟的HSE振荡器发生故障时强制HSI的选择。
00:选择HSI振荡器作为系统时钟；01:选择HSE振荡器作为系统时钟；
10:选择PLL作为系统时钟；11:不允许

图 4.4 RCC→CFGR 寄存器的位 1:0 配置

设置完相关寄存器后，接下来 SystemInit 函数内部会调用 SetSysClock 函数。这个函数比较长，我们就把一些关键代码行截取出来讲解。这里省略一些宏定义标识符值的判断而直接把针对 STM32F407 比较重要的内容贴出来：

```c
static void SetSysClock(void)
{
    __IO uint32_t StartUpCounter = 0, HSEStatus = 0;
    /* 使能 HSE */
    RCC->CR |= ((uint32_t)RCC_CR_HSEON);
    /* 等待 HSE 稳定 */
    do
    {HSEStatus = RCC->CR & RCC_CR_HSERDY;
        StartUpCounter++;
    } while((HSEStatus == 0) && (StartUpCounter != HSE_STARTUP_TIMEOUT));

    if ((RCC->CR & RCC_CR_HSERDY) != RESET)
    {HSEStatus = (uint32_t)0x01;
    }
    else
    {HSEStatus = (uint32_t)0x00;
    }

    if (HSEStatus == (uint32_t)0x01)
    {
        /* Select regulator voltage output Scale 1 mode */
        RCC->APB1ENR |= RCC_APB1ENR_PWREN;
        PWR->CR |= PWR_CR_VOS;
        /* HCLK = SYSCLK / 1 */
        RCC->CFGR |= RCC_CFGR_HPRE_DIV1;
        /* PCLK2 = HCLK / 2 */
        RCC->CFGR |= RCC_CFGR_PPRE2_DIV2;
        /* PCLK1 = HCLK / 4 */
        RCC->CFGR |= RCC_CFGR_PPRE1_DIV4;
        /* PCLK2 = HCLK / 2 */
        RCC->CFGR |= RCC_CFGR_PPRE1_DIV1;
        /* PCLK1 = HCLK / 4 */
        RCC->CFGR |= RCC_CFGR_PPRE1_DIV2;
        /* Configure the main PLL */
        RCC->PLLCFGR = PLL_M | (PLL_N << 6) | (((PLL_P >> 1) - 1) << 16) |
                       (RCC_PLLCFGR_PLLSRC_HSE) | (PLL_Q << 24);
        /* 使能主 PLL */
        RCC->CR |= RCC_CR_PLLON;
```

```c
    /* 等待主 PLL 就绪 */
    while((RCC->CR & RCC_CR_PLLRDY) == 0){}
    /* Configure Flash prefetch, Instruction cache, Data cache and wait state */
    FLASH->ACR = FLASH_ACR_PRFTEN | FLASH_ACR_ICEN
                 |FLASH_ACR_DCEN |FLASH_ACR_LATENCY_5WS;
    /* 设置主 PLL 时钟为系统时钟源 */
    RCC->CFGR &= (uint32_t)((uint32_t)~(RCC_CFGR_SW));
    RCC->CFGR |= RCC_CFGR_SW_PLL;
    /* 等待设置稳定(主 PLL 作为系统时钟源) */
    while ((RCC->CFGR & (uint32_t)RCC_CFGR_SWS ) != RCC_CFGR_SWS_PLL);
    {
    }
  }
}
else
{ /* If HSE fails to start-up, the application will have wrong clock
     configuration. User can add here some code to deal with this error */
}
}
```

这段代码的大致流程是这样的：先使能外部时钟 HSE，等待 HSE 稳定之后，配置 AHB、APB1、APB2 时钟相关的分频因子，也就是相关外设的时钟。等待这些都配置完成之后，打开主 PLL 时钟，然后设置主 PLL 作为系统时钟 SYSCLK 时钟源。如果 HSE 不能达到就绪状态（比如外部晶振不能稳定或者没有外部晶振），那么依然会是 HSI 作为系统时钟。

在这里要特别提出来，设置主 PLL 时钟的时候要设置一系列的分频系数和倍频系数参数。可以从 SetSysClock 函数的这行代码看出：

```c
RCC->PLLCFGR = PLL_M | (PLL_N << 6) | (((PLL_P >> 1) - 1) << 16) |
               (RCC_PLLCFGR_PLLSRC_HSE) | (PLL_Q << 24);
```

这些参数是通过宏定义标识符的值来设置的。默认在 System_stm32f4xx.c 文件开头的地方配置。对于我们开发板，设置参数值如下：

```c
#define PLL_M  8
#define PLL_Q  7
#define PLL_N  336
#define PLL_P  2
```

所以主 PLL 时钟为：

$PLL = 8\ MHz \cdot N/(M \cdot P) = 8\ MHz \times 336/(8 \times 2) = 168\ MHz$

在开发过程中，我们可以通过调整这些值来设置我们的系统时钟。

这里还有个特别需要注意的地方，就是我们还要同步修改 stm32f4xx.h 中宏定义标识符 HSE_VALUE 的值为外部时钟：

```c
#if ! defined  (HSE_VALUE)
#define HSE_VALUE    ((uint32_t)8000000) /*!< Value of the External oscillator in Hz */
#endif /* HSE_VALUE */
```

这里默认固件库配置的是 25000000，外部时钟为 8 MHz，所以根据硬件情况修改为 8000000 即可。

第 4 章　STM32F4 开发基础知识入门

讲到这里,读者对 SystemInit 函数的流程会有个比较清晰的理解。那么 SystemInit 函数是怎么被系统调用的呢?SystemInit 是整个设置系统时钟的入口函数。ST 提供的 STM32F4 固件库会在系统启动之后先执行 main 函数,然后再接着执行 SystemInit 函数实现系统相关时钟的设置。这个过程是在启动文件 startup_stm32f40_41xxx.s 中间设置的,接下来看看启动文件中这段启动代码:

```
; Reset handler
Reset_Handler    PROC
                 EXPORT   Reset_Handler           [WEAK]
        IMPORT   SystemInit
        IMPORT   __main
                 LDR      R0, =SystemInit
                 BLX      R0
                 LDR      R0, =__main
                 BX       R0
                 ENDP
```

这段代码的作用是在系统复位之后引导进入 main 函数,同时在进入 main 函数之前,首先要调用 SystemInit 系统初始化函数完成系统时钟等相关配置。

最后总结一下 SystemInit() 函数中设置的系统时钟大小:

```
SYSCLK(系统时钟)                       = 168 MHz
AHB 总线时钟(HCLK = SYSCLK)              = 168 MHz
APB1 总线时钟(PCLK1 = SYSCLK/4)          = 42 MHz
APB2 总线时钟(PCLK2 = SYSCLK/2)          = 84 MHz
PLL 主时钟                              = 168 MHz
```

4.3.3　STM32F4 时钟使能和配置

4.3.2 小节讲解了系统复位并调用 SystemInit 函数之后相关时钟的默认配置。如果在系统初始化之后,我们还需要修改某些时钟源配置,或者要使能相关外设的时钟,该怎么设置呢?这些设置实际是在 RCC 相关寄存器中配置的。因为 RCC 相关寄存器非常多,有兴趣的读者可以参考《STM32F4 中文参考手册》6.3 节。这里不直接讲解寄存器配置,而是通过 STM32F4 标准固件库配置方法来讲解。

在 STM32F4 标准固件库里,时钟源的选择以及时钟使能等函数都是在 RCC 相关固件库文件 stm32f4xx_rcc.h 和 stm32f4xx_rcc.c 中声明和定义的。打开 stm32f4xx_rcc.h 文件可以看到,文件开头有很多宏定义标识符,然后是一系列时钟配置和时钟使能函数申明。这些函数大致可以归结为 3 类,一类是外设时钟使能函数,一类是时钟源和分频因子配置函数,还有一类是外设复位函数。当然,还有几个获取时钟源配置的函数。下面以几种常见的操作来简要介绍这些库函数的使用。

首先是时钟使能函数,包括外设设置使能和时钟源使能两类。首先来看看外设时钟使能相关的函数:

```
void    RCC_AHB1PeriphClockCmd(uint32_t RCC_AHB1Periph, FunctionalState NewState);
void    RCC_AHB2PeriphClockCmd(uint32_t RCC_AHB2Periph, FunctionalState NewState);
void    RCC_AHB3PeriphClockCmd(uint32_t RCC_AHB3Periph, FunctionalState NewState);
```

```
void RCC_APB1PeriphClockCmd(uint32_t RCC_APB1Periph, FunctionalState NewState);
void RCC_APB2PeriphClockCmd(uint32_t RCC_APB2Periph, FunctionalState NewState);
```

这里主要有 5 个外设时钟使能函数,分别用来使能 5 个总线下面挂载的外设时钟,这些总线分别为 AHB1 总线、AHB2 总线、AHB3 总线、APB1 总线以及 APB2 总线。要使能某个外设,调用对应的总线外设时钟使能函数即可。

这里要特别说明一下,STM32F4 的外设在使用之前必须对时钟进行使能,如果没有使能时钟,那么外设是无法正常工作的。对于哪个外设是挂载在哪个总线之下,虽然也可以查手册查询到,但是这里如果使用的是库函数,实际上没必要查询手册,这里介绍一个小技巧。

比如要使能 GPIOA,则只需要在 stm32f4xx_rcc.h 头文件里面搜索 GPIOA,就可以搜索到对应时钟使能函数的第一个入口参数为 RCC_AHB1Periph_GPIOA,从这个宏定义标识符一眼就可以看出,GPIOA 是挂载在 AHB1 下面。同理,对于串口 1 我们可以搜索 USART1,找到标识符为 RCC_APB2Periph_USART1,那么很容易知道串口 1 是挂载在 APB2 之下。这个知识在后面的 4.7 节也有讲解,这里顺带提一下。

如果要使能 GPIOA,那么我们可以在头文件 stm32f4xx_rcc.h 里面查看到宏定义标识符 RCC_AHB1Periph_GPIOA。GPIOA 是挂载在 AHB1 总线之下,所以,我们调用 AHB1 总线下外设时钟使能函数 RCC_AHB1PeriphClockCmd 即可。具体调用方式入如下:

```
RCC_AHB1PeriphClockCmd(RCC_AHB1Periph_GPIOA,ENABLE);//使能 GPIOA 时钟
```

同理,如果要使能串口 1 的时钟,那么我们调用的函数为:

```
void RCC_AHB2PeriphClockCmd(uint32_t RCC_AHB1Periph, FunctionalState NewState);
```

具体的调用方法是:

```
RCC_APB2PeriphClockCmd(RCC_APB2Periph_USART1,ENABLE);
```

还有一类时钟使能函数是时钟源使能函数,前面我们已经讲解过 STM32F4 有 5 大类时钟源。这里列出来几种重要的时钟源使能函数:

```
void RCC_HSICmd(FunctionalState NewState);
void RCC_LSICmd(FunctionalState NewState);
void RCC_PLLCmd(FunctionalState NewState);
void RCC_PLLI2SCmd(FunctionalState NewState);
void RCC_PLLSAICmd(FunctionalState NewState);
void RCC_RTCCLKCmd(FunctionalState NewState);
```

这些函数用来使能相应的时钟源。比如要使能 PLL 时钟,那么调用的函数为:

```
void RCC_PLLCmd(FunctionalState NewState);
```

具体调用方法如下:

```
RCC_PLLCmd(ENABLE);
```

要使能相应的时钟源,调用对应的函数即可。

接下来讲解的是第二类时钟功能函数:时钟源选择和分频因子配置函数。这些函数用来选择相应的时钟源以及配置相应的时钟分频系数。比如我们之前讲解过系统时

钟 SYSCLK，可以选择 HSI、HSE 以及 PLL 这 3 个中的一个时钟源为系统时钟。那么到底选择哪一个，这是可以配置的。下面列举几种时钟源配置函数：

```
void    RCC_LSEConfig(uint8_t RCC_LSE);
void    RCC_SYSCLKConfig(uint32_t RCC_SYSCLKSource);
void    RCC_HCLKConfig(uint32_t RCC_SYSCLK);
void    RCC_PCLK1Config(uint32_t RCC_HCLK);
void    RCC_PCLK2Config(uint32_t RCC_HCLK);
void    RCC_RTCCLKConfig(uint32_t RCC_RTCCLKSource);
void    RCC_PLLConfig(uint32_t RCC_PLLSource, uint32_t PLLM,
                      uint32_t PLLN, uint32_t PLLP, uint32_t PLLQ);
```

比如要设置系统时钟源为 HSI，那么可以调用系统时钟源配置函数：

```
void    RCC_HCLKConfig(uint32_t RCC_SYSCLK);
```

具体配置方法如下：

```
RCC_HCLKConfig(RCC_SYSCLKSource_HSI);//配置时钟源为 HSI
```

又比如要设置 APB1 总线时钟为 HCLK 的 2 分频，也就是设置分频因子为 2 分频，那么如果要使能 HSI，那么调用的函数为：

```
void    RCC_PCLK1Config(uint32_t RCC_HCLK);
```

具体配置方法如下：

```
RCC_PCLK1Config(RCC_HCLK_Div2);
```

接下来看看第三类外设复位函数。如下：

```
void    RCC_AHB1PeriphResetCmd(uint32_t RCC_AHB1Periph, FunctionalState NewState);
void    RCC_AHB2PeriphResetCmd(uint32_t RCC_AHB2Periph, FunctionalState NewState);
void    RCC_AHB3PeriphResetCmd(uint32_t RCC_AHB3Periph, FunctionalState NewState);
void    RCC_APB1PeriphResetCmd(uint32_t RCC_APB1Periph, FunctionalState NewState);
void    RCC_APB2PeriphResetCmd(uint32_t RCC_APB2Periph, FunctionalState NewState);
```

这类函数跟前面讲解的外设时钟函数使用方法基本一致，区别是一个是用来使能外设时钟，一个是用来复位对应的外设。调用函数的时候一定不要混淆。

这些时钟操作函数就不一一列举出来，读者可以打开 RCC 对应的文件仔细了解。

4.4 I/O 引脚复用器和映射

STM32F4 有很多的内置外设，这些外设的外部引脚都是与 GPIO 复用的。也就是说，一个 GPIO 如果可以复用为内置外设的功能引脚，那么当这个 GPIO 作为内置外设使用的时候，就叫复用。这部分知识在《STM32F4 中文参考手册》第 7 章和芯片数据手册有详细的讲解。这里抽取重要的知识点罗列出来。同时，我们会以串口使用为例讲解具体的引脚复用的配置。

STM32F4 系列微控制器 I/O 引脚通过一个复用器连接到内置外设或模块。该复用器一次只允许一个外设的复用功能（AF）连接到对应的 I/O 口，这样可以确保共用同一个 I/O 引脚的外设之间不会发生冲突。

每个 I/O 引脚都有一个复用器,该复用器采用 16 路复用功能输入(AF0～AF15),可通过 GPIOx_AFRL(针对引脚 0～7)和 GPIOx_AFRH(针对引脚 8～15)寄存器对这些输入进行配置,每 4 位控制一路复用:

① 完成复位后,所有 I/O 都会连接到系统的复用功能 0(AF0)。
② 外设的复用功能映射到 AF1～AF13。
③ Cortex-M4 EVENTOUT 映射到 AF15。

复用器示意如图 4.5 所示。接下来简单说明一下这个图要如何看。举个例子,探索者 STM32F407 开发板的原理图上 PC11 的原理图如图 4.6 所示。可见,PC11 可以作为 SPI3_MISO、U3_RX、U4_RX、SDIO_D3、DCMI_D4、I2S3ext_SD 等复用功能输出。这么多复用功能,如果这些外设都开启了,那么对 STM32F1 来说,那就可能乱套了,外设之间可互相干扰。但是 STM32F4 有复用功能选择功能,可以让 PC11 仅连接到某个特定的外设,因此不存在互相干扰的情况。

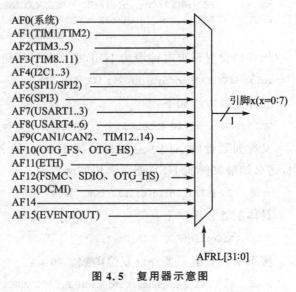

图 4.5 复用器示意图

| SDIO_D3 | DCMI_D4 | PC11 112 | PC11/SPI3 MISO/U3 RX/U4 RX/SDIO D3/DCMI D4/I2S3ext SD |

图 4.6 探索者 STM32F407 开发板 PC11 原理图

图 4.5 是针对引脚 0～7,引脚 8～15 时控制寄存器为 GPIOx_AFRH。从图中可以看出,当需要使用复用功能的时候,我们配置相应的寄存器 GPIOx_AFRL 或者 GPIOx_AFRH,让对应引脚通过复用器连接到对应的复用功能外设。这里列出 GPIOx_AFRL 寄存器的描述,GPIOx_AFRH 的作用跟 GPIOx_AFRL 类似,只不过 GPIOx_AFRH 控制的是一组 I/O 口的高 8 位,GPIOx_AFRL 控制的是一组 I/O 口的低 8 位。

如图 4.7 所示,32 位寄存器 GPIOx_AFRL 每 4 个位控制一个 I/O 口,所以每个寄存器控制 32/4=8 个 I/O 口。寄存器对应 4 位的值配置决定这个 I/O 映射到哪个复用功能 AF。

在微控制器完成复位后,所有 I/O 口都会连接到系统复用功能 0(AF0)。注意,对于系统复用功能 AF0,我们将 I/O 口连接到 AF0 之后,还要根据所用功能进行配置:

① JTAG/SWD:器件复位后会将这些功能引脚指定为专用引脚。也就是说,这些引脚在复位后默认就是 JTAG/SWD 功能。如果要作为 GPIO 来使用,就需要对对应的 I/O 口复用器进行配置。

第4章 STM32F4开发基础知识入门

31	30	29	28	27	26	25	24	23	22	21	20	19	18	17	16
\multicolumn{4}{c}{AFRL7[3:0]}				AFRL6[3:0]				AFRL5[3:0]				AFRL4[3:0]			
rw	rw	rw	rw	rw	rw	rw	rw	rw	rw	rw	rw	rw	rw	rw	rw
15	14	13	12	11	10	9	8	7	6	5	4	3	2	1	0
AFRL3[3:0]				AFRL2[3:0]				AFRL1[3:0]				AFRL0[3:0]			
rw	rw	rw	rw	rw	rw	rw	rw	rw	rw	rw	rw	rw	rw	rw	rw

位31:0 **AFRLy**：端口x位y的复用功能选择(Alternate function selection for port x bit y)(y=0..7)
这些位通过软件写入，用于配置复用功能I/O。

AFRLy选择：
0000:AF0;0001:AF1;0010:AF2;0011:AF3;
0100:AF4;0101:AF5;0110:AF6;0111:AF7;
1000:AF8;1001:AF9;1010:AF10;1011:AF11;
1100:AF12;1101:AF13;1110:AF14;1111:AF15

图 4.7　GPIOx_AFRL 寄存器位描述

② RTC_REFIN：此引脚在系统复位之后要使用的话，则须配置为浮空输入模式。

③ MCO1 和 MCO2：如果这些引脚在系统复位之后要使用的话，则须配置为复用功能模式。

对于外设复用功能的配置，除了 ADC 和 DAC 要将 I/O 配置为模拟通道之外，其他外设功能一律要配置为复用功能模式，这个配置是在 I/O 口对应的 GPIOx_MODER 寄存器中完成的。同时要配置 GPIOx_AFRH 或者 GPIOx_AFRL 寄存器，须将 I/O 口通过复用器连接到所需要的复用功能对应的 AFx。

不是每个 I/O 口都可以复用为任意复用功能外设，到底哪些 I/O 可以复用为相关外设呢？这在芯片对应的数据手册（请参考本书配套资料）上面会有详细表格列出来。对于 STM32F407，数据手册里面的 Table 9. Alternate function mapping 列出了所有的端口 AF 映射表。因为表格比较大，所以这里只列出 PORTA 的几个端口，方便读者理解，如图 4.8 所示。可以看出，PA9 连接 AF7 可以复用为串口 1 的发送引脚 USART1_TX，PA10 连接 AF7 可以复用为串口 2 的接收引脚 USART1_RX。

接下来以串口 1 为例来讲解怎么配置 GPOPA.9 及 GPIOA.10 口为串口 1 复用功能。

① 首先，使用 I/O 复用功能外设，必须先打开对应的 I/O 时钟和复用功能外设时钟。

```
/*使能 GPIOA 时钟*/
RCC_AHB1PeriphClockCmd(RCC_AHB1Periph_GPIOA,ENABLE);
/*使能 USART1 时钟*/
RCC_APB2PeriphClockCmd(RCC_APB2Periph_USART1,ENABLE);
```

这里需要说明一下，官方库提供了 5 个打开 GPIO 和外设时钟的函数分别为：

```
void   RCC_AHB1PeriphClockCmd(uint32_t RCC_AHB1Periph, FunctionalState NewState);
void   RCC_AHB2PeriphClockCmd(uint32_t RCC_AHB2Periph, FunctionalState NewState);
void   RCC_AHB3PeriphClockCmd(uint32_t RCC_AHB3Periph, FunctionalState NewState);
void   RCC_APB1PeriphClockCmd(uint32_t RCC_APB1Periph, FunctionalState NewState);
void   RCC_APB2PeriphClockCmd(uint32_t RCC_APB2Periph, FunctionalState NewState);
```

	PA0	PA5	PA8	PA9	PA10
AF0			MCO1		
AF1	TIM2_CH1_ETR	TIM2_CH1_ETR	TIM1_CH1	TIM1_CH2	TIM1_CH3
AF2	TIM 5_CH1				
AF3	TIM8_ETR	TIM8_CH1N			
AF4			I2C3_SCL	I2C3_SMBA	
AF5					
AF6					
AF7	USART2_CTS	SPI1_SCK	USART1_CK	USART1_TX	USART1_RX
AF8	UART4_TX				
AF9					
AF10		OTG_HS_ULPI_CK	OTG_FS_SOF		OTG_FS_ID
AF11	ETH_MII_CRS				
AF12					
AF13				DCMI_D0	DCMI_D1
AF14					
AF15	EVENTOUT	EVENTOUT	EVENTOUT	EVENTOUT	EVENTOUT

图 4.8　PORTA 部分端口 AF 映射表

这 5 个函数分别用来打开相应的总线下 GPIO 和外设时钟。比如我们的串口 1 是挂载在 APB2 总线之下,所以调用对应的 APB2 总线下外设时钟使能函数 RCC_APB2PeriphClockCmd 来使能串口 1 时钟。对于其他外设只须调用相应的函数即可。具体库函数要怎么快速找到对应的外设使能函数,可以参考接下来的 4.7 节快速组织代码技巧,我们有详细的举例说明。

② 其次,在 GIPOx_MODER 寄存器中将所需 I/O(对于串口 1 是 PA9,PA10)配置为复用功能(ADC 和 DAC 设置为模拟通道)。

③ 再次,我们还需要配置 I/O 口的其他参数,例如类型、上拉/下拉以及输出速度。上面 3 步在库函数中是通过 GPIO_Init 函数来实现的,参考代码如下:

```
/*GPIOA9 与 GPIOA10 初始化*/
GPIO_InitStructure.GPIO_Pin = GPIO_Pin_9 | GPIO_Pin_10;
GPIO_InitStructure.GPIO_Mode = GPIO_Mode_AF;//复用功能
GPIO_InitStructure.GPIO_Speed = GPIO_Speed_50MHz;//速度 50MHz
GPIO_InitStructure.GPIO_OType = GPIO_OType_PP;//推挽复用输出
GPIO_InitStructure.GPIO_PuPd = GPIO_PuPd_UP;//上拉
GPIO_Init(GPIOA,&GPIO_InitStructure);//初始化 PA9,PA10
```

④ 最后,配置 GPIOx_AFRL 或者 GPIOx_AFRH 寄存器,将 I/O 连接到所需的 AFx。

如果使用库函数来操作,则这些步骤是调用 GPIO_PinAFConfig 函数来实现的。具体操作代码如下:

```
/* PA9 连接 AF7,复用为 USART1_TX */
GPIO_PinAFConfig(GPIOA,GPIO_PinSource9,GPIO_AF_USART1);
/* PA10 连接 AF7,复用为 USART1_RX */
GPIO_PinAFConfig(GPIOA,GPIO_PinSource10,GPIO_AF_USART1);
```

GPIO_PinAFConfig 函数的入口第一、二个参数很好理解,可以确定是哪个 I/O;对于第三个参数而言,实际上只要确定了这个 I/O 到底是复用为哪种功能之后,这个参数也很好选择,因为可选的参数在 stm32f4xx_gpio.h 列出来非常详细,如下:

```
#define IS_GPIO_AF(AF)    (((AF) == GPIO_AF_RTC_50Hz) ||((AF) == GPIO_AF_TIM14)    ||\
                          ((AF) == GPIO_AF_MCO)      || ((AF) == GPIO_AF_TAMPER)   ||\
                          ……//(省略部分代码)
                          ((AF) == GPIO_AF_ETH) || ((AF) == GPIO_AF_OTG_HS_FS)     ||\
                          ((AF) == GPIO_AF_SDIO) || ((AF) == GPIO_AF_DCMI)         ||\
                          ((AF) == GPIO_AF_EVENTOUT)   || ((AF) == GPIO_AF_FSMC))
```

参考这些宏定义标识符能很快找到函数的入口参数。

STM32F4 的端口复用和映射就讲解到这里,希望读者结合相关实验工程巩固本小节知识。

4.5 STM32 NVIC 中断优先级管理

Cortex-M4 内核支持 256 个中断,其中包含了 16 个内核中断和 240 个外部中断,并且具有 256 级的可编程中断设置。但 STM32F4 并没有使用 Cortex-M4 内核的全部东西,而是只用了它的一部分。STM32F40xx/STM32F41xx 总共有 92 个中断,STM32F42xx/STM32F43xx 则总共有 96 个中断,以下仅以 STM32F40xx/41xx 为例讲解。

STM32F40xx/STM32F41xx 的 92 个中断里面包括 10 个内核中断和 82 个可屏蔽中断,具有 16 级可编程的中断优先级,而我们常用的就是这 82 个可屏蔽中断。在 MDK 内,与 NVIC 相关的寄存器定义了如下的结构体:

```
typedef struct
{
  __IO uint32_t ISER[8];        /*!< Interrupt Set Enable Register           */
       uint32_t RESERVED0[24];
  __IO uint32_t ICER[8];        /*!< Interrupt Clear Enable Register         */
       uint32_t RSERVED1[24];
  __IO uint32_t ISPR[8];        /*!< Interrupt Set Pending Register          */
       uint32_t RESERVED2[24];
  __IO uint32_t ICPR[8];        /*!< Interrupt Clear Pending Register        */
       uint32_t RESERVED3[24];
  __IO uint32_t IABR[8];        /*!< Interrupt Active bit Register           */
       uint32_t RESERVED4[56];
  __IO uint8_t  IP[240];        /*!< Interrupt Priority Register, 8Bit wide  */
       uint32_t RESERVED5[644];
  __O  uint32_t STIR;           /*!< Software Trigger Interrupt Register     */
} NVIC_Type;
```

STM32F4 的中断在这些寄存器的控制下有序执行。只有了解这些中断寄存器，才能方便地使用 STM32F4 的中断。下面重点介绍这几个寄存器：

ISER[8]：ISER 全称是 Interrupt Set-Enable Registers，是一个中断使能寄存器组。上面说了 Cortex-M4 内核支持 256 个中断，这里用 8 个 32 位寄存器来控制，每个位控制一个中断。但是 STM32F4 的可屏蔽中断最多只有 82 个，所以对我们来说，有用的就是 3 个(ISER[0~2])，总共可以表示 96 个中断。而 STM32F4 只用了其中的前 82 个。ISER[0] 的 bit0~31 分别对应中断 0~31；ISER[1] 的 bit0~32 对应中断 32~63；ISER[2] 的 bit0~17 对应中断 64~81；这样总共 82 个中断就分别对应上了。要使能某个中断，必须设置相应的 ISER 位为 1，使该中断被使能(这里仅仅是使能，要配合中断分组、屏蔽、I/O 口映射等设置才算是一个完整的中断设置)。具体每一位对应哪个中断，请参考 stm32f4xx.h 里面的第 188 行处。

ICER[8]：全称是 Interrupt Clear-Enable Registers，是一个中断除能寄存器组。该寄存器组与 ISER 的作用恰好相反，用来清除某个中断的使能。其对应位的功能也和 ICER 一样。这里要专门设置一个 ICER 来清除中断位，而不是向 ISER 写 0 来清除，是因为 NVIC 的这些寄存器都是写 1 有效的，写 0 是无效的。

ISPR[8]：全称是 Interrupt Set-Pending Registers，是一个中断挂起控制寄存器组。每个位对应的中断和 ISER 是一样的。通过置 1 可以将正在进行的中断挂起，转而执行同级或更高级别的中断。写 0 是无效的。

ICPR[8]：全称是 Interrupt Clear-Pending Registers，是一个中断解挂控制寄存器组。其作用与 ISPR 相反，对应位也和 ISER 一样。通过设置 1 可以将挂起的中断接挂。写 0 无效。

IABR[8]：全称是 Interrupt Active Bit Registers，是一个中断激活标志位寄存器组。对应位代表的中断和 ISER 一样，如果为 1，则表示该位所对应的中断正在被执行。这是一个只读寄存器，通过它可以知道当前在执行的中断是哪一个。中断执行完后由硬件自动清零。

IP[240]：全称是 Interrupt Priority Registers，是一个中断优先级控制的寄存器组。这个寄存器组相当重要！STM32F4 的中断分组与这个寄存器组密切相关。IP 寄存器组由 240 个 8 bit 寄存器组成，每个可屏蔽中断占用 8 bit，这样总共可以表示 240 个可屏蔽中断。而 STM32F4 只用到了其中的 82 个。IP[81]~IP[0] 分别对应中断 81~0。而每个可屏蔽中断占用的 8 bit 并没有全部使用，而是只用了高 4 位。这 4 位又分为抢占优先级和响应优先级。抢占优先级在前，响应优先级在后。而这两个优先级各占几个位又要根据 SCB→AIRCR 中的中断分组设置来决定。

这里简单介绍一下 STM32F4 的中断分组：STM32F4 将中断分为 5 个组，组 0~4。该分组的设置是由 SCB→AIRCR 寄存器的 bit10~8 来定义的。具体的分配关系如表 4.2 所列。通过这个表就可以清楚地看到组 0~4 对应的配置关系，例如组设置为 3，那么此时所有的 82 个中断的中断优先寄存器高 4 位中的最高 3 位是抢占优先级，低 1 位是响应优先级。每个中断可以设置抢占优先级为 0~7，响应优先级为 1 或 0。抢占优先级的级别高于响应优先级。而数值越小代表的优先级就越高。

表 4.2 AIRCR 中断分组设置表

组	AIRCR[10:8]	bit[7:4]分配情况	分配结果
0	111	0:4	0 位抢占优先级,4 位响应优先级
1	110	1:3	1 位抢占优先级,3 位响应优先级
2	101	2:2	2 位抢占优先级,2 位响应优先级
3	100	3:1	3 位抢占优先级,1 位响应优先级
4	011	4:0	4 位抢占优先级,0 位响应优先级

这里需要注意两点:第一,如果两个中断的抢占优先级和响应优先级都是一样的话,则看哪个中断先发生就先执行;第二,高优先级的抢占优先级是可以打断正在进行的低抢占优先级中断的。而抢占优先级相同的中断,高优先级的响应优先级不可以打断低响应优先级的中断。

结合实例说明一下:假定设置中断优先级组为 2,然后设置中断 3(RTC_WKUP 中断)的抢占优先级为 2,响应优先级为 1。中断 6(外部中断 0)的抢占优先级为 3,响应优先级为 0。中断 7(外部中断 1)的抢占优先级为 2,响应优先级为 0。那么这 3 个中断的优先级顺序为:中断 7>中断 3>中断 6。

上面例子中的中断 3 和中断 7 都可以打断中断 6 的中断,而中断 7 和中断 3 却不可以相互打断!

通过以上介绍,我们熟悉了 STM32F4 中断设置的大致过程。接下来介绍如何使用库函数实现以上中断分组设置以及中断优先级管理,从而简化以后的中断设置。NVIC 中断管理函数主要在 misc.c 文件里面。

首先要讲解的是中断优先级分组函数 NVIC_PriorityGroupConfig,其函数申明如下:

```
void NVIC_PriorityGroupConfig(uint32_t NVIC_PriorityGroup);
```

这个函数的作用是对中断的优先级进行分组,这个函数在系统中只能被调用一次,一旦分组确定最好就不要更改。这个函数我们可以找到其实现:

```
void NVIC_PriorityGroupConfig(uint32_t NVIC_PriorityGroup)
{
    assert_param(IS_NVIC_PRIORITY_GROUP(NVIC_PriorityGroup));
    SCB->AIRCR = AIRCR_VECTKEY_MASK | NVIC_PriorityGroup;
}
```

从函数体可以看出,这个函数唯一目的就是通过设置 SCB→AIRCR 寄存器来设置中断优先级分组,这在前面寄存器讲解的过程中已经讲到。而其入口参数通过双击选中函数体里面的"IS_NVIC_PRIORITY_GROUP",然后右击 Go to defition of 查看到,为:

```
#define IS_NVIC_PRIORITY_GROUP(GROUP)
(((GROUP) == NVIC_PriorityGroup_0) ||
((GROUP) == NVIC_PriorityGroup_1) || \
```

```
((GROUP) == NVIC_PriorityGroup_2) || \
((GROUP) == NVIC_PriorityGroup_3) || \
((GROUP) == NVIC_PriorityGroup_4))
```

这也是表 4.2 讲解的,分组范围为 0~4。比如我们设置整个系统的中断优先级分组值为 2,那么方法是:

```
NVIC_PriorityGroupConfig(NVIC_PriorityGroup_2);
```

这样就确定了一共为"2 位抢占优先级,2 位响应优先级"。

设置好系统中断分组,那么对于每个中断我们又怎么确定其抢占优先级和响应优先级呢? 下面讲解一个重要的函数,即中断初始化函数 NVIC_Init,其函数申明为:

```
void NVIC_Init(NVIC_InitTypeDef * NVIC_InitStruct)
```

其中,NVIC_InitTypeDef 是一个结构体,其结构体的成员变量:

```
typedef struct
{
    uint8_t NVIC_IRQChannel;
    uint8_t NVIC_IRQChannelPreemptionPriority;
    uint8_t NVIC_IRQChannelSubPriority;
    FunctionalState NVIC_IRQChannelCmd;
} NVIC_InitTypeDef;
```

NVIC_InitTypeDef 结构体中间有 3 个成员变量,这 3 个成员变量的作用是:

- NVIC_IRQChannel:定义初始化的是哪个中断,这个可以在 stm32f4xx.h 中定义的枚举类型 IRQn 的成员变量中找到每个中断对应的名字。例如串口 1 对应 USART1_IRQn。
- NVIC_IRQChannelPreemptionPriority:定义这个中断的抢占优先级别。
- NVIC_IRQChannelSubPriority:定义这个中断的响应优先级别。
- NVIC_IRQChannelCmd:该中断通道是否使能。

比如我们要使能串口 1 的中断,同时设置抢占优先级为 1,响应优先级位 2,初始化的方法是:

```
NVIC_InitTypeDef   NVIC_InitStructure;;
NVIC_InitStructure.NVIC_IRQChannel = USART1_IRQn;//串口 1 中断
NVIC_InitStructure.NVIC_IRQChannelPreemptionPriority = 1 ;// 抢占优先级为 1
NVIC_InitStructure.NVIC_IRQChannelSubPriority = 2;// 响应优先级位 2
NVIC_InitStructure.NVIC_IRQChannelCmd = ENABLE;//IRQ 通道使能
NVIC_Init(&NVIC_InitStructure);//根据上面指定的参数初始化 NVIC 寄存器
```

这里我们讲解了中断分组的概念以及设定优先级值的方法,而每种优先级还有一些关于清除中断、查看中断状态等内容,这在后面讲解每个中断的时候会详细讲解到。最后,我们总结一下中断优先级设置的步骤:

① 系统运行开始的时候设置中断分组。确定组号,也就是确定抢占优先级和响应优先级的分配位数。调用函数为"NVIC_PriorityGroupConfig();"。

② 设置用到的中断的中断优先级别。每个中断调用函数为"NVIC_Init();"。

4.6　MDK 中寄存器地址名称映射分析

之所以要讲解这部分知识，是因为经常会遇到客户提到不明白 MDK 中那些结构体是怎么与寄存器地址对应起来的。这里就做一个简要的分析吧。

首先我们看看 51 单片机中是怎么做的。51 单片机开发中经常会引用一个 reg51.h 的头文件，下面看看它是怎么把名字和寄存器联系起来的：

```
sfr P0 = 0x80;
```

sfr 也是一种扩充数据类型，占用一个内存单元，值域为 0～255。利用它可以访问 51 单片机内部的所有特殊功能寄存器。如用"sfr P1 = 0x90"这一句定义 P1 为 P1 端口在片内的寄存器。然后往地址为 0x80 的寄存器设值的方法是："P0=value;"。

那么在 STM32 中，是否也可以这样做呢？答案是肯定的。肯定也可以通过同样的方式来做，但是 STM32 的寄存器太多，如果一一以这样的方式列出来，那要好大的篇幅，既不方便开发，也显得杂乱无序。所以 MDK 采用的方式是通过结构体来将寄存器组织在一起。下面就讲解 MDK 是怎么把结构体和地址对应起来的，为什么我们修改结构体成员变量的值就可以达到操作对应寄存器值的目的。这些事情都是在 stm32f4xx.h 文件中完成的。我们通过 GPIOA 的几个寄存器的地址来讲解吧。

首先可以查看《STM32F4 中文参考手册》中寄存器地址映射表(P193)。这里选择 GPIOA 为例来讲解。GPIOA 寄存器地址映射如表 4.3 所列。可以看出，因为 GPIO 寄存器都是 32 位，所以每组 GPIO 的 10 个寄存器中，每个寄存器占有 4 个地址，一共占用 40 个地址，地址偏移范围为 0x00～0x24。这个地址偏移是相对 GPIOA 的基地址而言的。GPIOA 的基地址是怎么算出来的呢？因为 GPIO 都是挂载在 AHB1 总线之上，所以它的基地址是由 AHB1 总线的基地址＋GPIOA 在 AHB1 总线上的偏移地址决定的。同理依次类推，我们便可以算出 GPIOA 基地址了。下面打开 stm32f4xx.h，定位到 GPIO_TypeDef 定义处：

表 4.3　GPIOA 寄存器地址偏移表

偏　移	寄存器	偏　移	寄存器
0x00	GPIOA_MODER	0x14	GPIOA_ODR
0x04	GPIOA_OTYPER	0x18	GPIOA_BSRR
0x08	GPIOA_OSPEEDER	0x1c	GPIOA_LCKR
0x0C	GPIOA_PUPDR	0x20	GPIOA_AFRL
0x10	GPIOA_IDR	0x24	GPIOA_AFRH

```
typedef struct
{
  __IO uint32_t MODER;
  __IO uint32_t OTYPER;
  __IO uint32_t OSPEEDR;
```

```
    __IO uint32_t PUPDR;
    __IO uint32_t IDR;
    __IO uint32_t ODR;
    __IO uint16_t BSRRL;
    __IO uint16_t BSRRH;
    __IO uint32_t LCKR;
    __IO uint32_t AFR[2];
} GPIO_TypeDef;
```

然后定位到：

```
#define GPIOA            ((GPIO_TypeDef *) GPIOA_BASE)
```

可以看出，GPIOA 是将 GPIOA_BASE 强制转换为 GPIO_TypeDef 指针。这句话的意思是，GPIOA 指向地址 GPIOA_BASE，GPIOA_BASE 存放的数据类型为 GPIO_TypeDef。然后双击 GPIOA_BASE，之后右键选中 Go to definition of 便可查看 GPIOA_BASE 的宏定义：

```
#define GPIOA_BASE       (AHB1PERIPH_BASE + 0x0000)
```

依次类推，可以找到最顶层：

```
#define AHB1PERIPH_BASE  (PERIPH_BASE + 0x00020000)
#define PERIPH_BASE      ((uint32_t)0x40000000)
```

所以我们便可以算出 GPIOA 的基地址位：

```
GPIOA_BASE = 0x40000000 + 0x00020000 + 0x0000 = 0x40020000
```

下面我们再跟《STM32F 中文参考手册》比较一下看看 GPIOA 的基地址是不是 0x40020000。由图 4.9 可以看到，GPIOA 的起始地址（也就是基地址）确实是 0x40020000。同样的道理就可以推算出其他外设的基地址。

地址范围	外设
0x4002 2000 - 0x4002 23FF	GPIOI
0x4002 1C00 - 0x4002 1FFF	GPIOH
0x4002 1800 - 0x4002 1BFF	GPIOG
0x4002 1400 - 0x4002 17FF	GPIOF
0x4002 1000 - 0x4002 13FF	GPIOE
0x4002 0C00 - 0x4002 0FFF	GPIOD
0x4002 0800 - 0x4002 0BFF	GPIOC
0x4002 0400 - 0x4002 07FF	GPIOB
0x4002 0000 - 0x4002 03FF	GPIOA

图 4.9　GPIO 存储器地址映射表

上面已经知道 GPIOA 的基地址，那么那些 GPIOA 的 10 个寄存器的地址又是怎么算出来的呢？上面讲过 GPIOA 的各个寄存器对于 GPIOA 基地址的偏移地址，所以我们自然可以算出来每个寄存器的地址：

```
GPIOA 的寄存器的地址 = GPIOA 基地址 + 寄存器相对 GPIOA 基地址的偏移值
```

这个偏移值在上面的寄存器地址映像表（见表 4.4）中可以查到。那么在结构体里面这些寄存器又是怎么与地址一一对应的呢？这里涉及结构体成员变量地址对齐方式

第 4 章 STM32F4 开发基础知识入门

的知识，读者可以在网上查看相关资料，这里不详细讲解。定义好地址对齐方式之后，每个成员变量对应的地址就可以根据其基地址来计算。对于结构体类型 GPIO_TypeDef，它的所有成员变量都是 32 位，成员变量地址具有连续性。所以自然而然我们就可以算出 GPIOA 指向的结构体成员变量对应地址了。

表 4.4 GPIOA 各寄存器实际地址表

寄存器	偏移地址	实际地址=基地址+偏移地址
GPIOA_MODER	0x00	0x40020000+0x00
GPIOA_OTYPER	0x04	0x40020000+0x04
GPIOA_OSPEEDER	0x08	0x40020000+0x08
GPIOA_PUPDR	0x0C	0x40020000+0x0c
GPIOA_IDR	0x10	0x40020000+0x10
GPIOA_ODR	0x14	0x40010800+0x14
GPIOA_BSRR	0x18	0x40020000+0x18
GPIOA_LCKR	0x1c	0x40020000+0x1c
GPIOA_AFRL	0x20	0x40020000+0x20
GPIOA_AFRH	0x24	0x40020000+0x24

对比 GPIO_TypeDef 定义中成员变量的顺序和 GPIOx 寄存器地址映像可以发现，它们的顺序是一致的；如果不一致，就会导致地址混乱了。这就是为什么固件库里面"GPIOA→BSRR＝value;"就是设置地址为 0x40020000＋0x18（BSRR 偏移量）＝0x40020018 的寄存器 BSRR 的值了。它和 51 单片机里面"P0＝value"是设置地址为 0x80 的 P0 寄存器的值是一样的道理。

看到这里你是否会学起来踏实一点呢？STM32 使用的方式虽然跟 51 单片机不一样，但是原理都是一致的。

4.7 MDK 固件库快速组织代码技巧

这一节主要讲解使用 MDK 固件库开发时的一些小技巧，仅供初学者参考。这节的知识读者可以在学习第一个跑马灯实验的时候参考一下，对初学者应该很有帮助。我们就用最简单的 GPIO 初始化函数为例。

现在要初始化某个 GPIO 端口，我们要怎样快速操作呢？在头文件 stm32f4xx_gpio.h 中，定义 GPIO 初始化函数为：

    void GPIO_Init(GPIO_TypeDef* GPIOx, GPIO_InitTypeDef* GPIO_InitStruct);

现在想写初始化函数，那么在不参考其他代码的前提下怎么组织代码呢？

首先，可以看出，函数的入口参数是 GPIO_TypeDef 类型指针和 GPIO_InitTypeDef 类型指针，因为 GPIO_TypeDef 入口参数比较简单，所以我们通过第二个入口参数 GPIO_InitTypeDef 类型指针来讲解。双击 GPIO_InitTypeDef，然后在弹出的级联菜单中选择 Go to definition，如图 4.10 所示。于是定位到 stm32f4xx_gpio.h 中 GPIO_InitTypeDef 的定义处：

```
typedef struct
{
  uint32_t GPIO_Pin;
  GPIOMode_TypeDef GPIO_Mode;
  GPIOSpeed_TypeDef GPIO_Speed;
  GPIOOType_TypeDef GPIO_OType;
  GPIOPuPd_TypeDef  GPIO_PuPd;
}GPIO_InitTypeDef;
```

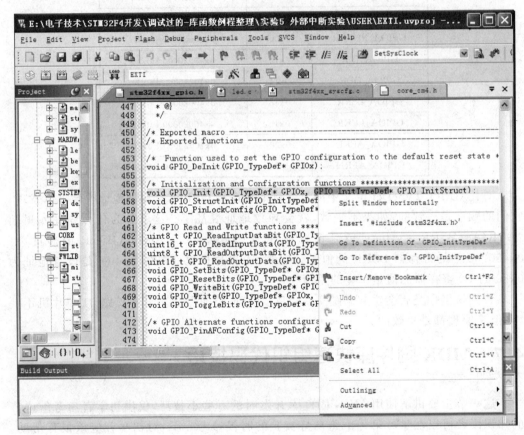

图 4.10　查看类型定义方法

可以看到，这个结构体有 5 个成员变量。这也告诉我们一个信息，一个 GPIO 口的状态是由模式(GPIO_Mode)、速度(GPIO_Speed)、输出类型(GPIO_OType)以及上下拉属性(GPIO_PuPd)决定的。首先定义一个结构体变量：

```
GPIO_InitTypeDef  GPIO_InitStructure;
```

接着，初始化结构体变量 GPIO_InitStructure。首先初始化成员变量 GPIO_Pin，这个时候我们就有点迷糊了，这个变量到底可以设置哪些值呢？这些值的范围有什么规定吗？

这里就要找到 GPIO_Init() 函数的实现处，同样，双击 GPIO_Init，右击 Go to definition of，这样光标定位到 stm32f4xx_gpio.c 文件中的 GPIO_Init 函数体开始处。我们可以看到，在函数的开始处有如下几行：

```
void GPIO_Init(GPIO_TypeDef* GPIOx, GPIO_InitTypeDef* GPIO_InitStruct)
{
        ……//省略部分代码
        /* Check the parameters */
        assert_param(IS_GPIO_ALL_PERIPH(GPIOx));
        assert_param(IS_GPIO_PIN(GPIO_InitStruct->GPIO_Pin));
        assert_param(IS_GPIO_MODE(GPIO_InitStruct->GPIO_Mode));
        assert_param(IS_GPIO_PUPD(GPIO_InitStruct->GPIO_PuPd));
        ……//省略部分代码
        assert_param(IS_GPIO_SPEED(GPIO_InitStruct->GPIO_Speed));
        ……//省略部分代码
        assert_param(IS_GPIO_OTYPE(GPIO_InitStruct->GPIO_OType));
        ……//省略部分代码
}
```

顾名思义，assert_param 函数判断入口参数的有效性，所以我们可以从这个函数入手，确定入口参数的范围。第一行是对第一个参数 GPIOx 进行有效性判断，双击 IS_GPIO_ALL_PERIPH，然后右击 go to defition of，定位到了下面的定义：

```
#define IS_GPIO_ALL_PERIPH(PERIPH) (((PERIPH) == GPIOA) || \
                                    ((PERIPH) == GPIOB) || \
……//省略部分代码
                                    ((PERIPH) == GPIOJ) || \
                                    ((PERIPH) == GPIOK))
```

很明显可以看出，GPIOx 的取值规定只允许是 GPIOA~GPIOK。

同样的办法，双击 IS_GPIO_MODE，然后右击 go to defition of，定位到下面的定义：

```
typedef enum
{
  GPIO_Mode_IN   = 0x00, /*!< GPIO Input Mode */
  GPIO_Mode_OUT  = 0x01, /*!< GPIO Output Mode */
  GPIO_Mode_AF   = 0x02, /*!< GPIO Alternate function Mode */
  GPIO_Mode_AN   = 0x03  /*!< GPIO Analog Mode */
}GPIOMode_TypeDef;
#define IS_GPIO_MODE(MODE) (((MODE) == GPIO_Mode_IN)  || \
                            ((MODE) == GPIO_Mode_OUT) || \
                            ((MODE) == GPIO_Mode_AF)  || \
                            ((MODE) == GPIO_Mode_AN))
```

所以 GPIO_InitStruct→GPIO_Mode 成员的取值范围只能是上面定义的 4 种，这 4 种模式是通过一个枚举类型组织在一起的。

同样的方法双击 IS_GPIO_PIN，然后右击 go to defition of，定位到下面的定义：

```
#define IS_GPIO_PIN(PIN) ((((PIN) & (uint16_t)0x00) == 0x00) && ((PIN) != (uint16_t)
```

0x00))

可以看出，GPIO_Pin 成员变量的取值范围为 0x0000～0xffff，那么是不是我们写代码初始化就是直接给一个 16 位的数字呢？这也是可以的，但是大多数情况下，MDK 不会让你直接在入口参数处设置一个简单的数字，因为这样的代码可读性太差，MDK 会将这些数字的意思通过宏定义定义出来，可读性大大增强。可以看到，IS_GPIO_PIN(PIN)宏定义的上面还有数行宏定义：

```
#define GPIO_Pin_0              ((uint16_t)0x0001)  /*!< Pin 0 selected */
#define GPIO_Pin_1              ((uint16_t)0x0002)  /*!< Pin 1 selected */
#define GPIO_Pin_2              ((uint16_t)0x0004)  /*!< Pin 2 selected */
……//省略部分代码
#define GPIO_Pin_14             ((uint16_t)0x4000)  /*!< Pin 14 selected */
#define GPIO_Pin_15             ((uint16_t)0x8000)  /*!< Pin 15 selected */
#define GPIO_Pin_All            ((uint16_t)0xFFFF)  /*!< All pins selected */
#define IS_GPIO_PIN(PIN) ((((PIN) & (uint16_t)0x00) == 0x00) && ((PIN) != (uint16_t)0x00))
```

这些宏定义 GPIO_Pin_0～GPIO_Pin_All 就是 MDK 事先定义好的，写代码时，初始化 GPIO_Pin 时入口参数可以是这些宏定义。对于这种情况，MDK 一般把取值范围的宏定义放在判断有效性语句的上方，方便大家查找。

讲到这里，我们基本对 GPIO_Init 的入口参数有比较详细的了解了。于是我们可以组织起来下面的代码：

```
GPIO_InitTypeDef  GPIO_InitStructure;
GPIO_InitStructure.GPIO_Pin = GPIO_Pin_9;
GPIO_InitStructure.GPIO_Mode = GPIO_Mode_OUT;       //普通输出模式
GPIO_InitStructure.GPIO_OType = GPIO_OType_PP;      //推挽输出
GPIO_InitStructure.GPIO_Speed = GPIO_Speed_100MHz;  //100 MHz
GPIO_InitStructure.GPIO_PuPd = GPIO_PuPd_UP;        //上拉
GPIO_Init(GPIOF, &GPIO_InitStructure);              //初始化
```

接着又有一个问题会被提出来，这个初始化函数一次只能初始化一个 I/O 口吗？要同时初始化很多个 I/O 口，是不是要复制很多次这样的初始化代码呢？这里又有一个小技巧了。从上面的 GPIO_Pin_x 的宏定义可以看出，这些值是 0、1、2、4 这样的数字，所以每个 I/O 口选定都对应着一个位，16 位的数据一共对应 16 个 I/O 口。这个位为 0，那么这个对应的 I/O 口不选定；这个位为 1，则对应的 I/O 口选定。如果多个 I/O 口都对应同一个 GPIOx，那么可以通过|（或）的方式同时初始化多个 I/O 口。这样操作的前提是它们的 Mode 和 Speed 参数相同，因为 Mode 和 Speed 参数不能一次定义多种。所以初始化多个 I/O 口的方式可以是如下：

```
GPIO_InitTypeDef  GPIO_InitStructure;
GPIO_InitStructure.GPIO_Pin = GPIO_Pin_9 | GPIO_Pin_10| GPIO_Pin_11;
GPIO_InitStructure.GPIO_Mode = GPIO_Mode_OUT;       //普通输出模式
GPIO_InitStructure.GPIO_OType = GPIO_OType_PP;      //推挽输出
GPIO_InitStructure.GPIO_Speed = GPIO_Speed_100MHz;  //100 MHz
GPIO_InitStructure.GPIO_PuPd = GPIO_PuPd_UP;        //上拉
GPIO_Init(GPIOF, &GPIO_InitStructure);              //初始化
```

第 4 章　STM32F4 开发基础知识入门

而哪些参数可以通过 | (或) 的方式连接，这既有章可循，同时也靠读者在开发过程中不断积累。

有朋友经常问到，每次使能时钟的时候都要去查看时钟树，看哪些外设是挂载在哪个总线下的，这很麻烦。学到这里相信读者就可以很快速地解决这个问题了。

在 stm32f4xx_rcc.h 文件中可以看到如下的宏定义：

```
#define RCC_AHB1Periph_GPIOA        ((uint32_t)0x00000001)
#define RCC_AHB1Periph_GPIOB        ((uint32_t)0x00000002)
#define RCC_AHB1Periph_GPIOC        ((uint32_t)0x00000004)
……//省略部分代码
#define RCC_AHB2Periph_DCMI         ((uint32_t)0x00000001)
#define RCC_AHB2Periph_CRYP         ((uint32_t)0x00000010)
#define RCC_AHB2Periph_HASH         ((uint32_t)0x00000020)
#define RCC_AHB2Periph_RNG          ((uint32_t)0x00000040)
……//省略部分代码
#define RCC_APB1Periph_TIM2         ((uint32_t)0x00000001)
#define RCC_APB1Periph_TIM3         ((uint32_t)0x00000002)
#define RCC_APB1Periph_TIM4         ((uint32_t)0x00000004)
#define RCC_APB2Periph_TIM1         ((uint32_t)0x00000001)
#define RCC_APB2Periph_TIM8         ((uint32_t)0x00000002)
#define RCC_APB2Periph_USART1       ((uint32_t)0x00000010)
……//省略部分代码
#define RCC_AHB3Periph_FSMC         ((uint32_t)0x00000001)
```

可以很明显地看出，GPIOA～GPIOC 挂载在 AHB1 下面，TIM2～TIM4 挂载在 APB1 下面，TIM1 和 TIM8 挂载在 APB2 下面。所以，使能 GPIO 的时候记住要调用的是 RCC_AHB1PeriphClockCmd() 函数，使能 TIM2 的时候调用的是 RCC_APB1PeriphResetCmd() 函数。

读者会觉得上面讲解有点麻烦，每次都要去查找 assert_param() 函数来寻找，那么有没有更好的办法呢？打开 GPIO_InitTypeDef 结构体定义：

```
typedef struct
{
    uint32_t GPIO_Pin;        /*!< Specifies the GPIO pins to be configured.
                                  This parameter can be any value of @ref GPIO_pins_define */
    GPIOMode_TypeDef GPIO_Mode;    /*!< Specifies the operating mode for the selected pins.
                                       This parameter can be a value of @ref GPIOMode_TypeDef */
    GPIOSpeed_TypeDef GPIO_Speed;  /*!< Specifies the speed for the selected pins.
                                       This parameter can be a value of @ref GPIOSpeed_TypeDef */
    GPIOOType_TypeDef GPIO_OType;  /*!< Specifies the operating output type for the
                                       selected pins. This parameter can be a value of @ref GPIOOType_TypeDef */
    GPIOPuPd_TypeDef GPIO_PuPd;    /*!< Specifies the operating Pull-up/Pull down for the
                                       selected pins. This parameter can be a value of @ref GPIOPuPd_TypeDef */
}GPIO_InitTypeDef;
```

从结构体成员后面的注释可以看出，GPIO_Mode 的意思是

"Specifies the operating mode for the selected pins. This parameter can be a value of @ref GPIOMode_TypeDef"。

从这段注释可以看出，GPIO_Mode 的取值为 GPIOMode_TypeDef 枚举类型的枚举值，同样可以用之前讲解的方法右击 GPIOMode_TypeDef，然后在弹出的级联菜单中选择 Go to definition of 即可查看其取值范围，要确定详细的信息就得去查看手册了。至于去查看手册的哪个地方，可以在函数 GPIO_Init( ) 的函数体中搜索 GPIO_Mode 关键字，然后查看库函数 GPIO_Mode 中设置的是哪个寄存器的哪个位，然后去中文参考手册查看该寄存器相应位的定义以及前后文的描述。

第 5 章
SYSTEM 文件夹介绍

第 4 章介绍了如何在 MDK5.11a 下建立 STM32F4 工程,这个新建的工程中用到了一个 SYSTEM 文件夹里面的代码,此文件夹里面的代码由 ALIENTEK 提供,是 STM32F4xx 系列的底层核心驱动函数,可以用在 STM32F4xx 系列的各个型号上面,方便读者快速构建自己的工程。

SYSTEM 文件夹下包含了 delay、sys、usart 这 3 个文件夹,分别包含了 delay.c、sys.c、usart.c 及其头文件。通过这 3 个 c 文件,可以快速给任何一款 STM32F4 构建最基本的框架,使用起来是很方便的。

本章将介绍这些代码,使读者了解这些代码的由来,并可以灵活使用 SYSTEM 文件夹提供的函数来快速构建工程,并实际应用到自己的项目中去。

5.1 delay 文件夹代码介绍

delay 文件夹内包含了 delay.c 和 delay.h 两个文件,用来实现系统的延时功能,其中包含 4 个函数(这里不讲 SysTick_Handler 函数,该函数在讲 μC/OS 的时候再介绍):void delay_init(u8 SYSCLK)、void delay_ms(u16 nms)、void delay_xms(u16 nms)、void delay_us(u32 nus)。下面分别介绍这 4 个函数,首先了解一下编程思想:Cortex-M4 内核的处理器和 Cortex-M3 一样,内部都包含了一个 SysTick 定时器(SysTick 是一个 24 位的倒计数定时器,当计到 0 时,则从 RELOAD 寄存器中自动重装载定时初值)。只要不把它在 SysTick 控制及状态寄存器中的使能位清除,就永不停息。SysTick 在《STM32xx 中文参考手册》里面基本没有介绍,其详细介绍请参阅《STM32F3 与 F4 系列 Cortex-M4 内核编程手册》第 230 页。我们就是利用 STM32 的内部 SysTick 来实现延时的,这样既不占用中断,也不占用系统定时器。

这里介绍的是 ALIENTEK 提供的最新版本延时函数,支持在 μC/OS 下面使用,可以和 μC/OS 共用 SysTick 定时器。首先简单介绍 μC/OS 的时钟:μC/OS 运行需要一个系统时钟节拍(类似"心跳"),而这个节拍是固定的(由 OS_TICKS_PER_SEC 设置),比如 5 ms(设置 OS_TICKS_PER_SEC=200 即可)。在 STM32 下面一般是由 SysTick 来提供这个节拍,也就是 SysTick 要设置为 5 ms 中断一次,为 μC/OS 提供时钟节拍,而且这个时钟一般是不能被打断的(否则就不准了)。

因为在 μC/OS 下 SysTick 不能再被随意更改,如果还想利用 SysTick 来做 delay_

us 或者 delay_ms 的延时,就必须想点办法了,这里利用的是时钟摘取法。以 delay_us 为例,比如 delay_us(50),在刚进入 delay_us 的时候先计算好这段延时需要等待的 SysTick 计数次数,这里为 50×21(假设系统时钟为 168 MHz,因为 SysTick 的频率为系统时钟频率的 1/8,那么 SysTick 每增加 1,就是 1/21 μs),然后就一直统计 SysTick 的计数变化,直到这个值变化了 50×21,一旦检测到变化达到或者超过这个值,就说明延时 50 μs 时间到了。下面开始介绍这几个函数。

1. delay_init 函数

该函数用来初始化 2 个重要参数:fac_us 以及 fac_ms;同时把 SysTick 的时钟源选择为外部时钟,如果使用了 μC/OS,那么还会根据 OS_TICKS_PER_SEC 的配置情况来配置 SysTick 的中断时间,并开启 SysTick 中断。具体代码如下:

```c
//初始化延迟函数
//SYSTICK 的时钟固定为 HCLK 时钟的 1/8
void delay_init()
{
//如果 OS_CRITICAL_METHOD 定义了,说明使用 μC/OS-II 了
#ifdef OS_CRITICAL_METHOD
    u32 reload;
#endif
SysTick_CLKSourceConfig(SysTick_CLKSource_HCLK_Div8);//选择外部时钟 HCLK/8
fac_us = SystemCoreClock/8000000;                    //为系统时钟的 1/8
//如果 OS_CRITICAL_METHOD 定义了,说明使用 μC/OS-II 了
#ifdef OS_CRITICAL_METHOD
    reload = SystemCoreClock/8000000;              //每秒钟的计数次数,单位为 K
    reload *= 1000000/OS_TICKS_PER_SEC;            //根据 OS_TICKS_PER_SEC 设定溢出时间
                //reload 为 24 位寄存器,最大值:16777216,在 72 MHz 下,约 1.86 s
    fac_ms = 1000/OS_TICKS_PER_SEC;                //代表 μC/OS 可以延时的最少单位
    SysTick->CTRL| = SysTick_CTRL_TICKINT_Msk;     //开启 SYSTICK 中断
    SysTick->LOAD = reload;                        //每 1/OS_TICKS_PER_SEC 秒中断一次
    SysTick->CTRL| = SysTick_CTRL_ENABLE_Msk;      //开启 SYSTICK
#else
    fac_ms = (u16)fac_us * 1000;//非 μC/OS 下,代表每个 ms 需要的 systick 时钟数
#endif
}
```

可以看到,delay_init 函数使用了条件编译来选择不同的初始化过程,如果不使用 μC/OS,就和《原子教你玩 STM32》介绍的方法是一样的;而如果使用 μC/OS,则会进行一些不同的配置,这里的条件编译是根据 OS_CRITICAL_METHOD 宏来确定的,因为只要使用了 μC/OS,就一定会定义 OS_CRITICAL_METHOD 宏。

SysTick 是 MDK 定义了的一个结构体(在 core_m4.h 里面),里面包含 CTRL、LOAD、VAL、CALIB 这 4 个寄存器。

SysTick→CTRL 的各位定义如图 5.1 所示。SysTick→LOAD 的定义如图 5.2 所示。SysTick→VAL 的定义如图 5.3 所示。

SysTick→CALIB 不常用,这里也用不到,故不介绍了。"SysTick_CLKSourceConfig

第5章 SYSTEM 文件夹介绍

位段	名称	类型	复位值	描述
16	COUNTFLAG	R	0	如果在上次读取本寄存器后，SysTick已经数到了0，则该位为1。如果读取该位，该位将自动清零
2	CLKSOURCE	R/W	0	0=HCLK/8 1=HCLK
1	TICKINT	R/W	0	1=SysTick倒数到0时产生SysTick异常请求 0=数到0时无动作
0	ENABLE	R/W	0	SysTick定时器的使能位

图 5.1　SysTick→CTRL 寄存器各位定义

位段	名称	类型	复位值	描述
23:0	RELOAD	R/W	0	当倒数至零时，将被重装载的值

图 5.2　SysTick→LOAD 寄存器各位定义

位段	名称	类型	复位值	描述
23:0	CURRENT	R/Wc	0	读取时返回当前倒计数的值，写它则使之清零，同时还会清除在SysTick控制及状寄存器中的COUNTFLABG标志

图 5.3　SysTick→VAL 寄存器各位定义

（SysTick_CLKSource_HCLK_Div8）;"把 SysTick 的时钟选择 HCLK/8,也就是 CPU 时钟频率的 1/8。假设外部晶振为 8 MHz,然后倍频到 168 MHz,那么 SysTick 的时钟即为 21 MHz,也就是 SysTick 的计数器 VAL 每减 1,就代表时间过了 $1/21\ \mu s$。

在不使用 $\mu C/OS$ 的时候:fac_us 为 μs 延时的基数,也就是延时 $1\ \mu s$,为 SysTick→LOAD 应设置的值。fac_ms 为 ms 延时的基数,也就是延时 1 ms,为 SysTick→LOAD 应设置的值。fac_us 为 8 位整型数据,fac_ms 为 16 位整型数据。SysTick 的时钟来自系统时钟 8 分频,正因为如此,系统时钟如果不是 8 的倍数(不能被 8 整除),则会导致延时函数不准确,这也是推荐外部时钟选择 8 MHz 的原因。这点要特别留意。

当使用 $\mu C/OS$ 的时候,fac_us 还是 μs 延时的基数,不过这个值不会被写到 SysTick→LOAD 寄存器来实现延时,而是通过时钟摘取的办法实现的(后面会介绍)。而 fac_ms 则代表 $\mu C/OS$ 自带的延时函数所能实现的最小延时时间(如 OS_TICKS_PER_SEC=200,那么 fac_ms 就是 5 ms)。

2. delay_us 函数

该函数用来延时指定的 μs,其参数 nus 为要延时的微秒数。该函数有使用 $\mu C/OS$ 和不使用 $\mu C/OS$ 两个版本,这里分别介绍。首先是不使用 $\mu C/OS$ 的时候,实现函数如下：

```
//延时 nus
//nus 为要延时的 μs 数.注意:nus 的值,不要大于 798 915μs
void delay_us(u32 nus)
```

```c
{
    u32 temp;
    SysTick->LOAD = nus * fac_us;                    //时间加载
    SysTick->VAL = 0x00;                             //清空计数器
    SysTick->CTRL| = SysTick_CTRL_ENABLE_Msk ;       //开始倒数
    do
    {temp = SysTick->CTRL;
    }
    while((temp&0x01)&&!(temp&(1<<16)));             //等待时间到达
    SysTick->CTRL& = ~SysTick_CTRL_ENABLE_Msk;       //关闭计数器
    SysTick->VAL = 0X00;                             //清空计数器
}
```

有了上面对 SysTick 寄存器的描述,这段代码不难理解。其实就是先把要延时的 μs 数换算成 SysTick 的时钟数,然后写入 LOAD 寄存器。然后清空当前寄存器 VAL 的内容,再开启倒数功能。等到倒数结束,即延时了 nus。最后关闭 SysTick,清空 VAL 的值。实现一次延时 nus 的操作,但是这里要注意 nus 的值,不能太大,必须保证 nus≤2^{24}/fac_us,否则将导致延时时间不准确。这里特别说明一下:"temp&0x01"用来判断 systick 定时器是否还处于开启状态,可以防止 systick 被意外关闭导致的死循环。这里面有一行开启 Systick 开始倒数代码需要解释一下:

```
SysTick->CTRL| = SysTick_CTRL_ENABLE_Msk ;
```

其中,SysTick_CTRL_ENABLE_Msk 是 MDK 宏定义的一个变量,值就是 0x01,这行代码的意思就是设置 SysTick→CTRL 的第一位为 1,使能定时器。

再来看看使用 μC/OS 的时候,delay_us 的实现函数如下:

```c
//延时 nus.nus:要延时的 us 数
void delay_us(u32 nus)
{
    u32 ticks, told,tnow,tcnt = 0;
    u32 reload = SysTick->LOAD;              //LOAD 的值
    ticks = nus * fac_us;                    //需要的节拍数
    tcnt = 0;
    OSSchedLock();                           //阻止 μC/OS 调度,防止打断 μs 延时
    told = SysTick->VAL;                     //刚进入时的计数器值
    while(1)
    {
        tnow = SysTick->VAL;
        if(tnow!=told)
        {
            if(tnow<told)tcnt+=told-tnow;    //这里注意一下 SYSTICK 是一个递减的
                                             //计数器就可以了
            else tcnt+=reload-tnow+told;
            told = tnow;
            if(tcnt>=ticks)break;            //时间超过/等于要延迟的时间,则退出
        }
    };
    OSSchedUnlock();                         //开启 μC/OS 调度
}
```

第 5 章 SYSTEM 文件夹介绍

这里就正是利用了前面提到的时钟摘取法。ticks 是延时 nus 需要等待的 SysTick 计数次数(也就是延时时间),told 用于记录最近一次的 SysTick→VAL 值,tnow 则是当前的 SysTick→VAL 值,通过它们的对比累加,实现 SysTick 计数次数的统计,统计值存放在 tcnt 里面,然后通过对比 tcnt 和 ticks 来判断延时是否到达,从而达到不修改 SysTick 实现 nus 的延时,从而可以和 μC/OS 共用一个 SysTick。

上面的 OSSchedLock 和 OSSchedUnlock 是 μC/OS 提供的两个函数,用于调度上锁和解锁。这里为了防止 μC/OS 在 delay_us 的时候打断延时,可能导致的延时不准,所以我们利用这两个函数来实现免打断,从而保证延时精度! 同时,此时的 delay_us 可以实现最长 2^{32}/fac_us 在 168 MHz 主频下,最大延时大概是 204 s。

3. delay_xms 函数

该函数仅在没用到 μC/OS‐II 的时候使用,用来延时指定的 ms,其参数 nms 为要延时的毫秒数。该函数代码如下:

```
//延时 nms,注意 nms 的范围
//SysTick->LOAD 为 24 位寄存器,所以,最大延时为:nms<=0xffffff*8*1000/SYSCLK
//SYSCLK 单位为 Hz,nms 单位为 ms;168 MHz 条件下,nms<=798 ms
void delay_xms(u16 nms)
{
    u32 temp;
    SysTick->LOAD=(u32)nms*fac_ms;          //时间加载(SysTick->LOAD 为 24bit)
    SysTick->VAL=0x00;                       //清空计数器
    SysTick->CTRL|=SysTick_CTRL_ENABLE_Msk;  //开始倒数
    do
    { temp=SysTick->CTRL;
    }
    while((temp&0x01)&&!(temp&(1<<16)));     //等待时间到达
    SysTick->CTRL&=~SysTick_CTRL_ENABLE_Msk; //关闭计数器
    SysTick->VAL=0X00;                       //清空计数器
}
```

此部分代码和前面 delay_us(非 μC/OS 版本)大致一样,但是要注意因为 LOAD 仅仅是一个 24 bit 的寄存器,延时的 ms 数不能太长;否则超出了 LOAD 的范围,高位会被舍去,导致延时不准。最大延迟 ms 数可以通过公式"nms<=0xffffff*8*1000/ SYSCLK"计算。SYSCLK 单位为 Hz,nms 的单位为 ms。如果时钟为 168 MHz,那么 nms 的最大值为 798 ms。超过这个值,建议通过多次调用 delay_xms 实现,否则就会导致延时不准确。

很显然,仅仅提供 delay_xms 函数是不够用的,很多时候延时都是大于 798 ms 的,所以需要再做一个 delay_ms 函数,下面将介绍该函数。

4. delay_ms 函数

该函数同 delay_xms 一样,也是用来延时指定的 ms 的,其参数 nms 为要延时的毫秒数。该函数有使用 μC/OS 和不使用 μC/OS 两个版本,这里分别介绍。首先是不使用 μC/OS 的时候,实现函数如下:

```c
//延时 nms ,nms:0~65535
void delay_ms(u16 nms)
{
    u8 repeat = nms/540;        //这里用540,是考虑到某些客户可能超频使用,
                                //比如超频到248 MHz的时候,delay_xms最大只能延时541ms左右
    u16 remain = nms % 540;
    while(repeat)
    {
        delay_xms(540);repeat -- ;
    }
    if(remain)delay_xms(remain);
}
```

该函数其实就是多次调用前面所讲的 delay_xms 函数来实现毫秒级延时的。注意,这里以 540 ms 为周期是考虑到 MCU 超频使用的情况。

再来看看使用 μC/OS 的时候,delay_ms 的实现函数如下:

```c
//延时 nms;nms:要延时的ms数,nms:0~65535
void delay_ms(u16 nms)
{
    if(OSRunning == OS_TRUE&&OSLockNesting == 0)//os在跑了? &&OSLockNesting == 0?
    {
        if(nms >= fac_ms)                       //延时的时间大于μC/OS的最少时间周期
        {
            OSTimeDly(nms/fac_ms);              //μC/OS延时
        }
        nms % = fac_ms;                         //μC/OS已经无法提供这么小的延时了,采用普通方式延时
    }
    delay_us((u32)(nms * 1000));                //普通方式延时
}
```

该函数中,OSRunning 是 μC/OS 正在运行的一个标志;OSTimeDly 是 μC/OS 提供的一个基于 μC/OS 时钟节拍的延时函数,其参数代表延时的时钟节拍数(假设 OS_TICKS_PER_SEC=200,那么 OSTimeDly(1),就代表延时 5 ms)。

当 μC/OS 还未运行的时候,delay_ms 就是直接由 delay_us 实现的,μC/OS 下的 delay_us 可以实现很长的延时(达到 204 s)而不溢出,所以放心使用 delay_us 来实现 delay_ms。不过由于 delay_us 的时候,任务调度被上锁了,所以还是建议不要用 delay_us 来延时很长的时间,否则影响整个系统的性能。

当 μC/OS 运行的时候,delay_ms 函数将先判断延时时长是否大于等于一个 μC/OS 时钟节拍(fac_ms),当大于这个值的时候,我们就通过调用 μC/OS 的延时函数来实现(此时任务可以调度);不足一个时钟节拍的时候,直接调用 delay_us 函数实现(此时任务无法调度)。

5.2 sys 文件夹代码介绍

sys 文件夹内包含了 sys.c 和 sys.h 两个文件。sys.h 里面定义了 STM32F4 的

I/O口输入读取宏定义和输出宏定义。sys.c 里面主要是一些汇编函数。下面主要介绍 sys.h 头文件里面的 I/O 口位操作。

该部分代码在 sys.h 文件中,实现对 STM32F4 各个 I/O 口的位操作,包括读入和输出。当然在这些函数调用之前必须先进行 I/O 口时钟的使能和 I/O 口功能定义。此部分仅仅对 I/O 口进行输入输出读取和控制。

位带操作,简单说,就是把每个比特膨胀为一个 32 位的字。当访问这些字的时候就达到了访问比特的目的。比如说 GPIO 的 ODR 寄存器有 32 位,那么可以映射到 32 个地址上,访问这 32 个地址就达到访问 32 个比特的目的。这样我们往某个地址写 1 就达到往对应比特位写 1 的目的,同样往某个地址写 0 就达到往对应的比特位写 0 的目的。如图 5.4 所示,我们往 Address0 地址写入 1,那么就可以达到往寄存器的第 0 位 Bit0 赋值 1 的目的。这里不想讲得过于复杂,因为位带操作在实际开发中可能只是用作 I/O 口的输入输出还比较方便,其他操作在日常开发中基本很少用。下面我们看看 sys.h 中位带操作的定义。代码如下:

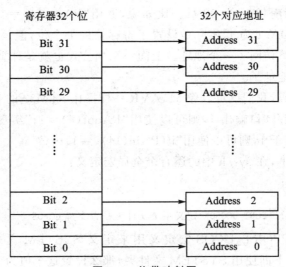

图 5.4 位带映射图

```
//位带操作,实现 51 类似的 GPIO 控制功能
//具体实现思想参考<<CM3 权威指南>>(87 页~92 页).M4 同 M3 类似,只是寄存器地址变了
//I/O 口操作宏定义
#define BITBAND(addr, bitnum) ((addr & 0xF0000000) + 0x2000000 + ((addr &0xFFFFF)<<5)
            +(bitnum<<2))
#define MEM_ADDR(addr)    *((volatile unsigned long  *)(addr))
#define BIT_ADDR(addr, bitnum)   MEM_ADDR(BITBAND(addr, bitnum))
//I/O 口地址映射
#define GPIOA_ODR_Addr    (GPIOA_BASE + 20) //0x40020014
#define GPIOB_ODR_Addr    (GPIOB_BASE + 20) //0x40020414
```

……//省略部分代码
```
#define GPIOH_ODR_Addr    (GPIOH_BASE+20)  //0x40021C14
#define GPIOI_ODR_Addr    (GPIOI_BASE+20)  //0x40022014
#define GPIOA_IDR_Addr    (GPIOA_BASE+16)  //0x40020010
#define GPIOB_IDR_Addr    (GPIOB_BASE+16)  //0x40020410
```
……//省略部分代码
```
#define GPIOH_IDR_Addr    (GPIOH_BASE+16)  //0x40021C10
#define GPIOI_IDR_Addr    (GPIOI_BASE+16)  //0x40022010
//I/O口操作,只对单一的I/O口
//确保n的值小于16
#define PAout(n)   BIT_ADDR(GPIOA_ODR_Addr,n)  //输出
#define PAin(n)    BIT_ADDR(GPIOA_IDR_Addr,n)  //输入
```
……//省略部分代码
```
#define PIout(n)   BIT_ADDR(GPIOI_ODR_Addr,n)  //输出
#define PIin(n)    BIT_ADDR(GPIOI_IDR_Addr,n)  //输入
```

以上代码便是 GPIO 位带操作的具体实现,位带操作的详细说明请参考《ARM Cortex - M3 权威指南》87 页～92 页。比如说,调用"PAout(1)=1"是设置了 GPIOA 的第一个管脚 GPIOA.1 为 1,实际是设置了寄存器的某个位,但是我们的定义跟踪过去看到却是通过计算访问了一个地址。上面一系列公式也就是计算 GPIO 的某个 I/O 口对应的位带区的地址了。

有了上面的代码,我们就可以像 51、AVR 一样操作 STM32 的 I/O 口了。比如,要 PORTA 的第 7 个 I/O 口输出 1,则可以使用"PAout(6)=1;"实现。要判断 PORTA 的第 15 个位是否等于 1,则可以使用"if(PAin(14)==1)…;"。

这里顺便说一下,在 sys.h 中的还有个全局宏定义:
```
//0,不支持 μC/OS
//1,支持 μC/OS
#define SYSTEM_SUPPORT_UCOS 0//定义系统文件夹是否支持 μC/OS
```

SYSTEM_SUPPORT_UCOS 宏定义用来定义 SYSTEM 文件夹是否支持 μC/OS,如果在 μC/OS 下面使用 SYSTEM 文件夹,那么设置这个值为 1 即可,否则设置为 0(默认)。

5.3 usart 文件夹介绍

usart 文件夹内包含了 usart.c 和 usart.h 两个文件,用于串口的初始化和中断接收。这里只是针对串口 1,若要用串口 2 或者其他的串口,则只要对代码稍做修改就可以了。usart.c 里面包含了 2 个函数,一个是 void USART1_IRQHandler(void);另外一个是 void uart_init(u32 bound),里面还有一段对串口 printf 的支持代码,去掉会导致 printf 无法使用,虽然软件编译不会报错,但是硬件上 STM32 是无法启动的,所以这段代码不要修改。

第 5 章 SYSTEM 文件夹介绍

5.3.1 printf 函数支持

这段引入 printf 函数支持的代码在 usart.c 文件的最上方,加入之后便可以通过 printf 函数向串口发送我们需要的内容,方便开发过程中查看代码执行情况以及一些变量值。这段代码如果要修改,那么一般也只是用来改变 printf 函数针对的串口号,大多情况下都不需要修改。这段代码为:

```
//加入以下代码,支持 printf 函数,而不需要选择 use MicroLIB
#if 1
#pragma import(__use_no_semihosting)
//标准库需要的支持函数
struct __FILE
{
    int handle;
};
FILE __stdout;
//定义_sys_exit()以避免使用半主机模式
_sys_exit(int x)
{
    x = x;
}
//重定义 fputc 函数
int fputc(int ch, FILE *f)
{
    while(USART_GetFlagStatus(USART1,USART_FLAG_TC) == RESET);
    USART_SendData(USART1,(uint8_t)ch);
    return ch;
}
#endif
```

5.3.2 uart_init 函数

void uart_init(u32 bound)函数是串口 1 初始化函数。该函数有一个参数为波特率。uart_init 函数代码如下:

```
//初始化 I/O 串口 1
//bound:波特率
void uart_init(u32 bound){
    //GPIO 端口设置
    GPIO_InitTypeDef GPIO_InitStructure;
    USART_InitTypeDef USART_InitStructure;
    NVIC_InitTypeDef NVIC_InitStructure;
    RCC_AHB1PeriphClockCmd(RCC_AHB1Periph_GPIOA,ENABLE);    //使能 GPIOA 时钟

    RCC_APB2PeriphClockCmd(RCC_APB2Periph_USART1,ENABLE);   //使能 USART1 时钟
    GPIO_PinAFConfig(GPIOA,GPIO_PinSource9,GPIO_AF_USART1); //GPIOA9 复用为 USART1
    GPIO_PinAFConfig(GPIOA,GPIO_PinSource10,GPIO_AF_USART1);//GPIOA10 复用为 USART1
```

```c
    //USART1    PA.9 PA.10
    GPIO_InitStructure.GPIO_Pin = GPIO_Pin_9 | GPIO_Pin_10;    //GPIOA9 与 GPIOA10
    GPIO_InitStructure.GPIO_Mode = GPIO_Mode_AF;               //复用功能
    GPIO_InitStructure.GPIO_Speed = GPIO_Speed_50MHz;          //速度 50 MHz
    GPIO_InitStructure.GPIO_OType = GPIO_OType_PP;             //推挽复用输出
    GPIO_InitStructure.GPIO_PuPd = GPIO_PuPd_UP;               //上拉
    GPIO_Init(GPIOA,&GPIO_InitStructure);                      //初始化 PA9,PA10
    //USART 初始化设置
    USART_InitStructure.USART_BaudRate = bound;                //一般设置为 9600
    USART_InitStructure.USART_WordLength = USART_WordLength_8b;   //字长为 8 位
    USART_InitStructure.USART_StopBits = USART_StopBits_1;     //一个停止位
    USART_InitStructure.USART_Parity = USART_Parity_No;        //无奇偶校验位
    USART_InitStructure.USART_HardwareFlowControl =
    USART_HardwareFlowControl_None;//无硬件数据流控制
    USART_InitStructure.USART_Mode = USART_Mode_Rx | USART_Mode_Tx;  //收发
    USART_Init(USART1, &USART_InitStructure);                  //初始化串口
    USART_Cmd(USART1, ENABLE);                                 //使能串口
    USART_ClearFlag(USART1, USART_FLAG_TC);
#if EN_USART1_RX
    USART_ITConfig(USART1, USART_IT_RXNE, ENABLE);             //开启中断
    //Usart1 NVIC 配置
    NVIC_InitStructure.NVIC_IRQChannel = USART1_IRQn;
    NVIC_InitStructure.NVIC_IRQChannelPreemptionPriority = 3;  //抢占优先级 3
    NVIC_InitStructure.NVIC_IRQChannelSubPriority = 3;         //响应优先级 3
    NVIC_InitStructure.NVIC_IRQChannelCmd = ENABLE;            //IRQ 通道使能
    NVIC_Init(&NVIC_InitStructure);                 //根据指定的参数初始化 VIC 寄存器
#endif
}
```

下面一一分析这段初始化代码。首先是时钟使能代码：

```c
RCC_AHB1PeriphClockCmd(RCC_AHB1Periph_GPIOA,ENABLE); //使能 GPIOA 时钟
RCC_APB2PeriphClockCmd(RCC_APB2Periph_USART1,ENABLE);//使能 USART1 时钟
```

时钟使能在端口复用的时候已经讲解过。在使用一个内置外设的时候，首先要使能相应的 GPIO 时钟，再使能复用功能外设时钟，然后要配置相应的引脚复用器映射。这里调用函数为：

```c
GPIO_PinAFConfig(GPIOA,GPIO_PinSource9,GPIO_AF_USART1); //PA9 复用为 USART1
GPIO_PinAFConfig(GPIOA,GPIO_PinSource10,GPIO_AF_USART1);//PA10 复用为 USART1
```

把 PA9 和 PA10 复用为串口 1。

接下来要初始化相应的 GPIO 端口模式（GPIO_Mode）为复用功能，配置方法如下：

```c
GPIO_InitStructure.GPIO_Pin = GPIO_Pin_9 | GPIO_Pin_10;    //GPIOA9 与 GPIOA10
GPIO_InitStructure.GPIO_Mode = GPIO_Mode_AF;               //复用功能
GPIO_InitStructure.GPIO_Speed = GPIO_Speed_50MHz;          //速度 50MHz
GPIO_InitStructure.GPIO_OType = GPIO_OType_PP;             //推挽复用输出
GPIO_InitStructure.GPIO_PuPd = GPIO_PuPd_UP;               //上拉
GPIO_Init(GPIOA,&GPIO_InitStructure);                      //初始化 PA9,PA10
```

对于 GPIO 的知识我们在跑马灯实例会讲解到，这里暂时不做深入的讲解。

紧接着要进行 usart1 的中断初始化,设置抢占优先级值和响应优先级的值:

```
NVIC_InitStructure.NVIC_IRQChannel = USART1_IRQn;          //Usart1 中断配置
NVIC_InitStructure.NVIC_IRQChannelPreemptionPriority = 3;  //抢占优先级 3
NVIC_InitStructure.NVIC_IRQChannelSubPriority = 3;         //响应优先级 3
NVIC_InitStructure.NVIC_IRQChannelCmd = ENABLE;            //IRQ 通道使能
NVIC_Init(&NVIC_InitStructure);                            //根据指定的参数初始化 VIC 寄存器
```

这段代码在我们的中断管理函数章节有讲解,读者可以翻阅。

设置完中断优先级之后,接下来要设置串口1的初始化参数:

```
USART_InitStructure.USART_BaudRate = bound;                //一般设置为 9600
USART_InitStructure.USART_WordLength = USART_WordLength_8b; //字长为 8 位
USART_InitStructure.USART_StopBits = USART_StopBits_1;      //一个停止位
USART_InitStructure.USART_Parity = USART_Parity_No;         //无奇偶校验位
USART_InitStructure.USART_HardwareFlowControl =
    USART_HardwareFlowControl_None;                         //无硬件数据流控制
USART_InitStructure.USART_Mode = USART_Mode_Rx | USART_Mode_Tx; //收发
USART_Init(USART1, &USART_InitStructure);                   //初始化串口
```

可以看出,串口的初始化是通过调用 USART_Init()函数实现,而这个函数重要的参数就是就是结构体指针变量 USART_InitStructure。下面我们看看结构体定义:

```
typedef struct
{
    uint32_t USART_BaudRate;
    uint16_t USART_WordLength;
    uint16_t USART_StopBits;
    uint16_t USART_Parity;
    uint16_t USART_Mode;
    uint16_t USART_HardwareFlowControl;
} USART_InitTypeDef;
```

这个结构体有 6 个成员变量,所以有 6 个参数需要初始化。

第一个参数 USART_BaudRate 为串口波特率,这里通过初始化传入参数 baund 来设定。第二个参数 USART_WordLength 为字长,这里设置为 8 位字长数据格式。第三个参数 USART_StopBits 为停止位设置,我们设置为一位停止位。第四个参数 USART_Parity 设定是否需要奇偶校验,我们设定为无奇偶校验位。第五个参数 USART_Mode 为串口模式,我们设置为全双工收发模式。第六个参数为是否支持硬件流控制,我们设置为无硬件流控制。

设置完串口中断优先级以及串口初始化之后,接下来就是开启串口中断以及使能串口了:

```
USART_ITConfig(USART1, USART_IT_RXNE, ENABLE);  //开启中断
USART_Cmd(USART1, ENABLE);                      //使能串口
```

接下来就是写中断处理函数了,下面将着重讲解中断处理函数。

5.3.3 USART1_IRQHandler 函数

void USART1_IRQHandler(void)函数是串口 1 的中断响应函数,当串口 1 发生

了相应的中断后，就会跳到该函数执行。中断相应函数的名字是不能随便定义的，一般都遵循 MDK 定义的函数名。这些函数名字在启动文件 startup_stm32f40_41xxx.s 中可以找到。

函数体里面通过函数：

```
if(USART_GetITStatus(USART1, USART_IT_RXNE) != RESET)
```

判断是否接收中断，如果是串口接收中断，则读取串口接收到的数据：

```
Res = USART_ReceiveData(USART1);//(USART1->DR);//读取接收到的数据
```

读到数据后接下来就对数据进行分析。

voidUSART1_IRQHandler(void)函数是串口1的中断响应函数，当串口1发生了相应的中断后，就会跳到该函数执行。这里设计了一个小小的接收协议：通过这个函数，配合一个数组 USART_RX_BUF[]，一个接收状态寄存器 USART_RX_STA（此寄存器其实就是一个全局变量，由作者自行添加。由于它起到类似寄存器的功能，这里暂且称之为寄存器）实现对串口数据的接收管理。USART_RX_BUF 的大小由 USART_REC_LEN 定义，也就是一次接收的数据最大不能超过 USART_REC_LEN 个字节。USART_RX_STA 是一个接收状态寄存器，其各位定义如表 5.1 所列。

表 5.1 接收状态寄存器位定义表

位	bit15	bit14	bit13~0
定义	接收完成标志	接收到 0X0D 标志	接收到的有效数据个数

设计思路如下：当接收到从计算机发过来的数据时，把接收到的数据保存在 USART_RX_BUF 中，同时在接收状态寄存器（USART_RX_STA）中计数接收到的有效数据个数。当收到回车（回车的表示由 2 个字节组成 0X0D 和 0X0A）的第一个字节 0X0D 时，计数器将不再增加，等待 0X0A 的到来；而如果 0X0A 没有来到，则认为这次接收失败，重新开始下一次接收。如果顺利接收到 0X0A，则标记 USART_RX_STA 的第 15 位，这样完成一次接收，并等待该位被其他程序清除，从而开始下一次的接收；而如果迟迟没有收到 0X0D，那么在接收数据超过 USART_REC_LEN 的时候，则丢弃前面的数据，重新接收。函数代码如下：

```
void USART1_IRQHandler(void)                  //串口1中断服务程序
{u8 Res;
#ifdef OS_TICKS_PER_SEC      //如果时钟节拍数定义了,说明要使用μC/OS-II了
    OSIntEnter();
#endif
    if(USART_GetITStatus(USART1, USART_IT_RXNE) != RESET)
                                //接收中断(接收到的数据必须是 0x0d 0x0a 结尾)
    {
        Res = USART_ReceiveData(USART1);//(USART1->DR);   //读取接收到的数据
        if((USART_RX_STA&0x8000) == 0)                    //接收未完成
        {
            if(USART_RX_STA&0x4000)                       //接收到了 0x0d
            {
```

```
            if(Res! = 0x0a)USART_RX_STA = 0;           //接收错误,重新开始
            else USART_RX_STA| = 0x8000;               //接收完成了
        }
        else                                           //还没收到 0X0D
        {
            if(Res == 0x0d)USART_RX_STA| = 0x4000;
            else
            {
                USART_RX_BUF[USART_RX_STA&0X3FFF] = Res;
                USART_RX_STA ++ ;
                if(USART_RX_STA>(USART_REC_LEN - 1))USART_RX_STA = 0;
                                                       //接收数据错误,重新开始接收
            }
        }
    }
#ifdef OS_TICKS_PER_SEC                                //如果时钟节拍数定义了,说明要使用 μC/OS - II 了
    OSIntExit();
#endif
}
#endif
```

EN_USART1_RX 和 USART_REC_LEN 都是在 usart.h 文件里面定义的,当需要使用串口接收的时候,我们只要在 usart.h 里面设置 EN_USART1_RX 为 1 就可以了。不使用的时候,设置 EN_USART1_RX 为 0 即可,这样可以省出部分 sram 和 flash。默认是设置 EN_USART1_RX 为 1,也就是开启串口接收的。

OS_TICKS_PER_SEC 是用来判断是否使用 μC/OS,如果使用了,则调用 OSIntEnter 和 OSIntExit 函数;如果没有使用,则不调用这两个函数(这两个函数用于实现中断嵌套处理,这里先不理会)。

第3篇 实战篇

经过前两篇的学习,读者已经对 STM32F4 开发的软件和硬件平台都有了个比较深入的了解。接下来将通过实例,由浅入深地带大家一步步地学习 STM32F4。

STM32F4 的内部资源非常丰富,对于初学者来说,一般不知道从何开始。本篇将从 STM32F4 最简单的外设说起,一步步深入。每一个实例都配有详细的代码及解释,手把手教你如何入手 STM32F4 的各种外设。

本篇总共分为 33 章,每一章即一个实例。下面就开始精彩的 STM32F4 之旅。

第 6 章

跑马灯实验

任何一个单片机,最简单的外设莫过于 I/O 口的高低电平控制了。本章将通过一个经典的跑马灯程序,带大家开启 STM32F4 之旅,通过本章的学习,读者将了解到 STM32F4 的 I/O 口作为输出使用的方法。本章将通过代码控制 ALIENTEK 探索者 STM32F4 开发板上的两个 LED(DS0 和 DS1)交替闪烁,实现类似跑马灯的效果。

6.1 STM32F4 的 I/O 简介

本章将要实现的是控制 ALIENTEK 探索者 STM32F4 开发板上的两个 LED 实现一个类似跑马灯的效果,其关键在于如何控制 STM32F4 的 I/O 口输出。了解了 STM32F4 的 I/O 口如何输出,就可以实现跑马灯了。

因为这一章是第一个实验章节,所以我们在这一章将讲解一些知识为后面的实验做铺垫。为了小节标号与后面实验章节一样,这里不另起一节来讲。

在讲解 STM32F4 的 GPIO 之前,首先打开本书配套资料的第一个固件库版本实验工程跑马灯实验工程(本书配套资料目录:4,程序源码\标准例程-库函数版本\实验 1 跑马灯/USER/LED.uvproj),可以看到我们的实验工程目录如图 6.1 所示。接下来逐一讲解工程目录下面的组以及重要文件。

① 组 FWLIB,下面存放的是 ST 官方提供的固件库函数,每一个源文件 stm32f4xx_ppp.c 都对应一个头文件 stm32f4xx_ppp.h。分组内的文件可以根据工程需要添加和删除,但是一定要注意,如果引入了某个源文件,一定要在头文件 stm32f4xx_conf.h 中确保对应的头

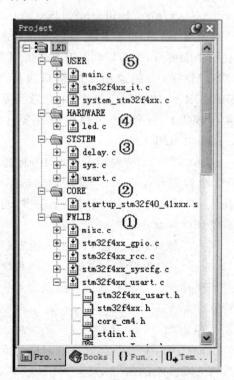

图 6.1 跑马灯实验目录结构

文件也已经添加。比如跑马灯实验,我们只添加了5个源文件,那么对应的头文件必须确保在 stm32f4xx_conf.h 内也包含进来,否则工程会报错。

② 组 CORE,下面存放的是固件库必须的核心文件和启动文件,这里面的文件用户不需要修改。读者可以根据自己的芯片型号选择对应的启动文件。

③ 组 SYSTEM,是 ALIENTEK 提供的共用代码,这些代码的作用和讲解在第 5 章都有讲解。

④ 组 HARDWARE,下面存放的是每个实验的外设驱动代码,其实现是通过调用 FWLIB 下面的固件库文件实现的,比如 led.c 里面调用 stm32f4xx_gpio.c 内定义的函数对 led 进行初始化,这里面的函数是讲解的重点。后面的实验中可以看到会引入多个源文件。

⑤ 组 USER,下面存放的主要是用户代码。但是 system_stm32f4xx.c 文件用户不需要修改,同时 stm32f4xx_it.c 里面存放的是中断服务函数,这两个文件的作用在 3.1 节有讲解。Main.c 函数主要存放的是主函数。

工程分组情况就讲解到这里,接下来就要进入跑马灯实验的讲解部分了。这里需要说明一下,讲解固件库之前首先对重要寄存器进行一个讲解,这是为了让读者对寄存器有个初步的了解。学习固件库并不需要记住每个寄存器的作用,而只是通过了解寄存器来对外设一些功能有个大致了解,这样对以后的学习也很有帮助。

首先要提一下,在固件库中,GPIO 端口操作对应的库函数函数以及相关定义在文件 stm32f4xx_gpio.h 和 stm32f4xx_gpio.c 中。

相对于 STM32F1 来说,STM32F4 的 GPIO 设置显得更为复杂,也更加灵活,尤其是复用功能部分,比 STM32F1 改进了很多,使用起来更加方便。

STM32F4 每组通用 I/O 端口包括 4 个 32 位配置寄存器(MODER、OTYPER、OSPEEDR 和 PUPDR)、2 个 32 位数据寄存器(IDR 和 ODR)、一个 32 位置位/复位寄存器(BSRR)、一个 32 位锁定寄存器(LCKR)和 2 个 32 位复用功能选择寄存器(AFRH 和 AFRL)等。

这样,STM32F4 每组 I/O 有 10 个 32 位寄存器控制,其中,常用的有 4 个配置寄存器+2 个数据寄存器+2 个复用功能选择寄存器,共 8 个。如果在使用的时候每次都直接操作寄存器配置 I/O,代码会比较多,也不容易记住,所以我们在讲解寄存器的同时会讲解用库函数配置 I/O 的方法。

同 STM32F1 一样,STM32F4 的 I/O 可以由软件配置成如下 8 种模式中的任何一种:输入浮空、输入上拉、输入下拉、模拟输入、开漏输出、推挽输出、推挽式复用功能、开漏式复用功能。这些模式的介绍及应用场景这里就不详细介绍了,感兴趣的读者可以看看这个帖子了解:http://www.openedv.com/posts/list/32730.htm。接下来详细介绍 I/O 配置常用的 8 个寄存器:MODER、OTYPER、OSPEEDR、PUPDR、ODR、IDR、AFRH 和 AFRL,同时讲解对应的库函数配置方法。

首先看 MODER 寄存器。该寄存器是 GPIO 端口模式控制寄存器,用于控制 GPIOx(STM32F4 最多有 9 组 I/O,分别用大写字母表示,即 x=A、B、C、D、E、F、G、H、I、

第6章 跑马灯实验

下同)的工作模式,各位描述如图 6.2 所示。

31	30	29	28	27	26	25	24	23	22	21	20	19	18	17	16
MODER15[1:0]		MODER14[1:0]		MODER13[1:0]		MODER12[1:0]		MODER11[1:0]		MODER10[1:0]		MODER9[1:0]		MODER8[1:0]	
rw	rw	rw	rw	rw	rw	rw	rw	rw	rw	rw	rw	rw	rw	rw	rw
15	14	13	12	11	10	9	8	7	6	5	4	3	2	1	0
MODER7[1:0]		MODER6[1:0]		MODER5[1:0]		MODER4[1:0]		MODER3[1:0]		MODER2[1:0]		MODER1[1:0]		MODER0[1:0]	
rw	rw	rw	rw	rw	rw	rw	rw	rw	rw	rw	rw	rw	rw	rw	rw

MODERy[1:0]: 端口x配置位(Port x configuration bits)(y=0..15)
这些位通过软件写入,用于配置I/O方向模式。
00:输入(复位状态);01:通用输出模式;10:复用功能模式;11:模拟模式

图 6.2 GPIOx MODER 寄存器各位描述

该寄存器各位复位后一般都是 0(个别不是 0,比如 JTAG 占用的几个 I/O 口),也就是默认条件下一般是输入状态的。每组 I/O 下有 16 个 I/O 口,该寄存器共 32 位,每 2 个位控制一个 I/O。

然后看 OTYPER 寄存器。该寄存器用于控制 GPIOx 的输出类型,各位描述如图 6.3 所示。该寄存器仅用于输出模式,在输入模式(MODER[1:0]=00、11 时)下不起作用。该寄存器低 16 位有效,每一个位控制一个 I/O 口,复位后该寄存器值均为 0。

31	30	29	28	27	26	25	24	23	22	21	20	19	18	17	16
Reserved															
15	14	13	12	11	10	9	8	7	6	5	4	3	2	1	0
OT15	OT14	OT13	OT12	OT11	OT10	OT9	OT8	OT7	OT6	OT5	OT4	OT3	OT2	OT1	OT0
rw	rw	rw	rw	rw	rw	rw	rw	rw	rw	rw	rw	rw	rw	rw	rw

位31:16 保留,必须保持复位值。

位15:0 **OTy[1:0]**: 端口x配置位(Port x comfiguration bits)(y=0..15)
这些位通过软件写入,用于配置I/O端口的输出类型。
0:输出推挽(复位状态);1:输出开漏

图 6.3 GPIOx OTYPER 寄存器各位描述

然后看 OSPEEDR 寄存器。该寄存器用于控制 GPIOx 的输出速度,各位描述如图 6.4 所示。该寄存器也仅用于输出模式,在输入模式(MODER[1:0]=00、11 时)下不起作用。该寄存器每 2 个位控制一个 I/O 口,复位后该寄存器值一般为 0。

31	30	29	28	27	26	25	24	23	22	21	20	19	18	17	16
OSPEEDR15[1:0]		OSPEEDR14[1:0]		OSPEEDR13[1:0]		OSPEEDR12[1:0]		OSPEEDR11[1:0]		OSPEEDR10[1:0]		OSPEEDR9[1:0]		OSPEEDR8[1:0]	
rw	rw	rw	rw	rw	rw	rw	rw	rw	rw	rw	rw	rw	rw	rw	rw
15	14	13	12	11	10	9	8	7	6	5	4	3	2	1	0
OSPEEDR7[1:0]		OSPEEDR6[1:0]		OSPEEDR5[1:0]		OSPEEDR4[1:0]		OSPEEDR3[1:0]		OSPEEDR2[1:0]		OSPEEDR1[1:0]		OSPEEDR0[1:0]	
rw	rw	rw	rw	rw	rw	rw	rw	rw	rw	rw	rw	rw	rw	rw	rw

OSPEEDRy[1:0]: 端口x配置位(Port x configuration bits)(y=0..15)
这些位通过软件写入,用于配置I/O输出速度。
00:2 MHz(低速);01:25 MHz(中速);10:50 MHz(快速)
11:30 pF时为100 MHz(高速)(15pF时为80 MHz输出(最大速度))

图 6.4 GPIOx OSPEEDR 寄存器各位描述

然后看 PUPDR 寄存器,该寄存器用于控制 GPIOx 的上拉/下拉,各位描述如图 6.5 所示。该寄存器每 2 个位控制一个 I/O 口,用于设置上下拉。注意,STM32F1 是通过 ODR 寄存器控制上下拉的,而 STM32F4 则由单独的寄存器 PUPDR 控制上下拉,使用起来更加灵活。复位后该寄存器值一般为 0。

31	30	29	28	27	26	25	24	23	22	21	20	19	18	17	16
PUPDRy15[1:0]		PUPDRy14[1:0]		PUPDRy13[1:0]		PUPDRy12[1:0]		PUPDRy11[1:0]		PUPDRy10[1:0]		PUPDRy9[1:0]		PUPDRy8[1:0]	
rw	rw	rw	rw	rw	rw	rw	rw	rw	rw	rw	rw	rw	rw	rw	rw
15	14	13	12	11	10	9	8	7	6	5	4	3	2	1	0
PUPDRy7[1:0]		PUPDRy6[1:0]		PUPDRy5[1:0]		PUPDRy4[1:0]		PUPDRy3[1:0]		PUPDRy2[1:0]		PUPDRy1[1:0]		PUPDRy0[1:0]	
rw	rw	rw	rw	rw	rw	rw	rw	rw	rw	rw	rw	rw	rw	rw	rw

PUPDRy[1:0]: 端口 x 配置位(Port x configuration bits)(y=0..15)
这些位通过软件写入,用于配置 I/O 上拉或下拉。
00:无上拉或下拉; 01:上拉; 10:下拉; 11:保留

图 6.5 GPIOx PUPDR 寄存器各位描述

前面讲解了 4 个重要的配置寄存器。顾名思义,配置寄存器就是用来配置 GPIO 的相关模式和状态,接下来讲解怎么在库函数初始化 GPIO 的配置。

GPIO 相关的函数和定义分布在固件库文件 stm32f4xx_gpio.c 和头文件 stm32f4xx_gpio.h 文件中。在固件库开发中,操作 4 个配置寄存器初始化 GPIO 是通过 GPIO 初始化函数完成:

```
void GPIO_Init(GPIO_TypeDef* GPIOx, GPIO_InitTypeDef* GPIO_InitStruct);
```

这个函数有两个参数,第一个参数用来指定需要初始化的 GPIO 对应的 GPIO 组,取值范围为 GPIOA~GPIOK。第二个参数为初始化参数结构体指针,结构体类型为 GPIO_InitTypeDef。下面我们看看这个结构体的定义。首先打开本书配套资料的跑马灯实验,然后找到 FWLib 组下面的 stm32f4xx_gpio.c 文件,定位到 GPIO_Init 函数体处,双击入口参数类型 GPIO_InitTypeDef 后右击选择 Go to definition of,则可以查看结构体的定义:

```
typedef struct
{
    uint32_t GPIO_Pin;
    GPIOMode_TypeDef GPIO_Mode;
    GPIOSpeed_TypeDef GPIO_Speed;
    GPIOOType_TypeDef GPIO_OType;
    GPIOPuPd_TypeDef GPIO_PuPd;
}GPIO_InitTypeDef;
```

下面通过一个 GPIO 初始化实例来讲解这个结构体的成员变量的含义。
通过初始化结构体初始化 GPIO 的常用格式是:

```
GPIO_InitTypeDef  GPIO_InitStructure;
GPIO_InitStructure.GPIO_Pin = GPIO_Pin_9;              //GPIOF9
GPIO_InitStructure.GPIO_Mode = GPIO_Mode_OUT;          //普通输出模式
GPIO_InitStructure.GPIO_Speed = GPIO_Speed_100MHz;     //100 MHz
```

```
GPIO_InitStructure.GPIO_OType = GPIO_OType_PP;           //推挽输出
GPIO_InitStructure.GPIO_PuPd = GPIO_PuPd_UP;             //上拉
GPIO_Init(GPIOF, &GPIO_InitStructure);                   //初始化 GPIO
```

上面代码的意思是设置 GPIOF 的第 9 个端口为推挽输出模式,同时速度为 100 MHz,上拉。

从上面初始化代码可以看出,结构体 GPIO_InitStructure 的第一个成员变量 GPIO_Pin 用来设置是要初始化哪个或者哪些 I/O 口,这个很好理解;第二个成员变量 GPIO_Mode 用来设置对应 I/O 端口的输出输入端口模式,这个值实际就是配置前面讲解的 GPIOx 的 MODER 寄存器的值。在 MDK 中是通过一个枚举类型定义的,我们只需要选择对应的值即可:

```
typedef enum
{
    GPIO_Mode_IN     = 0x00, /*!< GPIO Input Mode             */
    GPIO_Mode_OUT    = 0x01, /*!< GPIO Output Mode            */
    GPIO_Mode_AF     = 0x02, /*!< GPIO Alternate function Mode */
    GPIO_Mode_AN     = 0x03  /*!< GPIO Analog Mode            */
}GPIOMode_TypeDef;
```

GPIO_Mode_IN 用来设置为复位状态的输入,GPIO_Mode_OUT 是通用输出模式,GPIO_Mode_AF 是复用功能模式,GPIO_Mode_AN 是模拟输入模式。

第三个参数 GPIO_Speed 是 I/O 口输出速度设置,有 4 个可选值,实际上这就是配置的 GPIO 对应的 OSPEEDR 寄存器的值。在 MDK 中同样是通过枚举类型定义:

```
typedef enum
{
    GPIO_Low_Speed      = 0x00, /*!< Low speed     */
    GPIO_Medium_Speed   = 0x01, /*!< Medium speed  */
    GPIO_Fast_Speed     = 0x02, /*!< Fast speed    */
    GPIO_High_Speed     = 0x03  /*!< High speed    */
}GPIOSpeed_TypeDef;
/* Add legacy definition */
#define  GPIO_Speed_2MHz      GPIO_Low_Speed
#define  GPIO_Speed_25MHz     GPIO_Medium_Speed
#define  GPIO_Speed_50MHz     GPIO_Fast_Speed
#define  GPIO_Speed_100MHz    GPIO_High_Speed
```

这里需要说明一下,实际我们的输入可以是 GPIOSpeed_TypeDef 枚举类型中 GPIO_High_Speed 枚举类型值,也可以是 GPIO_Speed_100MHz 这样的值,实际上 GPIO_Speed_100MHz 就是通过 define 宏定义标识符定义出来的,跟 GPIO_High_Speed 是等同的。

第四个参数 GPIO_OType 是 GPIO 的输出类型设置,实际上是配置的 GPIO 的 OTYPER 寄存器的值。在 MDK 中同样是通过枚举类型定义:

```
typedef enum
{
    GPIO_OType_PP = 0x00,
    GPIO_OType_OD = 0x01
```

}GPIOOType_TypeDef;

如果需要设置为输出推挽模式,那么选择值 GPIO_OType_PP;如果需要设置为输出开漏模式,那么设置值为 GPIO_OType_OD。

第五个参数 GPIO_PuPd 用来设置 I/O 口的上下拉,实际上就是设置 GPIO 的 PUPDR 寄存器的值。同样通过一个枚举类型列出:

```
typedef enum
{
    GPIO_PuPd_NOPULL = 0x00,
    GPIO_PuPd_UP     = 0x01,
    GPIO_PuPd_DOWN   = 0x02
}GPIOPuPd_TypeDef;
```

这 3 个值的意思很好理解,GPIO_PuPd_NOPULL 为不使用上下拉,GPIO_PuPd_UP 为上拉,GPIO_PuPd_DOWN 为下拉,根据需要设置相应的值即可。

这些入口参数的取值范围怎么定位、怎么快速定位到这些入口参数取值范围的枚举类型可参考 4.7 节"快速组织代码",接下来看看 GPIO 输入输出电平控制相关的寄存器。首先看 ODR 寄存器。该寄存器用于控制 GPIOx 的输出,各位描述如图 6.6 所示。该寄存器用于设置某个 I/O 输出低电平(ODRy=0)还是高电平(ODRy=1)。该寄存器也仅在输出模式下有效,在输入模式(MODER[1:0]=00/11 时)下不起作用。

31	30	29	28	27	26	25	24	23	22	21	20	19	18	17	16
							Reserved								
15	14	13	12	11	10	9	8	7	6	5	4	3	2	1	0
ODR15	ODR14	ODR13	ODR12	ODR11	ODR10	ODR9	ODR8	ODR7	ODR6	ODR5	ODR4	ODR3	ODR2	ODR1	ODR0
rw	rw	rw	rw	rw	rw	rw	rw	rw	rw	rw	rw	rw	rw	rw	rw

位31:16 保留,必须保持复位值。

位15:0 **ODR[1:0]**:端口输出数据(Port output data)(y=0..15)
这些位可通过软件读取写入

图 6.6 GPIOx ODR 寄存器各位描述

在固件库中设置 ODR 寄存器的值来控制 I/O 口的输出状态,这是通过函数 GPIO_Write 来实现的:

```
void GPIO_Write(GPIO_TypeDef * GPIOx, uint16_t PortVal);
```

该函数一般用来往一次性 GPIO 的多个端口设值。

使用实例如下:

```
GPIO_Write(GPIOA,0x0000);
```

大部分情况下,设置 I/O 口都不用这个函数,后面会讲解常用的设置 I/O 口电平的函数。

同时,读 ODR 寄存器还可以读出 I/O 口的输出状态,库函数为:

```
uint16_t GPIO_ReadOutputData(GPIO_TypeDef * GPIOx);
uint8_t GPIO_ReadOutputDataBit(GPIO_TypeDef * GPIOx, uint16_t GPIO_Pin);
```

第 6 章 跑马灯实验

这两个函数功能类似,只不过前面是用来一次读取一组 I/O 口所有 I/O 口输出状态,后面的函数用来一次读取一组 I/O 口中一个或者几个 I/O 口的输出状态。

接下来看看 IDR 寄存器。该寄存器用于读取 GPIOx 的输入,各位描述如图 6.7 所示。该寄存器用于读取某个 I/O 的电平,如果对应的位为 0(IDRy=0),则说明该 I/O 输入的是低电平;如果是 1(IDRy=1),则表示输入的是高电平。库函数相关函数为:

uint8_t GPIO_ReadInputDataBit(GPIO_TypeDef * GPIOx, uint16_t GPIO_Pin);
uint16_t GPIO_ReadInputData(GPIO_TypeDef * GPIOx);

31	30	29	28	27	26	25	24	23	22	21	20	19	18	17	16
							Reserved								
15	14	13	12	11	10	9	8	7	6	5	4	3	2	1	0
IDR15	IDR14	IDR13	IDR12	IDR11	IDR10	IDR9	IDR8	IDR7	IDR6	IDR5	IDR4	IDR3	IDR2	IDR1	IDR0
r	r	r	r	r	r	r	r	r	r	r	r	r	r	r	r

位31:16 保留,必须保持复位值。

位15:0 **IDR[1:0]**:端口输入数据(Port input data)(y=0..15)

这些位为只读形式,只能在字模式下访问。它们包含相应I/O端口的输入值

图 6.7 GPIOx IDR 寄存器各位描述

前面的函数用来读取一组 I/O 口的一个或者几个 I/O 口输入电平,后面的函数用来一次读取一组 I/O 口所有的输入电平。比如要读取 GPIOF.5 的输入电平,方法为:

GPIO_ReadInputDataBit(GPIOF, GPIO_Pin_5);

接下来看看 32 位置位/复位寄存器(BSRR)。顾名思义,这个寄存器用来置位或者复位 I/O 口。该寄存器和 ODR 寄存器具有类似的作用,都可以用来设置 GPIO 端口的输出位是 1 还是 0,描述如图 6.8 所示。

31	30	29	28	27	26	25	24	23	22	21	20	19	18	17	16
BR15	BR14	BR13	BR12	BR11	BR10	BR9	BR8	BR7	BR6	BR5	BR4	BR3	BR2	BR1	BR0
w	w	w	w	w	w	w	w	w	w	w	w	w	w	w	w
15	14	13	12	11	10	9	8	7	6	5	4	3	2	1	0
BS15	BS14	BS13	BS12	BS11	BS10	BS9	BS8	BS7	BS6	BS5	BS4	BS3	BS2	BS1	BS0
w	w	w	w	w	w	w	w	w	w	w	w	w	w	w	w

位31:16 **BRy**:端口x复位位y(Port x reset bit y)(y=0:15)

这些位为只写形式,只能在字、半字或字节模式下访问。读取这些位可返回值0x0000。

0:不会对相应的ODRx位执行任何操作;1:对相应的ODRx位进行复位

注意:如果同时对BSx和BRx置位,则BSx的优先级更高。

位15:0 **BSy**:端口x复位位y(Port x set bit y)(y=0:15)

这些位为只写形式,只能在字、半字或字节模式下访问。读取这些位可返回值0x0000。

0:不会对相应的ODRx位执行任何操作;1:对相应的ODRx位进行复位

图 6.8 BSRR 寄存器各位描述

对于低 16 位(0~15),我们往相应的位写 1,那么对应的 I/O 口会输出高电平;往相应的位写 0,对 I/O 口没有任何影响。高 16 位(16~31)作用刚好相反,对相应的位写 1 会输出低电平,写 0 没有任何影响。也就是说,对于 BSRR 寄存器,写 0 对 I/O 口

电平是没有任何影响的。要设置某个 I/O 口电平,只需要将相关位设置为 1 即可。而对于 ODR 寄存器,要设置某个 I/O 口电平,首先需要读出来 ODR 寄存器的值,然后对整个 ODR 寄存器重新赋值来达到设置某个或者某些 I/O 口的目的,而 BSRR 寄存器就不需要先读,而是直接设置。

BSRR 寄存器使用方法如下:

GPIOA->BSRR = 1<<1;   //设置 GPIOA.1 为高电平
GPIOA->BSRR = 1<<(16+1) //设置 GPIOA.1 为低电平

库函数操作 BSRR 寄存器来设置 I/O 电平的函数为:

void GPIO_SetBits(GPIO_TypeDef* GPIOx, uint16_t GPIO_Pin);
void GPIO_ResetBits(GPIO_TypeDef* GPIOx, uint16_t GPIO_Pin);

函数 GPIO_SetBits 用来设置一组 I/O 口中的一个或者多个 I/O 口为高电平。GPIO_ResetBits 用来设置一组 I/O 口中一个或者多个 I/O 口为低电平。比如要设置 GPIOB.5 输出高,方法为:

GPIO_SetBits(GPIOB,GPIO_Pin_5);//GPIOB.5 输出高

设置 GPIOB.5 输出低电平,方法为:

GPIO_ResetBits(GPIOB,GPIO_Pin_5);//GPIOB.5 输出低

最后来看看 2 个 32 位复用功能选择寄存器(AFRH 和 AFRL),这两个寄存器用来设置 I/O 口的复用功能。这两个寄存器的配置以及相关库函数的使用可参考 4.4 节 I/O 引脚复用和映射。

GPIO 相关的函数先讲解到这里。虽然 I/O 操作步骤很简单,这里还是做个概括性的总结,操作步骤为:

① 使能 I/O 口时钟。调用函数为 RCC_AHB1PeriphClockCmd()。
② 初始化 I/O 参数。调用函数 GPIO_Init()。
③ 操作 I/O。操作 I/O 的方法就是上面讲解的方法。

上面讲解了 STM32F4 I/O 口的基本知识以及固件库操作 GPIO 的一些函数方法,下面讲解跑马灯实验的硬件和软件设计。

6.2 硬件设计

本章用到的硬件只有 LED(DS0 和 DS1),其电路在 ALIENTEK 探索者 STM32F4 开发板上默认是已经连接好了的。DS0 接 PF9,DS1 接 PF10,所以在硬件上不需要动任何东西,其连接原理图如图 6.9 所示。

第6章 跑马灯实验

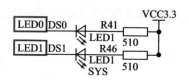

图6.9 LED与STM32F4连接原理图

6.3 软件设计

这是我们的第一个实验,所以教读者怎么从前面讲解的Template工程一步一步将固件库以及led相关的驱动函数加入我们的工程,使之跟本书配套资料的跑马灯实验工程一模一样。首先打开3.3.2小节新建的库函数版本工程模板。如果还没有新建,也可以直接打开本书配套资料已经新建好了的工程模板,路径为:\4,程序源码\标准例程-库函数版本\实验0 Template工程模板。注意,是直接单击工程下面USER目录下面的Template.uvproj。

可以看到,模板里面的FWLIB分组下面引入了所有的固件库源文件和对应的头文件,如图6.10所示。实际上,这些可以根据工程需要添加,比如跑马灯实验并没有用到ADC,自然可以去掉stm32f4xx_adc.c,这样可以减少工程编译时间。

跑马灯实验主要用到的固件库源文件是:stm32f4xx_gpio.c、stm32f4xx_rcc.c、misc.c、stm32f4xx_usart.c、stm32f4xx_syscfg.c。其中,stm32f4xx_rcc.c在每个实验中都要引入,因为系统时钟配置函数以及相关的外设时钟使能函数都在这个源文件中。stm32f4xx_usart.c和misc.c源文件在SYSTEM文件夹中都需要使用到,所以每个实验都会引用。虽然本实验也没有用到stm32f4xx_syscfg.c源文件,但是后面很多实验都要使用到,所以我们不妨也添加进来。

接下来讲解怎样去掉多余的其他的源文件,方法:右击Template,如图6.11所示,在弹出的级联菜单中选择Manage project Items,则弹出如图6.12所示的对话框。选中FWLIB分组,然后选中不需要的源文件再单击删除按钮删掉,留下图6.12中使用到的5个源文件,然后单击OK。这样我们的工程FWLIB下面只剩下5个源文件,如图6.13所示。

然后进入我们工程的目录,在工程根目录文件夹下面新建一个HARDWARE的文件夹,用来存储以后与硬件相关的代码。然后在HARDWARE文件夹下新建一个LED文件夹,用来存放与LED相关的代码。

接下来,回到我们的工程(如果使用上面新建的工程模板,那么就是Template.uvproj,可以将其重命名为LED.uvproj)。按 按钮新建一个文件,然后按 保存在HARDWARE→LED文件夹下面,保存为led.c。

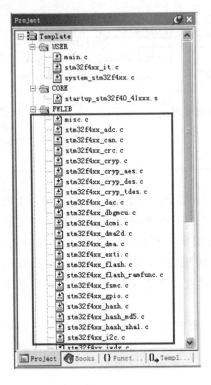

图 6.10 Template 模板工程结构　　　图 6.11 选择 Manage Project Items 选项卡

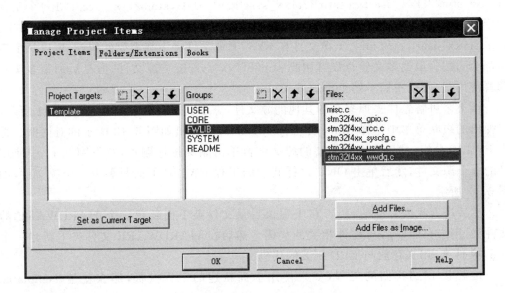

图 6.12 删除 FWLIB 分组不需要的源文件

然后在 lcd.c 文件中输入如下代码(代码可以直接打开本书配套资料的跑马灯实验,从相应的文件中间复制过来),然后保存即可:

第6章 跑马灯实验

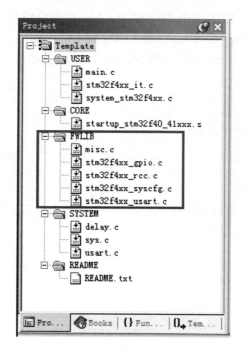

图 6.13　FWLIB 分组下文件

```
#include "led.h"
//初始化 PF9 和 PF10 为输出口.并使能这两个口的时钟
//LED IO 初始化
void LED_Init(void)
{
    GPIO_InitTypeDef  GPIO_InitStructure;
    RCC_AHB1PeriphClockCmd(RCC_AHB1Periph_GPIOF, ENABLE);   //使能 GPIOF 时钟
    //GPIOF9,F10 初始化设置
    GPIO_InitStructure.GPIO_Pin = GPIO_Pin_9 | GPIO_Pin_10; //LED0 和 LED1 对应 I/O 口
    GPIO_InitStructure.GPIO_Mode = GPIO_Mode_OUT;           //普通输出模式
    GPIO_InitStructure.GPIO_OType = GPIO_OType_PP;          //推挽输出
    GPIO_InitStructure.GPIO_Speed = GPIO_Speed_100MHz;      //100 MHz
    GPIO_InitStructure.GPIO_PuPd = GPIO_PuPd_UP;            //上拉
    GPIO_Init(GPIOF, &GPIO_InitStructure);                  //初始化 GPIO
    GPIO_SetBits(GPIOF,GPIO_Pin_9 | GPIO_Pin_10);           //GPIOF9,F10 设置高,灯灭
}
```

该代码包含了一个函数 void LED_Init(void),其功能就是用来实现 PF9 和 PF10 为推挽输出。注意:在配置 STM32 外设的时候,任何时候都要先使能该外设的时钟! GPIO 是挂载在 AHB1 总线上的外设,在固件库中对挂载在 AHB1 总线上的外设时钟使能是通过函数 RCC_AHB1PeriphClockCmd()来实现的。这个入口参数设置在 4.7 节已经讲解很清楚了。代码:

```
RCC_AHB1PeriphClockCmd(RCC_AHB1Periph_GPIOF, ENABLE);//使能 GPIOF 时钟
```

作用是使能 AHB1 总线上的 GPIOF 时钟。

在设置完时钟之后，LED_Init 调用 GPIO_Init 函数完成对 PF9 和 PF10 的初始化配置，然后调用函数 GPIO_SetBits 控制 LED0 和 LED1 输出 1(LED 灭)。至此，两个 LED 的初始化完毕。这样就完成了对这两个 I/O 口的初始化。初始化函数代码如下：

```c
//GPIOF9,F10 初始化设置
GPIO_InitStructure.GPIO_Pin = GPIO_Pin_9 | GPIO_Pin_10;    //LED0 和 LED1 对应 IO 口
GPIO_InitStructure.GPIO_Mode = GPIO_Mode_OUT;              //普通输出模式
GPIO_InitStructure.GPIO_OType = GPIO_OType_PP;             //推挽输出
GPIO_InitStructure.GPIO_Speed = GPIO_Speed_100MHz;         //100 MHz
GPIO_InitStructure.GPIO_PuPd = GPIO_PuPd_UP;               //上拉
GPIO_Init(GPIOF, &GPIO_InitStructure);                     //初始化 GPIO
GPIO_SetBits(GPIOF,GPIO_Pin_9 | GPIO_Pin_10);              //GPIOF9,F10 设置高,灯灭
```

保存 led.c 代码，然后按同样的方法新建一个 led.h 文件，也保存在 LED 文件夹下面。在 led.h 中输入如下代码：

```c
#ifndef __LED_H
#define __LED_H
#include "sys.h"
//LED 端口定义
#define LED0 PFout(9)       //DS0
#define LED1 PFout(10)      //DS1
void LED_Init(void);        //初始化
#endif
```

这段代码里面最关键就是 2 个宏定义：

```c
#define LED0 PFout(9)       // DS0  PF9
#define LED1 PFout(10)      // DS1  PF10
```

这里使用位带操作来实现操作某个 I/O 口的一个位。这里同样可以使用固件库操作来实现 I/O 口操作，如下：

```c
GPIO_SetBits(GPIOF,GPIO_Pin_9);//设置 GPIOF.9 输出 1,等同 LED0 = 1;
GPIO_ResetBits(GPIOF,GPIO_Pin_9);//设置 GPIOF.9 输出 0,等同 LED0 = 0;
```

有兴趣的读者可以修改我们的位带操作为库函数直接操作，这样有利于学习。

将 led.h 也保存一下。接着，在图 6.12 所示的 Manage Project Items 对话框的 Groups 栏里面新建一个 HARDWARE 组，并把 led.c 加入到这个组里面。单击 OK 回到工程，则发现图 6.13 所示的 Project Workspace 里面多了一个 HARDWARE 的组，在该组下面有一个 led.c 的文件。

然后用之前介绍的方法(在 3.3.2 小节介绍,如图 6.14 所示)将 led.h 头文件的路径加入到工程里面，然后单击 OK 回到主界面。在 main 函数里面编写如下代码：

```c
#include "sys.h"
#include "delay.h"
#include "usart.h"
#include "led.h"
int main(void)
{
    delay_init(168);        //初始化延时函数
    LED_Init();             //初始化 LED 端口
```

第 6 章 跑马灯实验

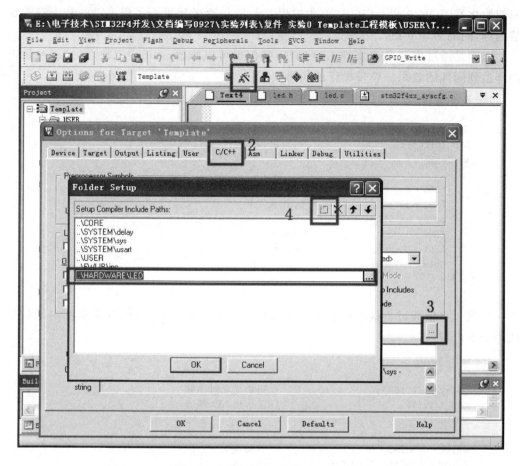

图 6.14 添加 LED 目录到 PATH

```
/** 下面是通过直接操作库函数的方式实现 I/O 控制 **/
while(1)
{
GPIO_ResetBits(GPIOF,GPIO_Pin_9);   //LED0 对应引脚 GPIOF.9 拉低,亮;等同"LED0 = 0;"
GPIO_SetBits(GPIOF,GPIO_Pin_10);    //LED1 对应引脚 GPIOF.10 拉高,灭;等同"LED1 = 1;"
delay_ms(500);                       //延时 500 ms
GPIO_SetBits(GPIOF,GPIO_Pin_9);     //LED0 对应引脚 GPIOF.0 拉高,灭;等同"LED0 = 1;"
GPIO_ResetBits(GPIOF,GPIO_Pin_10);  //LED1 对应引脚 GPIOF.10 拉低,亮;等同"LED1 = 0;"
delay_ms(500);                       //延时 500 ms
}
}
```

代码包含了 #include "led.h" 这句,使得 LED0、LED1、LED_Init 等能在 main() 函数里被调用。这里需要重申的是,在固件库中,系统在启动的时候会调用 system_stm32f4xx.c 中的函数 SystemInit() 对系统时钟进行初始化,之后会调用 main() 函数。所以不需要再在 main() 函数中调用 SystemInit() 函数。当然如果需要重新设置时钟系统,可以写自己的时钟设置代码,SystemInit() 只是将时钟系统初始化为默认状态。

main() 函数非常简单,先调用 delay_init() 初始化延时,接着就是调用 LED_Init()

来初始化 GPIOF.9 和 GPIOF.10 为输出。最后在死循环里面实现 LED0 和 LED1 交替闪烁,间隔为 500 ms。

上面是通过库函数来实现 I/O 操作,我们也可以修改 main() 函数,直接通过位带操作达到同样的效果。位带操作的代码如下:

```
int main(void)
{
    delay_init(168);              //初始化延时函数
    LED_Init();                   //初始化 LED 端口
    while(1)
    {
        LED0 = 0;                 //LED0 亮
        LED1 = 1;                 //LED1 灭
        delay_ms(500);
        LED0 = 1;                 //LED0 灭
        LED1 = 0;                 //LED1 亮
        delay_ms(500);
    }
}
```

当然也可以通过直接操作相关寄存器的方法来设置 I/O,我们只需要将主函数修改为如下内容:

```
int main(void)
{
    delay_init(168);                          //初始化延时函数
    LED_Init();                               //初始化 LED 端口
    while(1)
    {
        GPIOF->BSRRH = GPIO_Pin_9;            //LED0 亮
        GPIOF->BSRRL = GPIO_Pin_10;           //LED1 灭
        delay_ms(500);
        GPIOF->BSRRL = GPIO_Pin_9;            //LED0 灭
        GPIOF->BSRRH = GPIO_Pin_10;           //LED1 亮
        delay_ms(500);
    }
}
```

将主函数替换为上面代码,然后重新执行,可以看到,结果跟库函数操作和位带操作一样的效果。这个代码在跑马灯实验的 main.c 文件中被注释掉了,读者可以替换试试。

然后按 ▭ 编译工程,得到结果如图 6.15 所示。可以看到,没有错误,也没有警告。从编译信息可以看出,我们的代码占用 FLASH 大小为 5 678 字节(即 5 256+424),所用的 SRAM 大小为 1 880 字节(即 1 832+48)。

编译结果里面的几个数据的意义:

> Code:表示程序所占用 FLASH 的大小(FLASH)。
> RO-data:即 Read Only-data,表示程序定义的常量(FLASH)。
> RW-data:即 Read Write-data,表示已被初始化的变量(SRAM)。
> ZI-data:即 Zero Init-data,表示未被初始化的变量(SRAM)。

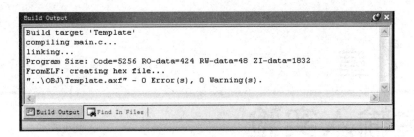

图 6.15 编译结果

有了这个就可以知道当前使用的 FLASH 和 SRAM 大小了,所以,一定要注意的是程序的大小不是.hex 文件的大小,而是编译后的 Code 和 RO-data 之和。

接下来就可以下载验证了。如果有 ST‑LINK,则可以用 ST‑LINK 进行在线调试(需要先下载代码),单步查看代码的运行,STM32F4 的在线调试方法参见 3.4.2 小节。

6.4 下载验证

这里使用 flymcu 下载,如图 6.16 所示。下载完之后,运行结果如图 6.17 所示,LED0 和 LED1 循环闪烁。

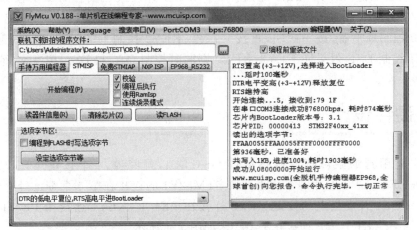

图 6.16 利用 flymcu 下载代码

图 6.17 程序运行结果

至此,第 1 章的学习就结束了。本章作为 STM32F4 入门的第一个例子,介绍了 STM32F4 的 I/O 口的使用及注意事项,同时巩固了前面的知识,希望读者好好理解消化。

第 7 章

按键输入实验

这一章将介绍如何使用 STM32F4 的 I/O 口作为输入,利用板载的 4 个按键来控制板载的两个 LED 的亮灭。

7.1 STM32F4 的 I/O 口简介

STM32F4 的 I/O 口在第 6 章已经有了比较详细的介绍,这里不再多说。STM32F4 的 I/O 口做输入使用的时候,是通过调用函数 GPIO_ReadInputDataBit()来读取 I/O 口状态的。了解了这点就可以开始代码编写了。

这一章将通过 ALIENTEK 探索者 STM32F4 开发板上载有的 4 个按钮(KEY_UP、KEY0、KEY1 和 KEY2),来控制板上的 2 个 LED(DS0 和 DS1)和蜂鸣器,其中 KEY_UP 控制蜂鸣器,按一次叫,再按一次停;KEY2 控制 DS0,按一次亮,再按一次灭;KEY1 控制 DS1,效果同 KEY2;KEY0 则同时控制 DS0 和 DS1,按一次,它们的状态就翻转一次。

7.2 硬件设计

本实验用到的硬件资源有指示灯 DS0、DS1,蜂鸣器,4 个按键 KEY0、KEY1、KEY2 和 KEY_UP。其中,DS0、DS1 和 STM32F4 的连接在第 6 章都已经介绍了,探索者 STM32F4 开发板上的按键 KEY0 连接在 PE4 上、KEY1 连接在 PE3 上、KEY2 连接在 PE2 上、KEY_UP 连接在 PA0 上,如图 7.1 所示。

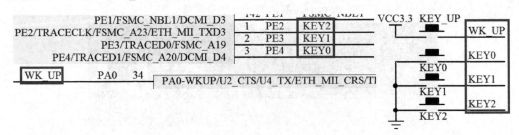

图 7.1 按键与 STM32F4 连接原理图

注意:KEY0、KEY1 和 KEY2 是低电平有效的,而 KEY_UP 是高电平有效的,并且外部都没有上下拉电阻,所以,需要在 STM32F4 内部设置上下拉。

7.3 软件设计

从这章开始,我们的软件设计主要是通过直接打开本书配套资料的实验工程,而不再讲解怎么加入文件和头文件目录。工程中添加相关文件的方法在前面两个实验已经讲解非常详细。

打开按键实验工程可以看到,我们引入了 key.c 文件以及头文件 key.h。下面首先打开 key.c 文件,关键代码如下:

```
#include "key.h"
#include "delay.h"
//按键初始化函数
void KEY_Init(void)
{
    GPIO_InitTypeDef  GPIO_InitStructure;
    RCC_AHB1PeriphClockCmd(RCC_AHB1Periph_GPIOA|RCC_AHB1Periph_GPIOE, ENABLE);
                                                        //使能 GPIOA,GPIOE 时钟
    //KEY0 KEY1 KEY2 对应引脚
    GPIO_InitStructure.GPIO_Pin = GPIO_Pin_2|GPIO_Pin_3|GPIO_Pin_4;
    GPIO_InitStructure.GPIO_Mode = GPIO_Mode_IN;        //普通输入模式
    GPIO_InitStructure.GPIO_Speed = GPIO_Speed_100MHz;  //100M
    GPIO_InitStructure.GPIO_PuPd = GPIO_PuPd_UP;        //上拉
    GPIO_Init(GPIOE, &GPIO_InitStructure);              //初始化 GPIOE2,3,4
    GPIO_InitStructure.GPIO_Pin = GPIO_Pin_0;           //WK_UP 对应引脚 PA0
    GPIO_InitStructure.GPIO_PuPd = GPIO_PuPd_DOWN;      //下拉
    GPIO_Init(GPIOA, &GPIO_InitStructure);              //初始化 GPIOA0
}
//按键处理函数
//返回按键值
//mode:0,不支持连续按;1,支持连续按;
//返回值:0,没有任何按键按下
//1,KEY0 按下 2,KEY1 按下 3,KEY2 按下 4,WKUP 按下 WK_UP
//注意此函数有响应优先级,KEY0>KEY1>KEY2>WK_UP
u8 KEY_Scan(u8 mode)
{
    static u8 key_up = 1;                               //按键按松开标志
    if(mode)key_up = 1;                                 //支持连按
    if(key_up&&(KEY0 == 0||KEY1 == 0||KEY2 == 0||WK_UP == 1))
    {delay_ms(10);                                      //去抖动
        key_up = 0;
        if(KEY0 == 0)return 1;
        else if(KEY1 == 0)return 2;
        else if(KEY2 == 0)return 3;
        else if(WK_UP == 1)return 4;
    }else if(KEY0 == 1&&KEY1 == 1&&KEY2 == 1&&WK_UP == 0)key_up = 1;
    return 0;                                           //无按键按下
}
```

这段代码包含 2 个函数，void KEY_Init(void) 和 u8 KEY_Scan(u8 mode)，KEY_Init 是用来初始化按键输入 I/O 口的。实现 PA0、PE2~4 的输入设置，这里和第 6 章的输出配置差不多，只是这里用来设置成的是输入而第 6 章是输出。

KEY_Scan 函数，则是用来扫描这 4 个 I/O 口是否有按键按下。KEY_Scan 函数支持两种扫描方式，通过 mode 参数来设置。

当 mode 为 0 的时候，KEY_Scan 函数将不支持连续按，扫描某个按键时，该按键按下之后必须要松开，才能第二次触发，否则不会再响应这个按键。这样做的好处就是可以防止按一次多次触发，而坏处就是需要长按的时候比较不合适。

当 mode 为 1 的时候，KEY_Scan 函数将支持连续按，如果某个按键一直按下，则会一直返回这个按键的键值，这样可以方便地实现长按检测。

有了 mode 这个参数，就可以根据自己的需要选择不同的方式。注意，因为该函数里面有 static 变量，所以该函数不是一个可重入函数，在有 OS 的情况下要留意。同时要注意的就是，该函数的按键扫描是有优先级的，最优先的是 KEY0，第二优先的是 KEY1，接着 KEY2，最后是 KEY3（KEY3 对应 KEY_UP 按键）。该函数有返回值，如果有按键按下，则返回非 0 值；如果没有或者按键不正确，则返回 0。

接下来看看头文件 key.h 里面的代码：

```
#ifndef __KEY_H
#define __KEY_H
#include "sys.h"
/*下面的方式是通过直接操作库函数方式读取 I/O*/
#define KEY0        GPIO_ReadInputDataBit(GPIOE,GPIO_Pin_4)   //PE4
#define KEY1        GPIO_ReadInputDataBit(GPIOE,GPIO_Pin_3)   //PE3
#define KEY2        GPIO_ReadInputDataBit(GPIOE,GPIO_Pin_2)   //PE2
#define WK_UP       GPIO_ReadInputDataBit(GPIOA,GPIO_Pin_0)   //PA0
#define KEY0_PRES    1
#define KEY1_PRES    2
#define KEY2_PRES    3
#define WKUP_PRES    4
void KEY_Init(void);        //I/O 初始化
u8 KEY_Scan(u8);            //按键扫描函数
#endif
```

这段代码里面最关键的就是 4 个按键标识符宏定义，这里列出 KEY0 的宏定义来讲解：

#define KEY0 GPIO_ReadInputDataBit(GPIOE,GPIO_Pin_4) //PE4

这里使用调用库函数来实现读取某个 I/O 口的某个位。同输出一样，上面的功能也同样可以通过位带操作来简单实现：

#define KEY0   PEin(4)   //PE4

用库函数实现的好处是在各个 STM32 芯片上面的移植性非常好，不需要修改任何代码。用位带操作的好处是简洁，读者可以自己选择。

key.h 中还定义了 KEY0_PRES、KEY1_PRES、KEY2_PRES、WKUP_PRESS 这

4 个宏定义,分别对应开发板 4 个按键(KEY0、KEY1、KEY2、KEY_UP)按下时 KEY_Scan 的返回值。通过宏定义的方式判断返回值,方便记忆和使用。

最后,我们看看 main.c 里面编写的主函数代码,对于 main.c 前面引入的头文件为了篇幅考虑,后面的实验不再列出,详情请参考我们实验代码即可:

```
int main(void)
{
    u8 key;                                 //保存键值
    delay_init(168);                        //初始化延时函数
    LED_Init();                             //初始化 LED 端口
    BEEP_Init();                            //初始化蜂鸣器端口
    KEY_Init();                             //初始化与按键连接的硬件接口
    LED0 = 0;                               //先点亮红灯
    while(1)
    {
        key = KEY_Scan(0);                  //得到键值
        if(key)
        {
            switch(key)
            {
                case WKUP_PRES:             //控制蜂鸣器
                    BEEP =! BEEP;  break;
                case KEY0_PRES:             //控制 LED0 翻转
                    LED0 =! LED0;  break;
                case KEY1_PRES:             //控制 LED1 翻转
                    LED1 =! LED1;  break;
                case KEY2_PRES:             //同时控制 LED0,LED1 翻转
                    LED0 =! LED0;
                    LED1 =! LED1;  break;
            }
        }else delay_ms(10);
    }
}
```

主函数代码比较简单,先进行一系列的初始化操作,然后在死循环中调用按键扫描函数 KEY_Scan()来扫描按键值,最后根据按键值控制 LED 和蜂鸣器的翻转。

最后按 编译工程,可以看到没有错误,也没有警告。接下来就可以下载验证了。如果有 JLINK,则可以用 JLINK 进行在线调试。

7.4 下载验证

我们还是通过 flymcu 下载代码,下载完之后,我们可以按 KEY0、KEY1、KEY2、KEY_UP 来看看 DS0、DS1 以及蜂鸣器的变化是否和我们预期的结果一致。

至此,本章的学习就结束了。本章作为 STM32F4 入门的第 3 个例子,介绍了 STM32F4 的 I/O 作为输入的使用方法,同时巩固了前面的学习成果。

第 8 章

串口通信实验

这一章将介绍如何使用 STM32F4 的串口来发送和接收数据。本章将实现如下功能：STM32F4 通过串口和上位机的对话，在收到上位机发过来的字符串后，原原本本地返回给上位机。

8.1 STM32F4 串口简介

串口是 MCU 的重要外部接口，也是软件开发重要的调试手段，其重要性不言而喻。现在几乎所有的 MCU 都带有串口，STM32 自然也不例外。STM32F4 的串口资源相当丰富，功能也相当强大。ALIENTEK 探索者 STM32F4 开发板所使用的 STM32F407ZGT6，最多可提供 6 路串口，有分数波特率发生器、支持同步单线通信和半双工单线通信、支持 LIN、支持调制解调器操作、智能卡协议和 IrDA SIR ENDEC 规范、具有 DMA 等。

5.3 节对串口已有过简单的介绍，接下来主要从库函数操作层面结合寄存器的描述，告诉读者如何设置串口，以实现最基本的通信功能。本章将实现利用串口 1 不停地打印信息到计算机上，同时接收从串口发过来的数据，把发送过来的数据直接送回给计算机。探索者 STM32F4 开发板板载了一个 USB 串口和 2 个 RS232 串口，本章介绍的是通过 USB 串口和计算机通信。

4.4 节已经讲解过，对于复用功能的 I/O，我们首先要使能 GPIO 时钟，然后使能相应的外设时钟，同时要把 GPIO 模式设置为复用。之后当然是串口参数的初始化设置，包括波特率、停止位等参数。接下来就是使能串口，这很容易理解。同时，如果开启了串口的中断，当然要初始化 NVIC 设置中断优先级别，最后编写中断服务函数。

串口设置的一般步骤为如下：

① 串口时钟使能，GPIO 时钟使能。
② 设置引脚复用器映射：调用 GPIO_PinAFConfig 函数。
③ GPIO 初始化设置：要设置模式为复用功能。
④ 串口参数初始化：设置波特率、字长、奇偶校验等参数。
⑤ 开启中断并且初始化 NVIC，使能中断（如果需要开启中断才需要这个步骤）。
⑥ 使能串口。
⑦ 编写中断处理函数：函数名格式为 USARTxIRQHandler(x 对应串口号)。

第8章 串口通信实验

下面简单介绍这几个与串口基本配置直接相关的固件库函数。这些函数和定义主要分布在 stm32f4xx_usart.h 和 stm32f4xx_usart.c 文件中。

1) 串口时钟和 GPIO 时钟使能

串口是挂载在 APB2 下面的外设，所以使能函数为：

```
RCC_APB2PeriphClockCmd(RCC_APB2Periph_USART1,ENABLE);//使能 USART1 时钟
```

GPIO 时钟使能非常简单，因为我们使用的是串口 1，串口 1 对应着芯片引脚 PA9、PA10，所以这里只需要使能 GPIOA 时钟即可：

```
RCC_AHB1PeriphClockCmd(RCC_AHB1Periph_GPIOA,ENABLE);//使能 GPIOA 时钟
```

2) 设置引脚复用器映射

引脚复用器映射配置方法在 4.4 节讲解非常清晰，调用函数为：

```
GPIO_PinAFConfig(GPIOA,GPIO_PinSource9,GPIO_AF_USART1);//PA9 复用为 USART1
GPIO_PinAFConfig(GPIOA,GPIO_PinSource10,GPIO_AF_USART1);//PA10 复用为 USART1
```

因为串口使用到 PA9、PA10，所以我们要把 PA9 和 PA10 都映射到串口 1，所以这里要调用两次函数。

GPIO_PinAFConfig 函数的第一个和第二个参数很好理解，就是设置对应的 I/O 口，如果是 PA9，那么第一个参数是 GPIOA，第二个参数就是 GPIO_PinSource9。第二个参数不需要去记忆，只需要根据 4.7 节讲解的快速组织代码技巧去相应的配置文件找到外设对应的 AF 配置宏定义标识符即可，串口 1 为 GPIO_AF_USART1。

3) GPIO 端口模式设置：PA9 和 PA10 要设置为复用功能

```
GPIO_InitStructure.GPIO_Pin = GPIO_Pin_9 | GPIO_Pin_10;  //GPIOA9 与 GPIOA10
GPIO_InitStructure.GPIO_Mode = GPIO_Mode_AF;             //复用功能
GPIO_InitStructure.GPIO_Speed = GPIO_Speed_50MHz;        //速度 50 MHz
GPIO_InitStructure.GPIO_OType = GPIO_OType_PP;           //推挽复用输出
GPIO_InitStructure.GPIO_PuPd = GPIO_PuPd_UP;             //上拉
GPIO_Init(GPIOA,&GPIO_InitStructure);                    //初始化 PA9,PA10
```

4) 串口参数初始化：设置波特率，字长，奇偶校验等参数

串口初始化是调用函数 USART_Init 来实现的，具体设置方法如下：

```
USART_InitStructure.USART_BaudRate = bound;                              //一般设置为 9600
USART_InitStructure.USART_WordLength = USART_WordLength_8b;              //字长为 8 位数据格式
USART_InitStructure.USART_StopBits = USART_StopBits_1;                   //一个停止位
USART_InitStructure.USART_Parity = USART_Parity_No;                      //无奇偶校验位
USART_InitStructure.USART_HardwareFlowControl = USART_HardwareFlowControl_None;
USART_InitStructure.USART_Mode = USART_Mode_Rx | USART_Mode_Tx;          //收发模式
USART_Init(USART1, &USART_InitStructure);                                //初始化串口
```

5) 使能串口

使能串口调用函数 USART_Cmd 来实现，具体使能串口 1 方法如下：

```
USART_Cmd(USART1, ENABLE);                                               //使能串口
```

6) 串口数据发送与接收

STM32F4 的发送与接收是通过数据寄存器 USART_DR 来实现的。这是一个双

寄存器,包含了 TDR 和 RDR。当向该寄存器写数据的时候,串口就会自动发送;当收到数据的时候,也是存在该寄存器内。

STM32 库函数操作 USART_DR 寄存器发送数据的函数是:

void USART_SendData(USART_TypeDef * USARTx, uint16_t Data);

通过该函数向串口寄存器 USART_DR 写入一个数据。

STM32 库函数操作 USART_DR 寄存器读取串口接收到的数据的函数是:

uint16_t USART_ReceiveData(USART_TypeDef * USARTx);

通过该函数可以读取串口接收到的数据。

7) 串口状态

串口的状态可以通过状态寄存器 USART_SR 读取。USART_SR 的各位描述如图 8.1 所示。这里关注两个位,第 5、6 位 RXNE 和 TC。

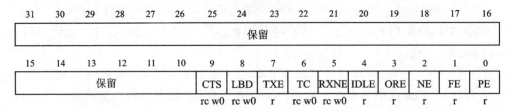

图 8.1　USART_SR 寄存器各位描述

RXNE(读数据寄存器非空),当该位被置 1 的时候,就是提示已经有数据被接收到了,并且可以读出来了。这时候要做的就是尽快去读取 USART_DR,通过读 USART_DR 可以将该位清零,也可以向该位写 0,直接清除。

TC(发送完成),当该位被置位的时候,表示 USART_DR 内的数据已经被发送完成了。如果设置了这个位的中断,则会产生中断。该位也有两种清零方式:①读 USART_SR,写 USART_DR。②直接向该位写 0。

状态寄存器的其他位这里就不做过多讲解,需要的可以查看中文参考手册。在我们固件库函数里面,读取串口状态的函数是:

FlagStatus USART_GetFlagStatus(USART_TypeDef * USARTx, uint16_t USART_FLAG);

这个函数的第二个入口参数非常关键,它标示我们要查看串口的哪种状态,比如上面讲解的 RXNE(读数据寄存器非空)以及 TC(发送完成)。例如,要判断读寄存器是否非空(RXNE),操作库函数的方法是:

USART_GetFlagStatus(USART1, USART_FLAG_RXNE);

要判断发送是否完成(TC),操作库函数的方法是:

USART_GetFlagStatus(USART1, USART_FLAG_TC);

这些标识号在 MDK 里面是通过宏定义定义的:

#define USART_IT_PE   ((uint16_t)0x0028)
#define USART_IT_TC   ((uint16_t)0x0626)
#define USART_IT_RXNE   ((uint16_t)0x0525)

……//省略部分代码
#define USART_IT_NE   ((uint16_t)0x0260)
#define USART_IT_FE   ((uint16_t)0x0160)

8) 开启中断并且初始化 NVIC,使能相应中断

要开启串口中断时才需要配置 NVIC 中断优先级分组。通过调用函数 NVIC_Init 来设置。

```
NVIC_InitStructure.NVIC_IRQChannel = USART1_IRQn;
NVIC_InitStructure.NVIC_IRQChannelPreemptionPriority = 3;//抢占优先级 3
NVIC_InitStructure.NVIC_IRQChannelSubPriority = 3;        //响应优先级 3
NVIC_InitStructure.NVIC_IRQChannelCmd = ENABLE;           //IRQ 通道使能
NVIC_Init(&NVIC_InitStructure);     //根据指定的参数初始化 VIC 寄存器、
```

同时,还需要使能相应中断,使能串口中断的函数是:

```
void USART_ITConfig(USART_TypeDef * USARTx,uint16_t USART_IT,
FunctionalState NewState);
```

这个函数的第二个入口参数是标示使能串口的类型,也就是使能哪种中断,因为串口的中断类型有很多种。比如在接收到数据的时候(RXNE 读数据寄存器非空)要产生中断,那么开启中断的方法是:

```
USART_ITConfig(USART1, USART_IT_RXNE, ENABLE);//开启中断,接收到数据中断
```

在发送数据结束的时候(TC,发送完成)要产生中断,方法是:

```
USART_ITConfig(USART1,USART_IT_TC,ENABLE);
```

这里还要特别提醒,因为我们实验开启了串口中断,所以在系统初始化的时候需要先设置系统的中断优先级分组。我们是在 main 函数开头设置的,代码如下:

```
NVIC_PriorityGroupConfig(NVIC_PriorityGroup_2);//设置系统中断优先级分组 2
```

设置分组为 2,也就是 2 位抢占优先级,2 位响应优先级。

9) 获取相应中断状态

当使能了某个中断的时候,若该中断发生了,则会设置状态寄存器中的某个标志位。中断处理函数中要判断该中断是哪种中断,使用的函数是:

```
ITStatus USART_GetITStatus(USART_TypeDef * USARTx, uint16_t USART_IT);
```

比如使能了串口发送完成中断,那么当中断发生了,我们便可以在中断处理函数中调用这个函数来判断是否是串口发送完成中断,方法是:

```
USART_GetITStatus(USART1, USART_IT_TC);
```

返回值是 SET,说明是串口发送完成中断发生。

10) 中断服务函数

串口 1 中断服务函数为:

```
void USART1_IRQHandler(void);
```

当发生中断的时候,程序就会执行中断服务函数。然后在中断服务函数中编写相应的逻辑代码即可。

通过以上一些寄存器的操作及 I/O 口的配置,我们就可以达到串口最基本的配置了。串口更详细的介绍请参考《STM32F4XX 中文参考手册》第 676~720 页。

8.2 硬件设计

本实验需要用到的硬件资源有:指示灯 DS0、串口 1。本实验用到的串口 1 与 USB 串口并没有在 PCB 上连接在一起,需要通过跳线帽连接一下。这里把 P6 的 RXD 和 TXD 用跳线帽与 PA9 和 PA10 连接起来,如图 8.2 所示。连接之后,硬件上就设置完成了,可以开始软件设计了。

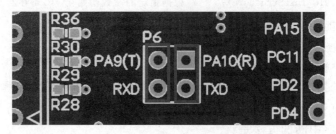

图 8.2 硬件连接示意图

8.3 软件设计

本章的代码设计比前两章简单很多,因为我们的串口初始化代码和接收代码就是用之前介绍的 SYSTEM 文件夹下的串口部分的内容。

打开串口实验工程,然后在 SYSTEM 组下双击 usart.c,我们就可以看到该文件里面的代码。先介绍 uart_init 函数,该函数代码如下:

```c
void uart_init(u32 bound)
{
    GPIO_InitTypeDef GPIO_InitStructure;
    USART_InitTypeDef USART_InitStructure;
    NVIC_InitTypeDef NVIC_InitStructure;
    //GPIOA 和 USART1 时钟使能①
    RCC_AHB1PeriphClockCmd(RCC_AHB1Periph_GPIOA,ENABLE);      //使能 GPIOA 时钟
    RCC_APB2PeriphClockCmd(RCC_APB2Periph_USART1,ENABLE);     //使能 USART1 时钟
    //USART_DeInit(USART1);                                    //复位串口 1②
    GPIO_PinAFConfig(GPIOA,GPIO_PinSource9,GPIO_AF_USART1);    //PA9 复用为 USART1
    GPIO_PinAFConfig(GPIOA,GPIO_PinSource10,GPIO_AF_USART1);   //PA10 复用为 USART1
    //USART1_TX   PA.9 PA.10③
    GPIO_InitStructure.GPIO_Pin = GPIO_Pin_9 | GPIO_Pin_10;   //GPIOA9 与 GPIOA10
    GPIO_InitStructure.GPIO_Mode = GPIO_Mode_AF;              //复用功能
    GPIO_InitStructure.GPIO_Speed = GPIO_Speed_50MHz;         //速度 50 MHz
    GPIO_InitStructure.GPIO_OType = GPIO_OType_PP;            //推挽复用输出
    GPIO_InitStructure.GPIO_PuPd = GPIO_PuPd_UP;              //上拉
    GPIO_Init(GPIOA,&GPIO_InitStructure);                     //初始化 PA9,PA10
```

```c
//USART 初始化设置④
USART_InitStructure.USART_BaudRate = bound;                           //一般设置为 9 600
USART_InitStructure.USART_WordLength = USART_WordLength_8b;           //字长为 8 位数据格式
USART_InitStructure.USART_StopBits = USART_StopBits_1;                //一个停止位
USART_InitStructure.USART_Parity = USART_Parity_No;                   //无奇偶校验位
USART_InitStructure.USART_HardwareFlowControl = USART_HardwareFlowControl_None;
USART_InitStructure.USART_Mode = USART_Mode_Rx | USART_Mode_Tx;       //收发模式
USART_Init(USART1, &USART_InitStructure);                             //初始化串口
#if EN_USART1_RX                                                       //NVIC 设置,使能中断⑤
USART_ITConfig(USART1, USART_IT_RXNE, ENABLE);                        //开启中断
//Usart1 NVIC 配置
NVIC_InitStructure.NVIC_IRQChannel = USART1_IRQn;
NVIC_InitStructure.NVIC_IRQChannelPreemptionPriority = 2;             //抢占优先级 2
NVIC_InitStructure.NVIC_IRQChannelSubPriority = 2;                    //响应优先级 2
NVIC_InitStructure.NVIC_IRQChannelCmd = ENABLE;                       //IRQ 通道使能
NVIC_Init(&NVIC_InitStructure);           //根据指定的参数初始化 VIC 寄存器、
#endif
}
USART_Cmd(USART1, ENABLE);                                            //使能串口⑥
```

可以看出,其初始化串口的过程和前面介绍的一致。我们用标号①～⑥标示了顺序:

① 串口时钟使能,GPIO 时钟使能。

② 设置引脚复用器映射。

③ GPIO 端口初始化设置。

④ 串口参数初始化。

⑤ 初始化 NVIC 并且开启中断。

⑥ 使能串口。

注意,因为使用到了串口的中断接收,所以必须在 usart.h 里面设置 EN_USART1_RX 为 1(默认设置就是 1),该函数才会配置中断使能,以及开启串口 1 的 NVIC 中断。这里把串口 1 中断放在组 2,优先级设置为组 2 里面的最低。

串口 1 的中断服务函数 USART1_IRQHandler 参考 5.3.3 小节。

介绍完了这两个函数,我们回到 main.c。主函数代码如下:

```c
int main(void)
{
    u8 t,len;
    u16 times = 0;
    NVIC_PriorityGroupConfig(NVIC_PriorityGroup_2);//设置系统中断优先级分组 2
    delay_init(168);                              //延时初始化
    uart_init(115200);                            //串口初始化波特率为 115 200
    LED_Init();                                   //初始化与 LED 连接的硬件接口
    LED0 = 0;                                     //先点亮红灯
    while(1)
    {
        if(USART_RX_STA&0x8000)
        {
            len = USART_RX_STA&0x3fff;            //得到此次接收到的数据长度
```

```
            printf("\r\n您发送的消息为:\r\n");
            for(t = 0;t<len;t + + )
            {
                USART1 - >DR = USART_RX_BUF[t];
                while((USART1 - >SR&0X40) == 0);          //等待发送结束
            }
            printf("\r\n\r\n");                            //插入换行
            USART_RX_STA = 0;
        }else
        {
            times + + ;
            if(times % 5000 == 0)
            {printf("\r\nALIENTEK 探索者 STM32F407 开发板串口实验\r\n");
                printf("正点原子@ALIENTEK\r\n\r\n\r\n");
            }
            if(times % 200 == 0)printf("请输入数据,以回车键结束\r\n");
            if(times % 30 == 0)LED0 = ! LED0;              //闪烁 LED,提示系统正在运行
            delay_ms(10);
        }
    }
}
```

这段代码比较简单,开头部分先调用 NVIC_PriorityGroupConfig 函数设置系统的中断优先级分组。然后调用 uart_init 函数,设置波特率为 115 200。接下来重点看下以下两句:

```
USART_SendData(USART1, USART_RX_BUF[t]);                //向串口 1 发送数据
while(USART_GetFlagStatus(USART1,USART_FLAG_TC)! = SET);
```

第一句其实就是发送一个字节到串口。第二句就是在发送一个数据到串口之后,检测这个数据是否已经被发送完成了。USART_FLAG_TC 是宏定义的数据发送完成标识符。

其他的代码比较简单,编译之后看看有没有错误,没有错误就可以开始仿真与调试了。整个工程的编译结果如图 8.3 所示。可以看到,编译没有任何错误和警告,下面可以开始下载验证了。

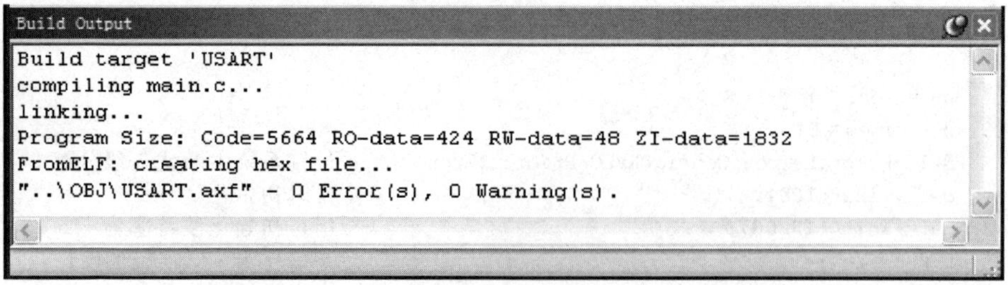

```
Build Output
Build target 'USART'
compiling main.c...
linking...
Program Size: Code=5664 RO-data=424 RW-data=48 ZI-data=1832
FromELF: creating hex file...
"..\OBJ\USART.axf" - 0 Error(s), 0 Warning(s).
```

图 8.3　编译结果

8.4 下载验证

把程序下载到探索者 STM32F4 开发板可以看到,板子上的 DS0 开始闪烁,说明程序已经在跑了。串口调试助手用 XCOM V2.0,该软件在本书配套资料提供了,且无须安装,可以直接运行。但是需要读者的计算机安装有.NET Framework 4.0(WIN7 直接自带了)或以上版本的环境才可以,该软件的详细介绍请看 http://www.openedv.com/posts/list/22994.htm 这个帖子。

接着打开 XCOM V2.0,设置串口为开发板的 USB 转串口(CH340 虚拟串口,须根据自己的计算机选择,笔者的计算机是 COM3,另外,请注意:波特率是 115 200),可以看到如图 8.4 所示信息。

图 8.4 串口调试助手收到的信息

从图 8.4 可以看出,STM32F4 的串口数据发送是没问题的。但是,因为我们在程序上面设置了必须输入回车,串口才认可接收到的数据,所以必须在发送数据后再发送一个回车符,这里 XCOM 提供的发送方法是通过选中"发送新行"实现。如图 8.4 所示,只要选中了这个选项,每次发送数据后,XCOM 都会自动多发一个回车(0X0D+0X0A)。设置好了发送新行,我们再在发送区输入想要发送的文字,然后单击"发送",可以得到如图 8.5 所示的结果。可以看到,我们发送的消息被发送回来了(图中圈内)。

读者可以试试，如果不发送回车（取消发送新行），输入内容之后直接按发送是什么结果。

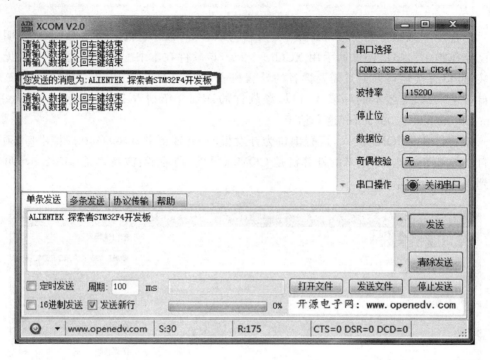

图 8.5　发送数据后收到的数据

第 9 章

外部中断实验

这一章将介绍如何使用 STM32F4 的外部输入中断。本章介绍如何将 STM32F4 的 I/O 口作为外部中断输入,将以中断的方式实现在第 7 章所实现的功能。

9.1 STM32F4 外部中断简介

STM32F4 的 I/O 口在第 6 章有详细介绍,而中断管理分组管理在前面也有详细的阐述。这里介绍 STM32F4 外部 I/O 口的中断功能,通过中断功能达到第 7 章实验的效果,即通过板载的 4 个按键,控制板载的两个 LED 的亮灭以及蜂鸣器的发声。这章的代码主要分布在固件库的 stm32f4xx_exti.h 和 stm32f4xx_exti.c 文件中。

这里首先讲 STM32F4 I/O 口中断的一些基础概念。STM32F4 的每个 I/O 都可以作为外部中断的中断输入口,这点也是 STM32F4 的强大之处。STM32F407 的中断控制器支持 22 个外部中断、事件请求。每个中断设有状态位,每个中断、事件都有独立的触发和屏蔽设置。STM32F407 的 22 个外部中断为:

- EXTI 线 0~15:对应外部 I/O 口的输入中断。
- EXTI 线 16:连接到 PVD 输出。
- EXTI 线 17:连接到 RTC 闹钟事件。
- EXTI 线 18:连接到 USB OTG FS 唤醒事件。
- EXTI 线 19:连接到以太网唤醒事件。
- EXTI 线 20:连接到 USB OTG HS(在 FS 中配置)唤醒事件。
- EXTI 线 21:连接到 RTC 入侵和时间戳事件。
- EXTI 线 22:连接到 RTC 唤醒事件。

可以看出,STM32F4 供 I/O 口使用的中断线只有 16 个,但是 STM32F4 的 I/O 口却远远不止 16 个,那么 STM32F4 是怎么把 16 个中断线和 I/O 口一一对应起来的呢?于是 STM32 就这样设计,GPIO 的管脚 GPIOx.0~GPIOx.15(x=A,B,C,D,E,F,G,H,I)分别对应中断线 0~15。这样每个中断线对应了最多 9 个 I/O 口,以线 0 为例:它对应了 GPIOA.0、GPIOB.0、GPIOC.0、GPIOD.0、GPIOE.0、GPIOF.0、GPIOG.0、GPIOH.0、GPIOI.0。而中断线每次只能连接到一个 I/O 口上,这样就需要通过配置来决定对应的中断线配置到哪个 GPIO 上了。GPIO 跟中断线的映射关系图,如图 9.1 所示。

使用库函数配置外部中断的步骤：

① 使能 I/O 口时钟，初始化 I/O 口为输入。首先，要使用 I/O 口作为中断输入，就要使能相应的 I/O 口时钟以及初始化相应的 I/O 口为输入模式，具体的使用方法跟按键实验是一致的。

② 开启 SYSCFG 时钟，设置 I/O 口与中断线的映射关系。接下来要配置 GPIO 与中断线的映射关系，那么首先需要打开 SYSCFG 时钟。

RCC_APB2PeriphClockCmd(RCC_APB2Periph_SYSCFG, ENABLE);//使能 SYSCFG 时钟

注意，只要使用到外部中断，就必须打开 SYSCFG 时钟。

接下来配置 GPIO 与中断线的映射关系。在库函数中，配置 GPIO 与中断线的映射关系用函数 SYSCFG_EXTILineConfig() 来实现的：

void SYSCFG_EXTILineConfig(uint8_t EXTI_PortSourceGPIOx, uint8_t EXTI_PinSourcex);

该函数将 GPIO 端口与中断线映射起来，使用范例是：

SYSCFG_EXTILineConfig(EXTI_PortSourceGPIOA, EXTI_PinSource0);

将中断线 0 与 GPIOA 映射起来，那么很显然是 GPIOA.0 与 EXTI1 中断线连接了。

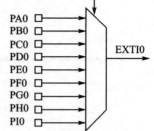
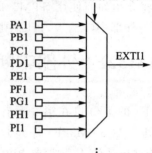
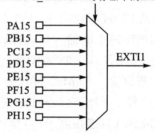

图 9.1　GPIO 和中断线的映射关系图

设置好中断线映射之后，那么到底来自这个 I/O 口的中断是通过什么方式触发的呢？接下来就要设置该中断线上中断的初始化参数了。

③ 初始化线上中断，设置触发条件等。中断线上中断的初始化是通过函数 EXTI_Init() 实现的。EXTI_Init() 函数的定义是：

void EXTI_Init(EXTI_InitTypeDef* EXTI_InitStruct);

下面用一个使用范例来说明这个函数的使用：

EXTI_InitTypeDef EXTI_InitStructure;
EXTI_InitStructure.EXTI_Line = EXTI_Line4;
EXTI_InitStructure.EXTI_Mode = EXTI_Mode_Interrupt;
EXTI_InitStructure.EXTI_Trigger = EXTI_Trigger_Falling;
EXTI_InitStructure.EXTI_LineCmd = ENABLE;
EXTI_Init(&EXTI_InitStructure);   //初始化外设 EXTI 寄存器

第 9 章　外部中断实验

上面的例子设置中断线 4 上的中断为下降沿触发。STM32 外设的初始化都是通过结构体来设置初始值的。我们来看看结构体 EXTI_InitTypeDef 的成员变量：

```
typedef struct
{
    uint32_t EXTI_Line;
    EXTIMode_TypeDef EXTI_Mode;
    EXTITrigger_TypeDef EXTI_Trigger;
    FunctionalState EXTI_LineCmd;
}EXTI_InitTypeDef;
```

可以看出，有 4 个参数需要设置。第一个参数是中断线的标号，对于外部中断，取值范围为 EXTI_Line0～EXTI_Line15。也就是说，这个函数配置的是某个中断线上的中断参数。第二个参数是中断模式，可选值为中断 EXTI_Mode_Interrupt 和事件 EXTI_Mode_Event。第三个参数是触发方式，可以是下降沿触发 EXTI_Trigger_Falling、上升沿触发 EXTI_Trigger_Rising 或者任意电平(上升沿和下降沿)触发 EXTI_Trigger_Rising_Falling。最后一个参数就是使能中断线了。

④ 配置中断分组(NVIC)，并使能中断。

设置好中断线和 GPIO 映射关系，也设置好了中断的触发模式等初始化参数。既然是外部中断，涉及中断我们当然还要设置 NVIC 中断优先级。这里就接着上面的范例，设置中断线 2 的中断优先级。

```
NVIC_InitTypeDef NVIC_InitStructure;
NVIC_InitStructure.NVIC_IRQChannel = EXTI2_IRQn;                      //使能按键外部中断通道
NVIC_InitStructure.NVIC_IRQChannelPreemptionPriority = 0x02;          //抢占优先级 2
NVIC_InitStructure.NVIC_IRQChannelSubPriority = 0x02;                 //响应优先级 2
NVIC_InitStructure.NVIC_IRQChannelCmd = ENABLE;                       //使能外部中断通道
NVIC_Init(&NVIC_InitStructure);                                       //中断优先级分组初始化
```

⑤ 编写中断服务函数。

配置完中断优先级之后，接着要做的就是编写中断服务函数。中断服务函数的名字是在 MDK 中事先有定义的。这里需要说明一下，STM32F4 的 I/O 口外部中断函数只有 7 个，分别为：

```
EXPORT    EXTI0_IRQHandler
EXPORT    EXTI1_IRQHandler
EXPORT    EXTI2_IRQHandler
EXPORT    EXTI3_IRQHandler
EXPORT    EXTI4_IRQHandler
EXPORT    EXTI9_5_IRQHandler
EXPORT    EXTI15_10_IRQHandler
```

中断线 0～4 每个中断线对应一个中断函数，中断线 5～9 共用中断函数 EXTI9_5_IRQHandler，中断线 10～15 共用中断函数 EXTI15_10_IRQHandler。编写中断服务函数的时候会经常使用到两个函数，第一个函数是判断某个中断线上的中断是否发生(标志位是否置位)：

```
ITStatus EXTI_GetITStatus(uint32_t EXTI_Line);
```

这个函数一般使用在中断服务函数的开头。另一个函数是清除某个中断线上的中断标志位：

```
void EXTI_ClearITPendingBit(uint32_t EXTI_Line);
```

这个函数一般应用在中断服务函数结束之前。

常用的中断服务函数格式为：

```
void EXTI3_IRQHandler(void)
{
  if(EXTI_GetITStatus(EXTI_Line3)!=RESET)   //判断某个线上的中断是否发生
     {…中断逻辑…
        EXTI_ClearITPendingBit(EXTI_Line3);  //清除 LINE 上的中断标志位
     }
}
```

在这里需要说明一下，固件库还提供了两个函数来判断外部中断状态以及清除外部状态标志位的函数 EXTI_GetFlagStatus 和 EXTI_ClearFlag，它们的作用和前面两个函数的作用类似。只是在 EXTI_GetITStatus 函数中会先判断这种中断是否使能，使能了才去判断中断标志位，而 EXTI_GetFlagStatus 直接用来判断状态标志位。

讲到这里，相信读者对于 STM32 的 I/O 口外部中断已经有了一定了解。再总结一下使用 I/O 口外部中断的一般步骤：

① 使能 I/O 口时钟，初始化 I/O 口为输入。

② 使能 SYSCFG 时钟，设置 I/O 口与中断线的映射关系。

③ 初始化线上中断，设置触发条件等。

④ 配置中断分组（NVIC），并使能中断。

⑤ 编写中断服务函数。

本章要实现同第 7 章差不多的功能，但是这里使用的是中断来检测按键，还是 KEY_UP 控制蜂鸣器，按一次叫，再按一次停；KEY2 控制 DS0，按一次亮，再按一次灭；KEY1 控制 DS1，效果同 KEY2；KEY0 则同时控制 DS0 和 DS1，按一次，它们的状态就翻转一次。

9.2　硬件设计

本实验用到的硬件资源和第 7 章实验的一模一样，不再多做介绍了。

9.3　软件设计

直接打开本书配套资料实验 5 的工程，可以看到，相比上一个工程，HARDWARE 目录下面增加了 exti.c 文件，同时固件库目录增加了 stm32f4xx_exti.c 文件。

exit.c 文件总共包含 5 个函数，一个是外部中断初始化函数 void EXTIX_Init (void)，另外 4 个都是中断服务函数。这里仅仅贴出外部中断 0 的中断服务函数 EX-

TI0_IRQHandler 以及外部中断初始化函数 EXTIX_Init 内容,代码如下:

```c
//外部中断 0 服务程序
void EXTI0_IRQHandler(void)
{
    delay_ms(10);                    //消抖
    if(WK_UP == 1)
    {
        BEEP = ! BEEP;               //蜂鸣器翻转
    }
    EXTI_ClearITPendingBit(EXTI_Line0);//清除 LINE0 上的中断标志位
}
……//省略外部中断 2~4 中断服务函数定义
//外部中断初始化程序
//初始化 PE2~4,PA0 为中断输入
void EXTIX_Init(void)
{
    NVIC_InitTypeDef    NVIC_InitStructure;
    EXTI_InitTypeDef    EXTI_InitStructure;
    KEY_Init(); //按键对应的 I/O 口初始化
    RCC_APB2PeriphClockCmd(RCC_APB2Periph_SYSCFG, ENABLE);          //使能 SYSCFG 时钟
    SYSCFG_EXTILineConfig(EXTI_PortSourceGPIOE, EXTI_PinSource2);   //PE2 连接线 2
    SYSCFG_EXTILineConfig(EXTI_PortSourceGPIOE, EXTI_PinSource3);   //PE3 连接线 3
    SYSCFG_EXTILineConfig(EXTI_PortSourceGPIOE, EXTI_PinSource4);   //PE4 连接线 4
    SYSCFG_EXTILineConfig(EXTI_PortSourceGPIOA, EXTI_PinSource0);   //PA0 连接线 0
    /* 配置 EXTI_Line0 */
    EXTI_InitStructure.EXTI_Line = EXTI_Line0;                      //LINE0
    EXTI_InitStructure.EXTI_Mode = EXTI_Mode_Interrupt;             //中断事件
    EXTI_InitStructure.EXTI_Trigger = EXTI_Trigger_Rising;          //上升沿触发
    EXTI_InitStructure.EXTI_LineCmd = ENABLE;                       //使能 LINE0
    EXTI_Init(&EXTI_InitStructure);/
    /* 配置 EXTI_Line2,3,4 */
    EXTI_InitStructure.EXTI_Line = EXTI_Line2 | EXTI_Line3 | EXTI_Line4;
    EXTI_InitStructure.EXTI_Mode = EXTI_Mode_Interrupt;             //中断事件
    EXTI_InitStructure.EXTI_Trigger = EXTI_Trigger_Falling;         //下降沿触发
    EXTI_InitStructure.EXTI_LineCmd = ENABLE;                       //中断线使能
    EXTI_Init(&EXTI_InitStructure);                                 //配置
    NVIC_InitStructure.NVIC_IRQChannel = EXTI0_IRQn;                //外部中断 0
    NVIC_InitStructure.NVIC_IRQChannelPreemptionPriority = 0x00;    //抢占优先级 0
    NVIC_InitStructure.NVIC_IRQChannelSubPriority = 0x02;           //响应优先级 2
    NVIC_InitStructure.NVIC_IRQChannelCmd = ENABLE;                 //使能外部中断通道
    NVIC_Init(&NVIC_InitStructure);                                 //配置 NVIC
    ……//省略外部中断 2-4 的 NVIC 配置
}
```

exti.c 文件总共包含 5 个函数,一个是外部中断初始化函数 void EXTIX_Init (void),另外 4 个都是中断服务函数。void EXTI0_IRQHandler(void)是外部中断 0 的服务函数,负责 KEY_UP 按键的中断检测;void EXTI2_IRQHandler(void)是外部中断 2 的服务函数,负责 KEY2 按键的中断检测;void EXTI3_IRQHandler(void)是外部中断 3 的服务函数,负责 KEY1 按键的中断检测;void EXTI4_IRQHandler(void)是外

部中断4的服务函数,负责KEY0按键的中断检测,下面分别介绍这几个函数。

首先是外部中断初始化函数 void EXTIX_Init(void)。该函数严格按照我们之前的步骤来初始化外部中断,首先调用 KEY_Init,利用第7章按键初始化函数来初始化外部中断输入的I/O口,接着调用 RCC_APB2PeriphClockCmd 函数来使能 SYSCFG 时钟。接着调用函数 SYSCFG_EXTILineConfig 配置中断线和 GPIO 的映射关系,然后初始化中断线和配置中断优先级。需要说明的是,因为我们的 KEY_UP 按键是高电平有效的,而 KEY0、KEY1 和 KEY2 是低电平有效的,所以设置 KEY_UP 为上升沿触发中断,而 KEY0、KEY1 和 KEY2 则设置为下降沿触发。这里把按键的抢占优先级设置成一样,而响应优先级不同,这4个按键中 KEY0 的优先级最高。

接下来介绍各个按键的中断服务函数,一共4个。先看 KEY_UP 的中断服务函数 void EXTI0_IRQHandler(void)。该函数代码比较简单,先延时 10 ms 以消抖,再检测 KEY_UP 是否还是为高电平,如果是,则执行此次操作(翻转蜂鸣器控制信号);如果不是,则直接跳过。最后由一句"EXTI_ClearITPendingBit(EXTI_Line0);"清除已经发生的中断请求。可以发现,KEY0、KEY1 和 KEY2 的中断服务函数和 KEY_UP 按键的十分相似。

这里重申一下,STM32F4 的外部中断 0~4 都有单独的中断服务函数,但是从 5 开始,它们就没有单独的服务函数了,而是多个中断共用一个服务函数,比如外部中断 5~9 的中断服务函数为 void EXTI9_5_IRQHandler(void),类似的,void EXTI15_10_IRQHandler(void) 就是外部中断 10~15 的中断服务函数。另外,STM32F4 所有中断服务函数的名字,都已经在 startup_stm32f40_41xx.s 里面定义好了,可以去这个文件里面查看。

exti.h 头文件里面主要是一个函数申明,比较简单。

接下来看看主函数,main 函数代码如下:

```
int main(void)
{
    NVIC_PriorityGroupConfig(NVIC_PriorityGroup_2);//设置系统中断优先级分组2
    delay_init(168);                    //初始化延时函数
    uart_init(115200);                  //串口初始化
    LED_Init();                         //初始化LED端口
    BEEP_Init();                        //初始化蜂鸣器端口
    EXTIX_Init();                       //初始化外部中断输入
    LED0 = 0;                           //先点亮红灯
    while(1)
    {
        printf("OK\r\n");               //打印OK提示程序运行
        delay_ms(1000);                 //每隔1s打印一次
    }
}
```

该部分代码很简单,先设置系统优先级分组、延时函数以及串口等外设。然后初始化完中断后,点亮 LED0,就进入死循环等待了。这个死循环里面通过一个 printf 函数来告诉我们系统正在运行,中断发生后就执行相应的处理,从而实现第7章类似的功能。

9.4 下载验证

编译成功之后就可以下载代码到探索者 STM32F4 开发板上,实际验证一下我们的程序是否正确。下载代码后,在串口调试助手里面可以看到如图 9.2 所示信息。可以看出,程序已经在运行了,此时可以通过按下 KEY0、KEY1、KEY2 和 KEY_UP 来观察 DS0、DS1 以及蜂鸣器是否跟着按键的变化而变化。

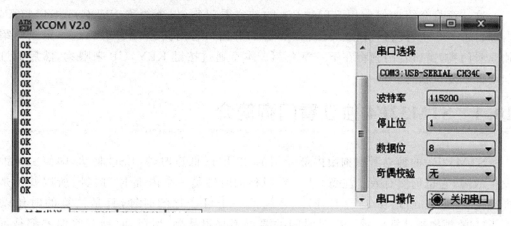

图 9.2 串口收到的数据

第 10 章

独立看门狗(IWDG)实验

这一章将介绍如何使用 STM32F4 的独立看门狗(以下简称 IWDG)。STM32F4 内部自带了 2 个看门狗:独立看门狗(IWDG)和窗口看门狗(WWDG)。这一章只介绍独立看门狗,窗口看门狗将在下一章介绍。本章通过按键 KEY_UP 来喂狗,然后通过 DS0 提示复位状态。

10.1 STM32F4 独立看门狗简介

STM32F4 的独立看门狗由内部专门的 32 kHz 低速时钟(LSI)驱动,即使主时钟发生故障,它也仍然有效。注意,独立看门狗的时钟是一个内部 RC 时钟,所以并不是准确的 32 kHz,而是在 15~47 kHz 之间的一个可变化的时钟,只是估算的时候以 32 kHz 的频率来计算。看门狗对时间的要求不是很精确,所以,时钟有些偏差都是可以接受的。

独立看门狗有几个寄存器与这节相关,下面分别介绍这几个寄存器。首先是关键字寄存器 IWDG_KR,各位描述如图 10.1 所示。

31	30	29	28	27	26	25	24	23	22	21	20	19	18	17	16	15	14	13	12	11	10	9	8	7	6	5	4	3	2	1	0
							Reserved									KEY[15:0]															
																w	w	w	w	w	w	w	w	w	w	w	w	w	w	w	w

位31:16 保留,必须保持复位值
位15:0 **KEY[15:0]**: 键值(Key value)(只写位,读为 0000h)
　　　必须每隔一段时间便通过软件对这些写入键值AAAAh,否则当计数器计数到0时,看门狗会产生复位
　　　写入键值5555h可使能对IWDG_PR和IWDG_RLR寄存器的访问
　　　写入键值CCCCh可启动看门狗(选中硬件看门狗选项的情况除外)

图 10.1　IWDG_KR 寄存器各位描述

在关键字寄存器(IWDG_KR)中写入 0xCCCC,开始启用独立看门狗,此时计数器开始从其复位值 0xFFF 递减计数。当计数器计数到末尾 0x000 时,会产生一个复位信号(IWDG_RESET)。无论何时,只要关键字寄存器 IWDG_KR 中被写入 0xAAAA,IWDG_RLR 中的值就会被重新加载到计数器中,从而避免产生看门狗复位。

IWDG_PR 和 IWDG_RLR 寄存器具有写保护功能。要修改这两个寄存器的值,必须先向 IWDG_KR 寄存器中写入 0x5555。将其他值写入这个寄存器将会打乱操作顺序,寄存器将重新被保护。重装载操作(写入 0xAAAA)也会启动写保护功能。

第 10 章　独立看门狗(IWDG)实验

接下来介绍预分频寄存器(IWDG_PR)。该寄存器用来设置看门狗时钟的分频系数,最低为 4,最高位 256。该寄存器是一个 32 位的寄存器,但是我们只用了最低 3 位,其他都是保留位。预分频寄存器各位定义如图 10.2 所示。

31 30 29 28 27 26 25 24 23 22 21 20 19 18 17 16 15 14 13 12 11 10 9 8 7 6 5 4 3	2 1 0
Reserved	PR[2:0]
	rw rw rw

位31:3　保留,必须保持复位值
位2:0　**PR[2:0]**：预分频器(Prescaler divider)
　　　　这些位受写访问保护,通过软件设置这些位来选择计数器时钟的预分频因子
　　　　若要更改预分频器的分频系数,IWDG_SR的PVU位必须为0
　　　　000: 4分频;　001: 8分频;　010: 16分频;　011: 32分频;
　　　　100: 64分频;　101: 128分频;　110: 256分频;　111: 256分频

图 10.2　IWDG_PR 寄存器各位描述

接着介绍重装载寄存器 IWDG_RLR。该寄存器用来保存重装载到计数器中的值,也是一个 32 位寄存器,但是只有低 12 位是有效的。该寄存器的各位描述如图 10.3 所示。

31 30 29 28 27 26 25 24 23 22 21 20 19 18 17 16 15 14 13 12	11 10 9 8 7 6 5 4 3 2 1 0
Reserved	RL[11:0]
	rw rw rw rw rw rw rw rw rw rw rw rw

位31:12　保留,必须保持复位值
位11:0　**RL[11:0]**：看门狗计数器重载值(Watchdog counter reload value)
　　　　这些位受写访问保护,请参考之前介绍。这个值由软件设置,每次对IWDR_KR寄存器写入值
　　　　AAAAh时,这个值就会重装载到看门狗计数器中。之后,看门狗计数器便从该装载的值开始
　　　　递减计数。超时周期由该值和时钟预分频器共同决定
　　　　若要更改重载值,IWDG_SR中的RVU位必须为0

图 10.3　IWDG_RLR 重装载寄存器各位描述

只要对以上 3 个寄存器进行相应的设置,我们就可以启动 STM32F4 的独立看门狗。独立看门狗相关的库函数操作函数在文件 stm32f4xx_iwdg.c 和对应的头文件 stm32f4xx_iwdg.h 中。

接下来讲解一下通过库函数来配置独立看门狗的步骤:

1)取消寄存器写保护(向 IWDG_KR 写入 0X5555)

通过这步,我们取消 IWDG_PR 和 IWDG_RLR 的写保护,使后面可以操作这两个寄存器,设置 IWDG_PR 和 IWDG_RLR 的值。这在库函数中的实现函数是:

IWDG_WriteAccessCmd(IWDG_WriteAccess_Enable);

这个函数非常简单,顾名思义就是开启/取消写保护,也就是使能/失能写权限。

2)设置独立看门狗的预分频系数和重装载值

设置看门狗的分频系数的函数是:

void IWDG_SetPrescaler(uint8_t IWDG_Prescaler);　//设置 IWDG 预分频值

设置看门狗的重装载值的函数是:

void IWDG_SetReload(uint16_t Reload);//设置 IWDG 重装载值

设置好看门狗的分频系数 prer 和重装载值就可以知道看门狗的喂狗时间(也就是

看门狗溢出时间),该时间的计算方式为:

$$T_{out} = ((4 \times 2^{prer}) \times rlr)/40$$

其中,T_{out} 为看门狗溢出时间(单位为 ms);prer 为看门狗时钟预分频值(IWDG_PR 值),范围为 0~7;rlr 为看门狗的重装载值(IWDG_RLR 的值)。

假设 prer 值为 4,rlr 值为 625,那么就可以得到 $T_{out} = 64 \times 625/40 = 1\,000$ ms,这样,看门狗的溢出时间就是 1 s。只要在一秒钟之内有一次写入 0XAAAA 到 IWDG_KR,就不会导致看门狗复位(当然写入多次也是可以的)。这里需要提醒大家的是,看门狗的时钟不是准确的 40 kHz,所以喂狗时最好不要太晚了,否则,有可能发生看门狗复位。

3) 重载计数值喂狗(向 IWDG_KR 写入 0XAAAA)

库函数里面重载计数值的函数是:

IWDG_ReloadCounter();   //按照 IWDG 重装载寄存器的值重装载 IWDG 计数器

通过这句将使 STM32 重新加载 IWDG_RLR 的值到看门狗计数器里面,从而实现独立看门狗的喂狗操作。

4) 启动看门狗(向 IWDG_KR 写入 0XCCCC)

库函数里面启动独立看门狗的函数是:

IWDG_Enable();   //使能 IWDG

通过这句来启动 STM32F4 的看门狗。注意,IWDG 一旦启用,就不能再被关闭!想要关闭,只能重启,并且重启之后不能打开 IWDG,否则问题依旧。所以,如果不用 IWDG,就不要去打开它,免得麻烦。

通过上面 4 个步骤就可以启动 STM32F4 的看门狗了。使能了看门狗,在程序里面就必须间隔一定时间喂狗,否则将导致程序复位。利用这一点,本章将通过一个 LED 灯来指示程序是否重启,从而验证 STM32F4 的独立看门狗。

配置看门狗后 DS0 将常亮,如果 KEY_UP 按键按下,就喂狗。只要 KEY_UP 不停地按,看门狗就一直不会产生复位,保持 DS0 的常亮。一旦超过看门狗的溢出时间(T_{out})还没按,那么将会导致程序重启,这将导致 DS0 熄灭一次。

10.2 硬件设计

本实验用到的硬件资源有:指示灯 DS0、KEY_UP 按键、独立看门狗。前面 2 个之前都有介绍,而独立看门狗实验的核心是在 STM32F4 内部进行,并不需要外部电路。但是考虑到指示当前状态和喂狗等操作,我们需要 2 个 I/O 口,一个用来输入喂狗信号,另外一个用来指示程序是否重启。喂狗采用板上的 KEY_UP 键来操作,而程序重启则是通过 DS0 来指示的。

10.3 软件设计

打开本书配套资料的独立看门狗实验工程可以看到,工程里面新增了文件 iwdg.c,同时引入了头文件 iwdg.h。同样的道理,我们要加入固件库看门狗支持文件 stm32f4xx_iwdg.h 和 stm32f4xx_iwdg.c 文件。iwdg.c 文件代码如下:

```
#include "iwdg.h"
//初始化独立看门狗
//prer:分频数:0～7(只有低3位有效!)rlr:自动重装载值,0～0XFFF
//分频因子 = 4 * 2^prer.但最大值只能是256
//rlr:重装载寄存器值:低11位有效
//时间计算(大概):Tout = ((4 * 2^prer) * rlr)/32 (ms)
void IWDG_Init(u8 prer,u16 rlr)
{
    IWDG_WriteAccessCmd(IWDG_WriteAccess_Enable);  //取消寄存器写保护
    IWDG_SetPrescaler(prer);                        //设置 IWDG 分频系数
    IWDG_SetReload(rlr);                            //设置 IWDG 装载值
    IWDG_ReloadCounter();                           //reload
    IWDG_Enable();                                  //使能看门狗
}
//喂独立看门狗
void IWDG_Feed(void)
{
    IWDG_ReloadCounter();                           //reload
}
```

其中,void IWDG_Init(u8 prer,u16 rlr)是独立看门狗初始化函数,就是按照上面介绍的步骤来初始化独立看门狗的。该函数有2个参数,分别用来设置预分频数与重装载寄存器的值。通过这两个参数就可以大概知道看门狗复位的时间周期为多少了。

void IWDG_Feed(void)函数用来喂狗,因为 STM32 的喂狗只需要向关键字寄存器写入 0XAAAA 即可,也就是调用库函数 IWDG_ReloadCounter(),所以这个函数也是很简单的。

iwdg.h 内容比较简单,主要是一些函数申明,这里忽略不讲解。

接下来看主函数,主程序里面先初始化系统代码,然后启动按键输入和看门狗,在看门狗开启后马上点亮 LED0(DS0),并进入死循环等待按键的输入。一旦 KEY_UP 有按键,则喂狗,否则等待 IWDG 复位的到来。该部分代码如下:

```
int main(void)
{
    NVIC_PriorityGroupConfig(NVIC_PriorityGroup_2);//设置系统中断优先级分组2
    delay_init(168);        //初始化延时函数
    LED_Init();             //初始化 LED 端口
    KEY_Init();             //初始化按键
    delay_ms(100);          //延时 100 ms
    IWDG_Init(4,500);       //与分频数为 64,重载值为 500,溢出时间为 1 s
    LED0 = 0;               //先点亮红灯
    while(1)
    {
```

```
            if(KEY_Scan(0) == WKUP_PRES)            //如果 WK_UP 按下,则喂狗
            {   IWDG_Feed();                        //喂狗
            }
            delay_ms(10);
        };
    }
```

上面的代码没有把头文件列出来(后续实例将会采用相同的方式处理),因为以后我们包含的头文件会越来越多,读者可以直接打开本书配套资料相关源码查看。至此,独立看门狗的实验代码就全部编写完了,接着要做的就是下载验证了,看看我们的代码是否真的正确。

10.4 下载验证

在编译成功之后,我们就可以下载代码到探索者 STM32F4 开发板上实际验证一下。下载代码后可以看到,DS0 不停地闪烁,证明程序在不停地复位,否则只会 DS0 常亮。这时如果不停地按 KEY_UP 按键,就可以看到 DS0 常亮了,不会再闪烁,说明我们的实验是成功的。

第 11 章

窗口看门狗(WWDG)实验

这一章将介绍如何使用 STM32F4 的另外一个看门狗,窗口看门狗(以下简称 WWDG)。在本章使用窗口看门狗的中断功能来喂狗,通过 DS0 和 DS1 提示程序的运行状态。

11.1 STM32F4 窗口看门狗简介

窗口看门狗(WWDG)通常用来监测由外部干扰或不可预见的逻辑条件造成的应用程序背离正常的运行序列而产生的软件故障。除非递减计数器的值在 T6 位 (WWDG→CR 的第 6 位)变成 0 前被刷新,看门狗电路在达到预置的时间周期时,会产生一个 MCU 复位。在递减计数器达到窗口配置寄存器(WWDG→CFR)数值之前,如果 7 位的递减计数器数值(在控制寄存器中)被刷新,那么也将产生一个 MCU 复位。这表明递减计数器需要在一个有限的时间窗口中被刷新,关系可以用图 11.1 来说明。

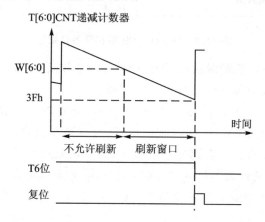

图 11.1 窗口看门狗工作示意图

图 11.1 中,T[6:0]是 WWDG_CR 的低 7 位,W[6:0]是 WWDG→CFR 的低 7 位。T[6:0]就是窗口看门狗的计数器,而 W[6:0]则是窗口看门狗的上窗口,下窗口值是固定的(0X40)。窗口看门狗的计数器在上窗口值之外被刷新,或者低于下窗口值都会产生复位。

上窗口值(W[6:0])是由用户自己设定的,根据实际要求来设计窗口值,但是一定要确保窗口值大于0X40,否则窗口就不存在了。

窗口看门狗的超时公式如下:

$$Twwdg = (4096 \times 2^{WDGTB} \times (T[5:0]+1))/F_{pclk1}$$

其中:$Twwdg$为WWDG超时时间(单位为ms),F_{pclk1}为APB1的时钟频率(单位为kHz),WDGTB为WWDG的预分频系数,T[5:0]为窗口看门狗的计数器低6位。

根据上面的公式,假设$F_{pclk1}=42$ MHz,那么可以得到最小-最大超时时间表如表11.1所列。

表11.1　42 MHz时钟下窗口看门狗的最小最大超时表

WDGTB	最小超时/μs T[5:0]=0x00	最大超时/ms T[5:0]=0x3F	WDGTB	最小超时/μs T[5:0]=0x00	最大超时/ms T[5:0]=0x3F
0	97.52	6.24	2	390.10	24.97
1	195.05	12.48	3	780.19	49.93

接下来介绍窗口看门狗的3个寄存器。首先介绍控制寄存器(WWDG_CR),各位描述如图11.2所示。可以看出,这里的WWDG_CR只有低8位有效;T[6:0]用来存储看门狗的计数器值,随时更新的,每个窗口看门狗计数周期(4096×2^{WDGTB})减1。当该计数器的值从0X40变为0X3F的时候,将产生看门狗复位。

31	30	29	28	27	26	25	24	23	22	21	20	19	18	17	16
								Reserved							
15	14	13	12	11	10	9	8	7	6	5	4	3	2	1	0
Reserved								WDGA	T[6:0]						
								rs	rw						

图11.2　WWDG_CR寄存器各位描述

WDGA位则是看门狗的激活位,该位由软件置1,以启动看门狗,并且一定要注意的是该位一旦设置,就只能在硬件复位后才能清零了。

窗口看门狗的第二个寄存器是配置寄存器(WWDG_CFR),各位及其描述如图11.3所示。该位中的EWI是提前唤醒中断,也就是在快要产生复位的前一段时间(T[6:0]=0X40)来提醒我们需要进行喂狗了,否则将复位!因此,一般用该位来设置中断。当窗口看门狗的计数器值减到0X40的时候,如果该位设置并开启了中断,则会产生中断,我们可以在中断里面向WWDG_CR重新写入计数器的值,来达到喂狗的目的。注意,这里在进入中断后,必须在不大于一个窗口看门狗计数周期的时间(在PCLK1频率为42 MHz且WDGTB为0的条件下,该时间为97.52 μs)内重新写WWDG_CR,否则,看门狗将产生复位!

最后介绍的是状态寄存器(WWDG_SR)。该寄存器用来记录当前是否有提前唤醒的标志,仅有位0有效,其他都是保留位。当计数器值达到40h时,此位由硬件置1。它必须通过软件写0来清除,对此位写1无效。即使中断未被使能,在计数器的值达到0X40的时候,此位也会被置1。

第 11 章 窗口看门狗（WWDG）实验

31	30	29	28	27	26	25	24	23	22	21	20	19	18	17	16
							Reserved								
15	14	13	12	11	10	9	8	7	6	5	4	3	2	1	0
		Reserved				EWI	WDGTB[1:0]					W[6:0]			
						rs	rw					rw			

位31:10 保留，必须保持复位值

位9 **EWI**：提前唤醒中断(Early wakeup interrupt)
　　置1后，只要计数器值达到0x40就会产生中断。此中断只有复位后才由硬件清零。

位8:7 **WDGTB[1:0]**：定时器时基(Timer base)
　　可按如下方式修改分频器的时基：
　　　00：CK计数器时钟(PCLK1 div 4 096)分频器1；01：CK计数器时钟(PCLK1 div 4 096)分频器2；
　　　10：CK计数器时钟(PCLK1 div 4 096)分频器4；11：CK计数器时钟(PCLK1 div 4 096)分频器8；

位6:0 **W[6:0]**：7位窗口值(7-bit window value)
　　这些位包含用于与递减计数器进行比较的窗口值

图 11.3 WWDG_CFR 寄存器各位描述

接下来介绍如何启用 STM32F4 的窗口看门狗。这里介绍库函数用中断的方式来喂狗的方法，窗口看门狗库函数相关源码和定义分布在文件 stm32f4xx_wwdg.c 文件和头文件 stm32f4xx_wwdg.h 中。步骤如下：

1) 使能 WWDG 时钟

WWDG 不同于 IWDG，IWDG 有自己独立的 32 kHz 时钟，不存在使能问题。而 WWDG 使用的是 PCLK1 的时钟，需要先使能时钟。方法是：

RCC_APB1PeriphClockCmd(RCC_APB1Periph_WWDG, ENABLE); // WWDG 时钟使能

2) 设置窗口值和分频数

设置窗口值的函数是：

void WWDG_SetWindowValue(uint8_t WindowValue);

这个函数就一个入口参数为窗口值，很容易理解。

设置分频数的函数是：

void WWDG_SetPrescaler(uint32_t WWDG_Prescaler);

这个函数同样只有一个入口参数就是分频值。

3) 开启 WWDG 中断并分组

开启 WWDG 中断的函数为：

WWDG_EnableIT();//开启窗口看门狗中断

接下来是进行中断优先级配置，这里就不重复了，使用 NVIC_Init() 函数即可。

4) 设置计数器初始值并使能看门狗

这一步在库函数里面是通过一个函数实现的：

void WWDG_Enable(uint8_t Counter);

该函数既设置了计数器初始值，同时使能了窗口看门狗。

这里还需要说明一下，库函数还提供了一个独立的设置计数器值的函数为：

```c
void WWDG_SetCounter(uint8_t Counter);
```

5）编写中断服务函数

在最后，还是要编写窗口看门狗的中断服务函数。通过该函数来喂狗，喂狗要快，否则，当窗口看门狗计数器值减到 0X3F 的时候就会引起软复位了。在中断服务函数里面也要将状态寄存器的 EWIF 位清空。

完成了以上 4 个步骤之后，我们就可以使用 STM32F4 的窗口看门狗了。这一章的实验将通过 DS0 来指示 STM32F4 是否被复位了，如果被复位了就会点亮 300 ms。DS1 用来指示中断喂狗，每次中断喂狗翻转一次。

11.2 硬件设计

本实验用到的硬件资源有：指示灯 DS0 和 DS1、窗口看门狗。指示灯前面介绍过了，窗口看门狗属于 STM32F4 的内部资源，只需要软件设置好即可正常工作。通过 DS0 和 DS1 来指示 STM32F4 的复位情况和窗口看门狗的喂狗情况。

11.3 软件设计

打开我们的窗口看门狗实验可以看到，增加了窗口看门狗相关的库函数支持文件 stm32f4xx_wwdg.c 和 stm32f4xx_wwdg.h，同时新建 wwdg.c 和对应的头文件 wwdg.h 用来编写窗口看门狗相关的函数代码。

接下来看看 wwdg.c 文件内容：

```c
u8 WWDG_CNT = 0X7F;
//初始化窗口看门狗
//tr:T[6:0],计数器值;wr:W[6:0],窗口值
//fprer:分频系数(WDGTB),仅最低 2 位有效
//Fwwdg = PCLK1/(4096 * 2^fprer).一般 PCLK1 = 42 MHz
void WWDG_Init(u8 tr,u8 wr,u32 fprer)
{
    NVIC_InitTypeDef NVIC_InitStructure;
    RCC_APB1PeriphClockCmd(RCC_APB1Periph_WWDG,ENABLE);    //使能窗口看门狗时钟
    WWDG_CNT = tr&WWDG_CNT;                                //初始化 WWDG_CNT
    WWDG_SetPrescaler(fprer);                              //设置分频值
    WWDG_SetWindowValue(wr);                               //设置窗口值
    WWDG_SetCounter(WWDG_CNT);                             //设置计数值
    WWDG_Enable(WWDG_CNT);                                 //开启看门狗
    NVIC_InitStructure.NVIC_IRQChannel = WWDG_IRQn;        //窗口看门狗中断
    NVIC_InitStructure.NVIC_IRQChannelPreemptionPriority = 0x02;  //抢占优先级为 2
    NVIC_InitStructure.NVIC_IRQChannelSubPriority = 0x03;  //响应优先级为 3
    NVIC_InitStructure.NVIC_IRQChannelCmd = ENABLE;        //使能窗口看门狗
    NVIC_Init(&NVIC_InitStructure);
    WWDG_ClearFlag();                                      //清除提前唤醒中断标志位
    WWDG_EnableIT();                                       //开启提前唤醒中断
```

第 11 章　窗口看门狗（WWDG）实验

```
}
//窗口看门狗中断服务程序
void WWDG_IRQHandler(void)
{
    WWDG_SetCounter(WWDG_CNT);          //重设窗口看门狗值
    WWDG_ClearFlag();                    //清除提前唤醒中断标志位
    LED1 = ! LED1;
}
```

wwdg.c 文件一共包含两个函数。第一个函数 void WWDG_Init(u8 tr,u8 wr,u8 fprer)，用来设置 WWDG 的初始化值，包括看门狗计数器的值和看门狗比较值等。该函数就是按照上面 5 个步骤的思路设计出来的代码。注意，这里有个全局变量 WWDG_CNT，用来保存最初设置 WWDG_CR 计数器的值。后续的中断服务函数里面又通过 WWDG_SetCounter 函数把该数值放回到 WWDG_CR 上。

最后，在中断服务函数里面，先重设窗口看门狗的计数器值，然后清除提前唤醒中断标志。最后对 LED1(DS1) 取反来监测中断服务函数的执行状况。

wwdg.h 头文件内容比较简单，这里就不做过多讲解。在完成了以上部分之后，我们就回到主函数，代码如下：

```
int main(void)
{
    NVIC_PriorityGroupConfig(NVIC_PriorityGroup_2);  //设置系统中断优先级分组 2
    delay_init(168);                                  //初始化延时函数
    LED_Init();                                       //初始化 LED 端口
    KEY_Init();                                       //初始化按键
    LED0 = 0;                                         //点亮 LED0
    delay_ms(300);
    WWDG_Init(0x7F,0X5F,WWDG_Prescaler_8);
                                                      //计数器值为 7f,窗口寄存器为 5f,分频数为 8
    while(1)
    {
        LED0 = 1;                                     //熄灭 LED 灯
    }
}
```

该函数通过 LED0(DS0) 来指示是否正在初始化，LED1(DS1) 用来指示是否发生了中断。我们先让 LED0 亮 300 ms 然后关闭，用于判断是否有复位发生了。在初始化 WWDG 之后，回到死循环，关闭 LED1，并等待看门狗中断的触发/复位。

在编译完成之后，我们就可以下载这个程序到探索者 STM32F4 开发板上，看看结果是不是和我们设计的一样。

11.4　下载验证

将代码下载到探索者 STM32F4 后可以看到，DS0 亮一下之后熄灭，紧接着 DS1 开始不停地闪烁。每秒钟闪烁 20 次左右，和我们预期的一致，说明实验是成功的。

第 12 章

定时器中断实验

这一章将介绍如何使用 STM32F4 的通用定时器。STM32F4 的定时器功能十分强大,有 TIME1 和 TIME8 等高级定时器,也有 TIME2～TIME5、TIM9～TIM14 等通用定时器,还有 TIME6 和 TIME7 等基本定时器,总共 14 个定时器。本章将使用 TIM3 的定时器中断来控制 DS1 的翻转,在主函数用 DS0 的翻转来提示程序正在运行。本章,选择难度适中的通用定时器来介绍。

12.1 STM32F4 通用定时器简介

STM32F4 的通用定时器包含一个 16 位或 32 位自动重载计数器(CNT),该计数器由可编程预分频器(PSC)驱动。STM32F4 的通用定时器可以用于测量输入信号的脉冲长度(输入捕获)或者产生输出波形(输出比较和 PWM)等。使用定时器预分频器和 RCC 时钟控制器预分频器可以实现脉冲长度和波形周期在几个微秒到几个毫秒间调整。STM32F4 的每个通用定时器都是完全独立的,没有互相共享的任何资源。

STM32F4 的通用 TIMx(TIM2～TIM5 和 TIM9～TIM14)定时器功能包括:

① 16 位/32 位(仅 TIM2 和 TIM5)向上、向下、向上/向下自动装载计数器(TIMx_CNT)。注意:TIM9～TIM14 只支持向上(递增)计数方式。

② 16 位可编程(可以实时修改)预分频器(TIMx_PSC),计数器时钟频率的分频系数为 1～65 535 之间的任意数值。

③ 4 个独立通道(TIMx_CH1～4,TIM9～TIM14 最多 2 个通道),这些通道可以用来作为:

    A. 输入捕获;

    B. 输出比较;

    C. PWM 生成(边缘或中间对齐模式),注意:TIM9～TIM14 不支持中间对齐模式;

    D. 单脉冲模式输出。

④ 可使用外部信号(TIMx_ETR)控制定时器和定时器互连(可以用一个定时器控制另外一个定时器)的同步电路。

⑤ 如下事件发生时产生中断/DMA(TIM9～TIM14 不支持 DMA):

    A. 更新:计数器向上溢出/向下溢出,计数器初始化(通过软件或者内部/外部触发);

第12章 定时器中断实验

B. 触发事件（计数器启动、停止、初始化或者由内部/外部触发计数）；
C. 输入捕获；
D. 输出比较；
E. 支持针对定位的增量（正交）编码器和霍尔传感器电路（TIM9～TIM14 不支持）；
F. 触发输入作为外部时钟或者按周期的电流管理（TIM9～TIM14 不支持）。

由于STM32F4通用定时器比较复杂，可直接参考《STM32F4xx中文参考手册》第392页通用定时器一章。下面介绍与这章的实验密切相关的几个通用定时器的寄存器（以下均以 TIM2～TIM5 的寄存器为例介绍，TIM9～TIM14 的略有区别，具体请看《STM32F4xx中文参考手册》对应章节）。

首先是控制寄存器1（TIMx_CR1），各位描述如图12.1所示。本实验只用到了TIMx_CR1 的最低位，也就是计数器使能位，该位必须置1，才能让定时器开始计数。

15	14	13	12	11	10	9	8	7	6	5	4	3	2	1	0
			Reserved					CKD[1:0]		ARPE	CMS		DIR	OPM	URS	UDIS	CEN
								rw	rw	rw	rw	rw	rw	rw	rw	rw

位0 **CEN**：计数器使能(Counter enable)
　　　　0：禁止计数器；1：使能计数器
　　　注意：只有事先通过软件将CEN位置1，才可以使用外部时钟、门控模式和编码器模式。
　　　　　　而触发模式可通过硬件自动将CEN位置1。
　　　在单脉冲模式下，当发生更新事件时会自动将CEN位清零

图12.1　TIMx_CR1 寄存器各位描述

接下来介绍第二个寄存器：DMA/中断使能寄存器（TIMx_DIER）。该寄存器是一个16位的寄存器，其各位描述如图12.2所示。这里同样仅关心它的第0位，该位是更新中断允许位，本章用到的是定时器的更新中断，所以该位要设置为1来允许由于更新事件所产生的中断。

15	14	13	12	11	10	9	8	7	6	5	4	3	2	1	0
Res.	TDE	Res	CC4DE	CC3DE	CC2DE	CC1DE	UDE	Res.	TIE	Res	CC4IE	CC3IE	CC2IE	CC1IE	UIE
	rw		rw	rw	rw	rw	rw		rw		rw	rw	rw	rw	rw

位0 **UIE**：更新中断使能(Update interrupt enable)
　　　　0：禁止更新中断；1：使能更新中断

图12.2　TIMx_DIER 寄存器各位描述

接下来看第三个寄存器：预分频寄存器（TIMx_PSC）。该寄存器用设置时钟分频因子，然后提供给计数器，作为计数器的时钟。该寄存器的各位描述如图12.3所示。

15	14	13	12	11	10	9	8	7	6	5	4	3	2	1	0
							PSC[15:0]								
rw	rw	rw	rw	rw	rw	rw	rw	rw	rw	rw	rw	rw	rw	rw	rw

位15:0 **PSC[15:0]**：预分频器值(Prescaler value)
　　　　计数器时钟频率CK_CNT等于f_{CK_PSC}/(PSC[15:0]+1)
　　　　PSC包含在每次发生更新事件时要装载到实际预分频器寄存器的值

图12.3　TIMx_PSC 寄存器各位描述

这里,定时器的时钟来源有 4 个:
> 内部时钟(CK_INT);
> 外部时钟模式 1:外部输入脚(TIx);
> 外部时钟模式 2:外部触发输入(ETR),仅适用于 TIM2、TIM3、TIM4;
> 内部触发输入(ITRx):使用 A 定时器作为 B 定时器的预分频器(A 为 B 提供时钟)。

这些时钟具体选择哪个可以通过 TIMx_SMCR 寄存器的相关位来设置。这里的 CK_INT 时钟是从 APB1 倍频得来的,除非 APB1 的时钟分频数设置为 1(一般都不会是 1),否则通用定时器 TIMx 的时钟是 APB1 时钟的 2 倍。当 APB1 的时钟不分频的时候,通用定时器 TIMx 的时钟就等于 APB1 的时钟。注意,高级定时器以及 TIM9~TIM11 的时钟不是来自 APB1,而是来自 APB2 的。

这里顺带介绍一下 TIMx_CNT 寄存器,该寄存器是定时器的计数器,存储了当前定时器的计数值。

接着介绍自动重装载寄存器(TIMx_ARR)。该寄存器在物理上实际对应着 2 个寄存器,一个是程序员可以直接操作的,另外一个是程序员看不到的,这个看不到的寄存器在《STM32F4xx 中文参考手册》里面叫影子寄存器。事实上真正起作用的是影子寄存器。根据 TIMx_CR1 寄存器中 APRE 位的设置:APRE=0 时,预装载寄存器的内容可以随时传送到影子寄存器,此时 2 者是连通的;而 APRE=1 时,在每一次更新事件(UEV)时才把预装载寄存器(ARR)的内容传送到影子寄存器。自动重装载寄存器的各位描述如图 12.4 所示。

15	14	13	12	11	10	9	8	7	6	5	4	3	2	1	0
ARR[15:0]															
rw	rw	rw	rw	rw	rw	rw	rw	rw	rw	rw	rw	rw	rw	rw	rw

位15:0 **ARR[15:0]**:自动重载值(Auto-reload value)
　　　　ARR 为要装载到实际自动重载寄存器的值。
　　　　当自动重载值为空时,计数器不工作。

图 12.4　TIMx_ARR 寄存器各位描述

最后介绍的寄存器是状态寄存器(TIMx_SR)。该寄存器用来标记当前与定时器相关的各种事件/中断是否发生,各位描述如图 12.5 所示。

15	14	13	12	11	10	9	8	7	6	5	4	3	2	1	0
Reserved			CC4OF	CC3OF	CC2OF	CC1OF	Reserved		TIF	Res	CC4IF	CC3IF	CC2IF	CC1IF	UIF
			rc_w0	rc_w0	rc_w0	rc_w0			rc_w0		rc_w0	rc_w0	rc_w0	rc_w0	rc_w0

位0　**UIF**:更新中断标志(Update interrupt flag)
● 该位在发生更新事件时通过硬件置1。但需要通过软件清零。
　　0:未发生更新;1:更新中断挂起。该位在以下情况下更新寄存器时由硬件置1:
● 上溢或下溢(对于 TIM2 到 TIM5)以及当 TIMx_CR1 寄存器中 UDIS=0 时。
● TIMx_CR1 寄存器中的 URS=0 且 UDIS=0,并且由软件使用 TIMx_EGR 寄存器中的 UG 位重新初始化 CNT 时
　　TIMx_CR1 寄存器中的 URS=0 且 UDIS=0,并且 CNT 由触发事件重新初始化

图 12.5　TIMx_SR 寄存器各位描述

第 12 章　定时器中断实验

这些位的详细描述请参考《STM32F4xx 中文参考手册》第 429 页。只要对以上几个寄存器进行简单的设置,我们就可以使用通用定时器了,并且可以产生中断。

这一章将使用定时器产生中断,然后在中断服务函数里面翻转 DS1 上的电平来指示定时器中断的产生。接下来以通用定时器 TIM3 为实例,说明要经过哪些步骤才能达到这个要求,并产生中断。这里就对每个步骤通过库函数的实现方式来描述。首先要提到的是,定时器相关的库函数主要集中在固件库文件 stm32f4xx_tim.h 和 stm32f4xx_tim.c 文件中。定时器配置步骤如下:

① TIM3 时钟使能。

TIM3 挂载在 APB1 下,所以通过 APB1 总线下的使能使能函数来使能 TIM3。调用的函数是:

```
RCC_APB1PeriphClockCmd(RCC_APB1Periph_TIM3,ENABLE);   ///使能 TIM3 时钟
```

② 初始化定时器参数,设置自动重装值、分频系数、计数方式等。

在库函数中,定时器的初始化参数是通过初始化函数 TIM_TimeBaseInit 实现的:

```
voidTIM_TimeBaseInit(TIM_TypeDef * TIMx,
                     TIM_TimeBaseInitTypeDef * TIM_TimeBaseInitStruct);
```

第一个参数是确定是哪个定时器,这个比较容易理解。第二个参数是定时器初始化参数结构体指针,结构体类型为 TIM_TimeBaseInitTypeDef,下面我们看看这个结构体的定义:

```
typedef struct
{
    uint16_t TIM_Prescaler;
    uint16_t TIM_CounterMode;
    uint16_t TIM_Period;
    uint16_t TIM_ClockDivision;
    uint8_t TIM_RepetitionCounter;
} TIM_TimeBaseInitTypeDef;
```

这个结构体一共有 5 个成员变量,而通用定时器只有前面 4 个参数有用,最后一个参数 TIM_RepetitionCounter 是高级定时器才有用的。

第一个参数 TIM_Prescaler 是用来设置分频系数的。第二个参数 TIM_CounterMode 用来设置计数方式,可以设置为向上计数、向下计数方式还有中央对齐计数方式,比较常用的是向上计数模式 TIM_CounterMode_Up 和向下计数模式 TIM_CounterMode_Down。第三个参数是设置自动重载计数周期值。第四个参数用来设置时钟分频因子。

针对 TIM3 初始化范例代码格式:

```
TIM_TimeBaseInitTypeDef  TIM_TimeBaseStructure;
TIM_TimeBaseStructure.TIM_Period = 5000;
TIM_TimeBaseStructure.TIM_Prescaler = 7199;
TIM_TimeBaseStructure.TIM_ClockDivision = TIM_CKD_DIV1;
TIM_TimeBaseStructure.TIM_CounterMode = TIM_CounterMode_Up;
TIM_TimeBaseInit(TIM3, &TIM_TimeBaseStructure);
```

③ 设置 TIM3_DIER 允许更新中断。

因为我们要使用 TIM3 的更新中断,寄存器的相应位便可使能更新中断,在库函数里面定时器中断使能是通过 TIM_ITConfig 函数来实现的:

```
void TIM_ITConfig(TIM_TypeDef* TIMx, uint16_t TIM_IT, FunctionalState NewState);
```

第一个参数是选择定时器号,取值为 TIM1~TIM17。第二个参数非常关键,用来指明我们使能的定时器中断的类型;定时器中断的类型有很多种,包括更新中断 TIM_IT_Update、触发中断 TIM_IT_Trigger 以及输入捕获中断等等。第三个参数就很简单了,就是失能还是使能。

例如要使能 TIM3 的更新中断,格式为:

```
TIM_ITConfig(TIM3,TIM_IT_Update,ENABLE );
```

④ TIM3 中断优先级设置。

在定时器中断使能之后,因为要产生中断,必不可少的要设置 NVIC 相关寄存器及中断优先级。

⑤ 允许 TIM3 工作,也就是使能 TIM3。

光配置好定时器还不行,没有开启定时器照样不能用。配置完后要开启定时器,通过 TIM3_CR1 的 CEN 位来设置。在固件库里面使能定时器的函数是通过 TIM_Cmd 函数来实现的:

```
void TIM_Cmd(TIM_TypeDef* TIMx, FunctionalState NewState);
```

这个函数非常简单,比如我们要使能定时器3,方法为:

```
TIM_Cmd(TIM3, ENABLE);   //使能 TIMx 外设
```

⑥ 编写中断服务函数。

最后还是要编写定时器中断服务函数,从而处理定时器产生的相关中断。中断产生后,通过状态寄存器的值来判断此次产生的中断属于什么类型。然后执行相关的操作,这里使用的是更新(溢出)中断,所以在状态寄存器 SR 的最低位。处理完中断之后应该向 TIM3_SR 的最低位写 0,从而清除该中断标志。

在固件库函数里面,用来读取中断状态寄存器的值判断中断类型的函数是:

```
ITStatus TIM_GetITStatus(TIM_TypeDef* TIMx, uint16_t);
```

该函数的作用是,判断定时器 TIMx 的中断类型 TIM_IT 是否发生中断。比如,我们要判断定时器 3 是否发生更新(溢出)中断,方法为:

```
if (TIM_GetITStatus(TIM3, TIM_IT_Update) != RESET){}
```

固件库中清除中断标志位的函数是:

```
void TIM_ClearITPendingBit(TIM_TypeDef* TIMx, uint16_t TIM_IT);
```

该函数的作用是清除定时器 TIMx 的中断 TIM_IT 标志位。使用起来非常简单,比如在 TIM3 的溢出中断发生后要清除中断标志位,方法是:

```
TIM_ClearITPendingBit(TIM3, TIM_IT_Update);
```

这里需要说明一下,固件库还提供了两个函数来判断定时器状态以及清除定时器

第 12 章 定时器中断实验

状态标志位的函数 TIM_GetFlagStatus 和 TIM_ClearFlag,它们的作用和前面两个函数的作用类似。只是在 TIM_GetITStatus 函数中会先判断这种中断是否使能,使能了才去判断中断标志位,而 TIM_GetFlagStatus 直接用来判断状态标志位。

通过以上几个步骤就可以达到我们的目的了,使用通用定时器的更新中断来控制 DS1 的亮灭。

12.2 硬件设计

本实验用到的硬件资源有:指示灯 DS0 和 DS1、定时器 TIM3。本章将通过 TIM3 的中断来控制 DS1 的亮灭,DS1 是直接连接到 PF10 上的。而 TIM3 属于 STM32F4 的内部资源,只需要软件设置即可正常工作。

12.3 软件设计

打开本书配套资料实验 8(定时器中断实验)可以看到,工程中 HARDWARE 下面比以前多了一个 time.c 文件(包括头文件 time.h),这两个文件是我们自己编写。同时还引入了定时器相关的固件库函数文件 stm32f4xx_tim.c 和头文件 stm32f4xx_tim.h。timer.c 文件代码如下:

```
//通用定时器3中断初始化
//arr:自动重装值;
//psc:时钟预分频数
//定时器溢出时间计算方法:Tout=((arr+1)*(psc+1))/Ft,单位:μs
//Ft=定时器工作频率,单位:MHz
//这里使用的是定时器3
void TIM3_Int_Init(u16 arr,u16 psc)
{
    TIM_TimeBaseInitTypeDef TIM_TimeBaseInitStructure;
    NVIC_InitTypeDef NVIC_InitStructure;
    RCC_APB1PeriphClockCmd(RCC_APB1Periph_TIM3,ENABLE);      //①使能 TIM3 时钟
    TIM_TimeBaseInitStructure.TIM_Period = arr;              //自动重装载值
    TIM_TimeBaseInitStructure.TIM_Prescaler = psc;           //定时器分频
    TIM_TimeBaseInitStructure.TIM_CounterMode = TIM_CounterMode_Up;//向上计数模式
    TIM_TimeBaseInitStructure.TIM_ClockDivision = TIM_CKD_DIV1;
    TIM_TimeBaseInit(TIM3,&TIM_TimeBaseInitStructure);       //②初始化定时器 TIM3
    TIM_ITConfig(TIM3,TIM_IT_Update,ENABLE);                 //③允许定时器3更新中断
    NVIC_InitStructure.NVIC_IRQChannel = TIM3_IRQn;          //定时器3中断
    NVIC_InitStructure.NVIC_IRQChannelPreemptionPriority = 0x01;  //抢占优先级1
    NVIC_InitStructure.NVIC_IRQChannelSubPriority = 0x03;    //响应优先级3
    NVIC_InitStructure.NVIC_IRQChannelCmd = ENABLE;
    NVIC_Init(&NVIC_InitStructure);                          //④初始化 NVIC

    TIM_Cmd(TIM3,ENABLE);                                    //⑤使能定时器3
}
```

```c
//定时器3中断服务函数
void TIM3_IRQHandler(void)
{
    if(TIM_GetITStatus(TIM3,TIM_IT_Update) == SET)          //溢出中断
    {
        LED1 =! LED1;
    }
    TIM_ClearITPendingBit(TIM3,TIM_IT_Update);              //清除中断标志位
}
```

该文件下包含一个中断服务函数和一个定时器3中断初始化函数。中断服务函数比较简单,在每次中断后判断 TIM3 的中断类型,如果中断类型正确,则执行 LED1 (DS1)的翻转。

TIM3_Int_Init 函数就是执行上面介绍的那5个步骤,使得 TIM3 开始工作,并开启中断。这里分别用标号①~⑤来标注定时器初始化的5个步骤。该函数的2个参数用来设置 TIM3 的溢出时间。因为系统初始化 SystemInit 函数里面已经初始化 APB1 的时钟为4分频,所以 APB1 的时钟为 42 MHz,而从 STM32F4 的内部时钟树图(图 4.2)得知:当 APB1 的时钟分频数为1的时候,TIM2~TIM7 以及 TIM12~TIM14 的时钟为 APB1 的时钟,而如果 APB1 的时钟分频数不为1,那么 TIM2~TIM7 以及 TIM12~TIM14 的时钟频率将为 APB1 时钟的两倍。因此,TIM3 的时钟为 84 MHz,再根据我们设计的 arr 和 psc 的值就可以计算中断时间了。计算公式如下:

$$T_{out} = ((arr+1) \cdot (psc+1))/T_{clk};$$

其中,T_{clk} 为 TIM3 的输入时钟频率(单位为 MHz),T_{out} 为 TIM3 溢出时间(单位为 μs)。

timer.h 头文件内容比较简单,这里不讲解。最后,我们看看主函数代码如下:

```c
int main(void)
{
    NVIC_PriorityGroupConfig(NVIC_PriorityGroup_2);//设置系统中断优先级分组2
    delay_init(168);                               //初始化延时函数
    LED_Init();                                    //初始化LED端口
    TIM3_Int_Init(5000-1,8400-1);
                        //定时器时钟 84 MHz,分频系数 8 400,所以 84 MHz/8 400 = 10 kHz
                                                   //的计数频率,计数 5 000 次为 500 ms
    while(1)
    {
        LED0 =! LED0;
        delay_ms(200);                             //延时 200 ms
    };
}
```

这里的代码和之前大同小异。此段代码对 TIM3 进行初始化之后进入死循环等待 TIM3 溢出中断,当 TIM3_CNT 的值等于 TIM3_ARR 的值的时候,就会产生 TIM3 的更新中断,然后在中断里面取反 LED1,TIM3_CNT 再从0开始计数。

这里定时器定时时长 500 ms 是这样计算出来的,定时器的时钟为 84 MHz,分频系数为 8 400,所以分频后的计数频率为 84 MHz/8 400=10 kHz,然后计数到 5 000,所以时长为 5 000/10 000=0.5 s,也就是 500 ms。

12.4 下载验证

完成软件设计之后,将编译好的文件下载到探索者 STM32F4 开发板上,观看其运行结果是否与我们编写的一致。如果没有错误,则将看到 DS0 不停闪烁(每 400 ms 闪烁一次),而 DS1 也是不停地闪烁,但是闪烁时间较 DS0 慢(1 s 一次)。

第 13 章

PWM 输出实验

第 12 章介绍了 STM32F4 的通用定时器 TIM3,用该定时器的中断来控制 DS1 的闪烁,这一章介绍如何使用 STM32F4 的 TIM3 来产生 PWM 输出,使用 TIM14 的通道 1 来产生 PWM 来控制 DS0 的亮度。

13.1 PWM 简介

脉冲宽度调制(PWM),是英文 Pulse Width Modulation 的缩写,简称脉宽调制,是利用微处理器的数字输出对模拟电路进行控制的一种非常有效的技术。简单一点,就是对脉冲宽度的控制,PWM 原理如图 13.1 所示。

图 13.1 就是一个简单的 PWM 原理示意图。图中假定定时器工作在向上计数 PWM 模式,且当 CNT ＜ CCRx 时,输出 0;当 CNT ≥ CCRx 时,输出 1。那么就可以得到如上的 PWM 示意图:当 CNT 值小于 CCRx 的时候,I/O 输出低电平(0);当 CNT 值大于等于 CCRx 的时候;I/O 输出高电平(1);当 CNT 达到 ARR 值的时候,

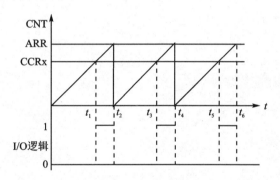

图 13.1 PWM 原理示意图

重新归零,然后重新向上计数,依次循环。改变 CCRx 的值就可以改变 PWM 输出的占空比,改变 ARR 的值就可以改变 PWM 输出的频率,这就是 PWM 输出的原理。

STM32F4 的定时器除了 TIM6 和 TIM7,其他的定时器都可以用来产生 PWM 输出。其中,高级定时器 TIM1 和 TIM8 可以同时产生 7 路的 PWM 输出,而通用定时器也能同时产生 4 路的 PWM 输出!这里仅使用 TIM14 的 CH1 产生一路 PWM 输出。

要使 STM32F4 的通用定时器 TIMx 产生 PWM 输出,除了第 12 章介绍的寄存器外,我们还会用到 3 个寄存器来控制 PWM,分别是捕获/比较模式寄存器(TIMx_CCMR1/2)、捕获/比较使能寄存器(TIMx_CCER)、捕获/比较寄存器(TIMx_CCR1～4)。接下来简单介绍这 3 个寄存器。

首先是捕获/比较模式寄存器(TIMx_CCMR1/2)。该寄存器一般有 2 个:TIMx_

CCMR1 和 TIMx_CCMR2,不过 TIM14 只有一个。TIMx_CCMR1 控制 CH1 和 CH2,而 TIMx_CCMR2 控制 CH3 和 CH4。以下以 TIM14 为例进行介绍。TIM14_CCMR1 寄存器各位描述如图 13.2 所示。

15	14	13	12	11	10	9	8	7	6	5	4	3	2	1	0
\multicolumn{8}{c|}{Reserved}				OC1M[2:0]			OC1PE	OC1PE	CC1S[1:0]	
\multicolumn{7}{c|}{Reserved}			IC1F[3:0]				IC1PSC[1:0]			
								rw	rw	rw	rw	rw	rw	rw	rw

图 13.2　TIM14_CCMR1 寄存器各位描述

该寄存器的有些位在不同模式下功能不一样,所以图 13.2 把寄存器分了 2 层,上面一层对应输出而下面的则对应输入。该寄存器的详细说明请参考《STM32F4xx 中文参考手册》16.6.4 小节。这里需要说明的是模式设置位 OC1M,此部分由 3 位组成,总共可以配置成 7 种模式,我们使用的是 PWM 模式,所以这 3 位必须设置为 110/111。这两种 PWM 模式的区别就是输出电平的极性相反。另外,CC1S 用于设置通道的方向(输入/输出)默认设置为 0,就是设置通道作为输出使用。注意:这里是因为 TIM14 只有一个通道,所以才只有第 8 位有效,高 8 位无效,其他有多个通道的定时器高 8 位也是有效的,具体请参考《STM32F4xx 中文参考手册》对应定时器的寄存器描述。

接下来介绍 TIM14 的捕获/比较使能寄存器(TIM14_CCER)。该寄存器控制着各个输入输出通道的开关,各位描述如图 13.3 所示。该寄存器比较简单,这里只用到了 CC1E 位,该位是输入/捕获 1 输出使能位,要想 PWM 从 I/O 口输出,这个位必须设置为 1,所以我们需要设置该位为 1。该寄存器更详细的介绍请参考《STM32F4xx 中文参考手册》16.6.5 小节。同样,因为 TIM14 只有一个通道,所以才只有低 4 位有效;如果是其他定时器,该寄存器的其他位也可能有效。

15	14	13	12	11	10	9	8	7	6	5	4	3	2	1	0
\multicolumn{12}{c|}{Reserved}				CC1NP	Res.	CC1P	CC1E
												rw		rw	rw

图 13.3　TIM14_CCER 寄存器各位描述

最后介绍一下捕获/比较寄存器(TIMx_CCR1~4)。该寄存器总共有 4 个,对应 4 个通道 CH1~CH4。不过 TIM14 只有一个,即 TIM14_CCR1,该寄存器的各位描述如图 13.4 所示。

在输出模式下,该寄存器的值与 CNT 的值比较,根据比较结果产生相应动作。利用这点,通过修改这个寄存器的值就可以控制 PWM 的输出脉宽了。

如果是通用定时器,则配置以上 3 个寄存器就够了;但是如果是高级定时器,则还需要配置刹车和死区寄存器(TIMx_BDTR)。该寄存器只需要关注最高位 MOE 位,要想高级定时器的 PWM 正常输出,则必须设置 MOE 位为 1,否则不会有输出。注意:通用定时器不需要配置这个。其他位的详细介绍请参考《STM32F4xx 中文参考手册》13.4.18 小节。

15	14	13	12	11	10	9	8	7	6	5	4	3	2	1	0
CCR1[15:0]															
rw	rw	rw	rw	rw	rw	rw	rw	rw	rw	rw	rw	rw	rw	rw	rw

位15:0 **CCR1[15:0]**：捕获/比较1值(Capture/Compare 1 value)
　　如果通道CC1配置为输出：
　　CCR1为要装载到实际捕获/比较1寄存器的值(预装载值)
　　如果没有通过TIMx_CCMR寄存器中的OC1PE位来使能预装载功能，写入的数值会被直接传输
　　至妆胶寄存器中。否则只在发生更新事件时生效(拷贝到实际起作用的捕获/比较寄存器1)
　　实际捕获/比较寄存器中包含要一计数器TIMx_CNT进行比较并在OC1输出上发出信号的值。

　　如果通道CC1配置为输入：
　　CCR1为上一个输入捕获1事件(IC1)发生时的计数器值

图 13.4　寄存器 TIM14_CCR1 各位描述

本章使用的是 TIM14 的通道 1，所以需要修改 TIM14_CCR1 以实现脉宽控制 DS0 的亮度。至此，我们把本章要用的几个相关寄存器都介绍完了。本章要实现通过 TIM14_CH1 输出 PWM 来控制 DS0 的亮度。下面介绍通过库函数来配置该功能的步骤。

首先要提到的是，PWM 实际使用的是定时器的功能，所以相关的函数设置同样在库函数文件 stm32f4xx_tim.h 和 stm32f4xx_tim.c 中。

① 开启 TIM14 和 GPIO 时钟，配置 PF9 选择复用功能 AF9(TIM14)输出。

要使用 TIM14，我们必须先开启 TIM14 的时钟。这里还要配置 PF9 为复用（AF9）输出，才可以实现 TIM14_CH1 的 PWM 经过 PF9 输出。库函数使能 TIM14 时钟的方法是：

```
RCC_APB1PeriphClockCmd(RCC_APB1Periph_TIM14,ENABLE);    //TIM14 时钟使能
```

当然，这里还要使能 GPIOF 的时钟。然后要配置 PF9 引脚映射至 AF9，复用为定时器 14，调用的函数为：

```
GPIO_PinAFConfig(GPIOF,GPIO_PinSource9,GPIO_AF_TIM14); //GPIOF9 复用为定时器 14
```

这个方法跟我们串口实验讲解一样，调用的同一个函数。最后设置 PF9 为复用功能输出。这里只列出 GPIO 初始化为复用功能的一行代码：

```
GPIO_InitStructure.GPIO_Mode = GPIO_Mode_AF;        //复用功能
```

注意，定时器通道的引脚关系可以查看 STM32F4 对应的数据手册，比如 PWM 实验使用的是定时器 14 的通道 1，对应的引脚 PF9 可以从数据手册表中查看：

PF9	I/O	FT	(4)	TIM14_CH1/ EVENTOUT	FSMC_CD/	ADC3_IN7

② 初始化 TIM14，设置 TIM14 的 ARR 和 PSC 等参数。

在开启了 TIM14 的时钟之后，我们要设置 ARR 和 PSC 两个寄存器的值来控制输出 PWM 的周期。当 PWM 周期太慢(低于 50 Hz)的时候，我们就会明显感觉到闪烁了。因此，PWM 周期不宜设置的太小。这在库函数是通过 TIM_TimeBaseInit 函数实现的，调用的格式为：

```
TIM_TimeBaseStructure.TIM_Period = arr;        //设置自动重装载值
```

第13章　PWM 输出实验

```
TIM_TimeBaseStructure.TIM_Prescaler = psc;              //设置预分频值
TIM_TimeBaseStructure.TIM_ClockDivision = 0;            //设置时钟分割:TDTS = Tck_tim
TIM_TimeBaseStructure.TIM_CounterMode = TIM_CounterMode_Up;  //向上计数模式
TIM_TimeBaseInit(TIM3, &TIM_TimeBaseStructure);         //根据指定的参数初始化 TIMx 的
```

③ 设置 TIM14_CH1 的 PWM 模式，使能 TIM14 的 CH1 输出。

接下来要设置 TIM14_CH1 为 PWM 模式（默认是冻结的），因为我们的 DS0 是低电平亮，而我们希望当 CCR1 的值小的时候 DS0 就暗，CCR1 值大的时候 DS0 就亮，所以要通过配置 TIM14_CCMR1 的相关位来控制 TIM14_CH1 的模式。在库函数中，PWM 通道设置是通过函数 TIM_OC1Init()～TIM_OC4Init() 来设置的，不同通道的设置函数不一样，这里使用的是通道1，所以使用的函数是 TIM_OC1Init()。

```
void TIM_OC1Init(TIM_TypeDef * TIMx, TIM_OCInitTypeDef * TIM_OCInitStruct);
```

这种初始化格式读者学到这里应该也熟悉了，所以直接来看看结构体 TIM_OCInitTypeDef 的定义：

```
typedef struct
{
    uint16_t TIM_OCMode;
    uint16_t TIM_OutputState;
    uint16_t TIM_OutputNState; */
    uint16_t TIM_Pulse;
    uint16_t TIM_OCPolarity;
    uint16_t TIM_OCNPolarity;
    uint16_t TIM_OCIdleState;
    uint16_t TIM_OCNIdleState;
} TIM_OCInitTypeDef;
```

参数 TIM_OCMode：设置模式是 PWM 还是输出比较，这里是 PWM 模式。
参数 TIM_OutputState：用来设置比较输出使能，也就是使能 PWM 输出到端口。
参数 TIM_OCPolarity：用来设置极性是高还是低。

其他的参数 TIM_OutputNState、TIM_OCNPolarity、TIM_OCIdleState 和 TIM_OCNIdleState 是高级定时器才用到的。

要实现我们上面提到的场景，方法是：

```
TIM_OCInitTypeDef  TIM_OCInitStructure;
TIM_OCInitStructure.TIM_OCMode = TIM_OCMode_PWM1;            //选择模式 PWM
TIM_OCInitStructure.TIM_OutputState = TIM_OutputState_Enable; //比较输出使能
TIM_OCInitStructure.TIM_OCPolarity = TIM_OCPolarity_Low;     //输出极性低
TIM_OC1Init(TIM14, &TIM_OCInitStructure);  //根据T指定的参数初始化外设 TIM14 OC1
```

④ 使能 TIM14。

在完成以上设置了之后，我们需要使能 TIM14：

```
TIM_Cmd(TIM14, ENABLE);   //使能 TIM14
```

⑤ 修改 TIM14_CCR1 来控制占空比。

最后，在经过以上设置之后，PWM 其实已经开始输出了，只是其占空比和频率都是固定的，而通过修改 TIM14_CCR1 可以控制 CH1 的输出占空比，继而控制 DS0 的

亮度。在库函数中,修改 TIM14_CCR1 占空比的函数是:

```
void TIM_SetCompare1(TIM_TypeDef * TIMx, uint16_t Compare2);
```

当然,其他通道分别有一个函数名字,函数格式为 TIM_SetComparex(x=1,2,3,4)。

通过以上 5 个步骤就可以控制 TIM14 的 CH1 输出 PWM 波了。注意,高级定时器虽然和通用定时器类似,但是高级定时器要想输出 PWM,必须还要设置一个 MOE 位(TIMx_BDTR 的第 15 位),以使能主输出,否则不会输出 PWM。库函数设置的函数为:

```
void TIM_CtrlPWMOutputs(TIM_TypeDef * TIMx, FunctionalState NewState);
```

13.2 硬件设计

本实验用到的硬件资源有:指示灯 DS0、定时器 TIM14。这两个前面都已经介绍了,因为 TIM14_CH1 可以通过 PF9 输出 PWM,而 DS0 就是直接节在 PF9 上面的,所以电路上并没有任何变化。

13.3 软件设计

打开实验 9(PWM 输出实验)代码可以看到,相比上一节并没有添加其他任何固件库文件,而是添加了我们编写的 PWM 配置文件 pwm.c 和 pwm.h。pwm.c 源文件代码如下:

```c
//TIM14 PWM 部分初始化
//PWM 输出初始化 arr:自动重装值 psc:时钟预分频数
void TIM14_PWM_Init(u32 arr,u32 psc)
{
    GPIO_InitTypeDef GPIO_InitStructure;
    TIM_TimeBaseInitTypeDef  TIM_TimeBaseStructure;
    TIM_OCInitTypeDef  TIM_OCInitStructure;
    RCC_APB1PeriphClockCmd(RCC_APB1Periph_TIM14,ENABLE);          //TIM14 时钟使能
    RCC_AHB1PeriphClockCmd(RCC_AHB1Periph_GPIOF, ENABLE);          //使能 PORTF 时钟
    GPIO_PinAFConfig(GPIOF,GPIO_PinSource9,GPIO_AF_TIM14);         //GF9 复用为 TIM14
    GPIO_InitStructure.GPIO_Pin = GPIO_Pin_9;                     //GPIOF9
    GPIO_InitStructure.GPIO_Mode = GPIO_Mode_AF;                  //复用功能
    GPIO_InitStructure.GPIO_Speed = GPIO_Speed_100MHz;            //速度 50 MHz
    GPIO_InitStructure.GPIO_OType = GPIO_OType_PP;                //推挽复用输出
    GPIO_InitStructure.GPIO_PuPd = GPIO_PuPd_UP;                  //上拉
    GPIO_Init(GPIOF,&GPIO_InitStructure);                         //初始化 PF9
    TIM_TimeBaseStructure.TIM_Prescaler = psc;                    //定时器分频
    TIM_TimeBaseStructure.TIM_CounterMode = TIM_CounterMode_Up;   //向上计数模式
    TIM_TimeBaseStructure.TIM_Period = arr;                       //自动重装载值
    TIM_TimeBaseStructure.TIM_ClockDivision = TIM_CKD_DIV1;
    TIM_TimeBaseInit(TIM14,&TIM_TimeBaseStructure);               //初始化定时器 14
    //初始化 TIM14 Channel1 PWM 模式
    TIM_OCInitStructure.TIM_OCMode = TIM_OCMode_PWM1;             //PWM 调制模式 1
    TIM_OCInitStructure.TIM_OutputState = TIM_OutputState_Enable; //比较输出使能
```

```
    TIM_OCInitStructure.TIM_OCPolarity = TIM_OCPolarity_Low;    //输出极性低
    TIM_OC1Init(TIM14, &TIM_OCInitStructure);                   //初始化外设 TIM1 4OC1
    TIM_OC1PreloadConfig(TIM14, TIM_OCPreload_Enable);          //使能预装载寄存器
    TIM_ARRPreloadConfig(TIM14,ENABLE);                         //ARPE 使能
    TIM_Cmd(TIM14, ENABLE);                                     //使能 TIM14
}
```

此部分代码包含了上面介绍的 PWM 输出设置的前 5 个步骤。接下来看看主程序里面的 main 函数如下：

```
int main(void)
{
    u16 led0pwmval = 0;
    u8 dir = 1;
    NVIC_PriorityGroupConfig(NVIC_PriorityGroup_2);     //设置系统中断优先级分组 2
    delay_init(168);                                     //初始化延时函数
    uart_init(115200);                                   //初始化串口波特率为 115200
    TIM14_PWM_Init(500-1,84-1);    //定时器时钟为 84 MHz,分频系数为 84,所以计数频率
                                   //为 84 MHz/84 = 1 MHz,重装载值 500,所以 PWM 频率为 1 MHz/500 = 2 kHz
    while(1)
    {
        delay_ms(10);
        if(dir)led0pwmval ++ ;                          //dir == 1 led0pwmval 递增
        else led0pwmval -- ;                            //dir == 0 led0pwmval 递减
        if(led0pwmval>300)dir = 0;                      //led0pwmval 到达 300 后,方向为递减
        if(led0pwmval == 0)dir = 1;                     //led0pwmval 递减到 0 后,方向改为递增
        TIM_SetCompare1(TIM14,led0pwmval);              //修改比较值,修改占空比
    }
}
```

从死循环函数可以看出,将 led0pwmval 值设置为 PWM 比较值,也就是通过 led0pwmval 来控制 PWM 的占空比,然后控制 led0pwmval 的值从 0 变到 300,然后又从 300 变到 0。如此循环,DS0 的亮度也跟着信号的占空比变化从暗变到亮,然后又从亮变到暗。至于这里的值为什么取 300,是因为 PWM 的输出占空比达到这个值的时候,我们的 LED 亮度变化就不大了(虽然最大值可以设置到 499),因此设计过大的值在这里是没必要的。至此,我们的软件设计就完成了。

13.4 下载验证

将编译好的文件下载到探索者 STM32F4 开发板上,观看其运行结果是否与我们编写的一致。如果没有错误,则将看 DS0 不停地由暗变到亮,然后又从亮变到暗。每个过程持续时间大概为 3 s。实际运行结果如图 13.5 所示。

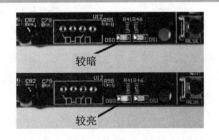

图 13.5 PWM 控制 DS0 亮度

第 14 章

输入捕获实验

这一章将介绍通用定时器作为输入捕获的使用,用 TIM5 的通道 1(PA0)来做输入捕获,捕获 PA0 上高电平的脉宽(用 KEY_UP 按键输入高电平),通过串口打印高电平脉宽时间。

14.1 输入捕获简介

输入捕获模式可以用来测量脉冲宽度或者测量频率。以测量脉宽为例,用一个简图来说明输入捕获的原理,如图 14.1 所示。假定定时器工作在向上计数模式,图中 $t_1 \sim t_2$ 时间就是我们需要测量的高电平时间。测量方法如下:首先设置定时器通道 x 为上升沿捕获,这样,t_1 时刻就会捕获到当前的 CNT 值,然后立即清零 CNT,并设置通道 x 为下降沿捕获,这样到 t_2 时刻又会发生捕获事件,得到此时的 CNT 值,记为 CCRx2。这样,根据定时器的计数频率就可以算出 $t_1 \sim t_2$ 的时间,从而得到高电平脉宽。

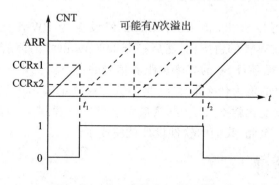

图 14.1 输入捕获脉宽测量原理

$t_1 \sim t_2$ 之间可能产生 N 次定时器溢出,这就要求我们对定时器溢出做处理,防止高电平太长,导致数据不准确。如图 14.1 所示,$t_1 \sim t_2$ 之间,CNT 计数的次数等于 N·ARR+CCRx2。有了这个计数次数,再乘以 CNT 的计数周期,即可得到 $t_2 - t_1$ 的时间长度,即高电平持续时间。

STM32F4 的定时器,除了 TIM6 和 TIM7,其他定时器都有输入捕获功能。STM32F4 的输入捕获,简单说就是通过检测 TIMx_CHx 上的边沿信号,在边沿信号发生跳变(比如上升沿/下降沿)的时候,将当前定时器的值(TIMx_CNT)存放到对应

第14章 输入捕获实验

通道的捕获/比较寄存器(TIMx_CCRx)里面完成一次捕获。同时,还可以配置捕获时是否触发中断/DMA 等。

本章用到 TIM5_CH1 来捕获高电平脉宽,捕获原理如图 14.1 所示。接下来介绍本章需要用到的一些寄存器配置,需要用到的寄存器有 TIMx_ARR、TIMx_PSC、TIMx_CCMR1、TIMx_CCER、TIMx_DIER、TIMx_CR1、TIMx_CCR1。这些寄存器在前面 2 章全部都提到过(这里的 x=5),这里针对性地介绍这几个寄存器的配置。

首先 TIMx_ARR 和 TIMx_PSC,这两个寄存器用来设自动重装载值和 TIMx 的时钟分频。再来看看捕获/比较模式寄存器 1:TIMx_CCMR1,这个寄存器在输入捕获的时候非常有用,有必要重新介绍。该寄存器的各位描述如图 14.2 所示。

15	14	13	12	11	10	9	8	7	6	5	4	3	2	1	0
OC2CE	OC2M[2:0]			OC2PE	OC2FE	CC2S[1:0]		OC1CE	OC1M[2:0]			OC1PE	OC1FE	CC1S[1:0]	
	IC2F[3:0]			IC2PSC[1:0]					IC1F[3:0]			IC1PSC[1:0]			
rw	rw	rw	rw	rw	rw	rw	rw	rw	rw	rw	rw	rw	rw	rw	rw

图 14.2   TIMx_CCMR1 寄存器各位描述

当在输入捕获模式下使用的时候,对应图 14.2 的第二行描述。从图中可以看出,TIMx_CCMR1 明显是针对 2 个通道的配置,低 8 位[7:0]用于捕获/比较通道 1 的控制,而高 8 位[15:8]则用于捕获/比较通道 2 的控制。因为 TIMx 还有 CCMR2 这个寄存器,所以可以知道 CCMR2 用来控制通道 3 和通道 4(详见《STM32F4xx 中文参考手册》14.4.8 小节)。

这里用到的是 TIM5 的捕获/比较通道 1,我们重点介绍 TIMx_CMMR1 的[7:0]位(其高 8 位配置类似),TIMx_CMMR1 的[7:0]位详细描述如图 14.3 所示。

其中,CC1S[1:0]位用于 CCR1 的通道配置。这里设置 IC1S[1:0]=01,也就是配置 IC1 映射在 TI1 上(IC1、TI1 可以查看《STM32F4xx 中文参考手册》393 页的图 119),即 CC1 对应 TIMx_CH1。

输入捕获 1 预分频器 IC1PSC[1:0]比较好理解。我们是一次边沿就触发一次捕获,所以选择 00 就可以了。

输入捕获 1 滤波器 IC1F[3:0]用来设置输入采样频率和数字滤波器长度。其中,f_{CK_INT}是定时器的输入频率(TIMxCLK),一般为 84 MHz/168 MHz(看该定时器在哪个总线上),而 f_{DTS}则是根据 TIMx_CR1 的 CKD[1:0]的设置来确定的,如果 CKD[1:0]设置为 00,那么 $f_{DTS}=f_{CK\_INT}$。N 值就是滤波长度,举个简单的例子:假设 IC1F[3:0]=0011,并设置 IC1 映射到通道 1 上,且为上升沿触发,那么在捕获到上升沿的时候,再以 f_{CK_INT}的频率连续采样到 8 次通道 1 的电平,如果都是高电平,则说明是一个有效的触发,就会触发输入捕获中断(如果开启了的话)。这样可以滤除那些高电平脉宽低于 8 个采样周期的脉冲信号,从而达到滤波的效果。这里不做滤波处理,所以设置 IC1F[3:0]=0000,只要采集到上升沿就触发捕获。

再来看看捕获/比较使能寄存器 TIMx_CCER,该寄存器的各位描述如图 14.3 所示。本章要用到这个寄存器的最低 2 位,CC1E 和 CC1P 位。这两个位的描述如图 14.4 所示。

位7:4 IC1F：输入捕获1滤波器(Input capture 1 filter)

此位域可定义TI1输入的采样频率和适用于TI1的数字滤波器带宽。数字滤波器由事件计数器组成，每N个事件才视为一个有效边沿：

0000：无滤波器，按f_{DTS}频率进行采样　　　　1000：$f_{SAMPLING}=f_{DTS}/8,N=6$
0001：$f_{SAMPLING}=f_{CK\_INT},N=2$　　　　　　1001：$f_{SAMPLING}=f_{DTS}/8,N=8$
0010：$f_{SAMPLING}=f_{CK\_INT},N=4$　　　　　　1010：$f_{SAMPLING}=f_{DTS}/16,N=5$
0011：$f_{SAMPLING}=f_{CK\_INT},N=8$　　　　　　1011：$f_{SAMPLING}=f_{DTS}/16,N=6$
0100：$f_{SAMPLING}=f_{DTS}/2,N=6$　　　　　　1100：$f_{SAMPLING}=f_{DTS}/16,N=6$
0101：$f_{SAMPLING}=f_{DTS}/2,N=8$　　　　　　1101：$f_{SAMPLING}=f_{DTS}/32,N=5$
0110：$f_{SAMPLING}=f_{DTS}/4,N=6$　　　　　　1110：$f_{SAMPLING}=f_{DTS}/32,N=6$
0111：$f_{SAMPLING}=f_{DTS}/4,N=8$　　　　　　1111：$f_{SAMPLING}=f_{DTS}/32,N=8$

注意：在当前硅版本中，当ICxF[3:0]=1、2或3时，将用CK_INT代替公式中f_{DTS}。

位3:2 IC1PSC：输入捕获1预分频器(Input capture 1 prescaler)

此位域定义CC1输入(IC1)的预分频比。
只要CC1E=0(TIMx_CCER寄存器),预分频器便立即复位。
00：无预分频器，捕获输入上每检测到一个边沿便执行捕获
01：每发生2个事件便执行一次捕获
10：每发生4个事件便执行一次捕获
11：每发生8个事件便执行一次捕获

位1:0 CC1S：捕获/比较1选择(Capture/Compare 1 selection)

此位域定义通道方向(输入/输出)以及所使用的输入。
00：CC1通道配置为输出
01：CC1通道配置为输入，IC1映射到TI1上
10：CC1通道配置为输入，IC1映射到TI2上
11：CC1通道配置为输入，IC1映射到TRC上。此模式仅在通过TS位(TIMx_SMCR寄存器)选择内部触发输入时有效
注意：仅当通道关闭时(TIMx_CCER中的CC1E=0)，才可向CC1S位写入数据

图14.3　TIMx_CMMR1 [7:0]位详细描述

所以，要使能输入捕获，必须设置CC1E＝1，而CC1P则根据自己的需要来配置。

位1 CC1P：捕获/比较1输出极性(Capture/Compare 1 output Polarity)

CC1通道配置为输出：
0：OC1高电平有效；1：OC1低电平有效
CC1通道配置为输入：
CC1NP/CC1P位可针对触发或捕获操作选择TI1FP1和TI2FP1的极性。
00：非反相/上升沿触发
电路对TIxFP1上升沿敏感(在复位模式、外部时钟模式或触发模式下执行捕获或触发操作)，TIxFP1未反相(在门控模式或编码器模式下执行触发操作)。
01：反相/下降沿触发
电路对TIxFP1下降沿敏感(在复位模式、外部时钟模式或触发模式下执行捕获或触发操作)，TIxFP1反相(在门控模式或编码器模式下执行触发操作)。
10：保留，不使用此配置。
11：非反相/上升沿和下降沿均触发
电路对TIxFP1上升和下降沿都敏感(在复位模式、外部时钟模式或触发模式下执行捕获或触发操作)，TIxFP1未反相(在门控模式下执行触发操作)。编码器模式下不得使用此配置。

位1 CC1E：捕获/比较1输出使能(Capture/Compare 1 output enable)

CC1通道配置为输出：
0：关闭——OC1未激活；1：开启——在相应输出引脚上输出OC1信号
CC1通道配置为输入：
此位决定了是否可以实际将计数器值捕获到输入捕获/比较寄存器1(TIMx_CCR1)中。
0：禁止捕获；1：使能捕获

图14.4　TIMx_CCER 最低2位描述

第14章 输入捕获实验

接下来再看看 DMA/中断使能寄存器:TIMx_DIER,该寄存器的各位描述如图 12.2 所示,本章需要用到中断来处理捕获数据,所以必须开启通道 1 的捕获比较中断,即 CC1IE 设置为 1。

控制寄存器:TIMx_CR1,我们只用到了它的最低位,也就是用来使能定时器的。

最后再来看看捕获/比较寄存器 1:TIMx_CCR1。该寄存器用来存储捕获发生时 TIMx_CNT 的值,从 TIMx_CCR1 可以读出通道 1 捕获发生时刻的 TIMx_CNT 值,通过两次捕获(一次上升沿捕获、一次下降沿捕获)的差值就可以计算出高电平脉冲的宽度(注意,对于脉宽太长的情况还要计算定时器溢出的次数)。

至此,本章要用的几个相关寄存器都介绍完了。本章要实现通过输入捕获来获取 TIM5_CH1(PA0)上面的高电平脉冲宽度,并从串口打印捕获结果。下面介绍库函数配置上述功能输入捕获的步骤:

① 开启 TIM5 时钟,配置 PA0 为复用功能(AF2),并开启下拉电阻。

要使用 TIM5,我们必须先开启 TIM5 的时钟。要捕获 TIM5_CH1 上面的高电平脉宽,须先配置 PA0 为带下拉的复用功能,同时,为了让 PA0 的复用功能选择连接到 TIM5,须设置 PA0 的复用功能为 AF2,即连接到 TIM5 上面。

开启 TIM5 时钟的方法为:

RCC_APB1PeriphClockCmd(RCC_APB1Periph_TIM5,ENABLE);   //TIM5 时钟使能

当然,这里也要开启 PA0 对应的 GPIO 的时钟。

配置 PA0 为复用功能,所以首先要设置 PA0 引脚映射 AF2,方法为:

GPIO_PinAFConfig(GPIOA,GPIO_PinSource0,GPIO_AF_TIM5); //GPIOF9 复用位定时器 14

最后还要初始化 GPIO 的模式为复用功能,同时这里还要设置为开启下拉,方法为:

```
GPIO_InitStructure.GPIO_Pin = GPIO_Pin_0;               //GPIOA0
GPIO_InitStructure.GPIO_Mode = GPIO_Mode_AF;            //复用功能
GPIO_InitStructure.GPIO_Speed = GPIO_Speed_100MHz;      //速度 100 MHz
GPIO_InitStructure.GPIO_OType = GPIO_OType_PP;          //推挽复用输出
GPIO_InitStructure.GPIO_PuPd = GPIO_PuPd_DOWN;          //下拉
GPIO_Init(GPIOA,&GPIO_InitStructure);                   //初始化 PA0
```

这里使用的是定时器 5 的通道 1,所以从 STM32F4 对应的数据手册可以查看到对应的 I/O 口为 PA0,如下:

PA0/WKUP (PA0)	I/O	FT	(5)	USART2_CTS/ UART4_TX/ ETH_MII_CRS/ TIM2_CH1_ETR/ TIM5_CH1/TIM8_ETR/ EVENTOUT	ADC123_IN0/WKUP(4)

② 初始化 TIM5,设置 TIM5 的 ARR 和 PSC。

开启了 TIM5 的时钟之后,我们要通过 ARR 和 PSC 两个寄存器的值来设置输入捕获的自动重装载值和计数频率。这在库函数中是通过 TIM_TimeBaseInit 函数实现的。

```
TIM_TimeBaseStructure.TIM_Prescaler = psc;              //定时器分频
TIM_TimeBaseStructure.TIM_CounterMode = TIM_CounterMode_Up;  //向上计数模式
TIM_TimeBaseStructure.TIM_Period = arr;                 //自动重装载值
TIM_TimeBaseStructure.TIM_ClockDivision = TIM_CKD_DIV1;
TIM_TimeBaseInit(TIM5,&TIM_TimeBaseStructure);          //初始化 TIM5
```

③ 设置 TIM5 的输入捕获参数,开启输入捕获。

TIM5_CCMR1 寄存器控制着输入捕获 1 和 2 的模式,包括映射关系、滤波和分频等。这里需要设置通道 1 为输入模式,且 IC1 映射到 TI1(通道 1)上面,并且不使用滤波(提高响应速度)器。库函数是通过 TIM_ICInit 函数来初始化输入比较参数的:

```
void TIM_ICInit(TIM_TypeDef * TIMx, TIM_ICInitTypeDef * TIM_ICInitStruct);
```

同样,我们来看看参数设置结构体 TIM_ICInitTypeDef 的定义:

```
typedef struct
{
    uint16_t TIM_Channel;         //通道
    uint16_t TIM_ICPolarity;      //捕获极性
    uint16_t TIM_ICSelection;     //映射
    uint16_t TIM_ICPrescaler;     //分频系数
    uint16_t TIM_ICFilter;        //滤波器长度
} TIM_ICInitTypeDef;
```

其中,参数 TIM_Channel 用来设置通道。我们设置为通道 1,为 TIM_Channel_1。参数 TIM_ICPolarit 用来设置输入信号的有效捕获极性,这里设置为 TIM_ICPolarity_Rising,上升沿捕获。同时库函数还提供了单独设置通道 1 捕获极性的函数为:

```
TIM_OC1PolarityConfig(TIM5,TIM_ICPolarity_Falling);
```

这表示通道 1 为上升沿捕获,后面会用到。同时,对于其他 3 个通道也有一个类似的函数,使用的时候一定要分清楚使用的是哪个通道、该调用哪个函数,格式为 TIM_OCxPolarityConfig()。参数 TIM_ICSelection 用来设置映射关系,我们配置 IC1 直接映射在 TI1 上,选择 TIM_ICSelection_DirectTI。参数 TIM_ICPrescaler 用来设置输入捕获分频系数,这里不分频,所以选中 TIM_ICPSC_DIV1,还有 2、4、8 分频可选。参数 TIM_ICFilter 设置滤波器长度,这里不使用滤波器,所以设置为 0。我们的配置代码是:

```
TIM5_ICInitStructure.TIM_Channel = TIM_Channel_1; //选择输入端 IC1 映射到 TI1 上
TIM5_ICInitStructure.TIM_ICPolarity = TIM_ICPolarity_Rising;    //上升沿捕获
TIM5_ICInitStructure.TIM_ICSelection = TIM_ICSelection_DirectTI;//映射到 TI1 上
TIM5_ICInitStructure.TIM_ICPrescaler = TIM_ICPSC_DIV1;    //配置输入分频,不分频
TIM5_ICInitStructure.TIM_ICFilter = 0x00;//IC1F = 0000 配置输入滤波器不滤波
TIM_ICInit(TIM5, &TIM5_ICInitStructure);
```

④ 使能捕获和更新中断(设置 TIM5 的 DIER 寄存器)。

因为要捕获的是高电平信号的脉宽,所以,第一次捕获是上升沿,第二次捕获是下降沿,必须在捕获上升沿之后设置捕获边沿为下降沿。同时,如果脉宽比较长,那么定时器就会溢出,对溢出必须做处理,否则结果就不准了。不过,由于 STM32F4 的 TIM5 是 32 位定时器,假设计数周期为 1 μs,那么需要 4 294 s 才会溢出一次,这基本上是不

可能的。这两件事都在中断里面做，所以必须开启捕获中断和更新中断。

这里使用定时器的开中断函数 TIM_ITConfig 即可使能捕获和更新中断：

`TIM_ITConfig( TIM5,TIM_IT_Update|TIM_IT_CC1,ENABLE);//允许更新中断和捕获中断`

⑤ 设置中断优先级，编写中断服务函数。

因为要使用到中断，所以系统初始化之后需要先设置中断优先级分组，方法跟前面讲解一致，调用 NVIC_PriorityGroupConfig() 函数即可，我们系统默认设置都是分组2。设置中断优先级的方法主要是通过函数 NVIC_Init() 来完成。设置优先级完成后，我们还需要在中断函数里面完成数据处理和捕获设置等关键操作，从而实现高电平脉宽统计。在中断服务函数里面，跟以前的外部中断和定时器中断实验一样，中断开始的时候要进行中断类型判断，中断结束的时候要清除中断标志位。使用到的函数在上面的实验已经讲解过，分别为 TIM_GetITStatus() 函数和 TIM_ClearITPendingBit() 函数。

```
if (TIM_GetITStatus(TIM5, TIM_IT_Update) != RESET){}//判断是否为更新中断
if (TIM_GetITStatus(TIM5, TIM_IT_CC1) != RESET){}//判断是否发生捕获事件
TIM_ClearITPendingBit(TIM5, TIM_IT_CC1|TIM_IT_Update);//清除中断和捕获标志位
```

在我们实验的中断服务函数中还使用到了一个设置计数器值的函数为：

`TIM_SetCounter(TIM5,0);`

上面语句的意思是将 TIM5 的计数值设置为 0。

⑥ 使能定时器(设置 TIM5 的 CR1 寄存器)。

最后，必须打开定时器的计数器开关，启动 TIM5 的计数器，开始输入捕获。

`TIM_Cmd(TIM5,ENABLE );    //使能定时器 5`

通过以上 6 步设置，定时器 5 的通道 1 就可以开始输入捕获了，同时因为还用到了串口输出结果，所以还需要配置一下串口。

14.2 硬件设计

本实验用到的硬件资源有：指示灯 DS0、KEY_UP 按键、串口、定时器 TIM3、定时器 TIM5。前面 4 个在之前的章节均有介绍。本节将捕获 TIM5_CH1(PA0)上的高电平脉宽，通过 KEY_UP 按键输入高电平，并从串口打印高电平脉宽。同时，保留前面的 PWM 输出，也可以通过用杜邦线连接 PF9 和 PA0，从而测量 PWM 输出的高电平脉宽。

14.3 软件设计

相比第 13 章讲解的 PWM 实验，这里将相应的驱动文件名称由 pwm.c 和 pwm.h 改为 timer.c 和 timer.h，然后在 timer.c 和 timer.h 中主要添加了输入捕获初始化函数 TIM5_CH1_Cap_Init 以及中断服务函数 TIM5_IRQHandler。对于输入捕获，我们

也是使用的定时器相关的操作,所以相比上一实验,我们并没有添加其他任何固件库文件。

接下来看看 timer.c 文件中添加的两个函数的内容:

```c
TIM_ICInitTypeDef  TIM5_ICInitStructure;
//定时器5通道1输入捕获配置
//arr:自动重装值(TIM2,TIM5是32位的!!);psc:时钟预分频数
void TIM5_CH1_Cap_Init(u32 arr,u16 psc)
{
    GPIO_InitTypeDef GPIO_InitStructure;
    TIM_TimeBaseInitTypeDef  TIM_TimeBaseStructure;
    NVIC_InitTypeDef NVIC_InitStructure;
    RCC_APB1PeriphClockCmd(RCC_APB1Periph_TIM5,ENABLE);        //TIM5 时钟使能
    RCC_AHB1PeriphClockCmd(RCC_AHB1Periph_GPIOA, ENABLE);      //使能 PORTA 时钟
    GPIO_InitStructure.GPIO_Pin = GPIO_Pin_0;                  //GPIOA0
    GPIO_InitStructure.GPIO_Mode = GPIO_Mode_AF;               //复用功能
    GPIO_InitStructure.GPIO_Speed = GPIO_Speed_100MHz;         //速度100 MHz
    GPIO_InitStructure.GPIO_OType = GPIO_OType_PP;             //推挽复用输出
    GPIO_InitStructure.GPIO_PuPd = GPIO_PuPd_DOWN;             //下拉
    GPIO_Init(GPIOA,&GPIO_InitStructure);                      //初始化 PA0
    GPIO_PinAFConfig(GPIOA,GPIO_PinSource0,GPIO_AF_TIM5);      //PA0 复用位定时器 5
    TIM_TimeBaseStructure.TIM_Prescaler = psc;                 //定时器分频
    TIM_TimeBaseStructure.TIM_CounterMode = TIM_CounterMode_Up;//向上计数模式
    TIM_TimeBaseStructure.TIM_Period = arr;                    //自动重装载值
    TIM_TimeBaseStructure.TIM_ClockDivision = TIM_CKD_DIV1;
    TIM_TimeBaseInit(TIM5,&TIM_TimeBaseStructure);
    TIM5_ICInitStructure.TIM_Channel = TIM_Channel_1; //选择输入端 IC1 映射到 TI1 上
    TIM5_ICInitStructure.TIM_ICPolarity = TIM_ICPolarity_Rising; //上升沿捕获
    TIM5_ICInitStructure.TIM_ICSelection = TIM_ICSelection_DirectTI; //映射到 TI1 上
    TIM5_ICInitStructure.TIM_ICPrescaler = TIM_ICPSC_DIV1;    //配置输入分频,不分频
    TIM5_ICInitStructure.TIM_ICFilter = 0x00;//IC1F = 0000 配置输入滤波器不滤波
    TIM_ICInit(TIM5, &TIM5_ICInitStructure);//初始化 TIM5 输入捕获参数

    TIM_ITConfig(TIM5,TIM_IT_Update|TIM_IT_CC1,ENABLE);        //允许更新和捕获中断
    TIM_Cmd(TIM5,ENABLE );                                      //使能定时器 5
    NVIC_InitStructure.NVIC_IRQChannel = TIM5_IRQn;
    NVIC_InitStructure.NVIC_IRQChannelPreemptionPriority = 2;  //抢占优先级 2
    NVIC_InitStructure.NVIC_IRQChannelSubPriority = 0;         //响应优先级 0
    NVIC_InitStructure.NVIC_IRQChannelCmd = ENABLE;            //IRQ 通道使能
    NVIC_Init(&NVIC_InitStructure);       //根据指定的参数初始化 VIC 寄存器、
}
//捕获状态
//[7]:0,没有成功的捕获;1,成功捕获到一次
//[6]:0,还没捕获到低电平;1,已经捕获到低电平了
//[5:0]:捕获低电平后溢出的次数(对于32位定时器来说,1us计数器加1,溢出时间:4294 s)
u8      TIM5CH1_CAPTURE_STA = 0;                               //输入捕获状态
u32     TIM5CH1_CAPTURE_VAL;                     //输入捕获值(TIM2/TIM5 是 32 位)
//定时器 5 中断服务程序
void TIM5_IRQHandler(void)
{
    if((TIM5CH1_CAPTURE_STA&0X80) == 0)                        //还未成功捕获
```

第14章 输入捕获实验

```
{
    if(TIM_GetITStatus(TIM5,TIM_IT_Update)!=RESET)       //溢出
    {
        if(TIM5CH1_CAPTURE_STA&0X40)                     //已经捕获到高电平了
        {
            if((TIM5CH1_CAPTURE_STA&0X3F)==0X3F)         //高电平太长了
            {
                TIM5CH1_CAPTURE_STA|=0X80;               //标记成功捕获了一次
                TIM5CH1_CAPTURE_VAL=0XFFFFFFFF;
            }else
                TIM5CH1_CAPTURE_STA++;
        }
    }
    if(TIM_GetITStatus(TIM5,TIM_IT_CC1)!=RESET)          //捕获1发生捕获事件
    {
        if(TIM5CH1_CAPTURE_STA&0X40)                     //捕获到一个下降沿
        {
            TIM5CH1_CAPTURE_STA|=0X80;                   //标记成功捕获到一次高电平脉宽
            TIM5CH1_CAPTURE_VAL=TIM_GetCapture1(TIM5);   //获取当前的捕获值
            TIM_OC1PolarityConfig(TIM5,TIM_ICPolarity_Rising);//设置上升沿捕获
        }else                                            //还未开始,第一次捕获上升沿
        {
            TIM5CH1_CAPTURE_STA=0;                       //清空
            TIM5CH1_CAPTURE_VAL=0;
            TIM5CH1_CAPTURE_STA|=0X40;                   //标记捕获到了上升沿
            TIM_Cmd(TIM5,ENABLE);                        //使能定时器5
            TIM_SetCounter(TIM5,0);                      //计数器清空
            TIM_OC1PolarityConfig(TIM5,TIM_ICPolarity_Falling);//设置下降沿捕获
            TIM_Cmd(TIM5,ENABLE);                        //使能定时器5
        }
    }
    TIM_ClearITPendingBit(TIM5,TIM_IT_CC1|TIM_IT_Update);//清除中断标志位
}
```

此部分代码包含两个函数,其中,TIM5_CH1_Cap_Init 函数用于 TIM5 通道 1 的输入捕获设置,其设置和上面讲的步骤是一样的。特别注意:TIM5 是 32 位定时器,所以 arr 是 u32 类型的。接下来重点来看看第二个函数。TIM5_IRQHandler 是 TIM5 的中断服务函数,该函数用到了两个全局变量,用于辅助实现高电平捕获。其中,TIM5CH1_CAPTURE_STA 用来记录捕获状态,类似在 usart.c 里面自行定义的 USART_RX_STA 寄存器(其实就是个变量,只是我们把它当成一个寄存器那样使用)。TIM5CH1_CAPTURE_STA 各位描述如表 14.1 所列。另外一个变量 TIM5CH1_CAPTURE_VAL,则用来记录捕获到下降沿的时候 TIM5_CNT 的值。

表 14.1 TIM5CH1_CAPTURE_STA 各位描述

位	bit7	bit6	bit5~0
描述	捕获完成标志	捕获到高电平标志	捕获高电平后定时器溢出的次数

现在介绍一下捕获高电平脉宽的思路：首先，设置 TIM5_CH1 捕获上升沿，这在 TIM5_Cap_Init 函数执行的时候就设置好了，然后等待上升沿中断到来。当捕获到上升沿中断时，如果 TIM5CH1_CAPTURE_STA 的第 6 位为 0，则表示还没有捕获到新的上升沿，就先把 TIM5CH1_CAPTURE_STA、TIM5CH1_CAPTURE_VAL 和计数器值 TIM5→CNT 等清零，然后再设置 TIM5CH1_CAPTURE_STA 的第 6 位为 1，标记捕获到高电平，最后设置为下降沿捕获，等待下降沿到来。如果等待下降沿到来期间，定时器发生了溢出（对 32 位定时器来说，很难溢出），就在 TIM5CH1_CAPTURE_STA 里面对溢出次数进行计数；当最大溢出次数来到的时候，就强制标记捕获完成（虽然此时还没有捕获到下降沿）。当下降沿到来的时候，先设置 TIM5CH1_CAPTURE_STA 的第 7 位为 1，标记成功捕获一次高电平，然后读取此时的定时器值到 TIM5CH1_CAPTURE_VAL 里面，最后设置为上升沿捕获，回到初始状态。

这样就完成一次高电平捕获了，只要 TIM5CH1_CAPTURE_STA 的第 7 位一直为 1，那么就不会进行第二次捕获。我们在 main 函数处理完捕获数据后，将 TIM5CH1_CAPTURE_STA 置零，就可以开启第二次捕获。

timer.h 头文件内容比较简单，主要是函数申明，这里不过多讲解。接下来，我们看看 main 函数内容：

```
extern u8    TIM5CH1_CAPTURE_STA;              //输入捕获状态
extern u32   TIM5CH1_CAPTURE_VAL;              //输入捕获值
int main(void)
{
    long long temp = 0;
    NVIC_PriorityGroupConfig(NVIC_PriorityGroup_2);   //设置系统中断优先级分组 2
    delay_init(168);                                  //初始化延时函数
    uart_init(115200);                                //初始化串口波特率为 115 200
    TIM14_PWM_Init(500-1,84-1);
                     //84 MHz/84 = 1 MHz 的计数频率计数到 500,频率为 1 MHz/500 = 2 kHz
    TIM5_CH1_Cap_Init(0XFFFFFFFF,84-1);//以 84 MHz/84 = 1 MHz 的频率计数
    while(1)
    {
        delay_ms(10);
        TIM_SetCompare1(TIM14,TIM_GetCapture1(TIM14)+1);
        if(TIM_GetCapture1(TIM14) == 300)
        {
            TIM_SetCompare1(TIM14,0);
        }
        if(TIM5CH1_CAPTURE_STA&0X80)              //成功捕获到了一次高电平
        {
            temp = TIM5CH1_CAPTURE_STA&0X3F;
            temp *= 0XFFFFFFFF;                   //溢出时间总和
            temp += TIM5CH1_CAPTURE_VAL;          //得到总的高电平时间
            printf("HIGH:%lld us\r\n",temp);      //打印总的高点平时间
            TIM5CH1_CAPTURE_STA = 0;              //开启下一次捕获
        }
    }
}
```

该 main 函数是在 PWM 实验的基础上修改来的,我们保留了 PWM 输出,同时通过设置 TIM5_Cap_Init(0XFFFFFFFF,84-1),将 TIM5_CH1 的捕获计数器设计为 1 μs 计数一次,并设置重装载值为最大,以达到不让定时器溢出的作用(溢出时间为 $2^{32}-1$ μs),所以捕获时间精度为 1 μs。主函数通过 TIM5CH1_CAPTURE_STA 的第 7 位来判断有没有成功捕获到一次高电平,如果成功捕获,则将高电平时间通过串口输出到计算机。至此,我们的软件设计就完成了。

14.4 下载验证

在完成软件设计之后,将编译好的文件下载到探索者 STM32F4 开发板上,可以看到 DS0 的状态和第 13 章差不多,由暗→亮地循环,说明程序已经正常在跑了。我们再打开串口调试助手,选择对应的串口,然后按 KEY_UP 按键,可以看到串口打印的高电平持续时间,如图 14.5 所示。

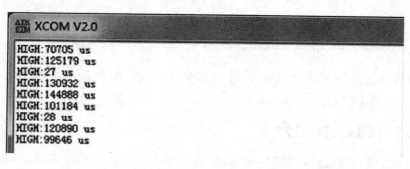

图 14.5 PWM 控制 DS0 亮度

可以看出,其中有 2 次高电平在 50 μs 以内的,这种就是按键按下时发生的抖动。这就是为什么按键输入的时候一般都需要做防抖处理,防止类似的情况干扰正常输入。还可以用杜邦线连接 PA0 和 PF9,看看第 13 章 PWM 输出实验中设置的 PWM 输出的高电平是如何变化的。

第 15 章

TFTLCD 显示实验

前面几章的实例均没涉及液晶显示,这一章将介绍 LCD 的使用。本章介绍 ALIENTEK 2.8 寸 TFT LCD 模块,该模块采用 TFTLCD 面板,可以显示 16 位色的真彩图片。本章使用探索者 STM32F4 开发板上的 LCD 接口来点亮 TFTLCD,并实现 ASCII 字符和彩色的显示等功能,同时在串口打印 LCD 控制器 ID,并显示在 LCD 上面。

15.1 TFTLCD 及 FSMC 简介

本章将通过 STM32F4 的 FSMC 接口来控制 TFTLCD 的显示,所以本节分为两个部分,分别介绍 TFTLCD 和 FSMC。

15.1.1 TFTLCD 简介

TFTLCD 即薄膜晶体管液晶显示器,英文全称为 Thin Film Transistor - Liquid Crystal Display。TFTLCD 与无源 TN - LCD、STN - LCD 的简单矩阵不同,在液晶显示屏的每一个像素上都设置有一个薄膜晶体管(TFT),可有效地克服非选通时的串扰,使显示液晶屏的静态特性与扫描线数无关,因此大大提高了图像质量。TFTLCD 也叫真彩液晶显示器。

本章介绍 ALIENTEK TFTLCD 模块,该模块有如下特点:

① 2.4'/2.8'/3.5'/4.3'/7'这 5 种大小的屏幕可选。

② 2.8'的分辨率为 320×240(3.5'分辨率为:320×480,4.3'和 7'分辨率为:800×480)。

③ 16'真彩显示。

④ 自带触摸屏,可以用来作为控制输入。

本章以 2.8'(其他 3.5'/4.3'等 LCD 方法类似)的 ALIENTEK TFTLCD 模块为例介绍,该模块支持 65K 色显示,显示分辨率为 320×240,接口为 16 位的 80 并口,自带触摸屏。该模块的外观图如图 15.1 所示。模块原理图如图 15.2 所示。TFTLCD 模块采用 2×17 的 2.54 公排针与外部连接,接口定义如图 15.3 所示。

从图 15.3 可以看出,ALIENTEK TFTLCD 模块采用 16 位的并方式与外部连接,之所以不采用 8 位的方式,是因为彩屏的数据量比较大,尤其在显示图片的时候,如果

第 15 章 TFTLCD 显示实验

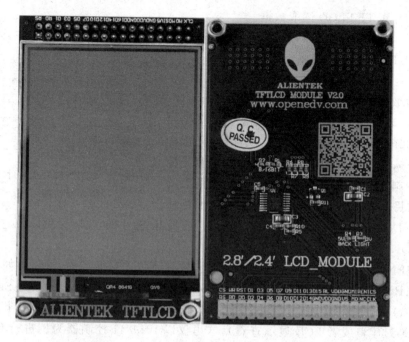

图 15.1 ALIENTEK 2.8 寸 TFTLCD 外观图

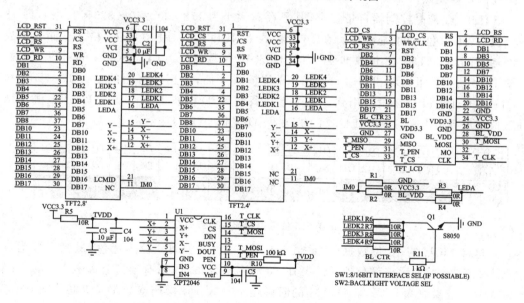

图 15.2 ALIENTEK 2.8 寸 TFTLCD 模块原理图

用 8 位数据线,就会比 16 位方式慢一倍以上,我们当然希望速度越快越好,所以我们选择 16 位的接口。图 15.3 还列出了触摸屏芯片的接口。该模块的 80 并口有如下一些信号线:

> CS:TFTLCD 片选信号。
> WR:向 TFTLCD 写入数据。

- RD:从 TFTLCD 读取数据。
- D[15:0]:16 位双向数据线。
- RST:硬复位 TFTLCD。
- RS:命令/数据标志(0,读/写命令;1,读/写数据)。

注意,TFTLCD 模块的 RST 信号线直接接到 STM32F4 的复位脚上,并不由软件控制,这样可以省下来一个 I/O 口。另外还需要一个背光控制线来控制 TFTLCD 的背光。所以,总共需要的 I/O 口数目为 21 个。这里还需要注意,我们标注的 DB1～DB8、DB10～DB17,是相对于 LCD 控制 IC 标注的,实际上可以把它们就等同于 D0～D15,理解起来就比较简单。

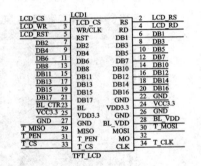

图 15.3 ALIENTEK 2.8 寸 TFTLCD 模块接口图

ALIENTEK 提供的 2.8 寸 TFTLCD 模块驱动芯片有很多种类型,比如 ILI9341、ILI9325、RM68042、RM68021、ILI9320、ILI9328、LGDP4531、LGDP4535、SPFD5408、SSD1289、1505、B505、C505、NT35310、NT35510 等(具体的型号可以通过下载本章实验代码,通过串口或者 LCD 显示查看),这里仅以 ILI9341 控制器为例进行介绍,其他的控制基本类似。

ILI9341 液晶控制器自带显存,其显存总大小为 172 800(240×320×18/8),即 18 位模式(26 万色)下的显存量。在 16 位模式下,ILI9341 采用 RGB565 格式存储颜色数据,此时 ILI9341 的 18 位数据线与 MCU 的 16 位数据线、LCD GRAM 的对应关系如图 15.4 所示。可以看出,ILI9341 在 16 位模式下面,数据线有用的是:D17～D13 和 D11～D1,D0 和 D12 没有用到。实际上在我们 LCD 模块里面,ILI9341 的 D0 和 D12 压根就没有引出来,这样,ILI9341 的 D17～D13 和 D11～D1 对应 MCU 的 D15～D0。

9341总线	D17	D16	D15	D14	D13	D12	D11	D10	D9	D8	D7	D6	D5	D4	D3	D2	D1	D0
MCU数据(16位)	D15	D14	D13	D12	D11	NC	D10	D9	D8	D7	D6	D5	D4	D3	D2	D1	D0	NC
LCD GRAM(16位)	R[4]	R[3]	R[2]	R[1]	R[0]	NC	G[5]	G[4]	G[3]	G[2]	G[1]	G[0]	B[4]	B[3]	B[2]	B[1]	B[0]	NC

图 15.4 16 位数据与显存对应关系图

这样 MCU 的 16 位数据中,最低 5 位代表蓝色,中间 6 位为绿色,最高 5 位为红色。数值越大,表示该颜色越深。另外,特别注意 ILI9341 所有的指令都是 8 位的(高 8 位无效),且参数除了读/写 GRAM 的时候是 16 位,其他操作参数都是 8 位的,这个和 ILI9320 等驱动器不一样,必须加以注意。

接下来介绍 ILI9341 的几个重要命令,因为 ILI9341 的命令很多,这里就不全部介绍了,有兴趣的读者可以查看 ILI9341 的 datasheet。这里介绍 0XD3、0X36、0X2A、0X2B、0X2C、0X2E 这 6 条指令。

首先来看指令:0XD3,这个是读 ID4 指令,用于读取 LCD 控制器的 ID,该指令如表 15.1 所列。

第 15 章 TFTLCD 显示实验

表 15.1 0XD3 指令描述

顺序	控制			各位描述									HEX
	RS	RD	WR	D15~D8	D7	D6	D5	D4	D3	D2	D1	D0	
指令	0	1	↑	XX	1	1	0	1	0	0	1	1	D3H
参数1	1	↑	1	XX	X	X	X	X	X	X	X	X	X
参数2	1	↑	1	XX	0	0	0	0	0	0	0	0	00H
参数3	1	↑	1	XX	1	0	0	1	0	0	1	1	93H
参数4	1	↑	1	XX	0	1	0	0	0	0	0	1	41H

可以看出,0XD3 指令后面跟了 4 个参数,最后 2 个参数读出来是 0X93 和 0X41,刚好是我们控制器 ILI9341 的数字部分。于是,通过该指令即可判别所用的 LCD 驱动器是什么型号,这样,我们的代码就可以根据控制器的型号去执行对应驱动 IC 的初始化代码,从而兼容不同驱动 IC 的屏,使得一个代码支持多款 LCD。

接下来看指令:0X36,这是存储访问控制指令,可以控制 ILI9341 存储器的读/写方向。简单说,就是在连续写 GRAM 的时候,可以控制 GRAM 指针的增长方向,从而控制显示方式(读 GRAM 也是一样)。该指令如表 15.2 所列。

表 15.2 0X36 指令描述

顺序	控制			各位描述									HEX
	RS	RD	WR	D15~D8	D7	D6	D5	D4	D3	D2	D1	D0	
指令	0	1	↑	XX	0	0	1	1	0	1	1	0	36H
参数	1	1	↑	XX	MY	MX	MV	ML	BGR	MH	0	0	

可以看出,0X36 指令后面紧跟一个参数,这里主要关注:MY、MX、MV 这 3 位。通过这 3 位的设置可以控制整个 ILI9341 的全部扫描方向,如表 15.3 所列。

表 15.3 MY、MX、MV 设置与 LCD 扫描方向关系表

控制位			效果 LCD 扫描方向	控制位			效果 LCD 扫描方向
MY	MX	MV	(GRAM 自增方式)	MY	MX	MV	(GRAM 自增方式)
0	0	0	从左到右,从上到下	0	0	1	从上到下,从左到右
1	0	0	从左到右,从下到上	0	1	1	从上到下,从右到左
0	1	0	从右到左,从上到下	1	0	1	从下到上,从左到右
1	1	0	从右到左,从下到上	1	1	1	从下到上,从右到左

这样,我们在利用 ILI9341 显示内容的时候,就有很大灵活性了,比如显示 BMP 图片、BMP 解码数据,就是从图片的左下角开始,慢慢显示到右上角。如果设置 LCD 扫描方向为从左到右、从下到上,那么只需要设置一次坐标,然后就不停地往 LCD 填充颜色数据即可,这样可以大大提高显示速度。

接下来看指令:0X2A,这是列地址设置指令,在从左到右、从上到下的扫描方式(默

认)下面。该指令用于设置横坐标(x坐标)、该指令如表15.4所列。

表15.4 0X2A指令描述

顺序	控 制			各位描述									HEX
	RS	RD	WR	D15~D8	D7	D6	D5	D4	D3	D2	D1	D0	
指令	0	1	↑	XX	0	0	1	0	1	0	1	0	2AH
参数1	1	1	↑	XX	SC15	SC14	SC13	SC12	SC11	SC10	SC9	SC8	SC
参数2	1	1	↑	XX	SC7	SC6	SC5	SC4	SC3	SC2	SC1	SC0	
参数3	1	1	↑	XX	EC15	EC14	EC13	EC12	EC11	EC10	EC9	EC8	EC
参数4	1	1	↑	XX	EC7	EC6	EC5	EC4	EC3	EC2	EC1	EC0	

在默认扫描方式时,该指令用于设置 x 坐标。该指令带有4个参数,实际上是2个坐标值:SC 和 EC,即列地址的起始值和结束值,SC 必须小于等于 EC,且 $0 \leq SC/EC \leq 239$。一般在设置 x 坐标的时候,我们只需要带2个参数即可,也就是设置 SC 即可,因为如果 EC 没有变化,我们只需要设置一次即可(在初始化 ILI9341 的时候设置),从而提高速度。

与0X2A指令类似,指令:0X2B,是页地址设置指令,在从左到右、从上到下的扫描方式(默认)下面。该指令用于设置纵坐标(y坐标),如表15.5所列。

表15.5 0X2B指令描述

顺序	控 制			各位描述									HEX
	RS	RD	WR	D15~D8	D7	D6	D5	D4	D3	D2	D1	D0	
指令	0	1	↑	XX	0	0	1	0	1	0	1	0	2BH
参数1	1	1	↑	XX	SP15	SP14	SP13	SP12	SP11	SP10	SP9	SP8	SP
参数2	1	1	↑	XX	SP7	SP6	SP5	SP4	SP3	SP2	SP1	SP0	
参数3	1	1	↑	XX	EP15	EP14	EP13	EP12	EP11	EP10	EP9	EP8	EP
参数4	1	1	↑	XX	EP7	EP6	EP5	EP4	EP3	EP2	EP1	EP0	

在默认扫描方式时,该指令用于设置 y 坐标,该指令带有4个参数,实际上是2个坐标值:SP 和 EP,即页地址的起始值和结束值,SP 必须小于等于 EP,且 $0 \leq SP/EP \leq 319$。一般在设置 y 坐标的时候,我们只需要带2个参数即可,也就是设置 SP 即可,因为如果 EP 没有变化,我们只需要设置一次即可(在初始化 ILI9341 的时候设置),从而提高速度。

接下来看指令:0X2C,该指令是写 GRAM 指令。在发送该指令之后,我们便可以往 LCD 的 GRAM 里面写入颜色数据了。该指令支持连续写,指令描述如表15.6所列。可知,在收到指令 0X2C 之后,数据有效位宽变为16位,我们可以连续写入 LCD GRAM 值,而 GRAM 的地址将根据 MY/MX/MV 设置的扫描方向进行自增。例如:假设设置的是从左到右、从上到下的扫描方式,那么设置好起始坐标(通过 SC、SP 设置)后,每写入一个颜色值,GRAM 地址将会自动自增1(SC++);如果碰到 EC,则回到 SC，同时 SP++，一直到坐标 EC、EP 结束，其间无需再次设置的坐标，从而大大提高写入速度。

表 15.6 0X2C 指令描述

顺序	控制			各位描述								HEX
	RS	RD	WR	D15～D8	D7	D6	D5	D4	D3	D2	D1	D0	
指令	0	1	↑	XX	0	0	1	0	1	1	0	0	2CH
参数1	1	1	↑	D1[15:0]									XX
……	1	1	↑	D2[15:0]									XX
参数n	1	1	↑	Dn[15:0]									XX

最后，来看看指令：0X2E，该指令是读 GRAM 指令，用于读取 ILI9341 的显存 (GRAM)。该指令在 ILI9341 的数据手册上面的描述是有误的，真实的输出情况如表 15.7 所列。

表 15.7 0X2E 指令描述

顺序	控制			各位描述									HEX
	RS	RD	WR	D15～D11	D10	D9	D8	D7	D6	D5	D4	D3	D2	D1	D0	
指令	0	1	↑	XX				0	0	1	0	1	1	1	0	2EH
参数1	1	↑	1	XX												dummy
参数2	1	↑	1	R1[4:0]	XX					G1[5:0]					XX	R1G1
参数3	1	↑	1	B1[4:0]	XX					R2[4:0]					XX	B1R2
参数4	1	↑	1	G2[5:0]		XX				B2[4:0]					XX	G2B2
参数5	1	↑	1	R3[4:0]	XX					G3[5:0]					XX	R3G3
参数N	1	↑	1	按以上规律输出												

该指令用于读取 GRAM，如表 15.7 所列。ILI9341 在收到该指令后，第一次输出的是 dummy 数据，也就是无效的数据，第二次开始读取到的才是有效的 GRAM 数据（从坐标 SC、SP 开始），输出规律为：每个颜色分量占 8 个位，一次输出 2 个颜色分量。比如第一次输出是 R1G1，随后的规律为 B1R2→G2B2→R3G3→B3R4→G4B4→R5G5…依此类推。如果我们只需要读取一个点的颜色值，那么只需要接收到参数 3 即可；如果要连续读取(利用 GRAM 地址自增，方法同上)，那么就按照上述规律去接收颜色数据。

以上就是操作 ILI9341 常用的几个指令，通过这几个指令便可以很好地控制 ILI9341 显示我们所要显示的内容了。

一般 TFTLCD 模块的使用流程如图 15.5 所示。任何 LCD，使用流程都可以简单地用该流程图表示。其中，硬复位和初始化序列只需要执行一次即可。而画点流程就是：设置坐标→写 GRAM 指令→写入颜色数据，然后在 LCD 上面就可以看到对应的点显示我们写入的颜色了。读点流程为：设置坐标→读 GRAM 指令→读取颜色数据，这样就可以获取到对应点的颜色数据了。

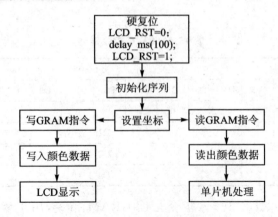

图 15.5 TFTLCD 使用流程

以上只是最简单的操作，也是最常用的操作，有了这些操作，一般就可以正常使用 TFTLCD 了。接下来将该模块用来显示字符和数字，TFTLCD 显示需要的相关设置步骤如下：

① 设置 STM32F4 与 TFTLCD 模块相连接的 I/O。

这一步先将我们与 TFTLCD 模块相连的 I/O 口进行初始化，以便驱动 LCD。这里用到的是 FSMC。

② 初始化 TFTLCD 模块。

即图 15.5 的初始化序列，这里没有硬复位 LCD，因为探索者 STM32F4 开发板的 LCD 接口，将 TFTLCD 的 RST 同 STM32F4 的 RESET 连接在一起了，只要按下开发板的 RESET 键，就会对 LCD 进行硬复位。初始化序列就是向 LCD 控制器写入一系列的设置值（比如伽马校准），这些初始化序列一般由 LCD 供应商提供给客户，我们直接使用这些序列即可，不需要深入研究。在初始化之后，LCD 才可以正常使用。

③ 通过函数将字符和数字显示到 TFTLCD 模块上。

这一步通过图 15.5 左侧的流程，即：设置坐标→写 GRAM 指令→写 GRAM 来实现。但是这个步骤只是一个点的处理。要显示字符/数字，就必须多次使用这个步骤，从而达到显示字符/数字的目的，所以需要设计一个函数来实现数字/字符的显示，之后调用该函数就可以实现数字/字符的显示了。

15.1.2 FSMC 简介

STM32F407 或 STM32F417 系列芯片都带有 FSMC 接口，ALIENTEK 探索者 STM32F4 开发板的主芯片为 STM32F407ZGT6，是带有 FSMC 接口的。FSMC（即灵活的静态存储控制器）能够与同步或异步存储器和 16 位 PC 存储器卡连接，STM32F4 的 FSMC 接口支持包括 SRAM、NAND FLASH、NOR FLASH 和 PSRAM 等存储器。FSMC 的框图如图 15.6 所示。可以看出，STM32F4 的 FSMC 将外部设备分为 2 类：NOR/PSRAM 设备、NAND/PC 卡设备。它们共用地址数据总线等信号，具有不同的

CS 以区分不同的设备,比如本章用到的 TFTLCD 就是用的 FSMC_NE4 做片选,其实就是将 TFTLCD 当成 SRAM 来控制。

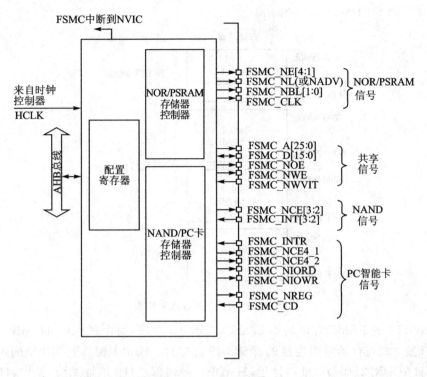

图 15.6 FSMC 框图

这里介绍为什么可以把 TFTLCD 当成 SRAM 设备用:首先我们了解一下外部 SRAM 的连接。外部 SRAM 的控制一般有:地址线(如 A0~A18)、数据线(如 D0~D15)、写信号(WE)、读信号(OE)、片选信号(CS);如果 SRAM 支持字节控制,那么还有 UB/LB 信号。而 TFTLCD 的信号包括 RS、D0~D15、WR、RD、CS、RST 和 BL 等,其中真正在操作 LCD 的时候需要用到的就只有 RS、D0~D15、WR、RD 和 CS。其操作时序和 SRAM 的控制完全类似,唯一不同就是 TFTLCD 有 RS 信号,但是没有地址信号。

TFTLCD 通过 RS 信号来决定传送的数据是数据还是命令,本质上可以理解为一个地址信号,比如我们把 RS 接在 A0 上面,那么当 FSMC 控制器写地址 0 的时候,会使得 A0 变为 0,对 TFTLCD 来说,就是写命令。而 FSMC 写地址 1 的时候,A0 将会变为 1,对 TFTLCD 来说,就是写数据了。这样,就把数据和命令区分开了,它们其实就对应 SRAM 操作的两个连续地址。当然,RS 也可以接在其他地址线上,探索者 STM32F4 开发板是把 RS 连接在 A6 上面的。

STM32F4 的 FSMC 支持 8、16、32 位数据宽度,这里用到的 LCD 是 16 位宽度的,所以设置的时候选择 16 位宽就可以了。再来看看 FSMC 的外部设备地址映像,STM32F4 的 FSMC 将外部存储器划分为固定大小为 256 MB 的 4 个存储块,如

图15.7所示。可以看出,FSMC总共管理1GB空间,拥有4个存储块(Bank),本章用到的是块1,所以仅讨论块1的相关配置,其他块的配置请参考《STM32F4xx中文参考手册》第32章(1191页)的相关介绍。

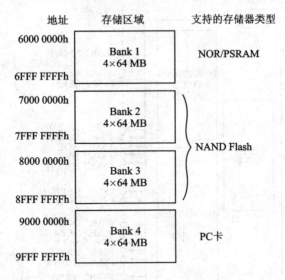

图 15.7 FSMC 存储块地址映像

STM32F4 的 FSMC 存储块 1(Bank1)被分为 4 个区,每个区管理 64 MB 空间,每个区都有独立的寄存器对所连接的存储器进行配置。Bank1 的 256 MB 空间由 28 根地址线(HADDR[27:0])寻址。这里,HADDR 是内部 AHB 地址总线,其中,HADDR[25:0]来自外部存储器地址 FSMC_A[25:0],而 HADDR[26:27]对 4 个区进行寻址,如表 15.8 所列。

表 15.8 Bank1 存储区选择表

Bank1 所选区	片选信号	地址范围	HADDR [27:26]	HADDR [25:0]
第 1 区	FSMC_NE1	0X6000 0000～63FF FFFF	00	FSMC_A[25:0]
第 2 区	FSMC_NE2	0X6400 0000～67FF FFFF	01	
第 3 区	FSMC_NE3	0X6800 0000～6BFF FFFF	10	
第 4 区	FSMC_NE4	0X6C00 0000～6FFF FFFF	11	

表 15.8 中要特别注意 HADDR[25:0]的对应关系:
➢ 当 Bank1 接的是 16 位宽度存储器的时候:HADDR[25:1]→FSMC[24:0]。
➢ 当 Bank1 接的是 8 位宽度存储器的时候:HADDR[25:0]→FSMC[25:0]。

不论外部接 8 位/16 位宽设备,FSMC_A[0]永远接在外部设备地址 A[0]。这里,TFTLCD 使用的是 16 位数据宽度,所以 HADDR[0]并没有用到,只有 HADDR[25:1]是有效的,对应关系变为 HADDR[25:1](FSMC[24:0]),相当于右移了一位,这里请特别留意。另外,HADDR[27:26]的设置是不需要我们干预的,比如:当选择使用

Bank1 的第三个区,即使用 FSMC_NE3 来连接外部设备的时候,即对应了 HADDR[27:26]=10,我们要做的就是配置对应第 3 区的寄存器组来适应外部设备即可。STM32F4 的 FSMC 各 Bank 配置寄存器如表 15.9 所列。

表 15.9 FSMC 各 Bank 配置寄存器表

内部控制器	存储块	管理的地址范围	支持的设备类型	配置寄存器
NOR FLASH 控制器	Bank1	0X6000 0000~ 0X6FFF FFFF	SRAM/ROM NOR FLASH PSRAM	FSMC_BCR1/2/3/4 FSMC_BTR1/2/2/3 FSMC_BWTR1/2/3/4
NAND FLASH /PC CARD 控制器	Bank2	0X7000 0000~ 0X7FFF FFFF	NAND FLASH	FSMC_PCR2/3/4 FSMC_SR2/3/4
	Bank3	0X8000 0000~ 0X8FFF FFFF		FSMC_PMEM2/3/4 FSMC_PATT2/3/4
	Bank4	0X9000 0000~ 0X9FFF FFFF	PC Card	FSMC_PIO4 FSMC_ECCR2/3

对于 NOR FLASH 控制器,主要是通过 FSMC_BCRx、FSMC_BTRx 和 FSMC_BWTRx 寄存器设置(其中 x=1~4,对应 4 个区)。通过这 3 个寄存器可以设置 FSMC 访问外部存储器的时序参数,拓宽了可选用的外部存储器的速度范围。FSMC 的 NOR FLASH 控制器支持同步和异步突发两种访问方式。选用同步突发访问方式时,FSMC 将 HCLK(系统时钟)分频后,发送给外部存储器作为同步时钟信号 FSMC_CLK。此时需要的设置的时间参数有 2 个:

① HCLK 与 FSMC_CLK 的分频系数(CLKDIV),可以为 2~16 分频;

② 同步突发访问中获得第 1 个数据所需要的等待延迟(DATLAT)。

对于异步突发访问方式,FSMC 主要设置 3 个时间参数:地址建立时间(ADDSET)、数据建立时间(DATAST)和地址保持时间(ADDHLD)。FSMC 综合了 SRAM/ROM、PSRAM 和 NOR Flash 产品的信号特点,定义了 4 种不同的异步时序模型。选用不同的时序模型时,需要设置不同的时序参数,如表 15.10 所列。

表 15.10 NOR FLASH 控制器支持的时序模型

	时序模型	简单描述	时间参数
异步	Mode1	SRAM/CRAM 时序	DATAST、ADDSET
	ModeA	SRAM/CRAM OE 选通型时序	DATAST、ADDSET
	Mode2/B	NOR FLASH 时序	DATAST、ADDSET
	ModeC	NOR FLASH OE 选通型时序	DATAST、ADDSET
	ModeD	延长地址保持时间的异步时序	DATAST、ADDSET、ADDHLK
同步突发		根据同步时钟 FSMC_CK 读取多个顺序单元的数据	CLKDIV、DATLAT

在实际扩展时,根据选用存储器的特征确定时序模型,从而确定各时间参数与存储器读/写周期参数指标之间的计算关系;利用该计算关系和存储芯片数据手册中给定的参数指标,可计算出 FSMC 所需要的各时间参数,从而对时间参数寄存器进行合理的配置。

本章使用异步模式 A(ModeA)方式来控制 TFTLCD,模式 A 的读操作时序如图 15.8 所示。模式 A 支持独立的读/写时序控制,这个对我们驱动 TFTLCD 非常有用。因为 TFTLCD 在读的时候一般比较慢,而在写的时候可以比较快。如果读/写用一样的时序,那么只能以读的时序为基准,从而导致写的速度变慢;或者在读数据的时候,重新配置 FSMC 的延时,在读操作完成的时候,再配置回写的时序,这样虽然也不会降低写的速度,但是频繁配置比较麻烦。而如果有独立的读/写时序控制,那么只要初始化的时候配置好,之后就不用再配置,既可以满足速度要求,又不需要频繁改配置。

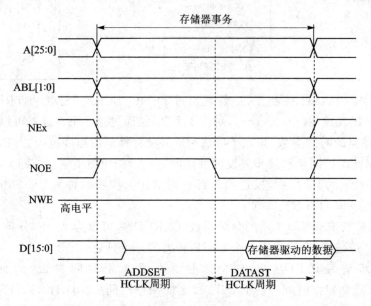

图 15.8　模式 A 读操作时序图

模式 A 的写操作时序如图 15.9 所示。

图 15.8 和图 15.9 中的 ADDSET 与 DATAST 是通过不同的寄存器设置的,接下来讲解一下 Bank1 的几个控制寄存器。

首先介绍 SRAM/NOR 闪存片选控制寄存器:FSMC_BCRx(x=1~4),该寄存器各位描述如图 15.10 所示。该寄存器在本章用到的设置有 EXTMOD、WREN、MWID、MTYP 和 MBKEN 这几个设置。

EXTMOD:扩展模式使能位,也就是是否允许读/写不同的时序,很明显,本章需要读/写不同的时序,故该位需要设置为 1。

WREN:写使能位。我们需要向 TFTLCD 写数据,故该位必须设置为 1。

MWID[1:0]:存储器数据总线宽度。00,表示 8 位数据模式;01 表示 16 位数据模

第 15 章 TFTLCD 显示实验

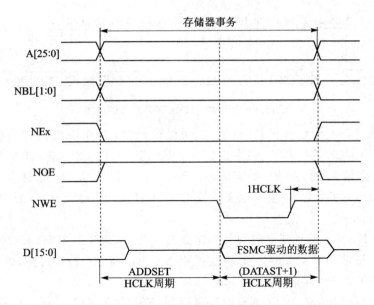

图 15.9 模式 A 写操作时序

31 30 29 28 27 26 25 24 23 22 21 20	19	18 17 16	15	14	13	12	11	10	9	8	7	6	5 4	3 2	1	0
Reserved	CBURSTRW	Reserved	ASCYCWAIT	EXTMOD	WAITEN	WREN	WAITCFG	WRAPMOD	WAITPOL	BURSTEN	Reserved	FACCEN	MWID	MTYP	MUXEN	MBKEN
	rw		rw	rw	rw	rw	rw	rw	rw	rw		rw	rw	rw	rw	rw

图 15.10 FSMC_BCRx 寄存器各位描述

式;10 和 11 保留。我们的 TFTLCD 是 16 位数据线,所以设置 WMID[1:0]=01。

MTYP[1:0]:存储器类型。00 表示 SRAM、ROM;01 表示 PSRAM;10 表示 NOR FLASH;11 保留。前面提到,我们把 TFTLCD 当成 SRAM 用,所以需要设置 MTYP [1:0]=00。

MBKEN:存储块使能位。这个容易理解,我们需要用到该存储块控制 TFTLCD,当然要使能这个存储块了。

接下来看看 SRAM/NOR 闪存片选时序寄存器:FSMC_BTRx(x=1~4),该寄存器各位描述如图 15.11 所示。这个寄存器包含了每个存储器块的控制信息,可以用于 SRAM、ROM 和 NOR 闪存存储器。如果 FSMC_BCRx 寄存器中设置了 EXTMOD 位,则有两个时序寄存器分别对应读(本寄存器)和写操作(FSMC_BWTRx 寄存器)。因为我们要求读/写分开时序控制,所以 EXTMOD 是使能了的,也就是本寄存器是读操作时序寄存器,控制读操作的相关时序。本章要用到的设置有 ACCMOD、DATAST 和 ADDSET 这 3 个设置。

ACCMOD[1:0]:访问模式。00 表示访问模式 A;01 表示访问模式 B;10 表示访问模式 C;11 表示访问模式 D,本章用模式 A,故设置为 00。

31 30 29 28	27 26 25 24	23 22 21 20	19 18 17 16	15 14 13 12 11 10 9 8	7 6 5 4	3 2 1 0
Reserved	ACCMOD	DATLAT	CLKDIV	BUSTURN	DATAST	ADDHLD	ADDSET
	rw rw rw rw	rw rw rw rw	rw rw rw rw	rw rw rw rw	rw rw rw rw rw rw rw rw	rw rw rw rw	rw rw rw rw

图 15.11 FSMC_BTRx 寄存器各位描述

DATAST[7:0]：数据保持时间。0 为保留设置，其他设置则代表保持时间为 DATAST 个 HCLK 时钟周期，最大为 255 个 HCLK 周期。对 ILI9341 来说，其实就是 RD 低电平持续时间，一般为 355 ns。而一个 HCLK 时钟周期为 6 ns 左右（1/168 MHz），为了兼容其他屏，这里设置 DATAST 为 60，也就是 60 个 HCLK 周期，时间大约是 360 ns。

ADDSET[3:0]：地址建立时间。其建立时间为 ADDSET 个 HCLK 周期，最大为 15 个 HCLK 周期。对 ILI9341 来说，这里相当于 RD 高电平持续时间，为 90 ns，我们设置 ADDSET 为 15，即 15×6＝90 ns。

最后来看看 SRAM/NOR 闪写时序寄存器：FSMC_BWTRx(x=1～4)，该寄存器各位描述如图 15.12 所示。该寄存器在本章用作写操作时序控制寄存器，需要用到的设置同样是 ACCMOD、DATAST 和 ADDSET 这 3 个设置。这 3 个设置的方法同 FSMC_BTRx 一模一样，只是这里对应的是写操作的时序。ACCMOD 设置同 FSMC_BTRx 一模一样，同样是选择模式 A。另外 DATAST 和 ADDSET 则对应低电平和高电平持续时间，对 ILI9341 来说，这两个时间只需要 15 ns 就够了，比读操作快得多。所以这里设置 DATAST 为 2，即 3 个 HCLK 周期，时间约为 18 ns。然后 ADDSET 设置为 3，即 3 个 HCLK 周期，时间为 18 ns。

31 30 29 28	27 26 25 24	23 22 21 20	19 18 17 16	15 14 13 12 11 10 9 8	7 6 5 4	3 2 1 0
Res.	ACCMOD	DATLAT	CLKDIV	BUSTURN	DATAST	ADDHLD	ADDSET
	rw rw rw rw	rw rw rw rw	rw rw rw rw	rw rw rw rw	rw rw rw rw rw rw rw rw	rw rw rw rw	rw rw rw rw

图 15.12 FSMC_BWTRx 寄存器各位描述

至此，我们对 STM32F4 的 FSMC 介绍就差不多了，就可以开始写 LCD 的驱动代码了。注意，在 MDK 的寄存器定义里面，并没有定义 FSMC_BCRx、FSMC_BTRx、FSMC_BWTRx 等这个单独的寄存器，而是将它们进行了一些组合。

FSMC_BCRx 和 FSMC_BTRx，组合成 BTCR[8]寄存器组，它们的对应关系如下：
➢ BTCR[0]对应 FSMC_BCR1，BTCR[1]对应 FSMC_BTR1；
➢ BTCR[2]对应 FSMC_BCR2，BTCR[3]对应 FSMC_BTR2；
➢ BTCR[4]对应 FSMC_BCR3，BTCR[5]对应 FSMC_BTR3；
➢ BTCR[6]对应 FSMC_BCR4，BTCR[7]对应 FSMC_BTR4；

FSMC_BWTRx 则组合成 BWTR[7]，它们的对应关系如下：
➢ BWTR[0]对应 FSMC_BWTR1，BWTR[2]对应 FSMC_BWTR2；

> BWTR[4]对应 FSMC_BWTR3,BWTR[6]对应 FSMC_BWTR4;
> BWTR[1]、BWTR[3]和 BWTR[5]保留,没有用到。

那么在库函数中是怎么实现 FSMC 的配置的呢?FSMC_BCRx、FSMC_BTRx 寄存器在库函数是通过什么函数来配置的呢?下面来讲解一下 FSMC 相关的库函数:

1. FSMC 初始化函数

初始化 FSMC 主要是初始化 3 个寄存器,即 FSMC_BCRx、FSMC_BTRx、FSMC_BWTRx,那么在固件库中是怎么初始化这 3 个参数的呢?固件库提供了 3 个 FSMC 初始化函数分别为:

```
FSMC_NORSRAMInit();
FSMC_NANDInit();
FSMC_PCCARDInit();
```

分别用来初始化 4 种类型存储器。这里根据名字就很好判断对应关系。用来初始化 NOR 和 SRAM 使用同一个函数 FSMC_NORSRAMInit()。所以我们之后使用的 FSMC 初始化函数为 FSMC_NORSRAMInit()。看看函数定义:

```
void FSMC_NORSRAMInit(FSMC_NORSRAMInitTypeDef * FSMC_NORSRAMInitStruct);
```

这个函数只有一个入口参数,也就是 FSMC_NORSRAMInitTypeDef 类型指针变量,这个结构体的成员变量非常多,因为 FSMC 相关的配置项非常多。

```
typedef struct
{
    uint32_t FSMC_Bank;
    uint32_t FSMC_DataAddressMux;
    uint32_t FSMC_MemoryType;
    uint32_t FSMC_MemoryDataWidth;
    uint32_t FSMC_BurstAccessMode;
    uint32_t FSMC_AsynchronousWait;
    uint32_t FSMC_WaitSignalPolarity;
    uint32_t FSMC_WrapMode;
    uint32_t FSMC_WaitSignalActive;
    uint32_t FSMC_WriteOperation;
    uint32_t FSMC_WaitSignal;
    uint32_t FSMC_ExtendedMode;
    uint32_t FSMC_WriteBurst;
    FSMC_NORSRAMTimingInitTypeDef * FSMC_ReadWriteTimingStruct;
    FSMC_NORSRAMTimingInitTypeDef * FSMC_WriteTimingStruct;
}FSMC_NORSRAMInitTypeDef;
```

从这个结构体我们可以看出,前面有 13 个基本类型(unit32_t)的成员变量,这 13 个参数用来配置片选控制寄存器 FSMC_BCRx。最后面还有两个 SMC_NORSRAMTimingInitTypeDef 指针类型的成员变量。前面讲到,FSMC 有读时序和写时序之分,所以这里就是用来设置读时序和写时序的参数了,也就是说,这两个参数用来配置寄存器 FSMC_BTRx 和 FSMC_BWTRx,后面会讲解到。下面主要看看模式 A 下的相关配置参数:

> 参数 FSMC_Bank 用来设置使用到的存储块标号和区号,我们使用存储块 1 区号 4,所以选择值为 FSMC_Bank1_NORSRAM4。
> 参数 FSMC_MemoryType 用来设置存储器类型,这里是 SRAM,所以选择值为 FSMC_MemoryType_SRAM。
> 参数 FSMC_MemoryDataWidth 用来设置数据宽度,可选 8 位还是 16 位,这里是 16 位数据宽度,所以选择值为 FSMC_MemoryDataWidth_16b。
> 参数 FSMC_WriteOperation 用来设置写使能,这里要向 TFT 写数据,所以要写使能,这里选择 FSMC_WriteOperation_Enable。
> 参数 FSMC_ExtendedMode 是设置扩展模式使能位,也就是是否允许读/写不同的时序,这里采取的读/写不同时序,所以设置值为 FSMC_ExtendedMode_Enable。

上面的这些参数是与模式 A 相关的,下面了解一下其他几个参数的意义吧:

> 参数 FSMC_DataAddressMux 用来设置地址/数据复用使能,若设置为使能,那么地址的低 16 位和数据将共用数据总线,仅对 NOR 和 PSRAM 有效,所以我们设置为默认值不复用,值 FSMC_DataAddressMux_Disable。
> 参数 FSMC_BurstAccessMode、FSMC_AsynchronousWait、FSMC_WaitSignalPolarity、FSMC_WaitSignalActive、FSMC_WrapMode、FSMC_WaitSignal FSMC_WriteBurst 和 FSMC_WaitSignal 在成组模式同步模式才需要设置,可以参考中文参考手册了解相关参数的意思。

接下来看看设置读/写时序参数的两个变量 FSMC_ReadWriteTimingStruct 和 FSMC_WriteTimingStruct,它们都是 FSMC_NORSRAMTimingInitTypeDef 结构体指针类型,在初始化的时候分别用来初始化片选控制寄存器 FSMC_BTRx 和写操作时序控制寄存器 FSMC_BWTRx。下面看看 FSMC_NORSRAMTimingInitTypeDef 类型的定义:

```
typedef struct
{
    uint32_t FSMC_AddressSetupTime;
    uint32_t FSMC_AddressHoldTime;
    uint32_t FSMC_DataSetupTime;
    uint32_t FSMC_BusTurnAroundDuration;
    uint32_t FSMC_CLKDivision;
    uint32_t FSMC_DataLatency;
    uint32_t FSMC_AccessMode;
}FSMC_NORSRAMTimingInitTypeDef;
```

这个结构体有 7 个参数用来设置 FSMC 读/写时序。其实这些参数的意思我们前面在讲解 FSMC 时序的时候有提到,主要是设计地址建立保持时间、数据建立时间等配置。我们的实验中读/写时序不一样,读/写速度要求不一样,所以对于参数 FSMC_DataSetupTime 设置了不同的值,大家可以对照理解一下。

2. FSMC 使能函数

FSMC 对不同的存储器类型同样提供了不同的使能函数：

void FSMC_NORSRAMCmd(uint32_t FSMC_Bank, FunctionalState NewState);
void FSMC_NANDCmd(uint32_t FSMC_Bank, FunctionalState NewState);
void FSMC_PCCARDCmd(FunctionalState NewState);

我们是 SRAM，所以使用的是第一个函数。

15.2 硬件设计

本实验用到的硬件资源有：指示灯 DS0、TFTLCD 模块。TFTLCD 模块的电路如图 15.2 所示，这里介绍 TFTLCD 模块与 ALIETEK 探索者 STM32F4 开发板的连接。探索者 STM32F4 开发板底板的 LCD 接口和 ALIENTEK TFTLCD 模块直接可以对插，连接关系如图 15.13 所示。图中圈出来的部分就是连接 TFTLCD 模块的接口，液晶模块直接插上去即可。

在硬件上，TFTLCD 模块与探索者 STM32F4 开发板的 IO 口对应关系如下：LCD_BL（背光控制）对应 PB0；LCD_CS 对应 PG12 即 FSMC_NE4；LCD_RS 对应 PF12 即 FSMC_A6；LCD_WR 对应 PD5 即 FSMC_NWE；LCD_RD 对应 PD4 即 FSMC_NOE；LCD_D[15:0]则直接连接在 FSMC_D15～FSMC_D0。探索者 STM32F4 开发板的内部已经连接好这些线了，我们只需要将 TFTLCD 模块插上去就好了。实物连接如图 15.14 所示。

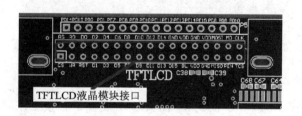

图 15.13 TFTLCD 与开发板连接示意图

图 15.14 TFTLCD 与开发板连接实物图

15.3 软件设计

打开本书配套资料的 TFT LCD 显示实验工程可以看到，我们添加了两个文件：lcd.c 和头文件 lcd.h。同时，FSMC 相关的库函数分布在 stm32f4xx_fsmc.c 文件和头文件 stm32f4xx_fsmc.h 中，所以要在工程中引入 stm32f4xx_fsmc.c 源文件。

在 lcd.c 里面代码比较多，这里就不贴出来了，只针对几个重要的函数进行讲解。完整版的代码见本书配套资料：4，程序源码→标准例程-库函数版本→实验 13 TFTLCD 显示实验的 lcd.c 文件。

本实验用 FSMC 驱动 LCD,我们知道 TFTLCD 的 RS 接在 FSMC 的 A6 上,CS 接在 FSMC_NE4 上,并且是 16 位数据总线。即我们使用的是 FSMC 存储器 1 的第 4 区,定义如下 LCD 操作结构体(在 lcd.h 里面定义):

```
//LCD操作结构体
typedef struct
{
    u16 LCD_REG;
    u16 LCD_RAM;
} LCD_TypeDef;
//使用 NOR/SRAM 的 Bank1.sector4,地址位 HADDR[27,26]=11 A6 作为数据命令区分线
//注意 16 位数据总线时,STM32 内部地址会右移一位对齐
#define LCD_BASE        ((u32)(0x6C000000 | 0x0000007E))
#define LCD             ((LCD_TypeDef *) LCD_BASE)
```

其中,LCD_BASE 必须根据外部电路的连接来确定,我们使用 Bank1.sector4 就是从地址 0X6C000000 开始,而 0X0000007E 是 A6 的偏移量。这里很多读者不理解这个偏移量的概念,简单说明:以 A6 为例,7E 转换成二进制就是 1111110,而 16 位数据时,地址右移一位对齐,那么实际对应到地址引脚的时候,就是 A6:A0=0111111,此时 A6 是 0,但是如果 16 位地址再加 1(注意:对应到 8 位地址是加 2,即 7E+0X02),那么 A6:A0=1000000,此时 A6 就是 1 了,即实现了对 RS 的 0 和 1 的控制。

将这个地址强制转换为 LCD_TypeDef 结构体地址,那么可以得到 LCD→LCD_REG 的地址就是 0X6C00,007E,对应 A6 的状态为 0(即 RS=0),而 LCD→LCD_RAM 的地址就是 0X6C00,0080(结构体地址自增),对应 A6 的状态为 1(即 RS=1)。

所以,有了这个定义,当我们要往 LCD 写命令/数据的时候,可以这样写:

```
LCD->LCD_REG = CMD;                //写命令
LCD->LCD_RAM = DATA;               //写数据
```

而读的时候反过来操作就可以了,如下:

```
CMD  = LCD->LCD_REG;               //读 LCD 寄存器
DATA = LCD->LCD_RAM;               //读 LCD 数据
```

其中,CS、WR、RD 和 I/O 口方向都由 FSMC 控制,不需要手动设置了。接下来,先介绍一下 lcd.h 里面的另一个重要结构体:

```
//LCD重要参数集
typedef struct
{
    u16 width;                     //LCD 宽度
    u16 height;                    //LCD 高度
    u16 id;                        //LCD ID
    u8  dir;                       //横屏还是竖屏控制:0,竖屏;1,横屏
    u16 wramcmd;                   //开始写 gram 指令
    u16 setxcmd;                   //设置 x 坐标指令
    u16 setycmd;                   //设置 y 坐标指令
}_lcd_dev;
//LCD参数
extern _lcd_dev lcddev;            //管理 LCD 重要参数
```

第 15 章　TFTLCD 显示实验

该结构体用于保存一些 LCD 重要参数信息,比如 LCD 的长宽、LCD ID(驱动 IC 型号)、LCD 横竖屏状态等,这个结构体虽然占用了十几个字节的内存,但是却可以让我们的驱动函数支持不同尺寸的 LCD,同时可以实现 LCD 横竖屏切换等重要功能,所以还是利大于弊的。有了以上了解,下面开始介绍 lcd.c 里面的一些重要函数。

先看 7 个简单,但是很重要的函数:

```
//写寄存器函数
//regval:寄存器值
void LCD_WR_REG(vu16 regval)
{
    regval = regval;                //使用 -O2 优化的时候,必须插入的延时
    LCD->LCD_REG = regval;          //写入要写的寄存器序号
}
//写 LCD 数据
//data:要写入的值
void LCD_WR_DATA(vu16 data)
{
    data = data;                    //使用 -O2 优化的时候,必须插入的延时
    LCD->LCD_RAM = data;
}
//读 LCD 数据
//返回值:读到的值
u16 LCD_RD_DATA(void)
{
    vu16 ram;                       //防止被优化
    ram = LCD->LCD_RAM;
    return ram;
}
//写寄存器
//LCD_Reg:寄存器地址;LCD_RegValue:要写入的数据
void LCD_WriteReg(vu16 LCD_Reg, vu16 LCD_RegValue)
{
    LCD->LCD_REG = LCD_Reg;         //写入要写的寄存器序号
    LCD->LCD_RAM = LCD_RegValue;    //写入数据
}
//读寄存器
//LCD_Reg:寄存器地址
//返回值:读到的数据
u16 LCD_ReadReg(vu16 LCD_Reg)
{
    LCD_WR_REG(LCD_Reg);            //写入要读的寄存器序号
    delay_us(5);
    return LCD_RD_DATA();           //返回读到的值
}
//开始写 GRAM
void LCD_WriteRAM_Prepare(void)
{
    LCD->LCD_REG = lcddev.wramcmd;
}
//LCD 写 GRAM
```

```c
//RGB_Code:颜色值
void LCD_WriteRAM(u16 RGB_Code)
{
    LCD->LCD_RAM = RGB_Code;         //写十六位 GRAM
}
```

因为 FSMC 自动控制了 WR、RD、CS 等这些信号,所以这 7 个函数实现起来都非常简单。注意,上面有几个函数添加了一些对 MDK-O2 优化的支持,去掉的话在-O2 优化的时候会出问题。这些函数实现功能见函数前面的备注,通过这几个简单函数的组合,我们就可以对 LCD 进行各种操作了。

第七个要介绍的函数是坐标设置函数,该函数代码如下:

```c
//设置光标位置
//Xpos:横坐标;Ypos:纵坐标
void LCD_SetCursor(u16 Xpos, u16 Ypos)
{
    if(lcddev.id==0X9341||lcddev.id==0X5310)
    {
        LCD_WR_REG(lcddev.setxcmd);
        LCD_WR_DATA(Xpos>>8);
        LCD_WR_DATA(Xpos&0XFF);
        LCD_WR_REG(lcddev.setycmd);
        LCD_WR_DATA(Ypos>>8);
        LCD_WR_DATA(Ypos&0XFF);
    }else if(lcddev.id==0X6804)
    {
        if(lcddev.dir==1)Xpos=lcddev.width-1-Xpos;//横屏时处理
        LCD_WR_REG(lcddev.setxcmd);
        LCD_WR_DATA(Xpos>>8);
        LCD_WR_DATA(Xpos&0XFF);
        LCD_WR_REG(lcddev.setycmd);
        LCD_WR_DATA(Ypos>>8);
        LCD_WR_DATA(Ypos&0XFF);
    }else if(lcddev.id==0X5510)
    {
        LCD_WR_REG(lcddev.setxcmd);
        LCD_WR_DATA(Xpos>>8);
        LCD_WR_REG(lcddev.setxcmd+1);
        LCD_WR_DATA(Xpos&0XFF);
        LCD_WR_REG(lcddev.setycmd);
        LCD_WR_DATA(Ypos>>8);
        LCD_WR_REG(lcddev.setycmd+1);
        LCD_WR_DATA(Ypos&0XFF);
    }else
    {
        if(lcddev.dir==1)Xpos=lcddev.width-1-Xpos;//横屏其实就是调转x,y坐标
        LCD_WriteReg(lcddev.setxcmd, Xpos);
        LCD_WriteReg(lcddev.setycmd, Ypos);
    }
}
```

第 15 章　TFTLCD 显示实验

该函数实现将 LCD 的当前操作点设置到指定坐标(x,y)。因为 9341、5310、6804、5510 等的设置同其他屏有些不太一样,所以进行了区别对待。

接下来介绍第八个函数:画点函数。该函数实现代码如下:

```
//画点
//x,y:坐标;POINT_COLOR:此点的颜色
void LCD_DrawPoint(u16 x,u16 y)
{
    LCD_SetCursor(x,y);            //设置光标位置
    LCD_WriteRAM_Prepare();        //开始写入 GRAM
    LCD->LCD_RAM = POINT_COLOR;
}
```

该函数实现比较简单,就是先设置坐标,然后往坐标写颜色。其中,POINT_COLOR 是我们定义的一个全局变量,用于存放画笔颜色。介绍一下另外一个全局变量:BACK_COLOR,该变量代表 LCD 的背景色。LCD_DrawPoint 函数虽然简单,但是至关重要,其他几乎所有上层函数都是通过调用这个函数实现的。

有了画点,当然还需要有读点的函数,第九个介绍的函数就是读点函数,用于读取 LCD 的 GRAM。TFTLCD 模块为彩色的,以 16 位色计算,一款 320×240 的液晶需要 320×240×2 个字节来存储颜色值,也就是需要 150 KB,这对任何一款单片机来说,都不是一个小数目了。而且我们在图形叠加的时候,可以先读回原来的值,然后写入新的值,完成叠加后又恢复原来的值。这样在做一些简单菜单的时候是很有用的。这里读取 TFTLCD 模块数据的函数为 LCD_ReadPoint,该函数直接返回读到的 GRAM 值。该函数使用前要先设置读取的 GRAM 地址,通过 LCD_SetCursor 函数来实现。LCD_ReadPoint 的代码如下:

```
//读取个某点的颜色值
//x,y:坐标;返回值:此点的颜色
u16 LCD_ReadPoint(u16 x,u16 y)
{
    vu16 r = 0,g = 0,b = 0;
    if(x> = lcddev.width||y> = lcddev.height)return 0;    //超过了范围,直接返回
    LCD_SetCursor(x,y);
    if(lcddev.id == 0X9341||lcddev.id == 0X6804||lcddev.id == 0X5310)LCD_WR_REG(0X2E);
    //9341/6804/3510  发送读 GRAM 指令
    else if(lcddev.id == 0X5510)LCD_WR_REG(0X2E00);       //5510 发送读 GRAM 指令
    else LCD_WR_REG(R34);                                  //其他 IC 发送读 GRAM 指令
    if(lcddev.id ==.0X9320)opt_delay(2);                   //FOR 9320,延时 2 us
    LCD_RD_DATA();                                         //dummy Read
    opt_delay(2);
    r = LCD_RD_DATA();                                     //实际坐标颜色
    if(lcddev.id == 0X9341||lcddev.id == 0X5310||lcddev.id == 0X5510)
    {   //9341/NT35310/NT35510 要分 2 次读出
        opt_delay(2);
        b = LCD_RD_DATA();
        g = r&0XFF;//9341/5310/5510 等,第一次读取的是 RG 的值,R 在前,G 在后,各占 8 位
        g<< = 8;
    }
```

```
    if(lcddev.id == 0X9325||lcddev.id == 0X4535||lcddev.id == 0X4531||lcddev.id == 0XB505||
        lcddev.id == 0XC505)return r;                              //这几种IC直接返回颜色值
    else if(lcddev.id == 0X9341||lcddev.id == 0X5310||lcddev.id == 0X5510)return (((r>
        >11)<<11)
        |((g>>10)<<5)|(b>>11));    //ILI9341/NT35310/NT35510需要公式转换一下
    else return LCD_BGR2RGB(r);                                    //其他IC
}
```

在LCD_ReadPoint函数中,因为我们的代码不止支持一种LCD驱动器,所以,根据不同的LCD驱动器((lcddev.id)型号执行不同的操作,以实现对各个驱动器兼容,提高函数的通用性。

第十个要介绍的是字符显示函数LCD_ShowChar。在介绍该函数之前,我们来介绍一下字符(ASCII字符集)是怎么显示在TFTLCD模块上去的。要显示字符,先要有字符的点阵数据,ASCII常用的字符集总共有95个,从空格符开始,分别为!"#$%&'()*+,-0123456789:;<=>?@ABCDEFGHIJKLMNOPQRSTUVWXYZ[\]_`abcdefghijklmnopqrstuvwxyz{|}~。

我们先要得到这个字符集的点阵数据,这里介绍一款很好的字符提取软件:PCtoLCD2002完美版。该软件可以提供各种字符,包括汉字(字体和大小都可以自己设置)阵提取,且取模方式可以设置好几种,常用的取模方式该软件都支持。该软件还支持图形模式,也就是用户可以自己定义图片的大小,然后画图,根据所画的图形再生成点阵数据,这功能在制作图标或图片的时候很有用。

该软件的界面如图15.15所示。然后选择"选项"菜单,在弹出的对话框里面设置取模方式如图15.16所示。图中设置的取模方式在右上角的取模说明里面有,即从第一列开始向下每取8个点作为一个字节,最后不足8个点就补满8位。取模顺序是从

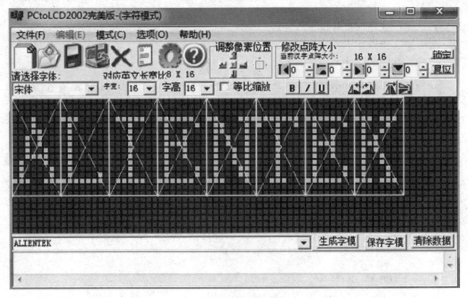

图 15.15 PCtoLCD2002 软件界面

第 15 章　TFTLCD 显示实验

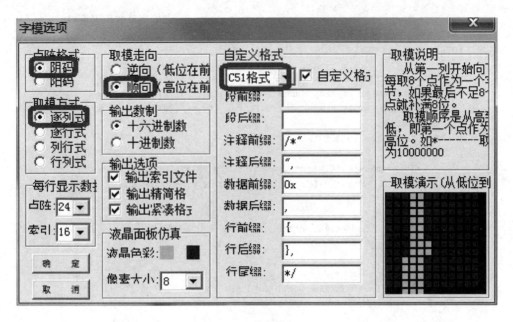

图 15.16　设置取模方式

高到低，即第一个点作为最高位。如 *--------取为 10000000，其实就是按如图 15.17 所示的这种方式。

从上到下，从左到右，高位在前，按这样的取模方式，然后把 ASCII 字符集按 12×6 大小、16×8 和 24×12 大小取模出来（对应汉字大小为 12×12、16×16 和 24×24，字符的只有汉字的一半大），保存在 FONT.H 里面，每个 12×6 的字符占用 12 字节，每个 16×8 的字符占用 16 字节，每个 24×12 的字符占用 36 字节。具体见 font.h 部分代码（该部分请参考本例程源代码）。

图 15.17　取模方式图解

知道了字符提取的方法就很容易编写字符显示函数了，这里介绍字符显示函数 LCD_ShowChar，可以以叠加方式显示或者以非叠加方式显示。叠加方式显示多用于在显示的图片上再显示字符。非叠加方式一般用于普通的显示。该函数实现代码如下：

```
//在指定位置显示一个字符
//x,y:起始坐标;num:要显示的字符:" "--->"~"
//size:字体大小 12/16/24;mode:叠加方式(1)还是非叠加方式(0)
void LCD_ShowChar(u16 x,u16 y,u8 num,u8 size,u8 mode)
{
    u8 temp,t1,t;
    u16 y0=y;
    u8 csize=(size/8+((size%8)?1:0))*(size/2);//得到字体一个字符对应点阵集所
```

```
                                                    //占的字节数设置窗口
    num = num - ' ';//得到偏移后的值
    for(t = 0;t<csize;t ++ )
    {
        if(size == 12)temp = asc2_1206[num][t];      //调用 1206 字体
        else if(size == 16)temp = asc2_1608[num][t]; //调用 1608 字体
        else if(size == 24)temp = asc2_2412[num][t]; //调用 2412 字体
        else return;                                 //没有的字库
        for(t1 = 0;t1<8;t1 ++ )
        {
            if(temp&0x80)LCD_Fast_DrawPoint(x,y,POINT_COLOR);
            else if(mode == 0)LCD_Fast_DrawPoint(x,y,BACK_COLOR);
            temp<< = 1;
            y ++ ;
            if(y> = lcddev.height)return;            //超区域了
            if((y - y0) == size)
            {
                y = y0;x ++ ;
                if(x> = lcddev.width)return;         //超区域了
                break;
            }
        }
    }
}
```

在 LCD_ShowChar 函数里面,我们采用快速画点函数 LCD_Fast_DrawPoint 来画点显示字符。该函数同 LCD_DrawPoint 一样,只是带了颜色参数,且减少了函数调用的时间,详见本例程源码。该代码用到了 3 个字符集点阵数据数组 asc2_2412、asc2_1206 和 asc2_1608。这 3 个字符集的点阵数据就是按我们前面介绍的方法制作的。

最后再介绍一下 TFTLCD 模块的初始化函数 LCD_Init。该函数先初始化 STM32 与 TFTLCD 连接的 I/O 口,并配置 FSMC 控制器,然后读取 LCD 控制器的型号,根据控制 IC 的型号执行不同的初始化代码,其简化代码如下:

```
void LCD_Init(void)
{
    vu32 i = 0;
    GPIO_InitTypeDef  GPIO_InitStructure;
    FSMC_NORSRAMInitTypeDef  FSMC_InitStruct;
    FSMC_NORSRAMTimingInitTypeDef  readWriteTiming;
    FSMC_NORSRAMTimingInitTypeDef  writeTiming;
    //① GPIO,FSMC 时钟使能
    RCC_AHB1PeriphClockCmd(RCC_AHB1Periph_GPIOB|RCC_AHB1Periph_GPIOD
        |RCC_AHB1Periph_GPIOE|RCC_AHB1Periph_GPIOF|RCC_AHB1Periph_GPIOG,
                                            ENABLE);//使能 PD,PE,PF,PG 时钟
    RCC_AHB3PeriphClockCmd(RCC_AHB3Periph_FSMC,ENABLE);  //使能 FSMC 时钟
    //② GPIO 初始化设置
    GPIO_InitStructure.GPIO_Pin = GPIO_Pin_15;        //PB15 推挽输出,控制背光
    GPIO_InitStructure.GPIO_Mode = GPIO_Mode_OUT;     //普通输出模式
    GPIO_InitStructure.GPIO_OType = GPIO_OType_PP;    //推挽输出
    GPIO_InitStructure.GPIO_Speed = GPIO_Speed_50MHz; //100 MHz
```

第 15 章 TFTLCD 显示实验

```
GPIO_InitStructure.GPIO_PuPd = GPIO_PuPd_UP;                    //上拉
GPIO_Init(GPIOB, &GPIO_InitStructure);//初始化                  //PB15 推挽输出,控制背光
GPIO_InitStructure.GPIO_Pin = (3<<0)|(3<<4)|(7<<8)|(3<<14);
//PD0,1,4,5,8,9,10,14,15 AF OUT
GPIO_InitStructure.GPIO_Mode = GPIO_Mode_AF;                    //复用输出
GPIO_InitStructure.GPIO_OType = GPIO_OType_PP;                  //推挽输出
GPIO_InitStructure.GPIO_Speed = GPIO_Speed_100MHz;              //100 MHz
GPIO_InitStructure.GPIO_PuPd = GPIO_PuPd_UP;                    //上拉
GPIO_Init(GPIOD, &GPIO_InitStructure);                          //初始化
…//省略部分代码(PE7-15,PF12,PG12 的 IO 初始化,方法同上)
//③引脚复用映射设置
GPIO_PinAFConfig(GPIOD,GPIO_PinSource0,GPIO_AF_FSMC); //PD0,AF12
GPIO_PinAFConfig(GPIOD,GPIO_PinSource1,GPIO_AF_FSMC); //PD1,AF12
…//省略部分代码(PD4,5,8,9,10,14,15   PE7~PE15 AF 映射配置,方法同上)
GPIO_PinAFConfig(GPIOF,GPIO_PinSource12,GPIO_AF_FSMC);//PF12,AF12
GPIO_PinAFConfig(GPIOG,GPIO_PinSource12,GPIO_AF_FSMC);//PG12,AF12
//④FSMC 初始化
readWriteTiming.FSMC_AddressSetupTime = 0XF;           //地址建立时间为 16 个 HCLK
readWriteTiming.FSMC_AddressHoldTime = 0x00;           //地址保持时间模式 A 未用到
readWriteTiming.FSMC_DataSetupTime = 24;               //数据保存时间为 25 个 HCLK
readWriteTiming.FSMC_BusTurnAroundDuration = 0x00;
readWriteTiming.FSMC_CLKDivision = 0x00;
readWriteTiming.FSMC_DataLatency = 0x00;
readWriteTiming.FSMC_AccessMode = FSMC_AccessMode_A;   //模式 A
writeTiming.FSMC_AddressSetupTime = 8;                 //地址建立时间(ADDSET)为 8 个 HCLK
writeTiming.FSMC_AddressHoldTime = 0x00;               //地址保持时间
writeTiming.FSMC_DataSetupTime = 8;                    //数据保存时间为 6 ns * 9 个 HCLK = 54 ns
writeTiming.FSMC_BusTurnAroundDuration = 0x00;
writeTiming.FSMC_CLKDivision = 0x00;
writeTiming.FSMC_DataLatency = 0x00;
writeTiming.FSMC_AccessMode = FSMC_AccessMode_A;       //模式 A
FSMC_InitStruct.FSMC_Bank = FSMC_Bank1_NORSRAM4;       //使用 NE4 对应 BTCR[6],[7]。
FSMC_InitStruct.FSMC_DataAddressMux = FSMC_DataAddressMux_Disable;
                                                       //不复用数据地址
FSMC_InitStruct.FSMC_MemoryType = FSMC_MemoryType_SRAM;
FSMC_InitStruct.FSMC_MemoryDataWidth = FSMC_MemoryDataWidth_16b;
                                                       //存储器数据宽度为 16 bit
FSMC_InitStruct.FSMC_BurstAccessMode = FSMC_BurstAccessMode_Disable;
FSMC_InitStruct.FSMC_WaitSignalPolarity = FSMC_WaitSignalPolarity_Low;
FSMC_InitStruct.FSMC_AsynchronousWait = FSMC_AsynchronousWait_Disable;
FSMC_InitStruct.FSMC_WrapMode = FSMC_WrapMode_Disable;
FSMC_InitStruct.FSMC_WaitSignalActive = FSMC_WaitSignalActive_BeforeWaitState;
FSMC_InitStruct.FSMC_WriteOperation = FSMC_WriteOperation_Enable;//存储器写使能
FSMC_InitStruct.FSMC_WaitSignal = FSMC_WaitSignal_Disable;
FSMC_InitStruct.FSMC_ExtendedMode = FSMC_ExtendedMode_Enable;   //读写不同时序
FSMC_InitStruct.FSMC_WriteBurst = FSMC_WriteBurst_Disable;
FSMC_InitStruct.FSMC_ReadWriteTimingStruct = &readWriteTiming;  //读写时序
FSMC_InitStruct.FSMC_WriteTimingStruct = &writeTiming;          //写时序
FSMC_NORSRAMInit(&FSMC_InitStruct);                             //初始化 FSMC 配置
//⑤使能 FSMC
FSMC_NORSRAMCmd(FSMC_Bank1_NORSRAM4, ENABLE);                   // 使能 BANK1
```

```c
delay_ms(50);                                                    // delay 50 ms
lcddev.id = LCD_ReadReg(0x0000);
//⑥不同的 LCD 驱动器不同的初始化设置
if(lcddev.id<0XFF||lcddev.id == 0XFFFF||lcddev.id == 0X9300)
    //ID 不正确,新增 0X9300 判断,因为 9341 在未被复位的情况下会被读成 9300
{
    //尝试 9341 ID 的读取
    LCD_WR_REG(0XD3);
    lcddev.id = LCD_RD_DATA();                                   //dummy read
    lcddev.id = LCD_RD_DATA();                                   //读到 0X00
    lcddev.id = LCD_RD_DATA();                                   //读取 93
    lcddev.id<<= 8;
    lcddev.id| = LCD_RD_DATA();                                  //读取 41
    if(lcddev.id!= 0X9341)                         //非 9341,尝试是不是 6804
    {
        LCD_WR_REG(0XBF);
        lcddev.id = LCD_RD_DATA();                               //dummy read
        lcddev.id = LCD_RD_DATA();                               //读回 0X01
        lcddev.id = LCD_RD_DATA();                               //读回 0XD0
        lcddev.id = LCD_RD_DATA();                               //这里读回 0X68
        lcddev.id<<= 8;
        lcddev.id| = LCD_RD_DATA();                              //这里读回 0X04
        if(lcddev.id!= 0X6804)          //也不是 6804,尝试看看是不是 NT35310
        {
            LCD_WR_REG(0XD4);
            lcddev.id = LCD_RD_DATA();                           //dummy read
            lcddev.id = LCD_RD_DATA();                           //读回 0X01
            lcddev.id = LCD_RD_DATA();                           //读回 0X53
            lcddev.id<<= 8;
            lcddev.id| = LCD_RD_DATA();                          //这里读回 0X10
            if(lcddev.id!= 0X5310)  //也不是 NT35310,尝试看看是不是 NT35510
            {
                LCD_WR_REG(0XDA00);
                lcddev.id = LCD_RD_DATA();                       //读回 0X00
                LCD_WR_REG(0XDB00);
                lcddev.id = LCD_RD_DATA();                       //读回 0X80
                lcddev.id<<= 8;
                LCD_WR_REG(0XDC00);
                lcddev.id| = LCD_RD_DATA();                      //读回 0X00
                if(lcddev.id == 0x8000)lcddev.id = 0x5510;
                //NT35510 读回的 ID 是 8000H,为方便区分,我们强制设置为 5510
            }
        }
    }
}
if(lcddev.id == 0X9341||lcddev.id == 0X5310||lcddev.id == 0X5510)
{    //如果是这 3 个 IC,则设置 WR 时序为最快
    //重新配置写时序控制寄存器的时序
    FSMC_Bank1E->BWTR[6]&= ~(0XF<<0);           //地址建立时间(ADDSET)清零
    FSMC_Bank1E->BWTR[6]&= ~(0XF<<8);           //数据保存时间清零
    FSMC_Bank1E->BWTR[6]| = 3<<0;               //地址建立时间为 3 个 HCLK = 18 ns
```

```c
        FSMC_Bank1E->BWTR[6]| = 2<<8;              //数据保存时间为 6ns * 3 个 HCLK = 18 ns
    }else if(lcddev.id == 0X6804||lcddev.id == 0XC505)//6804/C505 速度上不去,得降低
    {
        //重新配置写时序控制寄存器的时序
        FSMC_Bank1E->BWTR[6]& = ~(0XF<<0);          //地址建立时间(ADDSET)清零
        FSMC_Bank1E->BWTR[6]& = ~(0XF<<8);          //数据保存时间清零
        FSMC_Bank1E->BWTR[6]| = 10<<0;              //地址建立时间为 10 个 HCLK = 60 ns
        FSMC_Bank1E->BWTR[6]| = 12<<8;              //数据保存时间为 6ns * 13 个 HCLK = 78 ns
    }
    printf(" LCD ID:%x\r\n",lcddev.id);             //打印 LCD ID
    if(lcddev.id == 0X9341)                         //9341 初始化
    {
        ……//9341 初始化代码
    }else if(lcddev.id == 0xXXXX)                   //其他 LCD 初始化代码
    {
        ……//其他 LCD 驱动 IC,初始化代码
    }
    LCD_Display_Dir(0);                             //默认为竖屏显示
    LCD_LED = 1;                                    //点亮背光
    LCD_Clear(WHITE);
}
```

从初始化代码可以看出,LCD 初始化步骤为①~⑥在代码中标注:

① GPIO、FSMC 使能。

② GPIO 初始化:GPIO_Init()函数。

③ 设置引脚复用映射。

④ FSMC 初始化:FSMC_NORSRAMInit()函数。

⑤ FSMC 使能:FSMC_NORSRAMCmd()函数。

⑥ 不同的 LCD 驱动器的初始化代码。

该函数先对 FSMC 相关 I/O 进行初始化,然后是 FSMC 的初始化,最后根据读到的 LCD ID 对不同的驱动器执行不同的初始化代码。从上面的代码可以看出,这个初始化函数可以针对十多款不同的驱动 IC 执行初始化操作,大大提高了整个程序的通用性。以后的学习中应该多使用这样的方式,以提高程序的通用性、兼容性。

特别注意:本函数使用了 printf 来打印 LCD ID,所以,如果主函数里面没有初始化串口,那么将导致程序死在 printf 里面!如果不想用 printf,那么注释掉它。

LCD 驱动相关的函数就讲解到这里。接下来看看主函数代码如下:

```c
int main(void)
{
    u8 x = 0;
    u8 lcd_id[12];                                  //存放 LCD ID 字符串
    NVIC_PriorityGroupConfig(NVIC_PriorityGroup_2); //设置系统中断优先级分组 2
    delay_init(168);                                //初始化延时函数
    uart_init(115200);                              //初始化串口波特率为 115 200
    LED_Init();                                     //初始化 LED
    LCD_Init();                                     //初始化 LCD FSMC 接口
    POINT_COLOR = RED;
```

```c
sprintf((char*)lcd_id,"LCD ID:%04X",lcddev.id);//将 LCD ID 打印到 lcd_id 数组
while(1)
{
    switch(x)
    {
        case 0:LCD_Clear(WHITE);break;
        ……//省略部分代码
        case 11:LCD_Clear(BROWN);break;
    }
    POINT_COLOR = RED;
    LCD_ShowString(30,40,210,24,24,"Explorer STM32F4");
    LCD_ShowString(30,70,200,16,16,"TFTLCD TEST");
    LCD_ShowString(30,90,200,16,16,"ATOM@ALIENTEK");
    LCD_ShowString(30,110,200,16,16,lcd_id);     //显示 LCD ID
    LCD_ShowString(30,130,200,12,12,"2014/5/4");
    x++;
    if(x==12)x=0;
    LED0 =! LED0;delay_ms(1000);
}
```

该部分代码将显示一些固定的字符,字体大小包括 24×12、16×8 和 12×6 这 3 种,同时显示 LCD 驱动 IC 的型号,然后不停地切换背景颜色,每 1 s 切换一次。而 LED0 也会不停地闪烁,指示程序已经在运行了。其中用到一个 sprintf 的函数,该函数用法同 printf,只是 sprintf 把打印内容输出到指定的内存区间上。

特别注意:uart_init 函数不能去掉,因为在 LCD_Init 函数里面调用了 printf,所以一旦去掉这个初始化就会死机了! 实际上,只要代码中用到 printf,就必须初始化串口,否则都会死机,即停在 usart.c 里面的 fputc 函数出不来。

编译通过之后开始下载验证代码。

15.4 下载验证

将程序下载到探索者 STM32F4 开发板后可以看到,DS0 不停地闪烁,提示程序已经在运行了。同时可以看到 TFTLCD 模块的显示如图 15.18 所示。可以看到屏幕的背景是不停切换的,同时 DS0 不停地闪烁,证明我们的代码被正确执行了,达到了预期目的。

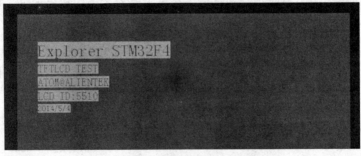

图 15.18　TFTLCD 显示效果图

第 16 章

USMART 调试组件实验

本章将介绍一个十分重要的辅助调试工具：USMART 调试组件。该组件由 ALIENTEK 开发提供，功能类似 Linux 的 shell（RTT 的 finsh 也属于此类）。USMART 最主要的功能就是通过串口调用单片机里面的函数并执行，对我们调试代码是很有帮助的。

16.1 USMART 调试组件简介

USMART 是由 ALIENTEK 开发的一个灵巧的串口调试互交组件，使用它可以通过串口助手调用程序里面的任何函数并执行。因此，可以随意更改函数的输入参数（支持数字(10/16 进制，支持负数)、字符串、函数入口地址等作为参数），单个函数最多支持 10 个输入参数，并支持函数返回值显示，目前最新版本为 V3.2。

USMART 的特点如下：
- 可以调用绝大部分用户直接编写的函数。
- 资源占用极少（最少情况：FLASH：4 KB；SRAM：72 字节）。
- 支持参数类型多（数字（包含 10/16 进制，支持负数）、字符串、函数指针等）。
- 支持函数返回值显示。
- 支持参数及返回值格式设置。
- 支持函数执行时间计算（V3.1 版本新特性）。
- 使用方便。

有了 USMART 就可以轻易修改函数参数、查看函数运行结果，从而快速解决问题。比如调试一个摄像头模块，需要修改其中的几个参数来得到最佳的效果，普通的做法：写函数→修改参数→下载→看结果→不满意→修改参数→下载→看结果→不满意⋯不停地循环，直到满意为止。这样很麻烦，而且损耗单片机寿命。而利用 USMART，则只需要在串口调试助手里面输入函数及参数，然后直接串口发送给单片机，就执行了一次参数调整，不满意则在串口调试助手修改参数再发送就可以了，直到满意为止。这样，修改参数十分方便，不需要编译、不需要下载、不会让单片机"折寿"。

USMART 支持的参数类型基本满足任何调试了，支持的类型有：10 或者 16 进制数字、字符串指针（如果该参数用作参数返回，则可能有问题）、函数指针等。因此，绝大部分函数可以直接被 USMART 调用。对于不能直接调用的，只需要重写一个函数，把影响调用的参数去掉即可,这个重写后的函数即可以被 USMART 调用了。

USMART 的实现流程简单概括就是:第一步,添加需要调用的函数(在 usmart_config.c 里面的 usmart_nametab 数组里面添加);第二步,初始化串口;第三步,初始化 USMART(通过 usmart_init 函数实现);第四步,轮询 usmart_scan 函数,处理串口数据。

接下来简单介绍 USMART 组件的移植。USMART 组件总共包含 6 个文件,如图 16.1 所示。其中,redeme.txt 是一个说明文件,不参与编译。其他 5 个文件中,usmart.c 负责与外部互交等,usmat_str.c 主要负责命令和参数解析,usmart_config.c 主要由用户添加需要由 usmart 管理的函数。usmart.h 和 usmart_str.h 是两个头文件,其中,usmart.h 里面含有几个用户配置宏定义,可以用来配置 usmart 的功能及总参数长度(直接和 SRAM 占用挂钩)、是否使能定时器扫描、是否使用读/写函数等。

图 16.1　USMART 组件代码

USMART 的移植只需要实现 5 个函数。其中,4 个函数都在 usmart.c 里面,另外一个是串口接收函数,必须由用户自己实现,用于接收串口发送过来的数据。

第一个函数,串口接收函数。该函数通过 SYSTEM 文件夹默认的串口接收来实现。SYSTEM 文件夹里面的串口接收函数最大可以一次接收 200 字节,用于从串口接收函数名和参数等。如果在其他平台移植,请参考 SYSTEM 文件夹串口接收的实现方式进行移植。

第二个是 void usmart_init(void)函数,该函数的实现代码如下:

```
//初始化串口控制器
//sysclk:系统时钟(MHz)
void usmart_init(u8 sysclk)
{
#if USMART_ENTIMX_SCAN == 1
    Timer4_Init(1000,(u32)sysclk * 100 - 1);  //分频,时钟为 10 kHz ,100 ms 中断一次,注
                                              //意,计数频率必须为 10 kHz,以和 runtime 单
                                              //位(0.1 ms)同步
#endif
    usmart_dev.sptype = 1;                    //十六进制显示参数
}
```

该函数有一个参数 sysclk,用于定时器初始化。另外,USMART_ENTIMX_

第16章 USMART 调试组件实验

SCAN 是在 usmart.h 里面定义的一个是否使能定时器中断扫描的宏定义。如果为 1,就初始化定时器中断,并在中断里面调用 usmart_scan 函数。如果为 0,那么需要用户间隔一定时间(100 ms 左右为宜)调用一次 usmart_scan 函数,以实现串口数据处理。注意:如果要使用函数执行时间统计功能(runtime 1),则必须设置 USMART_EN-TIMX_SCAN 为 1。另外,为了让统计时间精确到 0.1 ms,定时器的计数时钟频率必须设置为 10 kHz,否则时间就不是 0.1 ms 了。

第三和第四个函数仅用于服务 USMART 的函数执行时间统计功能(串口指令:runtime 1),分别是:usmart_reset_runtime 和 usmart_get_runtime,这两个函数代码如下:

```
//复位 runtime
//需要根据所移植到的 MCU 的定时器参数进行修改
void usmart_reset_runtime(void)
{
    TIM_ClearFlag(TIM4,TIM_FLAG_Update);        //清除中断标志位
    TIM_SetAutoreload(TIM4,0XFFFF);             //将重装载值设置到最大
    TIM_SetCounter(TIM4,0);                     //清空定时器的 CNT
    usmart_dev.runtime = 0;
}
//获得 runtime 时间
//返回值:执行时间,单位:0.1 ms,最大延时时间为定时器 CNT 值的 2 倍 * 0.1 ms
//需要根据所移植到的 MCU 的定时器参数进行修改
u32 usmart_get_runtime(void)
{
    if(TIM_GetFlagStatus(TIM4,TIM_FLAG_Update) == SET)   //在运行期间,产生了定时器溢出
    {
        usmart_dev.runtime + = 0XFFFF;
    }
    usmart_dev.runtime + = TIM_GetCounter(TIM4);
    return usmart_dev.runtime;                  //返回计数值
}
```

这里利用定时器 4 来做执行时间计算,usmart_reset_runtime 函数在每次 USMART 调用函数之前执行清除计数器,然后在函数执行完之后,调用 usmart_get_runtime 获取整个函数的运行时间。由于 usmart 调用的函数都是在中断里面执行的,所以不方便再用定时器的中断功能来实现定时器溢出统计。因此,USMART 的函数执行时间统计功能,最多可以统计定时器溢出 1 次的时间。STM32F4 的定时器 4 是 16 位的,最大计数是 65 535,而由于我们定时器设置的是 0.1 ms 一个计时周期(10 kHz),所以最长计时时间是:65 535×2×0.1 ms=13.1 s。也就是说,如果函数执行时间超过 13.1 s,那么计时将不准确。

最后一个是 usmart_scan 函数。该函数用于执行 usmart 扫描,需要得到两个参量,第一个是从串口接收到的数组(USART_RX_BUF),第二个是串口接收状态(USART_RX_STA)。接收状态包括接收到的数组大小以及接收是否完成。该函数代码如下:

```c
//usmart 扫描函数
//通过调用该函数,实现 usmart 的各个控制.该函数需要每隔一定时间被调用一次
//以及时执行从串口发过来的各个函数
//本函数可以在中断里面调用,从而实现自动管理
//非 ALIENTEK 开发板用户,则 USART_RX_STA 和 USART_RX_BUF[]需要用户自己实现
void usmart_scan(void)
{
    u8 sta,len;
    if(USART_RX_STA&0x8000)                     //串口接收完成了吗
    {
        len = USART_RX_STA&0x3fff;              //得到此次接收到的数据长度
        USART_RX_BUF[len] = '\0';               //在末尾加入结束符
        sta = usmart_dev.cmd_rec(USART_RX_BUF); //得到函数各个信息
        if(sta == 0)usmart_dev.exe();           //执行函数
        else
        {
            len = usmart_sys_cmd_exe(USART_RX_BUF);
            if(len! = USMART_FUNCERR)sta = len;
            if(sta)
            {
                switch(sta)
                {
                    case USMART_FUNCERR:
                        printf("函数错误! \r\n");
                        break;
                    case USMART_PARMERR:
                        printf("参数错误! \r\n");
                        break;
                    case USMART_PARMOVER:
                        printf("参数太多! \r\n");
                        break;
                    case USMART_NOFUNCFIND:
                        printf("未找到匹配的函数! \r\n");
                        break;
                }
            }
        }
        USART_RX_STA = 0;                       //状态寄存器清空
    }
}
```

该函数的执行过程:先判断串口接收是否完成(USART_RX_STA 的最高位是否为1),如果完成,则取得串口接收到的数据长度(USART_RX_STA 的低14位),并在末尾增加结束符,再执行解析,解析完之后清空接收标记(USART_RX_STA 置零)。如果没执行完成,则直接跳过,不进行任何处理。

完成这几个函数的移植就可以使用 USMART 了。注意,usmart 同外部的互交一般是通过 usmart_dev 结构体实现,所以 usmart_init 和 usmart_scan 的调用分别是通过 usmart_dev.init 和 usmart_dev.scan 实现的。

下面将在第 15 章实验的基础上移植 USMART,并通过 USMART 调用一些

第 16 章　USMART 调试组件实验

TFTLCD 的内部函数,让大家初步了解 USMART 的使用。

16.2　硬件设计

本实验用到的硬件资源有:指示灯 DS0 和 DS1、串口、TFTLCD 模块。这 3 个硬件在前面章节均有介绍,本章不再介绍。

16.3　软件设计

在第 15 章实验的基础上添加 USMART 组件相关的支持。打开第 15 章 LCD 显示实验工程,复制 USMART 文件夹(该文件夹可以在本书配套资料:"标准例程-库函数版本→实验 14 USMART 调试组件实验"里面找到)到 LCD 工程文件夹下面。

接着,打开工程并新建 USMART 组,添加 USMART 组件代码,同时把 USMART 文件夹添加到头文件包含路径,在主函数里面加入 include"usmart.h",如图 16.2 所示。由于 USMART 默认提供了 STM32F4 的 TIM4 中断初始化设置代码,我们只需要在 usmart.h 里面设置 USMART_ENTIMX_SCAN 为 1 即可完成 TIM4 的设置,再通过 TIM4 的中断服务函数,调用 usmart_dev.scan()(就是 usmart_scan 函数),实现 USMART 的扫描。此部分代码请参考 usmart.c。

此时就可以使用 USMART 了,不过在主程序里面还得执行 USMART 的初始化,另外还需要针对自己想要被 USMART 调用的函数在 usmart_config.c 里面添加。下面先介绍如何添加自己想要被 USMART 调用的函数。打开 usmart_config.c,如图 16.3 所示。

这里的添加函数很简单,只要把函数所在头文件添加进来,并把函数名按图 16.3 所示的方式增加即可,默认添加了两个函数:delay_ms 和 delay_us。另外,read_addr 和 write_addr 属于 usmart 自带的函数,用于读/写指定地址的数据,通过配置 USMART_USE_WRFUNS 可以使能或者禁止这两个函数。

这里根据自己的需要按图 16.3 的格式添加其他函数,添加完之后如图 16.4 所示。图中添加了 lcd.h 及很多 LCD 函数。最后还添加了 led_set 和 test_fun 两个函数,这两个函数在 main.c 里面实现,代码如下:

```
//LED 状态设置函数
void led_set(u8 sta)
{
    LED1 = sta;
}
//函数参数调用测试函数
void test_fun(void( * ledset)(u8),u8 sta)
{
    ledset(sta);
}
```

图 16.2 添加 USMART 组件代码

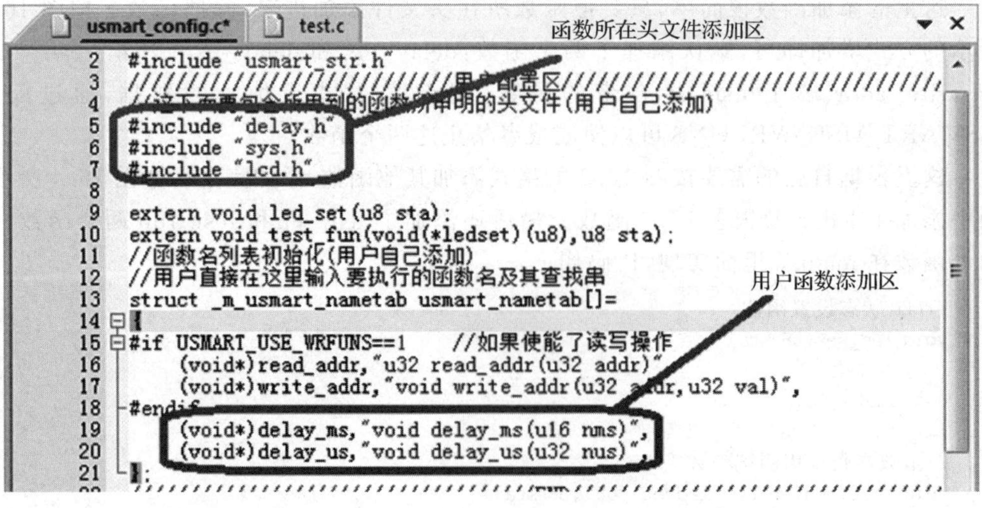

图 16.3 添加需要被 USMART 调用的函数

第 16 章　USMART 调试组件实验

```
usmart_config.c*    test.c
 2  #include "usmart_str.h"
 3  /////////////////////////用户配置区//////////////////////////
 4  //这下面要包含所用到的函数所申明的头文件(用户自己添加)
 5  #include "delay.h"
 6  #include "sys.h"
 7  #include "lcd.h"
 8
 9  extern void led_set(u8 sta);
10  extern void test_fun(void(*ledset)(u8),u8 sta);
11  //函数名列表初始化(用户自己添加)
12  //用户直接在这里输入要执行的函数名及其查找串
13  struct _m_usmart_nametab usmart_nametab[]=
14  {
15  #if USMART_USE_WRFUNS==1    //如果使能了读写操作
16      (void*)read_addr,"u32 read_addr(u32 addr)",
17      (void*)write_addr,"void write_addr(u32 addr,u32 val)",
18  #endif
19      (void*)delay_ms,"void delay_ms(u16 nms)",
20      (void*)delay_us,"void delay_us(u32 nus)",
21      (void*)LCD_Clear,"void LCD_Clear(u16 Color)",
22      (void*)LCD_Fill,"void LCD_Fill(u16 xsta,u16 ysta,u16 xend,u16 yend,u16 color)",
23      (void*)LCD_DrawLine,"void LCD_DrawLine(u16 x1,u16 y1,u16 x2,u16 y2)",
24      (void*)LCD_DrawRectangle,"void LCD_DrawRectangle(u16 x1,u16 y1,u16 x2,u16 y2)",
25      (void*)Draw_Circle,"void Draw_Circle(u16 x0,u16 y0,u8 r)",
26      (void*)LCD_ShowNum,"void LCD_ShowNum(u16 x,u16 y,u32 num,u8 len,u8 size)",
27      (void*)LCD_ShowString,"void LCD_ShowString(u16 x,u16 y,u16 width,u16 height,u8 size,u8 *p)",
28      (void*)LCD_Fast_DrawPoint,"void LCD_Fast_DrawPoint(u16 x,u16 y,u16 color)",
29      (void*)LCD_ReadPoint,"u16 LCD_ReadPoint(u16 x,u16 y)",
30      (void*)LCD_Display_Dir,"void LCD_Display_Dir(u8 dir)",
31      (void*)LCD_ShowxNum,"void LCD_ShowxNum(u16 x,u16 y,u32 num,u8 len,u8 size,u8 mode)",
32      (void*)led_set,"void led_set(u8 sta)",
33      (void*)test_fun,"void test_fun(void(*ledset)(u8),u8 sta)",
34  };
```

图 16.4　添加函数后

led_set 函数用于设置 LED1 的状态，而第二个函数 test_fun 则是测试 USMART 对函数参数的支持的，test_fun 的第一个参数是函数，在 USMART 里面也是可以被调用的。

添加完函数之后，我们修改 main 函数，如下：

```
int main(void)
{
    NVIC_PriorityGroupConfig(NVIC_PriorityGroup_2);//设置系统中断优先级分组 2
    delay_init(168);                    //初始化延时函数
    uart_init(115200);                  //初始化串口波特率为 115 200
    usmart_dev.init(84);                //初始化 USMART
    LED_Init();                         //初始化 LED
    LCD_Init();                         //初始化 LCD
    ……//省略部分液晶显示代码
    while(1)
    {
        LED0 = ! LED0;
        delay_ms(500);
    }
}
```

此代码显示简单的信息后就是在死循环等待串口数据。至此，整个 USMART 的移植就完成了。编译成功后，就可以下载程序到开发板开始 USMART 的体验。

16.4 下载验证

将程序下载到探索者 STM32F4 开发板后可以看到,DS0 不停地闪烁,提示程序已经在运行了。同时,屏幕上显示了一些字符(就是主函数里面要显示的字符)。

打开串口调试助手 XCOM,选择正确的串口号→多条发送→选中"发送新行"(即发送回车键)选项,然后发送 list 指令即可打印所有 USMART 可调用函数,如图 16.5 所示。图中 list、id、?、help、hex、dec 和 runtime 都属于 USMART 自带的系统命令。下面简单介绍下这几个命令:

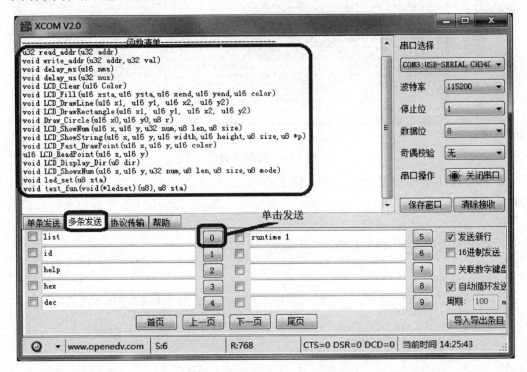

图 16.5 驱动串口调试助手

list、id、help、hex、dec 和 runtime 都属于 USMART 自带的系统命令,单击后方的数字按钮即可发送对应的指令。

list,该命令用于打印所有 USMART 可调用函数。发送该命令后,串口将受到所有能被 USMART 调用得到函数,如图 16.5 所示。

id,该指令用于获取各个函数的入口地址。比如前面写的 test_fun 函数,就有一个函数参数。我们需要先通过 id 指令获取 led_set 函数的 id(即入口地址),然后将这个 id 作为函数参数,传递给 test_fun。

help(或者'?'也可以),发送该指令后,串口将打印 USMART 使用的帮助信息。

hex 和 dec,这两个指令可以带参数,也可以不带参数。当不带参数的时候,hex 和

第 16 章　USMART 调试组件实验

dec 分别用于设置串口显示数据格式为 16 进制/10 进制。当带参数的时候，hex 和 dec 就执行进制转换，比如输入：hex 1234，串口将打印：HEX:0X4D2，也就是将 1234 转换为 16 进制打印出来。又比如输入：dec 0X1234，串口将打印：DEC:4660，就是将 0X1234 转换为 10 进制打印出来。

　　runtime 指令，用于函数执行时间统计功能的开启和关闭，发送：runtime 1，则可以开启函数执行时间统计功能；发送：runtime 0，则可以关闭函数执行时间统计功能。函数执行时间统计功能，默认是关闭的。

　　注意，所有的指令都是大小写敏感的，不要写错。

　　接下来介绍如何调用 list 所打印的这些函数。先来看一个简单的 delay_ms 的调用，我们分别输入 delay_ms(1000) 和 delay_ms(0x3E8)，如图 16.6 所示。可以看出，delay_ms(1000) 和 delay_ms(0x3E8) 的调用结果是一样的，都是延时 1 000 ms，因为 USMART 默认设置的是 hex 显示，所以看到串口打印的参数都是 16 进制格式的，读者可以通过发送 dec 指令切换为十进制显示。另外，由于 USMART 对调用函数的参数大小写不敏感，所以参数写成 0X3E8 或者 0x3e8 都是正确的。另外，发送：runtime 1，开启运行时间统计功能，从测试结果看，USMART 的函数运行时间统计功能是相当准确的。

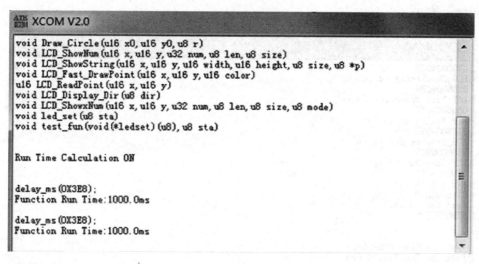

图 16.6　串口调用 delay_ms 函数

　　再看另外一个函数，LCD_ShowString 函数。该函数用于显示字符串，通过串口输入：LCD_ShowString(20,200,200,100,16,"This is a test for usmart!!")，如图 16.7 所示。该函数用于在指定区域显示指定字符串。发送给开发板后可以看到，LCD 在指定的地方显示了"This is a test for usmart!!"字符串。

　　其他函数的调用也都是一样的方法，这里就不多介绍了，最后说一下带有参数的函数的调用。我们将 led_set 函数作为 test_fun 的参数，通过在 test_fun 里面调用 led_set 函数，实现对 DS1(LED1) 的控制。前面说过，要调用带有函数参数的函数，就必须

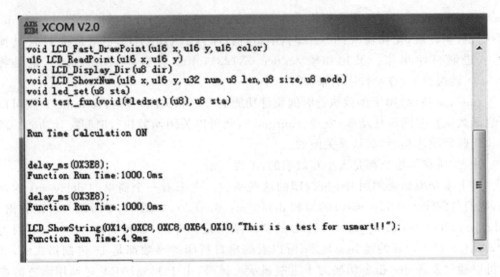

图 16.7 串口调用 LCD_ShowString 函数

先得到函数参数的入口地址(id)，通过输入 id 指令可以得到 led_set 的函数入口地址是：0X080052C9，所以，在串口输入：test_fun(0X080052C9,0)，就可以控制 DS1 亮了，如图 16.8 所示。

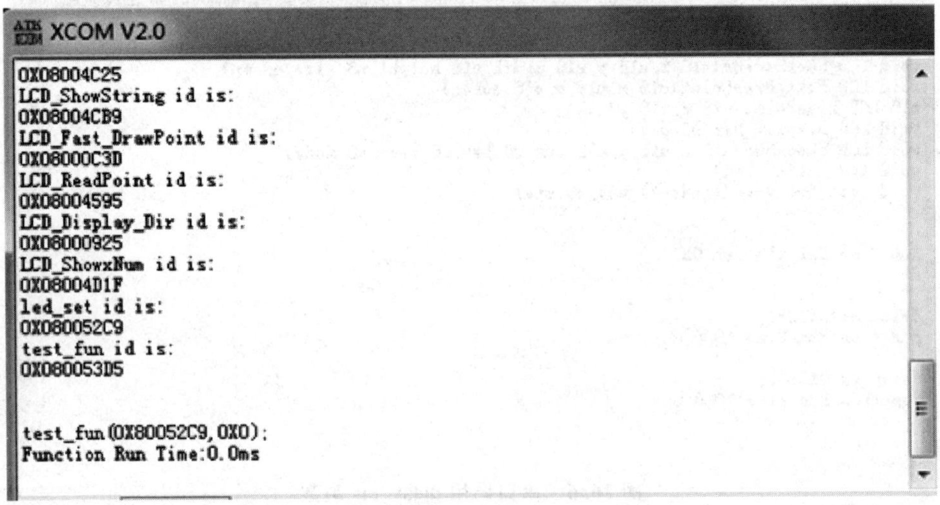

图 16.8 串口调用 test_fun 函数

在开发板上可以看到，收到串口发送的 test_fun(0X080052C9,0)后，开发板的 DS1 亮了，然后可以通过发送 test_fun(0X080052C9,1)来关闭 DS1。说明我们成功的通过 test_fun 函数调用 led_set 实现了对 DS1 的控制，也就验证了 USMART 对函数参数的支持。

USMART 调试组件的使用就介绍到这里。USMART 是一个非常不错的调试组件，希望读者能学会使用，可以达到事半功倍的效果。

第 17 章

RTC 实时时钟实验

这一章将介绍 STM32F4 的内部实时时钟(RTC)。本章使用 TFTLCD 模块来显示日期和时间,实现一个简单的实时时钟,并可以设置闹铃。另外,本章也介绍 BKP 的使用。

17.1 STM32F4 RTC 时钟简介

STM32F4 的实时时钟(RTC)相对于 STM32F1 来说,改进了不少,带了日历功能,是一个独立的 BCD 定时器/计数器。RTC 提供一个日历时钟(包含年月日时分秒信息)、两个可编程闹钟(ALARM A 和 ALARM B)中断以及一个具有中断功能的周期性可编程唤醒标志。RTC 还包含用于管理低功耗模式的自动唤醒单元。两个 32 位寄存器(TR 和 DR)包含二进码十进数格式(BCD)的秒、分钟、小时(12 或 24 小时制)、星期、日期、月份和年份。此外,还可提供二进制格式的亚秒值。

STM32F4 的 RTC 可以自动将月份的天数补偿为 28、29(闰年)、30 和 31 天,并且还可以进行夏令时补偿。RTC 模块和时钟配置是在后备区域,即在系统复位或从待机模式唤醒后 RTC 的设置和时间维持不变,只要后备区域供电正常,那么 RTC 将可以一直运行。但是在系统复位后,会自动禁止访问后备寄存器和 RTC,以防止对后备区域(BKP)的意外写操作。所以在要设置时间之前,先要取消备份区域写保护。

RTC 的简化框图如图 17.1 所示。本章用到 RTC 时钟和日历,并且用到闹钟功能。接下来简单介绍下 STM32F4 RTC 时钟的使用。

1. 时钟和分频

首先,我们看 STM32F4 的 RTC 时钟分频。STM32F4 的 RTC 时钟源(RTCCLK)通过时钟控制器,可以从 LSE 时钟、LSI 时钟以及 HSE 时钟三者中选择(通过 RCC_BDCR 寄存器选择)。一般选择 LSE,即外部 32.768 kHz 晶振作为时钟源(RTC-CLK),而 RTC 时钟核心要求提供 1 Hz 的时钟,所以,我们要设置 RTC 的可编程预分配器。STM32F4 的可编程预分配器(RTC_PRER)分为 2 个部分:

① 一个通过 RTC_PRER 寄存器的 PREDIV_A 位配置的 7 位异步预分频器。

② 一个通过 RTC_PRER 寄存器的 PREDIV_S 位配置的 15 位同步预分频器。

图 17.1 中,ck_spre 的时钟可由如下计算公式计算

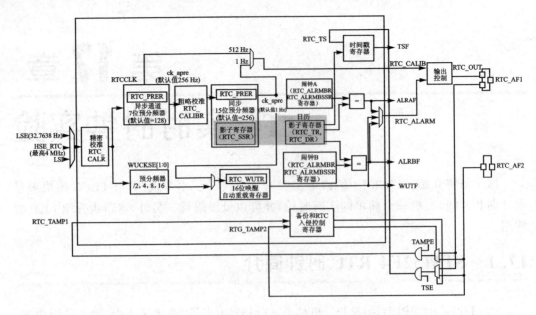

图 17.1 RTC 框图

$$Fck\_spre = Frtcclk/[(PREDIV\_S+1) \cdot (PREDIV\_A+1)]$$

其中,Fck_spre 即可用于更新日历时间等信息。PREDIV_A 和 PREDIV_S 为 RTC 的异步和同步分频器。且推荐设置 7 位异步预分频器(PREDIV_A)的值较大,以最大程度降低功耗。要设置为 32 768 分频,我们只需要设置:PREDIV_A=0X7F,即 128 分频;PREDIV_S=0XFF,即 256 分频,即可得到 1 Hz 的 Fck_spre。

另外,图 17.1 中 ck_apre 可作为 RTC 亚秒递减计数器(RTC_SSR)的时钟,Fck_apre 的计算公式如下:

$$Fck\_apre = Frtcclk/(PREDIV\_A+1)$$

当 RTC_SSR 寄存器递减到 0 的时候,会使用 PREDIV_S 的值重新装载 PREDIV_S。而 PREDIV_S 一般为 255,这样得到亚秒时间的精度是:1/256 s,即 3.9 ms 左右。有了这个亚秒寄存器 RTC_SSR,就可以得到更加精确的时间数据。

2. 日历时间(RTC_TR)和日期(RTC_DR)寄存器

STM32F4 的 RTC 日历时间(RTC_TR)和日期(RTC_DR)寄存器,用于存储时间和日期(也可以用于设置时间和日期),可以通过与 PCLK1(APB1 时钟)同步的影子寄存器来访问,这些时间和日期寄存器也可以直接访问,从而避免等待同步的持续时间。

每隔 2 个 RTCCLK 周期,当前日历值便会复制到影子寄存器,并置位 RTC_ISR 寄存器的 RSF 位。我们可以读取 RTC_TR 和 RTC_DR 来得到当前时间和日期信息,注意:时间和日期都是以 BCD 码的格式存储的,读出来要转换一下才可以得到十进制的数据。

第 17 章 RTC 实时时钟实验

3. 可编程闹钟

STM32F4 提供两个可编程闹钟:闹钟 A(ALARM_A)和闹钟 B(ALARM_B)。通过 RTC_CR 寄存器的 ALRAE 和 ALRBE 位置 1 来使能可编程闹钟功能。当日历的亚秒、秒、分、小时、日期分别与闹钟寄存器 RTC_ALRMASSR/RTC_ALRMAR 和 RTC_ALRMBSSR/RTC_ALRMBR 中的值匹配时,则可以产生闹钟(需要适当配置)。本章将利用闹钟 A 产生闹铃,即设置 RTC_ALRMASSR 和 RTC_ALRMAR 即可。

4. 周期性自动唤醒

STM32F4 的 RTC 不带秒钟中断,但是多了一个周期性自动唤醒功能。周期性唤醒功能由一个 16 位可编程自动重载递减计数器(RTC_WUTR)生成,可用于周期性中断/唤醒。我们可以通过 RTC_CR 寄存器中的 WUTE 位设置使能此唤醒功能。

唤醒定时器的时钟输入可以是:2、4、8 或 16 分频的 RTC 时钟(RTCCLK),也可以是 ck_spre 时钟(一般为 1 Hz)。当选择 RTCCLK(假定 LSE 是 32.768 kHz)作为输入时钟时,可配置的唤醒中断周期介于 122 μs(因为 RTCCLK/2 时 RTC_WUTR 不能设置为 0)和 32 s 之间,分辨率最低为 61 μs。当选择 ck_spre(1 Hz)作为输入时钟时,可得到的唤醒时间为 1 s~36 h,分辨率为 1 s。并且这个 1 s~36 h 的可编程时间范围分为两部分:

- 当 WUCKSEL[2:1]=10 时为 1 s~18 h。
- 当 WUCKSEL[2:1]=11 时约为 18 h~36 h。

在后一种情况下,会将 2^{16} 添加到 16 位计数器当前值(即扩展到 17 位,相当于最高位用 WUCKSEL [1]代替)。

初始化完成后,定时器开始递减计数。在低功耗模式下使能唤醒功能时,递减计数保持有效。此外,当计数器计数到 0 时,RTC_ISR 寄存器的 WUTF 标志会置 1,并且唤醒寄存器会使用其重载值(RTC_WUTR 寄存器值)重载,之后必须用软件清零 WUTF 标志。

通过将 RTC_CR 寄存器中的 WUTIE 位置 1 来使能周期性唤醒中断时,可以使 STM32F4 退出低功耗模式。系统复位以及低功耗模式(睡眠、停机和待机)对唤醒定时器没有任何影响,它仍然可以正常工作,故唤醒定时器可以用于周期性唤醒 STM32F4。

接下来看看本章要用到的 RTC 部分寄存器。首先是 RTC 时间寄存器 RTC_TR,该寄存器各位描述如图 17.2 所示。这个寄存器比较简单,注意数据保存是 BCD 格式的,读取之后需要稍加转换才是十进制的时分秒等数据。在初始化模式下,对该寄存器进行写操作可以设置时间。

然后看 RTC 日期寄存器:RTC_DR,该寄存器各位描述如图 17.3 所示。同样,该寄存器的数据采用 BCD 码格式,其他的就比较简单了。同样,在初始化模式下,对该寄存器进行写操作可以设置日期。

31	30	29	28	27	26	25	24	23	22	21	20	19	18	17	16
Reserved									PM	HT[1:0]		HU[3:0]			
									rw	rw	rw	rw	rw	rw	rw
15	14	13	12	11	10	9	8	7	6	5	4	3	2	1	0
Reserved	MNT[2:0]			MNU[3:0]				Reserved	ST[2:0]			SU[2:0]			
	rw	rw	rw	rw	rw	rw	rw		rw	rw	rw	rw	rw	rw	rw

位31:24 保留

位23 保留,必须保持复位值。

位22 **PM**:TAM/PM符号(AM/PM notation)
0:AM或24小时制;1:PM

位21:20 **HT[1:0]**:小时的十位(BCD格式)(Hour tens in BCD format)

位19:16 **HU[3:0]**:小时的个位(BCD格式)(Hour units in BCD format)

位15 保留,必须保持复位值。

位14:12 **MNT[2:0]**:分钟的十位(BCD格式)(Minute tens in BCD format)

位11:8 **MNU[3:0]**:分钟的个位(BCD格式)(Minute units in BCD format)

位7 保留,必须保持复位值。

位6:4 **ST[2:0]**:秒的十位(BCD格式)(Second tens in BCD format)

位3:0 **SU[3:0]**:秒的个位(BCD格式)(Second units in BCD format)

图 17.2 RTC_TR 寄存器各位描述

31	30	29	28	27	26	25	24	23	22	21	20	19	18	17	16
Reserved								YT[3:0]				YU[3:0]			
								rw	rw	rw	rw	rw	rw	rw	rw
15	14	13	12	11	10	9	8	7	6	5	4	3	2	1	0
WDU[2:0]			MT	WU[3:0]				Reserved		DT[1:0]		DU[3:0]			
rw	rw	rw	rw	rw	rw	rw	rw			rw	rw	rw	rw	rw	rw

位31:24 保留

位23:20 **YT[3:0]**:年份的十位(BCD格式)(Year tens in BCD format)

位19:16 **YU[3:0]**:年份的个位(BCD格式)(Year units in BCD format)

位15:13 **DWU[2:0]**:星期几的个位(Week day units)
000:禁止
001:星期一
...
111:星期日

位12 **MT**:月份的十位(BCD格式)(Month tens in BCD format)t

位11:8 **MU**:月份的个位(BCD格式)(Month units in BCD format)

位7:6 保留,必须保持复位值。

位5:4 **DT[1:0]**:日份的十位(BCD格式)(Date tens in BCD format)t

位3:0 **DT[1:0]**:日份的个位(BCD格式)(Date units in BCD format)

图 17.3 RTC_DR 寄存器各位描述

接下来,看RTC亚秒寄存器:RTC_SSR,该寄存器各位描述如图17.4所示。该寄存器可用于获取更加精确的RTC时间。不过本章没有用到,如果需要精确时间的地方,则可以使用该寄存器。

第 17 章 RTC 实时时钟实验

31	30	29	28	27	26	25	24	23	22	21	20	19	18	17	16
\multicolumn{16}{c}{Reserved}															
r	r	r	r	r	r	r	r	r	r	r	r	r	r	r	r
15	14	13	12	11	10	9	8	7	6	5	4	3	2	1	0
\multicolumn{16}{c}{SS[15:0]}															
r	r	r	r	r	r	r	r	r	r	r	r	r	r	r	r

位31:16 保留

位15:0 **SS**:亚秒值(Sub second value)
SS[15:0]是同步预分频器计数器的值。此亚秒值可根据以下公式得出：
亚秒值=(PREDIV_S−SS)/(PREDIV_S+1)
注意：仅当执行平衡操作之后，SS 才能大于 PREDIV_S。在这种情况下，正确的时间/日期比 RTC_TR/RTC_DR 所指示的时间/日期一秒钟

图 17.4 RTC_SSR 寄存器各位描述

接下来看 RTC 控制寄存器：RTC_CR，该寄存器各位描述如图 17.5 所示。该寄存器不详细介绍每个位了，重点介绍几个要用到的：WUTIE、ALRAIE 是唤醒定时器中断和闹钟 A 中断使能位，设置为 1 即可。WUTE 和 ALRAE，则是唤醒定时器和闹钟 A 定时器使能位，同样设置为 1，开启。FMT 为小时格式选择位，设置为 0，选择 24 小时制。最后，WUCKSEL[2:0]用于唤醒时钟选择。RTC_CR 寄存器的详细介绍请看《STM32F4xx 中文参考手册》第 23.6.3 小节。

31	30	29	28	27	26	25	24	23	22	21	20	19	18	17	16
\multicolumn{7}{c}{Reserved}							COE	OSEL[1:0]		POL	COSEL	BKP	SUB1H	ADD1H
								rw	rw	rw	rw	rw	rw	w	w
15	14	13	12	11	10	9	8	7	6	5	4	3	2	1	0
TSIE	WUTIE	ALRBE	ALRAIE	TSE	WUTE	ALRBE	ALRAE	DCE	FMT	BYPS HAD	REFCKON	TSEDGE	\multicolumn{3}{c}{WUCKSEL[2:0]}		
rw	rw	rw	rw	rw	rw	rw	rw	rw	rw	rw	rw	rw	rw	rw	rw

图 17.5 RTC_CR 寄存器各位描述

接下来看 RTC 初始化和状态寄存器：RTC_ISR，该寄存器各位描述如图 17.6 所示。该寄存器中，WUTF、ALRBF 和 ALRAF 分别是唤醒定时器闹钟 B 和闹钟 A 的中断标志位。当对应事件产生时，这些标志位被置 1，如果设置了中断，则会进入中断服务函数，这些位通过软件写 0 清除。INIT 为初始化模式控制位，要初始化 RTC 时，必须先设置 INIT=1。INITF 为初始化标志位，当设置 INIT 为 1 以后，要等待 INITF 为

31	30	29	28	27	26	25	24	23	22	21	20	19	18	17	16
\multicolumn{15}{c}{Reserved}															RECAL PF
															r
15	14	13	12	11	10	9	8	7	6	5	4	3	2	1	0
Res.	TAMP 2F	TAMP 1F	TSOVF	TSF	WUTF	ALRBF	ALRAF	INIT	INITF	RSF	INITS	SHPF	WUT WF	ALRB WF	ALRA WF
	rc_w0	rc_w0	rc_w0	rc_w0	rc_w0	rc_w0	rc_w0	rw	r	rc_w0	r	rc_w0	r	r	r

图 17.6 RTC_ISR 寄存器各位描述

1才可以更新时间、日期和预分频寄存器等。RSF位为寄存器同步标志,仅在该位为1时,表示日历影子寄存器已同步,可以正确读取RTC_TR/RTC_TR寄存器的值了。WUTWF、ALRBWF和ALRAWF分别是唤醒定时器、闹钟B和闹钟A的写标志,只有在这些位为1的时候,才可以更新对应的内容,比如要设置闹钟A的ALRMAR和ALRMASSR,则必须先等待ALRAWF为1才可以设置。

接下来看RTC预分频寄存器:RTC_PRER,该寄存器各位描述如图17.7所示。该寄存器用于RTC的分频。该寄存器的配置必须在初始化模式(INITF=1)下才可以进行。

31	30	29	28	27	26	25	24	23	22	21	20	19	18	17	16
				Reserved								PREDIV_A[6:0]			
									rw	rw	rw	rw	rw	rw	rw
15	14	13	12	11	10	9	8	7	6	5	4	3	2	1	0
Res.							PREDIV_S[14:0]								
	rw	rw	rw	rw	rw	rw	rw	rw	rw	rw	rw	rw	rw	rw	rw

位31:24 保留

位23 保留,必须保持复位值。

位22:16 **PREDIV_A[6:0]**:异步预分频系数(Asynchronous prescaler factor)

下面是异步分频系数的公式:
ck_apre频率=RTCCLK频率/(PREDIV_A+1)
注意:PREDIV_A[6:0]=000000为禁用值

位15 保留,必须保持复位值。

位14:0 **PREDIV_S[14:0]**:同步预分频系数(Synchronous prescaler factor)

下面是同步分频系数的公式:
ck_spre频率=ck_apre频率/(PREDIV_S+1)

图17.7 RTC_PRER寄存器各位描述

接下来看RTC唤醒定时器寄存器:RTC_WUTR,该寄存器各位描述如图17.8所示。该寄存器用于设置自动唤醒重装载值、唤醒周期。该寄存器的配置必须等待RTC_ISR的WUTWF为1才可以进行。

31	30	29	28	27	26	25	24	23	22	21	20	19	18	17	16
							Reserved								
15	14	13	12	11	10	9	8	7	6	5	4	3	2	1	0
							WUT[15:0]								
rw	rw	rw	rw	rw	rw	rw	rw	rw	rw	rw	rw	rw	rw	rw	rw

位31:16 保留

位15:0 **WUT[15:0]**:唤醒自动重载值位(Wakeup auto-reload value bit)

当使能唤醒定时器时(WUTE置1),每(WUT[15:0]+1)个ck_wut周期将WUTF标志置1一次。ck_wut周期通过RTC_CR寄存器的WUCKSEL[2:0]位进行选择。
当WUCKSEL[2]=1时,唤醒定时器变为17位,WUCKSEL[1]等效为WUT[16],即要重载到定时器的最高有效位。
注意:WUTF第一次置1发生在WUTE置1之后(WUT+1)个ck_wut周期。禁止在
  WUCKSEL[2:0]=011(RTCCLK/2)时将WUT[15:0]设置为0x0000

图17.8 RTC_WUTR寄存器各位描述

第17章 RTC 实时时钟实验

接下来看 RTC 闹钟 A 器寄存器:RTC_ALRMAR,该寄存器各位描述如图 17.9 所示。该寄存器用于设置闹铃 A,当 WDSEL 选择 1 时,使用星期制闹铃,本章选择星期制闹铃。该寄存器的配置必须等待 RTC_ISR 的 ALRAWF 为 1 才可以进行。RTC_ALRMASSR 寄存器可参考《STM32F4xx 中文数据手册》第 23.6.19 小节。

31	30	29	28	27	26	25	24	23	22	21	20	19	18	17	16
MSK4	WDSEL	DT[1:0]		DU[3:0]				MSK3	PM	HT[1:0]		HU[3:0]			
rw	rw	rw	rw	rw	rw	rw	rw	rw	rw	rw	rw	rw	rw	rw	rw
15	14	13	12	11	10	9	8	7	6	5	4	3	2	1	0
MSK2	MNT[2:0]			MNU[3:0]				MSK1	ST[3:0]				SU[3:0]		
rw	rw	rw	rw	rw	rw	rw	rw	rw	rw	rw	rw	rw	rw	rw	rw

位31 **MSK4**:闹钟A日期掩码(Alarm A date mask)
  0:如果日期/日匹配,则闹铃A置1   1:在闹钟A比较中,日期/日无关
位30 **MDSEL**:星期几选择(Week day selection)
  0:DU[3:0]代表日期的个位   1:DU[3:0]代表星期几。DT[1:0]为无关位。
位29:28 **DT[1:0]**:日期的十位(BCD格式)(Date tens in BCD farmat)
位27:24 **DU[3:0]**:日期的个位或H(BCD格式)(Date units or day in BCD farmat)
位23 **MSK3**:闹钟A小时掩码(Alarm A hours mask)
  0:如果小时匹配,则闹铃A置1   1:在闹钟A比较中,小时无关
位22 **PM**:AM/PM符号(AM/PM notation)
  0:AM或24小时制   1:PM
位21:20 **HT[1:0]**:小时的十位(BCD格式)(Hour tens in BCD farmat)
位19:16 **HU[3:0]**:小时的个位(BCD格式)(Hour units in BCD farmat)
位15 **MSK2**:闹钟A分钟掩码(Alarm A minutes mask)
  0:如果分钟匹配,则闹铃A置1   1:在闹钟A比较中,分钟无关
位14:12 **MNT[2:0]**:分钟的十位(BCD格式)(Minute tens in BCD farmat)
位11:8 **MNU[3:0]**:分钟的个位(BCD格式)(Minute units in BCD farmat)
位7 **MSK1**:闹钟A秒掩码(Alarm A seconds mask)
  0:如果秒匹配,则闹铃A置1   1:在闹钟A比较中,秒无关
位6:4 **ST[2:0]**:秒的十位(BCD格式)(Second tens in BCD farmat)
位3:0 **SU[3:0]**:秒的个位(BCD格式)(Second units in BCD farmat)

图 17.9 RTC_ALRMAR 寄存器各位描述

接下来看 RTC 写保护寄存器:RTC_WPR,该寄存器比较简单,低 8 位有效。上电后,所有 RTC 寄存器都受到写保护(RTC_ISR[13:8]、RTC_TAFCR 和 RTC_BKPxR 除外),必须依次写入:0XCA、0X53 两个关键字到 RTC_WPR 寄存器才可以解锁。写一个错误的关键字将再次激活 RTC 的寄存器写保护。

接下来介绍 RTC 备份寄存器:RTC_BKPxR。该寄存器组总共有 20 个,每个寄存器是 32 位的,可以存储 80 个字节的用户数据。这些寄存器在备份域中实现,可在 VDD 电源关闭时通过 VBAT 保持上电状态。备份寄存器不会在系统复位或电源复位时复位,也不会在 MCU 从待机模式唤醒时复位。

复位后,对 RTC 和 RTC 备份寄存器的写访问被禁止,执行以下操作可以使能对 RTC 及 RTC 备份寄存器的写访问:

① 通过设置寄存器 RCC_APB1ENR 的 PWREN 位来打开电源接口时钟。

② 电源控制寄存器(PWR_CR)的DBP位来使能对RTC及RTC备份寄存器的访问。

可以用BKP来存储一些重要的数据,相当于一个EEPROM,不过这个EEPROM并不是真正的EEPROM,而是需要电池来维持它的数据。

最后介绍备份区域控制寄存器RCC_BDCR。该寄存器的各位描述如图17.10所示。RTC的时钟源选择及使能设置都是通过这个寄存器来实现的,所以在RTC操作之前先要通过这个寄存器选择RTC的时钟源,然后才能开始其他的操作。

31	30	29	28	27	26	25	24	23	22	21	20	19	18	17	16
															BDRST
						Reserved									rw

15	14	13	12	11	10	9	8	7	6	5	4	3	2	1	0
RTCEN			Reserved			RTCSEL[1:0]				Reserved			LSEBYP	LSERDY	LSEON
rw						rw	rw						rw	r	rw

位31:17 保留,必须保持复位值。

位16 **BDRST**:备份域软件复位(Backup domain software reset)
  由软件置1和清零。
  0:复位未激活 1:复位整个备份域

位15 **RTCEN**:RTC时钟使能(RTC clock enable)
  由软件置1和清零。
  0:RTC时钟禁止 1:RTC时钟使能

位14:10 保留,必须保持复位值。

位9:8 **RTCSEL[1:0]**:RTC时钟源选择(RTC clockb source selection)
  由软件置1,用于选择RTC的时钟源。选择RTC时钟源后,除非备份域复位,否则其不可再更改。可使用BDRST位对其进行复位。
  00:无时钟 01:LSE振荡器时钟用作RTC时钟
  10:LSI振荡器时钟用作RTC时钟
  11:由可编程预分频器分频的HSE振荡器时钟(通过RCC时钟配置寄存器(RCC_CFGR)中的RTCPRD[4:0]位选择)用作RTC时钟

位7:3 保留,必须保持复位值。

位2 **LSEBYP**:外部低速振荡器旁路(External low-speed oscillator bypass)
  由软件置1和清零。用于旁路高度模式下的振荡器。只有在禁止LSE时钟后才能写入该位。
  0:不旁路LSE振荡器 1:旁路LSE振荡器

位1 **LSERDY**:外部低速振荡器就绪(External low-speed oscillator ready)
  由硬件置1和清零。用于指标外部32 kHz振荡器已稳定。在LSEON位被清零后,LSERDY将在6个外部低速振荡器时钟周期后转为低电平。
  0:LSE时钟未就绪 1:LSE时钟就绪

位0 **LSEON**:外部低速振荡器使能(External low-speed oscillator enable)
  由软件置1和清零。
  0:LSE时钟关闭 1:LSE时钟开启

图17.10 RCC_BDCR寄存器各位描述

下面来看看要经过哪几个步骤的配置才能使RTC正常工作,即通过库函数配置RTC一般配置步骤。固件库中RTC相关定义在源文件stm32f4xx_rtc.c以及头文件stm32f4xx_rtc.h中:

① 使能电源时钟,并使能RTC及RTC后备寄存器写访问。

要访问RTC和RTC备份区域就必须先使能电源时钟,然后使能RTC即后备区域访问。电源时钟使能,通过RCC_APB1ENR寄存器来设置;RTC及RTC备份寄存器的写访问,通过PWR_CR寄存器的DBP位设置。库函数设置方法为:

第 17 章　RTC 实时时钟实验

```
RCC_APB1PeriphClockCmd(RCC_APB1Periph_PWR, ENABLE);    //使能 PWR 时钟
PWR_BackupAccessCmd(ENABLE);                            //使能后备寄存器访问
```

② 开启外部低速振荡器,选择 RTC 时钟,并使能。

这个步骤只需要在 RTC 初始化的时候执行一次即可,不需要每次上电都执行,这些操作都是通过 RCC_BDCR 寄存器来实现的。

开启 LSE 的库函数为:

```
RCC_LSEConfig(RCC_LSE_ON);                              //LSE 开启
```

同时,选择 RTC 时钟源以及使能时钟函数为:

```
RCC_RTCCLKConfig(RCC_RTCCLKSource_LSE);                 //设选择 LSE 作为 RTC 时钟
RCC_RTCCLKCmd(ENABLE);                                  //使能 RTC 时钟
```

③ 初始化 RTC,设置 RTC 的分频,以及配置 RTC 参数。

在库函数中,初始化 RTC 是通过函数 RTC_Init 实现的:

```
ErrorStatus RTC_Init(RTC_InitTypeDef * RTC_InitStruct);
```

同样按照以前的方式,我们来看看 RTC 初始化参数结构体 RTC_InitTypeDef 定义:

```
typedef struct
{
    uint32_t RTC_HourFormat;
    uint32_t RTC_AsynchPrediv;
    uint32_t RTC_SynchPrediv;
}RTC_InitTypeDef;
```

结构体一共只有 3 个成员变量,我们逐一来看看:

参数 RTC_HourFormat 用来设置 RTC 的时间格式,也就是前面寄存器讲解的设置 CR 寄存器的 FMT 位。如果设置为 24 小时格式参数值,则可选择 RTC_HourFormat_24;12 小时格式,参数值可以选择 RTC_HourFormat_24。

参数 RTC_AsynchPrediv 用来设置 RTC 的异步预分频系数,也就是设置 RTC_PRER 寄存器的 PREDIV_A 相关位。同时,因为异步预分频系数是 7 位,所以最大值为 0x7F,不能超过这个值。

参数 RTC_SynchPrediv 用来设置 RTC 的同步预分频系数,也就是设置 RTC_PRER 寄存器的 PREDIV_S 相关位。同时,因为同步预分频系数也是 15 位,所以最大值为 0x7FFF,不能超过这个值。

最后关于 RTC_Init 函数我们还要指出,设置 RTC 相关参数之前会先取消 RTC 写保护,这个操作通过向寄存器 RTC_WPR 写入 0XCA 和 0X53 两个数据实现。所以 RTC_Init 函数体开头会有下面两行代码用来取消 RTC 写保护:

```
RTC->WPR = 0xCA;
RTC->WPR = 0x53;
```

取消写保护之后,接下来要对 RTC_PRER、RTC_TR 和 RTC_DR 等寄存器进行写操作。注意,对这些寄存器进行写操作之前,必须先进入 RTC 初始化模式。库函数

中进入初始化模式的函数为：

```
ErrorStatus RTC_EnterInitMode(void);
```

进入初始化模式之后 RTC_init 函数才去设置 RTC→CR 以及 RTC→PRER 寄存器的值。在设置完毕之后，我们还要退出初始化模式，函数为：

```
void RTC_ExitInitMode(void);
```

最后再开启 RTC 写保护，往 RTC_WPR 寄存器写入值 0xFF 即可。

④ 设置 RTC 的时间。

库函数中，设置 RTC 时间的函数为：

```
ErrorStatus RTC_SetTime(uint32_t RTC_Format, RTC_TimeTypeDef * RTC_TimeStruct);
```

实际上，根据前面寄存器的讲解，RTC_SetTime 函数是用来设置时间寄存器 RTC_TR 相关位的值。

RTC_SetTime 函数的第一个参数 RTC_Format 用来设置输入的时间格式为 BIN 格式还是 BCD 格式，可选值为 RTC_Format_BIN 和 RTC_Format_BCD。因为 RTC_DR 的数据必须是 BCD 格式，所以如果设置为 RTC_Format_BIN，那么在函数体内部会调用函数 RTC_ByteToBcd2 将参数转换为 BCD 格式。这里还是比较好理解的。

接下来看看第二个初始化参数结构体 RTC_TimeTypeDef 的定义：

```
typedef struct
{
    uint8_t RTC_Hours;
    uint8_t RTC_Minutes;
    uint8_t RTC_Seconds;
    uint8_t RTC_H12;
}RTC_TimeTypeDef;
```

这 4 个参数分别用来设置 RTC 时间参数的小时、分钟、秒钟、AM/PM 符号，参考前面讲解的 RTC_TR 的位描述即可。

⑤ 设置 RTC 的日期。

设置 RTC 的日期函数为：

```
ErrorStatus RTC_SetDate(uint32_t RTC_Format, RTC_DateTypeDef * RTC_DateStruct);
```

实际上，根据前面寄存器的讲解，RTC_SetDate 设置日期函数是用来设置日期寄存器 RTC_DR 相关位的值。第一个参数 RTC_Format 跟函数 RTC_SetTime 的第一个入口参数是一样的，用来设置输入日期格式。

接下来看看第二个日期初始化参数结构体 RTC_DateTypeDef 的定义：

```
typedef struct
{
    uint8_t RTC_WeekDay;
    uint8_t RTC_Month;
    uint8_t RTC_Date;
    uint8_t RTC_Year;
}RTC_DateTypeDef;
```

第 17 章 RTC 实时时钟实验

这 4 个参数分别用来设置日期的星期几、月份、日期、年份,可以参考前面讲解的 RTC_DR 寄存器的位描述来理解。

⑥ 获取 RTC 当前日期和时间。

获取当前 RTC 时间的函数为:

void RTC_GetTime(uint32_t RTC_Format, RTC_TimeTypeDef * RTC_TimeStruct);

获取当前 RTC 日期的函数为:

void RTC_GetDate(uint32_t RTC_Format, RTC_DateTypeDef * RTC_DateStruct);

这两个函数非常简单,实际就是读取 RTC_TR 寄存器和 RTC_DR 寄存器的时间和日期的值,然后将值存放到相应的结构体中。

通过以上 6 个步骤就完成了对 RTC 的配置,RTC 即可正常工作,而且这些操作不是每次上电都必须执行的,可以视情况而定。当然,还需要设置时间、日期、唤醒中断、闹钟等,这些将在后面介绍。

17.2 硬件设计

本实验用到的硬件资源有:指示灯 DS0、串口、TFTLCD 模块、RTC。前面 3 个都介绍过了,而 RTC 属于 STM32F4 内部资源,其配置也是通过软件设置好就可以了。不过 RTC 不能断电,否则数据就丢失了,如果想让时间在断电后还可以继续走,那么必须确保开发板的电池有电(ALIENTEK 探索者 STM32F4 开发板标配是有电池的)。

17.3 软件设计

打开本章实验工程可以看到,我们先在 FWLIB 下面引入了 RTC 支持的库函数文件 stm32f4xx_rtc.c。然后在 HARDWARE 文件夹下新建了一个 rtc.c 的文件和 rtc.h 的头文件,同时将这两个文件引入到工程 HARDWARE 分组下。

rtc.c 中的代码不全部贴出了,这里针对几个重要的函数进行简要说明,首先是 My_RTC_Init,其代码如下:

```
u8 My_RTC_Init(void)
{
    RTC_InitTypeDef RTC_InitStructure;
    u16 retry = 0X1FFF;
    RCC_APB1PeriphClockCmd(RCC_APB1Periph_PWR, ENABLE);//使能 PWR 时钟
    PWR_BackupAccessCmd(ENABLE);                       //使能后备寄存器访问
    if(RTC_ReadBackupRegister(RTC_BKP_DR0)!= 0x5050)   //是否第一次配置
    {
        RCC_LSEConfig(RCC_LSE_ON);                     //LSE 开启
        while(RCC_GetFlagStatus(RCC_FLAG_LSERDY) == RESET)
                         //检查指定的 RCC 标志位设置与否,等待低速晶振就绪
        {    retry++;delay_ms(10);
        }
```

```c
        if(retry == 0)return 1;                              //LSE 开启失败
        RCC_RTCCLKConfig(RCC_RTCCLKSource_LSE);              //选择 LSE 作为 RTC 时钟
        RCC_RTCCLKCmd(ENABLE);                               //使能 RTC 时钟

        RTC_InitStructure.RTC_AsynchPrediv = 0x7F;           //RTC 异步分频系数(1～0X7F)
        RTC_InitStructure.RTC_SynchPrediv  = 0xFF;           //RTC 同步分频系数(0～7FFF)
        RTC_InitStructure.RTC_HourFormat   = RTC_HourFormat_24;//24 小时格式
        RTC_Init(&RTC_InitStructure);                        //初始化 RTC 参数
        RTC_Set_Time(23,59,56,RTC_H12_AM);                   //设置时间
        RTC_Set_Date(14,5,5,1);                              //设置日期
        RTC_WriteBackupRegister(RTC_BKP_DR0,0x5050);         //标记已经初始化过了
    }
    return 0;
}
```

该函数用来初始化 RTC 配置以及日期和时钟,但是只在第一次的时候设置时间,以后如果重新上电/复位都不会再进行时间设置了(前提是备份电池有电)。在第一次配置的时候,我们是按照上面介绍的 RTC 初始化步骤来做的,这里就不多说了。

这里设置时间和日期分别是通过 RTC_Set_Time 和 RTC_Set_Date 函数来实现的,这两个函数实际就是调用库函数里面的 RTC_SetTime 函数和 RTC_SetDate 函数来实现,这里之所以要写两个这样的函数,是为了 USMART 调用,方便直接通过 USMART 来设置时间和日期。

这里默认将时间设置为 14 年 5 月 5 日星期 1,23 点 59 分 56 秒。在设置好时间之后,我们调用函数 RTC_WriteBackupRegister 向 RTC 的 BKR 寄存器(地址 0)写入标志字 0X5050,用于标记时间已经被设置了。这样,再次发生复位的时候,该函数通过调用函数 RTC_ReadBackupRegister 判断 RTC 对应 BKR 地址的值来决定是不是需要重新设置时间,如果不需要设置,则跳过时间设置,这样不会重复设置时间,使得我们设置的时间不会因复位或者断电而丢失。

来看看读备份区域和写备份区域寄存器的两个函数:

```c
uint32_t RTC_ReadBackupRegister(uint32_t RTC_BKP_DR);
void RTC_WriteBackupRegister(uint32_t RTC_BKP_DR, uint32_t Data);
```

这两个函数的使用方法就非常简单,分别用来读和写 BKR 寄存器的值。

接着介绍 RTC_Set_AlarmA 函数,该函数代码如下:

```c
//设置闹钟时间(按星期闹铃,24 小时制)
//week:星期几(1～7)@ref   RTC_Alarm_Definitions
//hour,min,sec:小时,分钟,秒钟
void RTC_Set_AlarmA(u8 week,u8 hour,u8 min,u8 sec)
{
    EXTI_InitTypeDef    EXTI_InitStructure;
    RTC_AlarmTypeDef RTC_AlarmTypeInitStructure;
    RTC_TimeTypeDef RTC_TimeTypeInitStructure;

    RTC_AlarmCmd(RTC_Alarm_A,DISABLE);                       //关闭闹钟 A
    RTC_TimeTypeInitStructure.RTC_Hours = hour;              //小时
    RTC_TimeTypeInitStructure.RTC_Minutes = min;             //分钟
```

第 17 章 RTC 实时时钟实验

```
        RTC_TimeTypeInitStructure.RTC_Seconds = sec;           //秒
        RTC_TimeTypeInitStructure.RTC_H12 = RTC_H12_AM;
        RTC_AlarmTypeInitStructure.RTC_AlarmDateWeekDay = week;  //星期
        RTC_AlarmTypeInitStructure.RTC_AlarmDateWeekDaySel
                    = RTC_AlarmDateWeekDaySel_WeekDay;         //按星期闹
        RTC_AlarmTypeInitStructure.RTC_AlarmMask = RTC_AlarmMask_None;
                                                               //精确匹配星期,时分秒
        RTC_AlarmTypeInitStructure.RTC_AlarmTime = RTC_TimeTypeInitStructure;
        RTC_SetAlarm(RTC_Format_BIN,RTC_Alarm_A,&RTC_AlarmTypeInitStructure);
        RTC_ClearITPendingBit(RTC_IT_ALRA);                    //清除 RTC 闹钟 A 的标志
        EXTI_ClearITPendingBit(EXTI_Line17);                   //清除 LINE17 上的中断标志位
        RTC_ITConfig(RTC_IT_ALRA,ENABLE);                      //开启闹钟 A 中断
        RTC_AlarmCmd(RTC_Alarm_A,ENABLE);                      //开启闹钟 A
        EXTI_InitStructure.EXTI_Line = EXTI_Line17;            //LINE17
        EXTI_InitStructure.EXTI_Mode = EXTI_Mode_Interrupt;    //中断事件
        EXTI_InitStructure.EXTI_Trigger = EXTI_Trigger_Rising; //上升沿触发
        EXTI_InitStructure.EXTI_LineCmd = ENABLE;              //使能 LINE17
        EXTI_Init(&EXTI_InitStructure);                        //配置
        NVIC_InitStructure.NVIC_IRQChannel = RTC_Alarm_IRQn;
        NVIC_InitStructure.NVIC_IRQChannelPreemptionPriority = 0x02;//抢占优先级 1
        NVIC_InitStructure.NVIC_IRQChannelSubPriority = 0x02;  //响应优先级 2
        NVIC_InitStructure.NVIC_IRQChannelCmd = ENABLE;        //使能外部中断通道
        NVIC_Init(&NVIC_InitStructure);                        //配置
    }
```

该函数用于设置闹钟 A,也就是设置 ALRMAR 和 ALRMASSR 寄存器的值来设置闹钟时间,这里库函数中用来设置闹钟的函数为:

    void RTC_SetAlarm(uint32_t RTC_Format, uint32_t RTC_Alarm, RTC_AlarmTypeDef * RTC_AlarmStruct);

第一个参数 RTC_Format 用来设置格式。第二个参数 RTC_Alarm 用来设置是闹钟 A 还是闹钟 B,我们使用的是闹钟 A,所以值为 RTC_Alarm_A。第三个参数用来设置闹钟参数的结构体指针。接下来看看 RTC_AlarmTypeDef 结构体的定义:

```
typedef struct
{
    RTC_TimeTypeDef RTC_AlarmTime;
    uint32_t RTC_AlarmMask;
    uint32_t RTC_AlarmDateWeekDaySel;
    uint8_t RTC_AlarmDateWeekDay;
}RTC_AlarmTypeDef;
```

结构体的第一个成员变量为 RTC_TimeTypeDef 类型的成员变量 RTC_AlarmTime,这个是用来设置闹钟时间的,RTC_TimeTypeDef 结构体成员变量的含义之前已经讲解了。

第二个参数 RTC_AlarmMask 用来设置闹钟时间掩码,也就是在第一个参数设置的时间中(包括后面参数 RTC_AlarmDateWeekDay 设置的星期几/哪一天)哪些是无关的。比如设置闹钟时间为每天的 10 点 10 分 10 秒,那么可以选择 RTC_AlarmMask_DateWeekDay,也就是不关心是星期几/每月哪一天。这里选择 RTC_AlarmMask_

None,也就是精确匹配时间,所有的时分秒以及星期几/(或者每月哪一天)都要精确匹配。

第三个参数 RTC_AlarmDateWeekDaySel 用来选择是闹钟是按日期还是按星期。比如选择 RTC_AlarmDateWeekDaySel_WeekDay,那么闹钟就是按星期。如果选择 RTC_AlarmDateWeekDaySel_Date,那么闹钟就是按日期。这与后面第四个参数是有关联的,我们在后面第四个参数讲解。

第四个参数 RTC_AlarmDateWeekDay 用来设置闹钟的日期或者星期几。比如第三个参数 RTC_AlarmDateWeekDaySel 设置值为 RTC_AlarmDateWeekDaySel_WeekDay,也就是按星期,那么参数 RTC_AlarmDateWeekDay 的取值范围就为星期一~星期天,也就是 RTC_Weekday_Monday~RTC_Weekday_Sunday。如果第三个参数 RTC_AlarmDateWeekDaySel 设置值为 RTC_AlarmDateWeekDaySel_Date,那么它的取值范围就为日期值,0~31。

调用函数 RTC_SetAlarm 设置闹钟 A 的参数之后,最后,开启闹钟 A 中断(连接在外部中断线 17)并设置中断分组。当 RTC 的时间和闹钟 A 设置的时间完全匹配时,将产生闹钟中断。

接着,我们介绍一下 RTC_Set_WakeUp 函数,该函数代码如下:

```
//周期性唤醒定时器设置
//wksel: @ref RTC_Wakeup_Timer_Definitions
//cnt:自动重装载值.减到 0,产生中断
void RTC_Set_WakeUp(u32 wksel,u16 cnt)
{
    EXTI_InitTypeDef    EXTI_InitStructure;
    RTC_WakeUpCmd(DISABLE);                                 //关闭 WAKE UP
    RTC_WakeUpClockConfig(wksel);                           //唤醒时钟选择
    RTC_SetWakeUpCounter(cnt);                              //设置 WAKE UP 自动重装载寄存器
    RTC_ClearITPendingBit(RTC_IT_WUT);                      //清除 RTC WAKE UP 的标志
    EXTI_ClearITPendingBit(EXTI_Line22);                    //清除 LINE22 上的中断标志位
    RTC_ITConfig(RTC_IT_WUT,ENABLE);                        //开启 WAKE UP 定时器中断
    RTC_WakeUpCmd( ENABLE);                                 //开启 WAKE UP 定时器
    EXTI_InitStructure.EXTI_Line = EXTI_Line22;             //LINE22
    EXTI_InitStructure.EXTI_Mode = EXTI_Mode_Interrupt;     //中断事件
    EXTI_InitStructure.EXTI_Trigger = EXTI_Trigger_Rising;  //上升沿触发
    EXTI_InitStructure.EXTI_LineCmd = ENABLE;               //使能 LINE22
    EXTI_Init(&EXTI_InitStructure);                         //配置
    NVIC_InitStructure.NVIC_IRQChannel = RTC_WKUP_IRQn;
    NVIC_InitStructure.NVIC_IRQChannelPreemptionPriority = 0x02;     //抢占优先级 1
    NVIC_InitStructure.NVIC_IRQChannelSubPriority = 0x02;   //响应优先级 2
    NVIC_InitStructure.NVIC_IRQChannelCmd = ENABLE;         //使能外部中断通道
    NVIC_Init(&NVIC_InitStructure);                         //配置
}
```

该函数用于设置 RTC 周期性唤醒定时器,步骤同 RTC_Set_AlarmA 级别一样,只是周期性唤醒中断,连接在外部中断线 22。

有了中断设置函数,就必定有中断服务函数,接下来看这两个中断的中断服务函

数,代码如下:

```c
//RTC 闹钟中断服务函数
void RTC_Alarm_IRQHandler(void)
{
    if(RTC_GetFlagStatus(RTC_FLAG_ALRAF) == SET)      //ALARM A 中断?
    {   RTC_ClearFlag(RTC_FLAG_ALRAF);                //清除中断标志
        printf("ALARM A! \r\n");
    }
    EXTI_ClearITPendingBit(EXTI_Line17);              //清除中断线 17 的中断标志
}
//RTC WAKE UP 中断服务函数
void RTC_WKUP_IRQHandler(void)
{
    if(RTC_GetFlagStatus(RTC_FLAG_WUTF) == SET)       //WK_UP 中断?
    {
        RTC_ClearFlag(RTC_FLAG_WUTF);                 //清除中断标志
        LED1 = ! LED1;
    }
    EXTI_ClearITPendingBit(EXTI_Line22);              //清除中断线 22 的中断标志
}
```

其中,RTC_Alarm_IRQHandler 函数用于闹钟中断。该函数先判断中断类型,然后执行对应操作,每当闹钟 A 闹铃时,会从串口打印一个"ALARM A!"的字符串。RTC_WKUP_IRQHandler 函数用于 RTC 自动唤醒定时器中断,先判断中断类型,然后对 LED1 取反操作,可以通过观察 LED1 的状态来查看 RTC 自动唤醒中断的情况。

rtc.c 的其他程序这里就不再介绍了,请读者直接看本书配套资料的源码。rtc.h 头文件中主要是一些函数声明,有些函数这里没有介绍,请参考本例程源码。

最后看看 main 函数源码如下:

```c
int main(void)
{
    RTC_TimeTypeDef RTC_TimeStruct;
    RTC_DateTypeDef RTC_DateStruct;
    u8 tbuf[40],t = 0;
    NVIC_PriorityGroupConfig(NVIC_PriorityGroup_2);   //设置系统中断优先级分组 2
    delay_init(168);                                  //初始化延时函数
    uart_init(115200);                                //初始化串口波特率为 115 200
    usmart_dev.init(84);                              //初始化 USMART
    LED_Init();                                       //初始化 LED
    LCD_Init();                                       //初始化 LCD
    My_RTC_Init();                                    //初始化 RTC
    RTC_Set_WakeUp(RTC_WakeUpClock_CK_SPRE_16bits,0); //WAKEUP 每秒一次中断
    ……//省略部分代码
    while(1)
    {
        t ++ ;
        if((t % 10) == 0)                             //每 100 ms 更新一次显示数据
        {
            RTC_GetTime(RTC_Format_BIN,&RTC_TimeStruct);
```

```
            sprintf((char *)tbuf,"Time:%02d:%02d:%02d",RTC_TimeStruct.RTC_Hours,
                    RTC_TimeStruct.RTC_Minutes,RTC_TimeStruct.RTC_Seconds);
            LCD_ShowString(30,140,210,16,16,tbuf);
            RTC_GetDate(RTC_Format_BIN, &RTC_DateStruct);
            sprintf((char *)tbuf,"Date:20%02d-%02d-%02d",RTC_DateStruct.RTC_Year,
                    RTC_DateStruct.RTC_Month,RTC_DateStruct.RTC_Date);
            LCD_ShowString(30,160,210,16,16,tbuf);
            sprintf((char *)tbuf,"Week:%d",RTC_DateStruct.RTC_WeekDay);
            LCD_ShowString(30,180,210,16,16,tbuf);
        }
        if((t%20) == 0)LED0 = !LED0;                         //每200ms,翻转一次LED0
        delay_ms(10);
    }
}
```

这部分代码也比较简单,注意,我们通过"RTC_Set_WakeUp(RTC_WakeUpClock_CK_SPRE_16bits,0);"设置 RTC 周期性自动唤醒周期为 1 秒钟,类似于 STM32F1 的秒钟中断。然后,在 main 函数不断读取 RTC 的时间和日期(每 100 ms 一次),并显示在 LCD 上面。

为了方便设置时间,在 usmart_config.c 里面修改 usmart_nametab 如下:

```
struct _m_usmart_nametab usmart_nametab[] =
{
#if USMART_USE_WRFUNS == 1      //如果使能了读/写操作
    (void *)read_addr,"u32 read_addr(u32 addr)",
    (void *)write_addr,"void write_addr(u32 addr,u32 val)",
#endif
    (void *)RTC_Set_Time,"u8 RTC_Set_Time(u8 hour,u8 min,u8 sec,u8 ampm)",
    (void *)RTC_Set_Date,"u8 RTC_Set_Date(u8 year,u8 month,u8 date,u8 week)",
    (void *)RTC_Set_AlarmA,"void RTC_Set_AlarmA(u8 week,u8 hour,u8 min,u8 sec)",
    (void *)RTC_Set_WakeUp,"void RTC_Set_WakeUp(u8 wksel,u16 cnt)",
};
```

将 RTC 的一些相关函数加入了 USMART,这样通过串口就可以直接设置 RTC 时间、日期、闹钟 A、周期性唤醒和备份寄存器读/写等操作。

至此,RTC 实时时钟的软件设计就完成了,接下来检验我们的程序是否正确了。

17.4 下载验证

将程序下载到探索者 STM32F4 开发板后可以看到,DS0 不停地闪烁,提示程序已经在运行了。同时可以看到,TFTLCD 模块开始显示时间,实际显示效果如图 17.11 所示。如果时间和日期不正确,可以利用第 16 章介绍的 USMART 工具,通过串口来设置,并且可以设置闹钟时间等,如图 17.12 所示。可以看到,设置闹钟 A 后,串口返回了"ALARM A!"字符串,说明我们的闹钟 A 代码正常运行了!

第 17 章 RTC 实时时钟实验

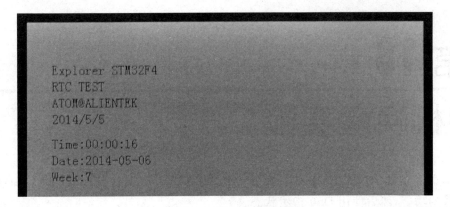

图 17.11　RTC 实验测试图

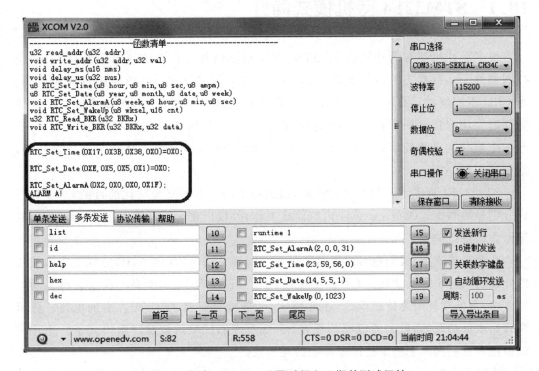

图 17.12　通过 USMART 设置时间和日期并测试闹钟 A

第 18 章

待机唤醒实验

本章将介绍 STM32F4 的待机唤醒功能,使用 KEY_UP 按键来实现唤醒和进入待机模式的功能,然后使用 DS0 指示状态。

18.1 STM32F4 待机模式简介

很多单片机都有低功耗模式,STM32F4 也不例外。在系统或电源复位以后,微控制器处于运行状态。运行状态下的 HCLK 为 CPU 提供时钟,内核执行程序代码。当 CPU 不需继续运行时,可以利用多个低功耗模式来节省功耗,例如等待某个外部事件时。用户需要根据最低电源消耗、最快速启动时间和可用的唤醒源等条件,选定一个最佳的低功耗模式。STM32F4 的 3 种低功耗模式在 5.2.4 小节有粗略介绍,这里再回顾一下。

STM32F4 提供了 3 种低功耗模式,以达到不同层次的降低功耗的目的,这 3 种模式分别是睡眠模式(Cortex-M4 内核停止工作,外设仍在运行)、停止模式(所有的时钟都停止)、待机模式。

在运行模式下,我们也可以通过降低系统时钟关闭 APB 和 AHB 总线上未被使用的外设的时钟来降低功耗。3 种低功耗模式一览表如表 18.1 所列。在这 3 种低功耗模式中,最低功耗的是待机模式,在此模式下,最低只需要 2.2 μA 左右的电流。停机模式是次低功耗的,典型的电流消耗在 350 μA 左右。最后就是睡眠模式了。用户可以根据自己的需求来决定使用哪种低功耗模式。

本章仅介绍 STM32F4 的最低功耗模式-待机模式。待机模式可实现 STM32F4 的最低功耗。该模式是在 Cotrex-M4 深睡眠模式时关闭电压调节器,整个 1.2 V 供电区域被断电,PLL、HSI 和 HSE 振荡器也被断电 SRAM 和寄存器内容丢失。除备份域(RTC 寄存器、RTC 备份寄存器和备份 SRAM)和待机电路中的寄存器外,SRAM 和寄存器内容都将丢失。

第 18 章　待机唤醒实验

表 18.1　STM32F4 低功耗一览表

模式名称	进入	唤醒	对 1.2 V 域时钟的影响	以 V_{DD} 域时钟的影响	调压器
睡眠（立即休眠或退出时休眠）	WFI	任意中断	CPU CLK 关闭对其他时钟或模拟时钟源无影响	无	开启
	WFE	唤醒事件			
停止	PDDS 和 LPDS 位＋SLEEPDEEP 位＋WFI 或 WFE	任意 EXTI 线（在 EXTI 寄存器中配置，内部线和外部线）	所有 1.2 V 域时钟都关闭	HSI 和 HSE 振荡器关闭	开启或处于低功耗模式（取决于用于 STM32F405xx/07xx 和 STM32F415xx/17xx 的 PWR 电源控制寄存器(PWR_CR)和用于 STM32F42xxx 和 STM32F43xxx 的 PWR 电源控制寄存器(PWR_CR))
待机	PDDS 位＋SLEEPDEEP 位＋WFI 或 WFE	WKUP 引脚上升沿、RTC 闹钟（闹钟 A 或闹钟 B）、RTC 唤醒事件、RTC 入侵事件、RTC 时间戳事件、NRST 引脚外部复位、IWDG 复位	所有 1.2 V 域时钟都关闭	HSI 和 HSE 振荡器关闭	关闭

那么如何进入待机模式呢？其实很简单，只要按图 18.1 所示的步骤执行就可以了：图 18.1 还列出了退出待机模式的操作，从图可知，我们有多种方式可以退出待机模式，包括 WKUP 引脚的上升沿、RTC 闹钟、RTC 唤醒事件、RTC 入侵事件、RTC 时间戳事件、外部复位（NRST 引脚）、IWDG 复位等，微控制器从待机模式退出。

待机模式	说明
进入模式	WFI(等待中断)或WFE(等待事件)，且： －将Cortex-M4F系统控制寄存器中的SLEEPDEEP位置1 －将电源控制寄存器(PWR_CR)中的PDDS位置1 －将电源控制/状态寄存器(PWR_CR)中的WUF位清零 －将与所选唤醒源(RTC闹钟A、RTC闹钟B、RTC唤醒、RTC入侵或RTC时间戳标志)对应的RTC标志清零
退出模式	WKUP引脚上升沿、RTC闹钟(闹钟A和闹钟B)、RTC唤醒事件、RTC入侵事件、RTC时间戳事件、NRST引脚处部复位和IWDG复位
唤醒延迟	复位阶段

图 18.1　STM32F4 进入及退出待机模式的条件

从待机模式唤醒后的代码执行等同于复位后的执行（采样启动模式引脚、读取复位向量等）。电源控制/状态寄存器(PWR_CSR)将会指示内核由待机状态退出。

在进入待机模式后，除了复位引脚、RTC_AF1 引脚(PC13)（如果针对入侵、时间戳、RTC闹钟输出或RTC时钟校准输出进行了配置)和WK_UP(PA0)(如果使能了)等引脚外,其他所有I/O引脚都将处于高阻态。

图18.1已经清楚地说明了进入待机模式的通用步骤,其中涉及2个寄存器,即电源控制寄存器(PWR_CR)和电源控制/状态寄存器(PWR_CSR)。

电源控制寄存器(PWR_CR)的各位描述如图18.2所示。该寄存器我们只关心bit1和bit2这两个位,这里通过设置PWR_CR的PDDS位使CPU进入深度睡眠时进入待机模式,同时通过CWUF位清除之前的唤醒位。

31	30	29	28	27	26	25	24	23	22	21	20	19	18	17	16
Reserved															

15	14	13	12	11	10	9	8	7	6	5	4	3	2	1	0
Res.	VOS	Reserved				FPDS	DBP	PLS[2:0]			PVDE	CSBF	CWUF	PDDS	LPDS
	rw					rw	rw	rw	rw	rw	rw	rc_w1	rc_w1	rw	rw

位2 **CWUF:** 将唤醒标志清零(Clear wakeup flag)
　　此位始终续为0。
　　0: 无操作;1: 写1操作2个系统时钟周期后将WUF唤醒标志清零
位1 **PDDS:** 深度睡眠掉电(Power-down deepsleep)
　　此位由软件置1和清零。与LPDS位结合使用。
　　0: 器件在CPU进入深度睡眠时进入停止模式。调压器状态取决于LPDS位。
　　1: 器件在CPU进入深度睡眠时进入待机模式

图18.2 PWR_CR寄存器各位描述

电源控制/状态寄存器(PWR_CSR)的各位描述如图18.3所示。这里通过设置PWR_CSR的EWUP位来使能WKUP引脚用于待机模式唤醒。还可以从WUF来检查是否发生了唤醒事件,不过本章并没有用到。PWR_CR和PWR_CSR这两个寄存器的详细描述请看《STM32F4xx中文参考手册》第5.4.1小节和5.4.3小节。

31	30	29	28	27	26	25	24	23	22	21	20	19	18	17	16
Reserved															
Res.															

15	14	13	12	11	10	9	8	7	6	5	4	3	2	1	0
Res	VOS RDY	Reserved				BRE	EWUP	Reserved Res.				BRR	PVDO	SBF	WUF
	r					rw	rw					r	r	r	r

位8 **EWUP:** 使能WKUP引脚(Enable WKUP pin)
　　此位的软件置1和清零。
　　0: WKUP引脚用作通用I/O、WKUP引脚上的事件不会把器件从待机模式唤醒。
　　1: WKUP用于从待机模式唤醒器件并被强制配置成输入下拉(WKUP引脚出现上升沿时从
　　　待机模式唤醒系统)。
　　注意: 此位通过系统复位进行复位
位0 **WUF:** 唤醒标志(Wakeup flag)
　　此位由硬件置1,清零则只能通过POR/PDR(上电复位/掉电复位)或将PWR_CR寄存器
　　中的CWUF位置1来实现。
　　0: 未发生唤醒事件
　　1: 收到唤醒事件,可能来自WKUP引脚、RTC闹钟(闹钟A和闹钟B)、RTC入侵事
　　　件、RTC时间戳事件或RTC唤醒事件。
　　注意: 如果使能WKUP引脚(将EWUP位置1)时WKUP引脚已为高电平,系统将检测到
　　　另一唤醒事件

图18.3 PWR_CSR寄存器各位描述

第 18 章 待机唤醒实验

当使能了 RTC 闹钟中断或 RTC 周期性唤醒等中断的时候,进入待机模式前,必须按如下操作处理:

① 禁止 RTC 中断(ALRAIE、ALRBIE、WUTIE、TAMPIE 和 TSIE 等)。
② 清零对应中断标志位。
③ 清除 PWR 唤醒(WUF)标志(通过设置 PWR_CR 的 CWUF 位实现)。
④ 重新使能 RTC 对应中断。
⑤ 进入低功耗模式。

用到 RTC 相关中断的时候,必须按以上步骤执行之后才可以进入待机模式,这个一定要注意,否则可能无法唤醒,详情请参考《STM32F4xx 中文参考手册》第 5.3.6 小节。

通过以上介绍,我们了解了进入待机模式的方法,以及设置 KEY_UP 引脚用于把 STM32F4 从待机模式唤醒的方法,具体步骤如下:

① 使能电源时钟。

因为要配置电源控制寄存器,所以必须先使能电源时钟。在库函数中,使能电源时钟的方法是:

`RCC_APB1PeriphClockCmd(RCC_APB1Periph_PWR, ENABLE);    //使能 PWR 外设时钟`

② 设置 WK_UP 引脚作为唤醒源。

使能时钟之后再设置 PWR_CSR 的 EWUP 位,使能 WK_UP 用于将 CPU 从待机模式唤醒。在库函数中,使能 WK_UP 来唤醒 CPU 待机模式的函数是:

`PWR_WakeUpPinCmd(ENABLE);    //使能唤醒管脚功能`

③ 设置 SLEEPDEEP 位、PDDS 位,执行 WFI 指令,进入待机模式。

进入待机模式,首先要设置 SLEEPDEEP 位(详见《STM32F3 与 F4 系列 Cortex-M4 内核编程手册》4.4.6 小节),接着通过 PWR_CR 设置 PDDS 位,使得 CPU 深度睡眠时进入待机模式,最后执行 WFI 指令开始进入待机模式,并等待 WK_UP 中断的到来。在库函数中,进行上面 3 个功能进入待机模式是在函数 PWR_EnterSTANDBYMode 中实现的:

`void PWR_EnterSTANDBYMode(void);`

④ 最后编写 WK_UP 中断函数。

因为我们通过 WK_UP 中断(PA0 中断)来唤醒 CPU,所以有必要设置一下该中断函数,同时也通过该函数进入待机模式。

通过以上几个步骤的设置就可以使用 STM32F4 的待机模式了,并且可以通过 KEY_UP 来唤醒 CPU。我们最终要实现这样一个功能:通过长按(3 s)KEY_UP 按键开机,并且通过 DS0 的闪烁指示程序已经开始运行,再次长按该键则进入待机模式,DS0 关闭,程序停止运行。类似于手机的开关机。

18.2 硬件设计

本实验用到的硬件资源有：指示灯 DS0、KEY_UP 按键、TFTLCD 模块。本章使用 KEY_UP 按键来唤醒和进入待机模式，然后通过 DS0 和 TFTLCD 模块来指示程序是否在运行。这几个硬件的连接前面均有介绍。

18.3 软件设计

打开待机唤醒实验工程可以发现，工程中多了一个 wkup.c 和 wkup.h 文件，相关的用户代码写在这两个文件中。同时，对于待机唤醒功能，我们需要引入 stm32f4xx_pwr.c 和 stm32f4xx_pwr.h 文件。

打开 wkup.c，可以看到如下关键代码：

```
//系统进入待机模式
void Sys_Enter_Standby(void)
{
    RCC_AHB1PeriphResetCmd(0X01FF,ENABLE);              //复位所有 IO 口
    RCC_APB1PeriphClockCmd(RCC_APB1Periph_PWR, ENABLE); //使能 PWR 时钟
    PWR_ClearFlag(PWR_FLAG_WU);                         //清除 Wake-up 标志
    PWR_WakeUpPinCmd(ENABLE);                           //设置 WKUP 用于唤醒
    PWR_EnterSTANDBYMode();                             //进入待机模式
}
//检测 WKUP 脚的信号
//返回值 1:连续按下 3s 以上   0:错误的触发
u8 Check_WKUP(void)
{
    u8 t = 0,u8 tx = 0;                                 //记录松开的次数
    LED0 = 0;                                           //亮灯 DS0
    while(1)
    {
        if(WKUP_KD)                                     //已经按下了
        {
            t ++ ;tx = 0;
        }else
        {
            tx ++ ;                                     //超过 300 ms 内没有 WKUP 信号
            if(tx>3)
            {
                LED0 = 1;return 0;                      //错误的按键,按下次数不够
            }
        }
        delay_ms(30);
        if(t> = 100)                                    //按下超过 3 秒钟
        {
            LED0 = 0;                                   //点亮 DS0
            return 1;                                   //按下 3s 以上了
```

第 18 章 待机唤醒实验

```c
        }
    }
}
//中断,检测到 PA0 脚的一个上升沿
//中断线 0 线上的中断检测
void EXTI0_IRQHandler(void)
{
    EXTI_ClearITPendingBit(EXTI_Line0);              //清除 LINE10 上的中断标志位
    if(Check_WKUP())                                 //关机吗
    {
        Sys_Enter_Standby();                         //进入待机模式
    }
}
//PA0 WKUP 唤醒初始化
void WKUP_Init(void)
{
    GPIO_InitTypeDef  GPIO_InitStructure;
    NVIC_InitTypeDef  NVIC_InitStructure;
    EXTI_InitTypeDef  EXTI_InitStructure;
    RCC_AHB1PeriphClockCmd(RCC_AHB1Periph_GPIOA, ENABLE);    //使能 GPIOA 时钟
    RCC_APB2PeriphClockCmd(RCC_APB2Periph_SYSCFG, ENABLE);   //使能 SYSCFG 时钟
    GPIO_InitStructure.GPIO_Pin = GPIO_Pin_0;                //PA0
    GPIO_InitStructure.GPIO_Mode = GPIO_Mode_IN;             //输入模式
    GPIO_InitStructure.GPIO_OType = GPIO_OType_OD;
    GPIO_InitStructure.GPIO_Speed = GPIO_Speed_100MHz;
    GPIO_InitStructure.GPIO_PuPd = GPIO_PuPd_DOWN;           //下拉
    GPIO_Init(GPIOA, &GPIO_InitStructure);                   //初始化
    //(检查是否是正常开)机
    if(Check_WKUP() == 0)
    {
        Sys_Enter_Standby();                                 //不是开机,进入待机模式
    }
    SYSCFG_EXTILineConfig(EXTI_PortSourceGPIOA, EXTI_PinSource0);//PA0 连接到线 0
    EXTI_InitStructure.EXTI_Line = EXTI_Line0;               //LINE0
    EXTI_InitStructure.EXTI_Mode = EXTI_Mode_Interrupt;      //中断事件
    EXTI_InitStructure.EXTI_Trigger = EXTI_Trigger_Rising;   //上升沿触发
    EXTI_InitStructure.EXTI_LineCmd = ENABLE;                //使能 LINE0
    EXTI_Init(&EXTI_InitStructure);                          //配置
    NVIC_InitStructure.NVIC_IRQChannel = EXTI0_IRQn;         //外部中断 0
    NVIC_InitStructure.NVIC_IRQChannelPreemptionPriority = 0x02;//抢占优先级 2
    NVIC_InitStructure.NVIC_IRQChannelSubPriority = 0x02;    //响应优先级 2
    NVIC_InitStructure.NVIC_IRQChannelCmd = ENABLE;          //使能外部中断通道
    NVIC_Init(&NVIC_InitStructure);                          //配置 NVIC
}
```

该部分代码比较简单,这里说明两点:

① 在 void Sys_Enter_Standby(void)函数里面,我们要在进入待机模式前把所有开启的外设全部关闭,这里仅仅复位了所有的 I/O 口,使得 I/O 口全部为浮空输入。其他外设(比如 ADC 等)根据自己开启的情况进行一一关闭就可,这样才能达到最低功耗! 然后调用函数 RCC_APB1PeriphClockCmd 来使能 PWR 时钟,调用函数 PWR_

WakeUpPinCmd 来设置 WK_UP 引脚作为唤醒源。最后调用 PWR_EnterSTAND-BYMode 函数进入待机模式。

② 在 void WKUP_Init(void)函数里面,首先要使能 GPIOA 时钟,同时因为我们要使用到外部中断,所以必须先使能 SYSCFG 时钟。然后对 GPIOA 初始化位下拉输入。同时调用函数 SYSCFG_EXTILineConfig 配置 GPIOA.0 连接到中断线 0。最后初始化 EXTI 中断线以及 NVIC 中断优先级。上面的步骤实际上跟之前的外部中断实验知识是一样的。在上面初始化的过程中,我们还是先判断 WK_UP 是否按下了 3 s 来决定要不要开机,如果没有按下 3 s,程序直接就进入了待机模式。所以在下载完代码的时候是看不到任何反应的。我们必须先按 WK_UP 按键 3 s 开机,才能看到 DS0 闪烁。

③ 在中断服务函数 EXTI0_IRQHandler 内,我们通过调用函数 Check_WKUP 来判断 WK_UP 按下的时间长短来决定是否进入待机模式。如果按下时间超过 3 s,则进入待机,否则退出中断。

wkup.h 部分代码比较简单,我们就不多说了。最后看看 main 函数内容如下:

```
int main(void)
{
    NVIC_PriorityGroupConfig(NVIC_PriorityGroup_2);//设置系统中断优先级分组2
    delay_init(168);                    //初始化延时函数
    uart_init(115200);                  //初始化串口波特率为115 200
    LED_Init();                         //初始化 LED
    WKUP_Init();                        //待机唤醒初始化
    LCD_Init();                         //液晶初始化
    POINT_COLOR = RED;
    LCD_ShowString(30,50,200,16,16,"Explorer STM32F4");
    LCD_ShowString(30,70,200,16,16,"WKUP TEST");
    LCD_ShowString(30,90,200,16,16,"ATOM@ALIENTEK");
    LCD_ShowString(30,110,200,16,16,"2014/5/6");
    LCD_ShowString(30,130,200,16,16,"WK_UP:Stanby/WK_UP");
    while(1)
    {
        LED0 = ! LED0;
        delay_ms(250);                  //延时 250 ms
    }
}
```

这里先初始化 LED 和 WK_UP 按键(通过 WKUP_Init()函数初始化),如果检测到有长按 WK_UP 按键 3 s 以上,则开机,并执行 LCD 初始化,在 LCD 上面显示一些内容;如果没有长按,则在 WKUP_Init 里面调用 Sys_Enter_Standby 函数,直接进入待机模式了。

开机后,在死循环里面等待 WK_UP 中断的到来,得到中断后在中断函数里面判断 WK_UP 按下的时间长短,从而决定是否进入待机模式。如果按下时间超过 3 s,则进入待机,否则退出中断,继续执行 main 函数的死循环等待,同时不停地取反 LED0,让红灯闪烁。

代码部分就介绍到这里。注意,下载代码后一定要长按 WK_UP 按键来开机,否则将直接进入待机模式,无任何现象。

18.4 下载与测试

编译成功之后,下载代码到探索者 STM32F4 开发板上,此时看到开发板 DS0 亮了一下(Check_WKUP 函数执行了 LED0＝0 的操作)就没有反应了。其实这是正常的,程序下载完之后,开发板检测不到 WK_UP 的持续按下(3 s 以上),所以直接进入待机模式,看起来和没有下载代码一样。此时,长按 WK_UP 按键 3 s 左右,可以看到 DS0 开始闪烁,液晶也会显示一些内容。然后再长按 WK_UP,DS0 会灭掉,液晶灭掉,程序再次进入待机模式。

第 19 章

ADC 实验

本章将介绍 STM32F4 的 ADC 功能,使用 STM32F4 的 ADC1 通道 5 来采样外部电压值,并在 TFTLCD 模块上显示出来。

19.1 STM32F4 ADC 简介

STM32F4xx 系列一般有 3 个 ADC,这些 ADC 可以独立使用,也可以使用双重/三重模式(提高采样率)。STM32F4 的 ADC 是 12 位逐次逼近型的模拟数字转换器,有 19 个通道,可测量 16 个外部源、2 个内部源和 Vbat 通道的信号。这些通道的 A/D 转换可以单次、连续、扫描或间断模式执行。ADC 的结果可以左对齐或右对齐方式存储在 16 位数据寄存器中。模拟看门狗特性允许应用程序检测输入电压是否超出用户定义的高/低阈值。

STM32F407ZGT6 包含 3 个 ADC。STM32F4 的 ADC 最大的转换速率为 2.4 MHz,也就是转换时间为 1 μs(在 ADCCLK=36 MHz,采样周期为 3 个 ADC 时钟下得到),不要让 ADC 的时钟超过 36 MHz,否则将导致结果准确度下降。

STM32F4 将 ADC 的转换分为 2 个通道组:规则通道组和注入通道组。规则通道相当于正常运行的程序,而注入通道就相当于中断。程序正常执行的时候,中断是可以打断执行的。同这个类似,注入通道的转换可以打断规则通道的转换,在注入通道被转换完成之后,规则通道才得以继续转换。

通过一个形象的例子可以说明:假如在家里的院子内放了 5 个温度探头,室内放了 3 个温度探头,于是时刻监视室外温度即可;若偶尔想看看室内的温度,则可以使用规则通道组循环扫描室外的 5 个探头并显示 A/D 转换结果。当想看室内温度时,通过一个按钮启动注入转换组(3 个室内探头)并暂时显示室内温度;当放开这个按钮后,系统又会回到规则通道组继续检测室外温度。从系统设计上,测量并显示室内温度的过程中断了测量并显示室外温度的过程,但程序设计上可以在初始化阶段分别设置好不同的转换组。系统运行中不必再变更循环转换的配置,从而达到两个任务互不干扰和快速切换的结果。可以设想一下,如果没有规则组和注入组的划分,当按下按钮后,需要重新配置 A/D 循环扫描的通道,然后在释放按钮后再次配置 A/D 循环扫描的通道。

上面的例子因为速度较慢,不能完全体现这样区分(规则通道组和注入通道组)的好处,但在工业应用领域中有很多检测和监视探头需要较快地处理,这样对 A/D 转换

第 19 章 ADC 实验

的分组将简化事件处理的程序并提高事件处理的速度。

STM32F4 的 ADC 的规则通道组最多包含 16 个转换,而注入通道组最多包含 4 个通道,详细介绍请参考《STM32F4xx 中文参考手册》第 11.3.3 小节。STM32F4 的 ADC 可以进行很多种不同的转换模式,可参考《STM32F4xx 中文参考手册》的第 11 章。本章仅介绍如何使用规则通道的单次转换模式。

STM32F4 的 ADC 在单次转换模式下只执行一次转换,该模式可以通过 ADC_CR2 寄存器的 ADON 位(只适用于规则通道)启动,也可以通过外部触发启动(适用于规则通道和注入通道),这时 CONT 位为 0。

以规则通道为例,一旦所选择的通道转换完成,转换结果将被存在 ADC_DR 寄存器中,EOC(转换结束)标志将被置位。如果设置了 EOCIE,则会产生中断。然后 ADC 将停止,直到下次启动。

接下来介绍执行规则通道的单次转换需要用到的 ADC 寄存器。第一个要介绍的是 ADC 控制寄存器(ADC_CR1 和 ADC_CR2)。ADC_CR1 的各位描述如图 19.1 所示。这里不再详细介绍每个位,而是抽出几个本章要用到的位进行针对性介绍,详细的说明及介绍请参考《STM32F4xx 中文参考手册》第 11.13.2 小节。

31	30	29	28	27	26	25	24	23	22	21	20	19	18	17	16
\multicolumn{6}{c	}{Reserved}	OVRIE	RES		AWDEN	JAWDEN	\multicolumn{5}{c	}{Reserved}		
					rw	rw	rw	rw	rw						
15	14	13	12	11	10	9	8	7	6	5	4	3	2	1	0
DISCNUM[2:0]			JDISCEN	DISC EN	JAUTO	AWDSGL	SCAN	JEOCIE	AWDIE	EOCIE	\multicolumn{5}{c|}{AWDCH[4:0]}				
rw	rw	rw	rw	rw	rw	rw	rw	rw	rw	rw	rw	rw	rw	rw	rw

图 19.1 ADC_CR1 寄存器各位描述

ADC_CR1 的 SCAN 位用于设置扫描模式,由软件设置和清除,如果设置为 1,则使用扫描模式,如果为 0,则关闭扫描模式。在扫描模式下,由 ADC_SQRx 或 ADC_JSQRx 寄存器选中的通道转换。如果设置了 EOCIE 或 JEOCIE,只在最后一个通道转换完毕后才会产生 EOC 或 JEOC 中断。

ADC_CR1[25:24]用于设置 ADC 的分辨率,详细的对应关系如图 19.2 所示。本章使用 12 位分辨率,所以设置这两个位为 0 就可以了。

位25:24　RES[1:0]：分辨率(Resolution)
　　　　　　通过软件写入这些位可选择转换的分辨率。
　　　　　　00：12位（15ADCCLK周期）；01：10位（12ADCCLK周期）
　　　　　　10：8位（11ADCCLK周期）；11：6位（9ADCCLK周期）

图 19.2 ADC 分辨率选择

接着介绍 ADC_CR2,该寄存器的各位描述如图 19.3 所示。该寄存器也只针对性介绍一些位:ADON 位用于开关 A/D 转换器。CONT 位用于设置是否进行连续转换,我们使用单次转换,所以 CONT 位必须为 0。ALIGN 用于设置数据对齐,我们使用右对齐,该位设置为 0。

EXTEN[1:0]用于规则通道的外部触发使能设置,详细的设置关系如图 19.4 所

31	30	29	28	27	26	25	24	23	22	21	20	19	18	17	16
reserved	SWSTART	EXTEN		EXTSEL[3:0]				reserved	JSWSTART	JEXTEN		JEXTSEL[3:0]			
	rw	rw	rw	rw	rw	rw	rw		rw	rw	rw	rw	rw	rw	rw
15	14	13	12	11	10	9	8	7	6	5	4	3	2	1	0
reserved				ALIGN	EOCS	DDS	DMA	Reserved						CONT	ADON
				rw	rw	rw	rw							rw	rw

图 19.3 ADC_CR2 寄存器各位描述

示。这里使用的是软件触发,即不使用外部触发,所以设置这 2 个位为 0 即可。ADC_CR2 的 SWSTART 位用于开始规则通道的转换,我们每次转换(单次转换模式下)都需要向该位写 1。

位29:28 **EXTEN**:规则通道的外部触发使能(External trigger enable for regular channels)
通过软件将这些位置1和清零可选择外部触发极性和使能规则组的触发。
00:禁止触发检测; 01:上升沿上的触发检测
10:下降沿上的触发检测; 11:上升沿和下降沿的触发检测

图 19.4 ADC 规则通道外部触发使能设置

第二个要介绍的是 ADC 通用控制寄存器(ADC_CCR),该寄存器各位描述如图 19.5 所示。其中,TSVREFE 位是内部温度传感器和 Vrefint 通道使能位,这里直接设置为 0。ADCPRE[1:0]用于设置 ADC 输入时钟分频,00~11 分别对应 2/4/6/8 分频,STM32F4 的 ADC 最大工作频率是 36 MHz,而 ADC 时钟(ADCCLK)来自 APB2,APB2 频率一般是 84 MHz,所以我们一般设置 ADCPRE=01,即 4 分频,这样得到 ADCCLK 频率为 21 MHz。MULTI[4:0]用于多重 ADC 模式选择,详细的设置关系如图 19.6 所示。本章仅用了 ADC1(独立模式),并没用到多重 ADC 模式,所以设置这 5 个位为 0 即可。

31	30	29	28	27	26	25	24	23	22	21	20	19	18	17	16
Reserved								TSVREFE	VBATE	Reserved				ADCPRE	
								rw	rw					rw	rw
15	14	13	12	11	10	9	8	7	6	5	4	3	2	1	0
DMA[1:0]		DDS	Res.	DELAY[3:0]				Reserved				MULTI[4:0]			
rw	rw	rw		rw	rw	rw	rw					rw	rw	rw	rw

图 19.5 ADC_CCR 寄存器各位描述

第三个要介绍的是 ADC 采样时间寄存器(ADC_SMPR1 和 ADC_SMPR2),这两个寄存器用于设置通道 0~18 的采样时间,每个通道占用 3 个位。ADC_SMPR1 的各位描述如图 19.7 所示。

ADC_SMPR2 的各位描述如图 19.8 所示。

对于每个要转换的通道,采样时间建议尽量长一点,以获得较高的准确度,但是这样会降低 ADC 的转换速率。ADC 的转换时间可以由以下公式计算:

$$T_{covn} = 采样时间 + 12 个周期$$

位4:0 **MULTI[4:0]**：多重ADC模式选择(Multi ADC mode selection)
通过软件写入这些位可选操作模式
所有ADC均独立：
00000：独立模式
00001到01001：双重模式，ADC1和ADC2一起工作，ADC3独立
00001：规则同时+注入同时组合模式
00010：规则同时+交替触发组合模式
00011：Reserved；00101：仅注入同时模式；00110：仅规则同时模式
仅交错模式
01001：仅交替触发模式
10001到11001：三重模式：ADC1、ADC2和ADC3一起工作
10001：规则同时+注入同时组合模式
10010：规则同时+交替触发组合模式
10011：Reserved；10101：仅注入同时模式；10110：仅规则同时模式
仅交错模式
11001：仅交替触发模式
其他所有组合均需保留且不允许编程

图 19.6 多重 ADC 模式选择设置

31	30	29	28	27	26	25	24	23	22	21	20	19	18	17	16
		Reserved				SMP18[2:0]			SMP17[2:0]			SMP16[2:0]		SMP15[2:0]	
					rw	rw	rw	rw	rw	rw	rw	rw	rw	rw	rw
15	14	13	12	11	10	9	8	7	6	5	4	3	2	1	0
SMP15_0	SMP14[2:0]			SMP13[2:0]			SMP12[2:0]			SMP11[2:0]			SMP10[2:0]		
rw	rw	rw	rw	rw	rw	rw	rw	rw	rw	rw	rw	rw	rw	rw	rw

位31:27 保留，必须保持复位值

位26:0 **SMPx[2:0]**：通道X采样时间选择（Channel x sampling time selection）
通过软件定入这些位可分别为各个通道选择采样时间。在采样周期期间，通道选择位必须保持不变。
注意：000：3个周期　　　　100：84个周期
　　　001：15个周期　　　101：112个周期
　　　010：28个周期　　　110：144个周期
　　　011：56个周期　　　111：480个周期

图 19.7 ADC_SMPR1 寄存器各位描述

31	30	29	28	27	26	25	24	23	22	21	20	19	18	17	16
		Reserved				SMP8[2:0]			SMP7[2:0]			SMP6[2:0]		SMP5[2:0]	
					rw	rw	rw	rw	rw	rw	rw	rw	rw	rw	rw
15	14	13	12	11	10	9	8	7	6	5	4	3	2	1	0
SMP15_0	SMP4[2:0]			SMP3[2:0]			SMP2[2:0]			SMP1[2:0]			SMP0[2:0]		
rw	rw	rw	rw	rw	rw	rw	rw	rw	rw	rw	rw	rw	rw	rw	rw

位31:30 保留，必须保持复位值

位29:0 **SMPx[2:0]**：通道X采样时间选择（Channel x sampling time selection）
通过软件定入这些位可分别为各个通道选择采样时间。在采样周期期间，通道选择位必须保持不变。
注意：000：3个周期　　　　100：84个周期
　　　001：15个周期　　　101：112个周期
　　　010：28个周期　　　110：144个周期
　　　011：56个周期　　　111：480个周期

图 19.8 ADC_SMPR2 寄存器各位描述

其中，T_{covn} 为总转换时间，采样时间是根据每个通道的 SMP 位的设置来决定的。例如，当 ADCCLK=21 MHz 的时候，并设置 3 个周期的采样时间，则得到：$T_{covn}=3+$

12=15 个周期=0.71 μs。

第四个要介绍的是 ADC 规则序列寄存器(ADC_SQR1～3)。该寄存器总共有 3 个，这几个寄存器的功能都差不多，这里仅介绍 ADC_SQR1，该寄存器的各位描述如图 19.9 所示。

31	30	29	28	27	26	25	24	23	22	21	20	19	18	17	16
			Reserved					L[3:0]				SQ16[4:1]			
								rw	rw	rw	rw	rw	rw	rw	rw

15	14	13	12	11	10	9	8	7	6	5	4	3	2	1	0
SQ16_0	SQ15[4:0]					SQ14[4:0]					SQ13[4:0]				
rw	rw	rw	rw	rw	rw	rw	rw	rw	rw	rw	rw	rw	rw	rw	rw

位31:24 保留，必须保持复位值

位23:40 L[3:0]：规则通道序列长度(Regular channel sequence length)
通过软件写入这些位时定义规则通道转换序列中的转换总数
0000：1次转换
0001：2次转换
...
1111：16次转换

位19:15 SQ16[4:0]：规则序列中的第十六次转换(16th conversion in regular sequence)
通过软件写入这些位，并将通道编号（0..18）分配为转换序列中的第十六转换

位14:10 SQ15[4:0]：规则序列中的第十五次转换(15th conversion in regular sequence)

位9:5 SQ14[4:0]：规则序列中的第十四次转换(14th conversion in regular sequence)

位4:0 SQ13[4:0]：规则序列中的第十三次转换(13th conversion in regular sequence)

图 19.9 ADC_SQR1 寄存器各位描述

其中，L[3:0]用于存储规则序列的长度，这里只用了一个，所以设置这几个位的值为 0。其他的 SQ13～16 则存储了规则序列中第 13～16 个通道的编号(0～18)。另外两个规则序列寄存器同 ADC_SQR1 大同小异，这里就不再介绍了，要说明一点的是：我们选择的是单次转换，所以只有一个通道在规则序列里面，这个序列就是 SQ1。至于 SQ1 里面哪个通道，由用户通过 ADC_SQR3 的最低 5 位(也就是 SQ1)设置。

第五个要介绍的是 ADC 规则数据寄存器(ADC_DR)。规则序列中的 A/D 转化结果都被存在这个寄存器里面，而注入通道的转换结果被保存在 ADC_JDRx 里面。ADC_DR 的各位描述如图 19.10 所示。注意，该寄存器的数据可以通过 ADC_CR2 的 ALIGN 位设置左对齐还是右对齐。在读取数据的时候要注意。

31	30	29	28	27	26	25	24	23	22	21	20	19	18	17	16
							Reserved								

15	14	13	12	11	10	9	8	7	6	5	4	3	2	1	0
							DATA[15:0]								
r	r	r	r	r	r	r	r	r	r	r	r	r	r	r	r

位31:16 保留，必须保持复位值。

位15:0 DATA[15:0]：规则数据(Regular data)
这些位为只读。它们包括来自规则通道的转换结果。数据有左对齐和右对齐两种方式

图 19.10 ADC_JDRx 寄存器各位描述

最后一个要介绍的 ADC 寄存器为 ADC 状态寄存器(ADC_SR),该寄存器保存了 ADC 转换时的各种状态。该寄存器的各位描述如图 19.11 所示。这里仅介绍 EOC 位。通过判断该位来决定是否此次规则通道的 A/D 转换已经完成,如果该位为 1,则表示转换完成了,就可以从 ADC_DR 中读取转换结果,否则等待转换完成。

31	30	29	28	27	26	25	24	23	22	21	20	19	18	17	16
Reserved															
15	14	13	12	11	10	9	8	7	6	5	4	3	2	1	0
Reserved										OVR	STRT	JSTRT	JEOC	EOC	AWD
										rc_w0	rc_w0	rc_w0	rc_w0	rc_w0	rc_w0

图 19.11　ADC_SR 寄存器各位描述

至此,本章要用到的 ADC 相关寄存器全部介绍完毕了,未介绍的部分请参考《STM32F4xx 中文参考手册》第 11 章。接下来介绍使用库函数来设置 ADC1 的通道 5 来进行 A/D 转换的步骤,这里需要说明一下,使用到的库函数分布在 stm32f4xx_adc.c 文件和 stm32f4xx_adc.h 文件中。下面讲解其详细设置步骤:

① 开启 PA 口时钟和 ADC1 时钟,设置 PA5 为模拟输入。

STM32F407ZGT6 的 ADC1 通道 5 在 PA5 上,所以,先使能 GPIOA 的时钟,然后设置 PA5 为模拟输入。同时要把 PA5 复用为 ADC,所以要使能 ADC1 时钟。

这里特别要提醒,I/O 口复用为 ADC 时须设置 I/O 模式为模拟输入,而不是复用功能,所以程序中并不需要调用 GPIO_PinAFConfig 函数来设置引脚映射关系。

使能 GPIOA 时钟和 ADC1 时钟都很简单,具体方法为:

```
RCC_AHB1PeriphClockCmd(RCC_AHB1Periph_GPIOA, ENABLE);//使能 GPIOA 时钟
RCC_APB2PeriphClockCmd(RCC_APB2Periph_ADC1, ENABLE); //使能 ADC1 时钟
```

初始化 GPIOA5 为模拟输入,关键代码为:

```
GPIO_InitStructure.GPIO_Mode = GPIO_Mode_AN;//模拟输入
```

这里需要说明一下,ADC 的通道与引脚的对应关系在 STM32F4 的数据手册可以查到,这里使用 ADC1 的通道 5,在数据手册中的表格为:

PA5	I/O	TTa	(4)	SPI1_SCK/ OTG_HS_ULPI_CK/ TIM2_CH1_ETR/ TIM8_CH1N/EVENTOUT	ADC12_IN5/DAC_OUT2

这里把 ADC1~ADC3 的引脚与通道对应关系列出来,16 个外部源的对应关系如表 19.1 所列。

② 设置 ADC 的通用控制寄存器 CCR,配置 ADC 输入时钟分频,模式为独立模式式等。

在库函数中,初始化 CCR 寄存器是通过调用 ADC_CommonInit 来实现的:

```
void ADC_CommonInit(ADC_CommonInitTypeDef * ADC_CommonInitStruct)
```

表 19.1 ADC1～ADC3 引脚对应关系表

通道号	ADC1	ADC2	ADC3	通道号	ADC1	ADC2	ADC3
通道 0	PA0	PA0	PA0	通道 8	PB0	PB0	PF10
通道 1	PA1	PA1	PA1	通道 9	PB1	PB1	PF3
通道 2	PA2	PA2	PA2	通道 10	PC0	PC0	PC0
通道 3	PA3	PA3	PA3	通道 11	PC1	PC1	PC1
通道 4	PA4	PA4	PF6	通道 12	PC2	PC2	PC2
通道 5	PA5	PA5	PF7	通道 13	PC13	PC13	PC13
通道 6	PA6	PA6	PF8	通道 14	PC4	PC4	PF4
通道 7	PA7	PA7	PF9	通道 15	PC5	PC5	PF5

这里不看初始化结构体成员变量，而是直接看实例。初始化实例为：

```
ADC_CommonInitStructure.ADC_Mode = ADC_Mode_Independent;//独立模式
ADC_CommonInitStructure.ADC_TwoSamplingDelay = ADC_TwoSamplingDelay_5Cycles;
ADC_CommonInitStructure.ADC_DMAAccessMode = ADC_DMAAccessMode_Disabled;
ADC_CommonInitStructure.ADC_Prescaler = ADC_Prescaler_Div4;
ADC_CommonInit(&ADC_CommonInitStructure);              //初始化
```

第一个参数 ADC_Mode 用来设置是独立模式还是多重模式，这里选择独立模式。

第二个参数 ADC_TwoSamplingDelay 用来设置两个采样阶段之间的延迟周期数，取值范围为：ADC_TwoSamplingDelay_5Cycles～ADC_TwoSamplingDelay_20Cycles。

第三个参数 ADC_DMAAccessMode 是 DMA 模式禁止或者使能相应 DMA 模式。

第四个参数 ADC_Prescaler 用来设置 ADC 预分频器。这个参数非常重要，这里设置分频系数为 4 分频 ADC_Prescaler_Div4，保证 ADC1 的时钟频率不超过 36 MHz。

③ 初始化 ADC1 参数，设置 ADC1 的转换分辨率、转换方式、对齐方式以及规则序列等相关信息。

设置完分通用控制参数之后，我们就可以开始 ADC1 的相关参数配置了，设置单次转换模式、触发方式选择、数据对齐方式等都在这一步实现。具体的使用函数为：

```
void ADC_Init(ADC_TypeDef * ADCx, ADC_InitTypeDef * ADC_InitStruct)
```

初始化实例为：

```
ADC_InitStructure.ADC_Resolution = ADC_Resolution_12b;  //12 位模式
ADC_InitStructure.ADC_ScanConvMode = DISABLE;           //非扫描模式
ADC_InitStructure.ADC_ContinuousConvMode = DISABLE;     //关闭连续转换
ADC_InitStructure.ADC_ExternalTrigConvEdge = ADC_ExternalTrigConvEdge_None;
                                                        //禁止触发检测，使用软件触发
ADC_InitStructure.ADC_DataAlign = ADC_DataAlign_Right;  //右对齐
ADC_InitStructure.ADC_NbrOfConversion = 1;              //1 个转换在规则序列中
ADC_Init(ADC1, &ADC_InitStructure);                     //ADC 初始化
```

第一个参数 ADC_Resolution 用来设置 ADC 转换分辨率。取值范围为：ADC_Resolution_6b，ADC_Resolution_8b，ADC_Resolution_10b 和 ADC_Resolution_12b。

第 19 章 ADC 实验

第二个参数 ADC_ScanConvMode 用来设置是否打开扫描模式。这里设置单次转换,所以不打开扫描模式,值为 DISABLE。

第三个参数 ADC_ContinuousConvMode 用来设置是单次转换模式还是连续转换模式,这里是单次,所以关闭连续转换模式,值为 DISABLE。

第四个参数 ADC_ExternalTrigConvEdge 用来设置外部通道的触发使能和检测方式。这里直接禁止触发检测,使用软件触发。还可以设置为上升沿触发检测、下降沿触发检测以及上升沿和下降沿都触发检测。

第五个参数 ADC_DataAlign 用来设置数据对齐方式,取值范围为右对齐 ADC_DataAlign_Right 和左对齐 ADC_DataAlign_Left。

第六个参数 ADC_NbrOfConversion 用来设置规则序列的长度,这里是单次转换,所以值为 1 即可。

实际上还有个参数 ADC_ExternalTrigConv 用来为规则组选择外部事件。因为前面配置的是软件触发,所以这里可以不用配置。如果选择其他触发方式方式,这里需要配置。

④ 开启 A/D 转换器。

设置完以上信息后,我们就开启 A/D 转换器了(通过 ADC_CR2 寄存器控制)。

```
ADC_Cmd(ADC1, ENABLE);//开启 A/D 转换器
```

⑤ 读取 ADC 值。

上面的步骤完成后,ADC 就算准备好了。接下来要做的就是设置规则序列 1 里面的通道,然后启动 ADC 转换。转换结束后,读取转换结果值就是了。

这里设置规则序列通道以及采样周期的函数是:

```
void ADC_RegularChannelConfig(ADC_TypeDef * ADCx, uint8_t ADC_Channel,
                              uint8_t Rank, uint8_t ADC_SampleTime);
```

这里是规则序列中的第一个转换,同时采样周期为 480,所以设置为:

```
ADC_RegularChannelConfig(ADC1, ADC_Channel_5, 1, ADC_SampleTime_480Cycles );
```

软件开启 ADC 转换的方法是:

```
ADC_SoftwareStartConvCmd(ADC1);//使能指定的 ADC1 的软件转换启动功能
```

开启转换之后就可以获取转换 ADC 转换结果数据,方法是:

```
ADC_GetConversionValue(ADC1);
```

同时,在 A/D 转换中还要根据状态寄存器的标志位来获取 A/D 转换的各个状态信息。库函数获取 A/D 转换的状态信息的函数是:

```
FlagStatus ADC_GetFlagStatus(ADC_TypeDef * ADCx, uint8_t ADC_FLAG);
```

比如我们要判断 ADC1 的转换是否结束,方法是:

```
while(! ADC_GetFlagStatus(ADC1, ADC_FLAG_EOC ));//等待转换结束
```

这里还需要说明一下 ADC 的参考电压,探索者 STM32F4 开发板使用的是 STM32F407ZGT6,该芯片只有 V_{ref+} 参考电压引脚,V_{ref+} 的输入范围为 1.8~VDDA。探

索者 STM32F4 开发板通过 P7 端口来设置 V_{ref+} 的参考电压,默认是通过跳线帽将 V_{ref+} 接到 VDDA,参考电压就是 3.3 V。如果想自己设置其他参考电压,则将参考电压接在 V_{ref+} 上就可以了(注意要共地)。另外,对于还有 V_{ref-} 引脚的 STM32F4 芯片,直接就近将 V_{ref-} 接 VSSA 就可以了。本章参考电压设置的是 3.3 V。

通过以上几个步骤的设置,我们就能正常使用 STM32F4 的 ADC1 来执行 A/D 转换操作了。

19.2 硬件设计

本实验用到的硬件资源有:指示灯 DS0、TFTLCD 模块、ADC、杜邦线。前面 2 个均已介绍过,而 ADC 属于 STM32F4 内部资源,实际上只需要软件设置就可以正常工作,不过需要在外部连接其端口到被测电压上面。本章通过 ADC1 的通道 5(PA5)来读取外部电压值,探索者 STM32F4 开发板没有设计参考电压源在上面,但是板上有几个可以提供测试的地方:①3.3 V 电源。②GND。③后备电池。注意:这里不能接到板子 5 V 电源上去测试,可能会烧坏 ADC!

因为要连接到其他地方测试电压,所以需要一根杜邦线,或者自备的连接线也可以,一头插在多功能端口 P12 的 ADC 插针上(与 PA5 连接),另外一头就接要测试的电压点(确保该电压不大于 3.3 V 即可)。

19.3 软件设计

打开实验工程可以发现,我们在 FWLIB 分组下面新增了 stm32f4xx_adc.c 源文件,同时会引入对应的头文件 stm32f4xx_adc.h。ADC 相关的库函数和宏定义都分布在这两个文件中。同时,我们在 HARDWARE 分组下面新建了 adc.c,也引入了对应的头文件 adc.h。这两个文件是我们编写的 adc 相关的初始化函数和操作函数。

打开 adc.c,代码如下:

```
//初始化 ADC
//这里仅以规则通道为例
void Adc_Init(void)
{
    GPIO_InitTypeDef       GPIO_InitStructure;
    ADC_CommonInitTypeDef  ADC_CommonInitStructure;
    ADC_InitTypeDef        ADC_InitStructure;
    //①开启 ADC 和 GPIO 相关时钟和初始化 GPIO
    RCC_AHB1PeriphClockCmd(RCC_AHB1Periph_GPIOA, ENABLE);     //使能 GPIOA 时钟
    RCC_APB2PeriphClockCmd(RCC_APB2Periph_ADC1, ENABLE);      //使能 ADC1 时钟
    //先初始化 ADC1 通道 5 IO 口
    GPIO_InitStructure.GPIO_Pin = GPIO_Pin_5;                 //PA5 通道 5
    GPIO_InitStructure.GPIO_Mode = GPIO_Mode_AN;              //模拟输入
    GPIO_InitStructure.GPIO_PuPd = GPIO_PuPd_NOPULL ;         //不带上下拉
    GPIO_Init(GPIOA, &GPIO_InitStructure);                    //初始化
```

第19章 ADC 实验

```c
RCC_APB2PeriphResetCmd(RCC_APB2Periph_ADC1,ENABLE);        //ADC1 复位
RCC_APB2PeriphResetCmd(RCC_APB2Periph_ADC1,DISABLE);       //复位结束
//②初始化通用配置
ADC_CommonInitStructure.ADC_Mode = ADC_Mode_Independent;   //独立模式
ADC_CommonInitStructure.ADC_TwoSamplingDelay =
ADC_TwoSamplingDelay_5Cycles;//两个采样阶段之间的延迟 5 个时钟
ADC_CommonInitStructure.ADC_DMAAccessMode =
ADC_DMAAccessMode_Disabled;                                //DMA 失能
ADC_CommonInitStructure.ADC_Prescaler = ADC_Prescaler_Div4;//预分频 4 分频
//ADCCLK = PCLK2/4 = 84/4 = 21Mhz,ADC 时钟最好不要超过 36 MHz
ADC_CommonInit(&ADC_CommonInitStructure);                  //初始化
//③初始化 ADC1 相关参数
ADC_InitStructure.ADC_Resolution = ADC_Resolution_12b;     //12 位模式
ADC_InitStructure.ADC_ScanConvMode = DISABLE;              //非扫描模式
ADC_InitStructure.ADC_ContinuousConvMode = DISABLE;        //关闭连续转换
ADC_InitStructure.ADC_ExternalTrigConvEdge = ADC_ExternalTrigConvEdge_None;
//禁止触发检测,使用软件触发
ADC_InitStructure.ADC_DataAlign = ADC_DataAlign_Right;     //右对齐
ADC_InitStructure.ADC_NbrOfConversion = 1;                 //1 个转换在规则序列中
ADC_Init(ADC1, &ADC_InitStructure);                        //ADC 初始化
//④开启 ADC 转换
ADC_Cmd(ADC1, ENABLE);                                     //开启 AD 转换器
}
//获得 ADC 值
//ch:通道值 0~16: ch: @ref ADC_channels
//返回值:转换结果
u16 Get_Adc(u8 ch)
{
    //设置指定 ADC 的规则组通道,一个序列,采样时间
    ADC_RegularChannelConfig(ADC1, ch, 1, ADC_SampleTime_480Cycles );
    ADC_SoftwareStartConv(ADC1);           //使能指定的 ADC1 的软件转换启动功能
    while(! ADC_GetFlagStatus(ADC1, ADC_FLAG_EOC ));    //等待转换结束
    return ADC_GetConversionValue(ADC1);   //返回最近一次 ADC1 规则组的转换结果
}
//获取通道 ch 的转换值,取 times 次,然后平均
//ch:通道编号 times:获取次数
//返回值:通道 ch 的 times 次转换结果平均值
u16 Get_Adc_Average(u8 ch,u8 times)
{
    u32 temp_val = 0;u8 t;
    for(t = 0;t<times;t ++ )
    {
        temp_val + = Get_Adc(ch);delay_ms(5);
    }
    return temp_val/times;
}
```

　　此部分代码就 3 个函数,Adc_Init 函数用于初始化 ADC1。这里基本上是按上面的步骤来初始化的,我们用标号①~④标示出来步骤。这里仅开通了一个通道,即通道 5。第二个函数 Get_Adc,用于读取某个通道的 ADC 值,例如我们读取通道 5 上的 ADC 值,就可以通过 Get_Adc(ADC_Channel_5)得到。最后一个函数 Get_Adc_Average，用于多次获取 ADC 值取平均，从而提高准确度。

头文件 adc.h 代码比较简单，主要是 3 个函数申明。接下来看看 main 函数内容：

```
int main(void)
{u16 adcx;float temp;
    ……//省略部分代码
    LCD_Init();          //初始化 LCD 接口
    Adc_Init();          //初始化 ADC
    ……//省略部分代码
    while(1)
    {
        adcx = Get_Adc_Average(ADC_Channel_5,20);//获取通道 5 的转换值,20 次取平均
        LCD_ShowxNum(134,130,adcx,4,16,0);      //显示 ADCC 采样后的原始值
        temp = (float)adcx*(3.3/4096);//获取计算后的带小数的实际电压值,比如 3.1111
        adcx = temp;                //赋值整数部分给 adcx 变量,因为 adcx 为 u16 整型
        LCD_ShowxNum(134,150,adcx,1,16,0);  //显示电压值的整数部分
        temp -= adcx; //把已经显示的整数部分去掉,留下小数部分,比如 3.1111-3 = 0.1111
        temp *= 1000;//小数部分乘以 1000,例如:0.1111 就转换为 111.1,保留 3 位小数
        LCD_ShowxNum(150,150,temp,3,16,0X80); //显示小数部分
        LED0 = ! LED0;delay_ms(250);
    }
}
```

此部分代码在 TFTLCD 模块上显示一些提示信息后，将每隔 250 ms 读取一次 ADC 通道 5 的值，并显示读到的 ADC 值（数字量）以及其转换成模拟量后的电压值。同时控制 LED0 闪烁，以提示程序正在运行。关于最后的 ADC 值的显示说明一下，首先在液晶固定位置显示了小数点，后面计算步骤中先计算出整数部分在小数点前面显示，然后计算出小数部分，在小数点后面显示，这样就在液晶上面显示转换结果的整数和小数部分。

19.4 下载验证

编译成功之后，下载代码到 ALIENTEK 探索者 STM32F4 开发板上，可以看到 LCD 显示如图 19.12 所示。

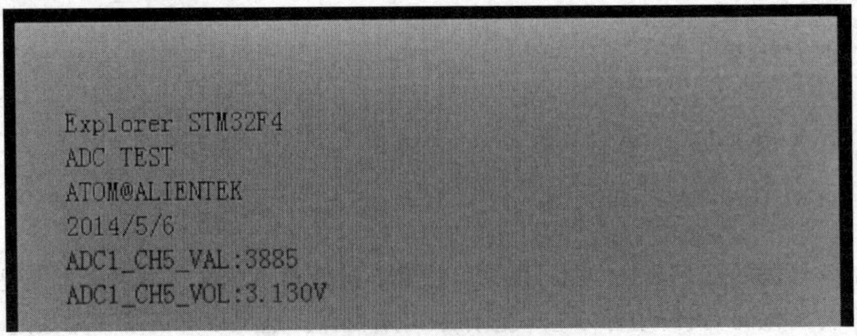

图 19.12 ADC 实验测试图

第 19 章 ADC 实验

图中是将 ADC 和 TPAD 连接在一起，可以看到 TPAD 信号电平为 3 V 左右，这是因为存在上拉电阻 R64 的缘故。

同时伴随 DS0 的不停闪烁，提示程序在运行。大家可以试试把杜邦线接到其他地方，看看电压值是否准确，但是一定别接到 5 V 上面去，否则可能烧坏 ADC！

特别注意：STM32F4 的 ADC 精度貌似不怎么好，ADC 引脚直接接 GND 都可以读到十几的数值，相比 STM32F103 来说要差了一些，使用的时候请注意下这个问题。

通过这一章的学习，我们了解了 STM32F4 ADC 的使用，但这仅仅是 STM32F4 强大的 ADC 功能的一小点应用。STM32F4 的 ADC 在很多地方都可以用到，其 ADC 的 DMA 功能是很不错的，建议有兴趣的读者深入研究下 STM32F4 的 ADC，相信会给以后的开发带来方便。

第 20 章

DAC 实验

本章将介绍 STM32F4 的 DAC 功能。本章利用按键（或 USMART）控制 STM32F4 内部 DAC1 来输出电压，通过 ADC1 的通道 5 采集 DAC 的输出电压，并在 LCD 模块上面显示 ADC 获取到的电压值以及 DAC 的设定输出电压值等信息。

20.1 STM32F4 DAC 简介

STM32F4 的 DAC 模块（数字/模拟转换模块）是 12 位数字输入、电压输出型的 DAC，可以配置为 8 位或 12 位模式，也可以与 DMA 控制器配合使用。DAC 工作在 12 位模式时，数据可以设置成左对齐或右对齐。DAC 模块有 2 个输出通道，每个通道都有单独的转换器。在双 DAC 模式下，2 个通道可以独立转换，也可以同时进行转换并同步更新 2 个通道的输出。DAC 可以通过引脚输入参考电压 V_{ref+}（通 ADC 共用），以获得更精确的转换结果。

STM32F4 的 DAC 模块主要特点有：

① 2 个 DAC 转换器：每个转换器对应一个输出通道；
② 8 位或者 12 位单调输出；
③ 12 位模式下数据左对齐或者右对齐；
④ 同步更新功能；
⑤ 噪声波形生成；
⑥ 三角波形生成；
⑦ 双 DAC 通道同时或者分别转换；
⑧ 每个通道都有 DMA 功能。

单个 DAC 通道的框图如图 20.1 所示。图中 V_{DDA} 和 V_{SSA} 为 DAC 模块模拟部分的供电，而 V_{REF+} 则是 DAC 模块的参考电压。DAC_OUTx 就是 DAC 的输出通道了（对应 PA4 或者 PA5 引脚）。

从图 20.1 可以看出，DAC 输出是受 DORx 寄存器直接控制的，但是我们不能直接往 DORx 寄存器写入数据，而是通过 DHRx 间接传给 DORx 寄存器，实现对 DAC 输出的控制。前面提到，STM32F4 的 DAC 支持 8/12 位模式，8 位模式的时候是固定的右对齐，而 12 位模式又可以设置左对齐/右对齐。单 DAC 通道 x 总共有 3 种情况：

① 8 位数据右对齐：用户将数据写入 DAC_DHR8Rx[7:0]位（实际存入 DHRx

第 20 章　DAC 实验

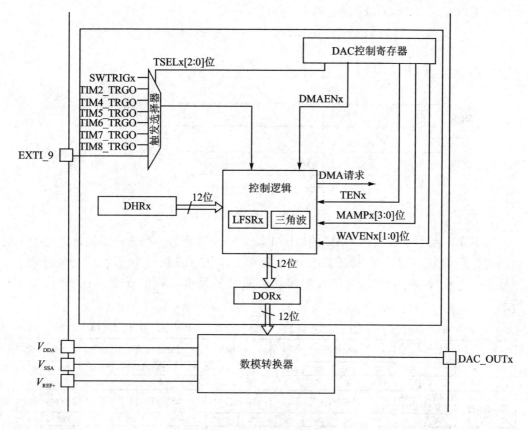

图 20.1　DAC 通道模块框图

[11:4]位)。

② 12 位数据左对齐:用户将数据写入 DAC_DHR12Lx[15:4]位(实际存入 DHRx[11:0]位)。

③ 12 位数据右对齐:用户将数据写入 DAC_DHR12Rx[11:0]位(实际存入 DHRx[11:0]位)。

本章使用的就是单 DAC 通道 1,采用 12 位右对齐格式,所以采用第③种情况。

如果没有选中硬件触发(寄存器 DAC_CR1 的 TENx 位置 0),存入寄存器 DAC_DHRx 的数据会在一个 APB1 时钟周期后自动传至寄存器 DAC_DORx。如果选中硬件触发(寄存器 DAC_CR1 的 TENx 位置 1),数据传输在触发发生以后 3 个 APB1 时钟周期后完成。一旦数据从 DAC_DHRx 寄存器装入 DAC_DORx 寄存器,在经过时间 t_{SETTLING} 之后,输出即有效,这段时间的长短依电源电压和模拟输出负载的不同会有所变化。从 STM32F407ZGT6 的数据手册查到 t_{SETTLING} 的典型值为 3 μs,最大是 6 μs。所以 DAC 的转换速度最快是 333 kHz 左右。

本章将不使用硬件触发(TEN=0),其转换的时间框图如图 20.2 所示。当 DAC 的参考电压为 $V_{\text{ref+}}$ 的时候,DAC 的输出电压是线性的从 $0 \sim V_{\text{ref+}}$,12 位模式下 DAC

输出电压与 V_{ref+} 以及 DORx 的计算公式如下:

$$DACx\ 输出电压 = V_{ref+} \cdot (DORx/4\ 095)$$

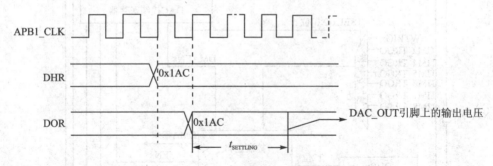

图 20.2　TEN=0 时 DAC 模块转换时间框图

接下来介绍一下要实现 DAC 的通道 1 输出需要用到的一些寄存器。首先是 DAC 控制寄存器 DAC_CR,各位描述如图 20.3 所示。DAC_CR 的低 16 位用于控制通道 1,而高 16 位用于控制通道 2,这里仅列出比较重要的最低 8 位的详细描述,如图 20.4 所示。

31	30	29	28	27	26	25	24	23	22	21	20	19	18	17	16
Reserved		DMAU DRIE2	DMA EN2	MAMP2[3:0]				WAVE2[1:0]		TSEL2[2:0]			TEN2	BOFF2	EN2
		rw	rw	rw	rw	rw	rw	rw	rw	rw	rw	rw	rw	rw	rw
15	14	13	12	11	10	9	8	7	6	5	4	3	2	1	0
Reserved		DMAU DRIE1	DMA EN1	MAMP1[3:0]				WAVE1[1:0]		TSEL1[2:0]			TEN1	BOFF1	EN1
		rw	rw	rw	rw	rw	rw	rw	rw	rw	rw	rw	rw	rw	rw

图 20.3　寄存器 DAC_CR 各位描述

首先来看 DAC 通道 1 使能位(EN1)。该位用来控制 DAC 通道 1 使能,本章就是用 DAC 通道 1,所以该位设置为 1。

再看关闭 DAC 通道 1 输出缓存控制位(BOFF1),这里 STM32F4 的 DAC 输出缓存做的有些不好,如果使能的话,虽然输出能力强一点,但是输出没发到 0,这是个很严重的问题。所以本章不使用输出缓存,即设置该位为 1。

DAC 通道 1 触发使能位(TEN1),该位用来控制是否使用触发,这里不使用触发,所以设置该位为 0。

DAC 通道 1 触发选择位(TSEL1[2:0]),这里没用到外部触发,所以设置这几个位为 0 就行了。

DAC 通道 1 噪声/三角波生成使能位(WAVE1[1:0]),这里同样没用到波形发生器,故也设置为 0 即可。

DAC 通道 1 屏蔽/复制选择器(MAMP[3:0]),这些位仅在使用了波形发生器的时候有用,本章没有用到波形发生器,故设置为 0 就可以了。

最后是 DAC 通道 1 DMA 使能位(DMAEN1),本章没有用到 DMA 功能,故还是设置为 0。

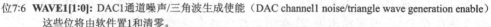

位7:6 **WAVE1[1:0]:** DAC1通道噪声/三角波生成使能（DAC channel1 noise/triangle wave generation enable）
　　这些位将由软件置1和清零。
　　00：禁止生成波　01：使能生成噪声波　1x：使能生成三角波

位5:3 **TSEL1[2:0]:** DAC1通道触发器选择（DAC channel1 triangle selection）
　　这些位用于选择DAC1通道的外部触发事件
　　000：定时器6 TRGO 事件　　100：定时器2 TRGO 事件
　　001：定时器8 TRGO 事件　　101：定时器4 TRGO 事件
　　010：定时器7 TRGO 事件　　110：外部中断线9
　　011：定时器5 TRGO 事件　　111：软件触发

位2 **TEN1:** DAC1通道触发使能（DAC channel1 triangle enable）
　　此位由软件置1和清零，以使能/禁止DAC1通道触发。
　　0：禁止DAC1通道触发，写入DAC_DHRx寄存器的数据在一个APB1时钟周期之后转移到DAC_DOR1寄存器
　　1：使能DAC1通道触发，DAC_DHRx寄存器的数据在三个APB1时钟周期之后转移到DAC_DOR1寄存器

位1 **BOFF1:** DAC1通道输出缓冲器禁止（DAC channel1 output butffer disable）
　　此位由软件置1和清零，以使能/禁止DAC1通道输出缓冲器。
　　0：使能DAC1通道输出缓冲器　　1：禁止DAC1通道输出缓冲器

位0 **EN1:** DAC1通道使能（DAC channel1 enable）
　　此位由软件置1和清零，以使能/禁止DAC1通道。
　　0：禁止DAC1通道　　　　　　1：使能DAC1通道

图 20.4　寄存器 DAC_CR 低八位详细描述

通道2的情况和通道1一模一样。在 DAC_CR 设置好之后，DAC 就可以正常工作了，我们仅需要再设置 DAC 的数据保持寄存器的值，就可以在 DAC 输出通道得到你想要的电压了（对应 I/O 口设置为模拟输入）。本章用的是 DAC 通道1的12位右对齐数据保持寄存器：DAC_DHR12R1，该寄存器各位描述如图 20.5 所示。

31	30	29	28	27	26	25	24	23	22	21	20	19	18	17	16
Reserved															
15	14	13	12	11	10	9	8	7	6	5	4	3	2	1	0
Reserved				DACC1DHR[11:0]											
				rw	rw	rw	rw	rw	rw	rw	rw	rw	rw	rw	rw

位31:12　保留，必须保持复位值

位11:0　**DACC1DHR[11:0]:** DAC1通道12位右对齐数据(DAC channel1 12-bit right-aligned data)
　　这些位由软件写入，用于为DAC1通道指定12位数据

图 20.5　寄存器 DAC_DHR12R1 各位描述

该寄存器用来设置 DAC 输出，通过写入12位数据到该寄存器，就可以在 DAC 输出通道1(PA4)得到我们所要的结果。

通过以上介绍，我们了解了 STM32F4 实现 DAC 输出的相关设置，本章将使用 DAC 模块的通道1来输出模拟电压。这里用到的库函数以及相关定义分布在文件 stm32f4xx_dac.c 以及头文件 stm32f4xx_dac.h 中。实现上面功能的详细设置步骤如下：

① 开启 PA 口时钟，设置 PA4 为模拟输入。
STM32F407ZGT6 的 DAC 通道1是接在 PA4 上的，所以，我们先要使能 GPIOA

的时钟,然后设置 PA4 为模拟输入。注意,虽然 DAC 引脚设置为输入,但是 STM32F4 内部会连接在 DAC 模拟输出上,这在引脚复用映射章节有讲解。

```
RCC_AHB1PeriphClockCmd(RCC_AHB1Periph_GPIOA, ENABLE);   //使能 GPIOA 时钟
GPIO_InitStructure.GPIO_Pin = GPIO_Pin_4;
GPIO_InitStructure.GPIO_Mode = GPIO_Mode_AN;            //模拟输入
GPIO_InitStructure.GPIO_PuPd = GPIO_PuPd_DOWN;          //下拉
GPIO_Init(GPIOA, &GPIO_InitStructure);                  //初始化
```

DAC 通道与引脚对应关系如图 20.6 所示。

PA4	I/O	TTa	(4)	SPI1_NSS/SPI3_NSS/ USART2_CK/ DCMI_HSYNC/ OTG_HS_SOF/I2S3_WS/ EVENTOUT	ADC12_IN4 /DAC_OUT1
PA5	I/O	TTa	(4)	SPI1_SCK/ OTG_HS_ULPI_CK/ TIM2_CH1_ETR/ TIM8_CH1N/EVENTOUT	ADC12_IN5/DAC_OUT2

图 20.6 DAC 通道引脚对应关系

② 使能 DAC1 时钟。

同其他外设一样,要想使用,必须先开启相应的时钟。STM32F4 的 DAC 模块时钟是由 APB1 提供的,所以我们先通过调用函数 RCC_APB1PeriphClockCmd 来使能 DAC1 时钟。

```
RCC_APB1PeriphClockCmd(RCC_APB1Periph_DAC, ENABLE);//使能 DAC 时钟
```

③ 初始化 DAC,设置 DAC 的工作模式。

该部分设置全部通过 DAC_CR 设置实现,包括 DAC 通道 1 使能、DAC 通道 1 输出缓存关闭、不使用触发、不使用波形发生器等设置。这里 DAC 初始化是通过函数 DAC_Init 完成的:

```
void DAC_Init(uint32_t DAC_Channel, DAC_InitTypeDef * DAC_InitStruct);
```

跟前面一样,首先来看看参数设置结构体类型 DAC_InitTypeDef 的定义:

```
typedef struct
{
  uint32_t DAC_Trigger;
  uint32_t DAC_WaveGeneration;
  uint32_t DAC_LFSRUnmask_TriangleAmplitude;
  uint32_t DAC_OutputBuffer;
}DAC_InitTypeDef;
```

这个结构体的定义还是比较简单的,只有 4 个成员变量,下面一一讲解。

第一个参数 DAC_Trigger 用来设置是否使用触发功能,这里我们不是用触发功能,所以值为 DAC_Trigger_None。第二个参数 DAC_WaveGeneratio 用来设置是否使用波形发生,这里同样不使用,所以值为 DAC_WaveGeneration_None。第三个参数 DAC_LFSRUnmask_TriangleAmplitude 用来设置屏蔽/幅值选择器,这个变量只在使

用波形发生器的时候才有用,这里设置为 0 即可,值为 DAC_LFSRUnmask_Bit0。第四个参数 DAC_OutputBuffer 用来设置输出缓存控制位,这里不使用输出缓存,所以值为 DAC_OutputBuffer_Disable。到此 4 个参数设置完毕。看看我们的实例代码:

```
DAC_InitTypeDef DAC_InitType;
DAC_InitType.DAC_Trigger = DAC_Trigger_None;                              //不使用触发功能 TEN1 = 0
DAC_InitType.DAC_WaveGeneration = DAC_WaveGeneration_None;                //不使用波形发生
DAC_InitType.DAC_LFSRUnmask_TriangleAmplitude = DAC_LFSRUnmask_Bit0;
DAC_InitType.DAC_OutputBuffer = DAC_OutputBuffer_Disable ;                //DAC1 输出缓存关闭
DAC_Init(DAC_Channel_1,&DAC_InitType);                                    //初始化 DAC 通道 1
```

④ 使能 DAC 转换通道。

初始化 DAC 之后,理所当然要使能 DAC 转换通道,库函数方法是:

```
DAC_Cmd(DAC_Channel_1, ENABLE);                  //使能 DAC 通道 1
```

⑤ 设置 DAC 的输出值。

通过前面 4 个步骤的设置,DAC 就可以开始工作了,我们使用 12 位右对齐数据格式,所以通过设置 DHR12R1 就可以在 DAC 输出引脚(PA4)得到不同的电压值了。设置 DHR12R1 的库函数是:

```
DAC_SetChannel1Data(DAC_Align_12b_R, 0);    //12 位右对齐数据格式设置 DAC 值
```

第一个参数设置对齐方式,可以为 12 位右对齐 DAC_Align_12b_R,12 位左对齐 DAC_Align_12b_L 以及 8 位右对齐 DAC_Align_8b_R 方式。

第二个参数就是 DAC 的输入值了,这个很好理解,初始化设置为 0。

这里,还可以读出 DAC 对应通道最后一次转换的数值,函数是:

```
DAC_GetDataOutputValue(DAC_Channel_1);
```

设置和读出一一对应很好理解了。

注意,本例程使用的是 3.3 V 的参考电压,即 V_{ref+} 连接 V_{DDA}。

通过以上几个步骤的设置,我们就能正常使用 STM32F4 的 DAC 通道 1 来输出不同的模拟电压了。

20.2 硬件设计

本章用到的硬件资源有:指示灯 DS0、KEY_UP 和 KEY1 按键、串口、TFTLCD 模块、ADC、DAC。本章使用 DAC 通道 1 输出模拟电压,然后通过 ADC1 的通道 1 对该输出电压进行读取,并显示在 LCD 模块上面,DAC 的输出电压通过按键(或USMART)设置。

我们需要用到 ADC 采集 DAC 的输出电压,所以需要在硬件上把它们短接起来。ADC 和 DAC 的连接原理图如图 20.7 所示。

P12 是多功能端口,我们只需要通过跳线帽短接 P14 的 ADC 和 DAC,就可以开始做本章实验了,如图 20.8 所示。

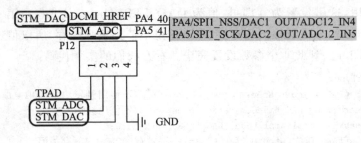
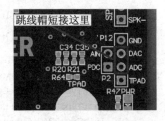

图 20.7　ADC、DAC 与 STM32F4 连接原理图　　图 20.8　硬件连接示意图

20.3　软件设计

打开本章实验工程可以发现,相比 ADC 实验,库函数中主要添加了 dac 支持的相关文件 stm32f4xx_dac.c 以及包含头文件 stm32f4xx_dac.h。同时,HARDWARE 分组下面新建了 dac.c 源文件以及包含对应的头文件 dac.h。这两个文件用来存放我们编写的 ADC 相关函数和定义。打开 dac.c,代码如下:

```c
//DAC 通道 1 输出初始化
void Dac1_Init(void)
{
    GPIO_InitTypeDef  GPIO_InitStructure;
    DAC_InitTypeDef DAC_InitType;
    RCC_AHB1PeriphClockCmd(RCC_AHB1Periph_GPIOA, ENABLE);    //①使能 PA 时钟
    RCC_APB1PeriphClockCmd(RCC_APB1Periph_DAC, ENABLE);      //②使能 DAC 时钟
    GPIO_InitStructure.GPIO_Pin = GPIO_Pin_4;
    GPIO_InitStructure.GPIO_Mode = GPIO_Mode_AN;             //模拟输入
    GPIO_InitStructure.GPIO_PuPd = GPIO_PuPd_DOWN;           //下拉
    GPIO_Init(GPIOA, &GPIO_InitStructure);                   //①初始化 GPIO
    DAC_InitType.DAC_Trigger = DAC_Trigger_None;             //不使用触发功能 TEN1 = 0
    DAC_InitType.DAC_WaveGeneration = DAC_WaveGeneration_None;//不使用波形发生
    DAC_InitType.DAC_LFSRUnmask_TriangleAmplitude = DAC_LFSRUnmask_Bit0;
                                                             //屏蔽、幅值设置
    DAC_InitType.DAC_OutputBuffer = DAC_OutputBuffer_Disable ;//输出缓存关闭
    DAC_Init(DAC_Channel_1,&DAC_InitType);                   //③初始化 DAC 通道 1
    DAC_Cmd(DAC_Channel_1, ENABLE);                          //④使能 DAC 通道 1
    DAC_SetChannel1Data(DAC_Align_12b_R, 0);                 //⑤12 位右对齐数据格式
}
//设置通道 1 输出电压
//vol:0~3300,代表 0~3.3 V
void Dac1_Set_Vol(u16 vol)
{
    double temp = vol;
    temp/ = 1000;
    temp = temp * 4096/3.3;
    DAC_SetChannel1Data(DAC_Align_12b_R,temp);               //12 位右对齐数据格式
}
```

此部分代码就 2 个函数,Dac1_Init 函数用于初始化 DAC 通道 1。这里基本上是

按上面的步骤来初始化的,我们用序号①~⑤已经标示这些步骤。初始化之后,我们就可以正常使用 DAC 通道 1 了。第二个函数 Dac1_Set_Vol,用于设置 DAC 通道 1 的输出电压,实际就是将电压值转换为 DAC 输入值。

其他头文件代码比较简单,这里不过多讲解,接下来看看主函数代码:

```
int main(void)
{
    u16 adcx;
    float temp;
    u8 t = 0,key;
    u16 dacval = 0;
    NVIC_PriorityGroupConfig(NVIC_PriorityGroup_2);   //设置系统中断优先级分组 2
    delay_init(168);                                  //初始化延时函数
    uart_init(115200);                                //初始化串口波特率为 115 200
    LED_Init();                                       //初始化 LED
    LCD_Init();                                       //LCD 初始化
    Adc_Init();                                       //adc 初始化
    KEY_Init();                                       //按键初始化
    Dac1_Init();                                      //DAC 通道 1 初始化
    ……//省略部分代码
    DAC_SetChannel1Data(DAC_Align_12b_R,dacval);      //初始值为 0
    while(1)
    {
        t++;
        key = KEY_Scan(0);
        if(key == WKUP_PRES)
        {
            if(dacval<4000)dacval + = 200;
            DAC_SetChannel1Data(DAC_Align_12b_R, dacval);   //设置 DAC 值
        }else if(key == 2)
        {
            if(dacval>200)dacval - = 200;
            else dacval = 0;
            DAC_SetChannel1Data(DAC_Align_12b_R, dacval);   //设置 DAC 值
        }
        if(t == 10||key == KEY1_PRES||key == WKUP_PRES)
                                                      //WKUP/KEY1 按下了,或者定时时间到了
        {
            adcx = DAC_GetDataOutputValue(DAC_Channel_1);   //读取前面设置 DAC 的值
            LCD_ShowxNum(94,150,adcx,4,16,0);               //显示 DAC 寄存器值
            temp = (float)adcx * (3.3/4096);                //得到 DAC 电压值
            adcx = temp;
            LCD_ShowxNum(94,170,temp,1,16,0);               //显示电压值整数部分
            temp - = adcx;
            temp * = 1000;
            LCD_ShowxNum(110,170,temp,3,16,0X80);           //显示电压值的小数部分
            adcx = Get_Adc_Average(ADC_Channel_5,10);       //得到 ADC 转换值
            temp = (float)adcx * (3.3/4096);                //得到 ADC 电压值
            adcx = temp;
            LCD_ShowxNum(94,190,temp,1,16,0);               //显示电压值整数部分
            temp - = adcx;
```

```
            temp *= 1000;
            LCD_ShowxNum(110,190,temp,3,16,0X80);        //显示电压值的小数部分
            LED0 = ! LED0;
            t = 0;
        }
        delay_ms(10);
    }
}
```

此部分代码先对需要用到的模块进行初始化,然后显示一些提示信息,本章通过 KEY_UP(WKUP 按键)和 KEY1(也就是上下键)来实现对 DAC 输出的幅值控制。按下 KEY_UP 增加,按 KEY1 减小。同时在 LCD 上面显示 DHR12R1 寄存器的值、DAC 设计输出电压以及 ADC 采集到的 DAC 输出电压。

20.4 下载验证

编译成功之后,下载代码到 ALIENTEK 探索者 STM32F4 开发板上,可以看到 LCD 显示如图 20.9 所示。同时伴随 DS0 的不停闪烁,提示程序在运行。此时通过按 KEY_UP 按键,可以看到输出电压增大,按 KEY1 则变小。

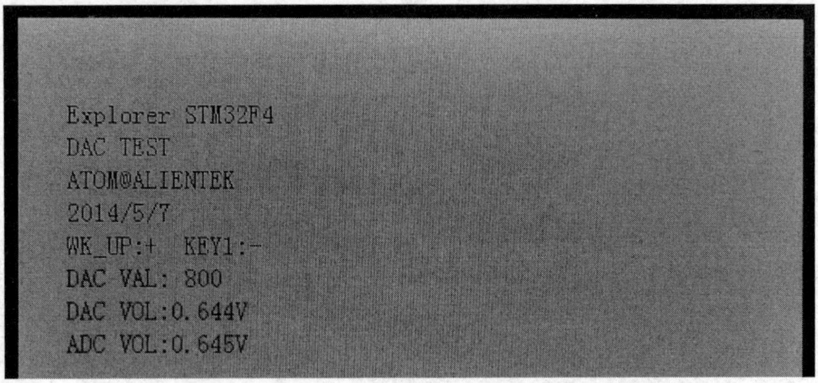

图 20.9 DAC 实验测试图

第 21 章

DMA 实验

本章将介绍 STM32F4 的 DMA,利用 STM32F4 的 DMA 来实现串口数据传送,并在 TFTLCD 模块上显示当前的传送进度。

21.1 STM32F4 DMA 简介

DMA,全称为 Direct Memory Access,即直接存储器访问。DMA 传输方式无需 CPU 直接控制传输,也没有中断处理方式那样保留现场和恢复现场的过程,通过硬件为 RAM 与 I/O 设备开辟一条直接传送数据的通路,能使 CPU 的效率大大提高。

STM32F4 最多有 2 个 DMA 控制器(DMA1 和 DMA2),共 16 个数据流(每个控制器 8 个),每一个 DMA 控制器用于管理一个或多个外设的存储器访问请求。每个数据流总共可以有 8 个通道(或称请求)。每个数据流通道都有一个仲裁器,用于处理 DMA 请求间的优先级。

STM32F4 的 DMA 有以下一些特性:
- 双 AHB 主总线架构,一个用于存储器访问,另一个用于外设访问;
- 仅支持 32 位访问的 AHB 从编程接口;
- 每个 DMA 控制器有 8 个数据流,每个数据流有多达 8 个通道(或称请求);
- 每个数据流有单独的 4 级 32 位先进先出存储器缓冲区(FIFO),可用于 FIFO 模式或直接模式;
- 通过硬件可以将每个数据流配置为:
  ① 支持外设到存储器、存储器到外设和存储器到存储器传输的常规通道;
  ② 支持在存储器方双缓冲的双缓冲区通道;
- 8 个数据流中的每一个都连接到专用硬件 DMA 通道(请求);
- DMA 数据流请求之间的优先级可用软件编程(4 个级别:非常高、高、中、低),在软件优先级相同的情况下可以通过硬件决定优先级(例如,请求 0 的优先级高于请求 1);
- 每个数据流也支持通过软件触发存储器到存储器的传输(仅限 DMA2 控制器);
- 可供每个数据流选择的通道请求多达 8 个;此选择可由软件配置,允许几个外设启动 DMA 请求;
- 要传输的数据项的数目可以由 DMA 控制器或外设管理:

① DMA 流控制器：要传输的数据项的数目是 1～65 535，可用软件编程；
② 外设流控制器：要传输的数据项的数目未知并由源或目标外设控制，这些外设通过硬件发出传输结束的信号；

➢ 独立的源和目标传输宽度（字节、半字、字）：源和目标的数据宽度不相等时，DMA 自动封装/解封必要的传输数据来优化带宽，这个特性仅在 FIFO 模式下可用；
➢ 对源和目标的增量或非增量寻址；
➢ 支持 4 个、8 个和 16 个节拍的增量突发传输，突发增量的大小可由软件配置，通常等于外设 FIFO 大小的一半；
➢ 每个数据流都支持循环缓冲区管理；
➢ 5 个事件标志（DMA 半传输、DMA 传输完成、DMA 传输错误、DMA FIFO 错误、直接模式错误），进行逻辑或运算，从而产生每个数据流的单个中断请求。

STM32F4 有两个 DMA 控制器，DMA1 和 DMA2，本章仅针对 DMA2 进行介绍。STM32F4 的 DMA 控制器框图如图 21.1 所示。

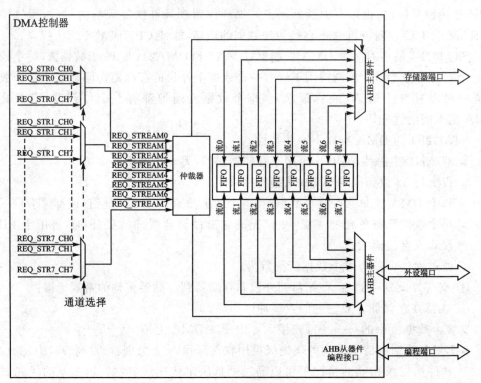

图 21.1　DMA 控制器框图

DMA 控制器执行直接存储器传输：因为采用 AHB 主总线，它可以控制 AHB 总线矩阵来启动 AHB 事务。它可以执行下列事务：外设到存储器的传输、存储器到外设的传输、存储器到存储器的传输。

注意，存储器到存储器需要外设接口来访问存储器，而仅 DMA2 的外设接口可以访问存储器，所以仅 DMA2 控制器支持存储器到存储器的传输，DMA1 不支持。

图 21.1 中数据流的多通道选择是通过 DMA_SxCR 寄存器控制的，如图 21.2 所示。可以看出，DMA_SxCR 控制数据流到底使用哪一个通道，每个数据流有 8 个通道可供选择，每次只能选择其中一个通道进行 DMA 传输。接下来看看 DMA2 的各数据流通道映射表，如表 21.1 所列。

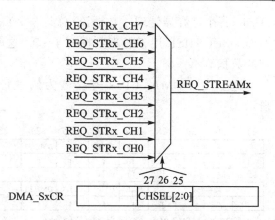

图 21.2　DMA 数据流通道选择

表 21.1　DMA2 各数据流通道映射表

外设请求	数据流 0	数据流 1	数据流 2	数据流 3	数据流 4	数据流 5	数据流 6	数据流 7
通道 0	ADC1		TIM8_CH1 TIM8_CH2 TIM8_CH3		ADC1		TIM1_CH1 TIM1_CH2 TIM1_CH3	
通道 1		DCMI	ADC2	ADC2		SPI6_TX[1]	SPI6_RX[1]	DCMI
通道 2	ADC3	ADC3		SPI5_RX[1]	SPI5_TX[1]	CRYP_OUT	CRYP_IN	HASH_IN
通道 3	SPI1_RX		SPI1_RX	SPI1_TX		SPI1_TX		
通道 4	SPI4_RX[1]	SPI4_TX[1]	USART1_RX	SDIO		USART1_RX	SDIO	USART1_TX
通道 5		USART6_RX	USART6_RX	SPI4_RX[1]	SPI4_TX[1]		USART6_TX	USART6_TX
通道 6	TIM1_TRIG	TIM1_CH1	TIM1_CH2	TIM1_CH1	TIM1_CH4 TIM1_TRIG TIM1_COM	TIM1_UP	TIM1_CH3	
通道 7		TIM8_UP	TIM8_CH1	TIM8_CH2	TIM8_CH3	SPI5_RX[1]	SPI5_TX[1]	TIM8_CH4 TIM8_TRIG TIM8_COM

注：(1)这些请求在 STM32F42xxx 和 STM32F43xxx 上可用。

表 21.1 列出了 DMA2 所有可能的选择情况，总共 64 种组合，比如本章要实现串口 1 的 DMA 发送，即 USART1_TX，就必须选择 DMA2 的数据流 7，使用通道 4 进行 DMA 传输。注意，有的外设（比如 USART1_RX）可能有多个通道可以选择，随意选择一个就可以了。

接下来介绍一下 DMA 设置相关的几个寄存器。

第一个是 DMA 中断状态寄存器，该寄存器总共有 2 个：DMA_LISR 和 DMA_

HISR,每个寄存器管理 4 数据流(总共 8 个),DMA_LISR 寄存器用于管理数据流 0～3,而 DMA_HISR 用于管理数据流 4～7。这两个寄存器各位描述都完全一样,只是管理的数据流不一样。

这里仅以 DMA_LISR 寄存器为例进行介绍,DMA_LISR 各位描述如图 21.3 所示。

31	30	29	28	27	26	25	24	23	22	21	20	19	18	17	16
Reserved				TCIF3	HTIF3	TCIF3	DMEIF3	Reserved	FEIF3	TCIF2	HTIF2	TEIF2	DMEIF2	Reserved	FEIF2
r	r	r	r	r	r	r	r		r	r	r	r	r		r
15	14	13	12	11	10	9	8	7	6	5	4	3	2	1	0
Reserved				TCIF1	HTIF1	TCIF1	DMEIF1	Reserved	FEIF1	TCIF0	HTIF0	TEIF0	DMEIF0	Reserved	FEIF0
r	r	r	r	r	r	r	r		r	r	r	r	r		r

位31:28、15:12 保留,必须保持复位值。

位27、21、11、5 **TCIFx**:数据流x传输完成中断标志(Stream x transfer complete interrupt flag)(x=3..0)
此位将由硬件置1,由软件清零,软件只将1写入DMA_LIFCR寄存器的相应位。
0:数据流x上无传输完成事件   1:数据流x上发生传输完成事件

位26、20、10、4 **HTIFx**:数据流x半传输完成中断标志(Stream x half transfer interrupt flag)(x=3..0)
此位将由硬件置1,由软件清零,软件只将1写入DMA_LIFCR寄存器的相应位。
0:数据流x上无半传输事件   1:数据流x上发生半传输事件

位25、19、9、3 **TEIFx**:数据流x传输错误中断标志(Stream x transfer error interrupt flag)(x=3..0)
此位将由硬件置1,由软件清零,软件只将1写入DMA_LIFCR寄存器的相应位。
0:数据流x上无传输错误   1:数据流x上发生传输错误

位24、18、8、2 **DMIFx**:数据流x直接模式错误中断标志(Stream x direct mode interrupt flag)(x=3..0)
此位将由硬件置1,由软件清零,软件只将1写入DMA_LIFCR寄存器的相应位。
0:数据流x上无直接模式错误   1:数据流x上发生直接模式错误

位23、17、7、1 保留,必须保持复位值

位22、16、6、0 **FEIFx**:数据流x FIFO错误中断标志(Stream x FIFO error interrupt flag)(x=3..0)
此位将由硬件置1,由软件清零,软件只将1写入DMA_LIFCR寄存器的相应位。
0:数据流x上无FIFO错误事件   1:数据流x上发生FIFO错误事件

图 21.3 DMA_LISR 寄存器各位描述

如果开启了 DMA_LISR 中这些位对应的中断,则在达到条件后就会跳到中断服务函数里面去,即使没开启,我们也可以通过查询这些位来获得当前 DMA 传输的状态。这里常用的是 TCIFx 位,即数据流 x 的 DMA 传输完成与否标志。注意,此寄存器为只读寄存器,所以在这些位被置位之后,只能通过其他的操作来清除。DMA_HISR 寄存器各位描述同 DMA_LISR 寄存器各位描述完全一样,只是对应数据流 4～7,这里就不列出来了。

第二个是 DMA 中断标志清除寄存器,该寄存器同样有 2 个:DMA_LIFCR 和 DMA_HIFCR,同样是每个寄存器控制 4 个数据流,DMA_LIFCR 寄存器用于管理数据流 0～3,而 DMA_HIFCR 用于管理数据流 4～7。这两个寄存器各位描述完全一样,只是管理的数据流不一样。

这里仅以 DMA_LIFCR 寄存器为例进行介绍,DMA_LIFCR 各位描述如图 21.4 所示。DMA_LIFCR 的各位就是用来清除 DMA_LISR 对应位的,通过写 1 清除。在 DMA_LISR 被置位后,我们必须通过向该位寄存器对应的位写入 1 来清除。DMA_HIFCR 的使用同 DMA_LIFCR 类似,这里就不做介绍了。

第21章 DMA实验

31	30	29	28	27	26	25	24	23	22	21	20	19	18	17	16
	Reserved			CTCIF3 w	CHTIF3 w	CTCIF3 w	CDMEIF3 w	Reserved	CFEIF3 w	CTCIF2 w	CHTIF2 w	CTEIF2 w	CDMEIF2 w	Reserved	CFEIF2 w
15	14	13	12	11	10	9	8	7	6	5	4	3	2	1	0
	Reserved			CTCIF1 w	CHTIF1 w	CTCIF1 w	CDMEIF1 w	Reserved	CFEIF1 w	CTCIF0 w	CHTIF0 w	CTEIF0 w	CDMEIF0 w	Reserved	CFEIF0 w

位31:28、15:12 保留，必须保持复位值。

位27、21、11、5 **CTCIFx**：数据流x传输完成中断标志清零(Stream x clear transfer complete interrupt flag)(x=3..0)

将1写入此位时，DMA_LISR寄存器中相应的TCIFx标志将清零

位26、20、10、4 **CHTIFx**：数据流x半传输完成中断标志清零(Stream x clear half transfer interrupt flag)(x=3..0)

将1写入此位时，DMA_LISR寄存器中相应的HTIFx标志将清零

位25、19、9、3 **CTEIFx**：数据流x传输错误中断标志清零(Stream x clear transfer error interrupt flag)(x=3..0)

将1写入此位时，DMA_LISR寄存器中相应的TEIFx标志将清零

位24、18、8、2 **CDMIFx**：数据流x直接模式错误中断标志清零(Stream xclear direct mode interrupt flag)(x=3..0)

将1写入此位时，DMA_LISR寄存器中相应的DMEIFx标志将清零

位23、17、7、1 保留，必须保持复位值

位22、16、6、0 **CFEIFx**：数据流x FIFO错误中断标志清零(Stream x clear FIFO error interrupt flag)(x=3..0)

将1写入此位时，DMA_LISR寄存器中相应的CFEIFx标志将清零

图21.4 DMA_LIFCR寄存器各位描述

第三个是DMA数据流x配置寄存器(DMA_SxCR)(x=0～7,下同)。该寄存器可参考《STM32F4xx中文参考手册》第223页9.5.5小节。该寄存器控制着DMA的很多相关信息,包括数据宽度、外设及存储器的宽度、优先级、增量模式、传输方向、中断允许、使能等。所以DMA_SxCR是DMA传输的核心控制寄存器。

第四个是DMA数据流x数据项数寄存器(DMA_SxNDTR)。这个寄存器控制DMA数据流x每次传输要传输的数据量,设置范围为0～65 535。并且该寄存器的值会随着传输的进行而减少,当该寄存器的值为0的时候就代表此次数据传输已经全部发送完成了,所以可以通过这个寄存器的值来知道当前DMA传输的进度。注意,这里是数据项数目,而不是指的字节数。比如设置数据位宽为16位,那么传输一次（一个项）就是2个字节。

第五个是DMA数据流x的外设地址寄存器(DMA_SxPAR)。该寄存器用来存储STM32F4外设的地址,比如我们使用串口1,那么该寄存器必须写入0x40011004(其实就是&USART1_DR)。如果使用其他外设,就修改成相应外设的地址就行了。

最后一个是DMA数据流x的存储器地址寄存器,由于STM32F4的DMA支持双缓存,所以存储器地址寄存器有两个：DMA_SxM0AR和DMA_SxM1AR,其中,DMA_SxM1AR仅在双缓冲模式下,才有效。本章没用到双缓冲模式,所以存储器地址寄存器就是DMA_SxM0AR,该寄存器和DMA_CPARx差不多,但是用来放存储器的地址。比如我们使用SendBuf[8200]数组来做存储器,那么在DMA_SxM0AR中写入&SendBuff就可以了。

这些寄存器的详细描述可参考《STM32F4xx 中文参考手册》第 9.5 节。本章要用到串口 1 的发送，属于 DMA2 的数据流 7，通道 4，接下来就介绍下使用库函数的配置步骤和方法。首先这里需要指出的是，DMA 相关的库函数支持在文件 stm32f4xx_dma.c 以及对应的头文件 stm32f4xx_dac.h 中。具体步骤如下：

① 使能 DMA2 时钟，并等待数据流可配置。

DMA 的时钟使能是通过 AHB1ENR 寄存器来控制的，这里要先使能时钟，才可以配置 DMA 相关寄存器。所以先要使能 DMA2 的时钟。另外，要对配置寄存器（DMA_SxCR）进行设置，必须先等待其最低位为 0（也就是 DMA 传输禁止了），才可以进行配置。

库函数使能 DMA2 时钟的方法为：

```
RCC_AHB1PeriphClockCmd(RCC_AHB1Periph_DMA2,ENABLE);//DMA2 时钟使能
```

等待 DMA 可配置，也就是等待 DMA_SxCR 寄存器最低位为 0 的方法为：

```
while (DMA_GetCmdStatus(DMA_Streamx)!= DISABLE){}//等待 DMA 可配置
```

② 初始化 DMA2 数据流 7，包括配置通道、外设地址、存储器地址、传输数据量等。

DMA 的某个数据流各种配置参数初始化是通过 DMA_Init 函数实现的：

```
void DMA_Init(DMA_Stream_TypeDef * DMAy_Streamx, DMA_InitTypeDef * DMA_InitStruct);
```

函数的第一个参数是指定初始化的 DMA 的数据流编号。入口参数范围为：DMAx_Stream0~DMAx_Stream7(x=1,2)。下面主要看看第二个参数。跟其他外设一样，同样是通过初始化结构体成员变量值来达到初始化的目的。DMA_InitTypeDef 结构体的定义：

```
typedef struct
{
  uint32_t DMA_Channel;
  uint32_t DMA_PeripheralBaseAddr;
  uint32_t DMA_Memory0BaseAddr;
  uint32_t DMA_DIR;
  uint32_t DMA_BufferSize;
  uint32_t DMA_PeripheralInc;
  uint32_t DMA_MemoryInc;
  uint32_t DMA_PeripheralDataSize;
  uint32_t DMA_MemoryDataSize;
  uint32_t DMA_Mode;
  uint32_t DMA_Priority;
  uint32_t DMA_FIFOMode;
  uint32_t DMA_FIFOThreshold;
  uint32_t DMA_MemoryBurst;
  uint32_t DMA_PeripheralBurst;
}DMA_InitTypeDef;
```

这个结构体的成员比较多，但是每个成员变量的意义前面基本都已经讲解过，这里做个简要的介绍。

第一个参数 DMA_Channel 用来设置 DMA 数据流对应的通道。前面已经讲解过，可供每个数据流选择的通道请求多达 8 个，取值范围为 DMA_Channel_0~DMA_

Channel_7。

第二个参数 DMA_PeripheralBaseAddr 用来设置 DMA 传输的外设基地址，比如要进行串口 DMA 传输，那么外设基地址为串口接收发送数据存储器 USART1→DR 的地址，表示方法为 &USART1→DR。

第三个参数 DMA_Memory0BaseAddr 为内存基地址，也就是存放 DMA 传输数据的内存地址。

第四个参数 DMA_DIR 设置数据传输方向，决定是从外设读取数据到内存还送从内存读取数据发送到外设，也就是外设是源地还是目的地，这里设置为从内存读取数据发送到串口，所以外设自然就是目的地了，所以选择值为 DMA_DIR_PeripheralDST。

第五个参数 DMA_BufferSize 设置一次传输数据量的大小，这个很容易理解。

第六个参数 DMA_PeripheralInc 设置传输数据的时候外设地址是不变还是递增。如果设置为递增，那么下一次传输的时候地址加 1，这里因为是一直往固定外设地址 &USART1→DR 发送数据，所以地址不递增，值为 DMA_PeripheralInc_Disable。

第七个参数 DMA_MemoryInc 设置传输数据时候内存地址是否递增。这个参数和 DMA_PeripheralInc 意思接近，只不过针对的是内存。这里的场景是将内存中连续存储单元的数据发送到串口，毫无疑问内存地址是需要递增的，所以值为 DMA_MemoryInc_Enable。

第八个参数 DMA_PeripheralDataSize 用来设置外设的数据长度是为字节传输（8 bit），半字传输（16 bit）还是字传输（32 bit），这里我们是 8 位字节传输，所以值设置为 DMA_PeripheralDataSize_Byte。

第九个参数 DMA_MemoryDataSize 用来设置内存的数据长度，和第七个参数意思接近，这里同样设置为字节传输 DMA_MemoryDataSize_Byte。

第十个参数 DMA_Mode 用来设置 DMA 模式是否循环采集，也就是说，比如要从内存中采集 64 个字节发送到串口，如果设置为重复采集，那么它会在 64 个字节采集完成之后继续从内存的第一个地址采集，如此循环。这里设置为一次连续采集完成之后不循环。所以设置值为 DMA_Mode_Normal。在下面的实验中，如果设置此参数为循环采集，那么会看到串口不停地打印数据，不会中断，大家在实验中可以修改这个参数测试一下。

第十一个参数 DMA_Priority 是用来设置 DMA 通道的优先级，有低、中、高、超高 4 种模式，这个前面讲解过，这里设置优先级别为中级，所以值为 DMA_Priority_Medium。优先级可以随便设置，因为我们只有一个数据流被开启了。假设有多个数据流开启（最多 8 个），那么就要设置优先级了，DMA 仲裁器将根据这些优先级的设置来决定先执行哪个数据流的 DMA。优先级越高的，越早执行；当优先级相同的时候，根据硬件上的编号来决定哪个先执行（编号越小越优先）。

第十二个参数 DMA_FIFOMode 用来设置是否开启 FIFO 模式。这里不开启所以选择 DMA_FIFOMode_Disable。

第十三个参数 DMA_FIFOThreshold 用来选择 FIFO 阈值。根据前面讲解可以为

FIFO 容量的 1/4、1/2、3/4 以及 1 倍。这里实际并没有开启 FIFO 模式,所以可以不关心。

第十四个参数 DMA_MemoryBurst 用来配置存储器突发传输配置。可以选择为 4 个节拍的增量突发传输 DMA_MemoryBurst_INC4、8 个节拍的增量突发传输 DMA_MemoryBurst_INC8、16 个街拍的增量突发传输 DMA_MemoryBurst_INC16 以及单次传输 DMA_MemoryBurst_Single。

第十五个参数 DMA_PeripheralBurst 用来配置外设突发传输配置。跟前面一个参数 DMA_MemoryBurst 作用类似,只不过一个针对的是存储器,一个是外设。这里选择单次传输 DMA_PeripheralBurst_Single。

参数具体详细配置可以参考中文参考手册接下来给出上面场景的实例代码:

```
/* 配置 DMA Stream */
DMA_InitStructure.DMA_Channel = chx;                                  //通道选择
DMA_InitStructure.DMA_PeripheralBaseAddr = par;                       //DMA 外设地址
DMA_InitStructure.DMA_Memory0BaseAddr = mar;                          //DMA 存储器 0 地址
DMA_InitStructure.DMA_DIR = DMA_DIR_MemoryToPeripheral;               //存储器到外设模式
DMA_InitStructure.DMA_BufferSize = ndtr;                              //数据传输量
DMA_InitStructure.DMA_PeripheralInc = DMA_PeripheralInc_Disable;
                                                                      //外设非增量模式
DMA_InitStructure.DMA_MemoryInc = DMA_MemoryInc_Enable;               //存储器增量模式
DMA_InitStructure.DMA_PeripheralDataSize = DMA_PeripheralDataSize_Byte;
                                                                      //外设数据长度:8 位
DMA_InitStructure.DMA_MemoryDataSize = DMA_MemoryDataSize_Byte;
                                                                      //存储器数据长度:8 位
DMA_InitStructure.DMA_Mode = DMA_Mode_Normal;                         //使用普通模式
DMA_InitStructure.DMA_Priority = DMA_Priority_Medium;                 //中等优先级
DMA_InitStructure.DMA_FIFOMode = DMA_FIFOMode_Disable;
DMA_InitStructure.DMA_FIFOThreshold = DMA_FIFOThreshold_Full;
DMA_InitStructure.DMA_MemoryBurst = DMA_MemoryBurst_Single;           //单次传输
DMA_InitStructure.DMA_PeripheralBurst = DMA_PeripheralBurst_Single;
                                                                      //外设突发单次传输
DMA_Init(DMA_Streamx, &DMA_InitStructure);                            //初始化 DMA Stream
```

③ 使能串口 1 的 DMA 发送。

进行 DMA 配置之后,我们就要开启串口的 DMA 发送功能,使用的函数是:

```
USART_DMACmd(USART1,USART_DMAReq_Tx,ENABLE);   //使能串口 1 的 DMA 发送
```

如果是要使能串口 DMA 接收,那么第二个参数修改为 USART_DMAReq_Rx 即可。

④ 使能 DMA2 数据流 7,启动传输。

使能 DMA 数据流的函数为:

```
void DMA_Cmd(DMA_Stream_TypeDef * DMAy_Streamx, FunctionalState NewState)
```

使能 DMA2_Stream7,启动传输的方法为:

```
DMA_Cmd(DMA2_Stream7,ENABLE);
```

通过以上 4 步设置,我们就可以启动一次 USART1 的 DMA 传输了。

⑤ 查询 DMA 传输状态。

在 DMA 传输过程中,我们要查询 DMA 传输通道的状态,使用的函数是：
FlagStatus DMA_GetFlagStatus(uint32_t DMAy_FLAG)

比如要查询 DMA 数据流 7 传输是否完成,方法是：

DMA_GetFlagStatus(DMA2_Stream7,DMA_FLAG_TCIF7);

这里还有一个比较重要的函数就是获取当前剩余数据量大小的函数：
uint16_t DMA_GetCurrDataCounter(DMA_Stream_TypeDef * DMAy_Streamx);

比如要获取 DMA 数据流 7 还有多少个数据没有传输,方法是：
DMA_GetCurrDataCounter(DMA1_Channel4);

同样,也可以设置对应的 DMA 数据流传输的数据量大小,函数为：
void DMA_SetCurrDataCounter(DMA_Stream_TypeDef * DMAy_Streamx, uint16_t Counter);

21.2 硬件设计

所以本章用到的硬件资源有：指示灯 DS0、KEY0 按键、串口、TFTLCD 模块、DMA。本章将利用外部按键 KEY0 来控制 DMA 的传送。每按一次 KEY0,DMA 就传送一次数据到 USART1,然后在 TFTLCD 模块上显示进度等信息。DS0 还是用来作为程序运行的指示灯。本章实验需要注意 P6 口的 RXD 和 TXD 是否和 PA9 和 PA10 连接上,如果没有须先连接。

21.3 软件设计

打开本章的实验工程可以看到,我们在 FWLIB 分组下面增加了 DMA 支持文件 stm32f4xx_dma.c,同时引入了 stm32f4xx_dma.h 头文件支持。在 HARDWARE 分组下面我们新增了 dma.c 以及对应头文件 dma.h 用来存放 dma 相关的函数和定义。

打开 dma.c 文件,代码如下：

```
//DMAx 的各通道配置
//这里的传输形式是固定的,这点要根据不同的情况来修改
//从存储器->外设模式/8 位数据宽度/存储器增量模式
//DMA_Streamx:DMA 数据流,DMA1_Stream0~7/DMA2_Stream0~7
//chx:DMA 通道选择,@ref DMA_channel DMA_Channel_0~DMA_Channel_7
//par:外设地址 mar:存储器地址 ndtr:数据传输量
void MYDMA_Config(DMA_Stream_TypeDef * DMA_Streamx,u32 chx,u32 par,u32 mar,u16 ndtr)
{
    DMA_InitTypeDef  DMA_InitStructure;
    if((u32)DMA_Streamx>(u32)DMA2)//得到当前 stream 是属于 DMA2 还是 DMA1
    {
        RCC_AHB1PeriphClockCmd(RCC_AHB1Periph_DMA2,ENABLE);     //DMA2 时钟使能
    }else
    {
```

```c
        RCC_AHB1PeriphClockCmd(RCC_AHB1Periph_DMA1,ENABLE);         //DMA1 时钟使能
    }
    DMA_DeInit(DMA_Streamx);
    while (DMA_GetCmdStatus(DMA_Streamx) ! = DISABLE){}             //等待 DMA 可配置
    /* 配置 DMA Stream */
    DMA_InitStructure.DMA_Channel = chx;                            //通道选择
    DMA_InitStructure.DMA_PeripheralBaseAddr = par;                 //DMA 外设地址
    DMA_InitStructure.DMA_Memory0BaseAddr = mar;                    //DMA 存储器 0 地址
    DMA_InitStructure.DMA_DIR = DMA_DIR_MemoryToPeripheral;         //存储器到外设模式
    DMA_InitStructure.DMA_BufferSize = ndtr;                        //数据传输量
    DMA_InitStructure.DMA_PeripheralInc = DMA_PeripheralInc_Disable;
                                                                    //外设非增量模式
    DMA_InitStructure.DMA_MemoryInc = DMA_MemoryInc_Enable;         //存储器增量模式
    DMA_InitStructure.DMA_PeripheralDataSize = DMA_PeripheralDataSize_Byte;
                                                                    //外设数据长度:8 位
    DMA_InitStructure.DMA_MemoryDataSize = DMA_MemoryDataSize_Byte;
                                                                    //存储器数据长度:8 位
    DMA_InitStructure.DMA_Mode = DMA_Mode_Normal;                   // 使用普通模式
    DMA_InitStructure.DMA_Priority = DMA_Priority_Medium;           //中等优先级
    DMA_InitStructure.DMA_FIFOMode = DMA_FIFOMode_Disable;          //FIFO 模式禁止
    DMA_InitStructure.DMA_FIFOThreshold = DMA_FIFOThreshold_Full;   //FIFO 阈值
    DMA_InitStructure.DMA_MemoryBurst = DMA_MemoryBurst_Single;
                                                                    //存储器突发单次传输
    DMA_InitStructure.DMA_PeripheralBurst = DMA_PeripheralBurst_Single;
                                                                    //外设突发单次传输
    DMA_Init(DMA_Streamx, &DMA_InitStructure);                      //初始化 DMA Stream
}
//开启一次 DMA 传输
//DMA_Streamx:DMA 数据流,DMA1_Stream0~7/DMA2_Stream0~7
//ndtr:数据传输量
void MYDMA_Enable(DMA_Stream_TypeDef * DMA_Streamx,u16 ndtr)
{
    DMA_Cmd(DMA_Streamx, DISABLE);                                  //关闭 DMA 传输
    while (DMA_GetCmdStatus(DMA_Streamx) != DISABLE){}              //确保 DMA 可以被设置
    DMA_SetCurrDataCounter(DMA_Streamx,ndtr);                       //数据传输量
    DMA_Cmd(DMA_Streamx, ENABLE);                                   //开启 DMA 传输
}
```

该部分代码仅仅 2 个函数,其中,MYDMA_Config 函数基本上就是按照上面介绍的步骤来初始化 DMA 的。该函数是一个通用的 DMA 配置函数,DMA1、DMA2 的所有通道都可以利用该函数配置,不过有些固定参数可能要适当修改(比如位宽、传输方向等)。该函数在外部只能修改 DMA 及数据流编号、通道号、外设地址、存储器地址(SxM0AR)传输数据量等几个参数,其他设置只能在该函数内部修改。MYDMA_Enable 函数就是设置 DMA 缓存大小并且使能 DMA 数据流。对照前面的配置步骤的详细讲解看看这部分代码即可。

dma.h 头文件内容比较简单,主要是函数申明。接下来看看那 main 函数如下:

```c
/* 发送数据长度,最好等于 sizeof(TEXT_TO_SEND) + 2 的整数倍. */
#define SEND_BUF_SIZE 8200
u8 SendBuff[SEND_BUF_SIZE];                                         //发送数据缓冲区
```

```c
const u8 TEXT_TO_SEND[] = {"ALIENTEK Explorer STM32F4 DMA 串口实验"};
int main(void)
{
    u16 i;
    u8 t = 0,j,mask = 0;
    float pro = 0;                                          //进度
    NVIC_PriorityGroupConfig(NVIC_PriorityGroup_2);         //设置系统中断优先级分组 2
    delay_init(168);                                        //初始化延时函数
    uart_init(115200);                                      //初始化串口波特率为 115 200
    LED_Init();                                             //初始化 LED
    LCD_Init();                                             //LCD 初始化
    KEY_Init();                                             //按键初始化
    /*DMA2,STEAM7,CH4,外设为串口 1,存储器为 SendBuff,长度为:SEND_BUF_SIZE.*/
    MYDMA_Config(DMA2_Stream7,DMA_Channel_4,(u32)&USART1->DR,(u32)SendBuff,
                                                            SEND_BUF_SIZE);
    ……//省略部分代码
    //显示提示信息
    j = sizeof(TEXT_TO_SEND);
    for(i = 0;i<SEND_BUF_SIZE;i++)     //填充 ASCII 字符集数据
    {
        if(t>= j)                       //加入换行符
        {
            if(mask)
            {
                SendBuff[i] = 0x0a;t = 0;
            }else
            {
                SendBuff[i] = 0x0d;mask++;
            }
        }else                           //复制 TEXT_TO_SEND 语句
        {
            mask = 0;
            SendBuff[i] = TEXT_TO_SEND[t];t++;
        }
    }
    POINT_COLOR = BLUE;                                     //设置字体为蓝色
    i = 0;
    while(1)
    {
        t = KEY_Scan(0);
        if(t == KEY0_PRES)                                  //KEY0 按下
        {
            printf("\r\nDMA DATA:\r\n");
            LCD_ShowString(30,150,200,16,16,"Start Transimit....");
            LCD_ShowString(30,170,200,16,16,"   %");         //显示百分号
            USART_DMACmd(USART1,USART_DMAReq_Tx,ENABLE);    //使能串口 1 的 DMA 发送
            MYDMA_Enable(DMA2_Stream7,SEND_BUF_SIZE);       //开始一次 DMA 传输
            //等待 DMA 传输完成,此时我们来做另外一些事,点灯
            //实际应用中,传输数据期间,可以执行另外的任务
            while(1)
            {
```

```
                if(DMA_GetFlagStatus(DMA2_Stream7,DMA_FLAG_TCIF7)!=RESET)
                //等待 DMA2_Steam7 传输完成
                {
                    DMA_ClearFlag(DMA2_Stream7,DMA_FLAG_TCIF7);//清传输完成标志
                    break;
                }
                pro = DMA_GetCurrDataCounter(DMA2_Stream7);  //得到当前剩余数据数
                pro = 1 - pro/SEND_BUF_SIZE;                //得到百分比
                pro *= 100;                                 //扩大 100 倍
                LCD_ShowNum(30,170,pro,3,16);
            }
            LCD_ShowNum(30,170,100,3,16);                   //显示 100%
            LCD_ShowString(30,150,200,16,16,"Transimit Finished!");
        }
        i++;
        delay_ms(10);
        if(i==20)
        {
            LED0 = ! LED0;                                  //提示系统正在运行
            i = 0;
        }
    }
}
```

main 函数的流程大致是:先初始化内存 SendBuff 的值,然后通过 KEY0 开启串口 DMA 发送。在发送过程中,通过 DMA_GetCurrDataCounter()函数获取当前剩余的数据量从而计算传输百分比。最后在传输结束之后清除相应标志位,提示已经传输完成。注意,因为使用串口 1 DMA 发送,所以代码中使用 USART_DMACmd 函数开启串口的 DMA 发送:

```
USART_DMACmd(USART1,USART_DMAReq_Tx,ENABLE);//使能串口 1 的 DMA 发送
```

至此,DMA 串口传输的软件设计就完成了。

21.4 下载验证

编译成功之后,通过串口下载代码到 ALIENTEK 探索者 STM32F4 开发板上,可以看到 LCD 显示如图 21.5 所示。

图 21.5 DMA 实验测试图

第 21 章 DMA 实验

伴随 DS0 的不停闪烁,提示程序在运行。打开串口调试助手,然后按 KEY0,可以看到串口显示如图 21.6 所示的内容。可以看到串口收到了探索者 STM32F4 开发板发送过来的数据,同时可以看到 TFTLCD 上显示了进度等信息,如图 21.7 所示。

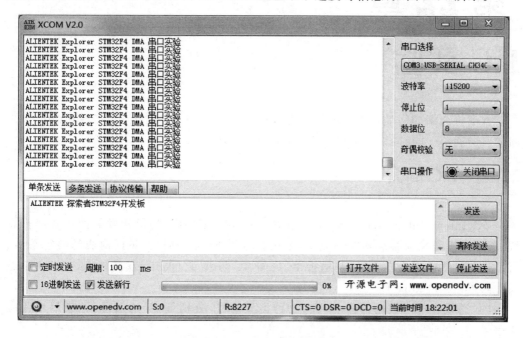

图 21.6 串口收到的数据内容

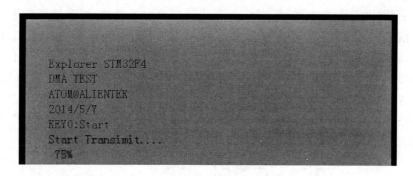

21.7 DMA 串口数据传输中

至此,整个 DMA 实验就结束了。DMA 是个非常好的功能,不但能减轻 CPU 负担,还能提高数据传输速度,合理地应用 DMA 往往能让程序设计变得简单。

第 22 章

I²C 实验

本章将介绍如何使用 STM32F4 的普通 I/O 口模拟 I²C 时序,并实现和 24C02 之间的双向通信。同时,将结果显示在 TFTLCD 模块上。

22.1 I²C 简介

I²C(Inter‐Integrated Circuit)总线是一种由 PHILIPS 公司开发的两线式串行总线,用于连接微控制器及其外围设备,是由数据线 SDA 和时钟 SCL 构成的串行总线,可发送和接收数据。在 CPU 与被控 IC 之间、IC 与 IC 之间进行双向传送,高速 I²C 总线一般可达 400 kbps 以上。

I²C 总线在传送数据过程中共有 3 种类型信号,分别是:开始信号、结束信号和应答信号。

开始信号:SCL 为高电平时,SDA 由高电平向低电平跳变,开始传送数据。

结束信号:SCL 为高电平时,SDA 由低电平向高电平跳变,结束传送数据。

应答信号:接收数据的 IC 在接收到 8 bit 数据后,向发送数据的 IC 发出特定的低电平脉冲,表示已收到数据。CPU 向受控单元发出一个信号后,等待受控单元发出一个应答信号,CPU 接收到应答信号后,根据实际情况做出是否继续传递信号的判断。若未收到应答信号,由判断为受控单元出现故障。

这些信号中起始信号是必需的,结束信号和应答信号都可以不要。I²C 总线时序图如图 22.1 所示。

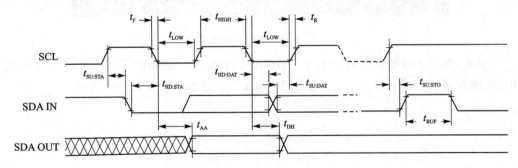

图 22.1 I²C 总线时序图

ALIENTEK 探索者 STM32F4 开发板板载的 EEPROM 芯片型号为 24C02。该芯片的总容量是 256 字节,通过 I²C 总线与外部连接,本章就通过 STM32F4 来实现 24C02 的读/写。

目前大部分 MCU 都带有 I²C 总线接口,STM32F4 也不例外,但是这里不使用 STM32F4 的硬件 I²C 来读/写 24C02,而是通过软件模拟。ST 为了规避飞利浦 I²C 专利问题,将 STM32 的硬件 I²C 设计的比较复杂,而且稳定性不怎么好,所以这里不推荐使用。有兴趣的读者可以研究一下 STM32F4 的硬件 I²C。

用软件模拟 I²C 最大的好处就是方便移植,同一个代码兼容所有 MCU。任何一个单片机只要有 I/O 口,就可以很快移植过去,而且不需要特定的 I/O 口。而硬件则换一款 MCU 基本上就得重新搞一次,移植是比较麻烦的。

本章实验功能简介:开机的时候先检测 24C02 是否存在,然后在主循环里面检测两个按键,其中一个按键(KEY1)用来执行写入 24C02 的操作,另外一个按键(KEY0)用来执行读出操作,在 TFTLCD 模块上显示相关信息。同时用 DS0 提示程序正在运行。

22.2 硬件设计

本章需要用到的硬件资源有:指示灯 DS0、KEY_UP 和 KEY1 按键、串口(USMART 使用)、TFTLCD 模块、24C02。前面 4 部分的资源已经介绍了,这里只介绍 24C02 与 STM32F4 的连接。24C02 的 SCL 和 SDA 分别连在 STM32F4 的 PB8 和 PB9 上的,连接关系如图 22.2 所示。

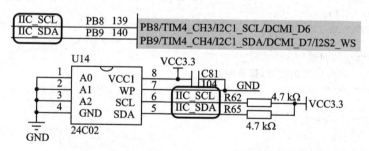

图 22.2 STM32F4 与 24C02 连接图

22.3 软件设计

打开本章的实验工程可以看到,我们并没有在 FWLIB 分组之下添加新的固件库文件支持,因为我们是通过 GPIO 来模拟 I²C。我们新增了 myiic.c 文件用来存放 iic 底层驱动,新增了 24cxx.c 文件用来存放 24C02 的底层驱动。

打开 myiic.c 文件,代码如下:

```c
//初始化I²C
void I2C_Init(void)
{
    GPIO_InitTypeDef  GPIO_InitStructure;
    RCC_AHB1PeriphClockCmd(RCC_AHB1Periph_GPIOB, ENABLE);    //使能GPIOB时钟
    //GPIOB8,B9初始化设置
    GPIO_InitStructure.GPIO_Pin = GPIO_Pin_8 | GPIO_Pin_9;
    GPIO_InitStructure.GPIO_Mode = GPIO_Mode_OUT;            //普通输出模式
    GPIO_InitStructure.GPIO_OType = GPIO_OType_PP;           //推挽输出
    GPIO_InitStructure.GPIO_Speed = GPIO_Speed_100MHz;       //100 MHz
    GPIO_InitStructure.GPIO_PuPd = GPIO_PuPd_UP;             //上拉
    GPIO_Init(GPIOB, &GPIO_InitStructure);                   //初始化
    IIC_SCL = 1; IIC_SDA = 1;
}
//产生I²C起始信号
void IIC_Start(void)
{
    SDA_OUT();                                               //SDA线输出
    IIC_SDA = 1; IIC_SCL = 1; delay_us(4);
    IIC_SDA = 0;//START:when CLK is high,DATA change form high to low
    delay_us(4);
    IIC_SCL = 0;                                             //钳住I²C总线,准备发送或接收数据
}
//产生I²C停止信号
void IIC_Stop(void)
{
    SDA_OUT();                                               //SDA线输出
    IIC_SCL = 0;
    IIC_SDA = 0;                        //STOP:when CLK is high DATA change form low to high
    delay_us(4);
    IIC_SCL = 1; IIC_SDA = 1; delay_us(4);                   //发送I²C总线结束信号
}
//等待应答信号到来
//返回值:1,接收应答失败;0,接收应答成功
u8 IIC_Wait_Ack(void)
{
    u8 ucErrTime = 0;
    SDA_IN();                                                //SDA设置为输入
    IIC_SDA = 1; delay_us(1);
    IIC_SCL = 1; delay_us(1);
    while(READ_SDA)
    {ucErrTime ++ ;
        if(ucErrTime>250)
        { IIC_Stop(); return 1;}
    }
    IIC_SCL = 0;                                             //时钟输出0
    return 0;
}
//产生ACK应答
void IIC_Ack(void)
{
```

第 22 章 I²C 实验

```c
    IIC_SCL = 0;SDA_OUT();
    IIC_SDA = 0;delay_us(2);
    IIC_SCL = 1;delay_us(2);
    IIC_SCL = 0;
}
//不产生 ACK 应答
void IIC_NAck(void)
{
    IIC_SCL = 0;
    SDA_OUT();
    IIC_SDA = 1;delay_us(2);
    IIC_SCL = 1;delay_us(2);
    IIC_SCL = 0;
}
//I²C 发送一个字节
//返回从机有无应答 1,有应答 0,无应答
void IIC_Send_Byte(u8 txd)
{
    u8 t;
    SDA_OUT();
    IIC_SCL = 0;                                    //拉低时钟开始数据传输
    for(t = 0;t<8;t ++ )
    {
        IIC_SDA = (txd&0x80)>>7;
        txd<< = 1;
        delay_us(2);                                //对 TEA5767 这 3 个延时都是必须的
        IIC_SCL = 1;delay_us(2);
        IIC_SCL = 0;    delay_us(2);
    }
}
//读一个字节,ack = 1 时,发送 ACK,ack = 0,发送 nACK
u8 IIC_Read_Byte(unsigned char ack)
{
    unsigned char i,receive = 0;
    SDA_IN();                                       //SDA 设置为输入
    for(i = 0;i<8;i ++ )
    {   IIC_SCL = 0; delay_us(2);
        IIC_SCL = 1;receive<< = 1;
        if(READ_SDA)receive ++ ;
        delay_us(1);
    }
    if (! ack) IIC_NAck();                          //发送 nACK
    else IIC_Ack();                                 //发送 ACK
    return receive;
}
```

该部分为 I²C 驱动代码,实现包括 I²C 的初始化(I/O 口)、I²C 开始、I²C 结束、ACK、I²C 读/写等功能,在其他函数里面,只需要调用相关的 I²C 函数就可以和外部 I²C 器件通信了,这里并不局限于 24C02,该段代码可以用在任何 I²C 设备上。

打开 myiic.h 头文件可以看到,除了函数申明之外,还定义了几个宏定义标识符:

```c
//I/O方向设置
#define SDA_IN()  {GPIOB->MODER&=~(3<<(9*2));GPIOB->MODER|=0<<9*2;}
                                                //PB9输入模式
#define SDA_OUT() {GPIOB->MODER&=~(3<<(9*2));GPIOB->MODER|=1<<9*2;}
                                                //PB9输出模式
//I/O操作函数
#define I2C_SCL    PBout(8)                     //SCL
#define I2C_SDA    PBout(9)                     //SDA
#define READ_SDA   PBin(9)                      //输入SDA
```

该部分代码的 SDA_IN() 和 SDA_OUT() 分别用于设置 IIC_SDA 接口为输入和输出。其他几个宏定义就是通过位带实现 I/O 口操作。

接下来看看 24cxx.c 源文件代码代码：

```c
//初始化I2C接口
void AT24CXX_Init(void)
{
    IIC_Init();//IIC初始化
}
//在AT24CXX指定地址读出一个数据
//ReadAddr:开始读数的地址  返回值  :读到的数据
u8 AT24CXX_ReadOneByte(u16 ReadAddr)
{
    u8 temp=0;
    IIC_Start();
    if(EE_TYPE>AT24C16)
    {   IIC_Send_Byte(0XA0);                    //发送写命令
        IIC_Wait_Ack();
        IIC_Send_Byte(ReadAddr>>8);             //发送高地址
    }else IIC_Send_Byte(0XA0+((ReadAddr/256)<<1));   //发送器件地址0XA0,写数据
    IIC_Wait_Ack();
    IIC_Send_Byte(ReadAddr%256);                //发送低地址
    IIC_Wait_Ack();
    IIC_Start();
    IIC_Send_Byte(0XA1);                        //进入接收模式
    IIC_Wait_Ack();
    temp=IIC_Read_Byte(0);
    IIC_Stop();                                 //产生一个停止条件
    return temp;
}
//在AT24CXX指定地址写入一个数据
//WriteAddr  :写入数据的目的地址    DataToWrite:要写入的数据
void AT24CXX_WriteOneByte(u16 WriteAddr,u8 DataToWrite)
{
    IIC_Start();
    if(EE_TYPE>AT24C16)
    {   IIC_Send_Byte(0XA0);                    //发送写命令
        IIC_Wait_Ack();
        IIC_Send_Byte(WriteAddr>>8);            //发送高地址
    }else IIC_Send_Byte(0XA0+((WriteAddr/256)<<1));  //发送器件地址0XA0,写数据
    IIC_Wait_Ack();
```

```
    IIC_Send_Byte(WriteAddr%256);                        //发送低地址
    IIC_Wait_Ack();
    IIC_Send_Byte(DataToWrite);                          //发送字节
    IIC_Wait_Ack();
    IIC_Stop();                                          //产生一个停止条件
    delay_ms(10);      //EEPROM写入过程比较慢,需等待一点时间,再写下一次
}
```

这里仅列出了3个函数,其中,AT24CXX_Init 用于初始化 I²C 接口,通过调用 IIC_Init函数实现。AT24CXX_ReadOneByte 和 AT24CXX_WriteOneByte 分别用于在24CXX的任意地址读取或者写入一个字节,有了这两个函数作为基础,其他多字节读/写函数就很容易实现了,详见本例程源码。这部分代码理论上是可以支持 24Cxx 所有系列的芯片(地址引脚必须都设置为0),但是我们测试只测试了24C02,其他器件有待测试。读者也可以验证一下,24CXX 的型号定义在 24cxx.h 文件里面,通过 EE_TYPE 设置。

最后看看主函数代码:

```
const u8 TEXT_Buffer[] = {"Explorer STM32F4 IIC TEST"};//要写入到24c02的字符串数组
#define SIZE sizeof(TEXT_Buffer)
int main(void)
{
    u8 key,datatemp[SIZE];
    u16 i = 0;
    ……//省略部分初始化代码
    AT24CXX_Init();                    //I²C初始化
    while(AT24CXX_Check())//检测不到24c02
    {
        LCD_ShowString(30,150,200,16,16,"24C02 Check Failed!");
        delay_ms(500);
        LCD_ShowString(30,150,200,16,16,"Please Check!      ");
        delay_ms(500);
        LED0 = ! LED0;//DS0闪烁
    }
    LCD_ShowString(30,150,200,16,16,"24C02 Ready!");
    POINT_COLOR = BLUE;//设置字体为蓝色
    while(1)
    {
        key = KEY_Scan(0);
        if(key == KEY1_PRES)//KEY1按下,写入24C02
        {
            LCD_Fill(0,170,239,319,WHITE);//清除半屏
            LCD_ShowString(30,170,200,16,16,"Start Write 24C02....");
            AT24CXX_Write(0,(u8 * )TEXT_Buffer,SIZE);
            LCD_ShowString(30,170,200,16,16,"24C02 Write Finished!");//提示传送完成
        }
        if(key == KEY0_PRES)//KEY0按下,读取字符串并显示
        {
            LCD_ShowString(30,170,200,16,16,"Start Read 24C02.... ");
            AT24CXX_Read(0,datatemp,SIZE);
            LCD_ShowString(30,170,200,16,16,"The Data Readed Is:  ");//提示传送完成
```

```
            LCD_ShowString(30,190,200,16,16,datatemp);//显示读到的字符串
        }
        i++;delay_ms(10);
        if(i==20)
        {
            LED0=!LED0;//提示系统正在运行
            i=0;
        }
    }
}
```

该段代码通过 KEY1 按键来控制 24C02 的写入,通过另外一个按键 KEY0 来控制 24C02 的读取,并在 LCD 模块上面显示相关信息。至此,软件设计部分就结束了。

22.4　下载验证

编译成功之后,下载代码到 ALIENTEK 探索者 STM32F4 开发板上,通过先按 KEY1 按键写入数据,然后按 KEY0 读取数据,得到如图 22.3 所示界面。同时 DS0 不停闪烁,提示程序正在运行。程序在开机的时候会检测 24C02 是否存在,如果不存在则会在 TFTLCD 模块上显示错误信息,同时 DS0 慢闪。读者可以通过跳线帽把 PB8 和 PB9 短接就可以看到报错了。

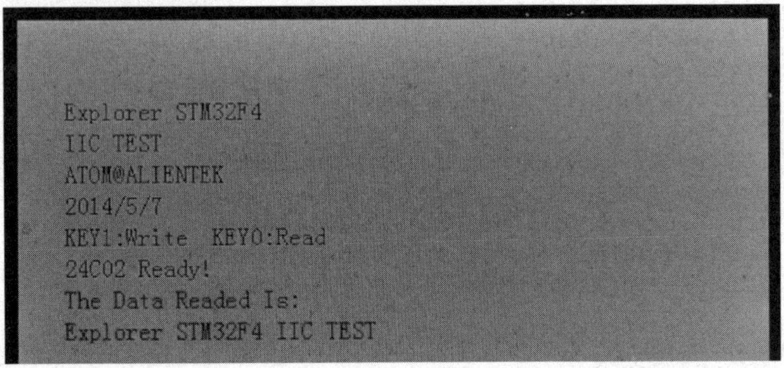

图 22.3　I^2C 实验程序运行效果图

第 23 章

SPI 实验

本章将介绍 STM32F4 的 SPI 功能,利用 STM32F4 自带的 SPI 实现对外部 FLASH(W25Q128)的读/写,并将结果显示在 TFTLCD 模块上。

23.1 SPI 简介

SPI 是 Serial Peripheral interface 的缩写,顾名思义就是串行外围设备接口,是原 Freescale 首先在其 MC68HCXX 系列处理器上定义的。SPI 接口主要应用在 EEP-ROM、FLASH、实时时钟、A/D 转换器,还有数字信号处理器和数字信号解码器之间。SPI 是一种高速的、全双工、同步的通信总线,并且在芯片的引脚上只占用 4 根线,节约了芯片的引脚,同时为 PCB 的布局上节省空间,提供方便。正是出于这种简单易用的特性,现在越来越多的芯片集成了这种通信协议,STM32F4 也有 SPI 接口。SPI 的内部简明图如图 23.1 所示。

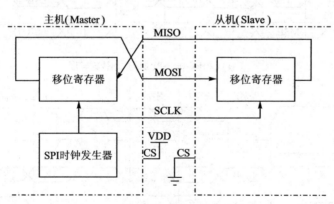

图 23.1 SPI 内部结构简明图

SPI 接口一般使用 4 条线通信:
 ➢ MISO 主设备数据输入,从设备数据输出。
 ➢ MOSI 主设备数据输出,从设备数据输入。
 ➢ SCLK 时钟信号,由主设备产生。
 ➢ CS 从设备片选信号,由主设备控制。
从图中可以看出,主机和从机都有一个串行移位寄存器,主机通过向它的 SPI 串行寄存器写入一个字节来发起一次传输。寄存器通过 MOSI 信号线将字节传送给从机，从机也将自己移位寄存器中的内容通过 MISO 信号线返回给主机。这样，两个移位寄存器中的内容就被交换。外设的写操作和读操作是同步完成的。如果只进行写操作，主机只须忽略接收到的字节；反之，若主机要读取从机的一个字节，就必须发送一个空字节来引发从机的传输。

SPI 主要特点：可以同时发出和接收串行数据；可以当作主机或从机工作；提供频率可编程时钟；发送结束中断标志；写冲突保护；总线竞争保护等。

SPI 总线有 4 种工作方式。SPI 模块和外设进行数据交换时，根据外设工作要求，其输出串行同步时钟极性和相位可以配置，时钟极性（CPOL）对传输协议没有重大的影响。如果 CPOL＝0，串行同步时钟的空闲状态为低电平；如果 CPOL＝1，串行同步时钟的空闲状态为高电平。时钟相位（CPHA）能够配置用于选择两种不同的传输协议之一进行数据传输。如果 CPHA＝0，在串行同步时钟的第一个跳变沿（上升或下降）数据被采样；如果 CPHA＝1，在串行同步时钟的第二个跳变沿（上升或下降）数据被采样。SPI 主模块和与之通信的外设备时钟相位和极性应该一致。

不同时钟相位下的总线数据传输时序如图 23.2 所示。

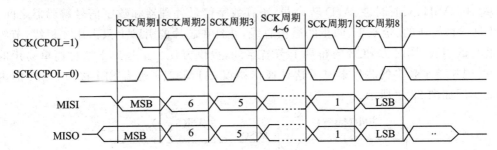

(a) CPHA=0 时 SPI 总线数据传输时序

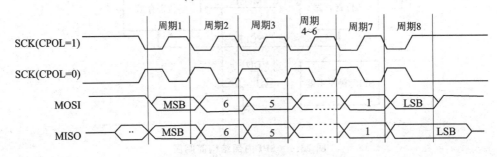

(b) CPHA=1 时 SPI 总线数据传输时序

图 23.2 不同时钟相位下的总线传输时序（CPHA＝0/1）

STM32F4 的 SPI 功能很强大，SPI 时钟最高可以到 37.5 MHz，支持 DMA，可以配置为 SPI 协议或者 I^2S 协议（支持全双工 I^2S）。

本章将使用 STM32F4 的 SPI 来读取外部 SPI FLASH 芯片（W25Q128），实现第

第 23 章 SPI 实验

22 章 I²C 实验类似的功能。这里只简单介绍一下 SPI 的使用,详细介绍请参考《STM32F4xx 中文参考手册》第 721 页 27 节。然后再介绍 SPI FLASH 芯片。

这里使用 STM32F4 的 SPI1 的主模式,下面就来看看 SPI1 部分的设置步骤吧。SPI 相关的库函数和定义分布在文件 stm32f4xx_spi.c 以及头文件 stm32f4xx_spi.h 中。STM32 的主模式配置步骤如下:

① 配置相关引脚的复用功能,使能 SPI1 时钟。

要用 SPI1,第一步就要使能 SPI1 的时钟,SPI1 的时钟通过 APB2ENR 的第 12 位来设置。其次要设置 SPI1 的相关引脚为复用(AF5)输出,这样才会连接到 SPI1 上。这里使用的是 PB3、PB4、PB5 这 3 个(SCK、MISO、MOSI,CS 使用软件管理方式),所以设置这 3 个为复用 I/O,复用功能为 AF5。

使能 SPI1 时钟的方法为:

```
RCC_APB2PeriphClockCmd(RCC_APB2Periph_SPI1, ENABLE);//使能 SPI1 时钟
```

复用 PB3、PB4、PB5 为 SPI1 引脚的方法为:

```
GPIO_PinAFConfig(GPIOB,GPIO_PinSource3,GPIO_AF_SPI1); //PB3 复用为 SPI1
GPIO_PinAFConfig(GPIOB,GPIO_PinSource4,GPIO_AF_SPI1); //PB4 复用为 SPI1
GPIO_PinAFConfig(GPIOB,GPIO_PinSource5,GPIO_AF_SPI1); //PB5 复用为 SPI1
```

同时我们要设置相应的引脚模式为复用功能模式:

```
GPIO_InitStructure.GPIO_Mode = GPIO_Mode_AF;//复用功能
```

② 初始化 SPI1,设置 SPI1 工作模式等。

这一步全部通过 SPI1_CR1 来设置,我们设置 SPI1 为主机模式,设置数据格式为 8 位,然后通过 CPOL 和 CPHA 位来设置 SCK 时钟极性及采样方式。同时,设置 SPI1 的时钟频率(最大 37.5 MHz)以及数据的格式(MSB 在前还是 LSB 在前)。在库函数中初始化 SPI 的函数为:

```
void SPI_Init(SPI_TypeDef* SPIx, SPI_InitTypeDef* SPI_InitStruct);
```

跟其他外设初始化一样,第一个参数是 SPI 标号,这里使用的是 SPI1。下面来看看第二个参数结构体类型 SPI_InitTypeDef 的定义:

```
typedef struct
{
  uint16_t SPI_Direction;
  uint16_t SPI_Mode;
  uint16_t SPI_DataSize;
  uint16_t SPI_CPOL;
  uint16_t SPI_CPHA;
  uint16_t SPI_NSS;
  uint16_t SPI_BaudRatePrescaler;
  uint16_t SPI_FirstBit;
  uint16_t SPI_CRCPolynomial;
}SPI_InitTypeDef;
```

结构体成员变量比较多,接下来简单讲解一下:

第一个参数 SPI_Direction 用来设置 SPI 的通信方式,可以选择为半双工、全双工

以及串行发和串行收方式,这里选择全双工模式 SPI_Direction_2Lines_FullDuplex。

第二个参数 SPI_Mode 用来设置 SPI 的主从模式,这里设置为主机模式 SPI_Mode_Master,当然有需要也可以选择为从机模式 SPI_Mode_Slave。

第三个参数 SPI_DataSiz 为 8 位还是 16 位帧格式选择项,这里是 8 位传输,选择 SPI_DataSize_8b。

第四个参数 SPI_CPOL 用来设置时钟极性,我们设置串行同步时钟的空闲状态为高电平所以选择 SPI_CPOL_High。

第五个参数 SPI_CPHA 用来设置时钟相位,也就是选择在串行同步时钟的第几个跳变沿(上升或下降)数据被采样,可以为第一个或者第二个条边沿采集,这里选择第二个跳变沿,所以选择 SPI_CPHA_2Edge。

第六个参数 SPI_NSS 设置 NSS 信号由硬件(NSS 管脚)还是软件控制,这里通过软件控制 NSS 关键,而不是硬件自动控制,所以选择 SPI_NSS_Soft。

第七个参数 SPI_BaudRatePrescaler 很关键,就是设置 SPI 波特率预分频值,也就是决定 SPI 的时钟的参数,从 2 分频到 256 分频 8 个可选值,初始化的时候选择 256 分频值 SPI_BaudRatePrescaler_256,传输速度为 84 MHz/256＝328.125 kHz。

第八个参数 SPI_FirstBit 设置数据传输顺序是 MSB 位在前还是 LSB 位在前,这里选择 SPI_FirstBit_MSB 高位在前。

第九个参数 SPI_CRCPolynomial 用来设置 CRC 校验多项式,提高通信可靠性,大于 1 即可。

设置好上面 9 个参数,我们就可以初始化 SPI 外设了。初始化的范例格式为:

```
SPI_InitTypeDef  SPI_InitStructure;
SPI_InitStructure.SPI_Direction = SPI_Direction_2Lines_FullDuplex;  //双线双向全双工
SPI_InitStructure.SPI_Mode = SPI_Mode_Master;                       //主 SPI
SPI_InitStructure.SPI_DataSize = SPI_DataSize_8b;                   // SPI 发送接收 8 位帧结构
SPI_InitStructure.SPI_CPOL = SPI_CPOL_High;                         //串行同步时钟的空闲状态为高电平
SPI_InitStructure.SPI_CPHA = SPI_CPHA_2Edge;                        //第二个跳变沿数据被采样
SPI_InitStructure.SPI_NSS = SPI_NSS_Soft;                           //NSS 信号由软件控制
SPI_InitStructure.SPI_BaudRatePrescaler = SPI_BaudRatePrescaler_256;//预分频 256
SPI_InitStructure.SPI_FirstBit = SPI_FirstBit_MSB;                  //数据传输从 MSB 位开始
SPI_InitStructure.SPI_CRCPolynomial = 7;                            //CRC 值计算的多项式
SPI_Init(SPI2, &SPI_InitStructure);                                 //根据指定的参数初始化外设 SPIx 寄存器
```

③ 使能 SPI1。

启动 SPI1 通过 SPI1_CR1 的 bit6 来完成,在启动之后就可以开始 SPI 通信了。库函数使能 SPI1 的方法为:

```
SPI_Cmd(SPI1, ENABLE);                                              //使能 SPI1 外设
```

④ SPI 传输数据。

通信接口当然需要有发送数据和接收数据的函数,固件库提供的发送数据函数原型为:

```
void SPI_I2S_SendData(SPI_TypeDef * SPIx, uint16_t Data);
```

这个函数很好理解,往 SPIx 数据寄存器写入数据 Data,从而实现发送。

第 23 章 SPI 实验

固件库提供的接收数据函数原型为：

uint16_t SPI_I2S_ReceiveData(SPI_TypeDef * SPIx);

这个函数也不难理解，从 SPIx 数据寄存器读出接收到的数据。

⑤ 查看 SPI 传输状态。

在 SPI 传输过程中，我们经常要判断数据是否传输完成、发送区是否为空等状态，这是通过函数 SPI_I2S_GetFlagStatus 实现的。判断发送是否完成的方法是：

SPI_I2S_GetFlagStatus(SPI1, SPI_I2S_FLAG_RXNE);

接下来介绍 W25Q128。W25Q128 是华邦公司推出的大容量 SPI FLASH 产品，容量为 128 Mbit，该系列还有 W25Q80/16/32/64 等。ALIENTEK 选择的 W25Q128 容量为 128 Mbit，也就是 16 MB。

W25Q128 将 16 MB 的容量分为 256 个块(Block)，每个块大小为 64 KB，每个块又分为 16 个扇区(Sector)，每个扇区 4 KB。W25Q128 的最小擦除单位为一个扇区，也就是每次必须擦除 4 KB。这样需要给 W25Q128 开辟一个至少 4 KB 的缓存区，于是对 SRAM 要求比较高，要求芯片必须有 4 KB 以上 SRAM 才能很好地操作。

W25Q128 的擦写周期多达 10W 次，具有 20 年的数据保存期限，支持电压为 2.7～3.6 V。W25Q128 支持标准的 SPI，还支持双输出/四输出的 SPI，最大 SPI 时钟可以到 80 MHz(双输出时相当于 160 MHz，四输出时相当于 320 MHz)，更多 W25Q128 的介绍请参考 W25Q128 的 DATASHEET。

23.2 硬件设计

本章实验功能简介：开机的时候先检测 W25Q128 是否存在，然后在主循环里面检测两个按键，其中一个按键(KEY1)用来执行写入 W25Q128 的操作，另外一个按键(KEY0)用来执行读出操作，在 TFTLCD 模块上显示相关信息。同时用 DS0 提示程序正在运行。

所要用到的硬件资源如下：指示灯 DS0、KEY_UP 和 KEY1 按键、TFTLCD 模块、SPI、W25Q128。这里只介绍 W25Q128 与 STM32F4 的连接，板上的 W25Q128 是直接连在 STM32F4 的 SPI1 上的，连接关系如图 23.3 所示。这里的 F_CS 是连接在 PB14 上面的。特别注意：W25Q128 和 NRF24L01 共用 SPI1，所以这两个器件在使用的时候

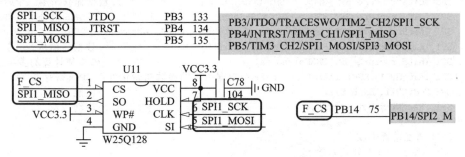

图 23.3　STM32F4 与 W25Q128 连接电路图

必须分时复用(通过片选控制)才行。

23.3 软件设计

打开本书配套资料的 SPI 实验工程可以看到,我们加入了 spi.c,flash.c 文件以及头文件 spi.h 和 flash.h,同时引入了库函数文件 stm32f4xx_spi.c 文件以及头文件 stm32f4xx_spi.h。

打开 spi.c 文件,看到如下代码:

```c
//以下是 SPI 模块的初始化代码,配置成主机模式
//SPI 口初始化:针是对 SPI1 的初始化
void SPI1_Init(void)
{
    GPIO_InitTypeDef  GPIO_InitStructure;
    SPI_InitTypeDef   SPI_InitStructure;
    RCC_AHB1PeriphClockCmd(RCC_AHB1Periph_GPIOB, ENABLE);        //使能 GPIOB 时钟
    RCC_APB2PeriphClockCmd(RCC_APB2Periph_SPI1, ENABLE);         //使能 SPI1 时钟
    //GPIOFB3,4,5 初始化设置:复用功能输出
    GPIO_InitStructure.GPIO_Pin = GPIO_Pin_3|GPIO_Pin_4|GPIO_Pin_5; //PB3～5
    GPIO_InitStructure.GPIO_Mode = GPIO_Mode_AF;                 //复用功能
    GPIO_InitStructure.GPIO_OType = GPIO_OType_PP;               //推挽输出
    GPIO_InitStructure.GPIO_Speed = GPIO_Speed_100MHz;           //100MHz
    GPIO_InitStructure.GPIO_PuPd = GPIO_PuPd_UP;                 //上拉
    GPIO_Init(GPIOB, &GPIO_InitStructure);                       //初始化
    //配置引脚复用映射
    GPIO_PinAFConfig(GPIOB,GPIO_PinSource3,GPIO_AF_SPI1);        //PB3 复用为 SPI1
    GPIO_PinAFConfig(GPIOB,GPIO_PinSource4,GPIO_AF_SPI1);        //PB4 复用为 SPI1
    GPIO_PinAFConfig(GPIOB,GPIO_PinSource5,GPIO_AF_SPI1);        //PB5 复用为 SPI1
    //这里只针对 SPI 口初始化
    RCC_APB2PeriphResetCmd(RCC_APB2Periph_SPI1,ENABLE);          //复位 SPI1
    RCC_APB2PeriphResetCmd(RCC_APB2Periph_SPI1,DISABLE);         //停止复位 SPI1
    SPI_InitStructure.SPI_Direction = SPI_Direction_2Lines_FullDuplex;//设置 SPI 全双工
    SPI_InitStructure.SPI_Mode = SPI_Mode_Master;                //设置 SPI 工作模式:主 SPI
    SPI_InitStructure.SPI_DataSize = SPI_DataSize_8b;
                                                                 //设置 SPI 的数据大小:8 位帧结构
    SPI_InitStructure.SPI_CPOL = SPI_CPOL_High;                  //串行同步时钟的空闲状态为高电平
    SPI_InitStructure.SPI_CPHA = SPI_CPHA_2Edge;                 //数据捕获于第二个时钟沿
    SPI_InitStructure.SPI_NSS = SPI_NSS_Soft;                    //NSS 信号由硬件管理
    SPI_InitStructure.SPI_BaudRatePrescaler = SPI_BaudRatePrescaler_256;  //预分频 256
    SPI_InitStructure.SPI_FirstBit = SPI_FirstBit_MSB;           //数据传输从 MSB 位开始
    SPI_InitStructure.SPI_CRCPolynomial = 7;                     //CRC 值计算的多项式
    SPI_Init(SPI1, &SPI_InitStructure);//根据指定的参数初始化外设 SPIx 寄存器
    SPI_Cmd(SPI1, ENABLE);                                       //使能 SPI1
    SPI1_ReadWriteByte(0xff);                                    //启动传输
}
//SPI1 速度设置函数
//SPI 速度 = fAPB2/分频系数
//入口参数范围:@ref SPI_BaudRate_Prescaler
//SPI_BaudRatePrescaler_2～SPI_BaudRatePrescaler_256
```

```c
//APB2 时钟一般为 84 MHz
void SPI1_SetSpeed(u8 SPI_BaudRatePrescaler)
{
    assert_param(IS_SPI_BAUDRATE_PRESCALER(SPI_BaudRatePrescaler));  //判断有效性
    SPI1->CR1&=0XFFC7;//位 3-5 清零,用来设置波特率
    SPI1->CR1|=SPI_BaudRatePrescaler;                    //设置 SPI1 速度
    SPI_Cmd(SPI1,ENABLE);                                //使能 SPI1
}
//SPI1  读写一个字节
//TxData:要写入的字节 返回值:读取到的字节
u8 SPI1_ReadWriteByte(u8 TxData)
{
    while (SPI_I2S_GetFlagStatus(SPI1, SPI_I2S_FLAG_TXE) == RESET){}   //等待发送区空
    SPI_I2S_SendData(SPI1, TxData); //通过外设 SPIx 发送一个 byte  数据
    while (SPI_I2S_GetFlagStatus(SPI1, SPI_I2S_FLAG_RXNE) == RESET){}  //等待接收完
    return SPI_I2S_ReceiveData(SPI1); //返回通过 SPIx 最近接收的数据
}
```

此部分代码主要初始化 SPI,这里选择的是 SPI1,所以在 SPI1_Init 函数里面相关的操作都是针对 SPI1 的,其初始化步骤和上面介绍的一样。在初始化之后,我们就可以开始使用 SPI1 了。注意,SPI 初始化函数的最后有一个启动传输,这句话最大的作用就是维持 MOSI 为高电平,而且这句话也不是必须的,可以去掉。

在 SPI1_Init 函数里面,把 SPI1 的频率设置成了最低(84 MHz,256 分频)。在外部函数里面,我们通过 SPI1_SetSpeed 来设置 SPI1 的速度,而数据发送和接收则是通过 SPI1_ReadWriteByte 函数来实现的。

接下来看看 w25qxx.c 文件内容。详细代码这里就不贴出了,仅介绍几个重要的函数,首先是 W25QXX_Read 函数。该函数用于从 W25Q128 的指定地址读出指定长度的数据。其代码如下:

```c
//读取 SPI FLASH
//在指定地址开始读取指定长度的数据
//pBuffer:数据存储区 ReadAddr:开始读取的地址(24 bit)
//NumByteToRead:要读取的字节数(最大 65 535)
void W25QXX_Read(u8 * pBuffer,u32 ReadAddr,u16 NumByteToRead)
{
    u16 i;
    W25QXX_CS = 0;                                   //使能器件
    SPI1_ReadWriteByte(W25X_ReadData);               //发送读取命令
    SPI1_ReadWriteByte((u8)((ReadAddr)>>16));        //发送 24 bit 地址
    SPI1_ReadWriteByte((u8)((ReadAddr)>>8));
    SPI1_ReadWriteByte((u8)ReadAddr);
    for(i=0;i<NumByteToRead;i++)
    {
        pBuffer[i] = SPI1_ReadWriteByte(0XFF);       //循环读数
    }
    W25QXX_CS = 1;
}
```

由于 W25Q128 支持以任意地址(但是不能超过 W25Q128 的地址范围)开始读取

数据,所以,这个代码相对来说就比较简单了。发送 24 位地址之后,程序就可以开始循环读数据了,其地址自动增加。注意,不能读的数据超过了 W25Q128 的地址范围;否则,读出来的数据就不是你想要的数据了。

有读的函数,当然就有写的函数了,接下来介绍 W25QXX_Write 函数。该函数的作用与 W25QXX_Flash_Read 的作用类似,不过是用来写数据到 W25Q128 里面的,代码如下:

```
//写 SPI FLASH
//在指定地址开始写入指定长度的数据
//该函数带擦除操作
//pBuffer:数据存储区 WriteAddr:开始写入的地址(24 bit)
//NumByteToWrite:要写入的字节数(最大 65535)
u8 W25QXX_BUFFER[4096];
void W25QXX_Write(u8 * pBuffer,u32 WriteAddr,u16 NumByteToWrite)
{
    u32 secpos;
    u16 secoff;u16 secremain;u16 i;
    u8 * W25QXX_BUF;
    W25QXX_BUF = W25QXX_BUFFER;
    secpos = WriteAddr/4096;                                    //扇区地址
    secoff = WriteAddr % 4096;                                  //在扇区内的偏移
    secremain = 4096 - secoff;                                  //扇区剩余空间大小
    //printf("ad:%X,nb:%X\r\n",WriteAddr,NumByteToWrite);       //测试用
    if(NumByteToWrite <= secremain)secremain = NumByteToWrite;  //不大于 4 096 字节
    while(1)
    {
        W25QXX_Read(W25QXX_BUF,secpos * 4096,4096);             //读出整个扇区的内容
        for(i = 0;i < secremain;i ++ )                          //校验数据
        {
            if(W25QXX_BUF[secoff + i]! = 0XFF)break;            //需要擦除
        }
        if(i < secremain)                                       //需要擦除
        {
            W25QXX_Erase_Sector(secpos);                        //擦除这个扇区
            for(i = 0;i < secremain;i ++ )                      //复制
                W25QXX_BUF[i + secoff] = pBuffer[i];
            W25QXX_Write_NoCheck(W25QXX_BUF,secpos * 4096,4096);//写入整个扇区
        }else W25QXX_Write_NoCheck(pBuffer,WriteAddr,secremain);//已擦除的,直接写
        if(NumByteToWrite == secremain)break;                   //写入结束了
        else                                                    //写入未结束
        {
            secpos ++ ;                                         //扇区地址增 1
            secoff = 0;                                         //偏移位置为 0
            pBuffer + = secremain;                              //指针偏移
            WriteAddr + = secremain;                            //写地址偏移
            NumByteToWrite - = secremain;                       //字节数递减
            if(NumByteToWrite > 4096)secremain = 4096;          //下一个扇区还是写不完
            else secremain = NumByteToWrite;                    //下一个扇区可以写完了
        }
    };
}
```

第 23 章　SPI 实验

}

该函数可以在 W25Q128 的任意地址开始写入任意长度（必须不超过 W25Q128 的容量）的数据。这里简单介绍一下思路：先获得首地址（WriteAddr）所在的扇区，并计算在扇区内的偏移，然后判断要写入的数据长度是否超过本扇区所剩下的长度，如果不超过，再先看看是否要擦除，如果不要，则直接写入数据即可，如果要则读出整个扇区，在偏移处开始写入指定长度的数据，然后擦除这个扇区，再一次性写入。当所需要写入的数据长度超过一个扇区的长度的时候，我们先按照前面的步骤把扇区剩余部分写完，再在新扇区内执行同样的操作，如此循环，直到写入结束。这里还定义了一个 W25QXX_BUFFER 的全局变量，用于擦除时缓存扇区内的数据。

其他的代码这里不介绍了。头文件 w25qxx.h 里面就定义了一些与 W25Q128 操作相关的命令和函数（部分省略了），这些命令在 W25Q128 的数据手册上都有详细的介绍，感兴趣的读者可以参考该数据手册。

最后，我们看看 main 函数，代码如下：

```c
//要写入到 W25Q128 的字符串数组
const u8 TEXT_Buffer[] = {"Explorer STM32F4 SPI TEST"};
#define SIZE sizeof(TEXT_Buffer)
int main(void)
{
    u8 key, datatemp[SIZE];
    u16 i = 0;
    u32 FLASH_SIZE;
    NVIC_PriorityGroupConfig(NVIC_PriorityGroup_2);//设置系统中断优先级分组 2
    delay_init(168);                        //初始化延时函数
    uart_init(115200);                      //初始化串口波特率为 115 200
    LED_Init();                             //初始化 LED
    LCD_Init();                             //LCD 初始化
    KEY_Init();                             //按键初始化
    W25QXX_Init();                          //W25QXX 初始化
    ……//省略部分代码
    while(W25QXX_ReadID() != W25Q128)       //检测不到 W25Q128
    {
        LCD_ShowString(30,150,200,16,16,"W25Q128 Check Failed!");
        delay_ms(500);
        LCD_ShowString(30,150,200,16,16,"Please Check!        ");
        delay_ms(500);
        LED0 = ! LED0;                      //DS0 闪烁
    }
    LCD_ShowString(30,150,200,16,16,"W25Q128 Ready!");
    FLASH_SIZE = 128 * 1024 * 1024;         //FLASH 大小为 2 MB
    POINT_COLOR = BLUE;                     //设置字体为蓝色
    while(1)
    {
        key = KEY_Scan(0);
        if(key == KEY1_PRES)                //KEY1 按下，写入 W25Q128
        {
            LCD_Fill(0,170,239,319,WHITE);  //清除半屏
```

```
            LCD_ShowString(30,170,200,16,16,"Start Write W25Q128....");
            W25QXX_Write((u8 *)TEXT_Buffer,FLASH_SIZE-100,SIZE);
            //从倒数第 100 个地址处开始,写入 SIZE 长度的数据
            LCD_ShowString(30,170,200,16,16,"W25Q128 Write Finished!");//提示完成
        }
        if(key == KEY0_PRES)                       //KEY0 按下,读取字符串并显示
        {
            LCD_ShowString(30,170,200,16,16,"Start Read W25Q128....");
            W25QXX_Read(datatemp,FLASH_SIZE-100,SIZE);
            //从倒数第 100 个地址处开始,读出 SIZE 个字节
            LCD_ShowString(30,170,200,16,16,"The Data Readed Is:    ");//提示传送完成
            LCD_ShowString(30,190,200,16,16,datatemp);//显示读到的字符串
        }
        i++;
        delay_ms(10);
        if(i == 20)
        {
            LED0 = ! LED0;                         //提示系统正在运行
            i = 0;
        }
    }
}
```

这部分代码和 I²C 实验那部分代码大同小异,实现的功能和 I²C 差不多,不过此次写入和读出的是 SPI FLASH,而不是 EEPROM。

23.4 下载验证

编译成功之后,下载代码到 ALIENTEK 探索者 STM32F4 开发板上,先按 KEY1 按键写入数据,然后按 KEY0 读取数据,得到如图 23.4 所示界面。

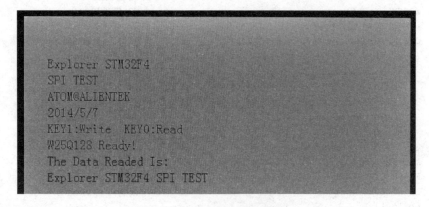

图 23.4 SPI 实验程序运行效果图

伴随 DS0 的不停闪烁,提示程序在运行。程序在开机的时候会检测 W25Q128 是否存在,如果不存在则会在 TFTLCD 模块上显示错误信息,同时 DS0 慢闪。读者可以通过跳线帽把 PB4 和 PB5 短接就可以看到报错了。

第 24 章

RS485 实验

本章将介绍如何使用 STM32F4 的串口实现 RS485 通信(半双工)。本章将使用 STM32F4 的串口 2 来实现两块开发板之间的 RS485 通信,并将结果显示在 TFTLCD 模块上。

24.1 RS485 简介

RS485(一般称作 485/EIA‐485)是隶属于 OSI 模型物理层、电气特性规定为 2 线、半双工、多点通信的标准。它的电气特性和 RS232 大不一样,用缆线两端的电压差值来表示传递信号。RS485 仅仅规定了接收端和发送端的电气特性,没有规定或推荐任何数据协议。

RS485 的特点包括:

➤ 接口电平低,不易损坏芯片。RS485 的电气特性:逻辑"1"以两线间的电压差为 +(2~6)V 表示;逻辑"0"以两线间的电压差为 −(2~6)V 表示。接口信号电平比 RS232 降低了,不易损坏接口电路的芯片,且该电平与 TTL 电平兼容,可方便与 TTL 电路连接。

➤ 传输速率高。10 m 时,RS485 的数据最高传输速率可达 35 Mbps,在 1 200 m 时,传输速度可达 100 kbps。

➤ 抗干扰能力强。RS485 接口是采用平衡驱动器和差分接收器的组合,抗共模干扰能力增强,即抗噪声干扰性好。

➤ 传输距离远,支持节点多。RS485 总线最长可以传输 1 200 m 以上(速率≤100 kbps),一般最大支持 32 个节点。如果使用特制的 RS485 芯片,可以达到 128 个或者 256 个节点,最大的可以支持到 400 个节点。

推荐 RS485 使用在点对点网络中时,使用线型、总线型网络,不能是星型、环型网络。理想情况下,RS485 需要 2 个终端匹配电阻,其阻值要求等于传输电缆的特性阻抗(一般为 120 Ω)。没有特性阻抗的话,当所有的设备都静止或者没有能量的时候就会产生噪声,而且线移需要双端的电压差。没有终接电阻的话,会使得较快速的发送端产生多个数据信号的边缘,导致数据传输出错。RS485 推荐的连接方式如图 24.1 所示。在连接中,如果需要添加匹配电阻,我们一般在总线的起止端加入,也就是主机和设备 4 上面各加一个 120 Ω 的匹配电阻。

由于 RS485 具有传输距离远、传输速度快、支持节点多和抗干扰能力更强等特点，所以 RS485 有很广泛的应用。

探索者 STM32F4 开发板采用 SP3485 作为收发器，该芯片支持 3.3 V 供电，最大传输速度可达 10 Mbps，支持多达 32 个节点，并且有输出短路保护。该芯片的框图如图 24.2 所示。

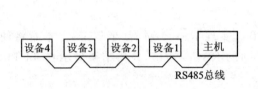

图 24.1　RS485 连接

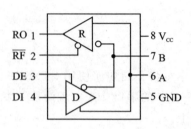

图 24.2　SP3485 框图

图中 A、B 总线接口用于连接 RS485 总线。RO 是接收输出端，DI 是发送数据收入端，RE 是接收使能信号（低电平有效），DE 是发送使能信号（高电平有效）。

本章通过该芯片连接 STM32F4 的串口 2，实现两个开发板之间的 RS485 通信。本章将实现这样的功能：通过连接两个探索者 STM32F4 开发板的 RS485 接口，然后由 KEY0 控制发送，按下一个开发板的 KEY0 的时候就发送 5 个数据给另外一个开发板，并在两个开发板上分别显示发送的值和接收到的值。

本章只需要配置好串口 2 就可以实现正常的 RS485 通信了，串口 2 的配置和串口 1 基本类似，只是串口的时钟来自 APB1，最大频率为 42 MHz。

24.2　硬件设计

本章要用到的硬件资源如下：指示灯 DS0、KEY0 按键、TFTLCD 模块、串口 2、RS485 收发芯片 SP3485。前面 3 个之前都已经详细介绍过了，这里介绍 SP3485 和串口 2 的连接关系，如图 24.3 所示。

可以看出，STM32F4 的串口 2 通过 P9 端口设置连接到 SP3485，通过 STM32F4 的 PG8 控制 SP3485 的收发，当 PG8=0 的时候，为接收模式；当 PG8=1 的时候，为发送模式。

注意，PA2、PA3 和 ETH_MDIO、PWM_DAC 有共用 I/O，所以使用时注意分时复用，不能同时使用。另外，RS485_RE 信号也和 NRF_IRQ 共用 PG8，所以也只能分时复用。

另外，图 24.3 中的 R38 和 R40 是两个偏置电阻，用来保证总线空闲时，A、B 之间的电压差都会大于 200 mV（逻辑 1），从而避免因总线空闲时 A、B 压差不定，引起逻辑错乱，可能出现的乱码。

然后，我们要设置好开发板上 P9 排针的连接，通过跳线帽将 PA2 和 PA3 分别连

第24章 RS485 实验

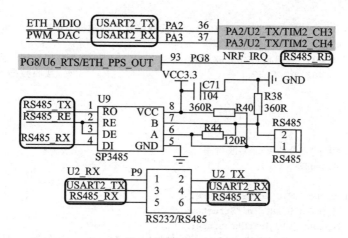

图 24.3 STM32F4 与 SP3485 连接电路图

接到 485_TX 和 485_RX 上面,如图 24.4 所示。

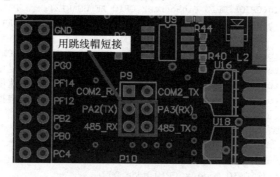

图 24.4 硬件连接示意图

最后,我们用 2 根导线将 2 个开发板 RS485 端子的 A 和 A、B 和 B 连接起来。注意,不要接反了(A 接 B),接反了会导致通信异常!

24.3 软件设计

打开我们的 RS485 实验例程可以发现,项目中加入了一个 rs485.c 文件及其头文件 rs485 文件,同时 RS485 通信因为底层用的是串口 2,所以需要引入库函数 stm32f4xx_usart.c 文件和对应的头文件 stm32f4xx_usart.h。

打开 rs485.c 文件,代码如下:

```
#if EN_USART2_RX                                //如果使能了接收
u8 RS485_RX_BUF[64];                            //接收缓冲,最大 64 字节
u8 RS485_RX_CNT = 0;                            //接收到的数据长度
void USART2_IRQHandler(void)
{
    u8 res;
    if(USART_GetITStatus(USART2, USART_IT_RXNE) != RESET)  //接收到数据
```

```c
        {
            res = USART_ReceiveData(USART2);//;读取接收到的数据 USART2->DR
            if(RS485_RX_CNT<64)
            {
                RS485_RX_BUF[RS485_RX_CNT] = res;        //记录接收到的值
                RS485_RX_CNT++;                           //接收数据增加 1
            }
        }
    }
}
#endif
//初始化 I/O 串口 2 参数 bound:波特率
void RS485_Init(u32 bound)
{
    GPIO_InitTypeDef GPIO_InitStructure;
    USART_InitTypeDef USART_InitStructure;
    NVIC_InitTypeDef NVIC_InitStructure;
    RCC_AHB1PeriphClockCmd(RCC_AHB1Periph_GPIOA,ENABLE);    //使能 PA 时钟
    RCC_APB1PeriphClockCmd(RCC_APB1Periph_USART2,ENABLE);   //使能 USART2 时钟
    //串口 2 引脚复用映射
    GPIO_PinAFConfig(GPIOA,GPIO_PinSource2,GPIO_AF_USART2); //PA2 复用为 USART2
    GPIO_PinAFConfig(GPIOA,GPIO_PinSource3,GPIO_AF_USART2); //PA3 复用为 USART2
    //USART2
    GPIO_InitStructure.GPIO_Pin = GPIO_Pin_2 | GPIO_Pin_3;  //GPIOA2 与 GPIOA3
    GPIO_InitStructure.GPIO_Mode = GPIO_Mode_AF;            //复用功能
    GPIO_InitStructure.GPIO_Speed = GPIO_Speed_100MHz;      //速度 100 MHz
    GPIO_InitStructure.GPIO_OType = GPIO_OType_PP;          //推挽复用输出
    GPIO_InitStructure.GPIO_PuPd = GPIO_PuPd_UP;            //上拉
    GPIO_Init(GPIOA,&GPIO_InitStructure);                   //初始化 PA2,PA3
    //PG8 推挽输出,485 模式控制
    GPIO_InitStructure.GPIO_Pin = GPIO_Pin_8;               //GPIOG8
    GPIO_InitStructure.GPIO_Mode = GPIO_Mode_OUT;           //输出
    GPIO_Init(GPIOG,&GPIO_InitStructure);                   //初始化 PG8
    //USART2 初始化设置
    USART_InitStructure.USART_BaudRate = bound;             //波特率设置
    USART_InitStructure.USART_WordLength = USART_WordLength_8b; //字长为 8 位
    USART_InitStructure.USART_StopBits = USART_StopBits_1;  //一个停止位
    USART_InitStructure.USART_Parity = USART_Parity_No;     //无奇偶校验位
    USART_InitStructure.USART_HardwareFlowControl = USART_HardwareFlowControl_None;
                                                            //无硬件数据流控制
    USART_InitStructure.USART_Mode = USART_Mode_Rx | USART_Mode_Tx; //收发
    USART_Init(USART2, &USART_InitStructure);               //初始化串口 2
    USART_Cmd(USART2, ENABLE);                              //使能串口 2
    USART_ClearFlag(USART2, USART_FLAG_TC);
#if EN_USART2_RX
    USART_ITConfig(USART2, USART_IT_RXNE, ENABLE);          //开启接收中断
    NVIC_InitStructure.NVIC_IRQChannel = USART2_IRQn;
    NVIC_InitStructure.NVIC_IRQChannelPreemptionPriority = 3; //抢占优先级 3
    NVIC_InitStructure.NVIC_IRQChannelSubPriority = 3;      //响应优先级 3
    NVIC_InitStructure.NVIC_IRQChannelCmd = ENABLE;         //IRQ 通道使能
    NVIC_Init(&NVIC_InitStructure);                         ///Usart2 NVIC 初始化
#endif
    RS485_TX_EN = 0;                                        //默认为接收模式
```

```c
}
//RS485 发送 len 个字节
//buf:发送区首地址
//len:发送的字节数(为了和本代码的接收匹配,这里建议不要超过 64 字节)
void RS485_Send_Data(u8 * buf,u8 len)
{
    u8 t;
    RS485_TX_EN = 1;                                              //设置为发送模式
    for(t = 0;t<len;t ++ )                                        //循环发送数据
    {
        while(USART_GetFlagStatus(USART2,USART_FLAG_TC) == RESET);  //等待发送结束
        USART_SendData(USART2,buf[t]);                            //发送数据
    }
    while(USART_GetFlagStatus(USART2,USART_FLAG_TC) == RESET);     //等待发送结束
    RS485_RX_CNT = 0;
    RS485_TX_EN = 0;                                              //设置为接收模式
}
//RS485 查询接收到的数据
//buf:接收缓存首地址 len:读到的数据长度
void RS485_Receive_Data(u8 * buf,u8 * len)
{
    u8 rxlen = RS485_RX_CNT;
    u8 i = 0;
    * len = 0;                                                    //默认为 0
    delay_ms(10);
                        //等待 10 ms,连续超过 10 ms 没有接收到一个数据,则认为接收结束
    if(rxlen == RS485_RX_CNT&&rxlen)                              //接收到了数据,且接收完成了
    {
        for(i = 0;i<rxlen;i ++ )
        {
            buf[i] = RS485_RX_BUF[i];
        }
        * len = RS485_RX_CNT;                                     //记录本次数据长度
        RS485_RX_CNT = 0;                                         //清零
    }
}
```

此部分代码总共 4 个函数。其中,RS485_Init 函数为 485 通信初始化函数,基本上就是在配置串口 2,只是把 PG8 也顺带配置了,用于控制 SP3485 的收发。如果使能中断接收,则执行串口 2 的中断接收配置。USART2_IRQHandler 函数用于中断接收来自 RS485 总线的数据,将其存放在 RS485_RX_BUF 里面。最后,RS485_Send_Data 和 RS485_Receive_Data 两个函数用来发送数据到 RS485 总线和读取从 RS485 总线收到的数据,都比较简单。

头文件 rs485.h 文件通过下面一行代码打开了接收中断:

```c
#define EN_USART2_RX    1           //0,不接收;1,接收.
```

其他内容就是一些函数,这里不细说。接下来看看主函数代码:

```c
int main(void)
{
```

```c
u8 key,i = 0,t = 0,cnt = 0, rs485buf[5];
……//省略部分代码
RS485_Init(9600);                                    //初始化RS485串口2
while(1)
{
    key = KEY_Scan(0);
    if(key == KEY0_PRES)//KEY0按下,发送一次数据
    {
        for(i = 0;i<5;i ++ )
        {   rs485buf[i] = cnt + i;                   //填充发送缓冲区
            LCD_ShowxNum(30 + i * 32,190,rs485buf[i],3,16,0X80);//显示数据
        }
        RS485_Send_Data(rs485buf,5);                 //发送5字节
    }
    RS485_Receive_Data(rs485buf,&key);
    if(key)                                          //接收到有数据
    {
        if(key>5)key = 5;                            //最大是5个数据
        for(i = 0;i<key;i ++ )LCD_ShowxNum(30 + i * 32,230,rs485buf[i],3,16,0X80);
                                                     //显示数据
    }
    t ++ ; delay_ms(10);
    if(t == 20)
    {   LED0 = ! LED0;                               //提示系统正在运行
        t = 0;cnt ++ ;
        LCD_ShowxNum(30 + 48,150,cnt,3,16,0X80);     //显示数据
    }
}
```

此部分代码通过函数 RS485_Init(9600)初始化串口2的波特率为9 600。cnt 是一个累加数,一旦 KEY0 按下,就以这个数位基准连续发送5个数据。当 RS485 总线收到数据的时候,就将收到的数据直接显示在 LCD 屏幕上。

24.4　下载验证

编译成功之后,下载代码到 ALIENTEK 探索者 STM32F4 开发板上(注意要2个开发板都下载这个代码),得到如图24.5所示界面。

伴随 DS0 的不停闪烁,提示程序在运行。此时,按下 KEY0 就可以在另外一个开发板上面收到这个开发板发送的数据了,如图24.6和图24.7所示界面。图24.6来自开发板 A,发送了5个数据;图24.7来自开发板 B,接收到了来自开发板 A 的5个数据。

本章介绍的 RS485 总线是通过串口控制收发的,我们只需要将 P9 的跳线帽稍作改变,该实验就变成了一个 RS232 串口通信实验了。通过对接两个开发板的 RS232 接口即可得到同样的实验现象,有兴趣的读者可以实验一下。

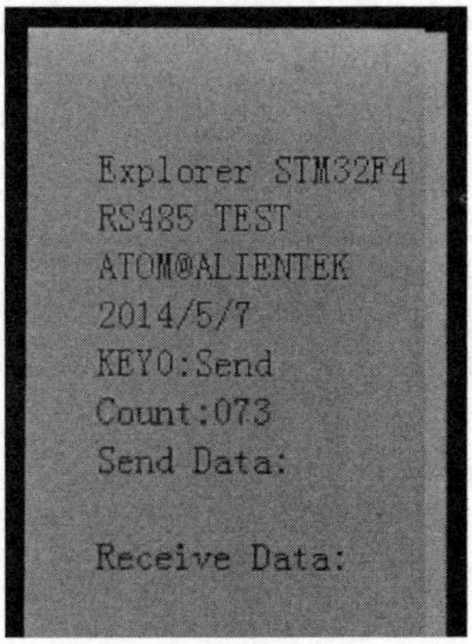

图 24.5　程序运行效果图

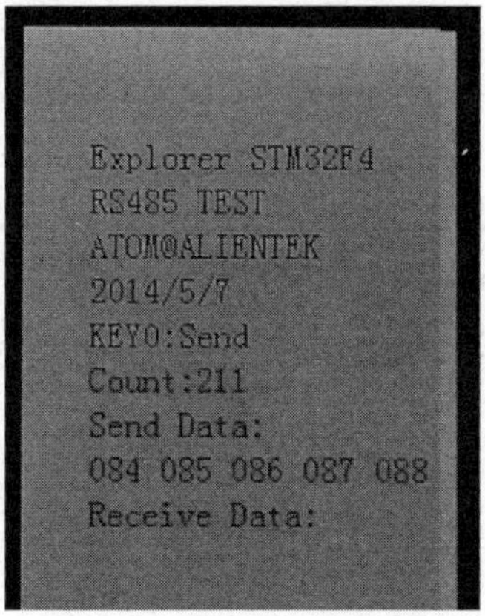

图 24.6　RS485 发送数据

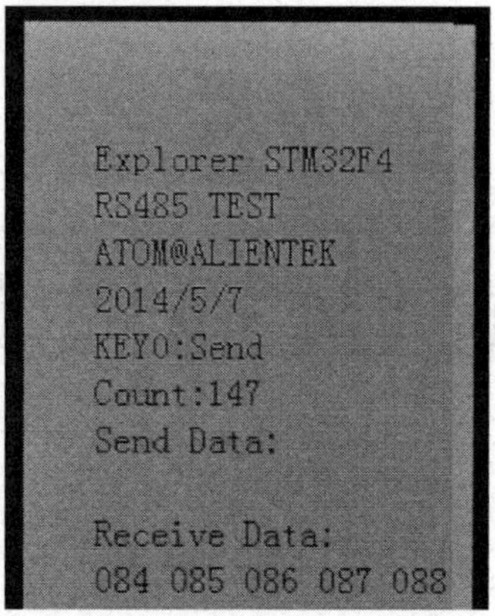

图 24.7　RS485 接收数据

第 25 章

CAN 通信实验

本章将介绍如何使用 STM32F4 自带的 CAN 控制器来实现两个开发板之间的 CAN 通信,并将结果显示在 TFTLCD 模块上。

25.1 CAN 简介

CAN 是 Controller Area Network 的缩写,是 ISO 国际标准化的串行通信协议。在当前的汽车产业中,出于对安全性、舒适性、方便性、低公害、低成本的要求,各种各样的电子控制系统被开发了出来。由于这些系统之间通信所用的数据类型及对可靠性的要求不尽相同,由多条总线构成的情况很多,线束的数量也随之增加。为适应"减少线束的数量"、"通过多个 LAN,进行大量数据的高速通信"的需要,1986 年德国电气商博世公司开发出面向汽车的 CAN 通信协议。此后,CAN 通过 ISO11898 及 ISO11519 进行了标准化,现在在欧洲已是汽车网络的标准协议。

现在,CAN 的高性能和可靠性已被认同,并广泛应用于工业自动化、船舶、医疗设备、工业设备等方面。现场总线是当今自动化领域技术发展的热点之一,被誉为自动化领域的计算机局域网。它的出现为分布式控制系统实现各节点之间实时、可靠的数据通信提供了强有力的技术支持。

CAN 控制器根据两根线上的电位差来判断总线电平。总线电平分为显性电平和隐性电平,二者必居其一。发送方通过使总线电平发生变化,将消息发送给接收方。

CAN 协议具有以下特点:

① 多主控制。在总线空闲时,所有单元都可以发送消息(多主控制),而两个以上的单元同时开始发送消息时,根据标识符(Identifier 以下称为 ID)决定优先级。ID 并不是表示发送的目的地址,而是表示访问总线的消息的优先级。两个以上的单元同时开始发送消息时,对各消息 ID 的每个位进行逐个仲裁比较。仲裁获胜(被判定为优先级最高)的单元可继续发送消息,仲裁失利的单元则立刻停止发送而进行接收工作。

② 系统的柔软性。与总线相连的单元没有类似于"地址"的信息。因此,总线上增加单元时,连接在总线上的其他单元的软硬件及应用层都不需要改变。

③ 通信速度较快,通信距离远。最高 1 Mbps(距离小于 40 m),最远可达 10 km (速率低于 5 kbps)。

④ 具有错误检测、错误通知和错误恢复功能。所有单元都可以检测错误(错误检

测功能),检测出错误的单元会立即同时通知其他所有单元(错误通知功能),正在发送消息的单元一旦检测出错误,会强制结束当前的发送。强制结束发送的单元会不断反复地重新发送此消息直到成功发送为止(错误恢复功能)。

⑤ 故障封闭功能。CAN 可以判断出错误的类型是总线上暂时的数据错误(如外部噪声等)还是持续的数据错误(如单元内部故障、驱动器故障、断线等)。因此,当总线上发生持续数据错误时,可将引起此故障的单元从总线上隔离出去。

⑥ 连接节点多。CAN 总线是可同时连接多个单元的总线。可连接的单元总数理论上是没有限制的,但实际上受总线上的时间延迟及电气负载的限制。降低通信速度,可连接的单元数增加;提高通信速度,则可连接的单元数减少。

正是因为 CAN 协议的这些特点,使得 CAN 特别适合工业过程监控设备的互连,因此,越来越受到工业界的重视,并已公认为最有前途的现场总线之一。

CAN 协议经过 ISO 标准化后有两个标准:ISO11898 标准和 ISO11519—2 标准。其中,ISO11898 是针对通信速率为 125 kbps～1 Mbps 的高速通信标准,而 ISO11519—2 是针对通信速率为 125 kbps 以下的低速通信标准。本章使用的是 500 kbps 的通信速率,使用的是 ISO11898 标准,该标准的物理层特征如图 25.1 所示。

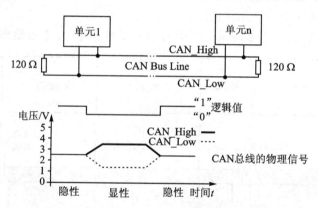

图 25.1　ISO11898 物理层特性

从该特性可以看出,显性电平对应逻辑 0,CAN_H 和 CAN_L 之差为 2.5 V 左右。而隐性电平对应逻辑 1,CAN_H 和 CAN_L 之差为 0 V。在总线上显性电平具有优先权,只要有一个单元输出显性电平,总线上即为显性电平。而隐形电平则具有包容的意味,只有所有的单元都输出隐性电平,总线上才为隐性电平(显性电平比隐性电平更强)。另外,在 CAN 总线的起止端都有一个 120 Ω 的终端电阻来做阻抗匹配,以减少回波反射。

CAN 协议是通过以下 5 种类型的帧进行的:数据帧、遥控帧、错误帧、过载帧、间隔帧。

另外,数据帧和遥控帧有标准格式和扩展格式两种格式。标准格式有 11 个位的标识符(ID),扩展格式有 29 个位的 ID。各种帧的用途如表 25.1 所列。

表 25.1 CAN 协议各种帧及其用途

帧类型	帧用途
数据帧	用于发送单元向接收单元传送数据的帧
遥控帧	用于接收单元向具有相同 ID 的发送单元请求数据的帧
错误帧	用于当检测出错误时向其它单元通知错误的帧
过载帧	用于接收单元通知其尚未做好接收准备的帧
间隔帧	用于将数据帧及遥控帧与前面的帧分离开来的帧

这里仅对数据帧进行详细介绍。数据帧一般由 7 个段构成,即:
- 帧起始。表示数据帧开始的段。
- 仲裁段。表示该帧优先级的段。
- 控制段。表示数据的字节数及保留位的段。
- 数据段。数据的内容,一帧可发送 0～8 字节的数据。
- CRC 段。检查帧的传输错误的段。
- ACK 段。表示确认正常接收的段。
- 帧结束。表示数据帧结束的段。

数据帧的构成如图 25.2 所示。图中 D 表示显性电平,R 表示隐形电平(下同)。

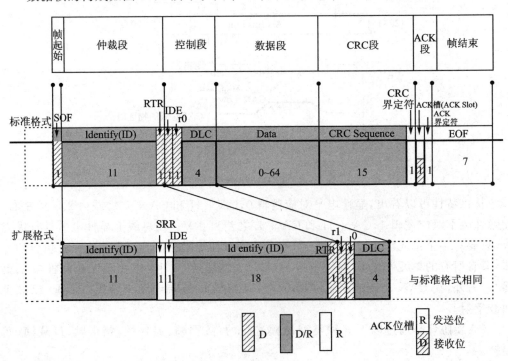

图 25.2 数据帧的构成

帧起始比较简单,标准帧和扩展帧都是由一个位的显性电平表示帧起始。

仲裁段,表示数据优先级的段,标准帧和扩展帧格式在本段有所区别,如图 25.3 所示。

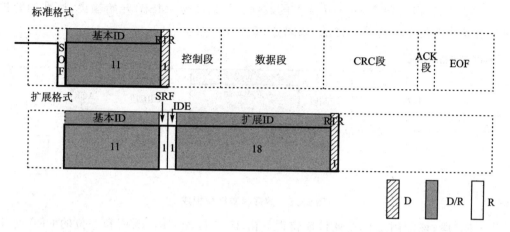

图 25.3　数据帧仲裁段构成

标准格式的 ID 有 11 个位,从 ID28～ID18 被依次发送。禁止高 7 位都为隐性(禁止设定:ID＝1111111XXXX)。扩展格式的 ID 有 29 个位。基本 ID 从 ID28～ID18,扩展 ID 由 ID17～ID0 表示。基本 ID 和标准格式的 ID 相同。禁止高 7 位都为隐性(禁止设定:基本 ID＝1111111XXXX)。

其中,RTR 位用于标识是否是远程帧(0,数据帧;1,远程帧);IDE 位为标识符选择位(0,使用标准标识符;1,使用扩展标识符);SRR 位为代替远程请求位,为隐性位,代替了标准帧中的 RTR 位。

控制段,由 6 个位构成,表示数据段的字节数。标准帧和扩展帧的控制段稍有不同,如图 25.4 所示。图中,r0 和 r1 为保留位,必须全部以显性电平发送,但是接收端可

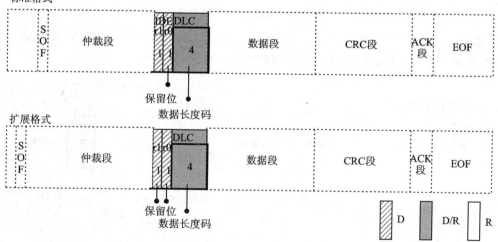

图 25.4　数据帧控制段构成

以接收显性、隐性及任意组合的电平。DLC 段为数据长度表示段,高位在前,DLC 段有效值为 0~8,但是接收方接收到 9~15 的时候并不认为是错误。

数据段,该段可包含 0~8 个字节的数据。从最高位(MSB)开始输出,标准帧和扩展帧在这个段的定义都是一样的,如图 25.5 所示。

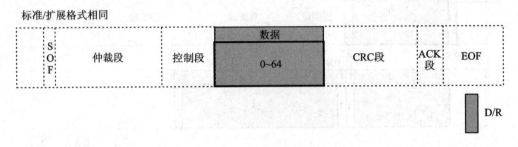

图 25.5　数据帧数据段构成

CRC 段,该段用于检查帧传输错误。由 15 个位的 CRC 顺序和一位的 CRC 界定符(用于分隔的位)组成,标准帧和扩展帧在这个段的格式也是相同的,如图 25.6 所示。此段 CRC 的值计算范围包括帧起始、仲裁段、控制段、数据段。接收方以同样的算法计算 CRC 值并进行比较,不一致时会通报错误。

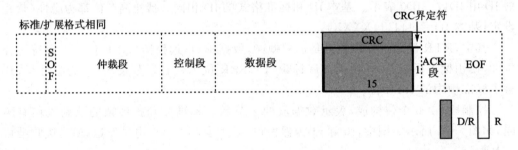

图 25.6　数据帧 CRC 段构成

ACK 段,此段用来确认是否正常接收。由 ACK 槽(ACK Slot)和 ACK 界定符 2 个位组成。标准帧和扩展帧在这个段的格式也是相同的,如图 25.7 所示。

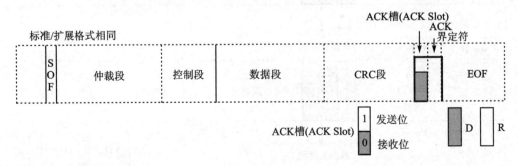

图 25.7　数据帧 CRC 段构成

发送单元的 ACK 发送 2 个位的隐性位,而接收到正确消息的单元在 ACK 槽

(ACK Slot)发送显性位,通知发送单元正常接收结束,这个过程叫发送 ACK/返回 ACK。发送 ACK 的是在既不处于总线关闭态也不处于休眠态的所有接收单元中接收到正常消息的单元(发送单元不发送 ACK)。正常消息是指不含填充错误、格式错误、CRC 错误的消息。

帧结束,这个段也比较简单,标准帧和扩展帧在这个段格式一样,由 7 个位的隐性位组成。

至此,数据帧的 7 个段就介绍完了,其他帧的介绍请参考本书配套资料的"CAN 入门书.pdf"。接下来再来看看 CAN 的位时序。

由发送单元在非同步的情况下发送的每秒钟的位数称为位速率。一个位可分为 4 段,即同步段(SS)、传播时间段(PTS)、相位缓冲段 1(PBS1)、相位缓冲段 2(PBS2)。这些段又由可称为 Time Quantum(以下称为 Tq)的最小时间单位构成。一位分为 4 个段,每个段又由若干个 Tq 构成,这称为位时序。一位由多少个 Tq 构成、每个段又由多少个 Tq 构成等情况,可以任意设定位时序实现。通过设定位时序可实现多个单元同时采样,也可任意设定采样点。各段的作用和 Tq 数如表 25.2 所列。

表 25.2 一个位各段及其作用

段名称	段的作用	Tq 数	
同步段 (SS:Synchronization Segment)	多个连接在总线上的单元通过此段实现时序调整,同步进行接收和发送的工作。由隐性到显性电平的边沿或由显性电平到隐性电平边沿最好出现在段中	1Tq	
传播时间段 (PTS:Propagation Time Segment)	用于吸收网络上的物理延迟的段。所谓的网络和物理延迟指发送单元的输出延迟、总线上信号的传播延迟、接收单元的输入延迟。 这个段的时间为以上各延迟时间的和的两倍	1~8Tq	8~25Tq
相位缓冲段 1 (PBS1:Phase Buffer Segment 1)	当信号边沿不能被包含于 SS 段中时,可在此段进行补偿。由于各单元以各自独立的时钟工作,细微的时钟误差会累积起来,PBS 段可用于吸收此误差。 通过对相位缓冲段加减 SJW 吸收误差。 SJW 加大后允许误差加大,但通信速度下降	1~8Tq	
相位缓冲段 2 (PBS2:Phase Buffer Segment 2)		2~8Tq	
再同步补偿宽度 (SJW:reSynchronization Jump Width)	因时钟频率偏差、传送延迟等,各单元有同步误差。SJW 为补偿此误差的最大值	1~4Tq	

一个位的构成如图 25.8 所示。其中采样点是指读取总线电平,并将读到的电平作为位值的点。位置在 PBS1 结束处。根据这个位时序就可以计算 CAN 通信的波特率了。具体计算方法后面再介绍,前面提到的 CAN 协议具有仲裁功能,下面来看看是如

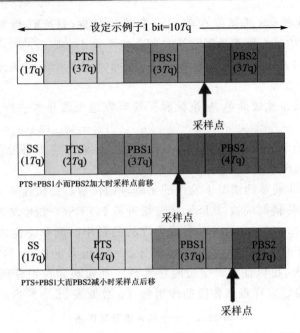

图 25.8 一个位的构成

何实现的。

在总线空闲态,最先开始发送消息的单元获得发送权。当多个单元同时开始发送时,各发送单元从仲裁段的第一位开始进行仲裁。连续输出显性电平最多的单元可继续发送。实现过程如图 25.9 所示。

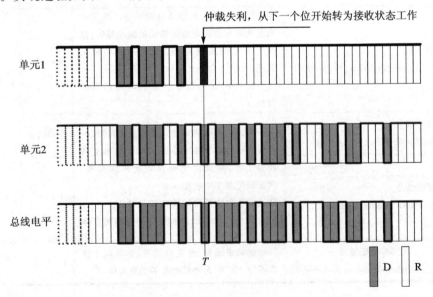

图 25.9 CAN 总线仲裁过程

图中单元 1 和单元 2 同时开始向总线发送数据,开始部分它们的数据格式是一样的,故无法区分优先级,直到 T 时刻,单元 1 输出隐性电平,而单元 2 输出显性电平,此时单元 1 仲

第 25 章 CAN 通信实验

裁失利,立刻转入接收状态工作,不再与单元 2 竞争,而单元 2 则顺利获得总线使用权,继续发送自己的数据。这就实现了仲裁,让连续发送显性电平多的单元获得总线使用权。

接下来介绍 STM32F4 的 CAN 控制器。STM32F4 自带的是 bxCAN,即基本扩展 CAN,它支持 CAN 协议 2.0A 和 2.0B。它的设计目标是以最小的 CPU 负荷来高效处理大量收到的报文。它也支持报文发送的优先级要求(优先级特性可软件配置)。对于安全紧要的应用,bxCAN 提供所有支持时间触发通信模式所需的硬件功能。

STM32F4 的 bxCAN 的主要特点有:
- 支持 CAN 协议 2.0A 和 2.0B 主动模式;
- 波特率最高达 1 Mbps;
- 支持时间触发通信;
- 具有 3 个发送邮箱;
- 具有 3 级深度的 2 个接收 FIFO;
- 可变的过滤器组(28 个,CAN1 和 CAN2 共享)。

在 STM32F407ZGT6 中,带有 2 个 CAN 控制器,而本章只用了一个 CAN,即 CAN1。双 CAN 的框图如图 25.10 所示。可以看出,2 个 CAN 都分别拥有自己的发

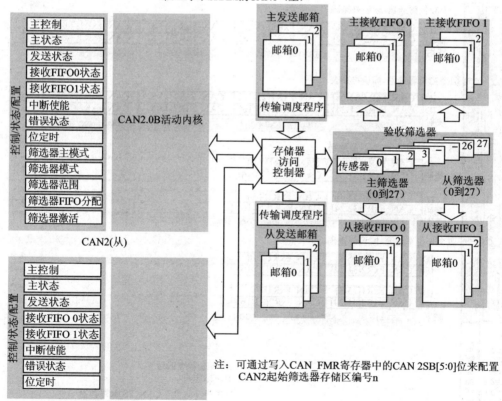

图 25.10 双 CAN 框图

送邮箱和接收 FIFO，但是共用 28 个滤波器。通过 CAN_FMR 寄存器的设置，可以设置滤波器的分配方式。

STM32F4 的标识符过滤比较复杂，它的存在减少了 CPU 处理 CAN 通信的开销。STM32F4 的过滤器(也称筛选器)组最多有 28 个，每个滤波器组 x 由 2 个 32 位寄存器 CAN_FxR1 和 CAN_FxR2 组成。

STM32F4 每个过滤器组的位宽都可以独立配置，以满足应用程序的不同需求。根据位宽的不同，每个过滤器组可提供：

➤ 一个 32 位过滤器，包括 STDID[10:0]、EXTID[17:0]、IDE 和 RTR 位；
➤ 2 个 16 位过滤器，包括 STDID[10:0]、IDE、RTR 和 EXTID[17:15]位。

此外，过滤器可配置为屏蔽位模式和标识符列表模式。在屏蔽位模式下，标识符寄存器和屏蔽寄存器一起指定报文标识符的任何一位，应该按照"必须匹配"或"不用关心"处理。而在标识符列表模式下，屏蔽寄存器也被当作标识符寄存器用。因此，不是采用一个标识符加一个屏蔽位的方式，而是使用 2 个标识符寄存器。接收报文标识符的每一位都必须跟过滤器标识符相同。

通过 CAN_FMR 寄存器可以配置过滤器组的位宽和工作模式，如图 25.11 所示。

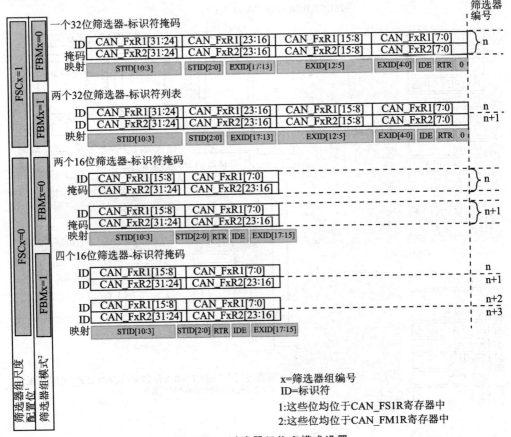

图 25.11 过滤器组位宽模式设置

为了过滤出一组标识符,应该设置过滤器组工作在屏蔽位模式。为了过滤出一个标识符,应该设置过滤器组工作在标识符列表模式。应用程序不用的过滤器组应该保持在禁用状态。过滤器组中的每个过滤器都被编号为(叫过滤器号,图 25.11 中的 n)从 0 开始,到某个最大数值则取决于过滤器组的模式和位宽的设置。

举个简单的例子,我们设置过滤器组 0 工作在一个 32 位过滤器-标识符屏蔽模式,然后设置 CAN_F0R1=0XFFFF0000,CAN_F0R2=0XFF00FF00。其中,存放到 CAN_F0R1 的值就是期望收到的 ID,即我们希望收到的 ID(STID+EXTID+IDE+RTR)最好是 0XFFFF0000。而 0XFF00FF00 就是设置我们需要必须关心的 ID,表示收到的 ID,其位[31:24]和位[15:8]这 16 个位必须和 CAN_F0R1 中对应的位一模一样,而另外的 16 个位则不关心,可以一样,也可以不一样,都认为是正确的 ID,即收到的 ID 必须是 0XFFxx00xx 才算是正确的(x 表示不关心)。

标识符过滤的详细介绍请参考《STM32F4xx 中文参考手册》的 24.7.4 小节(616页)。接下来,我们看看 STM32F4 的 CAN 发送和接收的流程。

1. CAN 发送流程

CAN 发送流程为:程序选择一个空置的邮箱(TME=1)→设置标识符(ID),数据长度和发送数据→设置 CAN_TIxR 的 TXRQ 位为 1,请求发送→邮箱挂号(等待成为最高优先级)→预定发送(等待总线空闲)→发送→邮箱空置。整个流程如图 25.12 所示。图中还包含了很多其他处理,终止发送(ABRQ=1)和发送失败处理等。通过这个流程图,我们大致了解了 CAN 的发送流程,后面的数据发送基本就是按照此流程来走。

2. CAN 接收流程

CAN 接收到的有效报文被存储在 3 级邮箱深度的 FIFO 中。FIFO 完全由硬件来管理,从而节省了 CPU 的处理负荷,简化了软件并保证了数据的一致性。应用程序只能通过读取 FIFO 输出邮箱来读取 FIFO 中最先收到的报文。这里的有效报文是指那些被正确接收(直到 EOF 都没有错误)且通过了标识符过滤的报文。前面我们知道,CAN 的接收有 2 个 FIFO,我们每个滤波器组都可以设置其关联的 FIFO,通过 CAN_FFA1R 的设置可以将滤波器组关联到 FIFO0/FIFO1。

CAN 接收流程为:FIFO 空→收到有效报文→挂号_1(存入 FIFO 的一个邮箱,这个由硬件控制,我们不需要理会)→收到有效报文→挂号_2→收到有效报文→挂号_3→收到有效报文→溢出。

这个流程里面没有考虑从 FIFO 读出报文的情况,实际情况是:我们必须在 FIFO 溢出之前,读出至少一个报文,否则下个报文到来将导致 FIFO 溢出,从而出现报文丢失。每读出一个报文,相应的挂号就减 1,直到 FIFO 空。CAN 接收流程如图 25.13 所示。

FIFO 接收到的报文数可以通过查询 CAN_RFxR 的 FMP 寄存器来得到,只要 FMP 不为 0,我们就可以从 FIFO 读出收到的报文。

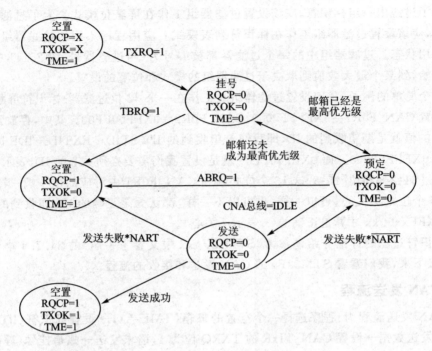

图 25.12 发送邮箱

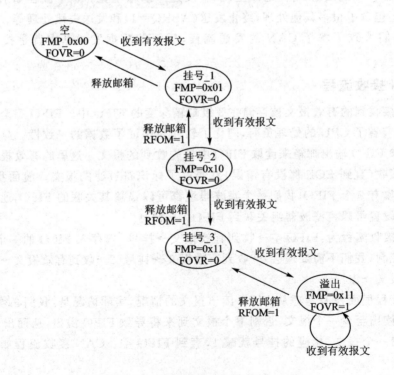

图 25.13 FIFO 接收报文

接下来简单看看 STM32F4 的 CAN 位时间特性,和之前介绍的稍有区别。

STM32F4 把传播时间段和相位缓冲段 1(STM32F4 称之为时间段 1)合并了,所以 STM32F4 的 CAN 一个位只有 3 段:同步段(SYNC_SEG)、时间段 1(BS1)和时间段 2 (BS2)。STM32F4 的 BS1 段可以设置为 1~16 个时间单元,刚好等于上面介绍的传播 时间段和相位缓冲段 1 之和。STM32F4 的 CAN 位时序如图 25.14 所示。

$$BaudRate = \frac{1}{NominalBitTime}$$

$$NominalBitTime = 1 \times t_q + t_{BS1} + t_{BS2}$$

其中:

$t_{BS1} = t_q \times (TS1[3:0]+1)$, $t_{BS2} = t_q \times (TS2[2:0]+1)$, $t_q = (BRP[9:0]+1) \times t_{PCLK}$

其中 t_q 为时间片,t_{PCLK} = APB 时钟的时间周期

BRP[9:0]、TS1[3:0]和 TS2[2:0]在 CAN_BTR 寄存器中定义

图 25.14 STM32F4 CAN 位时序

图 25.14 还给出了 CAN 波特率的计算公式,我们只需要知道 BS1、BS2 的设置以及 APB1 的时钟频率(一般为 42 MHz),就可以方便地计算出波特率。比如设置 TS1=6、TS2=5 和 BRP=5,在 APB1 频率为 42 MHz 的条件下,即可得到 CAN 通信的波特率 =42 000/[(7+6+1)×6]=500 kbps。

接下来介绍本章需要用到的一些比较重要的寄存器。首先来看 CAN 的主控制寄存器(CAN_MCR),各位描述如图 25.15 所示。该寄存器的详细描述请参考《STM32F4xx 中文参考手册》24.9.2 小节(625 页)。这里仅介绍 INRQ 位,该位用来控制初始化请求。软件对该位清 0,可使 CAN 从初始化模式进入正常工作模式;当 CAN 在接收引脚检测到连续的 11 个隐性位后,CAN 就达到同步,并为接收和发送数据做好准备了。为此,硬件相应地对 CAN_MSR 寄存器的 INAK 位清 0。

软件对该位置 1 可使 CAN 从正常工作模式进入初始化模式:一旦当前的 CAN 活动(发送或接收)结束,CAN 就进入初始化模式。相应地,硬件对 CAN_MSR 寄存器的 INAK 位置 1。

31	30	29	28	27	26	25	24	23	22	21	20	19	18	17	16
						Reserved									DBF
															rw

15	14	13	12	11	10	9	8	7	6	5	4	3	2	1	0
RESET				Reserved				TTCM	ABOM	AMUM	NART	RFLM	TXFP	SLEEP	INRQ
rs								rw	rw	rw	rw	rw	rw	rw	rw

图 25.15 寄存器 CAN_MCR 各位描述

所以,CAN 初始化的时候,先要设置该位为 1,然后进行初始化(尤其是 CAN_

BTR 的设置,该寄存器必须在 CAN 正常工作之前设置),之后再设置该位为0,让 CAN 进入正常工作模式。

第二个介绍 CAN 位时序寄存器(CAN_BTR)。该寄存器用于设置分频 BRP、T_{BS1}、T_{BS2} 以及 T_{sjw} 等非常重要的参数,直接决定了 CAN 的波特率。另外,该寄存器还可以设置 CAN 的工作模式,各位描述如图 25.16 所示。

31	30	29	28	27	26	25	24	23	22	21	20	19	18	17	16
SILM	LBKM	\multicolumn{5}{c}{Reserved}				SJW[1:0]		Res.	TS2[2:0]			TS1[3:0]			
rw	rw					rw	rw		rw	rw	rw	rw	rw	rw	rw

15	14	13	12	11	10	9	8	7	6	5	4	3	2	1	0
\multicolumn{6}{c}{Reserved}						BRP[9:0]									
						rw	rw	rw	rw	rw	rw	rw	rw	rw	rw

位31 **SILM**：静默模式(调试)(Silent mode (debug))
　　0：正常工作　　　1：静默模式
位30 **LBKM**：环回模式(调试)(Loop back mode (debug))
　　0：禁止环回模式　1：使能环回模式
位29:26 保留，必须保持复位值
位25:24 **SJW[1:0]**：再同步跳转宽度(Resynchronization jump width)
　　这些位定义CAN硬件在执行再同步时最多可以将位加长或缩短的时间片数目。
　　$t_{RJW}=t_{CAN}\times(SJW[1:0]+1)$
位23 保留，必须保持复位值
位22:20 **TS2[2:0]**：时间段2(Time segment 2)
　　这些位定义时间段2中的时间片数目。$t_{BS2}=t_{CAN}\times(TS2[2:0]+1)$
位19:16 **TS1[3:0]**：时间段1(Time segment 1)
　　这些位定义时间段1中的时间片数目。$t_{BS1}=t_{CAN}\times(TS1[3:0]+1)$
位15:10 保留，必须保持复位值
位9:0 **BRP[9:0]**：波特率预分频器(Baud rate prescaler)
　　这些位定义一个时间片的长度。$t_q=(BRP[9:0]+1)\times t_{PCLK}$

图 25.16　寄存器 CAN_BTR 各位描述

STM32F4 提供了两种测试模式,环回模式和静默模式,当然它们组合还可以组合成环回静默模式。这里简单介绍下环回模式。

在环回模式下,bxCAN 把发送的报文当作接收的报文并保存(如果可以通过接收过滤)在接收邮箱里。也就是环回模式是一个自发自收的模式,如图 25.17 所示。环回模式可用于自测试。为了避免外部的影响,在环回模式下 CAN 内核忽略确认错误(在数据/远程帧的确认位时刻,不检测是否有显性位)。在环回模式下,bxCAN 在内部把 Tx 输出回馈到 Rx 输入上,而完全忽略 CANRX 引脚的实际状态。发送的报文可以在 CANTX引脚上检测到。

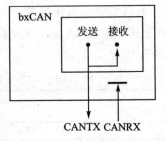

图 25.17　CAN 环回模式

第三个介绍 CAN 发送邮箱标识符寄存器(CAN_TIxR)(x=0~3),各位描述如图 25.18所示。该寄存器主要用来设置标识符(包括扩展标识符),另外还可以设置帧类型,通过 TXRQ 置 1 来请求邮箱发送。因为有 3 个发送邮箱,所以寄存器 CAN_

第 25 章　CAN 通信实验

31	30	29	28	27	26	25	24	23	22	21	20	19	18	17	16
STID[10:0]/EXID[28:18]												EXID[17:13]					
rw	rw	rw	rw	rw	rw	rw	rw	rw	rw	rw	rw	rw	rw	rw	rw
15	14	13	12	11	10	9	8	7	6	5	4	3	2	1	0
EXID[12:0]														IDE	RTR	TXRQ
rw	rw	rw	rw	rw	rw	rw	rw	rw	rw	rw	rw	rw	rw	rw	rw

位31:21　**STID[10:0]/EXID[28:18]**：标准标识符或扩展标识符(Standard identifier or extended identifier)
　　　　　标准标识符或扩展标识符的MSB(取决于IDE位的值)。

位20:3　**EXID[17:0]**：扩展标识符(Extended identifier)
　　　　扩展标识符的LSB。

位2　**IDE**：标识符扩展(Identifier extension)
　　　此位用于定义邮箱中消息的标识符类型
　　　0：标准标识符；1：扩展标识符。

位1　**RTR**：远程发送请求(Remote transmission request)
　　　0：数据帧；1：遥控帧。

位0　**TXRQ**：发送邮箱请求(Transmit mailbox request)
　　　由软件置1，用于请求巡送相应邮箱的内容。
　　　邮箱变为空后，此位由硬件清零。

图 25.18　寄存器 CAN_TIxR 各位描述

TIxR 有 3 个。

第四个介绍 CAN 发送邮箱数据长度和时间戳寄存器（CAN_TDTxR）（x＝0～2），该寄存器本章仅用来设置数据长度，即最低 4 个位。

第五个介绍的是 CAN 发送邮箱低字节数据寄存器（CAN_TDLxR）（x＝0～2），各位描述如图 25.19 所示。该寄存器用来存储将要发送的数据，这里只能存储低 4 个字节。另外还有一个寄存器 CAN_TDHxR，该寄存器用来存储高 4 个字节，这样总共就可以存储 8 个字节。CAN_TDHxR 的各位描述同 CAN_TDLxR 类似。

31	30	29	28	27	26	25	24	23	22	21	20	19	18	17	16
DATA3[7:0]										DATA2[7:0]						
rw	rw	rw	rw	rw	rw	rw	rw	rw	rw	rw	rw	rw	rw	rw	rw
15	14	13	12	11	10	9	8	7	6	5	4	3	2	1	0
DATA1[7:0]										DATA0[7:0]						
rw	rw	rw	rw	rw	rw	rw	rw	rw	rw	rw	rw	rw	rw	rw	rw

位31:24　**DATA3[7:0]**：数据字节3(Data byte 3)
　　　　 消息的数据字节3。

位23:16　**DATA2[7:0]**：数据字节2(Data byte 2)
　　　　 消息的数据字节2。

位15:8　**DATA1[7:0]**：数据字节1(Data byte 1)
　　　　消息的数据字节1。

位7:0　**DATA0[7:0]**：数据字节0(Data byte 0)
　　　 消息的数据字节0。
　　　 一条消息可以包含0到8个数据字节，从字节0开始

图 25.19　寄存器 CAN_TDLxR 各位描述

第六个介绍 CAN 接收 FIFO 邮箱标识符寄存器（CAN_RIxR）（x＝0/1）。该寄存

器各位描述同 CAN_TIxR 寄存器几乎一模一样,只是最低位为保留位。该寄存器用于保存接收到的报文标识符等信息,我们可以通过读该寄存器获取相关信息。

同样的,CAN 接收 FIFO 邮箱数据长度和时间戳寄存器(CAN_RDTxR)、CAN 接收 FIFO 邮箱低字节数据寄存器(CAN_RDLxR)和 CAN 接收 FIFO 邮箱高字节数据寄存器(CAN_RDHxR)分别和发送邮箱的 CAN_TDTxR、CAN_TDLxR 以及 CAN_TDHxR 类似,详细介绍请参考《STM32F4xx 中文参考手册》24.9.3 小节(635 页)。

第七个介绍 CAN 过滤器模式寄存器(CAN_FM1R),各位描述如图 25.20 所示。该寄存器用于设置各滤波器组的工作模式,对 28 个滤波器组的工作模式都可以通过该寄存器设置。不过该寄存器必须在过滤器处于初始化模式下(CAN_FMR 的 FINIT 位=1),才可以进行设置。

31	30	29	28	27	26	25	24	23	22	21	20	19	18	17	16
Reserved				FBM27	FBM26	FBM25	FBM24	FBM23	FBM22	FBM21	FBM20	FBM19	FBM18	FBM17	FBM16
				rw	rw	rw	rw	rw	rw	rw	rw	rw	rw	rw	rw
15	14	13	12	11	10	9	8	7	6	5	4	3	2	1	0
FBM15	FBM14	FBM13	FBM12	FBM11	FBM10	FBM9	FBM8	FBM7	FBM6	FBM5	FBM4	FBM3	FBM2	FBM1	FBM0
rw	rw	rw	rw	rw	rw	rw	rw	rw	rw	rw	rw	rw	rw	rw	rw

位31:28 保留,必须保持复位值。

位27:0 **FBMx**: 筛选器模式(Filterb mode)
筛选器x的寄存器的模式
0: 筛选器存储区x的两个32位寄存器处于标识屏蔽模式。
1: 筛选器存储区x的两个32位寄存器处于标识外表模式

图 25.20 寄存器 CAN_FM1R 各位描述

第八个介绍 CAN 过滤器位宽寄存器(CAN_FS1R),各位描述如图 25.21 所示。

31	30	29	28	27	26	25	24	23	22	21	20	19	18	17	16
Reserved				FSC27	FSC26	FSC25	FSC24	FSC23	FSC22	FSC21	FSC20	FSC19	FSC18	FSC17	FSC16
				rw	rw	rw	rw	rw	rw	rw	rw	rw	rw	rw	rw
15	14	13	12	11	10	9	8	7	6	5	4	3	2	1	0
FSC15	FSC14	FSC13	FSC12	FSC11	FSC10	FSC9	FSC8	FSC7	FSC6	FSC5	FSC4	FSC3	FSC2	FSC1	FSC0
rw	rw	rw	rw	rw	rw	rw	rw	rw	rw	rw	rw	rw	rw	rw	rw

位31:28 保留,必须保持复位值。

位27:0 **FSCx**: 筛选器尺度配置(Filter scale configuration)
这些位定义了筛选器13~0的尺度配置。
0: 双16位尺度配置; 1: 单32位尺度配置

图 25.21 寄存器 CAN_FS1R 各位描述

该寄存器用于设置各滤波器组的位宽,对 28 个滤波器组的位宽设置都可以通过该寄存器实现。该寄存器也只能在过滤器处于初始化模式下进行设置。

第九个介绍 CAN 过滤器 FIFO 关联寄存器(CAN_FFA1R),各位描述如图 25.22 所示。该寄存器设置报文通过滤波器组之后被存入的 FIFO,如果对应位为 0,则存放到 FIFO0;如果为 1,则存放到 FIFO1。该寄存器也只能在过滤器处于初始化模式下配置。

第 25 章 CAN 通信实验

31	30	29	28	27	26	25	24	23	22	21	20	19	18	17	16
\multicolumn{4}{Reserved}	FFA27	FFA26	FFA25	FFA24	FFA23	FFA22	FFA21	FFA20	FFA19	FSC18	FSC17	FSC16
				rw	rw	rw	rw	rw	rw	rw	rw	rw	rw	rw	rw
15	14	13	12	11	10	9	8	7	6	5	4	3	2	1	0
FFA15	FFA14	FFA13	FFA12	FFA11	FFA10	FFA9	FFA8	FFA7	FFA6	FFA5	FFA4	FFA3	FSC2	FSC1	FSC0
rw	rw	rw	rw	rw	rw	rw	rw	rw	rw	rw	rw	rw	rw	rw	rw

位31:28　保留，必须保持复位值
位27:0　**FFAx**：筛选器x的筛选器FIFO分配(Filter FIFO assignment for filter x)
　　　　通过此筛选器的消息将存储在指定的FIFO中。
　　　　0：筛选器分配到FIFO0；　1：筛选器分配到FIFO1

图 25.22　寄存器 CAN_FFA1R 各位描述

第十个介绍 CAN 过滤器激活寄存器(CAN_FA1R)，各位对应滤波器组和前面的几个寄存器类似，对应位置 1，即开启对应的滤波器组；置 0，则关闭该滤波器组。

最后介绍 CAN 的过滤器组 i 的寄存器 x(CAN_FiRx)(i＝0～27；x＝1/2)，各位描述如图 25.23 所示。每个滤波器组的 CAN_FiRx 都由 2 个 32 位寄存器构成，即 CAN_FiR1 和 CAN_FiR2。根据过滤器位宽和模式的不同设置，这两个寄存器的功能也不尽相同。关于过滤器的映射、功能描述和屏蔽寄存器的关联如图 25.11 所示。

31	30	29	28	27	26	25	24	23	22	21	20	19	18	17	16
FB31	FB30	FB29	FB28	FB27	FB26	FB25	FB24	FB23	FB22	FB21	FB20	FB19	FB18	FB17	FB16
rw	rw	rw	rw	rw	rw	rw	rw	rw	rw	rw	rw	rw	rw	rw	rw
15	14	13	12	11	10	9	8	7	6	5	4	3	2	1	0
FB15	FB14	FB13	FB12	FB11	FB10	FB9	FB8	FB7	FB6	FB5	FB4	FB3	FB2	FB1	FB0
rw	rw	rw	rw	rw	rw	rw	rw	rw	rw	rw	rw	rw	rw	rw	rw

位31:0　**FB[31:0]：筛选器位(Filer bits)**
　　　　标识符
　　　　寄存器的每一位用于指定预期标识符相应位的级别。
　　　　0：需要显性位；　1：需要隐性位
　　　　掩码
　　　　寄存器的每一位用于指定相关标识符寄存器的位是否必须与预期标识符的相应位匹配。
　　　　0：无关，不使用此位进行比较
　　　　1：必须匹配，传入标识符的此位必须与筛选器相应标识符寄存器中指定的级别相同

图 25.23　寄存器 CAN_FiRx 各位描述

接下来看看本章将实现的功能及 CAN 的配置步骤。本章通过 KEY_UP 按键选择 CAN 的工作模式(正常模式/环回模式)，然后通过 KEY0 控制数据发送，并通过查询的办法将接收到的数据显示在 LCD 模块上。如果是环回模式，我们用一个开发板即可测试。如果是正常模式，我们就需要 2 个探索者 STM32F4 开发板，并且将它们的 CAN 接口对接起来，然后一个开发板发送数据，另外一个开发板将接收到的数据显示在 LCD 模块上。

本章的 CAN 的初始化配置步骤：
① 配置相关引脚的复用功能(AF9)，使能 CAN 时钟。
要用 CAN，第一步就要使能 CAN 的时钟，CAN 的时钟通过 APB1ENR 的第 25 位

来设置。其次要设置CAN的相关引脚为复用输出,这里需要设置PA11(CAN1_RX)和PA12(CAN1_TX)为复用功能(AF9),并使能PA口的时钟。具体配置过程如下:

```
//使能相关时钟
RCC_AHB1PeriphClockCmd(RCC_AHB1Periph_GPIOA, ENABLE);    //使能 PORTA 时钟
RCC_APB1PeriphClockCmd(RCC_APB1Periph_CAN1, ENABLE);     //使能 CAN1 时钟
//初始化 GPIO
GPIO_InitStructure.GPIO_Pin = GPIO_Pin_11| GPIO_Pin_12;
GPIO_InitStructure.GPIO_Mode = GPIO_Mode_AF;             //复用功能
GPIO_InitStructure.GPIO_OType = GPIO_OType_PP;           //推挽输出
GPIO_InitStructure.GPIO_Speed = GPIO_Speed_100MHz;       //100 MHz
GPIO_InitStructure.GPIO_PuPd = GPIO_PuPd_UP;             //上拉
GPIO_Init(GPIOA, &GPIO_InitStructure);                   //初始化 PA11,PA12
//引脚复用映射配置
GPIO_PinAFConfig(GPIOA,GPIO_PinSource11,GPIO_AF_CAN1);   //PA11 复用为 CAN1
GPIO_PinAFConfig(GPIOA,GPIO_PinSource12,GPIO_AF_CAN1);   //PA12 复用为 CAN1
```

注意,CAN发送接收引脚功能对应STM32的哪些引脚可以在中文参考手册引脚表里面查找。

② 设置CAN工作模式及波特率等。

这一步通过先设置CAN_MCR寄存器的INRQ位,让CAN进入初始化模式,然后设置CAN_MCR的其他相关控制位。再通过CAN_BTR设置波特率和工作模式(正常模式/环回模式)等信息。最后设置INRQ为0,退出初始化模式。

库函数中提供了函数CAN_Init()来初始化CAN的工作模式以及波特率,CAN_Init()函数体初始化之前会设置CAN_MCR寄存器的INRQ为1,让其进入初始化模式,然后初始化CAN_MCR寄存器和CRN_BTR寄存器之后会设置CAN_MCR寄存器的INRQ为0,让其退出初始化模式。所以,调用这个函数的前后不需要再进行初始化模式设置。下面来看看CAN_Init()函数的定义:

```
uint8_t CAN_Init(CAN_TypeDef * CANx, CAN_InitTypeDef * CAN_InitStruct);
```

第一个参数就是CAN标号,这里我们的芯片只有一个CAN,所以就是CAN1。

第二个参数是CAN初始化结构体指针,结构体类型是CAN_InitTypeDef,下面来看看这个结构体的定义:

```
typedef struct
{
    uint16_t CAN_Prescaler;
    uint8_t CAN_Mode;
    uint8_t CAN_SJW;
    uint8_t CAN_BS1;
    uint8_t CAN_BS2;
    FunctionalState CAN_TTCM;
    FunctionalState CAN_ABOM;
    FunctionalState CAN_AWUM;
    FunctionalState CAN_NART;
    FunctionalState CAN_RFLM;
    FunctionalState CAN_TXFP;
} CAN_InitTypeDef;
```

这个结构体看起来成员变量比较多，实际上参数可以分为两类。前面5个参数用来设置寄存器CAN_BTR、模式以及波特率相关的参数。设置模式的参数是CAN_Mode，我们实验中用到回环模式CAN_Mode_LoopBack和常规模式CAN_Mode_Normal，大家还可以选择静默模式以及静默回环模式测试。其他波特率相关的参数CAN_Prescaler、CAN_SJW、CAN_BS1和CAN_BS2分别用来设置波特率分频器、重新同步跳跃宽度以及时间段1和时间段2占用的时间单元数。后面6个成员变量用来设置寄存器CAN_MCR，也就是设置CAN通信相关的控制位。初始化实例为：

```
CAN_InitStructure.CAN_TTCM = DISABLE;           //非时间触发通信模式
CAN_InitStructure.CAN_ABOM = DISABLE;           //软件自动离线管理
CAN_InitStructure.CAN_AWUM = DISABLE;           //睡眠模式通过软件唤醒
CAN_InitStructure.CAN_NART = ENABLE;            //禁止报文自动传送
CAN_InitStructure.CAN_RFLM = DISABLE;           //报文不锁定,新的覆盖旧的
CAN_InitStructure.CAN_TXFP = DISABLE;           //优先级由报文标识符决定
CAN_InitStructure.CAN_Mode = CAN_Mode_LoopBack; //模式设置1,回环模式
CAN_InitStructure.CAN_SJW = CAN_SJW_1tq;        //重新同步跳跃宽度为个时间单位
CAN_InitStructure.CAN_BS1 = CAN_BS1_8tq;        //时间段1占用8个时间单位
CAN_InitStructure.CAN_BS2 = CAN_BS2_7tq;        //时间段2占用7个时间单位
CAN_InitStructure.CAN_Prescaler = 5;            //分频系数(Fdiv)
CAN_Init(CAN1,&CAN_InitStructure);              //初始化CAN1
```

③ 设置滤波器。

本章将使用滤波器组0，并工作在32位标识符屏蔽位模式下。先设置CAN_FMR的FINIT位，让过滤器组工作在初始化模式下，然后设置滤波器组0的工作模式以及标识符ID和屏蔽位。最后激活滤波器，并退出滤波器初始化模式。

库函数中提供了函数CAN_FilterInit()来初始化CAN的滤波器相关参数，CAN_Init()函数体初始化之前会设置CAN_FMR寄存器的INRQ为INIT，让其进入初始化模式，然后初始化CAN滤波器相关的寄存器之后设置CAN_FMR寄存器的FINIT为0，让其退出初始化模式。所以调用这个函数的前后不需要再进行初始化模式设置。下面来看看CAN_FilterInit()函数的定义：

```
void CAN_FilterInit(CAN_FilterInitTypeDef * CAN_FilterInitStruct);
```

这个函数只有一个入口参数就是CAN滤波器初始化结构体指针，结构体类型为CAN_FilterInitTypeDef，下面我们看看类型定义：

```
typedef struct
{
  uint16_t CAN_FilterIdHigh;
  uint16_t CAN_FilterIdLow;
  uint16_t CAN_FilterMaskIdHigh;
  uint16_t CAN_FilterMaskIdLow;
  uint16_t CAN_FilterFIFOAssignment;
  uint8_t CAN_FilterNumber;
  uint8_t CAN_FilterMode;
  uint8_t CAN_FilterScale;
  FunctionalState CAN_FilterActivation;
} CAN_FilterInitTypeDef;
```

结构体一共有 9 个成员变量,第 1~4 个用来设置过滤器的 32 位 id 以及 32 位 mask id,分别通过 2 个 16 位来组合,这个在前面讲解过它们的意义。第 5 个成员变量 CAN_FilterFIFOAssignment 用来设置 FIFO 和过滤器的关联关系,我们的实验是关联的过滤器 0~FIFO0,值为 CAN_Filter_FIFO0。第 6 个成员变量 CAN_FilterNumber 用来设置初始化的过滤器组,取值范围为 0~13。第 7 个成员变量 FilterMode 用来设置过滤器组的模式,取值为标识符列表模式 CAN_FilterMode_IdList 和标识符屏蔽位模式 CAN_FilterMode_IdMask。第 8 个成员变量 FilterScale 用来设置过滤器的位宽为 2 个 16 位 CAN_FilterScale_16bit 还是一个 32 位 CAN_FilterScale_32bit。第 9 个成员变量 CAN_FilterActivation 就很明了了,用来激活该过滤器。

过滤器初始化参考实例代码:

```
CAN_FilterInitStructure.CAN_FilterNumber = 0;                           //过滤器 0
CAN_FilterInitStructure.CAN_FilterMode = CAN_FilterMode_IdMask;
CAN_FilterInitStructure.CAN_FilterScale = CAN_FilterScale_32bit;        //32 位
CAN_FilterInitStructure.CAN_FilterIdHigh = 0x0000;                      ////32 位 ID
CAN_FilterInitStructure.CAN_FilterIdLow = 0x0000;
CAN_FilterInitStructure.CAN_FilterMaskIdHigh = 0x0000;                  //32 位 MASK
CAN_FilterInitStructure.CAN_FilterMaskIdLow = 0x0000;
CAN_FilterInitStructure.CAN_FilterFIFOAssignment = CAN_Filter_FIFO0;    // FIFO0
CAN_FilterInitStructure.CAN_FilterActivation = ENABLE;                  //激活过滤器 0
CAN_FilterInit(&CAN_FilterInitStructure);                               //滤波器初始化
```

④ 发送/接收消息。

在初始化 CAN 相关参数以及过滤器之后,接下来就是发送和接收消息了。库函数中提供了发送和接收消息的函数。发送消息的函数是:

```
uint8_t CAN_Transmit(CAN_TypeDef * CANx, CanTxMsg * TxMessage);
```

其中,第一个参数是 CAN 标号,我们使用 CAN1。第二个参数是相关消息结构体 CanTxMsg 指针类型,CanTxMsg 结构体的成员变量用来设置标准标识符、扩展标识符、消息类型和消息帧长度等信息。

接收消息的函数是:

```
void CAN_Receive(CAN_TypeDef * CANx, uint8_t FIFONumber, CanRxMsg * RxMessage);
```

其中第二个参数 RxMessage 用来存放接收到的消息信息。结构体 CanRxMsg 和结构体 CanTxMsg 比较接近,分别用来定义发送消息和描述接收消息,可以对照看一下,也比较好理解。

⑤ CAN 状态获取。

对于 CAN 发送消息的状态、挂起消息数目等传输状态信息的获取,库函数提供了一系列的函数,包括 CAN_TransmitStatus()函数、CAN_MessagePending()函数、CAN_GetFlagStatus()函数等,可以根据需要来调用。

至此,CAN 就可以开始正常工作了。如果用到中断,就还需要进行中断相关的配置,本章没用到中断,所以就不介绍了。

25.2 硬件设计

本章要用到的硬件资源如下：指示灯 DS0、KEY0 和 KEY_UP 按键、TFTLCD 模块、CAN、CAN 收发芯片 JTA1050。前面 3 个已经介绍过了，这里介绍 STM32F4 与 TJA1050 连接关系，如图 25.24 所示。可以看出，STM32F4 的 CAN 通过 P11 的设置，连接到 TJA1050 收发芯片，然后通过接线端子（CAN）同外部的 CAN 总线连接。图中可以看出，探索者 STM32F4 开发板上面带有 120 Ω 的终端电阻，如果我们的开发板不是作为 CAN 的终端的话，需要把这个电阻去掉，以免影响通信。注意：CAN1 和 USB 共用了 PA11 和 PA12，所以不能同时使用。

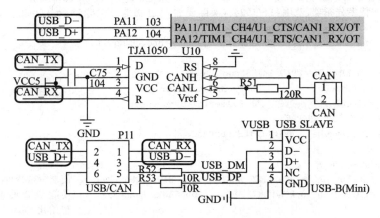

图 25.24　STM32F4 与 TJA1050 连接电路图

注意，要设置好开发板上 P11 排针的连接，通过跳线帽将 PA11 和 PA12 分别连接到 CRX（CAN_RX）和 CTX（CAN_TX）上面，如图 25.25 所示。

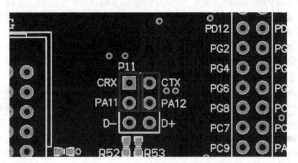

图 25.25　硬件连接示意图

最后用 2 根导线将 2 个开发板 CAN 端子的 CAN_L 和 CAN_L、CAN_H 和 CAN_H 连接起来。注意，不要接反了（CAN_L 接 CAN_H），接反了会导致通信异常！

25.3 软件设计

打开 CAN 通信实验的工程可以看到,我们增加了文件 can.c 以及头文件 can.h,同时 CAN 相关的固件库函数和定义分布在文件 stm32f4xx_can.c 和头文件 stm32f4xx_can.h 中。

打开 can.c 文件,代码如下:

```
//CAN 初始化
//tsjw:重新同步跳跃时间单元. @ref CAN_synchronisation_jump_width
//tbs2:时间段 2 的时间单元.  @ref CAN_time_quantum_in_bit_segment_2
//tbs1:时间段 1 的时间单元.  @refCAN_time_quantum_in_bit_segment_1
//brp :波特率分频器.范围:1~1024;(实际要加 1,也就是 1~1024) tq=(brp)*tpclk1
//mode: @ref CAN_operating_mode
u8 CAN1_Mode_Init(u8 tsjw,u8 tbs2,u8 tbs1,u16 brp,u8 mode)
{
    GPIO_InitTypeDef GPIO_InitStructure;
    CAN_InitTypeDef         CAN_InitStructure;
    CAN_FilterInitTypeDef   CAN_FilterInitStructure;
#if CAN1_RX0_INT_ENABLE
    NVIC_InitTypeDef  NVIC_InitStructure;
#endif
    //使能相关时钟
    RCC_AHB1PeriphClockCmd(RCC_AHB1Periph_GPIOA, ENABLE);    //使能 PORTA 时钟
    RCC_APB1PeriphClockCmd(RCC_APB1Periph_CAN1, ENABLE);     //使能 CAN1 时钟
                                                             //初始化 GPIO
    GPIO_InitStructure.GPIO_Pin = GPIO_Pin_11| GPIO_Pin_12;
    GPIO_InitStructure.GPIO_Mode = GPIO_Mode_AF;             //复用功能
    GPIO_InitStructure.GPIO_OType = GPIO_OType_PP;           //推挽输出
    GPIO_InitStructure.GPIO_Speed = GPIO_Speed_100MHz;       //100 MHz
    GPIO_InitStructure.GPIO_PuPd = GPIO_PuPd_UP;             //上拉
    GPIO_Init(GPIOA, &GPIO_InitStructure);                   //初始化 PA11,PA12
    //引脚复用映射配置
    GPIO_PinAFConfig(GPIOA,GPIO_PinSource11,GPIO_AF_CAN1);   //PA11 复用为 CAN1
    GPIO_PinAFConfig(GPIOA,GPIO_PinSource12,GPIO_AF_CAN1);   //PA12 复用为 CAN1
    //CAN 单元设置
    CAN_InitStructure.CAN_TTCM = DISABLE;                    //非时间触发通信模式
    CAN_InitStructure.CAN_ABOM = DISABLE;                    //软件自动离线管理
    CAN_InitStructure.CAN_AWUM = DISABLE;                    //睡眠模式通过软件唤醒
    CAN_InitStructure.CAN_NART = ENABLE;                     //禁止报文自动传送
    CAN_InitStructure.CAN_RFLM = DISABLE;                    //报文不锁定,新的覆盖旧的
    CAN_InitStructure.CAN_TXFP = DISABLE;                    //优先级由报文标识符决定
    CAN_InitStructure.CAN_Mode = mode;                       //模式设置
    CAN_InitStructure.CAN_SJW = tsjw;                        //重新同步跳跃宽度
    CAN_InitStructure.CAN_BS1 = tbs1;         //Tbs1 范围 CAN_BS1_1tq ~CAN_BS1_16tq
    CAN_InitStructure.CAN_BS2 = tbs2;         //Tbs2 范围 CAN_BS2_1tq ~   CAN_BS2_8tq
    CAN_InitStructure.CAN_Prescaler = brp;                   //分频系数(Fdiv)为 brp+1
    CAN_Init(CAN1, &CAN_InitStructure);                      // 初始化 CAN1
    //配置过滤器
```

第 25 章　CAN 通信实验

```c
    CAN_FilterInitStructure.CAN_FilterNumber = 0;                          //过滤器 0
    CAN_FilterInitStructure.CAN_FilterMode = CAN_FilterMode_IdMask;
    CAN_FilterInitStructure.CAN_FilterScale = CAN_FilterScale_32bit;       //32 位
    CAN_FilterInitStructure.CAN_FilterIdHigh = 0x0000;          ////32 位 ID
    CAN_FilterInitStructure.CAN_FilterIdLow = 0x0000;
    CAN_FilterInitStructure.CAN_FilterMaskIdHigh = 0x0000;      //32 位 MASK
    CAN_FilterInitStructure.CAN_FilterMaskIdLow = 0x0000;
    CAN_FilterInitStructure.CAN_FilterFIFOAssignment = CAN_Filter_FIFO0;
    CAN_FilterInitStructure.CAN_FilterActivation = ENABLE;      //激活过滤器 0
    CAN_FilterInit(&CAN_FilterInitStructure);                   //滤波器初始化

#if CAN1_RX0_INT_ENABLE
    CAN_ITConfig(CAN1,CAN_IT_FMP0,ENABLE);                      //FIFO0 消息挂号中断允许
    NVIC_InitStructure.NVIC_IRQChannel = CAN1_RX0_IRQn;
    NVIC_InitStructure.NVIC_IRQChannelPreemptionPriority = 1;   //主优先级为 1
    NVIC_InitStructure.NVIC_IRQChannelSubPriority = 0;          //次优先级为 0
    NVIC_InitStructure.NVIC_IRQChannelCmd = ENABLE;
    NVIC_Init(&NVIC_InitStructure);
#endif
    return 0;
}
#if CAN1_RX0_INT_ENABLE                                         //使能 RX0 中断
//中断服务函数
void CAN1_RX0_IRQHandler(void)
{
    CanRxMsg RxMessage;
    int i = 0;
    CAN_Receive(CAN1, 0, &RxMessage);
    for(i = 0;i<8;i++)
    printf("rxbuf[%d]:%d\r\n",i,RxMessage.Data[i]);
}
#endif
//can 发送一组数据(固定格式:ID 为 0X12,标准帧,数据帧)
//len:数据长度(最大为 8)   msg:数据指针,最大为 8 个字节
//返回值:0,成功;其他,失败
u8 CAN1_Send_Msg(u8 * msg,u8 len)
{
    u8 mbox;
    u16 i = 0;
    CanTxMsg TxMessage;
    TxMessage.StdId = 0x12;                         //标准标识符为 0
    TxMessage.ExtId = 0x12;                         //设置扩展标示符(29 位)
    TxMessage.IDE = 0;                              //使用扩展标识符
    TxMessage.RTR = 0;                              //消息类型为数据帧,一帧 8 位
    TxMessage.DLC = len;                            //发送两帧信息
    for(i = 0;i<len;i++)
    TxMessage.Data[i] = msg[i];                     // 第一帧信息
    mbox = CAN_Transmit(CAN1, &TxMessage);
    i = 0;
    while((CAN_TransmitStatus(CAN1, mbox) == CAN_TxStatus_Failed)&&(i<0XFFF))i++;
    if(i>= 0XFFF)return 1;
```

```c
        return 0;
}
//can口接收数据查询;buf:数据缓存区
//返回值:0,无数据被收到;其他,接收的数据长度
u8 CAN1_Receive_Msg(u8 *buf)
{   u32 i;
    CanRxMsg RxMessage;
    if( CAN_MessagePending(CAN1,CAN_FIFO0) == 0)return 0;   //没有接收到数据,直接退出
    CAN_Receive(CAN1, CAN_FIFO0, &RxMessage);               //读取数据
    for(i = 0;i<RxMessage.DLC;i ++ )
    buf[i] = RxMessage.Data[i];
    return RxMessage.DLC;                                    //返回接收到的数据长度
}
```

此部分代码总共 3 个函数,首先是 CAN_Mode_Init 函数。该函数用于 CAN 的初始化,带有 5 个参数,可以设置 CAN 通信的波特率和工作模式等,该函数就是按 25.1 节末尾的介绍来初始化的。本章设计滤波器组 0 工作在 32 位标识符屏蔽模式,从设计值可以看出,该滤波器是不会对任何标识符进行过滤的,因为所有的标识符位都被设置成不需要关心,方便读者实验。

第二个函数,Can_Send_Msg 函数。该函数用于 CAN 报文的发送,主要是设置标识符 ID 等信息,写入数据长度和数据,并请求发送,实现一次报文的发送。

第三个函数,Can_Receive_Msg 函数,用来接收数据并且将接收到的数据存放到 buf 中。

can.c 里面还包含了中断接收的配置,通过 can.h 的 CAN1_RX0_INT_ENABLE 宏定义来配置是否使能中断接收,本章不开启中断接收的。

can.h 头文件中,CAN1_RX0_INT_ENABLE 用于设置是否使能中断接收,本章不用中断接收,故设置为 0。最后看看主函数,代码如下:

```c
int main(void)
{
    u8 key, i = 0,t = 0.cnt = 0,u8 canbuf[8],res;
    u8 mode = 1;//CAN 工作模式;0,普通模式;1,环回模式
    NVIC_PriorityGroupConfig(NVIC_PriorityGroup_2);     //设置系统中断优先级分组 2
    delay_init(168);                                     //初始化延时函数
    uart_init(115200);                                   //初始化串口波特率为 115 200
    LED_Init();                                          //初始化 LED
    LCD_Init();                                          //LCD 初始化
    KEY_Init();                                          //按键初始化
    CAN1_Mode_Init(CAN_SJW_1tq,CAN_BS2_6tq,CAN_BS1_7tq,6,
        CAN_Mode_LoopBack);//CAN 初始化环回模式,波特率 500 kbps
    ……//省略部分代码
    while(1)
    {
        key = KEY_Scan(0);
        if(key == KEY0_PRES)                             //KEY0 按下,发送一次数据
        {
            for(i = 0;i<8;i++ )
            {   canbuf[i] = cnt + i;                     //填充发送缓冲区
```

第25章 CAN通信实验

```c
            if(i<4)LCD_ShowxNum(30+i*32,210,canbuf[i],3,16,0X80);//显示数据
            else LCD_ShowxNum(30+(i-4)*32,230,canbuf[i],3,16,0X80);
                                                            //显示数据
        }
        res = CAN1_Send_Msg(canbuf,8);              //发送8个字节
        if(res)LCD_ShowString(30+80,190,200,16,16,"Failed");    //提示发送失败
        else LCD_ShowString(30+80,190,200,16,16,"OK    ");      //提示发送成功
    }else if(key == WKUP_PRES)              //WK_UP按下,改变CAN的工作模式
    {
        mode = ! mode;
        CAN1_Mode_Init(CAN_SJW_1tq,CAN_BS2_6tq,CAN_BS1_7tq,6,mode);
                            //CAN普通模式初始化,普通模式,波特率500 kbps
        POINT_COLOR = RED;              //设置字体为红色
        if(mode == 0)                   //普通模式,需要2个开发板
        {
            LCD_ShowString(30,130,200,16,16,"Nnormal Mode ");
        }else //回环模式,一个开发板就可以测试了
        {
            LCD_ShowString(30,130,200,16,16,"LoopBack Mode");
        }
        POINT_COLOR = BLUE;             //设置字体为蓝色
    }
    key = CAN1_Receive_Msg(canbuf);
    if(key)                                         //接收到有数据
    {
        LCD_Fill(30,270,160,310,WHITE);             //清除之前的显示
        for(i = 0;i<key;i++)
        {
            if(i<4)LCD_ShowxNum(30+i*32,270,canbuf[i],3,16,0X80);
                                                        //显示数据
            else LCD_ShowxNum(30+(i-4)*32,290,canbuf[i],3,16,0X80);
                                                        //显示数据
        }
    }
    t++; delay_ms(10);
    if(t == 20)
    {
        LED0 = ! LED0;                  //提示系统正在运行
        t = 0;cnt++;
        LCD_ShowxNum(30+48,170,cnt,3,16,0X80);  //显示数据
    }
}
}
```

其中,CAN1_Mode_Init初始化代码:

`CAN1_Mode_Init(CAN_SJW_1tq,CAN_BS2_6tq,CAN_BS1_7tq,6,mode);`

该函数用于设置波特率和CAN的模式。根据前面的波特率计算公式我们知道,这里的波特率被初始化为500 kbps。mode参数用于设置CAN的工作模式(普通模式/环回模式),通过KEY_UP按键可以随时切换模式。cnt是一个累加数,一旦KEY0按下,就以这个数位基准连续发送8个数据。当CAN总线收到数据的时候,就将收到

的数据直接显示在 LCD 屏幕上。

25.4 下载验证

编译成功之后,下载代码到 ALIENTEK 探索者 STM32F4 开发板上,得到如图 25.26 所示界面。

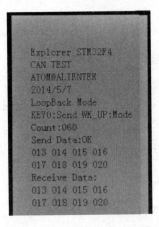

图 25.26 程序运行效果图

伴随 DS0 的不停闪烁,提示程序在运行。默认是设置的环回模式,此时,按下 KEY0 就可以在 LCD 模块上面看到自发自收的数据。如果选择普通模式(通过 KEY_UP 按键切换),就必须连接两个开发板的 CAN 接口,然后就可以互发数据了,如图 25.27 和图 25.28 所示。

图 25.27 来自开发板 A,发送了 8 个数据;图 25.28 来自开发板 B,收到了来自开发板 A 的 8 个数据。

图 25.27 CAN 普通模式发送数据

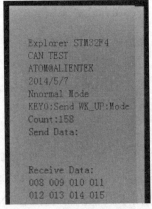
图 25.28 CAN 普通模式接收数据

第 26 章

触摸屏实验

本章将介绍如何使用 STM32F4 来驱动触摸屏。ALIENTEK 探索者 STM32F4 开发板本身并没有触摸屏控制器,但是支持触摸屏,可以通过外接带触摸屏的 LCD 模块(比如 ALIENTEK TFTLCD 模块)来实现触摸屏控制。本章将介绍 STM32 控制 ALIENTKE TFTLCD 模块(包括电阻触摸与电容触摸)实现触摸屏驱动,最终实现一个手写板的功能。

26.1 触摸屏简介

目前最常用的触摸屏有两种:电阻式触摸屏与电容式触摸屏,下面分别介绍。

26.1.1 电阻式触摸屏

在 Iphone 面世之前,几乎清一色的都是使用电阻式触摸屏。电阻式触摸屏利用压力感应进行触点检测控制,需要直接应力接触,通过检测电阻来定位触摸位置。ALIENTEK 2.4/2.8/3.5 寸 TFTLCD 模块自带的触摸屏都属于电阻式触摸屏,下面简单介绍下电阻式触摸屏的原理。

电阻触摸屏的主要部分是一块与显示器表面非常配合的电阻薄膜屏,这是一种多层的复合薄膜,以一层玻璃或硬塑料平板作为基层,表面涂有一层透明氧化金属(透明的导电电阻)导电层,上面再盖有一层外表面硬化处理、光滑防擦的塑料层,它的内表面也有一层涂层,它们之间有许多细小的(小于 1/1 000 英寸)透明隔离点把两层导电层隔开绝缘。当手指触摸屏幕时,两层导电层在触摸点位置就有了接触,电阻发生变化,在 X 和 Y 两个方向上产生信号,然后送到触摸屏控制器。控制器侦测到这一接触并计算出 (X,Y) 的位置,再根据获得的位置模拟鼠标的方式运作。这就是电阻技术触摸屏的最基本的原理。

电阻触摸屏的优点:精度高,价格便宜,抗干扰能力强,稳定性好。

电阻触摸屏的缺点:容易被划伤,透光性不太好,不支持多点触摸。

从以上介绍可知,触摸屏都需要一个 A/D 转换器,一般来说是需要一个控制器的。ALIENTEK TFTLCD 模块选择的是 4 线电阻式触摸屏,这种触摸屏的控制芯片有很多,包括 ADS7843、ADS7846、TSC2046、XPT2046 和 AK4182 等。这几款芯片的驱动基本上是一样的,也就是只要写出了 ADS7843 的驱动,这个驱动对其他几个芯片也是有效的,而且封装也有一样的,完全PINTOPIN兼容,所以在替换起来很方便。

ALIENTEK TFTLCD模块自带的触摸屏控制芯片为XPT2046。XPT2046是一款4导线制触摸屏控制器,内含12位分辨率、125 kHz转换速率逐步逼近型A/D转换器。XPT2046支持从1.5~5.25 V的低电压I/O接口。XPT2046能通过执行两次A/D转换查出被按的屏幕位置,除此之外,还可以测量加在触摸屏上的压力。内部自带2.5 V参考电压,可以作为辅助输入、温度测量和电池监测模式之用,电池监测的电压范围可以从0~6 V。XPT2046片内集成有一个温度传感器。在2.7 V的典型工作状态下,关闭参考电压,功耗可小于0.75 mW。XPT2046采用微小的封装形式:TSSOP-16,QFN-16(0.75 mm厚度)和VFBGA-48。工作温度范围为-40~+85℃。该芯片完全兼容ADS7843和ADS7846,详细使用可参考这两个芯片的datasheet。

26.1.2 电容式触摸屏

现在几乎所有智能手机,包括平板电脑,都采用电容屏作为触摸屏。电容屏是利用人体感应进行触点检测控制,不需要直接接触或只需要轻微接触,通过检测感应电流来定位触摸坐标。ALIENTEK 4.3/7寸TFTLCD模块自带的触摸屏采用的是电容式触摸屏,下面简单介绍下电容式触摸屏的原理。电容式触摸屏主要分为两种:

① 表面电容式电容触摸屏。表面电容式触摸屏技术是利用ITO(铟锡氧化物,是一种透明的导电材料)导电膜,通过电场感应方式感测屏幕表面的触摸行为。但是表面电容式触摸屏有一些局限性,只能识别一个手指或者一次触摸。

② 投射式电容触摸屏。投射电容式触摸屏是传感器利用触摸屏电极发射出静电场线。一般用于投射电容传感技术的电容类型有两种:自我电容和交互电容。

自我电容又称绝对电容,是最广为采用的一种方法,通常是指扫描电极与地构成的电容。在玻璃表面有用ITO制成的横向与纵向的扫描电极,这些电极和地之间就构成一个电容的两极。当用手或触摸笔触摸的时候就会并联一个电容到电路中去,从而使该条扫描线上的总体电容量有所改变。在扫描的时候,控制IC依次扫描纵向和横向电极,并根据扫描前后的电容变化来确定触摸点坐标位置。笔记本电脑触摸输入板就是采用这种方式,采用$X \cdot Y$的传感电极阵列形成一个传感格子。当手指靠近触摸输入板时,在手指和传感电极之间产生一个小量电荷。采用特定的运算法则处理来自行、列传感器的信号,从而确定手指的位置。

交互电容又叫跨越电容,是在玻璃表面的横向和纵向的ITO电极的交叉处形成电容。交互电容的扫描方式就是扫描每个交叉处的电容变化来判定触摸点的位置。当触摸的时候就会影响到相邻电极的耦合,从而改变交叉处的电容量。交互电容的扫描方法可以侦测到每个交叉点的电容值和触摸后电容变化,因而它需要的扫描时间与自我电容的扫描方式相比要长一些,需要扫描检测$X \cdot Y$根电极。目前智能手机/平板电脑等的触摸屏都是采用交互电容技术。

ALIENTEK选择的电容触摸屏也是采用投射式电容屏(交互电容类型),所以后面仅以投射式电容屏作为介绍。

第 26 章 触摸屏实验

透射式电容触摸屏采用纵横两列电极组成感应矩阵来感应触摸。以两个交叉的电极矩阵,即 X 轴电极和 Y 轴电极,来检测每一格感应单元的电容变化,如图 26.1 所示。图中的电极实际是透明的,这里是为了方便理解。图中,X、Y 轴的透明电极电容屏的精度、分辨率与 X、Y 轴的通道数有关,通道数越多,精度越高。以上就是电容触摸屏的基本原理,接下来看看电容触摸屏的优缺点:

> 电容触摸屏的优点:手感好、无需校准、支持多点触摸、透光性好。
> 电容触摸屏的缺点:成本高、精度不高、抗干扰能力差。

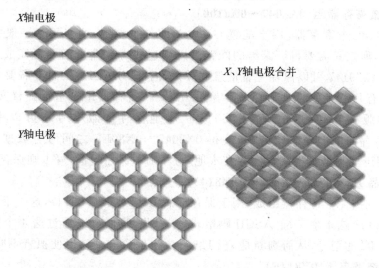

图 26.1 透射式电容屏电极矩阵示意图

注意,电容触摸屏对工作环境的要求是比较高的,在潮湿、多尘、高低温环境下面都是不适合使用。

电容触摸屏一般都需要一个驱动 IC 来检测电容触摸,且一般通过 I^2C 接口输出触摸数据。ALIENTEK 7 寸 TFTLCD 模块的电容触摸屏采用的是 15×10 的驱动结构(10 个感应通道,15 个驱动通道),采用 GT811 作为驱动 IC。ALIENTEK 4.3 寸 TFTLCD 模块有两种触摸屏:①使用 OTT2001A 作为驱动 IC,采用 13×8 的驱动结构(8 个感应通道,13 个驱动通道);②使用 GT9147 作为驱动 IC,采用 17×10 的驱动结构(10 个感应通道,17 个驱动通道)。

这两个模块都只支持最多 5 点触摸,本例程仅支持 ALIENTEK 4.3 寸 TFTLCD 电容触摸屏模块,所以这里仅介绍 GT9147 驱动 IC,GT811 和 OTT2001A 的驱动方法同这款 IC 类似,可以参考着学习。

下面简单介绍 GT9147,该芯片是深圳汇顶科技研发的一颗电容触摸屏驱动 IC,支持 100 Hz 触点扫描频率,支持 5 点触摸,支持 18×10 个检测通道,适合小于 4.5 寸的电容触摸屏使用。

GT9147 与 MCU 连接也是通过 4 根线:SDA、SCL、RST 和 INT。不过,GT9147 的 I^2C 地址可以是 0X14 或者 0X5D,当复位结束后的 5 ms 内,如果 INT 是高电平,则

使用 0X14 作为地址,否则使用 0X5D 作为地址,具体的设置过程请看"GT9147 数据手册.pdf"文档。本章使用 0X14 作为器件地址(不含最低位,换算成读/写命令则是读 0X29,写 0X28),接下来介绍 GT9147 的几个重要的寄存器。

(1) 控制命令寄存器(0X8040)

该寄存器可以写入不同值实现不同的控制,一般使用 0 和 2 这两个值。写入 2 即可软复位 GT9147;在硬复位之后,一般要往该寄存器写 2 实行软复位。然后,写入 0 即可正常读取坐标数据(并且会结束软复位)。

(2) 配置寄存器组(0X8047~0X8100)

这里共 186 个寄存器,用于配置 GT9147 的各个参数,这些配置一般由厂家提供(一个数组),所以只需要将厂家给的配置写入到这些寄存器里面即可完成 GT9147 的配置。由于 GT9147 可以保存配置信息(可写入内部 FLASH,从而不需要每次上电都更新配置),有几点注意的地方提醒读者:①0X8047 寄存器用于指示配置文件版本号,程序写入的版本号必须大于等于 GT9147 本地保存的版本号才可以更新配置。②0X80FF 寄存器用于存储校验和,使得 0X8047~0X80FF 之间所有数据之和为 0。③0X8100 用于控制是否将配置保存在本地,写 0 则不保存配置,写 1 则保存配置。

(3) 产品 ID 寄存器(0X8140~0X8143)

这里总共由 4 个寄存器组成,用于保存产品 ID。对于 GT9147,这 4 个寄存器读出来就是 9、1、4、7 这 4 个字符(ASCII 码格式)。因此,我们可以通过这 4 个寄存器的值来判断驱动 IC 的型号,从而判断是 OTT2001A 还是 GT9147,以便执行不同的初始化。

(4) 状态寄存器(0X814E)

该寄存器各位描述如图 26.2 所示。这里仅关心最高位和最低 4 位,最高位用于表示 buffer 状态,如果有数据(坐标/按键),buffer 就会是 1;最低 4 位用于表示有效触点的个数,范围是 0~5,0 表示没有触摸,5 表示有 5 点触摸。这和前面 OTT2001A 的表示方法稍微有点区别,OTT2001A 是每个位表示一个触点,这里是有多少有效触点值就是多少。最后,该寄存器在每次读取后,如果 bit7 有效,则必须写 0 清除这个位,否则不会输出下一次数据!这个要特别注意!

寄存器	bit7	bit6	bit5	bit4	bit3	bit2	bit1	bit0
0X814E	buffer 状态	大点	接近有效	按键	有效触点个数			

图 26.2 状态寄存器各位描述

(5) 坐标数据寄存器(共 30 个)

这里共分成 5 组(5 个点),每组 6 个寄存器存储数据,以触点 1 的坐标数据寄存器组为例,如表 26.1 所列。

表 26.1 触点 1 坐标寄存器组描述

寄存器	bit7~0	寄存器	bit7~0
0X8150	触点 1 x 坐标低 8 位	0X8151	触点 1 x 坐标低高位
0X8152	触点 1 y 坐标低 8 位	0X8153	触点 1 y 坐标低高位
0X8154	触点 1 触摸尺寸低 8 位	0X8155	触点 1 触摸尺寸高 8 位

一般只用到触点的 x、y 坐标,所以只需要读取 0X8150～0X8153 的数据,即可得到触点坐标。其他 4 组分别是由 0X8158、0X8160、0X8168 和 0X8170 等开头的 16 个寄存器组成,分别针对触点 2～4 的坐标。同样,GT9147 也支持寄存器地址自增,我们只需要发送寄存器组的首地址,然后连续读取即可,GT9147 地址会自增,从而提高读取速度。

GT9147 相关寄存器的介绍就介绍到这里,更详细的资料请参考"GT9147 编程指南.pdf"文档。

GT9147 只需要经过简单的初始化就可以正常使用了,初始化流程:硬复位→延时 10 ms→结束硬复位→设置 I²C 地址→延时 100 ms→软复位→更新配置(需要时)→结束软复位。此时 GT9147 即可正常使用了。

然后,我们不停地查询 0X814E 寄存器,判断是否有有效触点,如果有,则读取坐标数据寄存器,得到触点坐标。特别注意,如果 0X814E 读到的值最高位为 1,就必须对该位写 0,否则无法读到下一次坐标数据。

26.2　硬件设计

本章实验功能简介:开机的时候先初始化 LCD,读取 LCD ID,随后,根据 LCD ID 判断是电阻触摸屏还是电容触摸屏。如果是电阻触摸屏,则先读取 24C02 的数据判断触摸屏是否已经校准过,如果没有校准,则执行校准程序,校准过后再进入电阻触摸屏测试程序;如果已经校准了,就直接进入电阻触摸屏测试程序。

如果是电容触摸屏,则先读取芯片 ID,判断是不是 GT9147,如果是,则执行 GT9147 初始化代码;如果不是,则执行 OTT2001A 的初始化代码,初始化电容触摸屏,随后进入电容触摸屏测试程序(电容触摸屏无需校准)。

电阻触摸屏测试程序和电容触摸屏测试程序基本一样,只是电容触摸屏支持最多 5 点同时触摸,电阻触摸屏只支持一点触摸,其他一模一样。测试界面的右上角会有一个清空的操作区域(RST),单击这个地方就会将输入全部清除,恢复白板状态。使用电阻触摸屏的时候,可以通过按 KEY0 来实现强制触摸屏校准,只要按下 KEY0 就会进入强制校准程序。

所要用到的硬件资源如下:指示灯 DS0、KEY0 按键、TFTLCD 模块(带电阻/电容式触摸屏)、24C02。所有这些资源与 STM32F4 的连接图都已经介绍了,这里只针对 TFTLCD 模块与 STM32F4 的连接端口再说明一下。TFTLCD 模块的触摸屏(电阻触摸屏)总共有 5 根线与 STM32F4 连接,连接电路图如图 26.3 所示。可以看出,T_MOSI、T_MISO、T_SCK、T_CS 和 T_PEN 分别连接在 STM32F4 的 PF11、PB2、PB0、PC13 和 PB1 上。

如果是电容式触摸屏,我们的接口和电阻式触摸屏一样(图 26.3 右侧接口),只是没有用到 5 根线了,而是 4 根线,分别是:T_PEN(CT_INT)、T_CS(CT_RST)、T_CLK (CT_SCL)和 T_MOSI(CT_SDA)。其中,CT_INT、CT_RST、CT_SCL 和 CT_SDA 分

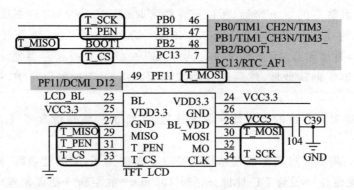

图 26.3 触摸屏与 STM32F4 的连接图

别是 OTT2001A/GT9147 的中断输出信号、复位信号，I²C 的 SCL 和 SDA 信号。这里用查询的方式读取 OTT2001A/GT9147 的数据，OTT2001A 没有用到中断信号（CT_INT），所以同 STM32F4 的连接只需要 3 根线即可。不过 GT9147 还需要用到 CT_INT 做 I²C 地址设定，所以需要 4 根线连接。

26.3　软件设计

　　打开本章实验工程目录可以看到，我们在 HARDWARE 文件夹下新建了一个 TOUCH 文件夹，然后新建了 touch.c、touch.h、ctiic.c、ctiic.h、ott2001a.c、ott2001a.h、gt9147.c 和 gt9147.h 这 8 个文件用来存放触摸屏相关的代码。同时引入这些源文件到工程 HARDWARE 分组之下，并将 TOUCH 文件夹加入头文件包含路径。其中，touch.c 和 touch.h 是电阻触摸屏部分的代码，同时兼电容触摸屏的管理控制，其他则是电容触摸屏部分的代码。

　　打开 touch.c 文件，里面主要是与触摸屏相关的代码（主要是电阻触摸屏的代码），这里仅介绍几个重要的函数。首先要介绍的是 TP_Read_XY2 函数，专门用于从电阻式触摸屏控制 IC 读取坐标的值（0～4 095）。TP_Read_XY2 的代码如下：

```
//连续 2 次读取触摸屏 IC,且这两次的偏差不能超过
//ERR_RANGE,满足条件,则认为读数正确,否则读数错误
//该函数能大大提高准确度
//x,y:读取到的坐标值;返回值:0,失败;1,成功
#define ERR_RANGE 50 //误差范围
u8 TP_Read_XY2(u16 *x,u16 *y)
{
    u16 x1,y1,x2,y2;u8 flag;
    flag = TP_Read_XY(&x1,&y1);
    if(flag == 0)return(0);
    flag = TP_Read_XY(&x2,&y2);
    if(flag == 0)return(0);
    //前后两次采样在+-50内
    if(((x2<=x1&&x1<x2+ERR_RANGE)||(x1<=x2&&x2<x1+ERR_RANGE))
    &&((y2<=y1&&y1<y2+ERR_RANGE)||(y1<=y2&&y2<y1+ERR_RANGE)))
```

第 26 章 触摸屏实验

```
        {
            *x = (x1 + x2)/2; *y = (y1 + y2)/2;  return 1;
        }else return 0;
}
```

该函数采用了一个非常好的办法来读取屏幕坐标值,就是连续读两次,两次读取的值之差不能超过一个特定的值(ERR_RANGE),从而大大提高触摸屏的准确度。另外,该函数调用的 TP_Read_XY 函数用于单次读取坐标值。TP_Read_XY 也采用了一些软件滤波算法,具体见本书配套资料的源码。接下来介绍另外一个函数 TP_Adjust,该函数源码如下:

```
//触摸屏校准代码得到 4 个校准参数
void TP_Adjust(void)
{
    u16 pos_temp[4][2];//坐标缓存值
    u8  cnt = 0;u32 tem1,tem2;
    u16 d1,d2;u16 outtime = 0;double fac;
    …//省略部分代码
    TP_Drow_Touch_Point(20,20,RED);//画点 1
    tp_dev.sta = 0;//消除触发信号
    tp_dev.xfac = 0;//xfac 用来标记是否校准过,所以校准之前必须清掉!以免错误
    while(1)//如果连续 10 秒钟没有按下,则自动退出
    {
        tp_dev.scan(1);                          //扫描物理坐标
        if((tp_dev.sta&0xc0) == TP_CATH_PRES)    //按键按下了一次(此时按键松开了)
        {
            outtime = 0;
            tp_dev.sta& = ~(1<<6);//标记按键已经被处理过了
            pos_temp[cnt][0] = tp_dev.x;
            pos_temp[cnt][1] = tp_dev.y;
            cnt ++ ;
            switch(cnt)
            {
                case 1:
                    TP_Drow_Touch_Point(20,20,WHITE);                        //清除点 1
                    TP_Drow_Touch_Point(lcddev.width - 20,20,RED);           //画点 2
                    break;
                case 2:
                    TP_Drow_Touch_Point(lcddev.width - 20,20,WHITE);         //清除点 2
                    TP_Drow_Touch_Point(20,lcddev.height - 20,RED);          //画点 3
                    break;
                case 3:
                    TP_Drow_Touch_Point(20,lcddev.height - 20,WHITE);        //清除点 3
                    TP_Drow_Touch_Point(lcddev.width - 20,lcddev.height - 20,RED);
                                                                             //画点 4
                    break;
                case 4://全部 4 个点已经得到
                    //对边相等
                    tem1 = abs(pos_temp[0][0] - pos_temp[1][0]);             //x1 - x2
                    tem2 = abs(pos_temp[0][1] - pos_temp[1][1]);             //y1 - y2
                    tem1 * = tem1;tem2 * = tem2;
```

```c
            d1 = sqrt(tem1 + tem2);                       //得到1,2的距离
            tem1 = abs(pos_temp[2][0] - pos_temp[3][0]);  //x3 - x4
            tem2 = abs(pos_temp[2][1] - pos_temp[3][1]);  //y3 - y4
            tem1 *= tem1;tem2 *= tem2;
            d2 = sqrt(tem1 + tem2);//得到3,4的距离
            fac = (float)d1/d2;
            if(fac<0.95||fac>1.05||d1 == 0||d2 == 0)      //不合格
            {
                cnt = 0;
                TP_Drow_Touch_Point(lcddev.width-20,lcddev.height-20,WHITE);
                //清除点4
                TP_Drow_Touch_Point(20,20,RED);           //画点1
                TP_Adj_Info_Show(pos_temp[0][0],pos_temp[0][1],pos_temp[1]
                [0],pos_temp[1][1],pos_temp[2][0],pos_temp[2][1],pos_temp[3]
                [0],pos_temp[3][1],fac*100);              //显示数据
                continue;
            }
            tem1 = abs(pos_temp[0][0] - pos_temp[2][0]);//x1 - x3
            tem2 = abs(pos_temp[0][1] - pos_temp[2][1]);//y1 - y3
            tem1 *= tem1;tem2 *= tem2;
            d1 = sqrt(tem1 + tem2);//得到1,3的距离
            tem1 = abs(pos_temp[1][0] - pos_temp[3][0]);//x2 - x4
            tem2 = abs(pos_temp[1][1] - pos_temp[3][1]);//y2 - y4
            tem1 *= tem1;tem2 *= tem2;
            d2 = sqrt(tem1 + tem2);                       //得到2,4的距离
            fac = (float)d1/d2;
            if(fac<0.95||fac>1.05)                        //不合格
            {   cnt = 0;
                TP_Drow_Touch_Point(lcddev.width-20,lcddev.height-20,
                                    WHITE);               //清除点4
                TP_Drow_Touch_Point(20,20,RED);           //画点1
                TP_Adj_Info_Show(pos_temp[0][0],pos_temp[0][1],pos_temp[1]
                [0],pos_temp[1][1],pos_temp[2][0],pos_temp[2][1],pos_temp[3]
                [0],pos_temp[3][1],fac*100);              //显示数据
                continue;
            }                                             //正确了
                                                          //对角线相等
            tem1 = abs(pos_temp[1][0] - pos_temp[2][0]);//x1 - x3
            tem2 = abs(pos_temp[1][1] - pos_temp[2][1]);//y1 - y3
            tem1 *= tem1;tem2 *= tem2;
            d1 = sqrt(tem1 + tem2);                       //得到1,4的距离
            tem1 = abs(pos_temp[0][0] - pos_temp[3][0]);//x2 - x4
            tem2 = abs(pos_temp[0][1] - pos_temp[3][1]);//y2 - y4
            tem1 *= tem1;tem2 *= tem2;
            d2 = sqrt(tem1 + tem2);                       //得到2,3的距离
            fac = (float)d1/d2;
            if(fac<0.95||fac>1.05)                        //不合格
            {
                cnt = 0;
                TP_Drow_Touch_Point(lcddev.width-20,lcddev.height-20,
                WHITE);                                   //清除点4
```

第 26 章　触摸屏实验

```
                TP_Drow_Touch_Point(20,20,RED);            //画点1
                TP_Adj_Info_Show(pos_temp[0][0],pos_temp[0][1],pos_temp[1]
                [0],pos_temp[1][1],pos_temp[2][0],pos_temp[2][1],pos_temp[3]
                [0],pos_temp[3][1],fac*100);               //显示数据
                continue;
        }//正确了
        //计算结果
        tp_dev.xfac = (float)(lcddev.width - 40)/(pos_temp[1][0] - pos_
        temp[0][0]);
        //得到 xfac
        tp_dev.xoff = (lcddev.width - tp_dev.xfac*(pos_temp[1][0] + pos_
        temp[0]
        [0]))/2;//得到 xoff
        tp_dev.yfac = (float)(lcddev.height - 40)/(pos_temp[2][1] - pos_
        temp[0][1]);//得到 yfac
        tp_dev.yoff = (lcddev.height - tp_dev.yfac*(pos_temp[2][1] + pos_
        temp[0]
        [1]))/2;//得到 yoff
        if(abs(tp_dev.xfac)>2||abs(tp_dev.yfac)>2)//触屏和预设的相反了
        {
            cnt = 0;
            TP_Drow_Touch_Point(lcddev.width - 20,lcddev.height - 20,
            WHITE);//清除点4
            TP_Drow_Touch_Point(20,20,RED);//画点1
            LCD_ShowString(40,26,lcddev.width,lcddev.height,16,"TP Need
            readjust!");
            tp_dev.touchtype = !tp_dev.touchtype;//修改触屏类型.
            if(tp_dev.touchtype)               //X,Y方向与屏幕相反
            {CMD_RDX = 0X90;CMD_RDY = 0XD0;}
            else{CMD_RDX = 0XD0;CMD_RDY = 0X90;}
                                               //X,Y方向与屏幕相同
            continue;
        }
        POINT_COLOR = BLUE;
        LCD_Clear(WHITE);                      //清屏
        LCD_ShowString(35,110,lcddev.width,lcddev.height,16," Touch
        Screen Adjust OK!");                   //校正完成
        delay_ms(1000);
        TP_Save_Adjdata();
        LCD_Clear(WHITE);                      //清屏
        return;                                //校正完成
    }
}
    delay_ms(10);outtime++;
    if(outtime>1000){TP_Get_Adjdata();break;}
}
}
```

TP_Adjust 是此部分最核心的代码,介绍一下这里使用的触摸屏校正原理:传统的鼠标是一种相对定位系统,只和前一次鼠标的位置坐标有关。而触摸屏则是一种绝对坐标系统,要选哪就直接点哪,与相对定位系统有着本质的区别。绝对坐标系统的特点

是每一次定位坐标与上一次定位坐标没有关系,每次触摸的数据通过校准转为屏幕上的坐标,不管在什么情况下,触摸屏这套坐标在同一点的输出数据是稳定的。不过由于技术原理的原因,并不能保证同一点触摸每一次采样数据相同,不能保证绝对坐标定位,这就是触摸屏最怕出现的问题:漂移。对于性能质量好的触摸屏来说,漂移的情况出现并不是很严重。所以很多应用触摸屏的系统启动后,进入应用程序前,先要执行校准程序。通常,应用程序中使用的 LCD 坐标是以像素为单位的。比如左上角的坐标是一组非 0 的数值,比如(20,20),而右下角的坐标为(220,300)。这些点的坐标都是以像素为单位,而从触摸屏中读出的是点的物理坐标,其坐标轴的方向、XY 值的比例因子、偏移量都与 LCD 坐标不同,所以,需要在程序中把物理坐标首先转换为像素坐标,然后再赋给 POS 结构,达到坐标转换的目的。

校正思路:在了解了校正原理之后,我们可以得出下面的一个从物理坐标到像素坐标的转换关系式:

LCDx = xfac * Px + xoff;   LCDy = yfac * Py + yoff;

其中,(LCDx,LCDy)是在 LCD 上的像素坐标,(Px,Py)是从触摸屏读到的物理坐标。xfac、yfac 分别是 X 轴方向和 Y 轴方向的比例因子,而 xoff 和 yoff 则是这两个方向的偏移量。这样我们只要事先在屏幕上面显示 4 个点(这 4 个点的坐标是已知的),分别按这 4 个点就可以从触摸屏读到 4 个物理坐标,这样就可以通过待定系数法求出 xfac、yfac、xoff、yoff 这 4 个参数。保存好这 4 个参数,以后把所有得到的物理坐标都按照这个关系式来计算,得到的就是准确的屏幕坐标,达到了触摸屏校准的目的。

TP_Adjust 就是根据上面的原理设计的校准函数。注意,该函数里面多次使用了 lcddev.width 和 lcddev.height,用于坐标设置,主要是为了兼容不同尺寸的 LCD(比如 320×240、480×320 和 800×480 的屏都可以兼容)。

接下来看看触摸屏初始化函数:TP_Init,该函数根据 LCD 的 ID(即 lcddev.id)判别是电阻屏还是电容屏,执行不同的初始化,该函数代码如下:

```
//触摸屏初始化
//返回值:0,没有进行校准 1,进行过校准
u8 TP_Init(void)
{
    if(lcddev.id == 0X5510)                         //电容触摸屏
    {
        if(GT9147_Init() == 0)                      //是 GT9147 吗
        {   tp_dev.scan = GT9147_Scan;              //扫描函数指向 GT9147 触摸屏扫描
        }else
        {   OTT2001A_Init();
            tp_dev.scan = OTT2001A_Scan;            //扫描函数指向 OTT2001A 触摸屏扫描
        }
        tp_dev.touchtype| = 0X80;                   //电容屏
        tp_dev.touchtype| = lcddev.dir&0X01;        //横屏还是竖屏
        return 0;
    }else
    {
```

第26章 触摸屏实验

```c
RCC_AHB1PeriphClockCmd(RCC_AHB1Periph_GPIOB|RCC_AHB1Periph_GPIOC|
    RCC_AHB1Periph_GPIOF, ENABLE);            //使能 GPIOB,C,F 时钟
//GPIOB1,2 初始化设置
GPIO_InitStructure.GPIO_Pin = GPIO_Pin_1 | GPIO_Pin_2;//PB1/2 设置为上拉输入
GPIO_InitStructure.GPIO_Mode = GPIO_Mode_IN;          //输入模式
GPIO_InitStructure.GPIO_OType = GPIO_OType_PP;        //推挽输出
GPIO_InitStructure.GPIO_Speed = GPIO_Speed_100MHz;    //100 MHz
GPIO_InitStructure.GPIO_PuPd = GPIO_PuPd_UP;          //上拉
GPIO_Init(GPIOB, &GPIO_InitStructure);                //初始化
GPIO_InitStructure.GPIO_Pin = GPIO_Pin_0;             //PB0 设置为推挽输出
GPIO_InitStructure.GPIO_Mode = GPIO_Mode_OUT;         //输出模式
GPIO_Init(GPIOB, &GPIO_InitStructure);                //初始化
GPIO_InitStructure.GPIO_Pin = GPIO_Pin_13;            //PC13 设置为推挽输出
GPIO_InitStructure.GPIO_Mode = GPIO_Mode_OUT;         //输出模式
GPIO_Init(GPIOC, &GPIO_InitStructure);                //初始化
GPIO_InitStructure.GPIO_Pin = GPIO_Pin_11;            //PF11 设置推挽输出
GPIO_InitStructure.GPIO_Mode = GPIO_Mode_OUT;         //输出模式
GPIO_Init(GPIOF, &GPIO_InitStructure);                //初始化
TP_Read_XY(&tp_dev.x[0],&tp_dev.y[0]);                //第一次读取初始化
AT24CXX_Init();                                       //初始化 24CXX
if(TP_Get_Adjdata())return 0;                         //已经校准
else                                                  //未校准吗
{
    LCD_Clear(WHITE);                                 //清屏
    TP_Adjust();                                      //屏幕校准
    TP_Save_Adjdata();
}
TP_Get_Adjdata();
}
    return 1;
}
```

其中,tp_dev.scan 结构体函数指针默认指向 TP_Scan,如果是电阻屏,则用默认的即可;如果是电容屏,则指向新的扫描函数 GT9147_Scan 或 OTT2001A_Scan(根据芯片 ID 判断到底指向那个),执行电容触摸屏的扫描函数。这两个函数在后续会介绍。

接下来打开 touch.h 文件,代码如下:

```c
#define TP_PRES_DOWN    0x80    //触屏被按下
#define TP_CATH_PRES    0x40    //有按键按下了
#define CT_MAX_TOUCH    5       //电容屏支持的点数,固定为5点
//触摸屏控制器
typedef struct
{
    u8 (*init)(void);           //初始化触摸屏控制器
    u8 (*scan)(u8);             //扫描触摸屏.0,屏幕扫描;1,物理坐标
    void (*adjust)(void);       //触摸屏校准
    u16 x[CT_MAX_TOUCH];        //当前坐标
    u16 y[CT_MAX_TOUCH];        //电容屏有最多5组坐标,电阻屏则用 x[0],y[0]代表:此次
                                //扫描时触屏的坐标,用 x[4],y[4]存储第一次按下时的坐标
    u8    sta;                  //笔的状态
                                //b7:按下 1/松开 0
```

```c
                             //b6:0,没有按键按下;1,有按键按下
                             //b5:保留
                             //b4~b0:电容触摸屏按下的点数(0,表示未按下,1表示按下)
//////////////////触摸屏校准参数(电容屏不需要校准)//////////////////
    float xfac,yfac;
    short xoff,yoff;
//新增的参数,当触摸屏的左右上下完全颠倒时需要用到
//b0:0,竖屏(适合左右为X坐标,上下为Y坐标的TP)
//    1,横屏(适合左右为Y坐标,上下为X坐标的TP)
//b1~6:保留;b7:0,电阻屏 1,电容屏
    u8 touchtype;
}_m_tp_dev;
extern _m_tp_dev tp_dev;        //触屏控制器在touch.c里面定义
//电阻屏芯片连接引脚
#define PEN         PBin(1)     //T_PEN
#define DOUT        PBin(2)     //T_MISO
#define TDIN        PFout(11)   //T_MOSI
#define TCLK        PBout(0)    //T_SCK
#define TCS         PCout(13)   //T_CS
//电阻屏函数
void TP_Write_Byte(u8 num);     //向控制芯片写入一个数据
u16 TP_Read_AD(u8 CMD);         //读取AD转换值
……//省略部分代码
u8 TP_Scan(u8 tp);              //扫描
u8 TP_Init(void);               //初始化
#endif
```

其中,_m_tp_dev 结构体用于管理和记录触摸屏(包括电阻触摸屏与电容触摸屏)相关信息。使用的时候,一般直接调用 tp_dev 的相关成员函数/变量屏即可达到需要的效果。这种设计简化了接口,且方便管理和维护,读者可以效仿一下。

ctiic.c 和 ctiic.h 是电容触摸屏的 I^2C 接口部分代码,与第 22 章的 myiic.c 和 myiic.h 基本一样。接下来看看文件 gt9147.c 代码如下:

```c
//发送 GT9147 配置参数
//mode:0,参数不保存到 flash   1,参数保存到 flash
u8 GT9147_Send_Cfg(u8 mode)
{
    u8 buf[2];
    u8 i = 0;buf[0] = 0;
    buf[1] = mode;      //是否写入到 GT9147 FLASH?   即是否掉电保存
    for(i = 0;i<sizeof(GT9147_CFG_TBL);i++)buf[0] + = GT9147_CFG_TBL[i];
                                                                    //计算校验和
    buf[0] = (~buf[0]) + 1;
    GT9147_WR_Reg(GT_CFGS_REG,(u8 *)GT9147_CFG_TBL,sizeof(GT9147_CFG_TBL)
    );//发送寄存器配置
    GT9147_WR_Reg(GT_CHECK_REG,buf,2);//写入校验和,和配置更新标记
    return 0;
}
//向 GT9147 写入一次数据
//reg:起始寄存器地址   buf:数据缓缓存区 len:写数据长度
```

```c
//返回值:0,成功;1,失败
u8 GT9147_WR_Reg(u16 reg,u8 * buf,u8 len)
{
    u8 i;u8 ret = 0;
    CT_IIC_Start();
    CT_IIC_Send_Byte(GT_CMD_WR);CT_IIC_Wait_Ack();        //发送写命令
    CT_IIC_Send_Byte(reg>>8);CT_IIC_Wait_Ack();           //发送高8位地址
    CT_IIC_Send_Byte(reg&0XFF);CT_IIC_Wait_Ack();         //发送低8位地址
    for(i = 0;i<len;i ++ )
    {
        CT_IIC_Send_Byte(buf[i]);                          //发数据
        ret = CT_I²C_Wait_Ack();
        if(ret)break;
    }
    CT_IIC_Stop();                                         //产生一个停止条件
    return ret;
}
//从 GT9147 读出一次数据
//reg:起始寄存器地址 buf:数据缓缓存区 len:读数据长度
void GT9147_RD_Reg(u16 reg,u8 * buf,u8 len)
{
    u8 i;
    CT_IIC_Start();
    CT_IIC_Send_Byte(GT_CMD_WR);CT_I²C_Wait_Ack();        //发送写命令
    CT_IIC_Send_Byte(reg>>8);CT_I²C_Wait_Ack();           //发送高8位地址
    CT_IIC_Send_Byte(reg&0XFF);CT_I²C_Wait_Ack();         //发送低8位地址
    CT_IIC_Start();
    CT_IIC_Send_Byte(GT_CMD_RD);                           //发送读命令
    CT_IIC_Wait_Ack();
    for(i = 0;i<len;i ++ )buf[i] = CT_I²C_Read_Byte(i ==(len - 1)? 0:1);   //发数据
    CT_IIC_Stop();                                         //产生一个停止条件
}
//初始化 GT9147 触摸屏
//返回值:0,初始化成功;1,初始化失败
u8 GT9147_Init(void)
{
    u8 temp[5];
    GPIO_InitTypeDef  GPIO_InitStructure;
    RCC_AHB1PeriphClockCmd(RCC_AHB1Periph_GPIOB|RCC_AHB1Periph_GPIOC,
    ENABLE);//使能 GPIOB,C 时钟
    GPIO_InitStructure.GPIO_Pin = GPIO_Pin_1 ;             //PB1 设置为上拉输入
    GPIO_InitStructure.GPIO_Mode = GPIO_Mode_IN;           //输入模式
    GPIO_InitStructure.GPIO_OType = GPIO_OType_PP;         //推挽输出
    GPIO_InitStructure.GPIO_Speed = GPIO_Speed_100MHz;     //100 MHz
    GPIO_InitStructure.GPIO_PuPd = GPIO_PuPd_UP;           //上拉
    GPIO_Init(GPIOB, &GPIO_InitStructure);                 //初始化
    GPIO_InitStructure.GPIO_Pin = GPIO_Pin_13;             //PC13 设置为推挽输出
    GPIO_InitStructure.GPIO_Mode = GPIO_Mode_OUT;          //输出模式
    GPIO_Init(GPIOC, &GPIO_InitStructure);                 //初始化
    CT_IIC_Init();                                         //初始化电容屏的 I²C 总线
```

```
            GT_RST = 0; delay_ms(10);                              //复位
            GT_RST = 1; delay_ms(10);                              //释放复位
            GPIO_Set(GPIOB,PIN1,GPIO_MODE_IN,0,0,GPIO_PUPD_NONE);  //PB1 浮空输入
            delay_ms(100);
            GT9147_RD_Reg(GT_PID_REG,temp,4);                      //读取产品 ID
            temp[4] = 0;
            printf("CTP ID:%s\r\n",temp);                          //打印 ID
            if(strcmp((char*)temp,"9147") == 0)                    //ID == 9147
            {
                temp[0] = 0X02;
                GT9147_WR_Reg(GT_CTRL_REG,temp,1);                 //软复位 GT9147
                GT9147_RD_Reg(GT_CFGS_REG,temp,1);                 //读取 GT_CFGS_REG 寄存器
                if(temp[0]<0X60)                                   //默认版本比较低,需要更新 flash 配置
                {
                    printf("Default Ver:%d\r\n",temp[0]);
                    GT9147_Send_Cfg(1);                            //更新并保存配置
                }
                delay_ms(10);temp[0] = 0X00;
                GT9147_WR_Reg(GT_CTRL_REG,temp,1);                 //结束复位
                return 0;
            }
            return 1;
        }
        const u16 GT9147_TPX_TBL[5] = {GT_TP1_REG,GT_TP2_REG,GT_TP3_REG,
                                       GT_TP4_REG,GT_TP5_REG};
//扫描触摸屏(采用查询方式)
//mode:0,正常扫描
//返回值:当前触屏状态.0,触屏无触摸;1,触屏有触摸
u8 GT9147_Scan(u8 mode)
{
            u8 buf[4]; u8 i = 0; u8 res = 0; u8 temp;
            static u8 t = 0;//控制查询间隔,从而降低 CPU 占用率
            t++;
            if((t%10) == 0||t<10)//空闲时,每进入 10 次,函数才检测 1 次,从而节省 CPU 使用率
            {
                GT9147_RD_Reg(GT_GSTID_REG,&mode,1);//读取触摸点的状态
                if((mode&0XF)&&((mode&0XF)<6))
                {
                    temp = 0XFF<<(mode&0XF);//将点的个数转换为 1 的位数,匹配 tp_dev.sta 定义
                    tp_dev.sta = (~temp)|TP_PRES_DOWN|TP_CATH_PRES;
                    for(i = 0;i<5;i++)
                    {
                        if(tp_dev.sta&(1<<i))           //触摸有效吗
                        {
                            GT9147_RD_Reg(GT9147_TPX_TBL[i],buf,4);   //读取 XY 坐标值
                            if(tp_dev.touchtype&0X01)//横屏
                            {
                                tp_dev.y[i] = ((u16)buf[1]<<8) + buf[0];
                                tp_dev.x[i] = 800 - (((u16)buf[3]<<8) + buf[2]);
                            }else
```

```
                    {
                        tp_dev.x[i] = ((u16)buf[1]<<8) + buf[0];
                        tp_dev.y[i] = ((u16)buf[3]<<8) + buf[2];
                    }
                }
            }
            res = 1;
            if(tp_dev.x[0] == 0 && tp_dev.y[0] == 0)mode = 0;  //数据全 0,则忽略此次数据
            t = 0;              //触发一次,则会最少连续监测 10 次,从而提高命中率
        }
    }
    if(mode&0X80&&((mode&0XF)<6))  //清标志吗
    { temp = 0; GT9147_WR_Reg(GT_GSTID_REG,&temp,1);}
}
if((mode&0X8F) == 0X80)//无触摸点按下
{
    if(tp_dev.sta&TP_PRES_DOWN)  tp_dev.sta& = ~(1<<7);//之前是按下,标记松开
    else         //之前就没有被按下
    {
        tp_dev.x[0] = 0xffff;tp_dev.y[0] = 0xffff;
        tp_dev.sta& = 0XE0;       //清除点有效标记
    }
}
if(t>240)t = 10;                                    //重新从 10 开始计数
return res;
}
```

此部分总共 5 个函数,其中,GT9147_Send_Cfg 用于配置 GT9147 芯片,配置信息保存在 GT9147_CFG_TBL 数组里(详见本例程源码)。GT9147_WR_Reg 和 GT9147_RD_Reg 分别用于读/写 GT9147 芯片,注意寄存器地址是 16 位的。GT9147_Init 用于初始化 GT9147,该函数通过读取 0X8140～0X8143 这 4 个寄存器,并判断是否是"9147"来确定是不是 GT9147 芯片。在读取到正确的 ID 后,软复位 GT9147,然后根据当前芯片版本号,确定是否需要更新配置,通过 GT9147_Send_Cfg 函数发送配置信息(一个数组),配置完后,结束软复位,即完成 GT9147 初始化。

最后,GT9147_Scan 函数用于扫描电容触摸屏是否有按键按下,由于我们不是用中断方式来读取 GT9147 的数据,而是采用查询的方式,所以这里使用了一个静态变量来提高效率,当无触摸的时候,尽量减少对 CPU 的占用;当有触摸的时候,又保证能迅速检测到。

其他的函数这里就不多介绍了,保存 gt9147.c 文件,并把该文件加入到 HARD-WARE 组下,gt9147.h、ott2001a.c 和 ott2001a.h 的代码参考本书配套资料源码。

最后打开 main.c,修改部分代码,这里仅介绍 3 个重要的函数:

```
//5 个触控点的颜色(电容触摸屏用)
const u16 POINT_COLOR_TBL[5] = {RED,GREEN,BLUE,BROWN,GRED};
//电阻触摸屏测试函数
void rtp_test(void)
{
```

```c
    u8 key;u8 i = 0;
    while(1)
    {   key = KEY_Scan(0);
        tp_dev.scan(0);
        if(tp_dev.sta&TP_PRES_DOWN)                 //触摸屏被按下
        {
            if(tp_dev.x[0]<lcddev.width&&tp_dev.y[0]<lcddev.height)
            {
                if(tp_dev.x[0]>(lcddev.width-24)&&tp_dev.y[0]<16)Load_Drow_Dialog();
                else TP_Draw_Big_Point(tp_dev.x[0],tp_dev.y[0],RED);/画图
            }
        }else delay_ms(10);                         //没有按键按下的时候
        if(key == KEY0_PRES)                        //KEY0 按下,则执行校准程序
        {
            LCD_Clear(WHITE);                       //清屏
            TP_Adjust();                            //屏幕校准
            TP_Save_Adjdata();
            Load_Drow_Dialog();
        }
        i++;
        if(i%20 == 0)LED0 = ! LED0;
    }
}
//电容触摸屏测试函数
void ctp_test(void)
{
    u8 t = 0;u8 i = 0;
    u16 lastpos[5][2];                              //最后一次的数据
    while(1)
    {
        tp_dev.scan(0);
        for(t = 0;t<5;t ++ )
        {
            if((tp_dev.sta)&(1<<t))
            {
                if(tp_dev.x[t]<lcddev.width&&tp_dev.y[t]<lcddev.height)
                {
                    if(lastpos[t][0] == 0XFFFF)
                    {
                        lastpos[t][0] = tp_dev.x[t];lastpos[t][1] = tp_dev.y[t];
                    }
                    lcd_draw_bline(lastpos[t][0],lastpos[t][1],tp_dev.x[t],tp_dev.y[t],2,
                            POINT_COLOR_TBL[t]);    //画线
                    lastpos[t][0] = tp_dev.x[t];lastpos[t][1] = tp_dev.y[t];
                    if(tp_dev.x[t]>(lcddev.width-24)&&tp_dev.y[t]<20)
                    {
                        Load_Drow_Dialog();         //清除
```

```
                }
            }
        }else lastpos[t][0] = 0XFFFF;
        }
        delay_ms(5);i++;
        if(i%20 == 0)LED0 =! LED0;
    }
}
int main(void)
{
    NVIC_PriorityGroupConfig(NVIC_PriorityGroup_2);    //设置系统中断优先级分组2
    delay_init(168);                                   //初始化延时函数
    uart_init(115200);                                 //初始化串口波特率为115 200
    LED_Init();                                        //初始化LED
    LCD_Init();                                        //LCD初始化
    KEY_Init();                                        //按键初始化
    tp_dev.init();                                     //触摸屏初始化
    ……//省略部分代码
    if(tp_dev.touchtype!= 0XFF)LCD_ShowString(30,130,200,16,16,"Press KEY0 to Adjust");
                                                       //电阻屏才显示
    delay_ms(1500);
    Load_Drow_Dialog();
    
    if(tp_dev.touchtype&0X80)ctp_test();               //电容屏测试
    else rtp_test();                                   //电阻屏测试
}
```

rtp_test函数,用于电阻触摸屏的测试。该函数代码比较简单,就是扫描按键和触摸屏,如果触摸屏有按下,则在触摸屏上面划线;如果按中"RST"区域,则执行清屏。如果按键KEY0按下,则执行触摸屏校准。

ctp_test函数,用于电容触摸屏的测试。由于我们采用tp_dev.sta来标记当前按下的触摸屏点数,所以判断是否有电容触摸屏按下,也就是判断tp_dev.sta的最低5位,如果有数据,则划线;如果没数据则忽略,且5个点划线的颜色各不一样,方便区分。另外,电容触摸屏不需要校准,所以没有校准程序。

main函数比较简单,初始化相关外设,然后根据触摸屏类型,去选择执行ctp_test还是rtp_test。

26.4 下载验证

编译成功之后,下载代码到ALIENTEK探索者STM32F4开发板上,电阻触摸屏得到如图26.4所示界面,电容屏得到如图26.5所示界面。

图26.4在电阻屏上画了一些内容,右上角的RST可以用来清屏,单击该区域即可清屏重画。另外,按KEY0可以进入校准模式,如果发现触摸屏不准,则可以按KEY0

进入校准,重新校准即可正常使用。

图 26.4　电阻触摸屏测试程序运行效果图

26.5　电容触摸屏测试界面

　　如果是电容触摸屏,测试界面如图 26.5 所示。图中同样输入了一些内容。电容屏支持多点触摸,每个点的颜色都不一样,图中的波浪线就是三点触摸画出来的,最多可以 5 点触摸。同样,按右上角的 RST 标志可以清屏。电容屏无须校准,所以按 KEY0 无效。KEY0 校准仅对电阻屏有效。

第 27 章

FLASH 模拟 EEPROM 实验

STM32F4 本身没有自带 EEPROM,但是具有 IAP(在应用编程)功能,所以可以把它的 FLASH 当成 EEPROM 来使用。本章利用 STM32F4 内部的 FLASH 来实现第 23 章实验类似的效果,不过这次是将数据直接存放在 STM32F4 内部,而不是存放在 W25Q128。

27.1 STM32F4 FLASH 简介

不同型号 STM32F40xx/41xx 的 FLASH 容量也有所不同,最小的只有 128 KB,最大的则达到了 1 024 KB。探索者 STM32F4 开发板选择的 STM32F407ZGT6 的 FLASH 容量为 1 024 KB,STM32F40xx/41xx 的闪存模块组织如图 27.1 所示。

块	名称	块基址	大小
主存储器	扇区 0	0x0800 0000~0x0800 3FFF	16 KB
	扇区 1	0x0800 4000~0x0800 7FFF	16 KB
	扇区 2	0x0800 8000~0x0800 BFFF	16 KB
	扇区 3	0x0800 C000~0x0800 FFFF	16 KB
	扇区 4	0x0801 0000~0x0801 FFFF	64 KB
	扇区 5	0x0802 0000~0x0802 FFFF	128 KB
	扇区 6	0x0804 0000~0x0805 FFFF	128 KB
	⋮	⋮	⋮
	扇区 11	0x080E 0000~0x080F FFFF	128 KB
系统存储器		0x1FFF 0000~0x1FFF 77FF	30 KB
OTP 区域		0x1FFF 7800~0x1FFF 7A0F	528 字节
选项字节		0x1FFF C000~0x1FFF C00F	16 字节

图 27.1 大容量产品闪存模块组织

STM32F4 的闪存模块由:主存储器、系统存储器、OPT 区域和选项字节 4 部分组成。

主存储器:该部分用来存放代码和数据常数(如 const 类型的数据),分为 12 个扇区,前4个扇区为16 KB大小,然后扇区4是64 KB大小,扇区5～11是128 KB大小。不同容量的STM32F4拥有的扇区数不一样,比如STM32F407ZGT6拥有全部12个扇区。从图27.1可以看出,主存储器的起始地址就是0X08000000,B0、B1都接GND的时候就是从0X08000000开始运行代码的。

系统存储器,主要用来存放STM32F4的bootloader代码。此代码是出厂的时候就固化在STM32F4里面了,专门来给主存储器下载代码的。当B0接V3.3、B1接GND的时候,从该存储器启动(即进入串口下载模式)。

OTP区域,即一次性可编程区域,共528字节,被分成两个部分,前面512字节(32字节为1块,分成16块)可以用来存储一些用户数据(一次性的,写完一次,永远不可以擦除),后面16字节用于锁定对应块。

选项字节,用于配置读保护、BOR级别、软件/硬件看门狗以及器件处于待机或停止模式下的复位。

闪存存储器接口寄存器,该部分用于控制闪存读/写等,是整个闪存模块的控制机构。

在执行闪存写操作时,任何对闪存的读操作都会锁住总线,在写操作完成后读操作才能正确地进行,即在进行写或擦除操作时,不能进行代码或数据的读取操作。

1. 闪存的读取

STM32F4可通过内部的I-Code指令总线或D-Code数据总线访问内置闪存模块,本章主要讲解数据读/写,即通过D-Code数据总线来访问内部闪存模块。为了准确读取Flash数据,必须根据CPU时钟(HCLK)频率和器件电源电压在Flash存取控制寄存器(FLASH_ACR)中正确地设置等待周期数(LATENCY)。当电源电压低于2.1 V时,必须关闭预取缓冲器。Flash等待周期与CPU时钟频率之间的对应关系,如表27.1所列。

表27.1 CPU时钟(HCLK)频率对应的FLASH等待周期表

等待周期(WS) (LATENCY)	HCLK/MHz			
	电压范围 2.7～3.6 V	电压范围 2.4～2.7 V	电压范围 2.1～2.4 V	电压范围1.8～2.1 V 预取关闭
0 WS (1个CPU周期)	0＜HCLK≤30	0＜HCLK≤24	0＜HCLK≤22	0＜HCLK≤20
1 WS (2个CPU周期)	30＜HCLK≤60	24＜HCLK≤48	22＜HCLK≤44	20＜HCLK≤40
2 WS (3个CPU周期)	60＜HCLK≤90	48＜HCLK≤72	44＜HCLK≤66	40＜HCLK≤60
3 WS (4个CPU周期)	90＜HCLK≤120	72＜HCLK≤96	66＜HCLK≤88	60＜HCLK≤80

第 27 章　FLASH 模拟 EEPROM 实验

续表 27.1

等待周期(WS)（LATENCY）	HCLK/MHz			
	电压范围 2.7～3.6 V	电压范围 2.4～2.7 V	电压范围 2.1～2.4 V	电压范围 1.8～2.1 V 预取关闭
4 WS (5 个 CPU 周期)	120＜HCLK≤150	96＜HCLK≤120	88＜HCLK≤110	80＜HCLK≤100
5 WS (6 个 CPU 周期)	150＜HCLK≤168	120＜HCLK≤144	110＜HCLK≤132	100＜HCLK≤120
6 WS (7 个 CPU 周期)	—	144＜HCLK≤168	132＜HCLK≤154	120＜HCLK≤140
7 WS (8 个 CPU 周期)	—	—	154＜HCLK≤168	140＜HCLK≤160

等待周期通过 FLASH_ACR 寄存器的 LATENCY[2:0]这 3 个位设置。系统复位后，CPU 时钟频率为内部 16 MHz RC 振荡器，LATENCY 默认是 0，即一个等待周期。供电电压一般是 3.3 V，所以，在设置 168 MHz 频率作为 CPU 时钟之前，必须先设置 LATENCY 为 5，否则 FLASH 读/写可能出错，导致死机。

正常工作时(168 MHz)，虽然 FLASH 需要 6 个 CPU 等待周期，但是由于 STM32F4 具有自适应实时存储器加速器(ART Accelerator)，通过指令缓存存储器预取指令，可实现相当于 0 FLASH 等待的运行速度。自适应实时存储器加速器的详细介绍请参考《STM32F4xx 中文参考手册》3.4.2 小节。

STM23F4 的 FLASH 读取是很简单的。例如，要从地址 addr 读取一个字(字节为 8 位，半字为 16 位，字为 32 位)，可以通过如下的语句读取：

data= *(vu32 *)addr;

将 addr 强制转换为 vu32 指针，然后取该指针所指向的地址的值，即得到了 addr 地址的值。类似的，将上面的 vu32 改为 vu16，即可读取指定地址的一个半字。相对 FLASH 读取来说，STM32F4 FLASH 的写就复杂一点了，下面介绍 STM32F4 闪存的编程和擦除。

2．闪存的编程和擦除

执行任何 Flash 编程操作(擦除或编程)时，CPU 时钟频率(HCLK)不能低于 1 MHz。如果在 Flash 操作期间发生器件复位，无法保证 Flash 中的内容。在对 STM32F4 的 Flash 执行写入或擦除操作期间，任何读取 Flash 的尝试都会导致总线阻塞。只有在完成编程操作后，才能正确处理读操作。这意味着，写/擦除操作进行期间不能从 Flash 中执行代码或数据获取操作。

STM32F4 的闪存编程由 6 个 32 位寄存器控制，分别是：FLASH 访问控制寄存器(FLASH_ACR)、FLASH 秘钥寄存器(FLASH_KEYR)、FLASH 选项秘钥寄存器(FLASH_OPTKEYR)、FLASH 状态寄存器(FLASH_SR)、FLASH 控制寄存器

(FLASH_CR)、FLASH 选项控制寄存器(FLASH_OPTCR)。

STM32F4 复位后,FLASH 编程操作是被保护的,不能写入 FLASH_CR 寄存器;通过写入特定的序列(0X45670123 和 0XCDEF89AB)到 FLASH_KEYR 寄存器才可解除写保护,只有在写保护被解除后,我们才能操作相关寄存器。

FLASH_CR 的解锁序列为:
① 写 0X45670123 到 FLASH_KEYR;
② 写 0XCDEF89AB 到 FLASH_KEYR。

通过这两个步骤即可解锁 FLASH_CR,如果写入错误,那么 FLASH_CR 将被锁定,直到下次复位后才可以再次解锁。

STM32F4 闪存的编程位数可以通过 FLASH_CR 的 PSIZE 字段配置,PSIZE 的设置必须和电源电压匹配,如图 27.2 所示。

	电压范围2.7~3.6 V（使用外部V_{PP}）	电压范围 2.7~3.6 V	电压范围 2.4~2.7 V	电压范围 2.1~2.4 V	电压范围 1.8~2.1 V
并行位数	x64	x32	x16	x8	x8
PSIZE(1:0)	11	10	01		00

图 27.2 编程/擦除并行位数与电压关系

由于我们开发板用的电压是 3.3 V,所以 PSIZE 必须设置为 10,即 32 位并行位数。擦除或者编程都必须以 32 位为基础进行。

STM32F4 的 FLASH 在编程的时候,也必须要求其写入地址的 FLASH 是被擦除了的(也就是其值必须是 0XFFFFFFFF),否则无法写入。STM32F4 的标准编程步骤如下:

① 检查 FLASH_SR 中的 BSY 位,确保当前未执行任何 FLASH 操作。
② 将 FLASH_CR 寄存器中的 PG 位置 1,激活 FLASH 编程。
③ 针对所需存储器地址(主存储器块或 OTP 区域内)执行数据写入操作:
　　——并行位数为 x8 时按字节写入(PSIZE=00);
　　——并行位数为 x16 时按半字写入(PSIZE=01);
　　——并行位数为 x32 时按字写入(PSIZE=02);
　　——并行位数为 x64 时按双字写入(PSIZE=03)。
④ 等待 BSY 位清零,完成一次编程。

按以上 4 步操作就可以完成一次 FLASH 编程。注意:①编程前要确保将写如地址的 FLASH 已经擦除。②要先解锁(否则不能操作 FLASH_CR)。③编程操作对 OPT 区域也有效,方法一模一样。

在 STM32F4 的 FLASH 编程的时候,要先判断缩写地址是否被擦除了,所以,我们有必要再介绍一下 STM32F4 的闪存擦除。STM32F4 的闪存擦除分为两种:扇区擦除和整片擦除。

扇区擦除步骤如下:

第 27 章　FLASH 模拟 EEPROM 实验

① 检查 FLASH_CR 的 LOCK 是否解锁,如果没有则先解锁;
② 检查 FLASH_SR 寄存器中的 BSY 位,确保当前未执行任何 FLASH 操作;
③ 在 FLASH_CR 寄存器中,将 SER 位置 1,并从主存储块的 12 个扇区中选择要擦除的扇区(SNB);
④ 将 FLASH_CR 寄存器中的 STRT 位置 1,触发擦除操作;
⑤ 等待 BSY 位清零。

经过以上 5 步就可以擦除某个扇区。本章只用到了 STM32F4 的扇区擦除功能,读者可以参考《STM32F4xx 中文参考手册》第 3.5.3 小节。接下来看看与读/写相关的寄存器说明。

第一个介绍的是 FLASH 访问控制寄存器:FLASH_ACR。该寄存器各位描述如图 27.3 所示。

31	30	29	28	27	26	25	24	23	22	21	20	19	18	17	16
							Reserved								
15	14	13	12	11	10	9	8	7	6	5	4	3	2	1	0
Reserved			DCRST rw	ICRST w	DCEN rw	ICEN rw	PRFTEN rw	Reserved					LATENCY rw	rw	rw

位31:11 保留,必须保持清零。

位12 DCRST: 数据缓存复位(Data cache reset)
　　0:数据缓存不复位;1:数据缓存复位
　　只有关闭数据缓存时才能在该位中写入值

位11 ICRST: 指令缓存复位(Instruction cache reset)
　　0:指令缓存不复位;1:指令缓存复位
　　只有关闭指令缓存时才能在该位中写入值

位10 DCEN: 数据缓存使能(Data cache enable)
　　0:关闭数据缓存;1:使能数据缓存

位9 ICEN: 指令缓存使能(Instruction cache enable)
　　0:关闭指令缓存;1:使能指令缓存

位8 PRFTEN: 预取使能(Prefetch enable)
　　0:关闭预取;1:使能预取

位7:3 保留,必须保持清零。

位2:0 LATENCY: 延迟(Latency)
　　这些位表示CPU时钟周期与Flash访问时间之比。
　　000:零等待周期　　　　100:4个等待周期
　　001:一个等待周期　　　101:5个等待周期
　　010:两个等待周期　　　110:6个等待周期
　　011:三个等待周期　　　111:7个等待周期

图 27.3　FLASH_ACR 寄存器各位描述

这里重点看 LATENCY[2:0]这 3 个位,这 3 位必须根据 MCU 的工作电压和频率来正确设置,否则,可能死机,设置规则如表 27.2 所列。DCEN、ICEN 和 PRFTEN 这 3 个位也比较重要,为了达到最佳性能,这 3 位一般都设置为 1 即可。

第二个介绍的是 FLASH 秘钥寄存器:FLASH_KEYR。该寄存器各位描述如图 27.4 所示。该寄存器主要用来解锁 FLASH_CR,必须在该寄存器写入特定的序列(KEY1 和 KEY2)解锁后,才能对 FLASH_CR 寄存器进行写操作。

31	30	29	28	27	26	25	24	23	22	21	20	19	18	17	16
KEY[31:16]															
w	w	w	w	w	w	w	w	w	w	w	w	w	w	w	w
15	14	13	12	11	10	9	8	7	6	5	4	3	2	1	0
KEY[15:0]															
w	w	w	w	w	w	w	w	w	w	w	w	w	w	w	w

位31:0 **FKEYR:** FPEC密钥(FPEC key)
要将FLASH_CR寄存器解锁并允许对其执行编程/擦除操作,必须顺序编程以下值:
    a)   KEY1=0x45670123
    b)   KEY2=0xCDEF89AB

图 27.4   FLASH_KEYR 寄存器各位描述

第三个要介绍的是 FLASH 控制寄存器:FLASH_CR。该寄存器的各位描述如图 27.5 所示。该寄存器本章只用到了它的 LOCK、STRT、PSIZE[1:0]、SNB[3:0]、SER 和 PG 等位。

31	30	29	28	27	26	25	24	23	22	21	20	19	18	17	16
LOCK	Reserved				ERRIE	EOPIE	Reserved							STRT
rs					rw	rw									rs
15	14	13	12	11	10	9	8	7	6	5	4	3	2	1	0
Reserved							PSIZE[1:0]		Res.	SNB[3:0]				MER	SER	PG
						rw	rw		rw	rw	rw	rw	rw	rw	rw

图 27.5   FLASH_CR 寄存器各位描述

LOCK 位,用于指示 FLASH_CR 寄存器是否被锁住。该位在检测到正确的解锁序列后,硬件将其清零。在一次不成功的解锁操作后,在下次系统复位之前,该位将不再改变。

STRT 位,用于开始一次擦除操作。在该位写入 1,将执行一次擦除操作。

PSIZE[1:0]位,用于设置编程宽度,3.3 V 时设置 PSIZE =2 即可。

SNB[3:0]位,用于选择要擦除的扇区编号,取值范围为 0~11。

SER 位,用于选择扇区擦除操作,在扇区擦除的时候,需要将该位置 1。

PG 位,用于选择编程操作,在往 FLASH 写数据的时候,该位需要置 1。

FLASH_CR 的其他位请参考《STM32F4xx 中文参考手册》第 3.8.5 小节。

最后要介绍的是 FLASH 状态寄存器:FLASH_SR。该寄存器各位描述如图 27.6 所示。该寄存器主要用了其 BSY 位,当该位为 1 时,表示正在执行 FLASH 操作。当该位为 0 时,表示当前未执行任何 FLASH 操作。

31	30	29	28	27	26	25	24	23	22	21	20	19	18	17	16
Reserved packages																BSY
															r
15	14	13	12	11	10	9	8	7	6	5	4	3	2	1	0
Reserved								PGSERR	PGPERR	PGAERR	WRPERR	Reserved			OPERR	EOP
								rc_w1	rc_w1	rc_w1	rc_w1			rc_w1	rc_w1

图 27.6   FLASH_SR 寄存器各位描述

第 27 章　FLASH 模拟 EEPROM 实验

关于 STM32F4 FLASH 的更详细介绍请参考《STM32F4xx 中文参考手册》第 3 章。下面讲解使用 STM32F4 官方固件库操作 FLASH 的几个常用函数。这些函数和定义分布在文件 stm32f4xx_flash.c 以及 stm32f4xx_flash.h 文件中。

（1）锁定解锁函数

上面讲解到在对 FLASH 进行写操作前必须先解锁，解锁操作也就是必须在 FLASH_KEYR 寄存器写入特定的序列（KEY1 和 KEY2）。固件库函数实现很简单：

```
void FLASH_Unlock(void);
```

同样的道理，在对 FLASH 写操作完成之后，我们要锁定 FLASH，使用的库函数是：

```
void FLASH_Lock(void);
```

（2）写操作函数

固件库提供了 4 个 FLASH 写函数：

```
FLASH_Status FLASH_ProgramDoubleWord(uint32_t Address, uint64_t Data);
FLASH_Status FLASH_ProgramWord(uint32_t Address, uint32_t Data);
FLASH_Status FLASH_ProgramHalfWord(uint32_t Address, uint16_t Data);
FLASH_Status FLASH_ProgramByte(uint32_t Address, uint8_t Data);
```

这几个函数从名字上面还是比较好理解，分别为写入双字、字、半字、字节的函数。这些函数的实现过程实际就是按照 27.1 节讲解的编程步骤来实现的。

（3）擦除函数

固件库提供 4 个 FLASH 擦除函数：

```
FLASH_Status FLASH_EraseSector(uint32_t FLASH_Sector, uint8_t VoltageRange);
FLASH_Status FLASH_EraseAllSectors(uint8_t VoltageRange);
FLASH_Status FLASH_EraseAllBank1Sectors(uint8_t VoltageRange);
FLASH_Status FLASH_EraseAllBank2Sectors(uint8_t VoltageRange);
```

前面两个函数比较好理解，一个是用来擦除某个 Sector，一个使用来擦除全部的 sectors。第三个和第四个函数主要是针对 STM32F42X 系列和 STM32F43X 系列芯片而言的，因为它们将所有的 sectors 分为两个 bank，所以这两个函数用来擦除 2 个 bank 下的 sectors。第一个参数取值范围在固件库由相关宏定义标识符已经定义好，为 FLASH_Sector_0～FLASH_Sector_11（我们使用的 STM32F407 最大是 FLASH_Sector_11）；对于这些函数的第二个参数，这里电源电压范围是 3.3 V，所以选择 VoltageRange_3 即可。

（4）获取 FLASH 状态

获取 FLASH 状态主要调用的函数是：

```
FLASH_Status FLASH_GetStatus(void);
```

返回值是通过枚举类型定义的：

```
typedef enum
{
    FLASH_BUSY = 1,              //操作忙
```

```
    FLASH_ERROR_RD,                //读保护错误
    FLASH_ERROR_PGS,               //编程顺序错误
    FLASH_ERROR_PGP,               //编程并行位数错误
    FLASH_ERROR_PGA,               //编程对齐错误
    FLASH_ERROR_WRP,               //写保护错误
    FLASH_ERROR_PROGRAM,           //编程错误
    FLASH_ERROR_OPERATION,         //操作错误
    FLASH_COMPLETE                 //操作结束
}FLASH_Status;
```

从这里面可以看到 FLASH 操作的几个状态。

(5) 等待操作完成函数

在执行闪存写操作时,任何对闪存的读操作都会锁住总线,在写操作完成后读操作才能正确地进行;即在进行写或擦除操作时,不能进行代码或数据的读取操作。所以在每次操作之前,我们都要等待上一次操作完成这次操作才能开始。使用的函数是:

```
FLASH_Status FLASH_WaitForLastOperation(void)
```

返回值是 FLASH 的状态。这个很容易理解,这个函数在固件库中使用得不多,但是在固件库函数体中间可以多次看到。

(6) 读 FLASH 特定地址数据函数

有写就必定有读,而读取 FLASH 指定地址的数据的函数固件库并没有给出来,这里提供从指定地址一次读取一个字的函数:

```
u32 STMFLASH_ReadWord(u32 faddr)
{
    return *(vu32*)faddr;
}
```

(7) 写选项字节操作

固件库还提供了一些列选项字节区域操作函数,因为本实验没有用到选项字节区域操作,这里就不做过多讲解,有兴趣的读者可以了解一下。

27.2　硬件设计

本章实验功能简介:开机的时候先显示一些提示信息,然后在主循环里面检测两个按键,其中一个按键(KEY1)用来执行写入 FLASH 的操作,另外一个按键(KEY0)用来执行读出操作,在 TFTLCD 模块上显示相关信息。同时,用 DS0 提示程序正在运行。

所要用到的硬件资源如下:指示灯 DS0、KEY1 和 KEY0 按键、TFTLCD 模块、STM32F4 内部 FLASH。本章需要用到的资源和电路连接已经介绍过了,接下来直接开始软件设计。

27.3　软件设计

打开 FLASH 模拟 EEPROM 实验工程可以看到,我们添加了两个文件 stmflash.c

第 27 章　FLASH 模拟 EEPROM 实验

和 stm32flash.h。同时，还引入了固件库 flash 操作文件 stm32f4xx_flash.c 和头文件 stm32f4xx_flash.h。

打开 stmflash.c 文件，代码如下：

```c
//读取指定地址的半字(16 位数据)
//faddr:读地址;返回值:对应数据
u32 STMFLASH_ReadWord(u32 faddr)
{
    return *(vu32*)faddr;
}
//获取某个地址所在的 flash 扇区
//addr:flash 地址;返回值:0～11,即 addr 所在的扇区
uint16_t STMFLASH_GetFlashSector(u32 addr)
{
    if(addr<ADDR_FLASH_SECTOR_1)return FLASH_Sector_0;
    else if(addr<ADDR_FLASH_SECTOR_2)return FLASH_Sector_1;
    else if(addr<ADDR_FLASH_SECTOR_3)return FLASH_Sector_2;
    else if(addr<ADDR_FLASH_SECTOR_4)return FLASH_Sector_3;
    else if(addr<ADDR_FLASH_SECTOR_5)return FLASH_Sector_4;
    else if(addr<ADDR_FLASH_SECTOR_6)return FLASH_Sector_5;
    else if(addr<ADDR_FLASH_SECTOR_7)return FLASH_Sector_6;
    else if(addr<ADDR_FLASH_SECTOR_8)return FLASH_Sector_7;
    else if(addr<ADDR_FLASH_SECTOR_9)return FLASH_Sector_8;
    else if(addr<ADDR_FLASH_SECTOR_10)return FLASH_Sector_9;
    else if(addr<ADDR_FLASH_SECTOR_11)return FLASH_Sector_10;
    return FLASH_Sector_11;
}
//从指定地址开始写入指定长度的数据
//特别注意:因为 STM32F4 的扇区实在太大,没办法本地保存扇区数据,所以本函数
// 写地址如果非 0XFF,那么会先擦除整个扇区且不保存扇区数据.所以
// 写非 0XFF 的地址,将导致整个扇区数据丢失.建议写之前确保扇区里
// 没有重要数据,最好是整个扇区先擦除了,然后慢慢往后写
//该函数对 OTP 区域也有效! 可以用来写 OTP 区
//OTP 区域地址范围:0X1FFF7800～0X1FFF7A0F
//WriteAddr:起始地址(此地址必须为 4 的倍数!!);pBuffer:数据指针
//NumToWrite:字(32 位)数(就是要写入的 32 位数据的个数)
void STMFLASH_Write(u32 WriteAddr,u32 * pBuffer,u32 NumToWrite)
{
  FLASH_Status status = FLASH_COMPLETE;
  u32 addrx = 0;
  u32 endaddr = 0;
  if(WriteAddr<STM32_FLASH_BASE||WriteAddr%4)return;        //非法地址
  FLASH_Unlock();                                            //解锁
  FLASH_DataCacheCmd(DISABLE);            //FLASH 擦除期间,必须禁止数据缓存
  addrx = WriteAddr;                      //写入的起始地址
  endaddr = WriteAddr + NumToWrite * 4;   //写入的结束地址
  if(addrx<0X1FFF0000)                    //只有主存储区,才需要执行擦除操作
    {
        while(addrx<endaddr)              //扫清一切障碍.(对非 FFFFFFFF 的地方,先擦除)
        {
            if(STMFLASH_ReadWord(addrx)!=0XFFFFFFFF)
```

```c
                            {                      //有非 0XFFFFFFFF 的地方,要擦除这个扇区
    status = FLASH_EraseSector(STMFLASH_GetFlashSector(addrx),VoltageRange_3);
                                                   //VCC = 2.7～3.6V 之间!!
                if(status! = FLASH_COMPLETE)break;                       //发生错误了
            }else addrx + = 4;
        }
    }
    if(status == FLASH_COMPLETE)
    {
        while(WriteAddr＜endaddr)                                         //写数据
        {
            if(FLASH_ProgramWord(WriteAddr, * pBuffer)! = FLASH_COMPLETE) //写入数据
            {
                break;                                                   //写入异常
            }
            WriteAddr + = 4;pBuffer + +;
        }
    }
    FLASH_DataCacheCmd(ENABLE);                        //FLASH 擦除结束,开启数据缓存
    FLASH_Lock();                                                        //上锁
}
//从指定地址开始读出指定长度的数据
//ReadAddr:起始地址   pBuffer:数据指针   NumToRead:字(4 位)数
void STMFLASH_Read(u32 ReadAddr,u32 * pBuffer,u32 NumToRead)
{
    u32 i;
    for(i = 0;i＜NumToRead;i + + )
    {
        pBuffer[i] = STMFLASH_ReadWord(ReadAddr);                        //读取 4 字节.
        ReadAddr + = 4;                                                  //偏移 4 字节.
    }
}
///////////////////////////// 测试用/////////////////////////////
//WriteAddr:起始地址 WriteData:要写入的数据
void Test_Write(u32 WriteAddr,u32 WriteData)
{
    STMFLASH_Write(WriteAddr,&WriteData,1);                              //写入一个字
```

其中,STMFLASH_Write 函数用于在 STM32F4 的指定地址写入指定长度的数据,其实现基本类似第 23 章的 W25QXX_Flash_Write 函数,不过该函数使用的时候,有几个地方要注意:

① 写入地址必须是用户代码区以外的地址。

② 写入地址必须是 4 的倍数。

第①点比较好理解,如果把用户代码给擦除了,那么运行的程序可能就被废了,从而出现死机的情况。不过,因为 STM32F4 的扇区都比较大(最少 16 KB,大的 128 KB),所以本函数不缓存要擦除的扇区内容。也就是如果要擦除,那么就是整个扇区擦除,所以建议使用该函数的时候,写入地址定位到用户代码占用扇区以外的扇区,比较

第 27 章 FLASH 模拟 EEPROM 实验

保险。第②点则是每次必须写入 32 位,即 4 字节,所以地址必须是 4 的倍数。

STMFLASH_GetFlashSector 函数根据地址确定其 sector 编号。其他函数就不做介绍了。

对于头文件 stmflash.h,我们定义了从 ADDR_FLASH_SECTOR_0～ADDR_FLASH_SECTOR_11 等一系列宏定义标识符,实际上这些标识符的值就是对应的 sector 的起始地址值。

最后我们打开 main.c 文件,代码如下:

```
//要写入到 STM32 FLASH 的字符串数组
const u8 TEXT_Buffer[] = {"STM32 FLASH TEST"};
#define TEXT_LENTH sizeof(TEXT_Buffer)                //数组长度
#define SIZE TEXT_LENTH/4 + ((TEXT_LENTH % 4)? 1:0)
/*设置 FLASH 保存地址(必须为偶数,且所在扇区,要大于本代码所占用到的扇区.否则,
*写操作的时候,可能会导致擦除整个扇区,从而引起部分程序丢失.引起死机*/
#define FLASH_SAVE_ADDR    0X0800C004
int main(void)
{
    u8 key = 0,datatemp[SIZE];
    u16 i = 0;
    NVIC_PriorityGroupConfig(NVIC_PriorityGroup_2);    //设置系统中断优先级分组 2
    delay_init(168);                                   //初始化延时函数
    uart_init(115200);                                 //初始化串口波特率为 115 200
    LED_Init();                                        //初始化 LED
    LCD_Init();                                        //LCD 初始化
    KEY_Init();                                        //按键初始化
    ……//省略部分代码
    while(1)
    {
        key = KEY_Scan(0);
        if(key == KEY1_PRES)                           //KEY1 按下,写入 STM32 FLASH
        {
            LCD_Fill(0,170,239,319,WHITE);             //清除半屏
            LCD_ShowString(30,170,200,16,16,"Start Write FLASH....");
            STMFLASH_Write(FLASH_SAVE_ADDR,(u32 *)TEXT_Buffer,SIZE);
            LCD_ShowString(30,170,200,16,16,"FLASH Write Finished!");    //提示传送完成
        }
        if(key == KEY0_PRES)                           //KEY0 按下,读取字符串并显示
        {
            LCD_ShowString(30,170,200,16,16,"Start Read FLASH.... ");
            STMFLASH_Read(FLASH_SAVE_ADDR,(u32 *)datatemp,SIZE);
            LCD_ShowString(30,170,200,16,16,"The Data Readed Is:  ");    //提示传送完成
            LCD_ShowString(30,190,200,16,16,datatemp);//显示读到的字符串
        }
        i++;delay_ms(10);
        if(i == 20)
        {
            LED0 = !LED0;                              //提示系统正在运行
            i = 0;
        }
```

            }
        }
至此,我们的软件设计部分就结束了。

27.4 下载验证

编译成功之后,下载代码到 ALIENTEK 探索者 STM32F4 开发板上。伴随 DS0 的不停闪烁,提示程序在运行,通过先按 KEY1 按键写入数据,然后按 KEY0 读取数据,得到如图 27.7 所示界面。

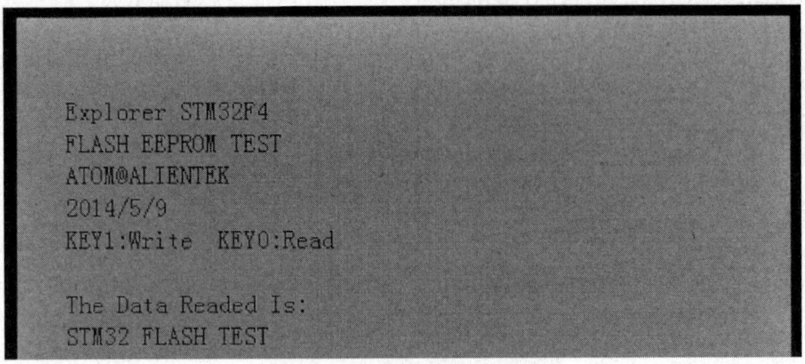

```
Explorer STM32F4
FLASH EEPROM TEST
ATOM@ALIENTEK
2014/5/9
KEY1:Write  KEY0:Read

The Data Readed Is:
STM32 FLASH TEST
```

图 27.7 程序运行效果图

本章的测试还可以借助 USMART,调用 TMFLASH_ReadWord 和 Test_Write 函数完成,也可以测试下 OTP 区域的读/写。注意:OTP 区域最后 16 字节不要乱写,是用于锁定 OTP 数据块的!

另外,OTP 的一次性可编程也并不像字面意思那样,只能写一次。而是要理解成:只能写 0,不能写 1。举个例子,在地址 0X1FFF7808 第一次写入 0X12345678,读出来发现是对的,和写入的一样。而当在这个地址再次写入 0X12345673 的时候,再读出来变成了 0X12345670,不是第一次写入的值,也不是第二次写入的值,而是两次写入值相与的值,说明第二次也发生了写操作。所以,要理解成只能写 0,不能写 1。

第 28 章

外部 SRAM 实验

STM32F407ZGT6 自带了 192 KB 的 SRAM,对一般应用来说,已经足够了,不过在一些对内存要求高的场合(比如跑算法或者跑 GUI 等)就不够用了。所以探索者 STM32F4 开发板板载了一颗 1 MB 的 SRAM 芯片:IS62WV51216,满足大内存使用的需求。本章将使用 STM32F4 来驱动 IS62WV51216,实现对 IS62WV51216 的访问控制,并测试其容量。

28.1 IS62WV51216 简介

IS62WV51216 是 ISSI(Integrated Silicon Solution,Inc)公司生产的一颗 16 位宽 512K(512×16,即 1 MB)容量的 CMOS 静态内存芯片,特点如下:

- 高速,具有 45 ns/55 ns 访问速度。
- 低功耗。
- TTL 电平兼容。
- 全静态操作。不需要刷新和时钟电路。
- 三态输出。
- 字节控制功能,支持高/低字节控制。

IS62WV51216 的功能框图如图 28.1 所示。图中 A0~18 为地址线,总共 19 根地址线(即 2^{19}=512K,1K=1 024);I00~15 为数据线,总共 16 根数据线。CS2 和 CS1 都是片选信号,不过 CS2 是高电平有效 CS1 是低电平有效;OE 是输出使能信号(读信号);WE 为写使能信号;UB 和 LB 分别是高字节控制和低字节控制信号。

探索者 STM32F4 开发板使用的是 TSOP44 封装的 IS62WV51216 芯片,该芯片直接接在 STM32F4 的 FSMC 上,IS62WV51216 原理图如图 28.2 所示。可以看出,IS62WV51216 同 STM32F4 的连接关系:A[0:18]接 FMSC_A[0:18](不过顺序错乱了)、D[0:15]接 FSMC_D[0:15]、UB 接 FSMC_NBL1、LB 接 FSMC_NBL0、OE 接 FSMC_OE、WE 接 FSMC_WE、CS 接 FSMC_NE3。

上面的连接关系中,IS62WV51216 的 A[0:18]并不是按顺序连接 STM32F4 的 FMSC_A[0:18],不过这并不影响正常使用外部 SRAM,因为地址具有唯一性。所以,只要地址线不和数据线混淆,就可以正常使用外部 SRAM,这样设计的好处就是可以方便 PCB 布线。

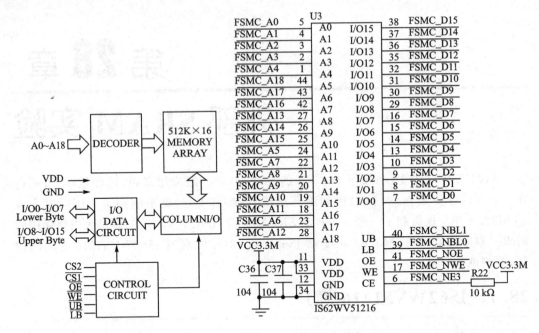

图 28.1　IS62WV51216 功能框图　　　图 28.2　IS62WV51216 原理图

本章使用 FSMC 的 BANK1 区域 3 来控制 IS62WV51216。FSMC 在第 15 章已经介绍过，在第 15 章采用的是读/写不同的时序来操作 TFTLCD 模块（因为 TFTLCD 模块读的速度比写的速度慢很多），但是在本章，因为 IS62WV51216 的读/写时间基本一致，所以，我们设置读/写相同的时序来访问 FSMC。FSMC 的详细介绍请看第 15 章和《STM32F4xx 中文参考手册》。

最后，我们来看看实现 IS62WV51216 的访问需要对 FSMC 进行哪些配置，步骤如下：

① 使能 FSMC 时钟，并配置 FSMC 相关的 I/O 及其时钟使能。

要使用 FSMC，当然首先得开启其时钟。然后需要把 FSMC_D0～15、FSMCA0～18 等相关 I/O 口，全部配置为复用输出，并使能各 I/O 组的时钟。

使能 FSMC 时钟的方法前面 LCD 实验已经讲解过，方法为：

RCC_AHB3PeriphClockCmd(RCC_AHB3Periph_FSMC,ENABLE);//使能 FSMC 时钟

配置 I/O 口为复用输出的关键行代码为：

GPIO_InitStructure.GPIO_Mode = GPIO_Mode_AF;//复用输出

引脚复用映射配置调用函数为：

void GPIO_PinAFConfig(GPIO_TypeDef * GPIOx, uint16_t GPIO_PinSource, uint8_t GPIO_AF);

针对每个复用引脚调用这个函数即可，例如 GPIOD.0 引脚复用映射配置方法为：

GPIO_PinAFConfig(GPIOD,GPIO_PinSource0,GPIO_AF_FSMC);//PD0,AF12

② 设置 FSMC BANK1 区域 3 的相关寄存器。

此部分包括设置区域3的存储器的工作模式、位宽和读/写时序等。本章使用模式A、16位宽,读/写共用一个时序寄存器。这个是通过调用函数 FSMC_NORSRAMInit 来实现的,函数原型为:

void FSMC_NORSRAMInit(FSMC_NORSRAMInitTypeDef * FSMC_NORSRAMInitStruct);

③ 使能 BANK1 区域3。

最后,只需要通过 FSMC_BCR 寄存器使能 BANK1 区域3即可。使能方法为:

FSMC_NORSRAMCmd(FSMC_Bank1_NORSRAM3, ENABLE);   //使能 BANK3

通过以上几个步骤就完成了 FSMC 的配置,可以访问 IS62WV51216 了。注意,因为我们使用的是 BANK1 的区域3,所以 HADDR[27:26]=10,故外部内存的首地址为 0X68000000。

28.2 硬件设计

本章实验功能简介:开机后显示提示信息,然后按下 KEY0 按键,即测试外部 SRAM 容量大小并显示在 LCD 上。按下 KEY1 按键即显示预存在外部 SRAM 的数据。DS0 指示程序运行状态。

本实验用到的硬件资源有:指示灯 DS0、KEY0 和 KEY1 按键、串口、TFTLCD 模块、IS62WV51216。这些都已经介绍过(IS62WV51216 与 STM32F4 的各 I/O 对应关系请参考本书配套资料原理图),接下来开始软件设计。

28.3 软件设计

打开外部 SRAM 实验工程可以看到,我们增加了 sram.c 文件以及头文件 sram.h,FSMC 初始化相关配置和定义都在这两个文件中。同时还引入了 FSMC 固件库文件 stm32f4xx_fsmc.c 和 stm32f4xx_fsmc.h 文件。

打开 sram.c 文件,代码如下:

```
//使用 NOR/SRAM 的 Bank1.sector3,地址位 HADDR[27,26] = 10
//对 IS61LV25616/IS62WV25616,地址线范围为 A0~A17
//对 IS61LV51216/IS62WV51216,地址线范围为 A0~A18
#define Bank1_SRAM3_ADDR    ((u32)(0x68000000))
//初始化外部 SRAM
void FSMC_SRAM_Init(void)
{
  GPIO_InitTypeDef  GPIO_InitStructure;
  FSMC_NORSRAMInitTypeDef  FSMC_InitStruct;
  FSMC_NORSRAMTimingInitTypeDef  readWriteTiming;
  RCC_AHB1PeriphClockCmd(RCC_AHB1Periph_GPIOB|RCC_AHB1Periph_GPIOD|
                 RCC_AHB1Periph_GPIOE|RCC_AHB1Periph_GPIOF|RCC_AHB1Periph_
                 GPIOG,
  ENABLE);//使能 PD,PE,PF,PG 时钟
```

```c
RCC_AHB3PeriphClockCmd(RCC_AHB3Periph_FSMC,ENABLE);    //使能 FSMC 时钟
GPIO_InitStructure.GPIO_Pin = GPIO_Pin_15;             //PB15 推挽输出,控制背光
GPIO_InitStructure.GPIO_Mode = GPIO_Mode_OUT;          //普通输出模式
GPIO_InitStructure.GPIO_OType = GPIO_OType_PP;         //推挽输出
GPIO_InitStructure.GPIO_Speed = GPIO_Speed_50MHz;      //100 MHz
GPIO_InitStructure.GPIO_PuPd = GPIO_PuPd_UP;           //上拉
GPIO_Init(GPIOB, &GPIO_InitStructure);//初始化 //PB15 推挽输出,控制背光
GPIO_InitStructure.GPIO_Pin = (3<<0)|(3<<4)|(0XFF<<8);
                                                       //PD0,1,4,5,8~15 AF OUT
GPIO_InitStructure.GPIO_Mode = GPIO_Mode_AF;           //复用输出
GPIO_InitStructure.GPIO_OType = GPIO_OType_PP;         //推挽输出
GPIO_InitStructure.GPIO_Speed = GPIO_Speed_100MHz;     //100MHz
GPIO_InitStructure.GPIO_PuPd = GPIO_PuPd_UP;           //上拉
GPIO_Init(GPIOD, &GPIO_InitStructure);                 //初始化
……//省略部分 GPIO 初始化设置
GPIO_PinAFConfig(GPIOD,GPIO_PinSource0,GPIO_AF_FSMC);  //PD0,AF12
GPIO_PinAFConfig(GPIOD,GPIO_PinSource1,GPIO_AF_FSMC);  //PD1,AF12
……//省略部分 GPIO AF 映射设置
GPIO_PinAFConfig(GPIOG,GPIO_PinSource5,GPIO_AF_FSMC);
GPIO_PinAFConfig(GPIOG,GPIO_PinSource10,GPIO_AF_FSMC);
readWriteTiming.FSMC_AddressSetupTime = 0x00;          //地址建立时间为一个 HCLK
readWriteTiming.FSMC_AddressHoldTime = 0x00;           //地址保持时间模式 A 未用到
readWriteTiming.FSMC_DataSetupTime = 0x08;             //数据保持时间为 9 个 HCLK
readWriteTiming.FSMC_BusTurnAroundDuration = 0x00;
readWriteTiming.FSMC_CLKDivision = 0x00;
readWriteTiming.FSMC_DataLatency = 0x00;
readWriteTiming.FSMC_AccessMode = FSMC_AccessMode_A;   //模式 A
FSMC_InitStruct.FSMC_Bank = FSMC_Bank1_NORSRAM3;       // NE3
FSMC_InitStruct.FSMC_DataAddressMux = FSMC_DataAddressMux_Disable;
FSMC_InitStruct.FSMC_MemoryType = FSMC_MemoryType_SRAM;
FSMC_InitStruct.FSMC_MemoryDataWidth =
    FSMC_MemoryDataWidth_16b;                          //存储器数据宽度为 16bit
FSMC_InitStruct.FSMC_BurstAccessMode = FSMC_BurstAccessMode_Disable;
FSMC_InitStruct.FSMC_WaitSignalPolarity = FSMC_WaitSignalPolarity_Low;
FSMC_InitStruct.FSMC_AsynchronousWait = FSMC_AsynchronousWait_Disable;
FSMC_InitStruct.FSMC_WrapMode = FSMC_WrapMode_Disable;
FSMC_InitStruct.FSMC_WaitSignalActive = FSMC_WaitSignalActive_BeforeWaitState;
FSMC_InitStruct.FSMC_WriteOperation = FSMC_WriteOperation_Enable;  //存储器写使能
FSMC_InitStruct.FSMC_WaitSignal = FSMC_WaitSignal_Disable;
FSMC_InitStruct.FSMC_ExtendedMode = FSMC_ExtendedMode_Disable;     //读写相同时序
FSMC_InitStruct.FSMC_WriteBurst = FSMC_WriteBurst_Disable;
FSMC_InitStruct.FSMC_ReadWriteTimingStruct = &readWriteTiming;
FSMC_InitStruct.FSMC_WriteTimingStruct = &readWriteTiming;         //读写同样时序
FSMC_NORSRAMInit(&FSMC_InitStruct);                    //初始化 FSMC 配置
FSMC_NORSRAMCmd(FSMC_Bank1_NORSRAM3, ENABLE);          // 使能 BANK1 区域 3
}
//在指定地址(WriteAddr + Bank1_SRAM3_ADDR)开始,连续写入 n 个字节
//pBuffer:字节指针 WriteAddr:要写入的地址
//n:要写入的字节数
void FSMC_SRAM_WriteBuffer(u8 * pBuffer,u32 WriteAddr,u32 n)
{
```

第28章 外部SRAM实验

```
        for(;n!=0;n--)
        {
            *(vu8*)(Bank1_SRAM3_ADDR+WriteAddr)=*pBuffer;
            WriteAddr++;
            pBuffer++;
        }
}
//在指定地址((WriteAddr+Bank1_SRAM3_ADDR))开始,连续读出n个字节.
//pBuffer:字节指针 ReadAddr:要读出的起始地址
//n:要写入的字节数
void FSMC_SRAM_ReadBuffer(u8 * pBuffer,u32 ReadAddr,u32 n)
{
    for(;n!=0;n--)
    {
        *pBuffer++=*(vu8*)(Bank1_SRAM3_ADDR+ReadAddr);
        ReadAddr++;
    }
}
```

此部分代码包含3个函数:FSMC_SRAM_Init函数用于初始化,包括FSMC相关I/O口的初始化以及FSMC配置;FSMC_SRAM_WriteBuffer和FSMC_SRAM_ReadBuffer这两个函数分别用于在外部SRAM的指定地址写入和读取指定长度的数据(字节数)。

注意:当FSMC位宽为16位的时候,HADDR右移一位同地址对其,但是ReadAddr却没有加2,而是加1,是因为这里用的数据为宽是8位,通过UB和LB来控制高低字节位,所以地址在这里是可以只加1的。另外,因为我们使用的是BANK1区域3,所以外部SRAM的基址为0x68000000。

头文件sram.h内容比较简洁,主要是一些函数申明,这里不做过多讲解。

最后我们来看看main.c文件代码如下:

```
u32 testsram[250000] __attribute__((at(0X68000000)));//测试用数组
//外部内存测试(最大支持1 MB内存测试)
void fsmc_sram_test(u16 x,u16 y)
{
    u32 i=0;u8 temp=0;
    u8 sval=0;       //在地址0读到的数据
    LCD_ShowString(x,y,239,y+16,16,"Ex Memory Test:   0KB");
    //每隔4 KB写入一个数据,总共写入256个数据,刚好是1 MB
    for(i=0;i<1024*1024;i+=4096){FSMC_SRAM_WriteBuffer(&temp,i,1);temp++;}
    //依次读出之前写入的数据,进行校验
    for(i=0;i<1024*1024;i+=4096)
    {
        FSMC_SRAM_ReadBuffer(&temp,i,1);
        if(i==0)sval=temp;
        else if(temp<=sval)break;//后面读出的数据一定要比第一次读到的数据大
        LCD_ShowxNum(x+15*8,y,(u16)(temp-sval+1)*4,4,16,0);//显示内存容量
    }
}
```

```c
int main(void)
{
    u8 key;u8 i = 0;u32 ts = 0;
    NVIC_PriorityGroupConfig(NVIC_PriorityGroup_2);   //设置系统中断优先级分组2
    delay_init(168);                                  //初始化延时函数
    uart_init(115200);                                //初始化串口波特率为115 200
    LED_Init();                                       //初始化LED
    LCD_Init();                                       //LCD初始化
    KEY_Init();                                       //按键初始化
    FSMC_SRAM_Init();                                 //初始化外部SRAM
    ……//省略部分代码
    for(ts = 0;ts<250000;ts ++ )testsram[ts] = ts;    //预存测试数据
    while(1)
    {
        key = KEY_Scan(0);                            //不支持连按
        if(key == KEY0_PRES)fsmc_sram_test(60,170);   //测试SRAM容量
        else if(key == KEY1_PRES)                     //打印预存测试数据
        {
            for(ts = 0;ts<250000;ts ++ )LCD_ShowxNum(60,190,testsram[ts],6,16,0);
                                                      //显示测试数据
        }else delay_ms(10);
        i ++ ;
        if(i == 20)                                   //DS0闪烁
        {
            i = 0;LED0 = ! LED0;
        }
    }
}
```

此部分代码除了mian函数，还有一个fsmc_sram_test函数，用于测试外部SRAM的容量大小，并显示其容量。

此段代码定义了一个超大数组testsram，我们指定该数组定义在外部SRAM起始地址(__attribute__((at(0X68000000))))，该数组用来测试外部SRAM数据的读/写。注意，该数组的定义方法是我们推荐的使用外部SRAM的方法。如果想用MDK自动分配，那么需要用到分散加载及添加汇编的FSMC初始化代码，相对来说比较麻烦。而且外部SRAM访问速度又远不如内部SRAM，如果将一些需要快速访问的SRAM定义到了外部SRAM，将会严重拖慢程序运行速度。而如果以推荐的方式来分配外部SRAM，那么就可以控制SRAM的分配，可以针对性地选择放外部还是放内部，有利于提高程序运行速度，使用起来也比较方便。

28.4　下载验证

编译成功之后，下载代码到ALIENTEK探索者STM32F4开发板上，如图28.3所示界面。

第 28 章 外部 SRAM 实验

此时,按下 KEY0 就可以在 LCD 上看到内存测试的画面,同样,按下 KEY1 就可以看到 LCD 显示存放在数组 testsram 里面的测试数据,如图 28.4 所示。

图 28.3 程序运行效果图

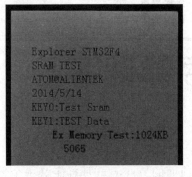

图 28.4 外部 SRAM 测试界面

第 29 章

内存管理实验

第 28 章学会了使用 STM32F4 驱动外部 SRAM,以扩展 STM32F4 的内存,加上 STM32F4 本身自带的 192 KB 内存,我们可供使用的内存还是比较多的。如果所用的内存都像前面的 testsram 那样定义一个数组来使用,显然不是一个好办法。本章将学习内存管理,实现对内存的动态管理。

29.1 内存管理简介

内存管理是指软件运行时对计算机内存资源的分配和使用的技术,主要目的是如何高效、快速地分配,并且在适当的时候释放和回收内存资源。内存管理的实现方法有很多种,它们其实最终都是要实现 2 个函数:malloc 和 free;malloc 函数用于内存申请,free 函数用于内存释放。

本章介绍一种比较简单的办法来实现:分块式内存管理,实现原理如图 29.1 所示。可以看出,分块式内存管理由内存池和内存管理表两部分组成。内存池被等分为 n 块,对应的内存管理表大小也为 n,内存管理表的每一个项对应内存池的一块内存。

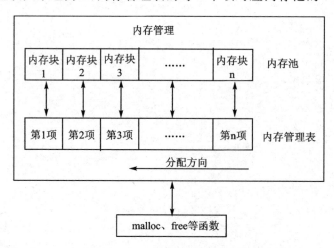

图 29.1 分块式内存管理原理

内存管理表的项值代表的意义为:当该项值为 0 的时候,代表对应的内存块未被占用;当该项值非零的时候,代表该项对应的内存块已经被占用,其数值代表被连续占用的内存块数。比如某项值为 10,那么说明包括本项对应的内存块在内,总共分配了 10 个内存块给外部的某个指针。

内寸分配方向如图 29.1 所示,是从顶→底的分配方向,即首先从最末端开始找空内存。当内存管理刚初始化的时候,内存表全部清零,表示没有任何内存块被占用。

1. 分配原理

当指针 p 调用 malloc 申请内存的时候,先判断 p 要分配的内存块数(m),然后从第 n 项开始向下查找,直到找到 m 块连续的空内存块(即对应内存管理表项为 0),然后将这 m 个内存管理表项的值都设置为 m(标记被占用),最后,把最后的这个空内存块的地址返回指针 p,完成一次分配。注意,如果内存不够(找到最后也没找到连续的 m 块空闲内存),则返回 NULL 给 p,表示分配失败。

2. 释放原理

当 p 申请的内存用完、需要释放的时候,调用 free 函数实现。free 函数先判断 p 指向的内存地址所对应的内存块,然后找到对应的内存管理表项目,得到 p 所占用的内存块数目 m(内存管理表项目的值就是所分配内存块的数目),将这 m 个内存管理表项目的值都清零,标记释放,完成一次内存释放。

29.2 硬件设计

本章实验功能简介:开机后,显示提示信息,等待外部输入。KEY0 用于申请内存,每次申请 2 KB 内存。KEY1 用于写数据到申请到的内存里面,KEY2 用于释放内存,KEY_UP 用于切换操作内存区(内部 SRAM 内存、外部 SRAM 内存、内部 CCM 内存),DS0 用于指示程序运行状态。本章还可以通过 USMART 调试,测试内存管理函数。

本实验用到的硬件资源有:指示灯 DS0、4 个按键、串口、TFTLCD 模块、IS62WV51216。这些都已经介绍过,接下来开始软件设计。

29.3 软件设计

打开本章实验工程可以看到,我们新增了 MALLOC 分组,同时在分组中新建了文件 malloc.c 以及头文件 malloc.h。内存管理相关的函数和定义主要是在这两个文件中。

打开 malloc.c 文件,代码如下:

```
//内存池(32 字节对齐)
__align(32) u8 mem1base[MEM1_MAX_SIZE];                    //内部 SRAM 内存池
__align(32) u8 mem2base[MEM2_MAX_SIZE] __attribute__((at(0X68000000)));
//外部 SRAM 内存池
__align(32) u8 mem3base[MEM3_MAX_SIZE] __attribute__((at(0X10000000)));
```

```c
//内部CCM内存池
//内存管理表
u16 mem1mapbase[MEM1_ALLOC_TABLE_SIZE];                          //内部SRAM内存池MAP
u16 mem2mapbase[MEM2_ALLOC_TABLE_SIZE] __attribute__((at(0X68000000
                + MEM2_MAX_SIZE)));                              //外部SRAM内存池MAP
u16 mem3mapbase[MEM3_ALLOC_TABLE_SIZE] __attribute__((at(0X10000000
                + MEM3_MAX_SIZE)));                              //内部CCM内存池MAP
//内存管理参数
const u32 memtblsize[SRAMBANK] = {MEM1_ALLOC_TABLE_SIZE,
MEM2_ALLOC_TABLE_SIZE,MEM3_ALLOC_TABLE_SIZE};                    //内存表大小
const u32 memblksize[SRAMBANK] = {MEM1_BLOCK_SIZE,MEM2_BLOCK_SIZE,
MEM3_BLOCK_SIZE};                                                //内存分块大小
const u32 memsize[SRAMBANK] = {MEM1_MAX_SIZE,MEM2_MAX_SIZE,
MEM3_MAX_SIZE};                                                  //内存总大小
//内存管理控制器
struct _m_mallco_dev mallco_dev =
{
    my_mem_init,                                                 //内存初始化
    my_mem_perused,                                              //内存使用率
    mem1base,mem2base,mem3base,                                  //内存池
    mem1mapbase,mem2mapbase,mem3mapbase,                         //内存管理状态表
    0,0,0,                                                       //内存管理未就绪
};
//复制内存 *des:目的地址 *src:源地址
//n:需要复制的内存长度(字节为单位)
void mymemcpy(void *des,void *src,u32 n)
{
    u8 *xdes = des,*xsrc = src;
    while(n--) *xdes++ = *xsrc++;
}
//设置内存 *s:内存首地址 c:要设置的值 count:需要设置的内存大小(字节为单位)
void mymemset(void *s,u8 c,u32 count)
{
    u8 *xs = s;
    while(count--) *xs++ = c;
}
//内存管理初始化   memx:所属内存块
void my_mem_init(u8 memx)
{
    mymemset(mallco_dev.memmap[memx], 0,memtblsize[memx]*2);     //内存状态表数据清零
    mymemset(mallco_dev.membase[memx], 0,memsize[memx]);         //内存池所有数据清零
    mallco_dev.memrdy[memx] = 1;                                 //内存管理初始化OK
}
//获取内存使用率
//memx:所属内存块 返回值:使用率(0~100)
u8 my_mem_perused(u8 memx)
{
    u32 used = 0;u32 i;
    for(i = 0;i<memtblsize[memx];i++) { if(mallco_dev.memmap[memx][i])used++; }
    return (used*100)/(memtblsize[memx]);
}
```

第29章 内存管理实验

```c
//内存分配(内部调用)
//memx:所属内存块  size:要分配的内存大小(字节)
//返回值:0XFFFFFFFF,代表错误;其他,内存偏移地址
u32 my_mem_malloc(u8 memx,u32 size)
{
    signed long offset = 0;
    u32 nmemb;                                              //需要的内存块数
    u32 cmemb = 0;                                          //连续空内存块数
    u32 i;
    if(! mallco_dev.memrdy[memx])mallco_dev.init(memx);     //未初始化,先执行初始化
    if(size == 0)return 0XFFFFFFFF;                         //不需要分配
    nmemb = size/memblksize[memx];                          //获取需要分配的连续内存块数
    if(size % memblksize[memx])nmemb ++ ;
    for(offset = memtblsize[memx] - 1;offset> = 0;offset -- )   //搜索整个内存控制区
    {
        if(! mallco_dev.memmap[memx][offset])cmemb ++ ;     //连续空内存块数增加
        else cmemb = 0;                                     //连续内存块清零
        if(cmemb == nmemb)                                  //找到了连续 nmemb 个空内存块
        {
            for(i = 0;i<nmemb;i ++ )                        //标注内存块非空
            {
                mallco_dev.memmap[memx][offset + i] = nmemb;
            }
            return (offset * memblksize[memx]);             //返回偏移地址
        }
    }
    return 0XFFFFFFFF;                                      //未找到符合分配条件的内存块
}
//释放内存(内部调用)
//memx:所属内存块 offset:内存地址偏移
//返回值:0,释放成功;1,释放失败
u8 my_mem_free(u8 memx,u32 offset)
{
    int i;
    if(! mallco_dev.memrdy[memx])                           //未初始化,先执行初始化
    {
        mallco_dev.init(memx);                              //初始化内存池
        return 1;                                           //未初始化
    }
    if(offset<memsize[memx])                                //偏移在内存池内
    {
        int index = offset/memblksize[memx];                //偏移所在内存块号码
        int nmemb = mallco_dev.memmap[memx][index];         //内存块数量
        for(i = 0;i<nmemb;i ++ )mallco_dev.memmap[memx][index + i] = 0;   //内存块清零
        return 0;
    }else return 2;                                         //偏移超区了
}
//释放内存(外部调用)
//memx:所属内存块 ptr:内存首地址
void myfree(u8 memx,void * ptr)
{
```

```c
    u32 offset;
    if(ptr == NULL)return;                                          //地址为 0
    offset = (u32)ptr - (u32)mallco_dev.membase[memx];
    my_mem_free(memx,offset);                                       //释放内存
}
//分配内存(外部调用)
//memx:所属内存块 size:内存大小(字节)
//返回值:分配到的内存首地址
void * mymalloc(u8 memx,u32 size)
{
    u32 offset;
    offset = my_mem_malloc(memx,size);
    if(offset == 0XFFFFFFFF)return NULL;
    else return (void *)((u32)mallco_dev.membase[memx] + offset);
}
//重新分配内存(外部调用)
//memx:所属内存块 *ptr:旧内存首地址 size:要分配的内存大小(字节)
//返回值:新分配到的内存首地址
void * myrealloc(u8 memx,void * ptr,u32 size)
{
    u32 offset;
    offset = my_mem_malloc(memx,size);
    if(offset == 0XFFFFFFFF)return NULL;
    else
    {
        mymemcpy((void *)((u32)mallco_dev.membase[memx] + offset),ptr,size);
        //复制旧内存内容到新内存
        myfree(memx,ptr);                                           //释放旧内存
        return (void *)((u32)mallco_dev.membase[memx] + offset);    //返回新内存首地址
    }
}
```

这里通过内存管理控制器 mallco_dev 结构体(mallco_dev 结构体见 malloc.h)实现对 3 个内存池的管理控制。

首先,是内部 SRAM 内存池,定义为:

__align(32) u8 mem1base[MEM1_MAX_SIZE];

然后,是外部 SRAM 内存池,定义为:

__align(32) u8 mem2base[MEM2_MAX_SIZE] __attribute__((at(0X68000000)));

最后,是内部 CCM 内存池,定义为:

__align(32) u8 mem3base[MEM3_MAX_SIZE] __attribute__((at(0X10000000)));

这里之所以要定义成 3 个,是因为这 3 个内存区域的地址都不一样。STM32F4 内部内存分为两大块:①普通内存(又分为主要内存和辅助内存,地址从 0X2000 0000 开始,共 128 KB),这部分内存任何外设都可以访问。②CCM 内存(地址从 0X1000 0000 开始,共 64 KB),这部分内存仅 CPU 可以访问,DMA 之类的不可以直接访问,使用时得特别注意!

而外部 SRAM 地址是从 0X6800 0000 开始的,共 1 024 KB。所以,这样总共有 3

第 29 章 内存管理实验

部分内存,而内存池必须是连续的内存空间才可以,这样 3 个内存区域就有 3 个内存池,因此,分成了 3 块来管理。

其中,MEM1_MAX_SIZE、MEM2_MAX_SIZE 和 MEM3_MAX_SIZE 为在 malloc.h 里面定义的内存池大小,外部 SRAM 内存池指定地址为 0X6800 0000,也就是从外部 SRAM 的首地址开始的,CCM 内存池从 0X1000 0000 开始,同样是从 CCM 内存的首地址开始的。但是,内部 SRAM 内存池的首地址则由编译器自动分配。__align(32)定义内存池为 32 字节对齐,以适应各种不同场合的需求。

此部分代码的核心函数为:my_mem_malloc 和 my_mem_free,分别用于内存申请和内存释放。思路就是 29.1 节介绍的那样分配和释放内存,不过这两个函数只是内部调用,外部调用使用的是 mymalloc 和 myfree 两个函数。其他函数就不多介绍了,保存 malloc.c,然后,打开 malloc.h,代码如下:

```c
#ifndef __MALLOC_H
#define __MALLOC_H
#include "stm32f4xx.h"
#ifndef NULL
#define NULL 0
#endif
//定义 3 个内存池
#define SRAMIN       0        //内部内存池
#define SRAMEX       1        //外部内存池
#define SRAMCCM      2        //CCM 内存池(此部分 SRAM 仅仅 CPU 可以访问!!!)
#define SRAMBANK     3        //定义支持的 SRAM 块数
//mem1 内存参数设定.mem1 完全处于内部 SRAM 里面
#define MEM1_BLOCK_SIZE          32            //内存块大小为 32 字节
#define MEM1_MAX_SIZE            100 *1024     //最大管理内存 100 KB
#define MEM1_ALLOC_TABLE_SIZE    MEM1_MAX_SIZE/MEM1_BLOCK_SIZE
//内存表大小
//mem2 内存参数设定.mem2 的内存池处于外部 SRAM 里面
#define MEM2_BLOCK_SIZE          32            //内存块大小为 32 字节
#define MEM2_MAX_SIZE            960 *1024     //最大管理内存 960 KB
#define MEM2_ALLOC_TABLE_SIZE    MEM2_MAX_SIZE/MEM2_BLOCK_SIZE
//内存表大小
//mem3 内存参数设定.mem3 处于 CCM,用于管理 CCM(注意,这部分 SRAM 仅 CPU 可以访问)
#define MEM3_BLOCK_SIZE          32            //内存块大小为 32 字节
#define MEM3_MAX_SIZE            60 *1024      //最大管理内存 60 KB
#define MEM3_ALLOC_TABLE_SIZE    MEM3_MAX_SIZE/MEM3_BLOCK_SIZE
//内存表大小
//内存管理控制器
struct _m_mallco_dev
{
    void (*init)(u8);                          //初始化
    u8   (*perused)(u8);                       //内存使用率
    u8    *membase[SRAMBANK];                  //内存池管理 SRAMBANK 个区域的内存
    u16   *memmap[SRAMBANK];                   //内存管理状态表
    u8    memrdy[SRAMBANK];                    //内存管理是否就绪
};
extern struct _m_mallco_dev mallco_dev;        //在 mallco.c 里面定义
```

```c
void mymemset(void * s,u8 c,u32 count);        //设置内存
void mymemcpy(void * des,void * src,u32 n);    //复制内存
void my_mem_init(u8 memx);                     //内存管理初始化函数(外/内部调用)
u32 my_mem_malloc(u8 memx,u32 size);           //内存分配(内部调用)
u8 my_mem_free(u8 memx,u32 offset);            //内存释放(内部调用)
u8 my_mem_perused(u8 memx);                    //获得内存使用率(外/内部调用)
////////////////////////////////////////////////////////////////////////////////
//用户调用函数
void myfree(u8 memx,void * ptr);               //内存释放(外部调用)
void * mymalloc(u8 memx,u32 size);             //内存分配(外部调用)
void * myrealloc(u8 memx,void * ptr,u32 size); //重新分配内存(外部调用)
#endif
```

这部分代码定义了很多关键数据,比如内存块大小的定义:MEM1_BLOCK_SIZE、MEM2_BLOCK_SIZE 和 MEM3_BLOCK_SIZE,都是 32 字节。内存池内部 SRAM 内存池大小为 100 KB,外部 SRAM 内存池大小为 960 KB,内部 CCM 内存池大小为 60 KB。

MEM1_ALLOC_TABLE_SIZE、MEM2_ALLOC_TABLE_SIZE 和 MEM3_ALLOC_TABLE_SIZE,则分别代表内存池 1、2 和 3 的内存管理表大小。从这里可以看出,如果内存分块越小,那么内存管理表就越大,当分块为 2 字节一个块的时候,内存管理表就和内存池一样大了(管理表的每项都是 u16 类型)。显然是不合适的,这里取 32 字节,比例为 1:16,内存管理表相对就比较小了。

接下来看看主函数代码:

```c
int main(void)
{
    u8 key;u8 i = 0;u8 * p = 0;    u8 * tp = 0;
    u8 paddr[18];                              //存放 P Addr: + p 地址的 ASCII 值
    u8 sramx = 0;                              //默认为内部 sram
    ……//省略部分代码
    FSMC_SRAM_Init();                          //初始化外部 SRAM
    my_mem_init(SRAMIN);                       //初始化内部内存池
    my_mem_init(SRAMEX);                       //初始化外部内存池
    my_mem_init(SRAMCCM);                      //初始化 CCM 内存池
    ……//省略部分代码
    while(1)
    {
        key = KEY_Scan(0);                     //不支持连按
        switch(key)
        {
            case 0:                            //没有按键按下
                break;
            case KEY0_PRES:                    //KEY0 按下
                p = mymalloc(sramx,2048);      //申请 2 KB
                if(p! = NULL)sprintf((char * )p,"Memory Malloc Test % 03d",i);
                                               //向 p 写入内容
                break;
            case KEY1_PRES:                    //KEY1 按下
                if(p! = NULL)
```

第29章 内存管理实验

```
                {
                    sprintf((char*)p,"Memory Malloc Test %03d",i);  //更新显示内容
                    LCD_ShowString(30,270,200,16,16,p);              //显示P的内容
                }
                break;
            case KEY2_PRES:                                          //KEY2 按下
                myfree(sramx,p);                                     //释放内存
                p = 0;                                               //指向空地址
                break;
            case WKUP_PRES:                                          //KEY UP 按下
                sramx ++ ;
                if(sramx>2)sramx = 0;
                if(sramx == 0)LCD_ShowString(30,170,200,16,16,"SRAMIN ");
                else if(sramx == 1)LCD_ShowString(30,170,200,16,16,"SRAMEX ");
                else LCD_ShowString(30,170,200,16,16,"SRAMCCM");
                break;
        }
        if(tp! = p)
        {
            tp = p;
            sprintf((char*)paddr,"P Addr:0X%08X",(u32)tp);
            LCD_ShowString(30,250,200,16,16,paddr);                  //显示 p 的地址
            if(p)LCD_ShowString(30,270,200,16,16,p);                 //显示P的内容
            else LCD_Fill(30,270,239,266,WHITE);                     //p = 0,清除显示
        }
        delay_ms(10);
        i ++ ;
        if((i%20) == 0)                                              //DS0 闪烁
        {
            LCD_ShowNum(30 + 104,190,my_mem_perused(SRAMIN),3,16);   //显示使用率
            LCD_ShowNum(30 + 104,210,my_mem_perused(SRAMEX),3,16);   //显示使用率
            LCD_ShowNum(30 + 104,230,my_mem_perused(SRAMCCM),3,16);  //使用率
            LED0 = ! LED0;
        }
    }
}
```

该部分代码比较简单,主要是对 mymalloc 和 myfree 的应用。注意,如果对一个指针进行多次内存申请,而之前的申请又没释放,那么将造成"内存泄露",这是内存管理所不希望发生的,久而久之,可能导致无内存可用的情况! 所以,使用的时候一定记得,申请的内存在用完以后一定要释放。

29.4 下载验证

编译成功之后,下载代码到 ALIENTEK 探索者 STM32F4 开发板上,得到如图 29.2 所示界面。可以看到,所有内存的使用率均为 0%,说明还没有任何内存被使用。此时按下 KEY0,就可以看到内部 SRAM 内存被使用 2% 了,同时看到下面提示了指针 p 所指向的地址(其实就是被分配到的内存地址)和内容。多按几次 KEY0 可以

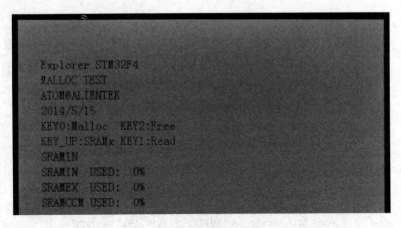

图 29.2 程序运行效果图

看到内存使用率持续上升(注意对比 p 的值,可以发现是递减的,说明是从顶部开始分配内存),此时如果按下 KEY2,可以发现内存使用率降低了 2%,但是再按 KEY2 将不再降低,说明"内存泄露"了。这就是前面提到的对一个指针多次申请内存,而之前申请的内存又没释放,导致的"内存泄露"。

按 KEY_UP 按键可以切换当前操作内存(内部 SRAM 内存、外部 SRAM 内存、内部 CCM 内存),KEY1 键用于更新 p 的内容,更新后的内容将重新显示在 LCD 模块上面。

第 30 章

SD 卡实验

很多单片机系统都需要大容量存储设备来存储数据,目前常用的有 U 盘、FLASH 芯片、SD 卡等。它们各有优点,综合比较,最适合单片机系统的莫过于 SD 卡了,它不仅容量可以做到很大(32 GB 以上),支持 SPI/SDIO 驱动,而且有多种体积的尺寸可供选择(标准的 SD 卡尺寸以及 TF 卡尺寸等),能满足不同应用的要求。

只需要少数几个 I/O 口即可外扩一个高达 32 GB 以上的外部存储器,容量从几十 M 到几十 G 选择尺度很大,更换也很方便,编程也简单,是单片机大容量外部存储器的首选。

ALIENTKE 探索者 STM32F4 开发板自带了标准的 SD 卡接口,使用 STM32F4 自带的 SDIO 接口驱动,4 位模式,最高通信速度可达 48 MHz(分频器旁路时),最高每秒可传输数据 24 MB,对于一般应用足够了。本章将介绍如何在 ALIENTEK 探索者 STM32F4 开发板上实现 SD 卡的读取。

30.1 SDIO 简介

本节将简单介绍 ALIENTEK 探索者 STM32F4 开发板自带 SDIO 接口,包括主要功能及框图、时钟、命令与响应和相关寄存器简介等,最后介绍 SD 卡的初始化流程。

30.1.1 SDIO 主要功能及框图

STM32F4 的 SDIO 控制器支持多媒体卡(MMC 卡)、SD 存储卡、SD I/O 卡和 CE-ATA 设备等。SDIO 的主要功能如下:

- ➢ 与多媒体卡系统规格书版本 4.2 全兼容,支持 3 种不同的数据总线模式:1 位 (默认)、4 位和 8 位。
- ➢ 与较早的多媒体卡系统规格版本全兼容(向前兼容)。
- ➢ 与 SD 存储卡规格版本 2.0 全兼容。
- ➢ 与 SD I/O 卡规格版本 2.0 全兼容:支持良种不同的数据总线模式:1 位(默认) 和 4 位。
- ➢ 完全支持 CE-ATA 功能(与 CE-ATA 数字协议版本 1.1 全兼容)。8 位总线模式下数据传输速率可达 48 MHz(分频器旁路时)。
- ➢ 数据和命令输出使能信号,用于控制外部双向驱动器。

STM32F4 的 SDIO 控制器包含 2 个部分：SDIO 适配器模块和 APB2 总线接口，其功能框图如图 30.1 所示。复位后，默认情况下 SDIO_D0 用于数据传输。初始化后，主机可以改变数据总线的宽度（通过 ACMD6 命令设置）。

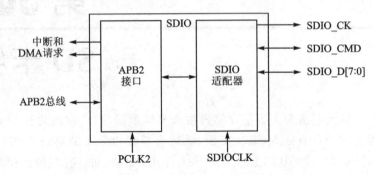

图 30.1　STM32F4 的 SDIO 控制器功能框图

如果一个多媒体卡接到了总线上，则 SDIO_D0、SDIO_D[3:0] 或 SDIO_D[7:0] 可以用于数据传输。MMC 版本 V3.31 和之前版本的协议只支持一位数据线，所以只能用 SDIO_D0（为了通用性考虑，在程序里面只要检测到是 MMC 卡就设置为一位总线数据）。

如果一个 SD 或 SD I/O 卡接到了总线上，则可以通过主机配置数据传输使用 SDIO_D0 或 SDIO_D[3:0]。所有的数据线都工作在推挽模式。

SDIO_CMD 有两种操作模式：

① 用于初始化时的开路模式（仅用于 MMC 版本 V3.31 或之前版本）

② 用于命令传输的推挽模式（SD/SD I/O 卡和 MMC V4.2 在初始化时也使用推挽驱动）。

30.1.2　SDIO 的时钟

从图 30.1 可以看到，SDIO 总共有 3 个时钟，分别是：

① 卡时钟（SDIO_CK）：每个时钟周期在命令和数据线上传输一位命令或数据。对于多媒体卡 V3.31 协议，时钟频率可以在 0～20 MHz 间变化；对于多媒体卡 V4.0/4.2 协议，时钟频率可以在 0～48 MHz 间变化；对于 SD 或 SD I/O 卡，时钟频率可以在 0～25 MHz 间变化。

② SDIO 适配器时钟（SDIOCLK）：该时钟用于驱动 SDIO 适配器，来自 PLL48CK，一般为 48 MHz，并用于产生 SDIO_CK 时钟。

③ APB2 总线接口时钟（PCLK2）：该时钟用于驱动 SDIO 的 APB2 总线接口，其频率为 HCLK/2，一般为 84 MHz。

前面提到，SD 卡时钟（SDIO_CK）根据卡的不同可能有好几个区间，这就涉及时钟频率的设置，SDIO_CK 与 SDIOCLK 的关系（时钟分频器不旁路时）为：

$$SDIO\_CK = SDIOCLK/(2+CLKDIV)$$

其中,SDIOCLK 为 PLL48CK,一般是 48 MHz;而 CLKDIV 则是分配系数,可以通过 SDIO 的 SDIO_CLKCR 寄存器进行设置(确保 SDIO_CK 不超过卡的最大操作频率)。注意,以上公式是时钟分频器不旁路时的计算公式;当时钟分频器旁路时,SDIO_CK 直接等于 SDIOCLK。

这里要提醒大家,在 SD 卡刚刚初始化的时候,其时钟频率(SDIO_CK)是不能超过 400 kHz 的,否则可能无法完成初始化。初始化以后就可以设置时钟频率到最大了(但不可超过 SD 卡的最大操作时钟频率)。

30.1.3 SDIO 的命令与响应

SDIO 的命令分为应用相关命令(ACMD)和通用命令(CMD)两部分,应用相关命令(ACMD)的发送必须先发送通用命令(CMD55),然后才能发送应用相关命令(ACMD)。

SDIO 的所有命令和响应都是通过 SDIO_CMD 引脚传输的,任何命令的长度都是固定为 48 位,SDIO 的命令格式如表 30.1 所列。

所有的命令都由 STM32F4 发出,其中,开始位、传输位、CRC7 和结束位由 SDIO 硬件控制,我们需要设置的就只有命令索引和参数部分。其中,命令索引(如 CMD0、CMD1 之类的)在 SDIO_CMD 寄存器里面设置,命令参数则由寄存器 SDIO_ARG 设置。

一般情况下,选中的 SD 卡在接收到命令之后都会回复一个应答(注意,CMD0 是无应答的),这个应答称为响应,响应也是在 CMD 线上串行传输的。STM32F4 的 SDIO 控制器支持 2 种响应类型,即短响应(48 位)和长响应(136 位),这两种响应类型都带 CRC 错误检测(注意,不带 CRC 的响应应该忽略 CRC 错误标志,如 CMD1 的响应)。

短响应的格式如表 30.2 所列。长响应的格式如表 30.3 所列。

表 30.1 SDIO 命令格式

位的位置	宽 度	值	说 明
47	1	0	起始位
46	1	1	传输位
[45:40]	6	—	命令索引
[39:8]	32	—	参数
[7:1]	7	—	CRC7
0	1	—	结束位

表 30.2 SDIO 命令格式

位的位置	宽 度	值	说 明
47	1	0	起始位
46	1	0	传输位
[45:40]	6	—	命令索引
[39:8]	32	—	参数
[7:1]	7	—	CRC7(或 1111111)
0	1	1	结束位

同样,硬件滤除了开始位、传输位、CRC7 以及结束位等信息。对于短响应,命令索引存放在 SDIO_RESPCMD 寄存器,参数则存放在 SDIO_RESP1 寄存器里面。对于长响应,则仅留 CID/CSD 位域,存放在 SDIO_RESP1~SDIO_RESP4 这 4 个寄存器。

SD 存储卡总共有 5 类响应(R1、R2、R3、R6、R7),这里以 R1 为例简单介绍一下。R1(普通响应命令)响应输入短响应,长度为 48 位,R1 响应的格式如表 30.4 所列。

表 30.3　SDIO 命令格式

位的位置	宽度	值	说明
135	1	0	起始位
134	1	0	传输位
[133:128]	6	111111	保留
[127:1]	127	—	CID 或 CSD（包括内部 CRC7）
0	1	1	结束位

表 30.4　R1 响应格式

位的位置	宽度	值	说明
47	1	0	起始位
46	1	0	传输位
[45:40]	6	×	命令索引
[39:8]	32	×	卡状态
[7:1]	7	×	CRC7
0	1	1	结束位

收到 R1 响应后，我们可以从 SDIO_RESPCMD 寄存器和 SDIO_RESP1 寄存器分别读出命令索引和卡状态信息。其他响应请参考本书配套资料："SD 卡 2.0 协议.pdf"或《STM32F4xx 中文参考手册》第 28 章。

最后，我们看看数据在 SDIO 控制器与 SD 卡之间的传输。对于 SDI/SDIO 存储器，数据是以数据块的形式传输的；而对于 MMC 卡，数据是以数据块或者数据流的形式传输。本节只考虑数据块形式的数据传输。

SDIO（多）数据块读操作如图 30.2 所示。可以看出，从机在收到主机相关命令后开始发送数据块给主机，所有数据块都带有 CRC 校验值（CRC 由 SDIO 硬件自动处理）。单个数据块读的时候，在收到一个数据块以后即可以停止了，不需要发送停止命令（CMD12）。但是多块数据读的时候，SD 卡将一直发送数据给主机，直到接到主机发送的 STOP 命令（CMD12）。

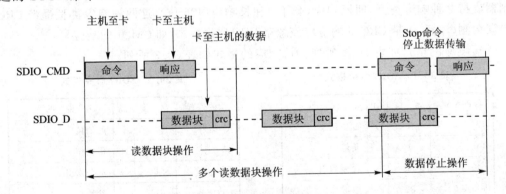

图 30.2　SDIO（多）数据块读操作

SDIO（多）数据块写操作如图 30.3 所示。数据块写操作同数据块读操作基本类似，只是数据块写的时候多了一个繁忙判断，新的数据块必须在 SD 卡非繁忙的时候发送。这里的繁忙信号由 SD 卡拉低 SDIO_D0，以表示繁忙，SDIO 硬件自动控制，不需要软件处理。

第 30 章 SD 卡实验

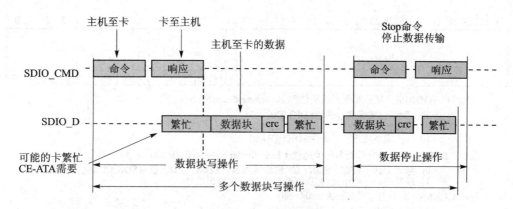

图 30.3 SDIO(多)数据块写操作

30.1.4 SDIO 相关寄存器介绍

第一个，我们来看 SDIO 电源控制寄存器（SDIO_POWER），该寄存器定义如图 30.4 所示。该寄存器复位值为 0，所以 SDIO 的电源是关闭的。要启用 SDIO，第一步就是要设置该寄存器最低 2 个位均为 1，让 SDIO 上电，开启卡时钟。

31	30	29	28	27	26	25	24	23	22	21	20	19	18	17	16	15	14	13	12	11	10	9	8	7	6	5	4	3	2	1	0
																Reserved														PWRC TRL	
																														rw	rw

位31:2 保留，必须保持复位值

位1:0 **PWRCTRL**：电源控制位(Power supply control bits)
　　　这些位用于定义卡时钟的当前功能状态：
　　　00：掉电：停止为卡提供时钟。　10：保留，上电
　　　01：保留　　　　　　　　　　　11：通电：为卡提供时钟

图 30.4 SDIO_POWER 寄存器位定义

第二个，我们看 SDIO 时钟控制寄存器（SDIO_CLKCR）。该寄存器主要用于设置 SDIO_CK 的分配系数、开关等，并可以设置 SDIO 的数据位宽，定义如图 30.5 所示。图中仅列出了部分要用到的位设置，WIDBUS 用于设置 SDIO 总线位宽，正常使用的时候设置为 1，即 4 位宽度。BYPASS 用于设置分频器是否旁路，一般要使用分频器，所以这里设置为 0，禁止旁路。CLKEN 则用于设置是否使能 SDIO_CK，我们设置为 1。最后，CLKDIV 用于控制 SDIO_CK 的分频，一般设置为 0，即可得到 24 MHz 的 SDIO_CK 频率。

第三个，我们要介绍的是 SDIO 参数制寄存器（SDIO_ARG）。该寄存器比较简单，就是一个 32 位寄存器，用于存储命令参数。注意，必须在写命令之前先写这个参数寄存器！

第四个，我们要介绍的是 SDIO 命令响应寄存器（SDIO_RESPCMD）。该寄存器为 32 位，但只有低 6 位有效，比较简单，用于存储最后收到的命令响应中的命令索引。如果传输的命令响应不包含命令索引，则该寄存器的内容不可预知。

31 30 29 28 27 26 25 24 23 22 21 20 19 18 17 16 15	14	13	12 11	10	9	8	7 6 5 4 3 2 1 0
Reserved	HWFC_EN	NEGEDGE	WID BUS	BYPASS	PWRSAV	CLKEN	CLKDIV
	rw	rw	rw rw	rw	rw	rw	rw rw rw rw rw rw rw rw

位12:11 **WIDBUS**：宽总线模式使能位(Wide bus mode enable bit)
    00：默认总线模式；使用SDIO_D0
    01：4位宽总线模式；使用SDIO_D[3:0]
    10：8位宽总线模式；使用SDIO_D[7:0]
位10 **BYPASS**：时钟分频器旁路使能位(Clock divider bypass enable bit)
    0：禁止旁路：在驱动SDIO_CK输出信号前，根据CLKDIV值对SDIOCLK进行分频。
    1：使能旁路：SDIOCLK直接驱动SDIO_CK输出信号。
位8 **CLKEN**：时钟使能位(Clock enable bit)
    0：禁止SDIO_CK；1：使能SDIO_CK
位7:0 **CLKDIV**：时钟分频系数(Clock divide factor)
    该字段定义输入时钟(SDIOCLK)与输出时钟(SDIO_CK)之间的分频系数：
    SDIO_CK频率=SDIOCLK/[CLKDIV+2]

图 30.5 SDIO_CLKCR 寄存器位定义

  第五个，我们要介绍的是 SDIO 响应寄存器组（SDIO_RESP1～SDIO_RESP4）。该寄存器组总共由 4 个 32 位寄存器组成，用于存放接收到的卡响应部分信息。如果收到短响应，则数据存放在 SDIO_RESP1 寄存器里面，其他 3 个寄存器没有用到。而如果收到长响应，则依次存放在 SDIO_RESP1～SDIO_RESP4 里面，如表 30.5 所列。

表 30.5 响应类型和 SDIO_RESPx 寄存器

寄存器	短响应	长响应
SDIO_RESP1	卡状态[31:0]	卡状态[127:96]
SDIO_RESP2	未使用	卡状态[95:64]
SDIO_RESP3	未使用	卡状态[63:32]
SDIO_RESP4	未使用	卡状态[31:1]0b

  第六个，我们介绍 SDIO 命令寄存器(SDIO_CMD)，该寄存器各位定义如图 30.6 所示。图中只列出了部分位的描述，其中低 6 位为命令索引，也就是我们要发送的命令索引号(比如发送 CMD1，其值为 1，索引就设置为 1)。位[7:6]，用于设置等待响应位，用于指示 CPSM 是否需要等待以及等待类型等。这里的

31 30 29 28 27 26 25 24 23 22 21 20 19 18 17 16 15	14	13	12	11	10	9	8	7	6 5 4 3 2 1 0
Reserved	CE-ATACMD	nIEN	ENCMDcompl	SDIOSuspend	CPSMEN	WAITPEND	WAITINT	WAITRESP	CMDINDEX
	rw	rw	rw	rw	rw	rw	rw	rw	rw rw rw rw rw rw rw

位10 **CPSMEN**：命令路径状态机(CPSM)使能位（Command path state machine(CPSM) Enable bit）
    如果此位置1，则使能CPSM。
位7:6 **WAITRESP**：等待响应位(Wait for response bits)
    这些位用于配置CPSM是否等待响应，如果等待，将等待哪种类型的响应。
    00：无响应，但CMDSENT标志除外
    01：短响应，但CMDREND或CCRCFAIL标志除外
    10：无响应，但CMDSENT标志除外
    11：长响应，但CMDREND或CCRCFAIL标志除外
位5:0 **CMDINDEX**：命令索引(Command index)
    命令索引作为命令消息的一部分发送给卡

图 30.6 SDIO_CMD 寄存器位定义

第 30 章 SD 卡实验

CPSM,即命令通道状态机,请参阅《STM32F4xx 中文参考手册》第 776 页。命令通道状态机一般都是开启的,所以位 10 要设置为 1。

第七个,我们要介绍的是 SDIO 数据定时器寄存器(SDIO_DTIMER)。该寄存器用于存储以卡总线时钟(SDIO_CK)为周期的数据超时时间,一个计数器将从 SDIO_DTIMER 寄存器加载数值,并在数据通道状态机(DPSM)进入 Wait_R 或繁忙状态时进行递减计数;当 DPSM 处在这些状态时,如果计数器减为 0,则设置超时标志。这里的 DPSM,即数据通道状态机,类似 CPSM,详细请参考《STM32F4xx 中文参考手册》第 780 页。注意:在写入数据控制寄存器,进行数据传输之前,必须先写入该寄存器(SDIO_DTIMER)和数据长度寄存器(SDIO_DLEN)!

第八个,我们要介绍的是 SDIO 数据长度寄存器(SDIO_DLEN),该寄存器低 25 位有效,用于设置需要传输的数据字节长度。对于块数据传输,该寄存器的数值必须是数据块长度(通过 SDIO_DCTRL 设置)的倍数。

第九个,我们要介绍的是 SDIO 数据控制寄存器(SDIO_DCTRL),该寄存器各位定义如图 30.7 所示。该寄存器用于控制数据通道状态机(DPSM),包括数据传输使

31 30 29 28 27 26 25 24 23 22 21 20 19 18 17 16 15 14 13 12	11	10	9	8	7 6 5 4	3	2	1	0
Reserved	SDIOEN	RWMOD	RWSTOP	RWSTART	DBLOCKSIZE	DMAEN	DTMODE	DTDIR	DTEN
	rw	rw	rw	rw	rw rw rw rw	rw	rw	rw	rw

位11 **SDIOEN**: SD I/O 使能功能(SD I/O enable functions)
　　如果将该位置1,则 DPSM 执行特定于 SD I/O 卡的操作。
位10 **RWMOD**: 读取等待模式(Read wait mode)
　　0: 通过停止 SDIO_D2 进行读取等待控制
　　1: 使用 SDIO_CK 进行读取等待控制
位9 **RWSTOP**: 读取等待停止(Read wait stop)
　　0: 如果将 RWSTART 位置1,则读取等待正在进行中
　　1: 如果将 RWSTART 位置1,则使能读取等待停止
位8 **RWSTART**: 读取等待开始(Read wait start)
　　如果将该位置1,则读取等待操作开始。
位7:4 **DBLOCKSIZE**: 数据块大小(Data block size)
　　定义在选择了块数据传输模式时数据块的长度:
　　0000: (十进制数0)块长度=2^0=1字节　　1000: (十进制数8)块长度=2^8=256字节
　　0001: (十进制数1)块长度=2^1=2字节　　1001: (十进制数9)块长度=2^9=512字节
　　0010: (十进制数2)块长度=2^2=4字节　　1010: (十进制数10)块长度=2^{10}=1 024字节
　　0011: (十进制数3)块长度=2^3=8字节　　1011: (十进制数11)块长度=2^{11}=2 048字节
　　0100: (十进制数4)块长度=2^4=16字节　　1100: (十进制数12)块长度=2^{12}=4 096字节
　　0101: (十进制数5)块长度=2^5=32字节　　1101: (十进制数13)块长度=2^{13}=8 192字节
　　0110: (十进制数6)块长度=2^6=64字节　　1110: (十进制数14)块长度=2^{14}=16 384字节
　　0111: (十进制数7)块长度=2^7=128字节　　1111: (十进制数15)保留
位3 **DMAEN**: DMA 使能位(DAM enable bit)
　　0: 禁止 DMA。1: 使能 DMA。
位2 **DTMODE**: 数据传输模式选择(Data transfer mode selection)
　　0: 块数据传输。1: 流或 SDIO 多字节数据传输。
位1 **DTDIR**: 数据传输方向选择(Data transfer direction selection)
　　0: 从控制器到卡。　1: 从卡到控制器。
位0 **DTEN**: 数据传输使能位(Data transfer enabled bit)
　　如果1写入到 DTEN 位,则数据传输开始。根据方向位 DTDIR,如果在传输开始时立即将 RW 置1开始,则 DPSM 变为 Wait_S 状态、Wait_R 状态或读取等待状态。在数据传输结束后不需要将使能位清零,但必须更新 SDIO_DCTRL 以使能新的数据传输

图 30.7　SDIO_DCTRL 寄存器位定义

能、传输方向、传输模式、DMA 使能、数据块长度等信息都是通过该寄存器设置。需要根据自己的实际情况来配置该寄存器,才可正常实现数据收发。

接下来,我们介绍几个位定义十分类似的寄存器,它们是:状态寄存器(SDIO_STA)、清除中断寄存器(SDIO_ICR)和中断屏蔽寄存器(SDIO_MASK),这 3 个寄存器每个位的定义都相同,只是功能各有不同。以状态寄存器(SDIO_STA)为例,该寄存器各位定义如图 30.8 所示。

31 30 29 28 27 26 25 24	23	22	21	20	19	18	17	16	15	14	13	12	11	10	9	8	7	6	5	4	3	2	1	0
Reserved	CEATAEND	SDIOIT	RXDAVL	TXDAVL	RXFIFOE	TXFIFOE	RXFIFOF	TXFIFOF	RXFIFOHF	TXFIFOHE	RXACT	TXACT	CMDACT	DBCKEND	STBITERR	DATAEND	CMDSENT	CMDREND	RXOVERR	TXUNDERR	DTIMEOUT	CTIMEOUT	DCRCFAIL	CCRCFAIL
Res.	r	r	r	r	r	r	r	r	r	r	r	r	r	r	r	r	r	r	r	r	r	r	r	r

位23 **CEATAEND**:针对CMD61收到了CE-ATA命令完成信号
位22 **SDIOIT**:收到了SIDO中断(SDIO interrupt received)
位21 **RXDAVL**:接收FIFO中有数据可用(Data available in receive FIFO)
位20 **TXDAVL**:传输FIFO中有数据可用(Data available in transmit FIFO)
位19 **RXFIFOE**:接收FIFO为空(Receive FIFO empty)
位18 **TXFIFOE**:发送FIFO为空(Transmit FIFO empty)
　　如果使能了硬件流控制,则TXFIFOE信号在FIFO包含2个字时激活。
位17 **RXFIFOF**:接收FIFO已满(Receive FIFO full)
　　如果使能了硬件流控制,则RXFIFOE信号在FIFO差2个字便变满之前激活。
位16 **TXFIFOF**:传输FIFO已满(Transmit FIFO full)
位15 **RXFIFOHF**:接收FIFO半满:FIFO由至少有8个字
位14 **TXFIFOHE**:传输FIFO半空:至少可以写入8个字到FIFO
位13 **RXACT**:数据接收正在进行中(Data receive in progress)
位12 **TXACT**:数据传输正在进行中(Data transmit in progress)
位11 **CMDACT**:命令传输正在进行中(Command transfer in progress)
位10 **DBCKEND**:已发送/接收数据块(CRC校验通过)
位9 **STBITERR**:在宽总线模式下,并非在所有数据信号上都检测到了起始位
位8 **DATAEND**:数据结束(数据计数器SDIDCOUNT为空)
位7 **CMDSENT**:命令已发送(不需要响应)(Command sent (no response required))
位6 **CMDREND**:已接收命令响应(CRC校验通过)
位5 **RXOVERR**:收到了FIFO上溢错误(Received FIFO overrun error)
位4 **TXUNDERR**:传输FIFO下溢错误(Transmit FIFO underrun error)
位3 **DTIMEOUT**:数据超时(Data timeout)
位2 **CTIMEOUT**:命令响应超时(Command response timeout)
　　命令超时周期为固定值64个SDIO_CK时钟周期。
位1 **DCRCFAIL**:已发送/接收数据块(CRC校验失败)
位0 **CCRCFAIL**:已接收命令响应(CRC校验失败)

图 30.8　SDIO_STA 寄存器位定义

状态寄存器可以用来查询 SDIO 控制器的当前状态,以便处理各种事务。比如 SDIO_STA 的位 2 表示命令响应超时,说明 SDIO 的命令响应出了问题。我们通过设置 SDIO_ICR 的位 2 可以清除这个超时标志,而设置 SDIO_MASK 的位 2 则可以开启

第 30 章 SD 卡实验

命令响应超时中断,设置为 0 关闭。其他位就不一一介绍了。

最后,我们介绍 SDIO 的数据 FIFO 寄存器(SDIO_FIFO)。数据 FIFO 寄存器包括接收和发送 FIFO,它们由一组连续的 32 个地址上的 32 个寄存器组成,CPU 可以使用 FIFO 读/写多个操作数。例如,要从 SD 卡读数据,就必须读 SDIO_FIFO 寄存器;要写数据到 SD 卡,则要写 SDIO_FIFO 寄存器。SDIO 将这 32 个地址分为 16 个一组,发送接收各占一半。每次读/写时,最多就是读取发送 FIFO 或写入接收 FIFO 的一半大小的数据,也就是 8 个字(32 个字节)。注意,我们操作 SDIO_FIFO(不论读出还是写入)必须是以 4 字节对齐的内存进行操作,否则将导致出错!

至此,SDIO 的相关寄存器就介绍完了,还有几个不常用的寄存器,请参考《STM32F4xx 中文参考手册》第 28 章相关章节。

30.1.5 SD 卡初始化流程

要实现 SDIO 驱动 SD 卡,最重要的步骤就是 SD 卡的初始化。只要 SD 卡初始化完成了,那么剩下的(读/写操作)就简单了,所以这里重点介绍 SD 卡的初始化。从 SD 卡 2.0 协议(见本书配套资料)文档得到,SD 卡初始化流程图如图 30.9 所示。可见,不管什么卡(这里将卡分为 4 类:SD2.0 高容量卡(SDHC,最大 32G)、SD2.0 标准容量卡

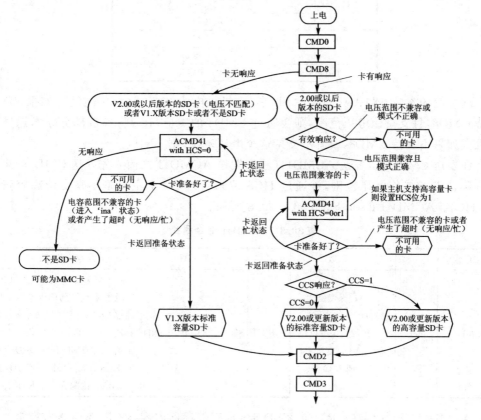

图 30.9　SD 卡初始化流程

(SDSC,最大 2G)、SD1.x 卡和 MMC 卡),首先要执行的是卡上电(需要设置 SDIO_POWER[1:0]=11),上电后发送 CMD0 对卡进行软复位,之后发送 CMD8 命令,用于区分 SD 卡 2.0;只有 2.0 及以后的卡才支持 CMD8 命令,MMC 卡和 V1.x 的卡,是不支持该命令的。CMD8 的格式如表 30.6 所列。

表 30.6 CMD8 命令格式

位 域	47	46	[45:40]	[39:20]	[19:16]	[15:8]	[7:1]	0
位 宽	1	1	6	20	4	8	7	1
值	0	1	001000	00000h	x	x	x	1
描 述	起始位	传输位	命令索引	保留位	供电电压(VHS)	检查模式	CRC7	结束位

需要发送 CMD8 的时候,通过其带的参数来设置 VHS 位,以告诉 SD 卡主机的供电情况。VHS 位定义如表 30.7 所列。

表 30.7 VHS 位定义

供电电压	说 明
0000b	未定义
0001b	2.7~3.6 V
0010b	低电压范围保留值
0100b	保留
1000b	保留
Others	未定义

这里使用参数 0X1AA,即告诉 SD 卡,主机供电为 2.7~3.6 V 之间。如果 SD 卡支持 CMD8,且支持该电压范围,则会通过 CMD8 的响应(R7)将参数部分原本返回给主机。如果不支持 CMD8,或者不支持这个电压范围,则不响应。

在发送 CMD8 后,发送 ACMD41(注意发送 ACMD41 之前要先发送 CMD55)来进一步确认卡的操作电压范围,并通过 HCS 位来告诉 SD 卡主机是不是支持高容量卡(SDHC)。ACMD41 的命令格式如表 30.8 所列。

表 30.8 ACMD41 命令格式

ACMD 索引	类型	参数	响应	缩写	指令描述
ACMD41	bcr	[31]保留位 [30]HCS(OCR[30]) [29:24]保留位 [23:0]VDD 电压窗口(OCR[23:0])	R3	SD_SEND_OP_COND	发送主要容量支持信息(HCS)以及要求被访问的卡在响应时通过 CMD 线发送其操作条件寄存器(OCR)内容给主机,当 SD 卡接收到 SEND_IF_COND 命令时 HCS 有效。保留位必须设置为 0,CCS 位赋值给 OCR[30]

ACMD41 得到的响应(R3)包含 SD 卡 OCR 寄存器内容,OCR 寄存器内容定义如表 30.9 所列。

表 30.9 OCR 寄存器定义

OCR位位置	描 述
0~6	保留
7	低电压范围保留位
8~14	保留
15	2.7~2.8
16	2.8~2.9
17	2.9~3.0
18	3.0~3.1
19	3.1~3.2
20	3.2~3.3
21	3.3~3.4
22	3.4~3.5
23	3.5~3.6
24~29	保留
30	卡容量状态位(CCS)[1]
31	卡上电状态位 (busy)[2]

其中 15~23 位为 VDD 电压窗口。

1) 仅在卡上电状态位为1的时候有效
2) 当卡还未完成上电流程时,此位为0

对于支持 CMD8 指令的卡,主机通过 ACMD41 的参数设置 HCS 位为 1,来告诉 SD 卡主机支持 SDHC 卡;如果设置为 0,则表示主机不支持 SDHC 卡。SDHC 卡如果接收到 HCS 为 0,则永远不会返回卡就绪状态。对于不支持 CMD8 的卡,HCS 位设置为 0 即可。

SD 卡在接收到 ACMD41 后,返回 OCR 寄存器内容。如果是 2.0 的卡,主机可以通过判断 OCR 的 CCS 位来判断是 SDHC 还是 SDSC;如果是 1.x 的卡,则忽略该位。OCR 寄存器的最后一个位用于告诉主机 SD 卡是否上电完成,如果上电完成,该位将会被置1。

MMC 卡不支持 ACMD41,不响应 CMD55。对 MMC 卡,我们只需要在发送 CMD0 后再发送 CMD1(作用同 ACMD41),检查 MMC 卡的 OCR 寄存器,实现 MMC 卡的初始化。

至此,我们便实现了对 SD 卡的类型区分。图 30.9 中最后发送了 CMD2 和 CMD3 命令,用于获得卡 CID 寄存器数据和卡相对地址(RCA)。CMD2 用于获得 CID 寄存器的数据,CID 寄存器数据各位定义如表 30.10 所列。

表 30.10 卡 CID 寄存器位定义

名 字	域	宽 度	CID 位划分
制造商 ID	MID	8	[127:120]
OEM/应用 ID	OID	16	[119:104]
产品名称	PNM	40	[103:64]
产品修订	PRV	8	[63:56]
产品序列号	PSN	31	[55:24]
保留		4	[23:20]
制造日期	MDT	12	[19:8]
CRC7 校验值	CRC	7	[7:1]
未用到,恒为 1	—	1	[0:0]

SD 卡收到 CMD2 后,则返回 R2 长响应(136 位),其中包含 128 位有效数据(CID 寄存器内容),存放在 SDIO_RESP1~4 这 4 个寄存器里面。通过读取这 4 个寄存器,

就可以获得 SD 卡的 CID 信息。

CMD3,用于设置卡相对地址(RCA,必须为非 0)。对于 SD 卡(非 MMC 卡),在收到 CMD3 后,将返回一个新的 RCA 给主机,方便主机寻址。RCA 的存在允许一个 SDIO 接口挂多个 SD 卡,通过 RCA 来区分主机要操作的是哪个卡。而对于 MMC 卡,则不是由 SD 卡自动返回 RCA,而是主机主动设置 MMC 卡的 RCA,即通过 CMD3 带参数(高 16 位用于 RCA 设置),实现 RCA 设置。同样 MMC 卡也支持一个 SDIO 接口挂多个 MMC 卡,不同于 SD 卡的是所有的 RCA 都是由主机主动设置的,而 SD 卡的 RCA 则是 SD 卡发给主机的。

在获得卡 RCA 之后,我们便可以发送 CMD9(带 RCA 参数)获得 SD 卡的 CSD 寄存器内容,从 CSD 寄存器可以得到 SD 卡的容量和扇区大小等十分重要的信息。CSD 寄存器的详细介绍请参考"SD 卡 2.0 协议.pdf"。

至此,SD 卡初始化基本就结束了。最后,通过 CMD7 命令选中我们要操作的 SD 卡即可开始对 SD 卡的读/写操作了。SD 卡的其他命令和参数请参考"SD 卡 2.0 协议.pdf"。

30.2 硬件设计

本章实验功能简介:开机的时候先初始化 SD 卡,如果 SD 卡初始化完成,则提示 LCD 初始化成功。按下 KEY0,读取 SD 卡扇区 0 的数据,然后通过串口发送到计算机。如果没初始化通过,则在 LCD 上提示初始化失败。同样用 DS0 来指示程序正在运行。

本实验用到的硬件资源有:指示灯 DS0、KEY0 按键、串口、TFTLCD 模块、SD 卡。前面 4 部分之前已经介绍过了。这里介绍探索者 STM32F4 开发板板载的 SD 卡接口和 STM32F4 的连接关系,如图 30.10 所示。

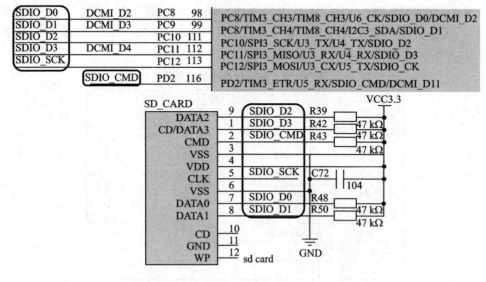

图 30.10 SD 卡接口与 STM32F4 连接原理图

探索者 STM32F4 开发板的 SD 卡座(SD_CARD)在 PCB 背面,SD 卡座与

第30章 SD卡实验

STM32F4 的连接在开发板上是直接连接在一起的,硬件上不需要任何改动。

30.3 软件设计

打开本章实验工程可以看到,我们不但增加了固件库 SDIO 支持文件 stm32f4xx_sdio.c 以及头文件 stm32f4xx_sdio.h,同时,我们还新增了 SD 卡的 SDIO 支持文件 sdio_sdcard.c 以及头文件 sdio_sdcard.h。由于 sdio_sdcard.c 里面代码比较多,我们仅介绍几个重要的函数,第一个是 SD_Init 函数,该函数源码如下:

```
//初始化 SD 卡
//返回值:错误代码;(0,无错误)
SD_Error SD_Init(void)
{
    SD_Error errorstatus = SD_OK;
    GPIO_InitTypeDef  GPIO_InitStructure;
    NVIC_InitTypeDef NVIC_InitStructure;
    RCC_AHB1PeriphClockCmd(RCC_AHB1Periph_GPIOC|RCC_AHB1Periph_GPIOD|
        RCC_AHB1Periph_DMA2, ENABLE);//使能 GPIOC,GPIOD DMA2 时钟
    RCC_APB2PeriphClockCmd(RCC_APB2Periph_SDIO, ENABLE);   //SDIO 时钟使能
    RCC_APB2PeriphResetCmd(RCC_APB2Periph_SDIO, ENABLE);   //SDIO 复位
    GPIO_InitStructure.GPIO_Pin = GPIO_Pin_8|GPIO_Pin_9|GPIO_Pin_10|
                    GPIO_Pin_11|GPIO_Pin_12//PC8,9,10,11,12 复用功能输出
    GPIO_InitStructure.GPIO_Mode  =  GPIO_Mode_AF;         //复用功能
    GPIO_InitStructure.GPIO_Speed  =  GPIO_Speed_50MHz;    //100M
    GPIO_InitStructure.GPIO_OType  =  GPIO_OType_PP;
    GPIO_InitStructure.GPIO_PuPd  =  GPIO_PuPd_UP;         //上拉
    GPIO_Init(GPIOC, &GPIO_InitStructure);// PC8,9,10,11,12 复用功能输出
    GPIO_InitStructure.GPIO_Pin = GPIO_Pin_2;
    GPIO_Init(GPIOD, &GPIO_InitStructure);                 //PD2 复用功能输出
    //引脚复用映射设置
    GPIO_PinAFConfig(GPIOC,GPIO_PinSource8,GPIO_AF_SDIO);  //PC8,AF12
    ……//省略部分代码
    GPIO_PinAFConfig(GPIOD,GPIO_PinSource2,GPIO_AF_SDIO);
    RCC_APB2PeriphResetCmd(RCC_APB2Periph_SDIO, DISABLE);  //SDIO 结束复位
    SDIO_Register_Deinit();//SDIO 外设寄存器设置为默认值
    NVIC_InitStructure.NVIC_IRQChannel = SDIO_IRQn;
    NVIC_InitStructure.NVIC_IRQChannelPreemptionPriority = 0;//抢占优先级 3
    NVIC_InitStructure.NVIC_IRQChannelSubPriority = 0;     //响应优先级 3
    NVIC_InitStructure.NVIC_IRQChannelCmd = ENABLE;        //IRQ 通道使能
    NVIC_Init(&NVIC_InitStructure);    //根据指定的参数初始化 VIC 寄存器、
    errorstatus = SD_PowerON();                            //SD 卡上电
    if(errorstatus == SD_OK)
        errorstatus = SD_InitializeCards();                //初始化 SD 卡
    if(errorstatus == SD_OK)
        errorstatus = SD_GetCardInfo(&SDCardInfo);         //获取卡信息
    if(errorstatus == SD_OK)
        errorstatus = SD_SelectDeselect((u32)(SDCardInfo.RCA<<16));//选中 SD 卡
    if(errorstatus == SD_OK)
        errorstatus = SD_EnableWideBusOperation(SDIO_BusWide_4b);
```

```c
                                                    //4位宽度,如果是MMC卡,则不能用4位模式
    if((errorstatus == SD_OK)||(SDIO_MULTIMEDIA_CARD == CardType))
    {
        //设置时钟频率,SDIO时钟计算公式:SDIO_CK时钟 = SDIOCLK/[clkdiv+2];
        //其中,SDIOCLK固定为48 MHz
        SDIO_Clock_Set(SDIO_TRANSFER_CLK_DIV);
        //errorstatus = SD_SetDeviceMode(SD_DMA_MODE);        //设置为DMA模式
        errorstatus = SD_SetDeviceMode(SD_POLLING_MODE);      //设置为查询模式
    }
    return errorstatus;
}
```

该函数先实现SDIO时钟及相关I/O口的初始化,然后开始SD卡的初始化流程。首先,通过SD_PowerON函数(该函数请参考本例程源码)完成SD卡的上电,并获得SD卡的类型(SDHC/SDSC/SDV1.x/MMC),然后,调用SD_InitializeCards函数,完成SD卡的初始化。该函数代码如下:

```c
//初始化所有的卡,并让卡进入就绪状态
//返回值:错误代码
SD_Error SD_InitializeCards(void)
{
    SD_Error errorstatus = SD_OK;
    u16 rca = 0x01;
    if(SDIO_GetPowerState() == SDIO_PowerState_OFF)    //检查电源状态,确保为上电状态
    {
        errorstatus = SD_REQUEST_NOT_APPLICABLE;
        return(errorstatus);
    }
    if(SDIO_SECURE_DIGITAL_IO_CARD! = CardType)        //非SECURE_DIGITAL_IO_CARD
    {
        SDIO_CmdInitStructure.SDIO_Argument = 0x0;     //发送CMD2,取得CID,长响应
        SDIO_CmdInitStructure.SDIO_CmdIndex = SD_CMD_ALL_SEND_CID;
        SDIO_CmdInitStructure.SDIO_Response = SDIO_Response_Long;
        SDIO_CmdInitStructure.SDIO_Wait = SDIO_Wait_No;
        SDIO_CmdInitStructure.SDIO_CPSM = SDIO_CPSM_Enable;
        SDIO_SendCommand(&SDIO_CmdInitStructure);      //发送CMD2,取得CID,长响应
        errorstatus = CmdResp2Error();                 //等待R2响应
        if(errorstatus! = SD_OK)return errorstatus;    //响应错误
        CID_Tab[0] = SDIO->RESP1;
        CID_Tab[1] = SDIO->RESP2;
        CID_Tab[2] = SDIO->RESP3;
        CID_Tab[3] = SDIO->RESP4;
    }
    if((SDIO_STD_CAPACITY_SD_CARD_V1_1 == CardType)||
        (SDIO_STD_CAPACITY_SD_CARD_V2_0 == CardType)||
        (SDIO_SECURE_DIGITAL_IO_COMBO_CARD == CardType)||
        (SDIO_HIGH_CAPACITY_SD_CARD == CardType))                //判断卡类型
    {
        SDIO_CmdInitStructure.SDIO_Argument = 0x00;              //发送CMD3,短响应
        SDIO_CmdInitStructure.SDIO_CmdIndex = SD_CMD_SET_REL_ADDR;  //cmd3
        SDIO_CmdInitStructure.SDIO_Response = SDIO_Response_Short;  //r6
```

```c
        SDIO_CmdInitStructure.SDIO_Wait = SDIO_Wait_No;
        SDIO_CmdInitStructure.SDIO_CPSM = SDIO_CPSM_Enable;
        SDIO_SendCommand(&SDIO_CmdInitStructure);                //发送CMD3,短响应
        errorstatus = CmdResp6Error(SD_CMD_SET_REL_ADDR,&rca);   //等待R6响应
        if(errorstatus!=SD_OK)return errorstatus;                //响应错误
    }
    if (SDIO_MULTIMEDIA_CARD == CardType)
    {
        SDIO_CmdInitStructure.SDIO_Argument = (u32)(rca<<16);    //发送CMD3,短响应
        SDIO_CmdInitStructure.SDIO_CmdIndex = SD_CMD_SET_REL_ADDR;//cmd3
        SDIO_CmdInitStructure.SDIO_Response = SDIO_Response_Short;//r6
        SDIO_CmdInitStructure.SDIO_Wait = SDIO_Wait_No;
        SDIO_CmdInitStructure.SDIO_CPSM = SDIO_CPSM_Enable;
        SDIO_SendCommand(&SDIO_CmdInitStructure);                //发送CMD3,短响应
        errorstatus = CmdResp2Error();                           //等待R2响应
        if(errorstatus!=SD_OK)return errorstatus;                //响应错误
    }
    if (SDIO_SECURE_DIGITAL_IO_CARD!=CardType)                   //非SECURE_DIGITAL_IO_CARD
    {
        RCA = rca;
        SDIO_CmdInitStructure.SDIO_Argument = (uint32_t)(rca << 16);
                                                     //发送CMD9+卡RCA,取得CSD,长响应
        SDIO_CmdInitStructure.SDIO_CmdIndex = SD_CMD_SEND_CSD;
        SDIO_CmdInitStructure.SDIO_Response = SDIO_Response_Long;
        SDIO_CmdInitStructure.SDIO_Wait = SDIO_Wait_No;
        SDIO_CmdInitStructure.SDIO_CPSM = SDIO_CPSM_Enable;
        SDIO_SendCommand(&SDIO_CmdInitStructure);
        errorstatus = CmdResp2Error();                           //等待R2响应
        if(errorstatus!=SD_OK)return errorstatus;                //响应错误
        CSD_Tab[0] = SDIO->RESP1;
        CSD_Tab[1] = SDIO->RESP2;
        CSD_Tab[2] = SDIO->RESP3;
        CSD_Tab[3] = SDIO->RESP4;
    }
    return SD_OK;                                                //卡初始化成功
}
```

SD_InitializeCards函数主要发送CMD2和CMD3,获得CID寄存器内容和SD卡的相对地址(RCA),并通过CMD9获取CSD寄存器内容。到这里,实际上SD卡的初始化就已经完成了。

随后,SD_Init函数又通过调用SD_GetCardInfo函数获取SD卡相关信息,之后,调用SD_SelectDeselect函数选择要操作的卡(CMD7+RCA),通过SD_EnableWide-BusOperation函数设置SDIO的数据位宽为4位(但MMC卡只能支持一位模式)。最后设置SDIO_CK时钟的频率,并设置工作模式(DMA/轮询)。

接下来,我们看看SD卡读块函数:SD_ReadBlock,该函数用于从SD卡指定地址读出一个块(扇区)数据,该函数代码如下:

```c
//SD卡读取一个块
//buf:读数据缓存区(必须4字节对齐!!);addr:读取地址;blksize:块大小
```

```c
SD_Error SD_ReadBlock(u8 *buf,long long addr,u16 blksize)
{
    SD_Error errorstatus = SD_OK;
    u8 power;
    u32 count = 0,*tempbuff = (u32*)buf;//转换为u32指针
    u32 timeout = SDIO_DATATIMEOUT;
    if(NULL == buf)return SD_INVALID_PARAMETER;
    SDIO->DCTRL = 0x0;        //数据控制寄存器清零(关DMA)
    if(CardType == SDIO_HIGH_CAPACITY_SD_CARD)//大容量卡
    {
        blksize = 512;
        addr>>= 9;
    }
    SDIO_DataInitStructure.SDIO_DataBlockSize = 0 ;//清除DPSM状态机配置
    SDIO_DataInitStructure.SDIO_DataLength = 0 ;
    SDIO_DataInitStructure.SDIO_DataTimeOut = SD_DATATIMEOUT ;
    SDIO_DataInitStructure.SDIO_DPSM = SDIO_DPSM_Enable;
    SDIO_DataInitStructure.SDIO_TransferDir = SDIO_TransferDir_ToCard;
    SDIO_DataInitStructure.SDIO_TransferMode = SDIO_TransferMode_Block;
    SDIO_DataConfig(&SDIO_DataInitStructure);
    if(SDIO->RESP1&SD_CARD_LOCKED)return SD_LOCK_UNLOCK_FAILED;  //卡锁了
    if((blksize>0)&&(blksize<= 2048)&&((blksize&(blksize-1)) == 0))
    {
        power = convert_from_bytes_to_power_of_two(blksize);
        SDIO_CmdInitStructure.SDIO_Argument = blksize;
                                       //发送CMD16+设置数据长度为blksize,短响应
        SDIO_CmdInitStructure.SDIO_CmdIndex = SD_CMD_SET_BLOCKLEN;
        SDIO_CmdInitStructure.SDIO_Response = SDIO_Response_Short;
        SDIO_CmdInitStructure.SDIO_Wait = SDIO_Wait_No;
        SDIO_CmdInitStructure.SDIO_CPSM = SDIO_CPSM_Enable;
        SDIO_SendCommand(&SDIO_CmdInitStructure);
        errorstatus = CmdResp1Error(SD_CMD_SET_BLOCKLEN);     //等待R1响应
        if(errorstatus!= SD_OK)return errorstatus;            //响应错误
    }else return SD_INVALID_PARAMETER;
    SDIO_DataInitStructure.SDIO_DataBlockSize = power<<4; ; //清除DPSM状态机配置
    SDIO_DataInitStructure.SDIO_DataLength = blksize ;
    SDIO_DataInitStructure.SDIO_DataTimeOut = SD_DATATIMEOUT ;
    SDIO_DataInitStructure.SDIO_DPSM = SDIO_DPSM_Enable;
    SDIO_DataInitStructure.SDIO_TransferDir = SDIO_TransferDir_ToSDIO;
    SDIO_DataInitStructure.SDIO_TransferMode = SDIO_TransferMode_Block;
    SDIO_DataConfig(&SDIO_DataInitStructure);
    SDIO_CmdInitStructure.SDIO_Argument =  addr;
                                   //发送CMD17+从addr地址出读取数据,短响应
    SDIO_CmdInitStructure.SDIO_CmdIndex = SD_CMD_READ_SINGLE_BLOCK;
    SDIO_CmdInitStructure.SDIO_Response = SDIO_Response_Short;
    SDIO_CmdInitStructure.SDIO_Wait = SDIO_Wait_No;
    SDIO_CmdInitStructure.SDIO_CPSM = SDIO_CPSM_Enable;
    SDIO_SendCommand(&SDIO_CmdInitStructure);
    errorstatus = CmdResp1Error(SD_CMD_READ_SINGLE_BLOCK);   //等待R1响应
    if(errorstatus!= SD_OK)return errorstatus;               //响应错误
    if(DeviceMode == SD_POLLING_MODE)                        //查询模式,轮询数据
```

```c
{
    INTX_DISABLE();           //关闭总中断(POLLING模式,严禁中断打断SDIO读写操作!!!)
    while(!(SDIO->STA&((1<<5)|(1<<1)|(1<<3)|(1<<10)|(1<<9))))
                              //无上溢/CRC/超时/完成(标志)/起始位错误
    {
        if(SDIO_GetFlagStatus(SDIO_FLAG_RXFIFOHF) != RESET)
                              //接收区半满,表示至少存了8个字
        {
            for(count = 0;count<8;count ++ )     //循环读取数据
            {*(tempbuff + count) = SDIO->FIFO;
            }
            tempbuff + = 8;
            timeout = 0X7FFFF;
        }else                                    //处理超时
        {
            if(timeout == 0)return SD_DATA_TIMEOUT;
            timeout -- ;
        }
    }
    if(SDIO_GetFlagStatus(SDIO_FLAG_DTIMEOUT) != RESET)     //数据超时错误
    {   SDIO_ClearFlag(SDIO_FLAG_DTIMEOUT);                 //清错误标志
        return SD_DATA_TIMEOUT;
    }else if(SDIO_GetFlagStatus(SDIO_FLAG_DCRCFAIL) != RESET)  //数据块CRC错误
    {   SDIO_ClearFlag(SDIO_FLAG_DCRCFAIL);                 //清错误标志
        return SD_DATA_CRC_FAIL;
    }else if(SDIO_GetFlagStatus(SDIO_FLAG_RXOVERR) != RESET)   //接收fifo上溢错误
    {   SDIO_ClearFlag(SDIO_FLAG_RXOVERR);                  //清错误标志
        return SD_RX_OVERRUN;
    }else if(SDIO_GetFlagStatus(SDIO_FLAG_STBITERR) != RESET)  //接收起始位错误
    {
        SDIO_ClearFlag(SDIO_FLAG_STBITERR);                 //清错误标志
        return SD_START_BIT_ERR;
    }
    while(SDIO_GetFlagStatus(SDIO_FLAG_RXDAVL) != RESET)    //FIFO还存在可用数据
    {   *tempbuff = SDIO->FIFO;                             //循环读取数据
        tempbuff ++ ;
    }
    INTX_ENABLE();                                          //开启总中断
    SDIO_ClearFlag(SDIO_STATIC_FLAGS);                      //清除所有标记
}else if(DeviceMode == SD_DMA_MODE)
{   TransferError = SD_OK;
    StopCondition = 0;                //单块读,不需要发送停止传输指令
    TransferEnd = 0;                  //传输结束标置位,在中断服务置1
    SDIO->MASK| = (1<<1)|(1<<3)|(1<<8)|(1<<5)|(1<<9);
                                      //配置需要的中断
    SDIO->DCTRL| = 1<<3;              //SDIO DMA 使能
    SD_DMA_Config((u32 *)buf,blksize,DMA_DIR_PeripheralToMemory);
    while((DMA_GetFlagStatus(DMA2_Stream3,DMA_FLAG_TCIF3) == RESET)&&(
    TransferEnd == 0)&&(TransferError == SD_OK)&&timeout)timeout -- ; //等待传输完成
    if(timeout == 0)return SD_DATA_TIMEOUT;                 //超时
    if(TransferError! = SD_OK)errorstatus = TransferError;
```

```c
    }
    return errorstatus;
}
```

该函数先发送 CMD16,用于设置块大小;然后配置 SDIO 控制器读数据的长度,这里用函数 convert_from_bytes_to_power_of_two 求出 blksize 以 2 为底的指数,用于 SDIO 读数据长度设置。然后发送 CMD17(带地址参数 addr),从指定地址读取一块数据。最后,根据我们设置的模式(查询模式、DMA 模式)从 SDIO_FIFO 读出数据。

该函数有两个注意的地方:①addr 参数类型为 long long,以支持大于 4G 的卡,否则操作大于 4G 的卡可能有问题!②轮询方式,读/写 FIFO 时严禁任何中断打断,否则可能导致读/写数据出错! 所以使用了 INTX_DISABLE 函数关闭总中断,在 FIFO 读/写操作结束后,才打开总中断(INTX_ENABLE 函数设置)。

另外,还有 3 个底层读/写函数:SD_ReadMultiBlocks,用于多块读;SD_WriteBlock,用于单块写;SD_WriteMultiBlocks,用于多块写。注意,无论哪个函数,其数据 buf 的地址都必须是 4 字节对齐的! 余下 3 个函数可以参本实验考源代码。关于控制命令,请参考"SD 卡 2.0 协议.pdf"。

最后,我们来看看 SDIO 与文件系统的两个接口函数:SD_ReadDisk 和 SD_WriteDisk,这两个函数的代码如下:

```c
//读 SD 卡
//buf:读数据缓存区 sector:扇区地址 cnt:扇区个数
//返回值:错误状态;0,正常;其他,错误代码
u8 SD_ReadDisk(u8 * buf,u32 sector,u8 cnt)
{
    u8 sta = SD_OK;
    long long lsector = sector;
    u8 n;
    if(CardType! = SDIO_STD_CAPACITY_SD_CARD_V1_1)lsector<< = 9;
    if((u32)buf % 4! = 0)
    {
        for(n = 0;n<cnt;n ++ )
        {
            sta = SD_ReadBlock(SDIO_DATA_BUFFER,lsector + 512 * n,512);//单扇区读操作
            memcpy(buf,SDIO_DATA_BUFFER,512);
            buf + = 512;
        }
    }else
    {
        if(cnt == 1)sta = SD_ReadBlock(buf,lsector,512);        //单个 sector 的读操作
        else sta = SD_ReadMultiBlocks(buf,lsector,512,cnt);     //多个 sector
    }
    return sta;
}
//写 SD 卡
//buf:写数据缓存区 sector:扇区地址 cnt:扇区个数
//返回值:错误状态;0,正常;其他,错误代码
u8 SD_WriteDisk(u8 * buf,u32 sector,u8 cnt)
```

```
{
    u8 sta = SD_OK, n;
    long long lsector = sector;
    if(CardType! = SDIO_STD_CAPACITY_SD_CARD_V1_1)lsector<< = 9;
    if((u32)buf % 4! = 0)
    {
        for(n = 0;n<cnt;n ++ )
        {
            memcpy(SDIO_DATA_BUFFER,buf,512);
            sta = SD_WriteBlock(SDIO_DATA_BUFFER,lsector + 512 * n,512);//单扇区写
            buf + = 512;
        }
    }else
    {
        if(cnt == 1)sta = SD_WriteBlock(buf,lsector,512);          //单个 sector 的写操作
        else sta = SD_WriteMultiBlocks(buf,lsector,512,cnt);       //多个 sector
    }
    return sta;
}
```

这两个函数在下一章(FATFS 实验)将会用到的,这里提前介绍下。其中,SD_ReadDisk 用于读数据,通过调用 SD_ReadBlock 和 SD_ReadMultiBlocks 实现。SD_WriteDisk 用于写数据,通过调用 SD_WriteBlock 和 SD_WriteMultiBlocks 实现。注意,因为 FATFS 提供给 SD_ReadDisk 或者 SD_WriteDisk 的数据缓存区地址不一定是 4 字节对齐的,所以在这两个函数里面做了 4 字节对齐判断。如果不是 4 字节对齐的,则通过一个 4 字节对齐缓存(SDIO_DATA_BUFFER)作为数据过度,以确保传递给底层读写函数的 buf 是 4 字节对齐的。

sdio_sdcard.h 请参考本例程源码。接下来,打开 main.c 文件,代码如下:

```
//通过串口打印 SD 卡相关信息
void show_sdcard_info(void)
{
    switch(SDCardInfo.CardType)
    {
        case SDIO_STD_CAPACITY_SD_CARD_V1_1:
            printf("Card Type:SDSC V1.1\r\n");break;
        case SDIO_STD_CAPACITY_SD_CARD_V2_0:
            printf("Card Type:SDSC V2.0\r\n");break;
        case SDIO_HIGH_CAPACITY_SD_CARD:
            printf("Card Type:SDHC V2.0\r\n");break;
        case SDIO_MULTIMEDIA_CARD:
            printf("Card Type:MMC Card\r\n");break;
    }
    printf("Card ManufacturerID:% d\r\n",SDCardInfo.SD_cid.ManufacturerID);//制造商 ID
    printf("Card RCA:% d\r\n",SDCardInfo.RCA);//卡相对地址
    printf("Card Capacity:% d MB\r\n",(u32)(SDCardInfo.CardCapacity>>20));//显示容量
    printf("Card BlockSize:% d\r\n\r\n",SDCardInfo.CardBlockSize);//显示块大小
}
int main(void)
{
```

```c
u8 key;u8 t = 0;u8 * buf;
u32 sd_size;
NVIC_PriorityGroupConfig(NVIC_PriorityGroup_2);//设置系统中断优先级分组2
delay_init(168);                        //初始化延时函数
uart_init(115200);                      //初始化串口波特率为115200
LED_Init();                             //初始化 LED
LCD_Init();                             //LCD 初始化
KEY_Init();                             //按键初始化
my_mem_init(SRAMIN);                    //初始化内部内存池
my_mem_init(SRAMCCM);                   //初始化 CCM 内存池
……//省略部分代码
while(SD_Init())                        //检测不到 SD 卡
{
    LCD_ShowString(30,150,200,16,16,"SD Card Error!");delay_ms(500);
    LCD_ShowString(30,150,200,16,16,"Please Check! ");delay_ms(500);
    LED0 = ! LED0;                      //DS0 闪烁
}
show_sdcard_info();                     //打印 SD 卡相关信息
POINT_COLOR = BLUE;                     //设置字体为蓝色
//检测 SD 卡成功
LCD_ShowString(30,150,200,16,16,"SD Card OK     ");
LCD_ShowString(30,170,200,16,16,"SD Card Size:    MB");
LCD_ShowNum(30 + 13 * 8,170,SDCardInfo.CardCapacity>>20,5,16);//显示 SD 卡容量
while(1)
{
    key = KEY_Scan(0);
    if(key == KEY0_PRES)                //KEY0 按下了
    {
        buf = mymalloc(0,512);          //申请内存
        if(SD_ReadDisk(buf,0,1) == 0)   //读取 0 扇区的内容
        {
            LCD_ShowString(30,190,200,16,16,"USART1 Sending Data...");
            printf("SECTOR 0 DATA:\r\n");
            for(sd_size = 0;sd_size<512;sd_size ++ )printf("%x ",buf[sd_size]);
                                                          //扇区数据
            printf("\r\nDATA ENDED\r\n");
            LCD_ShowString(30,190,200,16,16,"USART1 Send Data Over!");
        }
        myfree(0,buf);                  //释放内存
    }
    t ++ ;
    delay_ms(10);
    if(t == 20){LED0 = ! LED0;t = 0;}
}
}
```

这里总共 2 个函数,show_sdcard_info 函数用于从串口输出 SD 卡相关信息。main 函数先初化 SD 卡,初始化成功,则调用 show_sdcard_info 函数,输出 SD 卡相关信息,并在 LCD 上面显示 SD 卡容量。然后进入死循环,如果有按键 KEY0 按下,则通过 SD_ReadDisk 读取 SD 卡的扇区 0(物理磁盘,扇区 0),并将数据通过串口打印出来。这里对第 31 章学过的内存管理稍微用了下,以后我们会尽量使用内存管理来设计。

30.4 下载验证

编译成功之后,下载代码到 ALIENTEK 探索者 STM32F4 开发板上,可以看到 LCD 显示如图 30.11 所示的内容(假设 SD 卡已经插上了)。

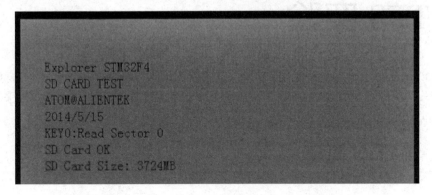

图 30.11 程序运行效果图

打开串口调试助手,按下 KEY0 就可以看到从开发板发回来的数据了,如图 30.12 所示。

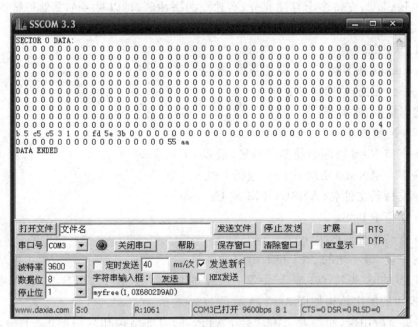

图 30.12 串口收到的 SD 卡扇区 0 内容

注意,不同的 SD 卡,读出来的扇区 0 是不尽相同的,所以不要因为你读出来的数据和图 30.12 不同而感到惊讶。

第 31 章

FATFS 实验

第 30 章学习了 SD 卡的使用,不过仅仅是简单地实现读扇区而已,真正要好好应用 SD 卡,必须使用文件系统管理。本章使用 FATFS 来管理 SD 卡,实现 SD 卡文件的读/写等基本功能。

31.1 FATFS 简介

FATFS 是一个完全免费开源的 FAT 文件系统模块,专门为小型的嵌入式系统而设计。它完全用标准 C 语言编写,所以具有良好的硬件平台独立性,可以移植到 8051、PIC、AVR、SH、Z80、H8、ARM 等系列单片机上而只需做简单的修改。它支持 FAT12、FAT16 和 FAT32,支持多个存储媒介;有独立的缓冲区,可以对多个文件进行读/写,并特别对 8 位单片机和 16 位单片机做了优化。

FATFS 的特点有:
- Windows 兼容的 FAT 文件系统(支持 FAT12/FAT16/FAT32);
- 与平台无关,移植简单;
- 代码量少、效率高;
- 多种配置选项:
    ◇ 支持多卷(物理驱动器或分区,最多 10 个卷);
    ◇ 多个 ANSI/OEM 代码页包括 DBCS;
    ◇ 支持长文件名、ANSI/OEM 或 Unicode;
    ◇ 支持 RTOS;
    ◇ 支持多种扇区大小;
    ◇ 只读、最小化的 API 和 I/O 缓冲区等。

FATFS 的这些特点,加上免费、开源的原则,使得 FATFS 应用非常广泛。FATFS 模块的层次结构如图 31.1 所示。

最顶层是应用层,使用者无需理会 FATFS 的内部结构和复杂的 FAT 协议,只需要调用 FATFS 模块提供给用户的一系列应用接口函数,如 f_open、f_read、f_write 和 f_close 等,就可以像在 PC 上读/写文件那样简单。

中间层 FATFS 模块,实现了 FAT 文件读/写协议。FATFS 模块提供的是 ff.c 和 ff.h。除非有必要,使用者一般不用修改,使用时将头文件直接包含进去即可。

需要我们编写移植代码的是 FATFS 模块提供的底层接口,它包括存储媒介读/写接口(disk I/O)和供给文件创建修改时间的实时时钟。

FATFS 的源码可以在:http://elm-chan.org/fsw/ff/00index_e.html 下载到,目前最新版本为 R0.10b。本章使用最新版本的 FATFS 来介绍,下载最新版本的 FATFS 软件包,解压后可以得到两个文件夹:doc 和 src。doc 里面主要是对 FATFS 的介绍,而 src 里面才是我们需要的源码。

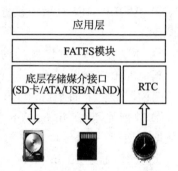

图 31.1 FATFS 层次结构图

其中,与平台无关的是:
ffconf.h:FATFS 模块配置文件;
ff.h:FATFS 和应用模块公用的包含文件;
ff.c:FATFS 模块;
diskio.h:FATFS 和 disk I/O 模块公用的包含文件;
interger.h:数据类型定义;
option:可选的外部功能(比如支持中文等)。

与平台相关的代码(需要用户提供)是:
diskio.c:FATFS 和 disk I/O 模块接口层文件。

FATFS 模块在移植的时候,一般只需要修改 2 个文件,即 ffconf.h 和 diskio.c。FATFS 模块的所有配置项都存放在 ffconf.h 里面,我们可以通过配置里面的一些选项来满足自己的需求。接下来介绍几个重要的配置选项。

① _FS_TINY。这个选项在 R0.07 版本中开始出现,之前的版本都是以独立的 C 文件出现(FATFS 和 Tiny FATFS),有了这个选项之后,两者整合在一起了,使用起来更方便。我们使用 FATFS,所以把这个选项定义为 0 即可。

② _FS_READONLY。这个用来配置是不是只读,本章需要读/写都用,所以这里设置为 0 即可。

③ _USE_STRFUNC。这个用来设置是否支持字符串类操作,比如 f_putc、f_puts 等,本章需要用到,故设置这里为 1。

④ _USE_MKFS。这个用来设置是否使能格式化,本章需要用到,所以设置这里为 1。

⑤ _USE_FASTSEEK。这个用来使能快速定位,我们设置为 1,使能快速定位。

⑥ _USE_LABEL。这个用来设置是否支持磁盘盘符(磁盘名字)读取与设置。我们设置为 1,使能,就可以通过相关函数读取或者设置磁盘的名字了。

⑦ _CODE_PAGE。这个用于设置语言类型,包括很多选项(见 FATFS 官网说明),这里设置为 936,即简体中文(GBK 码,需要 c936.c 文件支持,该文件在 option 文件夹)。

⑧ _USE_LFN。该选项用于设置是否支持长文件名(还需要 _CODE_PAGE 支持),取值范围为 0~3。0,表示不支持长文件名,1~3 是支持长文件名,但是存储地方不一样,我们选择使用 3,通过 ff_memalloc 函数来动态分配长文件名的存储区域。

⑨ _VOLUMES。用于设置 FATFS 支持的逻辑设备数目,我们设置为 2,即支持 2 个设备。

⑩ _MAX_SS。扇区缓冲的最大值,一般设置为 512。

其他配置项这里就不一一介绍了,FATFS 的说明文档里面有很详细的介绍,读者自己阅读即可。下面来讲讲 FATFS 的移植,FATFS 的移植主要分为 3 步:

① 数据类型:在 integer.h 里面定义好数据的类型。这里需要了解你用的编译器的数据类型,并根据编译器定义好数据类型。

② 配置:通过 ffconf.h 配置 FATFS 的相关功能,以满足需要。

③ 函数编写:打开 diskio.c 编写底层驱动,一般需要编写 6 个接口函数,如图 31.2 所示。

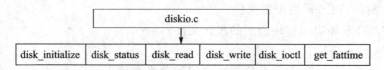

图 31.2 diskio 需要实现的函数

FATFS 在 STM32F4 上面的移植步骤如下:

第一步,我们使用的是 MDK5.11a 编译器,且数据类型和 integer.h 里面定义的一致,所以此步不需要做任何改动。

第二步,关于 ffconf.h 里面的相关配置前面已经有介绍(之前介绍的 10 个配置),将对应配置修改为我们介绍时候的值即可,其他的配置用默认配置。

第三步,因为 FATFS 模块完全与磁盘 I/O 层分开,因此需要下面的函数来实现底层物理磁盘的读/写与获取当前时间。底层磁盘 I/O 模块并不是 FATFS 的一部分,并且必须由用户提供。这些函数一般有 6 个,在 diskio.c 里面。

首先是 disk_initialize 函数,该函数介绍如图 31.3 所示。第二个函数是 disk_sta-

函数名称	disk_initialize
函数原型	DSTATUS disk_initialize(BYTE Drive)
功能描述	初始化磁盘驱动器
函数参数	Drive:指定要初始化的逻辑驱动器号,即盘符,应当取值0~9
返回值	函数返回一个磁盘状态作为结果,对于磁盘状态的细节信息,请参考 disk_status 函数
所在文件	ff.c
示例	disk_initialize(0); /* 初始化驱动器0 */
注意事项	disk_initialize 函数初始化一个逻辑驱动器为读/写做准备,函数成功时,返回值的 STA_NOINIT 标志被清零; 应用程序不应调用此函数,否则卷上的 FAT 结构可能会损坏; 如果需要重新初始化文件系统,可使用 f_mount 函数; 在 FatFs 模块上卷注册处理时调用该函数可控制设备的改变; 此函数在 FatFs 挂在卷时调用,应用程序不应该在 FatFs 活动时使用此函数

图 31.3 disk_initialize 函数介绍

tus 函数，该函数介绍如图 31.4 所示。第三个函数是 disk_read 函数，该函数介绍如图 31.5 所示。第四个函数是 disk_write 函数，该函数介绍如图 31.6 所示。第五个函数是 disk_ioctl 函数，该函数介绍如图 31.7 所示。最后一个函数是 get_fattime 函数，该函数介绍如图 31.8 所示。

函数名称	disk_status
函数原型	DSTATUS disk_status(BYTE Drive)
功能描述	返回当前磁盘驱动器的状态
函数参数	Drive：指定要确认的逻辑驱动器号，即盘符，应当取值0~9
返回值	磁盘状态返回下列标志的组合，FatFs只使用STA_NOINIT和STA_PROTECTED 　STA_NOINIT：表明磁盘驱动未初始化，下面列出了产生该标志置位或清零的原因： 　　　　　　　置位：系统复位，磁盘被移除和磁盘初始化函数失败； 　　　　　　　清零：磁盘初始化函数成功 　STA_NDDISK：表明驱动器中没有设备，安装磁盘驱动器后总为0 　STA_PROTECTED：表明设备被写保护，不支持写保护的设备总为0，当STA_NODISK 　　　　　　　　置位时非法
所在文件	ff.c
示例	disk_status(0);　　　　　　　　　　　　　　　/* 获取驱动器0　　　　　　　　　　　　　　　*/

图 31.4　disk_status 函数介绍

函数名称	disk_read	
函数原型	DRESULT disk_read(BYTE Drive,BYTE*Buffer,DWORD SectorNumber,BYTE SectorCount)	
功能描述	从磁盘驱动器上读取扇区	
函数参数	Drive：	指定逻辑驱动器号，即盘符，应当取值0~9
	Buffer：	指向存储读取数据字节数组的指针，需要为所读取字节数的大小，扇区统计的扇区大小是需要的
		注：FatFs指定的内存地址并不总是字对齐的，如查硬件不支持不对齐的数据传输，函数里需要进行处理
	SectorNumber：	指定起始扇区的逻辑块(LBA)上的地址
	SectorCount：	指定要读取的扇区数，取值1~128
返回值	RES_OK(0)：	函数成功
	RES_ERROR：	读操作期间产生了任何错误且不能恢复它
	RES_PARERR：	非法参数
	RES_NOTRDY：	磁盘驱动器没有初始化
所在文件	ff.c	

图 31.5　disk_read 函数介绍

　　以上 6 个函数将在软件设计部分一一实现。通过以上 3 个步骤就完成了对 FATFS 的移植，就可以在我们的代码里面使用 FATFS 了。
　　FATFS 提供了很多 API 函数，可参考 FATFS 的自带介绍文件。注意，在使用 FATFS 的时候，必须先通过 f_mount 函数注册一个工作区，才能开始后续 API 的使用。

函数名称	disk_write
函数原型	DRESULT disk_write(BYTE Drive, const BYTE*Buffer, DWORD SectorNumber, BYTE SectorCount)
功能描述	向磁盘写入一个或多个扇区
函数参数	Drive: 指定逻辑驱动器号,即盘符,应当取值0~9 Buffer: 指向要写入字节数组的指针, 　　注:FatFs指定的内存地址并不总是字对齐的,如果硬件不支持不对齐的数据传输,函数里需要进行处理 SectorNumber: 指定起始扇区的逻辑块(LBA)上的地址 SectorCount: 指定要写入的扇区数,取值1~128
返回值	RES_OK(0): 函数成功 RES_ERROR: 读操作期间产生了任何错误且不能恢复它 RES_WRPRT: 媒体被写保护 RES_PARERR: 非法参数 RES_NOTRDY: 磁盘驱动器没有初始化
所在文件	ff.c
注意事项	只读配置中不需要此函数

图 31.6　disk_write 函数介绍

函数名称	disk_ioctl
函数原型	DRESULT disk_ioctl(BYTE Drive, BYTE Command, void*Buffer)
功能描述	控制设备指定特性和除了读/写外的杂项功能
函数参数	Drive: 指定逻辑驱动器号,即盘符,应当取值0~9 Command: 指定命令代码 Buffer: 指向参数缓冲区的指针,取决于命令代码,不使用时,指定一个NULL指针
返回值	RES_OK(0): 函数成功 RES_ERROR: 读操作期间产生了任何错误且不能恢复它 RES_PARERR: 非法参数 RES_NOTRDY: 磁盘驱动器没有初始化
所在文件	ff.c
注意事项	CTRL_SYNC: 确保磁盘驱动器已经完成了写处理,当磁盘I/O有一个写回缓存,立即刷新原扇区,只读配置下不适用此命令 CET_SECTOR_SIZE: 返回磁盘的扇区大小,只用于f_mkfs() CET_SECTOR_COUNT: 返回可利用的扇区数,_MAX_SS>=1024时可用 CET_BLOCK_SIZE: 获取擦除块大小,只用于f_mkfs() CTRL_ERASE_SECTOR: 强制擦除一块的扇区,_USE_ERASE>0时可用

图 31.7　disk_ioctl 函数介绍

函数名称	get_fattime
函数原型	DWORD get_fattime()
功能描述	获取当前时间
函数参数	无
返回值	当前时间以双字值封装返回，位域如下： bit31:25　年　　（0~127）（从1980开始） bit34:21　月　　（1~12） bit20:16　日　　（1~31） bit15:11　小时　（0~23） bit10:5　 分钟　（0~59） bit4:0　　秒　　（0~29）
所在文件	ff.c
注意事项	get_fattime函数必须返回一个合法的时间即使系统不支持实时时钟，如果返回0，文件没有一个合法的时间； 只读配置下无需此函数

图 31.8　get_fattime 函数介绍

31.2　硬件设计

本章实验功能简介：开机的时候先初始化 SD 卡，初始化成功之后，注册两个工作区（一个给 SD 卡用，一个给 SPI FLASH 用），然后获取 SD 卡的容量和剩余空间，并显示在 LCD 模块上，最后等待 USMART 输入指令进行各项测试。本实验通过 DS0 指示程序运行状态。

本实验用到的硬件资源有：指示灯 DS0、串口、TFTLCD 模块、SD 卡、SPI FLASH。这些之前都已经介绍过。

31.3　软件设计

打开本章实验目录可以看到，我们在工程目录下新建了一个 FATFS 的文件夹，然后将 FATFS R0.10b 程序包解压到该文件夹下。同时，我们在 FATFS 文件夹里面新建了一个 exfuns 的文件夹，用于存放我们针对 FATFS 做的一些扩展代码。设计完如图 31.9 所示。然后打开实验工程可以看到，我们新建了 FATFS 分组，将必要的源文件添加到了 FATFS 分组之下。打开 diskio.c，代码如下：

```
#define SD_CARD      0     //SD 卡，卷标为 0
#define EX_FLASH 1         //外部 flash,卷标为 1
#define FLASH_SECTOR_SIZE   512
//对于 W25Q128
//前 12 MB 给 fatfs 用,12 MB 后,用于存放字库,字库占用 3.09 MB.剩余部分
u16  FLASH_SECTOR_COUNT = 2048 * 12;       //W25Q1218,前 12 MB 给 FATFS 占用
```

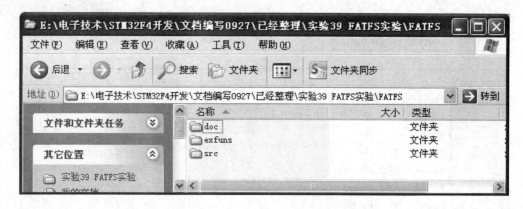

图 31.9　FATFS 文件夹子目录

```
#define FLASH_BLOCK_SIZE        8           //每个 BLOCK 有 8 个扇区
//初始化磁盘
DSTATUS disk_initialize (
    BYTE pdrv                   /* Physical drive nmuber (0..) */
)
{
    u8 res = 0;
    switch(pdrv)
    {
        case SD_CARD:                       //SD 卡
            res = SD_Init();                //SD 卡初始化
            break;
        case EX_FLASH:                      //外部 flash
            W25QXX_Init();
            FLASH_SECTOR_COUNT = 2048 * 12; //W25Q128,前 12 MB 给 FATFS 占用
            break;
        default:
            res = 1;
    }
    if(res)return  STA_NOINIT;
    else return 0;                          //初始化成功
}
//获得磁盘状态
DSTATUS disk_status (
    BYTE pdrv                   /* Physical drive nmuber (0..) */
)
{ return 0;
}
//读扇区
//drv:磁盘编号 0~9 * buff:数据接收缓冲首地址
//sector:扇区地址 count:需要读取的扇区数
DRESULT disk_read (
    BYTE pdrv,          /* Physical drive nmuber (0..) */
    BYTE *buff,         /* Data buffer to store read data */
    DWORD sector,       /* Sector address (LBA) */
    UINT count          /* Number of sectors to read (1..128) */
```

```c
)
{
    u8 res = 0;
    if(!count)return RES_PARERR;//count 不能等于 0,否则返回参数错误
    switch(pdrv)
    {
        case SD_CARD:                          //SD 卡
            res = SD_ReadDisk(buff,sector,count);
            break;
        case EX_FLASH:                         //外部 flash
            for(;count>0;count--)
            {
                    W25QXX_Read(buff,sector * FLASH_SECTOR_SIZE,FLASH_SECTOR_SIZE);
                sector++;
                buff+=FLASH_SECTOR_SIZE;
            }
            res = 0;break;
        default:res = 1;
    }
    //处理返回值,将 SPI_SD_driver.c 的返回值转成 ff.c 的返回值
    if(res == 0x00)return RES_OK;
    else return RES_ERROR;
}
//写扇区
//drv:磁盘编号 0~9 * buff:发送数据首地址
//sector:扇区地址 count:需要写入的扇区数
#if _USE_WRITE
DRESULT disk_write (
    BYTE pdrv,              /* Physical drive nmuber (0..) */
    const BYTE * buff,      /* Data to be written */
    DWORD sector,           /* Sector address (LBA) */
    UINT count              /* Number of sectors to write (1..128) */
)
{
    u8 res = 0;
    if(!count)return RES_PARERR;//count 不能等于 0,否则返回参数错误
    switch(pdrv)
    {
        case SD_CARD:                          //SD 卡
            res = SD_WriteDisk((u8 *)buff,sector,count);break;
        case EX_FLASH:                         //外部 flash
            for(;count>0;count--)
            {
                W25QXX_Write((u8 *)buff,sector * FLASH_SECTOR_SIZE,FLASH_SECTOR_SIZE);
                sector++;
                buff+=FLASH_SECTOR_SIZE;
            }
            res = 0;break;
        default:res = 1;
    }
    //处理返回值,将 SPI_SD_driver.c 的返回值转成 ff.c 的返回值
```

```c
        if(res == 0x00)return RES_OK;
        else return RES_ERROR;
}
#endif
//其他表参数的获得
//drv:磁盘编号 0~9ctrl:控制代码 * buff:发送/接收缓冲区指针
#if _USE_IOCTL
DRESULT disk_ioctl (
    BYTE pdrv,          /* Physical drive nmuber (0..) */
    BYTE cmd,           /* Control code */
    void * buff         /* Buffer to send/receive control data */
)
{
……//省略部分代码
}
#endif
//获得时间
//User defined function to give a current time to fatfs module        */
//31-25: Year(0-127 org.1980), 24-21: Month(1-12), 20-16: Day(1-31)  */
//15-11: Hour(0-23), 10-5: Minute(0-59), 4-0: Second(0-29 *2)        */
DWORD get_fattime (void)
{
    return 0;
}
//动态分配内存
void * ff_memalloc (UINT size)
{
    return (void*)mymalloc(SRAMIN,size);
}
//释放内存
void ff_memfree (void* mf)
{
    myfree(SRAMIN,mf);
}
```

该函数实现了 31.1 节提到的 6 个函数,同时因为在 ffconf.h 里面设置对长文件名的支持为方法 3,所以必须实现 ff_memalloc 和 ff_memfree 这两个函数。本章用 FATFS 管理了 2 个磁盘:SD 卡和 SPI FLASH。SD 卡比较好说,但是 SPI FLASH 扇区大小是 4 KB,为了方便设计,强制将其扇区定义为 512 字节,这样带来的好处就是设计使用相对简单,坏处就是擦除次数大增,所以不要随便往 SPI FLASH 里面写数据,非必要最好别写,频繁写很容易将 SPI FLASH 写坏。

打开 ffconf.h 可以看到,我们根据前面讲解修改了相关配置,请参考本例程源码。另外,cc936.c 主要提供 UNICODE 到 GBK 以及 GBK 到 UNICODE 的码表转换,里面就是两个大数组,并提供一个 ff_convert 的转换函数供 UNICODE 和 GBK 码互换,这个在中文长文件名支持的时候必须用到!

前面提到,我们在 FATFS 文件夹下还新建了一个 exfuns 的文件夹,该文件夹用于保存一些 FATFS 一些针对 FATFS 的扩展代码,本章编写了 4 个文件,分别是 exfuns.

c、exfuns.h、fattester.c 和 fattester.h。其中，exfuns.c 主要定义了一些全局变量，方便 FATFS 的使用，同时实现了磁盘容量获取等函数。而 fattester.c 文件则主要用于测试 FATFS，因为 FATFS 的很多函数无法直接通过 USMART 调用，所以我们在 fattester.c 里面对这些函数进行了一次再封装，使得可以通过 USMART 调用。这几个文件的代码请参考本例程源码，最后，我们打开 main.c，如下：

```c
int main(void)
{
    u32 total,free;
    u8 t=0;u8 res=0;
    ……//省略部分硬件初始化代码
    usmart_dev.init(84);                    //初始化 USMART
    W25QXX_Init();                          //初始化 W25Q128
    my_mem_init(SRAMIN);                    //初始化内部内存池
    my_mem_init(SRAMCCM);                   //初始化 CCM 内存池
    ……//省略部分代码
    while(SD_Init())                        //检测不到 SD 卡
    {
        LCD_ShowString(30,150,200,16,16,"SD Card Error!");delay_ms(500);
        LCD_ShowString(30,150,200,16,16,"Please Check! ");delay_ms(500);
        LED0=! LED0;                        //DS0 闪烁
    }
    exfuns_init();                          //为 fatfs 相关变量申请内存
    f_mount(fs[0],"0:",1);                  //挂载 SD 卡
    res=f_mount(fs[1],"1:",1);              //挂载 FLASH.
    if(res==0X0D)//FLASH 磁盘,FAT 文件系统错误,重新格式化 FLASH
    {
        LCD_ShowString(30,150,200,16,16,"Flash Disk Formatting...");//格式化 FLASH
        res=f_mkfs("1:",1,4096);//格式化 FLASH,1,盘符;1,不需要引导区,8 个扇区为 1 个簇
        if(res==0)
        {    f_setlabel((const TCHAR *)"1:ALIENTEK");//设置磁盘的名字为:ALIENTEK
            LCD_ShowString(30,150,200,16,16,"Flash Disk Format Finish");//格式化完成
        }else LCD_ShowString(30,150,200,16,16,"Flash Disk Format Error ");  //格式化失败
        delay_ms(1000);
    }
    LCD_Fill(30,150,240,150+16,WHITE);      //清除显示
    while(exf_getfree("0",&total,&free))    //得到 SD 卡的总容量和剩余容量
    {
        LCD_ShowString(30,150,200,16,16,"SD Card Fatfs Error!");delay_ms(200);
        LCD_Fill(30,150,240,150+16,WHITE);delay_ms(200);            //清除显示
        LED0=! LED0;                        //DS0 闪烁
    }
    POINT_COLOR=BLUE;                       //设置字体为蓝色
    LCD_ShowString(30,150,200,16,16,"FATFS OK!");
    LCD_ShowString(30,170,200,16,16,"SD Total Size:     MB");
    LCD_ShowString(30,190,200,16,16,"SD  Free Size:     MB");
    LCD_ShowNum(30+8*14,170,total>>10,5,16);//显示 SD 卡总容量 MB
    LCD_ShowNum(30+8*14,190,free>>10,5,16); //显示 SD 卡剩余容量 MB
    while(1)
    {    t++; delay_ms(200);
        LED0=! LED0;
```

        }
    }

main 函数里为 SD 卡和 FLASH 都注册了工作区（挂载），在初始化 SD 卡并显示其容量信息后，进入死循环，等待 USMART 测试。

最后，我们在 usmart_config.c 里面的 usmart_nametab 数组添加如下内容：

(void *)mf_mount,"u8 mf_mount(u8 * path,u8 mt)",

(void *)mf_open,"u8 mf_open(u8 * path,u8 mode)",

……//省略部分代码

(void *)mf_puts,"u8 mf_puts(u8 * c)",

这些函数均是在 fattester.c 里面实现，通过调用这些函数即可实现对 FATFS 对应 API 函数的测试。至此，软件设计部分就结束了。

31.4 下载验证

编译成功之后，下载代码到 ALIENTEK 探索者 STM32F4 开发板上，可以看到 LCD 显示如图 31.10 所示的内容（假定 SD 卡已经插上了）。

打开串口调试助手，我们就可以串口调用前面添加的各种 FATFS 测试函数了，比如输入 mf_scan_files("0:") 即可扫描 SD 卡根目录的所有文件，如图 31.11 所示。其他函数的测试用类似的办法即可实现。注意，这里 0 代表 SD 卡，1 代表 SPI FLASH。mf_unlink 函数在删除文件夹的时候必须保证文件夹是空的，否则不能删除。

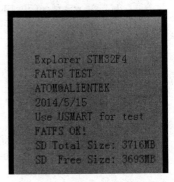

图 31.10　程序运行效果图

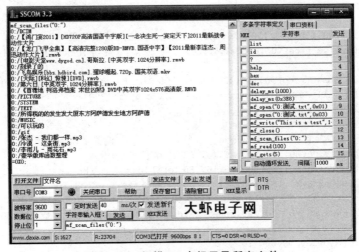

图 31.11　扫描 SD 卡根目录所有文件

第 32 章

汉字显示实验

　　汉字显示在很多单片机系统都需要用到,少则几个字,多则整个汉字库的支持,更有甚者还要支持多国字库,那就更麻烦了。本章将介绍如何用 STM32F4 控制 LCD 显示汉字。本章使用外部 FLASH 来存储字库,并可以通过 SD 卡更新字库。STM32F4 读取存在 FLASH 里面的字库,然后将汉字显示在 LCD 上面。

32.1 汉字显示原理简介

　　常用的汉字内码系统有 GB2312、GB13000、GBK、BIG5(繁体)等几种,其中,GB2312 支持的汉字仅有几千个,很多时候不够用,而 GBK 内码不仅完全兼容 GB2312,还支持了繁体字,总汉字数有 2 万多个,完全能满足一般应用的要求。

　　本实例将制作 3 个 GBK 字库,制作好的字库放在 SD 卡里面,然后通过 SD 卡将字库文件复制到外部 FLASH 芯片 W25Q128 里,这样,W25Q128 就相当于一个汉字字库芯片了。

　　汉字在液晶上的显示原理与显示字符一样。汉字在液晶上的显示其实就是一些点的显示与不显示,这就相当于我们的笔一样,有笔经过的地方就画出来,没经过的地方就不画。所以要显示汉字,我们首先要知道汉字的点阵数据,这些数据可以由专门的软件来生成。只要知道了一个汉字点阵的生成方法,那么我们在程序里面就可以把这个点阵数据解析成一个汉字。

　　知道显示了一个汉字,就可以推及整个汉字库了。汉字在各种文件里面的存储不是以点阵数据形式存储的(否则占用的空间就太大了),而是以内码的形式存储的,就是 GB2312、GBK、BIG5 等这几种的一种。每个汉字对应一个内码,知道内码之后再去字库里面查找这个汉字的点阵数据,然后在液晶上显示出来。这个过程我们看不到,但是计算机是要去执行的。

　　单片机要显示汉字也与此类似:汉字内码(GBK/GB2312)→查找点阵库→解析→显示。所以只要我们有了整个汉字库的点阵,就可以把计算机上的文本信息在单片机上显示出来了。这里要解决的最大问题就是制作一个与汉字内码对得上号的汉字点阵库,而且要方便单片机的查找。每个 GBK 码由 2 个字节组成,第一个字节为 0X81~0XFE,第二个字节分为两部分,一是 0X40~0X7E,二是 0X80~0XFE。其中与 GB2312 相同的区域,字完全相同。

把第一个字节代表的意义称为区,那么GBK里面总共有126个区(0XFE-0X81+1),每个区内有190个汉字(0XFE-0X80+0X7E-0X40+2),总共就有126×190=23 940个汉字。点阵库只要按照这个编码规则从0X8140开始,逐一建立,每个区的点阵大小为每个汉字所用的字节数×190。这样,我们就可以得到在这个字库里面定位汉字的方法:

当GBKL<0X7F时:Hp=((GBKH-0x81)·190+GBKL-0X40)·(size·2)

当GBKL>0X80时:Hp=((GBKH-0x81)·190+GBKL-0X41)·(size·2)

其中,GBKH、GBKL分别代表GBK的第一个字节和第二个字节(也就是高位和低位),size代表汉字字体的大小(比如16字体,12字体等),Hp则为对应汉字点阵数据在字库里面的起始地址(假设是从0开始存放)。

这样,只要得到了汉字的GBK码,就可以显示这个汉字了,从而实现汉字在液晶上的显示。

第33章提到要用cc936.c,以支持长文件名,但是cc936.c文件里面的两个数组太大了(172 KB),直接刷在单片机里面太占用FLASH,所以必须把这两个数组存放在外部FLASH。cc936里面包含的两个数组oem2uni和uni2oem,存放unicode和gbk的互相转换对照表,这两个数组很大,这里利用ALIENTEK提供的一个C语言数组转BIN(二进制)的软件:C2B转换助手V1.1.exe,将这两个数组转为BIN文件。将这两个数组复制出来存放为一个新的文本文件,假设为UNIGBK.TXT,然后用C2B转换助手打开这个文本文件,如图32.1所示。

图32.1 C2B转换助手

然后单击"转换"按钮,就可以在当前目录下(文本文件所在目录下)得到一个UNIGBK.bin文件。这样就完成将C语言数组转换为.bin文件,然后只需要将UNIGBK.bin保存到外部FLASH就实现了该数组的转移。

在cc936.c里面,主要是通过ff_convert调用这两个数组实现UNICODE和GBK的互转,该函数原代码如下:

WCHAR ff_convert (/* Converted code, 0 means conversion error */

第32章 汉字显示实验

```
    WCHAR    src,    /* Character code to be converted */
    UINT     dir     /* 0: Unicode to OEMCP, 1: OEMCP to Unicode */
)
{
    const WCHAR *p;
    WCHAR c;
    int i, n, li, hi;
    if (src < 0x80) {      /* ASCII */
        c = src;
    } else {
        if (dir) {         /* OEMCP to unicode */
            p = oem2uni;
            hi = sizeof(oem2uni) / 4 - 1;
        } else {           /* Unicode to OEMCP */
            p = uni2oem;
            hi = sizeof(uni2oem) / 4 - 1;
        }
        li = 0;
        for (n = 16; n; n--) {
            i = li + (hi - li) / 2;
            if (src == p[i * 2]) break;
            if (src > p[i * 2]) li = i;
            else hi = i;
        }
        c = n ? p[i * 2 + 1] : 0;
    }
    return c;
}
```

此段代码通过二分法(16 阶)在数组里面查找 UNICODE(或 GBK)码对应的 GBK(或 UNICODE)码。将数组存放在外部 flash 的时候,将该函数修改为:

```
WCHAR ff_convert (          /* Converted code, 0 means conversion error */
    WCHAR    src,           /* Character code to be converted */
    UINT     dir            /* 0: Unicode to OEMCP, 1: OEMCP to Unicode */
)
{
    WCHAR t[2];
    WCHAR c;
    u32 i, li, hi;u16 n;
    u32 gbk2uni_offset = 0;
    if (src < 0x80)c = src;//ASCII,直接不用转换.
    else
    {
        if(dir)gbk2uni_offset = ftinfo.ugbksize/2;   //GBK 2 UNICODE
        elsegbk2uni_offset = 0;                      //UNICODE 2 GBK
        /* Unicode to OEMCP */
        hi = ftinfo.ugbksize/2;//对半开.
        hi = hi / 4 - 1;li = 0;
        for (n = 16; n; n-- )
        {   i = li + (hi - li) / 2;
```

```
                W25QXX_Read((u8 *)&t,ftinfo.ugbkaddr+i*4+gbk2uni_offset,4);
                                                                        //读出4个字节
            if (src == t[0]) break;
            if (src > t[0])li = i;   else hi = i;
        }
        c = n ? t[1] : 0;
    }
    return c;
}
```

代码中的 ftinfo.ugbksize 为我们刚刚生成的 UNIGBK.bin 的大小,而 ftinfo.ugbkaddr 是我们存放 UNIGBK.bin 文件的首地址。这里同样采用的是二分法查找。

字库的生成要用到一款软件,即由易木雨软件工作室设计的点阵字库生成器 V3.8。该软件可以在 WINDOWS 系统下生成任意点阵大小的 ASCII、GB2312(简体中文)、GBK(简体中文)、BIG5(繁体中文)、HANGUL(韩文)、SJIS(日文)、Unicode 以及泰文、越南文、俄文、乌克兰文、拉丁文、8859 系列等共二十几种编码的字库,不但支持生成二进制文件格式的文件,也可以生成 BDF 文件,还支持生成图片功能,支持横向、纵向等多种扫描方式,且扫描方式可以根据用户的需求进行增加。该软件的界面如图 32.2 所示。

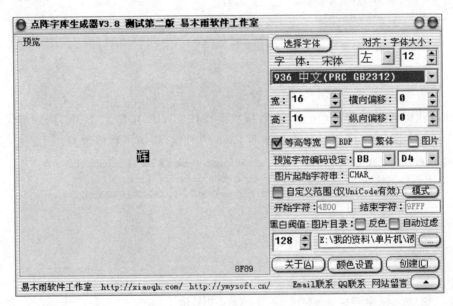

图 32.2 点阵字库生成器默认界面

要生成 16×16 的 GBK 字库,则选择 936 中文 PRC GBK,字宽和高均选择 16,字体大小选择 12,然后模式选择纵向取模方式二(字节高位在前,低位在后),最后单击"创建"按钮,就可以开始生成需要的字库了(.DZK 文件)。具体设置如图 32.3 所示。

注意:计算机端的字体大小与我们生成点阵大小的关系为:

$$fsize = dsize \cdot 6/8$$

第 32 章　汉字显示实验

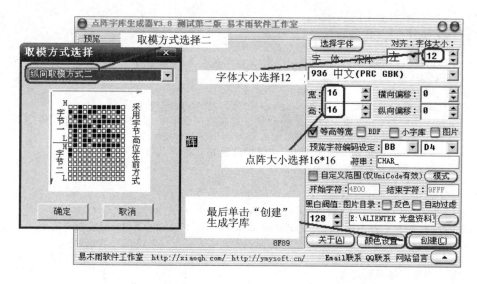

图 32.3　生成 GBK16×16 字库的设置方法

其中,fsize 是计算机端字体大小,dsize 是点阵大小(12、16、24 等)。所以,16×16 点阵大小对应的是 12 字体。

生成完以后,把文件名和后缀改成 GBK16.FON。同样的方法生成 12×12 的点阵库(GBK12.FON)和 24×24 的点阵库(GBK24.FON),总共制作 3 个字库。

另外,该软件还可以生成其他很多字库,字体也可选,可以根据需要按照上面的方法生成即可。该软件的详细介绍请看软件自带的《点阵字库生成器说明书》。

32.2　硬件设计

本章实验功能简介:开机的时候先检测 W25Q128 中是否已经存在字库,如果存在,则按次序显示汉字(3 种字体都显示)。如果没有,则检测 SD 卡和文件系统,并查找 SYSTEM 文件夹下的 FONT 文件夹,在该文件夹内查找 UNIGBK.BIN、GBK12.FON、GBK16.FON 和 GBK24.FON(这几个文件的由来前面已经介绍了)。检测到这些文件之后,就开始更新字库,更新完毕才开始显示汉字。通过按按键 KEY0 可以强制更新字库。同样,我们也是用 DS0 来指示程序正在运行。

所要用到的硬件资源如下:指示灯 DS0、KEY0 按键、串口、TFTLCD 模块、SD 卡、SPI FLASH。这几部分在之前的实例中都介绍过了,在此就不介绍了。

32.3　软件设计

打开本章实验目录可以看到,首先在工程根目录文件夹下面新建了一个 TEXT 的文件夹。在 TEXT 文件夹下新建 fontupd.c、fontupd.h、text.c、text.h 这 4 个文件。同时,在实验工程中新建了 TEXT 分组,将新建的源文件加入分组之下,并将头文件包含路径加入工程的PATH中。

打开fontupd.c,代码如下:

```c
//字库区域占用的总扇区数大小(字库信息 + unigbk 表 + 3 个字库 = 3238700 字节,约占 791
//个 W25QXX 扇区)
#define FONTSECSIZE          791
#define FONTINFOADDR         1024 * 1024 * 12    //字库存放起始地址
//探索者 STM32F4 开发板,是从 12 MB 地址以后开始存放字库,前面 12 MB 被 fatfs 占用了
//12 MB 以后紧跟 3 个字库 + UNIGBK.BIN,总大小 3.09 MB,被字库占用了,不能动
//15.10 MB 以后,用户可以自由使用.建议用最后的 100 KB 比较好
//用来保存字库基本信息、地址、大小等
_font_info ftinfo;
//字库存放在磁盘中的路径
u8 * const GBK24_PATH = "/SYSTEM/FONT/GBK24.FON";    //GBK24 的存放位置
u8 * const GBK16_PATH = "/SYSTEM/FONT/GBK16.FON";    //GBK16 的存放位置
u8 * const GBK12_PATH = "/SYSTEM/FONT/GBK12.FON";    //GBK12 的存放位置
u8 * const UNIGBK_PATH = "/SYSTEM/FONT/UNIGBK.BIN";  //UNIGBK.BIN 的存放位置
//显示当前字体更新进度
//x,y:坐标 size:字体大小
//fsize:整个文件大小 pos:当前文件指针位置
u32 fupd_prog(u16 x,u16 y,u8 size,u32 fsize,u32 pos)
{……//此处省略代码
}
//更新某一个
//x,y:坐标 size:字体大小
//fxpath:路径 fx:更新的内容 0,ungbk;1,gbk12;2,gbk16;3,gbk24
//返回值:0,成功;其他,失败
u8 updata_fontx(u16 x,u16 y,u8 size,u8 * fxpath,u8 fx)
{
    u32 flashaddr = 0;
    FIL * fftemp;
    u8 * tempbuf;u8 res;u8 rval = 0;
    u16 bread;u32 offx = 0;
    fftemp = (FIL * )mymalloc(SRAMIN,sizeof(FIL));     //分配内存
    if(fftemp == NULL)rval = 1;
    tempbuf = mymalloc(SRAMIN,4096);                   //分配 4 096 个字节空间
    if(tempbuf == NULL)rval = 1;
    res = f_open(fftemp,(const TCHAR * )fxpath,FA_READ);
    if(res)rval = 2;//打开文件失败
    if(rval == 0)
    {
        switch(fx)
        {
            case 0:              //更新 UNIGBK.BIN
                ftinfo.ugbkaddr = FONTINFOADDR + sizeof(ftinfo);
                //信息头之后,紧跟 UNIGBK 转换码表
                ftinfo.ugbksize = fftemp->fsize;            //UNIGBK 大小
                flashaddr = ftinfo.ugbkaddr;
                break;
            case 1:
                ftinfo.f12addr = ftinfo.ugbkaddr + ftinfo.ugbksize;
```

第32章 汉字显示实验

```c
                        //UNIGBK之后,紧跟GBK12字库
            ftinfo.gbk12size = fftemp->fsize;        //GBK12字库大小
            flashaddr = ftinfo.f12addr;              //GBK12的起始地址
            break;
        case 2:
            ftinfo.f16addr = ftinfo.f12addr + ftinfo.gbk12size;
                                                     //GBK12之后,紧跟GBK16字库
            ftinfo.gbk16size = fftemp->fsize;        //GBK16字库大小
            flashaddr = ftinfo.f16addr;              //GBK16的起始地址
            break;
        case 3:
            ftinfo.f24addr = ftinfo.f16addr + ftinfo.gbk16size;
                                                     //GBK16之后,紧跟GBK24字库
            ftinfo.gkb24size = fftemp->fsize;        //GBK24字库大小
            flashaddr = ftinfo.f24addr;              //GBK24的起始地址
            break;
        }
        while(res == FR_OK)                          //死循环执行
        {
            res = f_read(fftemp,tempbuf,4096,(UINT *)&bread);    //读取数据
            if(res! = FR_OK)break;                   //执行错误
            W25QXX_Write(tempbuf,offx + flashaddr,4096);
                                                     //从0开始写入4 096个数据
            offx + = bread;
            fupd_prog(x,y,size,fftemp->fsize,offx);  //进度显示
            if(bread! = 4096)break;                  //读完了
        }
        f_close(fftemp);
    }
    myfree(SRAMIN,fftemp);                           //释放内存
    myfree(SRAMIN,tempbuf);                          //释放内存
    return res;
}
//更新字体文件,UNIGBK,GBK12,GBK16,GBK24一起更新
//x,y:提示信息的显示地址 size:字体大小
//src:字库来源磁盘."0:",SD卡;"1:",FLASH盘,"2:",U盘
//提示信息字体大小       返回值:0,更新成功;其他,错误代码
u8 update_font(u16 x,u16 y,u8 size,u8 * src)
{
    u8 * pname;u8 res = 0;u8 rval = 0;
    u32 * buf;u16 i,j;
    FIL * fftemp;
    res = 0XFF;
    ftinfo.fontok = 0XFF;
    pname = mymalloc(SRAMIN,100);                    //申请100字节内存
    buf = mymalloc(SRAMIN,4096);                     //申请4 KB内存
    fftemp = (FIL *)mymalloc(SRAMIN,sizeof(FIL));    //分配内存
    if(buf == NULL||pname == NULL||fftemp == NULL)
    {
        myfree(SRAMIN,fftemp);
        myfree(SRAMIN,pname);
```

```c
            myfree(SRAMIN,buf);
            return 5;                                           //内存申请失败
    }
    //先查找文件是否正常
        strcpy((char *)pname,(char *)src);        //copy src 内容到 pname
        strcat((char *)pname,(char *)UNIGBK_PATH);
        res = f_open(fftemp,(const TCHAR *)pname,FA_READ);
        if(res)rval| = 1<<4;                                    //打开文件失败
        ……//此处代码省略
            //省略 GBK16_PATH 等路径尝试打开,方法同上 UNIGBK_PATH)
        myfree(SRAMIN,fftemp);                                  //释放内存
        if(rval == 0)                                           //字库文件都存在
        {
            LCD_ShowString(x,y,240,320,size,"Erasing sectors... ");    //提示正在擦除扇区
            for(i = 0;i<FONTSECSIZE;i++)                        //先擦除字库区域,提高写入速度
            {
                fupd_prog(x + 20 * size/2,y,size,FONTSECSIZE,i);    //进度显示
                W25QXX_Read((u8 *)buf,((FONTINFOADDR/4096) + i) * 4096,4096);
                //读出整个扇区的内容
                for(j = 0;j<1024;j++)if(buf[j]! = 0XFFFFFFFF)break;
                                                                //校验数据,是否需要擦除
                if(j! = 1024)W25QXX_Erase_Sector((FONTINFOADDR/4096) + i);    //擦除扇区
            }
            myfree(SRAMIN,buf);

            LCD_ShowString(x,y,240,320,size,"Updating UNIGBK.BIN");
            strcpy((char *)pname,(char *)src);                  //copy src 内容到 pname
            strcat((char *)pname,(char *)UNIGBK_PATH);
            res = updata_fontx(x + 20 * size/2,y,size,pname,0);    //更新 UNIGBK.BIN
            if(res){myfree(SRAMIN,pname);return 1;}
            ……//此处代码省略
            //省略 GBK12.BIN,GBK12.FON,GBK16.FON 更新,方法同更新 UNIGBK.BIN
                                                                //全部更新好了
            ftinfo.fontok = 0XAA;
            W25QXX_Write((u8 *)&ftinfo,FONTINFOADDR,sizeof(ftinfo));    //保存字库信息
        }
        myfree(SRAMIN,pname);                                   //释放内存
        myfree(SRAMIN,buf);
        return rval;                                            //无错误
}
//初始化字体
//返回值:0,字库完好;其他,字库丢失
u8 font_init(void)
{
    u8 t = 0;
    W25QXX_Init();
    while(t<10)//连续读取 10 次,都是错误,说明确实是有问题,得更新字库了
    {
        t++;
        W25QXX_Read((u8 *)&ftinfo,FONTINFOADDR,sizeof(ftinfo));    //读 ftinfo 结构体
        if(ftinfo.fontok == 0XAA)break;
```

第32章　汉字显示实验

```
        delay_ms(20);
    }
    if(ftinfo.fontok!=0XAA)return 1;
    return 0;
}
```

此部分代码主要用于字库的更新操作(包含 UNIGBK 的转换码表更新),其中,ftinfo 是 fontupd.h 里面定义的一个结构体,用于记录字库首地址及字库大小等信息。我们将 W25Q128 的前 12 MB 给 FATFS 管理(用做本地磁盘),12 MB 之后的空间依次用来存放字库结构体、UNIGBK.bin 和 3 个汉字字库,这部分内容首地址是:(1024×12)×1024,大小约 3.09 MB,最后 W25Q128 还剩下约 0.9 MB 给用户自己用。

接下来打开 fontupd.h 文件代码如下:

```
#ifndef __FONTUPD_H__
#define __FONTUPD_H__
#include <stm32f4xx.h>
//字体信息保存地址,占 33 个字节,第 1 个字节用于标记字库是否存在.后续每 8 个字节一组
//分别保存起始地址和文件大小
extern u32 FONTINFOADDR;
//字库信息结构体定义
//用来保存字库基本信息、地址、大小等
__packed typedef struct
{
    u8 fontok;              //字库存在标志,0XAA,字库正常;其他,字库不存在
    u32 ugbkaddr;           //unigbk 的地址
    u32 ugbksize;           //unigbk 的大小
    u32 f12addr;            //gbk12 地址
    u32 gbk12size;          //gbk12 的大小
    u32 f16addr;            //gbk16 地址
    u32 gbk16size;          //gbk16 的大小
    u32 f24addr;            //gbk24 地址
    u32 gkb24size;          //gbk24 的大小
}_font_info;
extern _font_info ftinfo;   //字库信息结构体
u32 fupd_prog(u16 x,u16 y,u8 size,u32 fsize,u32 pos);    //显示更新进度
u8 updata_fontx(u16 x,u16 y,u8 size,u8 *fxpath,u8 fx);   //更新指定字库
u8 update_font(u16 x,u16 y,u8 size,u8 * src);            //更新全部字库
u8 font_init(void);                                      //初始化字库
#endif
```

这里可以看到 ftinfo 的结构体定义,总共占用 33 个字节,第一个字节用来标识字库是否正确,其他的用来记录地址和文件大小。

接下来打开 text.c 文件,代码如下:

```
//code 字符指针开始
//从字库中查找出字模
//code 字符串的开始地址,GBK 码
//mat   数据存放地址 (size/8+((size%8)? 1:0))*(size) bytes 大小
//size:字体大小
void Get_HzMat(unsigned char * code,unsigned char * mat,u8 size)
```

```c
{
    unsigned char qh,ql;
    unsigned char i;
    unsigned long foffset;
    u8 csize=(size/8+((size%8)?1:0))*(size);
                                                //得到字体一个字符对应点阵集所占的字节数
    qh=*code;ql=*(++code);
    if(qh<0x81||ql<0x40||ql==0xff||qh==0xff)    //非常用汉字
    {
        for(i=0;i<csize;i++)*mat++=0x00;        //填充满格
        return;                                 //结束访问
    }
    if(ql<0x7f)ql-=0x40;                        //注意
    else ql-=0x41;
    qh-=0x81;
    foffset=((unsigned long)190*qh+ql)*csize;   //得到字库中的字节偏移量
    switch(size)
    {
        case 12:W25QXX_Read(mat,foffset+ftinfo.f12addr,csize);break;
        case 16:W25QXX_Read(mat,foffset+ftinfo.f16addr,csize);break;
        case 24:W25QXX_Read(mat,foffset+ftinfo.f24addr,csize);break;
    }
}
//显示一个指定大小的汉字
//x,y:汉字的坐标 font:汉字GBK码
//size:字体大小 mode:0,正常显示,1,叠加显示
void Show_Font(u16 x,u16 y,u8 *font,u8 size,u8 mode)
{
    u8 temp,t,t1;u16 y0=y;u8 dzk[72];
    u8 csize=(size/8+((size%8)?1:0))*(size);
                                                //得到字体一个字符对应点阵集所占的字节数
    if(size!=12&&size!=16&&size!=24)return;     //不支持的size
    Get_HzMat(font,dzk,size);                   //得到相应大小的点阵数据
    for(t=0;t<csize;t++)
    {
        temp=dzk[t];                            //得到点阵数据
        for(t1=0;t1<8;t1++)
        {
            if(temp&0x80)LCD_Fast_DrawPoint(x,y,POINT_COLOR);
            else if(mode==0)LCD_Fast_DrawPoint(x,y,BACK_COLOR);
            temp<<=1;y++;
            if((y-y0)==size){y=y0;x++;break;}
        }
    }
}
//在指定位置开始显示一个字符串
//支持自动换行
//(x,y):起始坐标 width,height:区域
//str :字符串 size :字体大小
//mode:0,非叠加方式;1,叠加方式
void Show_Str(u16 x,u16 y,u16 width,u16 height,u8 *str,u8 size,u8 mode)
```

```
{
    ……//此处代码省略
}
//在指定宽度的中间显示字符串
//如果字符长度超过了len,则用Show_Str显示
//len:指定要显示的宽度
void Show_Str_Mid(u16 x,u16 y,u8 * str,u8 size,u8 len)
{
    ……//此处代码省略
}
```

此部分代码总共有4个函数,我们省略了两个函数(Show_Str_Mid 和 Show_Str)的代码,另外两个函数,Get_HzMat 函数用于获取 GBK 码对应的汉字字库,通过32.1节介绍的办法,在外部 flash 查找字库,然后返回对应的字库点阵。Show_Font 函数用于在指定地址显示一个指定大小的汉字,采用的方法和 LCD_ShowChar 所采用的方法一样,都是画点显示,这里就不细说了。

text.h 头文件是一些函数申明,这里不细说了。前面提到我们对 cc936.c 文件做了修改,将其命名为 mycc936.c,并保存在 exfuns 文件夹下,将工程组 FATFS 下的 cc936.c 删除,然后重新添加 mycc936.c 到 FATFS 组下。mycc936.c 的源码就不贴出来了,其实就是在 cc936.c 的基础上去掉了两个大数组,然后对 ff_convert 进行了修改,详见本例程源码。

最后,我们看看 main 函数如下:

```
int main(void)
{
    u32 fontcnt;u8 i,j;u8 key,t;
    u8 fontx[2];//gbk 码
    ……//省略部分代码
    W25QXX_Init();                                  //初始化 W25Q128
    usmart_dev.init(168);                           //初始化 USMART
    my_mem_init(SRAMIN);                            //初始化内部内存池
    my_mem_init(SRAMCCM);                           //初始化 CCM 内存池
    exfuns_init();                                  //为 fatfs 相关变量申请内存
    f_mount(fs[0],"0:",1);                          //挂载 SD 卡
    f_mount(fs[1],"1:",1);                          //挂载 FLASH
    while(font_init())                              //检查字库
    {
UPD:
        LCD_Clear(WHITE);                           //清屏
        POINT_COLOR = RED;                          //设置字体为红色
        LCD_ShowString(30,50,200,16,16,"Explorer STM32F4");
        while(SD_Init())                            //检测 SD 卡
        {
            LCD_ShowString(30,70,200,16,16,"SD Card Failed!");delay_ms(200);
            LCD_Fill(30,70,200 + 30,70 + 16,WHITE);delay_ms(200);
        }
```

```
            LCD_ShowString(30,70,200,16,16,"SD Card OK");
            LCD_ShowString(30,90,200,16,16,"Font Updating...");
            key = update_font(20,110,16,"0:");              //更新字库
            while(key)                                      //更新失败
            {
                LCD_ShowString(30,110,200,16,16,"Font Update Failed!");delay_ms(200);
                LCD_Fill(20,110,200 + 20,110 + 16,WHITE);delay_ms(200);
            }
            LCD_ShowString(30,110,200,16,16,"Font Update Success!    ");
            delay_ms(1500);
            LCD_Clear(WHITE);                               //清屏
        }
        ……//省略部分代码
        while(1)
        {
            fontcnt = 0;
            for(i = 0x81;i<0xff;i ++ )
            {
                fontx[0] = i;
                LCD_ShowNum(118,150,i,3,16);                //显示内码高字节
                for(j = 0x40;j<0xfe;j ++ )
                {
                    if(j == 0x7f)continue;
                    fontcnt ++ ;
                    LCD_ShowNum(118,170,j,3,16);            //显示内码低字节
                    LCD_ShowNum(118,190,fontcnt,5,16);      //汉字计数显示
                    fontx[1] = j;
                    Show_Font(30 + 132,220,fontx,24,0);
                    Show_Font(30 + 144,244,fontx,16,0);
                    Show_Font(30 + 108,260,fontx,12,0);
                    t = 200;
                    while(t -- )                            //延时,同时扫描按键
                    {
                        delay_ms(1);
                        key = KEY_Scan(0);
                        if(key == KEY0_PRES)goto UPD;
                    }
                    LED0 = ! LED0;
                }
            }
        }
    }
```

此部分代码就实现了硬件描述部分所描述的功能,至此整个软件设计就完成了。这节有太多的代码,而且工程也增加了不少,我们来看看工程的截图,如图32.4所示。

第32章 汉字显示实验

图 32.4 工程建成截图

32.4 下载验证

编译成功之后,下载代码到 ALIENTEK 探索者 STM32F4 开发板上,可以看到 LCD 开始显示汉字及汉字内码,如图 32.5 所示。

一开始就显示汉字,是因为 ALIENTEK 探索者 STM32F4 开发板在出厂的时候都是测试过的,里面刷了综合测试程序,已经把字库写入 W25Q128 里面,所以并不会提示更新字库。如果想要更新字库,那么须先找一张 SD 卡,把本书配套资料:5,SD 卡根目录文件夹下面的 SYSTEM 文件夹复制到 SD 卡根目录下,插入开发板并按复位,之后,在显示汉字的时候按下 KEY0,就可以开始更新字库了。字库更新界面如图 32.6 所示。

图 32.5　汉字显示实验显示效果　　　　图 32.6　汉字字库更新界面

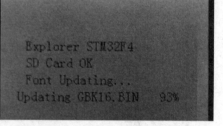

第 33 章 图片显示实验

开发产品时,很多时候都会用到图片解码,本章将介绍如何通过 STM32F4 来解码 BMP、JPG、JPEG、GIF 等图片,并在 LCD 上显示出来。

33.1 图片格式简介

常用的图片格式有很多,一般最常用的有 3 种:JPEG(或 JPG)、BMP 和 GIF。其中,JPEG(或 JPG)和 BMP 是静态图片,而 GIF 则可以实现动态图片。下面简单介绍一下这 3 种图片格式。

首先,我们来看看 BMP 图片格式。BMP(全称 Bitmap)是 Window 操作系统中的标准图像文件格式,文件后缀名为".bmp",使用非常广。它采用位映射存储格式,除了图像深度可选以外,不采用其他任何压缩,因此,BMP 文件所占用的空间很大,但是没有失真。BMP 文件的图像深度可选 1 bit、4 bit、8 bit、16 bit、24 bit 及 32 bit。BMP 文件存储数据时,图像的扫描方式是按从左到右、从下到上的顺序。

典型的 BMP 图像文件由以下 4 部分组成:

① 位图头文件数据结构,包含 BMP 图像文件的类型、显示内容等信息;

② 位图信息数据结构,包含有 BMP 图像的宽、高、压缩方法,以及定义颜色等信息;

③ 调色板,这个部分是可选的,有些位图需要调色板,有些位图,比如真彩色图(24 位的 BMP)就不需要调色板;

④ 位图数据,这部分的内容根据 BMP 位图使用的位数不同而不同,在 24 位图中直接使用 RGB,而其他的小于 24 位的使用调色板中颜色索引值。

关于 BMP 的详细介绍请参考本书配套资料的"BMP 图片文件详解.pdf"。接下来看看 JPEG 文件格式。JPEG 是 Joint Photographic Experts Group(联合图像专家组)的缩写,文件后辍名为".jpg"或".jpeg",是最常用的图像文件格式,由一个软件开发联合会组织制定。同 BMP 格式不同,JPEG 是一种有损压缩格式,能够将图像压缩在很小的储存空间,图像中重复或不重要的资料会被丢失,因此容易造成图像数据的损伤(BMP 不会,但是 BMP 占用空间大)。尤其是使用过高的压缩比例,将使最终解压缩后恢复的图像质量明显降低。如果追求高品质图像,不宜采用过高压缩比例。但是 JPEG 压缩技术十分先进,它用有损压缩方式去除冗余的图像数据,在获得极高的压缩率的同时能展现十分丰富生动的图像。换句话说,就是可以用最少的磁盘空间得到较好的图像品质。而且 JPEG 是一种很灵活的格式,具有调节图像质量的功能,允许用不同的压缩比例对文件进行压缩,支持多种压缩级别,压缩比率通常在 10:1～40:1,压缩比越大,品质就越低;相反地,压缩比越小,品质就越好,比如可以把 1.37 Mbit 的 BMP 位图文件压缩至 20.3 KB。当然,也可以在图像质量和文件尺寸之间找到平衡点。JPEG 格式压缩的主要是高频信息,对色彩的信息保留较好,适合应用于互联网,可减少图像的传输时间,可以支持 24 bit 真彩色,也普遍应用于需要连续色调的图像。

JPEG、JPG 的解码过程可以简单概述为如下几个部分。

① 从文件头读出文件的相关信息。

JPEG 文件数据分为文件头和图像数据两大部分,其中,文件头记录了图像的版本、长宽、采样因子、量化表、哈夫曼表等重要信息。所以解码前必须将文件头信息读出,以备图像数据解码过程之用。

② 从图像数据流读取一个最小编码单元(MCU),并提取出里边的各个颜色分量单元。

③ 将颜色分量单元从数据流恢复成矩阵数据。

使用文件头给出的哈夫曼表,对分割出来的颜色分量单元进行解码,把其恢复成 8×8 的数据矩阵。

④ 8×8 的数据矩阵进一步解码。

此部分解码工作以 8×8 的数据矩阵为单位,其中包括相邻矩阵的直流系数差分解码、使用文件头给出的量化表反量化数据、反 Zig - zag 编码、隔行正负纠正、反向离散余弦变换 5 个步骤,最终输出仍然是一个 8×8 的数据矩阵。

⑤ 颜色系统 YCrCb 向 RGB 转换。

将一个 MCU 的各个颜色分量单元解码结果整合起来,将图像颜色系统从 YCrCb 向 RGB 转换。

⑥ 排列整合各个 MCU 的解码数据。

不断读取数据流中的 MCU 并对其解码,直至读完所有 MCU 为止,将各 MCU 解码后的数据正确排列成完整的图像。

JPEG 的解码本身是比较复杂的,FATFS 的作者提供了一个轻量级的 JPG、JPEG 解码库:TjpgDec,最少仅需 3 KB 的 RAM 和 3.5 KB 的 FLASH 即可实现 JPG、JPEG 解码。本例程采用 TjpgDec 作为 JPG、JPEG 的解码库,关于 TjpgDec 的详细使用请参考本书配套资料"6,软件资料\图片编解码\TjpgDec 技术手册"文档。

BMP 和 JPEG 这两种图片格式均不支持动态效果,而 GIF 则可以支持动态效果。最后,我们来看看 GIF 图片格式。GIF(Graphics Interchange Format)是 CompuServe 公司开发的图像文件存储格式,1987 年开发的 GIF 文件格式版本号是 GIF87a,1989 年进行了扩充,扩充后的版本号定义为 GIF89a。

GIF 图像文件以数据块(block)为单位来存储图像的相关信息。一个 GIF 文件由表示图形、图像的数据块、数据子块以及显示图形、图像的控制信息块组成,称为 GIF

第33章　图片显示实验

数据流(Data Stream)。数据流中的所有控制信息块和数据块都必须在文件头(Header)和文件结束块(Trailer)之间。

GIF 文件格式采用了 LZW(Lempel–Ziv Walch)压缩算法来存储图像数据,定义了允许用户为图像设置背景的透明(transparency)属性。此外,GIF 文件格式可在一个文件中存放多幅彩色图形、图像。如果在 GIF 文件中存放有多幅图,它们可以像演幻灯片那样显示或者像动画那样演示。

一个 GIF 文件的结构可分为文件头(File Header)、GIF 数据流(GIF Data Stream)和文件终结器(Trailer)3 个部分。文件头包含 GIF 文件署名(Signature)和版本号(Version);GIF 数据流由控制标识符、图像块(Image Block)和其他的一些扩展块组成;文件终结器只有一个值为 0x3B 的字符(;)表示文件结束。关于 GIF 的详细介绍请参考本书配套资料 GIF 解码相关资料。

33.2　硬件设计

本章实验功能简介:开机的时候先检测字库,然后检测 SD 卡是否存在,如果 SD 卡存在,则开始查找 SD 卡根目录下的 PICTURE 文件夹,如果找到,则循环显示该文件夹下面的图片文件(支持 bmp、jpg、jpeg 或 gif 格式)。通过按 KEY0 和 KEY2 可以快速浏览下一张和上一张,KEY_UP 按键用于暂停/继续播放,DS1 用于指示当前是否处于暂停状态。如果未找到 PICTURE 文件夹/任何图片文件,则提示错误。同样我们也是用 DS0 来指示程序正在运行。

所要用到的硬件资源如下:指示灯 DS0 和 DS1;KEY0、KEY2 和 KEY_UP 这 3 个按键;串口;TFTLCD 模块;SD 卡;SPI FLASH。这几部分之前介绍过了。注意,在 SD 卡根目录下要建一个 PICTURE 的文件夹,用来存放 JPEG、JPG、BMP 或 GIF 等图片。

33.3　软件设计

打开本章实验工程目录可以看到,我们在工程根目录下面新建了一个 PICTURE 文件夹。在该文件夹里面新建了 bmp.c、bmp.h、tjpgd.c、tjpgd.h、integer.h、gif.c、gif.h、piclib.c 和 piclib.h 这 9 个文件。打开实验工程可以看到,我们在工程中新建了 PICTURE 分组,添加了相关源文件到工程,同时将 PICTURE 文件夹加入头文件包含路径。

其中,bmp.c 和 bmp.h 用于实现对 bmp 文件的解码;tjpgd.c 和 tjpgd.h 用于实现对 jpeg、jpg 文件的解码;gif.c 和 gif.h 用于实现对 gif 文件的解码;代码请参考本书配套资料本例程的源码。我们打开 piclib.c,代码如下:

```
_pic_info picinfo;                                    //图片信息
_pic_phy pic_phy;                                     //图片显示物理接口
//lcd.h 没有提供划横线函数,需要自己实现
void piclib_draw_hline(u16 x0,u16 y0,u16 len,u16 color)
```

```c
{
    if((len == 0)||(x0>lcddev.width)||(y0>lcddev.height))return;
    LCD_Fill(x0,y0,x0 + len - 1,y0,color);
}
//填充颜色
//x,y:起始坐标 width,height:宽度和高度。 * color:颜色数组
void piclib_fill_color(u16 x,u16 y,u16 width,u16 height,u16 * color)
{
    LCD_Color_Fill(x,y,x + width - 1,y + height - 1,color);
}
//画图初始化,在画图之前,必须先调用此函数
//指定画点/读点
void piclib_init(void)
{
    pic_phy.read_point = LCD_ReadPoint;         //读点函数实现,仅 BMP 需要
    pic_phy.draw_point = LCD_Fast_DrawPoint;    //画点函数实现
    pic_phy.fill = LCD_Fill;                    //填充函数实现,仅 GIF 需要
    pic_phy.draw_hline = piclib_draw_hline;     //画线函数实现,仅 GIF 需要
    pic_phy.fillcolor = piclib_fill_color;      //颜色填充函数实现,仅 TJPGD 需要
    picinfo.lcdwidth = lcddev.width;            //得到 LCD 的宽度像素
    picinfo.lcdheight = lcddev.height;          //得到 LCD 的高度像素
    picinfo.ImgWidth = 0;                       //初始化宽度为 0
    picinfo.ImgHeight = 0;                      //初始化高度为 0
    picinfo.Div_Fac = 0;                        //初始化缩放系数为 0
    picinfo.S_Height = 0;                       //初始化设定的高度为 0
    picinfo.S_Width = 0;                        //初始化设定的宽度为 0
    picinfo.S_XOFF = 0;                         //初始化 x 轴的偏移量为 0
    picinfo.S_YOFF = 0;                         //初始化 y 轴的偏移量为 0
    picinfo.staticx = 0;                        //初始化当前显示到的 x 坐标为 0
    picinfo.staticy = 0;                        //初始化当前显示到的 y 坐标为 0
}
//快速 ALPHA BLENDING 算法
//src:源颜色 dst:目标颜色 alpha:透明程度(0~32)
//返回值:混合后的颜色
u16 piclib_alpha_blend(u16 src,u16 dst,u8 alpha)
{
    u32 src2;u32 dst2;
    //Convert to 32bit |-----GGGGGG-----RRRRR------BBBBB|
    src2 = ((src<<16)|src)&0x07E0F81F;
    dst2 = ((dst<<16)|dst)&0x07E0F81F;
    dst2 = ((((dst2 - src2) * alpha)>>5) + src2)&0x07E0F81F;
    return (dst2>>16)|dst2;
}

//初始化智能画点
//内部调用
void ai_draw_init(void)
{
    float temp,temp1;
    temp = (float)picinfo.S_Width/picinfo.ImgWidth;
    temp1 = (float)picinfo.S_Height/picinfo.ImgHeight;
    if(temp<temp1)temp1 = temp;                 //取较小的那个
```

第33章 图片显示实验

```
        if(temp1>1)temp1 = 1;
        //使图片处于所给区域的中间
        picinfo.S_XOFF + = (picinfo.S_Width - temp1 * picinfo.ImgWidth)/2;
        picinfo.S_YOFF + = (picinfo.S_Height - temp1 * picinfo.ImgHeight)/2;
        temp1 * = 8192;                           //扩大 8 192 倍
        picinfo.Div_Fac = temp1;
        picinfo.staticx = 0xffff;
        picinfo.staticy = 0xffff;                 //放到一个不可能的值上面
}
//判断这个像素是否可以显示
//(x,y):像素原始坐标 chg        :功能变量
//返回值:0,不需要显示.1,需要显示
u8 is_element_ok(u16 x,u16 y,u8 chg)
{
        if(x! = picinfo.staticx||y! = picinfo.staticy)
        {
                if(chg == 1){picinfo.staticx = x;picinfo.staticy = y;}
                return 1;
        }else return 0;
}
//智能画图
//FileName:要显示的图片文件   BMP/JPG/JPEG/GIF
//x,y,width,height:坐标及显示区域尺寸
//fast:使能 jpeg/jpg 小图片(图片尺寸小于等于液晶分辨率)快速解码,0,不使能;1,使能
//图片在开始和结束的坐标点范围内显示
u8 ai_load_picfile(const u8 * filename,u16 x,u16 y,u16 width,u16 height,u8 fast)
{
        u8      res;                              //返回值
        u8 temp;
        if((x + width)>picinfo.lcdwidth)return PIC_WINDOW_ERR;   //x 坐标超范围了
        if((y + height)>picinfo.lcdheight)return PIC_WINDOW_ERR; //y 坐标超范围了
        //得到显示方框大小
        if(width == 0||height == 0)return PIC_WINDOW_ERR;        //窗口设定错误
        picinfo.S_Height = height;picinfo.S_Width = width;
        //显示区域无效
        if(picinfo.S_Height == 0||picinfo.S_Width == 0)
        {
                picinfo.S_Height = lcddev.height;picinfo.S_Width = lcddev.width;
                return FALSE;
        }
        if(pic_phy.fillcolor == NULL)fast = 0;//颜色填充函数未实现,不能快速显示
        //显示的开始坐标点
        picinfo.S_YOFF = y;picinfo.S_XOFF = x;
        //文件名传递
        temp = f_typetell((u8 *)filename);        //得到文件的类型
        switch(temp)
        {
                case T_BMP:
                        res = stdbmp_decode(filename);     break;    //解码 bmp
                case T_JPG:
                case T_JPEG:
```

```c
            res = jpg_decode(filename,fast);        break;     //解码 JPG/JPEG
        case T_GIF:
            res = gif_decode(filename,x,y,width,height);break;    //解码 gif
        default:
            res = PIC_FORMAT_ERR;              break;     //非图片格式
    }
    return res;
}
//动态分配内存
void * pic_memalloc (u32 size)
{
    return (void *)mymalloc(SRAMIN,size);
}
//释放内存
void pic_memfree (void * mf)
{
    myfree(SRAMIN,mf);
}
```

此段代码总共 9 个函数,其中,piclib_draw_hline 和 piclib_fill_color 函数因为 LCD 驱动代码没有提供,所以在这里单独实现;如果 LCD 驱动代码有提供,则直接用 LCD 提供的即可。

piclib_init 函数:该函数用于初始化图片解码的相关信息,其中_pic_phy 是 piclib.h 里面定义的一个结构体,用于管理底层 LCD 接口函数,这些函数必须由用户在外部实现。_pic_info 则是另外一个结构体,用于图片缩放处理。

piclib_alpha_blend 函数:该函数用于实现半透明效果,在小格式(图片分辨率小于 LCD 分辨率)bmp 解码的时候可能用到。

ai_draw_init 函数:该函数用于实现图片在显示区域的居中显示初始化,其实就是根据图片大小选择缩放比例和坐标偏移值。

is_element_ok 函数:该函数用于判断一个点是不是应该显示出来,在图片缩放的时候该函数是必须用到的。

ai_load_picfile 函数:该函数是整个图片显示的对外接口,外部程序通过调用该函数可以实现 bmp、jpg/jpeg 和 gif 的显示。该函数根据输入文件的后缀名判断文件格式,然后交给相应的解码程序(bmp 解码、jpeg 解码、gif 解码)执行解码,完成图片显示。注意,这里用到一个 f_typetell 函数来判断文件的后缀名,f_typetell 函数在 ex-funs.c 里面实现,具体请参考本书配套资料本例程源码。

最后,pic_memalloc 和 pic_memfree 分别用于图片解码时需要用到的内存申请和释放,通过调用 mymalloc 和 myfreee 来实现。

piclib.h 的代码可参考本书配套资料源码。最后我们看看 main.c 文件内容如下:

```c
//得到 path 路径下,目标文件的总个数
//path:路径;返回值:总有效文件数
u16 pic_get_tnum(u8 * path)
{
    u8 res;u16 rval = 0;
```

第33章 图片显示实验

```
        DIR tdir;                        //临时目录
        FILINFO tfileinfo;               //临时文件信息
        u8 * fn;
        res = f_opendir(&tdir,(const TCHAR * )path);     //打开目录
        tfileinfo.lfsize = _MAX_LFN * 2 + 1;             //长文件名最大长度
        tfileinfo.lfname = mymalloc(SRAMIN,tfileinfo.lfsize);    //为长文件缓存区分配内存
        if(res == FR_OK&&tfileinfo.lfname! = NULL)
        {
            while(1)                                      //查询总的有效文件数
            {
                res = f_readdir(&tdir,&tfileinfo);        //读取目录下的一个文件
                if(res! = FR_OK||tfileinfo.fname[0] == 0)break;   //错误了/到末尾了,退出
                fn = (u8 * )( * tfileinfo.lfname? tfileinfo.lfname:tfileinfo.fname);
                res = f_typetell(fn);
                if((res&0XF0) == 0X50)rval ++ ;           //取高4位,是否图片文件? 是则加1
            }
        }
        return rval;
}
int main(void)
{
    u8 res;u8 t;u16 temp;
    DIR picdir;                                          //图片目录
    FILINFO picfileinfo;                                 //文件信息
    u8 * fn;                                             //长文件名
    u8 * pname;                                          //带路径的文件名
    u16 totpicnum;                                       //图片文件总数
    u16 curindex;                                        //图片当前索引
    u8 key;                                              //键值
    u8 pause = 0;                                        //暂停标记
    u16 * picindextbl;                                   //图片索引表
    NVIC_PriorityGroupConfig(NVIC_PriorityGroup_2);      //设置系统中断优先级分组2
    delay_init(168);                                     //初始化延时函数
    uart_init(115200);                                   //初始化串口波特率为115 200
    LED_Init();                                          //初始化LED
    usmart_dev.init(84);                                 //初始化USMART
    LCD_Init();                                          //LCD初始化
    KEY_Init();                                          //按键初始化
    W25QXX_Init();                                       //初始化W25Q128
    my_mem_init(SRAMIN);                                 //初始化内部内存池
    my_mem_init(SRAMCCM);                                //初始化CCM内存池
    exfuns_init();                                       //为fatfs相关变量申请内存
    f_mount(fs[0],"0:",1);                               //挂载SD卡
    f_mount(fs[1],"1:",1);                               //挂载FLASH
    POINT_COLOR = RED;
    while(font_init())                                   //检查字库
    {
        LCD_ShowString(30,50,200,16,16,"Font Error!");delay_ms(200);
        LCD_Fill(30,50,240,66,WHITE);delay_ms(200);       //清除显示
    }
```

·429·

```c
……//省略部分代码
    while(f_opendir(&picdir,"0:/PICTURE"))//打开图片文件夹
    {
        Show_Str(30,170,240,16,"PICTURE 文件夹错误!",16,0);delay_ms(200);
        LCD_Fill(30,170,240,186,WHITE);delay_ms(200);//清除显示
    }
    totpicnum = pic_get_tnum("0:/PICTURE");  //得到总有效文件数
    while(totpicnum == NULL)//图片文件为 0
    {
        Show_Str(30,170,240,16,"没有图片文件!",16,0);delay_ms(200);
        LCD_Fill(30,170,240,186,WHITE);delay_ms(200);//清除显示
    }
    picfileinfo.lfsize = _MAX_LFN * 2 + 1;                      //长文件名最大长度
    picfileinfo.lfname = mymalloc(SRAMIN,picfileinfo.lfsize);//长文件缓存区分配内存
    pname = mymalloc(SRAMIN,picfileinfo.lfsize);    //为带路径的文件名分配内存
    picindextbl = mymalloc(SRAMIN,2 * totpicnum);   //申请内存,用于存放图片索引
    while(picfileinfo.lfname == NULL||pname == NULL||picindextbl == NULL)//分配出错
    {
        Show_Str(30,170,240,16,"内存分配失败!",16,0);delay_ms(200);
        LCD_Fill(30,170,240,186,WHITE);delay_ms(200);       //清除显示
    }
    //记录索引
    res = f_opendir(&picdir,"0:/PICTURE");              //打开目录
    if(res == FR_OK)
    {
        curindex = 0;                                   //当前索引为 0
        while(1)                                        //全部查询一遍
        {
            temp = picdir.index;                        //记录当前 index
            res = f_readdir(&picdir,&picfileinfo);      //读取目录下的一个文件
            if(res!= FR_OK||picfileinfo.fname[0] == 0)break;//错误了/到末尾了,退出
            fn = (u8 *)(* picfileinfo.lfname? picfileinfo.lfname:picfileinfo.fname);
            res = f_typetell(fn);
            if((res&0XF0) == 0X50)                      //取高 4 位,看看是不是图片文件
            {
                picindextbl[curindex] = temp;
                curindex ++;                            //记录索引
            }
        }
    }
    Show_Str(30,170,240,16,"开始显示...",16,0);
    delay_ms(1500);
    piclib_init();                                      //初始化画图
    curindex = 0;                                       //从 0 开始显示
    res = f_opendir(&picdir,(const TCHAR *)"0:/PICTURE");   //打开目录
    while(res == FR_OK)                                 //打开成功
    {
        dir_sdi(&picdir,picindextbl[curindex]);         //改变当前目录索引
        res = f_readdir(&picdir,&picfileinfo);          //读取目录下的一个文件
        if(res!= FR_OK||picfileinfo.fname[0] == 0)break;//错误了/到末尾了,退出
```

第33章 图片显示实验

```
        fn = (u8 *)(*picfileinfo.lfname? picfileinfo.lfname:picfileinfo.fname);
        strcpy((char *)pname,"0:/PICTURE/");                    //复制路径(目录)
        strcat((char *)pname,(const char *)fn);                  //将文件名接在后面
        LCD_Clear(BLACK);
        ai_load_picfile(pname,0,0,lcddev.width,lcddev.height,1);        //显示图片
        Show_Str(2,2,240,16,pname,16,1);                         //显示图片名字
        t = 0;
        while(1)
        {
            key = KEY_Scan(0);                                   //扫描按键
            if(t>250)key = 1;                                    //模拟一次按下 KEY0
            if((t % 20) == 0)LED0 = ! LED0;                      //LED0 闪烁,提示程序正在运行
            if(key == KEY2_PRES)                                 //上一张
            {
                if(curindex)curindex - - ;
                else curindex = totpicnum - 1;
                break;
            }else if(key == KEY0_PRES)                           //下一张
            {
                curindex ++ ;
                if(curindex> = totpicnum)curindex = 0;            //到末尾的时候,自动从头开始
                break;
            }else if(key == WKUP_PRES){pause = ! pause;LED1 = ! pause;}
                                                                 //暂停吗
            if(pause == 0)t ++ ;
            delay_ms(10);
        }
        res = 0;
    }
    myfree(SRAMIN,picfileinfo.lfname);                           //释放内存
    myfree(SRAMIN,pname);                                        //释放内存
    myfree(SRAMIN,picindextbl);                                  //释放内存
}
```

此部分除了 main 函数,还有一个 pic_get_tnum 的函数,用来得到 path 路径下所有有效文件(图片文件)的个数。main 函数里面通过索引(图片文件在 PICTURE 文件夹下的编号)来查找上一个/下一个图片文件,这里需要用到 FATFS 自带的一个函数:dir_sdi,来设置当前目录的索引(因为 f_readdir 只能沿着索引一直往下找,不能往上找),方便定位到任何一个文件。dir_sdi 在 FATFS 下面被定义为 static 函数,所以必须在 ff.c 里面将该函数的 static 修饰词去掉,然后在 ff.h 里面添加该函数的申明,以便 main 函数使用。

其他部分就比较简单了,至此,整个图片显示实验的软件设计部分就结束了。该程序将实现浏览 PICTURE 文件夹下的所有图片,并显示其名字,每隔 3 s 左右切换一幅图片。

33.4 下载验证

编译成功之后,下载代码到 ALIENTEK 探索者 STM32F4 开发板上可以看到,

LCD 开始显示图片(假设 SD 卡及文件都准备好了)了,如图 33.1 所示。

图 33.1 图片显示实验显示效果

按 KEY0 和 KEY2 可以快速切换到下一张或上一张,KEY_UP 按键可以暂停自动播放,同时 DS1 亮指示处于暂停状态,再按一次 KEY_UP 则继续播放。同时,由于我们的代码支持 GIF 格式的图片显示(注意尺寸不能超过 LCD 屏幕尺寸),所以可以放一些 GIF 图片到 PICTURE 文件夹来看动画了。

第 34 章

FPU 测试(Julia 分形)实验

本章将介绍如何开启 STM32F4 的硬件 FPU,并对比使用硬件 FPU 和不使用硬件 FPU 的速度差别,以体现硬件 FPU 的优势。

34.1 FPU 及 Julia 分形简介

34.1.1 FPU 简介

FPU,即浮点运算单元(Float Point Unit)。浮点运算,相对于定点 CPU(没有 FPU 的 CPU)来说,必须要按照 IEEE—754 标准的算法来完成运算,是相当耗费时间的。而对于有 FPU 的 CPU 来说,浮点运算则只是几条指令的事情,速度相当快。

STM32F4 属于 Cortex - M4F 架构,带有 32 位单精度硬件 FPU,支持浮点指令集,相对于 Cortex - M0 和 Cortex - M3 等,高出数十倍甚至上百倍的运算性能。STM32F4 硬件上要开启 FPU 是很简单的,通过一个协处理器控制寄存器(CPACR)的设置即可开启 STM32F4 的硬件 FPU,该寄存器各位描述如图 34.1 所示。

31	30	29	28	27	26	25	24	23	22	21	20	19	18	17	16
Reserved								CP11		CP10		Reserved			
								rw		rw					
15	14	13	12	11	10	9	8	7	6	5	4	3	2	1	0
Reserved															

图 34.1 协处理器控制寄存器(CPACR)各位描述

这里就是要设置 CP11 和 CP10 这 4 个位。复位后,这 4 个位的值都为 0,此时禁止访问协处理器(禁止了硬件 FPU),将这 4 个位都设置为 1 即可完全访问协处理器(开启硬件 FPU),此时便可以使用 STM32F4 内置的硬件 FPU 了。CPACR 寄存器这 4 个位的设置在 system_stm32f4xx_c 文件里面开启,代码如下:

```
void SystemInit(void)
{
    /* FPU settings ------------------------------------------ */
    #if (__FPU_PRESENT == 1) && (__FPU_USED == 1)
        SCB->CPACR |= ((3UL << 10*2)|(3UL << 11*2));/* set CP10 and CP11 Full Access */
    #endif
    ……//省略部分代码
}
```

此部分代码是系统初始化函数的部分内容,功能就是设置 CPACR 寄存器的 20～23 位为 1,以开启 STM32F4 的硬件 FPU 功能。从程序可以看出,只要定义了全局宏定义标识符 __FPU_PRESENT 以及 __FPU_USED 为 1,那么就可以开启硬件 FPU。其中,宏定义标识符 __FPU_PRESENT 用来确定处理器是否带 FPU 功能,标识符 __FPU_USED 用来确定是否开启 FPU 功能。

实际上,因为 F4 是带 FPU 功能的,所以在 stm32f4xx.h 头文件里面默认定义 __FPU_PRESENT 为 1。打开文件搜索即可找到下面一行代码:

```
#define __FPU_PRESENT           1
```

但是,仅仅只是说明处理器有 FPU 是不够的,我们还需要开启 FPU 功能。开启 FPU 有两种方法,第一种是直接在头文件 STM32f4xx.h 中定义宏定义标识符 __FPU_USED 的值为 1。也可以直接在 MDK 编译器上面设置,在 MDK5 编译器里面,单击 按钮,然后在弹出的 Options for Target 'Target1' 对话框的 Target 选项卡里面,设置 Floating Point Hardware 为 Use FPU,如图 34.2 所示。

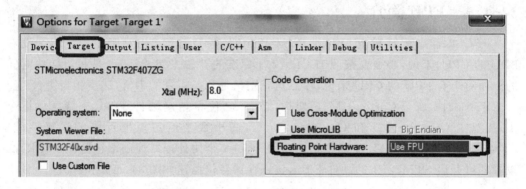

图 34.2 编译器开启硬件 FPU 选型

于是,编译器自动加入标识符 __FPU_USED 为 1。这样遇到浮点运算就会使用硬件 FPU 相关指令,执行浮点运算,从而大大减少计算时间。

最后,总结 STM32F4 硬件 FPU 使用的要点:

① 设置 CPACR 寄存器 bit20～23 为 1,使能硬件 FPU。
② MDK 编译器 Code Generation 里面设置 Use FPU。

经过这两步设置,我们的编写的浮点运算代码即可使用 STM32F4 的硬件 FPU 了,可以大大加快浮点运算速度。

34.1.2 Julia 分形简介

Julia 分形即 Julia 集,最早由法国数学家 Gaston Julia 发现,因此命名为 Julia(朱利亚)集。Julia 集合的生成算法非常简单:对于复平面的每个点,我们计算一个定义序列的发散速度。该序列的 Julia 集计算公式为:

第34章　FPU测试(Julia分形)实验

$$z_n + 1 = z_n^2 + c$$

针对复平面的每个 $x + \mathrm{i}.y$ 点，我们用 $c = c_x + \mathrm{i}.c_y$ 计算该序列：

$$x_{n+1} + \mathrm{i}.y_{n+1} = x_n^2 - y_n^2 + 2 \cdot \mathrm{i}.x_n \cdot y_n + c_x + \mathrm{i}.c_y$$

$$x_n + 1 = x_n^2 - y_n^2 + c_x \text{ 且 } y_{n+1} = 2 \cdot x_n \cdot y_n + c_y$$

一旦计算出的复值超出给定圆的范围(数值大小大于圆半径)，序列便会发散，达到此限值时完成的迭代次数与该点相关。随后将该值转换为颜色，以图形方式显示复平面上各个点的分散速度。

经过给定的迭代次数后，若产生的复值保持在圆范围内，则计算过程停止，并且序列也不发散。本例程生成Julia分形图片的代码如下：

```
#define         ITERATION       128                           //迭代次数
#define         REAL_CONSTANT   0.285f                        //实部常量
#define         IMG_CONSTANT    0.01f                         //虚部常量
//产生Julia分形图形
//size_x,size_y:屏幕x,y方向的尺寸;offset_x,offset_y:屏幕x,y方向的偏移;zoom:缩放因子
void GenerateJulia_fpu(u16 size_x,u16 size_y,u16 offset_x,u16 offset_y,u16 zoom)
{
    u8 i;u16 x,y;
    float tmp1,tmp2;
    float num_real,num_img;
    float radius;
    for(y=0;y<size_y;y++)
    {
        for(x=0;x<size_x;x++)
        {
            num_real = y - offset_y;
            num_real = num_real/zoom;
            num_img = x - offset_x;
            num_img = num_img/zoom;
            i = 0;
            radius = 0;
            while((i<ITERATION-1)&&(radius<4))
            {
                tmp1 = num_real * num_real;
                tmp2 = num_img * num_img;
                num_img = 2 * num_real * num_img + IMG_CONSTANT;
                num_real = tmp1 - tmp2 + REAL_CONSTANT;
                radius = tmp1 + tmp2;
                i++;
            }
            LCD->LCD_RAM = color_map[i];                      //绘制到屏幕
        }
    }
}
```

这种算法非常有效地展示了FPU的优势：无须修改代码，只需在编译阶段激活或禁止FPU(在MDK Code Generation里面设置Use FPU/Not Used)即可测试使用硬件FPU和不使用硬件FPU的差距。

34.2 硬件设计

本章实验功能简介：开机后，根据迭代次数生成颜色表（RGB565），然后计算 Julia 分形，并显示到 LCD 上面。同时，程序开启了定时器 3，用于统计一帧所要的时间（ms）。在一帧 Julia 分形图片显示完成后，程序会显示运行时间、当前是否使用 FPU 和缩放因子（zoom）等信息，方便观察对比。KEY0、KEY2 用于调节缩放因子，KEY_UP 用于设置自动缩放还是手动缩放。DS0 用于提示程序运行状况。

本实验用到的资源如下：指示灯 DS0、3 个按键（KEY_UP、KEY0、KEY2）、串口、TFTLCD 模块。这些前面都已介绍过。

34.3 软件设计

本章代码分成两个工程：
① 实验 46_1 FPU 测试（Julia 分形）实验_开启硬件 FPU；
② 实验 46_2 FPU 测试（Julia 分形）实验_关闭硬件 FPU。

这两个工程的代码一模一样，只是前者使用硬件 FPU 计算 Julia 分形集（MDK 参考图 34.2 设置 Use FPU），后者使用 IEEE—754 标准计算 Julia 分形集（MDK 设置参考图 34.2 设置不使用 FPU）。这里仅介绍其中一个：实验 46_1 FPU 测试（Julia 分形）实验_开启硬件 FPU。

本章代码在 TFTLCD 显示实验的基础上修改，打开 TFTLCD 显示实验的工程，由于要统计帧时间和按键设置，所以在 HARDWARE 组下加入 timer.c 和 key.c 两个文件。

本章不需要添加其他 .c 文件，所有代码均在 main.c 里面实现，整个代码如下：

```
//FPU 模式提示
#if __FPU_USED == 1
#define SCORE_FPU_MODE                  "FPU On"
#else
#define SCORE_FPU_MODE                  "FPU Off"
#endif
#define         ITERATION       128         //迭代次数
#define         REAL_CONSTANT   0.285f      //实部常量
#define         IMG_CONSTANT    0.01f       //虚部常量
//颜色表
u16 color_map[ITERATION];
//缩放因子列表
const u16 zoom_ratio[] =
{
    120, 110, 100, 150, 200, 275, 350, 450,
    600, 800, 1000, 1200, 1500, 2000, 1500,
    1200, 1000, 800, 600, 450, 350, 275, 200,
    150, 100, 110,
```

```c
};
//初始化颜色表
//clut:颜色表指针
void InitCLUT(u16 * clut)
{
    u32 i = 0x00;
    u16    red = 0,green = 0,blue = 0;
    for(i = 0;i<ITERATION;i++)//产生颜色表
    {
        //产生 RGB 颜色值
        red = (i * 8 * 256/ITERATION) % 256;
        green = (i * 6 * 256/ITERATION) % 256;
        blue = (i * 4 * 256 /ITERATION) % 256;
        //将 RGB888,转换为 RGB565
        red = red>>3;
        red = red<<11;
        green = green>>2;
        green = green<<5;
        blue = blue>>3;
        clut[i] = red + green + blue;
    }
}
//产生 Julia 分形图形
//size_x,size_y:屏幕 x,y 方向的尺寸;offset_x,offset_y:屏幕 x,y 方向的偏移;zoom:缩放因子
void GenerateJulia_fpu(u16 size_x,u16 size_y,u16 offset_x,u16 offset_y,u16 zoom)
{
    ……//代码省略,详见 34.1.2 节
}
u8 timeout;
int main(void)
{
    u8 key;u8 i = 0;u8 autorun = 0;u8 buf[50];
    float time;
    NVIC_PriorityGroupConfig(NVIC_PriorityGroup_2);//设置系统中断优先级分组 2
    delay_init(168);                       //初始化延时函数
    uart_init(115200);                     //初始化串口波特率为 115 200
    LED_Init();                            //初始化 LED
    KEY_Init();                            //初始化按键
    LCD_Init();                            //初始化 LCD
    TIM3_Int_Init(65535,8400 - 1);         //10 kHz 计数频率,最大计时 6.5 s 超出
    ……//省略部分代码
    delay_ms(1200);
    POINT_COLOR = BLUE;                    //设置字体为蓝色
    InitCLUT(color_map);                   //初始化颜色表
    while(1)
    {
        key = KEY_Scan(0);
        switch(key)
        {
            case KEY0_PRES:
                i++;
```

```
                    if(i>sizeof(zoom_ratio)/2-1)i=0;      //限制范围
                    break;
                case KEY2_PRES:
                    if(i)i--;
                    else i=sizeof(zoom_ratio)/2-1;
                    break;
                case WKUP_PRES:autorun=!autorun;break;   //自动/手动
        }
        if(autorun==1)                                    //自动时,自动设置缩放因子
        {
            i++;
            if(i>sizeof(zoom_ratio)/2-1)i=0;              //限制范围
        }
        LCD_Set_Window(0,0,lcddev.width,lcddev.height);   //设置窗口
        LCD_WriteRAM_Prepare();
        TIM3->CNT=0;                                      //重设 TIM3 定时器的计数器值
        timeout=0;
        GenerateJulia_fpu(lcddev.width,lcddev.height,lcddev.width/2,lcddev.height/2,
                    zoom_ratio[i]);
        time=TIM3->CNT+(u32)timeout*65536;
        sprintf((char*)buf,"%s:zoom:%d  runtime:%0.1fms\r\n",SCORE_FPU_MODE,
                    zoom_ratio[i],time/10);
        LCD_ShowString(5,lcddev.height-5-12,lcddev.width-5,12,12,buf);//显示运行情况
        printf("%s",buf);                                 //输出到串口
        LED0=!LED0;
    }
}
```

这里面总共 3 个函数:InitCLUT、GenerateJulia_fpu 和 main 函数。

InitCLUT 函数,该函数用于初始化颜色表,根据迭代次数(ITERATION)计算出颜色表,并将这些颜色值显示在 TFTLCD 上。

GenerateJulia_fpu 函数,该函数根据给定的条件计算 Julia 分形集。当迭代次数大于等于 ITERATION 或者半径大于等于 4 时,结束迭代,并在 TFTLCD 上面显示迭代次数对应的颜色值,从而得到漂亮的 Julia 分形图。可以通过修改 REAL_CONSTANT 和 IMG_CONSTANT 常量的值来得到不同的 Julia 分形图。

main 函数,完成 34.2 节介绍的实验功能,代码比较简单。这里用到一个缩放因子表:zoom_ratio,里面存储了一些不同的缩放因子,方便演示效果。

最后,为了提高速度,我们在 MDK 里面选择使用-O2 优化代码速度。

再次提醒读者:本例程两个代码(实验 46_1 和实验 46_2)程序是一模一样的,区别就是图 34.2 的 Floating Point Hardware 设置不一样,当设置 Use FPU 时,使用硬件 FPU;当设置 Not Used 时,不使用硬件 FPU。分别下载这两个代码,通过屏幕显示的 runtime 时间,即可看出速度上的区别。

34.4 下载验证

编译成功之后,下载本例程任意一个代码(这里以 46_1 为例)到 ALIENTEK 探索

者 STM32F4 开发板上,可以看到 LCD 显示 Julia 分形图,并显示相关参数,如图 34.3 所示。

实验 46_1 是开启了硬件 FPU 的,所以显示 Julia 分形图片速度比较快。如果下载实验 46_2,同样的缩放因子,会比实验 46_1 慢 9 倍左右。这与 ST 官方给出的 17 倍有点差距,这是因为我们没有选择 Use MicroLIB(还是在 Target 选项卡设置),如果都选中则会发现:使用硬件 FPU 的例程(实验 46_1)时间基本没变化,而不使用硬件 FPU 的例程(实验 46_2)则速度变慢了很多,这样,两者相差差不多就是 17 倍了。

因此可以看出,使用硬件 FPU 和不使用硬件 FPU 对比,同样的条件下,快了近 10 倍,充分体现了 STM32F4 硬件 FPU 的优势。

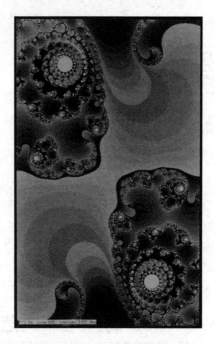

图 34.3 Julia 分形显示效果

第 35 章

DSP 测试实验

第 34 章在 ALIENTEK 探索者 STM32F4 开发板上测试了 STM32F4 的硬件 FPU。STM32F4 除了集成硬件 FPU 外，还支持多种 DSP 指令集。同时 ST 还提供了一整套 DSP 库方便我们工程中开发应用。

本章将入门 STM32F4 的 DSP，手把手教读者搭建 DSP 库测试环境，同时通过对 DSP 库中的几个基本数学功能函数和 FFT 快速傅里叶变换函数的测试，让读者对 STM32F4 的 DSP 库有个基本的了解。

35.1 DSP 简介与环境搭建

35.1.1 STM32F4 DSP 简介

STM32F4 采用 Cortex - M4 内核，相比 Cortex - M3 系列，除了内置硬件 FPU 单元，在数字信号处理方面还增加了 DSP 指令集，支持诸如单周期乘加指令（MAC）、优化的单指令多数据指令（SIMD）、饱和算数等多种数字信号处理指令集。相比 Cortex - M3，Cortex - M4 在数字信号处理能力方面得到了大大的提升。Cortex - M4 执行所有的 DSP 指令集都可以在单周期内完成，而 Cortex - M3 需要多个指令和多个周期才能完成同样的功能。

接下来看看 Cortex - M4 的两个 DSP 指令：MAC 指令（32 位乘法累加）和 SIMD 指令。32 位乘法累加（MAC）单元包括新的指令集，能够在单周期内完成一个 32×32 +64→64 的操作或两个 16×16 的操作，其计算能力，如表 35.1 所列。

表 35.1 32 位乘法累加（MAC）单元的计算能力

计 算	指 令	周 期
16×16=32	SMULBB,SMULBT,SMULTB,SMULTT	1
16×16+32=32	SMLABB,SMLABT,SMLATB,SMLATT	1
16×16+64=64	SMLALBB,SMLALBT,SMLALTB,SMLALTT	1
16×32=32	SMULWB,SMULWT	1
(16×32)+32=32	SMLAWB,SMULWT	1
(16×16)±(16×16)=32	SMUAD,SMUADX,SMUSD,SMUSDX	1

第 35 章 DSP 测试实验

续表 35.1

计 算	指 令	周期
(16×16)±(16×16)+32=32	SMLAD,SMLADX,SMLSD,SMLSDX	1
(16×16)±(16×16)+64=64	SMLALD,SMLALDX,SMLSLD,SMLSLDX	1
32×32=32	MUL	1
32±(32×32)=32	MLA,MLS	1
32×32=64	SMULL,UMULL	1
(32×32)+64=64	SMLAL,UMLAL	1
(32×32)+32+32=64	UMAAL	1
2±(32×32)=32(上)	SMMLA,SMMLAR,SMMLS,SMMLSR	1
(32×32)=32(上)	SMMUL,SMMULR	1

Cortex-M4 支持 SIMD 指令集,这在 Cortex-M3/M0 系列是不可用的。表 35.1 中的指令有的属于 SIMD 指令。与硬件乘法器一起工作使所有这些指令都能在单个周期内执行。受益于 SIMD 指令的支持,Cortex-M4 处理器能在单周期内完成高达 32×32+64→64 的运算,为其他任务释放处理器的带宽,而不是被乘法和加法消耗运算资源。

比如一个比较复杂的运算:两个 16×16 乘法加上一个 32 位加法,如图 35.1 所示。

图中所示的运算,即 SUM = SUM+(A·C)+(B·D),在 STM32F4 上面,可以被编译成由一条单周期指令完成。

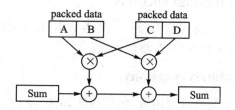

图 35.1 SUM 运算过程

上面简单介绍了 Cortex-M4 的 DSP 指令,接下来介绍 STM32F4 的 DSP 库。STM32F4 的 DSP 库源码和测试实例在 ST 提供的标准库 stm32f4_dsp_stdperiph_lib.zip 里面就有(该文件可以在:http://www.st.com/web/en/catalog/tools/FM147/CL1794/SC961/SS1743/PF257901 下载,文件名:STSW-STM32065),该文件在本书配套资料:8,STM32 参考资料→STM32F4xx 固件库,解压该文件即可找到 ST 提供的 DSP 库,详细路径为本书配套资料:8,STM32 参考资料→STM32F4xx 固件库→STM32F4xx_DSP_StdPeriph_Lib_V1.4.0→Libraries→CMSIS→DSP_Lib,该文件夹下目录结构如图 35.2 所示。

DSP_Lib 源码包的 Source 文件夹是所有 DSP 库的源码,Examples 文件夹是相对应的一些测试实例。这些测试实例都是带 main 函数的,也就是拿到工程中可以直接使用。接下来讲解 Source 源码文件夹下子文件夹包含的 DSP 库的功能。

BasicMathFunctions

基本数学函数:提供浮点数的各种基本运算函数,如向量加减乘除等运算。

CommonTables

arm_common_tables.c 文件提供位翻转或相关参数表。

ComplexMathFunctions

复杂数学功能,如向量处理、求模运算的。

ControllerFunctions

控制功能函数,包括正弦余弦、PID 电机控制、矢量 Clarke 变换、矢量 Clarke 逆变换等。

FastMathFunctions

快速数学功能函数,提供了一种快速的近似正弦、余弦和平方根等相比 CMSIS 计算库要快的数学函数。

FilteringFunctions

滤波函数功能,主要为 FIR 和 LMS (最小均方根)等滤波函数。

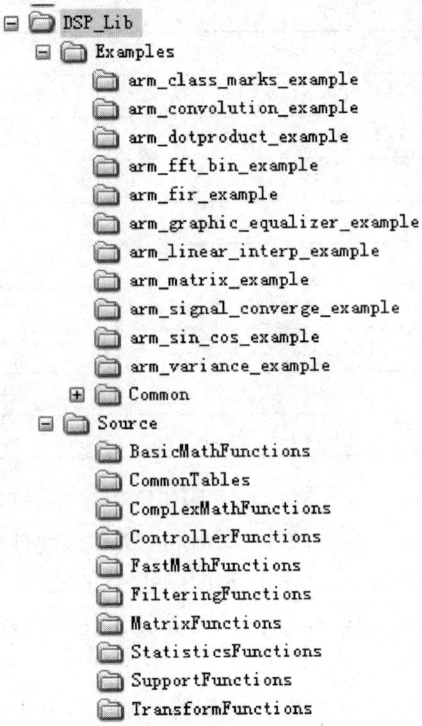

```
DSP_Lib
├── Examples
│   ├── arm_class_marks_example
│   ├── arm_convolution_example
│   ├── arm_dotproduct_example
│   ├── arm_fft_bin_example
│   ├── arm_fir_example
│   ├── arm_graphic_equalizer_example
│   ├── arm_linear_interp_example
│   ├── arm_matrix_example
│   ├── arm_signal_converge_example
│   ├── arm_sin_cos_example
│   ├── arm_variance_example
│   └── Common
└── Source
    ├── BasicMathFunctions
    ├── CommonTables
    ├── ComplexMathFunctions
    ├── ControllerFunctions
    ├── FastMathFunctions
    ├── FilteringFunctions
    ├── MatrixFunctions
    ├── StatisticsFunctions
    ├── SupportFunctions
    └── TransformFunctions
```

图 35.2　DSP_Lib 目录结构

MatrixFunctions

矩阵处理函数,包括矩阵加法、矩阵初始化、矩阵反、矩阵乘法、矩阵规模、矩阵减法、矩阵转置等函数。

StatisticsFunctions

统计功能函数,如求平均值、最大值、最小值、计算均方根 RMS、计算方差/标准差等。

SupportFunctions

支持功能函数,如数据拷贝、Q 格式和浮点格式相互转换、Q 任意格式相互转换。

TransformFunctions

变换功能,包括复数 FFT(CFFT)/复数 FFT 逆运算(CIFFT)、实数 FFT(RFFT)/实数 FFT 逆运算(RIFFT)、DCT(离散余弦变换)和配套的初始化函数。

所有这些 DSP 库代码合在一起是比较多的,因此,ST 提供了.lib 格式的文件,方便使用。这些.lib 文件就是由 Source 文件夹下的源码编译生成的,如果想看某个函数的源码,则可以在 Source 文件夹下面查找。.lib 格式文件路径为本书配套资料:8,STM32 参考资料→STM32F4xx 固件库→STM32F4xx_DSP_StdPeriph_Lib_V1.4.0

→Libraries→CMSIS→Lib→ARM,总共有 8 个.lib 文件,如下:
① arm_cortexM0b_math.lib　(Cortex – M0 大端模式);
② arm_cortexM0l_math.lib　(Cortex – M0 小端模式);
③ arm_cortexM3b_math.lib　(Cortex – M3 大端模式);
④ arm_cortexM3l_math.lib　(Cortex – M3 小端模式);
⑤ arm_cortexM4b_math.lib　(Cortex – M4 大端模式);
⑥ arm_cortexM4bf_math.lib　(Cortex – M4 小端模式);
⑦ arm_cortexM4l_math.lib　(浮点 Cortex – M4 大端模式);
⑧ arm_cortexM4lf_math.lib　(浮点 Cortex – M4 小端模式)。

我们得根据所用 MCU 内核类型以及端模式来选择符合要求的.lib 文件,本章所用的 STM32F4 属于 Cortex – M4F 内核,小端模式,应选择 arm_cortexM4lf_math.lib(浮点 Cortex – M4 小端模式)。

DSP_Lib 的子文件夹 Examples 下面存放的文件是 ST 官方提供的一些 DSP 测试代码,提供简短的测试程序,方便上手,有兴趣的读者可以根据需要自行测试。

35.1.2　DSP 库运行环境搭建

本小节讲解怎么搭建 DSP 库运行环境,只要运行环境搭建好了,使用 DSP 库里面的函数来做相关处理就非常简单了。这里将以第 34 章例程(实验 46_1)为基础,搭建 DSP 运行环境。

在 MDK 里面搭建 STM32F4 的 DSP 运行环境(使用.lib 方式)是很简单的,分为以下 3 个步骤:

1. 添加文件

首先,在例程工程目录下新建:DSP_LIB 文件夹,存放我们将要添加的文件:arm_cortexM4lf_math.lib 和相关头文件,如图 35.3 所示。其中,arm_cortexM4lf_math.lib 的由来在 35.1.1 小节已经介绍过了。Include 文件夹则是直接复制 STM32F4xx_DSP_StdPeriph_Lib_V1.4.0→Libraries→CMSIS→Include 这个 Include 文件夹,里面包含了可能要用到的相关头文件。

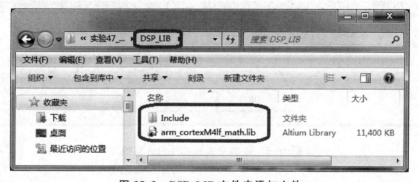

图 35.3　DSP_LIB 文件夹添加文件

然后，打开工程，新建 DSP_LIB 分组，并将 arm_cortexM4lf_math.lib 添加到工程里面，如图 35.4 所示。这样，添加文件就结束了（就添加了一个.lib 文件）。

图 35.4 添加.lib 文件

2. 添加头文件包含路径

添加好.lib 文件后，我们要添加头文件包含路径，将第一步复制的 Include 文件夹和 DSP_LIB 文件夹加入头文件包含路径，如图 35.5 所示。

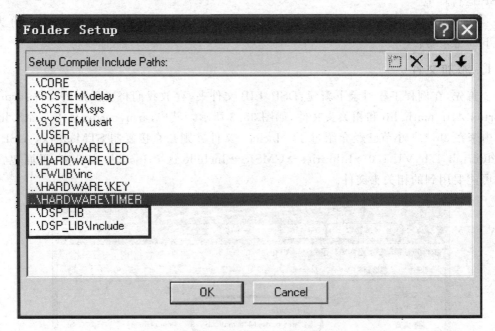

图 35.5 添加相关头文件包含路径

3. 添加全局宏定义

最后，为了使用 DSP 库的所有功能，我们还需要添加几个全局宏定义：
- __FPU_USED；
- __FPU_PRESENT；
- ARM_MATH_CM4；
- __CC_ARM；
- ARM_MATH_MATRIX_CHECK；
- ARM_MATH_ROUNDING。

添加方法：单击 ，在弹出的 Options for Target 'Target1' 对话框中选择 C/C++选项卡，然后在 Define 里面进行设置，如图 35.6 所示。这里，两个宏之间用","隔开。并且，上面的全局宏里面没有添加 __FPU_USED，因为这个宏定义在 Target 选项卡设置 Code Generation 的时候选择了 Use FPU（如果没有设置 Use FPU，则必须设置），故 MDK 自动添加这个全局宏，因此不需要手动添加了。同时 __FPU_PRESENT 全局宏（FPU 实验已经讲解）的宏定义在 stm32f4xx.h 头文件里面已经定义。这样，在 Define 处要输入的所有宏为 STM32F40_41xxx、USE_STDPERIPH_DRIVER、ARM_MATH_CM4、__CC_ARM、ARM_MATH_MATRIX_CHECK、ARM_MATH_ROUNDING 共 6 个。至此，STM32F4 的 DSP 库运行环境就搭建完成了。注意，为了方便调试，本章例程将 MDK 的优化设置为 -O0 优化，以得到最好的调试效果。

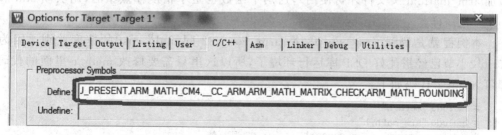

图 35.6　DSP 库支持全局宏定义设置

35.2　硬件设计

本例程包含 2 个源码：实验 47_1 DSP BasicMath 测试和实验 47_2 DSP FFT 测试，除了 main.c 里面内容不一样外，其他源码完全一样（包括 MDK 配置）。

实验 47_1 DSP BasicMath 测试实验功能简介：测试 STM32F4 的 DSP 库基础数学函数：arm_cos_f32、arm_sin_f32 和标准库基础数学函数：cosf 和 sinf 的速度差别，并在 LCD 屏幕上面显示两者计算所用时间，DS0 用于提示程序正在运行。

实验 47_2 DSP FFT 测试实验功能简介：测试 STM32F4 的 DSP 库的 FFT 函数，程序运行后自动生成 1 024 点测试序列，然后，每当 KEY0 按下后，调用 DSP 库的 FFT

算法(基 4 法)执行 FFT 运算,在 LCD 屏幕上面显示运算时间,同时将 FFT 结果输出到串口,DS0 用于提示程序正在运行。

本实验用到的资源如下:指示灯 DS0、KEY0 按键、串口、TFTLCD 模块。这些前面都已介绍过。

35.3 软件设计

本章代码分成两个工程:①实验 47_1 DSP BasicMath 测试;②实验 47_2 DSP FFT 测试,接下来分别介绍。

35.3.1 DSP BasicMath 测试

这是使用 STM32F4 的 DSP 库进行基础数学函数测试的一个例程。使用大家耳熟能详的公式进行计算:

$$\sin x^2 + \cos x^2 = 1$$

这里用到的就是 sin 和 cos 函数,不过实现方式不同。MDK 的标准库(math.h)提供 sin、cos、sinf 和 cosf 这 4 个函数,带 f 的表示单精度浮点型运算,即 float 型,不带 f 的表示双精度浮点型,即 double。

STM32F4 的 DSP 库提供另外两个函数:arm_sin_f32 和 arm_cos_f32(注意:需要添加 arm_math.h 头文件才可使用),这两个函数也是单精度浮点型的,用法同 sinf 和 cosf 一模一样。

本例程就是测试 arm_sin_f32 & arm_cos_f32 同 sinf & cosf 的速度差别。因为 35.1.2 小节已经搭建好 DSP 库运行环境了,所以这里只需要修改 main.c 里面的代码即可,main.c 代码如下:

```
#include "math.h"
#include "arm_math.h"
#define    DELTA     0.000001f              //误差值
//sin cos 测试 angle:起始角度 times:运算次数
//mode:0,不使用 DSP 库;1,使用 DSP 库
//返回值:0,成功;0XFF,出错
u8 sin_cos_test(float angle,u32 times,u8 mode)
{
    float sinx,cosx;
    float result;
    u32 i = 0;
    if(mode == 0)
    {
        for(i = 0;i<times;i++)
        {
            cosx = cosf(angle);           //不使用 DSP 优化的 sin,cos 函数
            sinx = sinf(angle);
            result = sinx * sinx + cosx * cosx;   //计算结果应该等于 1
            result = fabsf(result - 1.0f);         //对比与 1 的差值
```

第 35 章　DSP 测试实验

```c
            if(result>DELTA)return 0XFF;              //判断失败
            angle+ = 0.001f;                          //角度自增
        }
    }else
    {
        for(i = 0;i<times;i++)
        {
            cosx = arm_cos_f32(angle);                //使用 DSP 优化的 sin,cos 函数
            sinx = arm_sin_f32(angle);
            result = sinx * sinx + cosx * cosx;       //计算结果应该等于 1
            result = fabsf(result - 1.0f);            //对比与 1 的差值
            if(result>DELTA)return 0XFF;              //判断失败
            angle+ = 0.001f;                          //角度自增
        }
    }
    return 0;                                         //任务完成
}
u8 timeout;                                           //定时器溢出次数
int main(void)
{
    float time;
    u8 buf[50]; u8 res;
    NVIC_PriorityGroupConfig(NVIC_PriorityGroup_2);   //设置系统中断优先级分组 2
    delay_init(168);                                  //初始化延时函数
    uart_init(115200);                                //初始化串口波特率为 115 200
    LED_Init();                                       //初始化 LED
    KEY_Init();                                       //初始化按键
    LCD_Init();                                       //初始化 LCD
    TIM3_Int_Init(65535,8400 - 1);                    //10 kHz 计数频率,最大计时 6.5 秒超出
    ……//省略部分代码
    while(1)
    {
        LCD_Fill(30 + 16 * 8,150,lcddev.width - 1,60,WHITE);    //清除原来现实
        //不使用 DSP 优化
        TIM_SetCounter(TIM3,0);//重设 TIM3 定时器的计数器值
        timeout = 0;
        res = sin_cos_test(PI/6,200000,0);
        time = TIM_GetCounter(TIM3) + (u32)timeout * 65536;
        sprintf((char * )buf,"%0.1fms\r\n",time/10);
        if(res == 0)LCD_ShowString(30 + 16 * 8,150,100,16,16,buf);     //显示运行时间
        else LCD_ShowString(30 + 16 * 8,150,100,16,16,"error!");        //显示当前运行情况
        //使用 DSP 优化
        TIM_SetCounter(TIM3,0);//重设 TIM3 定时器的计数器值
        timeout = 0;
        res = sin_cos_test(PI/6,200000,1);
        time = TIM_GetCounter(TIM3) + (u32)timeout * 65536;
        sprintf((char * )buf,"%0.1fms\r\n",time/10);
        if(res == 0)LCD_ShowString(30 + 16 * 8,190,100,16,16,buf);     //显示运行时间
        else LCD_ShowString(30 + 16 * 8,190,100,16,16,"error!");        //显示错误
        LED0 = ! LED0;
    }
}
```

这里包括 2 个函数：sin_cos_test 和 main 函数。sin_cos_test 函数用于根据给定参数，执行 $\sin x^2 + \cos x^2 = 1$ 的计算。计算结果同给定的误差值（DELTA）对比，如果不大于误差值，则认为计算成功，否则计算失败。该函数可以根据给定的模式参数（mode）来决定使用哪个基础数学函数执行运算，从而得出对比。

main 函数则比较简单，这里通过定时器 3 来统计 sin_cos_test 运行时间，从而得出对比数据。主循环里面每次循环都会两次调用 sin_cos_test 函数，首先采用不使用 DSP 库方式计算，然后采用使用 DSP 库方式计算，并得出两次计算的时间，显示在 LCD 上面。

35.3.2 DSP FFT 测试

这是使用 STM32F4 的 DSP 库进行 FFT 函数测试的一个例程。首先简单介绍 FFT。FFT 即快速傅里叶变换，可以将一个时域信号变换到频域。因为有些信号在时域上是很难看出什么特征的，但是如果变换到频域之后，就很容易看出特征了，这就是很多信号分析采用 FFT 变换的原因。另外，FFT 可以将一个信号的频谱提取出来，这在频谱分析方面也是经常用的。简而言之，FFT 就是将一个信号从时域变换到频域方便分析处理。

在实际应用中，一般的处理过程是先对一个信号在时域进行采集，比如我们通过 ADC，按照一定大小采样频率 F 去采集信号，采集 N 个点，那么通过对这 N 个点进行 FFT 运算，就可以得到这个信号的频谱特性。

这里还涉及一个采样定理的概念：在进行模拟/数字信号的转换过程中，当采样频率 F 大于信号中最高频率 f_{max} 的 2 倍时（$F > 2f_{max}$），采样之后的数字信号完整地保留了原始信号中的信息，采样定理又称奈奎斯特定理。举个简单的例子：比如我们正常人发声，频率范围一般在 8 kHz 以内，那么要通过采样之后的数据来恢复声音，采样频率必须 8 kHz 的 2 倍以上，也就是必须大于 16 kHz 才行。

模拟信号经过 ADC 采样之后就变成了数字信号，采样得到的数字信号就可以做 FFT 变换了。N 个采样点数据在经过 FFT 之后就可以得到 N 个点的 FFT 结果。为了方便进行 FFT 运算，通常 N 取 2 的整数次方。

假设采样频率为 F，对一个信号采样，采样点数为 N，那么 FFT 之后结果就是一个 N 点的复数，每一个点就对应着一个频率点（以基波频率为单位递增），这个点的模值（sqrt(实部^2+虚部^2)）就是该频点频率值下的幅度特性。具体跟原始信号的幅度有什么关系呢？假设原始信号的峰值为 A，那么 FFT 结果的每个点（除了第一个点直流分量之外）的模值就是 A 的 $N/2$ 倍，而第一个点就是直流分量，它的模值就是直流分量的 N 倍。

这里还有个基波频率，也叫频率分辨率，就是如果我们按照 F 的采样频率去采集一个信号，一共采集 N 个点，那么基波频率（频率分辨率）就是 $f_k = F/N$。这样，第 n 个点对应信号频率为：$F \cdot (n-1)/N$。其中，$n \geq 1$，当 $n=1$ 时为直流分量。关于 FFT 就介绍到这。

第 35 章　DSP 测试实验

如果要自己实现 FFT 算法,对于不懂数字信号处理的朋友来说是比较难的,不过,ST 提供的 STM32F4 DSP 库里面就有 FFT 函数给我们调用,因此只需要知道如何使用这些函数就可以迅速完成 FFT 计算,而不需要自己学习数字信号处理去编写代码了,大大方便了开发。

STM32F4 的 DSP 库里面提供了定点和浮点 FFT 实现方式,并且有基 4 的也有基 2 的,可以根据需要自由选择实现方式。注意:对于基 4 的 FFT 输入点数必须是 4^n,而基 2 的 FFT 输入点数则必须是 2^n,并且基 4 的 FFT 算法要比基 2 的快。

本章将采用 DSP 库里面的基 4 浮点 FFT 算法来实现 FFT 变换,并计算每个点的模值,所用到的函数有:

```
arm_status arm_cfft_radix4_init_f32(
  arm_cfft_radix4_instance_f32 * S,
  uint16_t fftLen,uint8_t ifftFlag,uint8_t bitReverseFlag)
void arm_cfft_radix4_f32(const arm_cfft_radix4_instance_f32 * S,float32_t * pSrc)
void arm_cmplx_mag_f32(float32_t * pSrc,float32_t * pDst,uint32_t numSamples)
```

第一个函数 arm_cfft_radix4_init_f32,用于初始化 FFT 运算相关参数。其中,fftLen 用于指定 FFT 长度(16、64、256、1 024、4 096),本章设置为 1 024;ifftFlag 用于指定是傅里叶变换(0)还是反傅里叶变换(1),本章设置为 0;bitReverseFlag 用于设置是否按位取反,本章设置为 1;最后,所有这些参数存储在一个 arm_cfft_radix4_instance_f32 结构体指针 S 里面。

第二个函数 arm_cfft_radix4_f32 就是执行基 4 浮点 FFT 运算的,pSrc 传入采集到的输入信号数据(实部+虚部形式),同时 FFT 变换后的数据也按顺序存放在 pSrc 里面,pSrc 必须大于等于 2 倍 fftLen 长度。另外,S 结构体指针参数是先由 arm_cfft_radix4_init_f32 函数设置好,然后传入该函数的。

第三个函数 arm_cmplx_mag_f32 用于计算复数模值,可以对 FFT 变换后的结果数据执行取模操作。pSrc 为复数输入数组(大小为 2 * numSamples)指针,指向 FFT 变换后的结果;pDst 为输出数组(大小为 numSamples)指针,存储取模后的值;numSamples 就是总共有多少个数据需要取模。

通过这 3 个函数便可以完成 FFT 计算,并取模值。本节例程(实验 47_2 DSP FFT 测试)同样是在 35.1.2 小节已经搭建好 DSP 库运行环境上面修改代码,只需要修改 main.c 里面的代码即可。本例程 main.c 代码如下:

```c
#include "math.h"
#include "arm_math.h"
#define FFT_LENGTH            1024        //FFT 长度,默认是 1 024 点 FFT
float fft_inputbuf[FFT_LENGTH * 2];        //FFT 输入数组
float fft_outputbuf[FFT_LENGTH];           //FFT 输出数组
u8 timeout;                                //定时器溢出次数
int main(void)
{
    arm_cfft_radix4_instance_f32 scfft;
    u8 key,t = 0;float time;
    u8 buf[50]; u16 i;
```

```c
NVIC_PriorityGroupConfig(NVIC_PriorityGroup_2);//设置系统中断优先级分组2
delay_init(168);                            //初始化延时函数
uart_init(115200);                          //初始化串口波特率为115 200
LED_Init();                                 //初始化LED
KEY_Init();                                 //初始化按键
LCD_Init();                                 //初始化LCD
TIM3_Int_Init(65535,84-1);                  //1Mhz计数频率,最大计时65 ms左右超出
……//省略部分代码
arm_cfft_radix4_init_f32(&scfft,FFT_LENGTH,0,1);
                                            //初始化scfft结构体,设定FFT参数
while(1)
{
    key = KEY_Scan(0);
    if(key == KEY0_PRES)
    {
        for(i = 0;i<FFT_LENGTH;i++)         //生成信号序列
        {
            fft_inputbuf[2*i] = 100 +
                    10*arm_sin_f32(2*PI*i/FFT_LENGTH) +
                    30*arm_sin_f32(2*PI*i*4/FFT_LENGTH) +
                    50*arm_cos_f32(2*PI*i*8/FFT_LENGTH);//实部
            fft_inputbuf[2*i+1] = 0;        //虚部全部为0
        }
        TIM_SetCounter(TIM3,0);             //重设TIM3定时器的计数器值
        timeout = 0;
        arm_cfft_radix4_f32(&scfft,fft_inputbuf);       //FFT计算(基4)
        time = TIM_GetCounter(TIM3) + (u32)timeout*65536;  //计算所用时间
        sprintf((char*)buf,"%0.3fms\r\n",time/1000);
        LCD_ShowString(30+12*8,160,100,16,16,buf);      //显示运行时间
        arm_cmplx_mag_f32(fft_inputbuf,fft_outputbuf,FFT_LENGTH);//取模得幅值
        printf("\r\n%d point FFT runtime:%0.3fms\r\n",FFT_LENGTH,time/1000);
        printf("FFT Result:\r\n");
        for(i = 0;i<FFT_LENGTH;i++)
        {
            printf("fft_outputbuf[%d]:%f\r\n",i,fft_outputbuf[i]);
        }
    }else delay_ms(10);
    t++;
    if((t%10) == 0)LED0 = !LED0;
}
```

以上代码只有一个 main 函数,里面通过前面介绍的 3 个函数:arm_cfft_radix4_init_f32、arm_cfft_radix4_f32 和 arm_cmplx_mag_f32 来执行 FFT 变换并取模值。每当按下 KEY0 就会重新生成一个输入信号序列,并执行一次 FFT 计算,将 arm_cfft_radix4_f32 所用时间统计出来,显示在 LCD 屏幕上面,同时将取模后的模值通过串口打印出来。

这里,我们在程序上生成了一个输入信号序列用于测试,输入信号序列表达式:

fft_inputbuf[2*i] = 100 +

```
10 * arm_sin_f32(2 * PI * i/FFT_LENGTH) +
30 * arm_sin_f32(2 * PI * i * 4/FFT_LENGTH) +
50 * arm_cos_f32(2 * PI * i * 8/FFT_LENGTH);            //实部
```

通过该表达式可知,信号的直流分量为 100,外加 2 个正弦信号和一个余弦信号,其幅值分别为 10、30 和 50。输出结果分析请看 35.4 节,软件设计就介绍到这里。

35.4 下载验证

代码编译成功之后,便可以下载到探索者 STM32F4 开发板上验证了。对于实验 47_1 DSP BasicMath 测试,下载后可以在屏幕看到两种实现方式的速度差别,如图 35.7 所示。

可以看出,使用 DSP 库的基础数学函数计算所用时间比不使用 DSP 库的短,使用 STM32F4 的 DSP 库速度上面比传统的实现方式提升了约 17%。

对于实验 47_2 DSP FFT 测试,下载后屏幕显示提示信息,然后按下 KEY0 就可以看到 FFT 运算所耗时间,如图 35.8 所示。

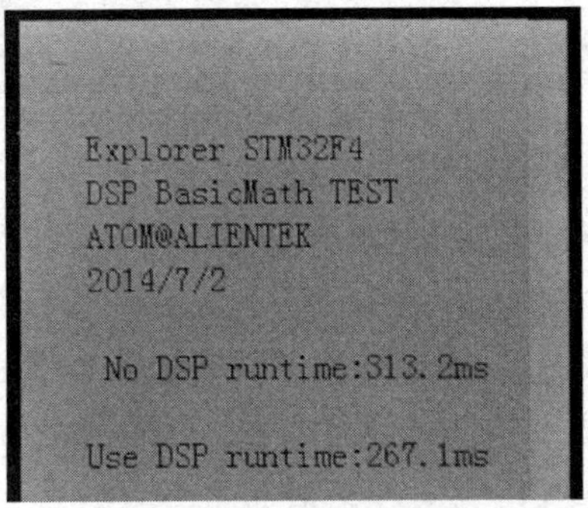

图 35.7 使用 DSP 库和不使用 DSP 库的基础数学函数速度对比

图 35.8 FFT 测试界面

可以看到,STM32F4 采用基 4 法计算 1 024 个浮点数的 FFT,只用了 0.584 ms,速度相当快。同时,可以在串口看到 FFT 变换取模后的各频点模值,如图 35.9 所示。

查看所有数据会发现:第 0、1、4、8、1 016、1 020、1 023 这 7 个点的值比较大,其他点的值都很小,接下来简单分析一下这些数据。

由于 FFT 变换后的结果具有对称性,所以,实际上有用的数据只有前半部分,后半部分和前半部分是对称关系,比如 1 和 1 023、4 和 1 020、8 和 1 016 等就是对称关系,因此只需要分析前半部分数据即可。这样,就只有第 0、1、4、8 这 4 个点比较大,重点分析。

假设我们采样频率为 1 024 Hz,那么总共采集 1 024 个点,频率分辨率就是 1 Hz,对应到频谱上面,两个点之间的间隔就是 1 Hz。因此,上面生成的 3 个叠加信号:10 · sin(2 · PI · i/1 024)+ 30 · sin(2 · PI · i · 4/1 024)+50 · cos(2 · PI · i · 8/1 024),频率分别是 1 Hz、4 Hz 和 8 Hz。

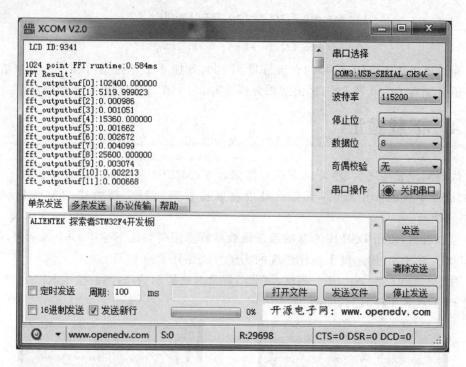

图 35.9 FFT 变换后个频点模值

对于上述 4 个值比较大的点,结合 35.3.1 小节的知识很容易分析得出:第 0 点,即直流分量,其 FFT 变换后的模值应该是原始信号幅值的 N 倍,$N=1\ 024$,所以值是 $100\times1\ 024=102\ 400$,与理论完全一样。然后其他点模值应该是原始信号幅值的 $N/2$ 倍,即 10×512、30×512、50×512,而我们计算结果是:5 119.999 023、15 360、256 000,除了第一个点稍微有点误差(说明精度上有损失),其他同理论值完全一致。

DSP 测试实验就讲解到这里,DSP 库的其他测试实例就不再介绍了。

第 36 章

串口 IAP 实验

IAP,即在应用编程,很多单片机都支持这个功能,STM32F4 也不例外。之前的 FLASH 模拟 EEPROM 实验里面学习了 STM32F4 的 FLASH 自编程,本章将结合 FLASH 自编程的知识,通过 STM32F4 的串口实现一个简单的 IAP 功能。

36.1 IAP 简介

IAP(In Application Programming)即在应用编程,是用户自己的程序在运行过程中对 User Flash 的部分区域进行烧写,目的是在产品发布后可以方便地通过预留的通信口对产品中的固件程序进行更新升级。通常实现 IAP 功能时,即用户程序运行中做自身的更新操作,需要在设计固件程序时编写两个项目代码,第一个项目程序不执行正常的功能操作,而只是通过某种通信方式(如 USB、USART)接收程序或数据,执行对第二部分代码的更新;第二个项目代码才是真正的功能代码。这两部分项目代码都同时烧录在 User Flash 中,当芯片上电后,首先是第一个项目代码开始运行,它作如下操作:

① 检查是否需要对第二部分代码进行更新;
② 如果不需要更新则转到④;
③ 执行更新操作;
④ 跳转到第二部分代码执行。

第一部分代码必须通过其他手段,如 JTAG 或 ISP 烧入;第二部分代码可以使用第一部分代码 IAP 功能烧入,也可以和第一部分代码一起烧入,以后需要程序更新时再通过第一部分 IAP 代码更新。

将第一个项目代码称为 Bootloader 程序,第二个项目代码称为 APP 程序,它们存放在 STM32F4 FLASH 的不同地址范围,一般从最低地址区开始存放 Bootloader,紧跟其后的就是 APP 程序(注意,如果 FLASH 容量足够,是可以设计很多 APP 程序的,本章只讨论一个 APP 程序的情况)。这样就是要实现 2 个程序:Bootloader 和 APP。

STM32F4 的 APP 程序不仅可以放到 FLASH 里面运行,也可以放到 SRAM 里面运行,本章将制作两个 APP,一个用于 FLASH 运行,另一个用于 SRAM 运行。

我们先来看看 STM32F4 正常的程序运行流程,如图 36.1 所示。
STM32F4 的内部闪存(FLASH)地址起始于 0x08000000,一般情况下,程序文件

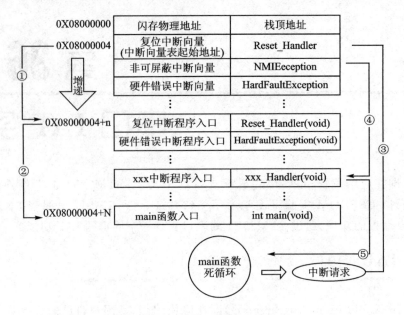

图 36.1　STM32F4 正常运行流程图

就从此地址开始写入。此外 STM32F4 是基于 Cortex-M4 内核的微控制器,其内部通过一张"中断向量表"来响应中断。程序启动后,首先从"中断向量表"取出复位中断向量执行复位中断程序完成启动,而这张"中断向量表"的起始地址是 0x08000004,当中断来临,STM32F4 的内部硬件机制亦会自动将 PC 指针定位到"中断向量表"处,并根据中断源取出对应的中断向量执行中断服务程序。

在图 36.1 中,STM32F4 复位后先从 0X08000004 地址取出复位中断向量的地址,并跳转到复位中断服务程序,如图标号①所示;在复位中断服务程序执行完之后,跳转到 main 函数,如图标号②所示;而 main 函数一般都是一个死循环,在 main 函数执行过程中,如果收到中断请求(发生重中断),此时 STM32F4 强制将 PC 指针指回中断向量表处,如图标号③所示;然后,根据中断源进入相应的中断服务程序,如图标号④所示;在执行完中断服务程序以后,程序再次返回 main 函数执行,如图标号⑤所示。

当加入 IAP 程序之后,程序运行流程如图 36.2 所示。图中,STM32F4 复位后,还是从 0X08000004 地址取出复位中断向量的地址,并跳转到复位中断服务程序,在运行完复位中断服务程序之后跳转到 IAP 的 main 函数,如图标号①所示,此部分同图 36.1 一样;在执行完 IAP 以后(即将新的 APP 代码写入 STM32F4 的 FLASH,灰底部分。新程序的复位中断向量起始地址为 0X08000004＋N＋M),跳转至新写入程序的复位向量表,取出新程序的复位中断向量的地址,并跳转执行新程序的复位中断服务程序,随后跳转至新程序的 main 函数,如图标号②和③所示,同样 main 函数为一个死循环,并且注意到此时 STM32F4 的 FLASH,在不同位置上共有两个中断向量表。

在 main 函数执行过程中,如果 CPU 得到一个中断请求,PC 指针仍强制跳转到地址 0X08000004 中断向量表处,而不是新程序的中断向量表,如图标号④所示;程序再

第36章 串口 IAP 实验

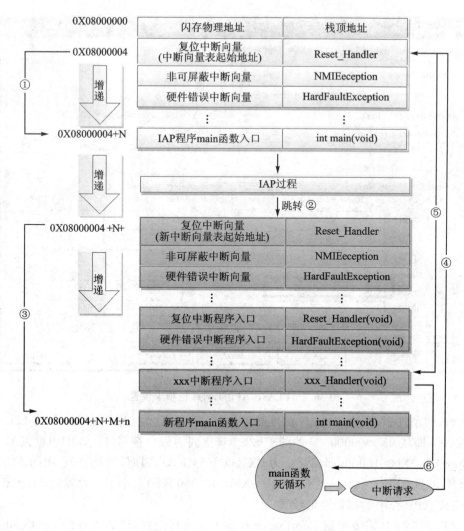

图 36.2　加入 IAP 之后程序运行流程图

根据我们设置的中断向量表偏移量,跳转到对应中断源新的中断服务程序中,如图标号⑤所示;在执行完中断服务程序后,程序返回 main 函数继续运行,如图标号⑥所示。

通过以上两个过程的分析,我们知道 IAP 程序必须满足两个要求:

① 新程序必须在 IAP 程序之后的某个偏移量为 x 的地址开始;

② 必须将新程序的中断向量表相应的移动,移动的偏移量为 x。

本章有 2 个 APP 程序,一个为 FLASH 的 APP,另外一个位 SRAM 的 APP。图 36.2虽然是针对 FLASH APP 来说的,但是在 SRAM 里面运行的过程和 FLASH 基本一致,只是需要设置向量表的地址为 SRAM 的地址。

1. APP 程序起始地址设置方法

随便打开一个之前的实例工程,在图 36.3 所示对话框中选择 Target 选项卡。

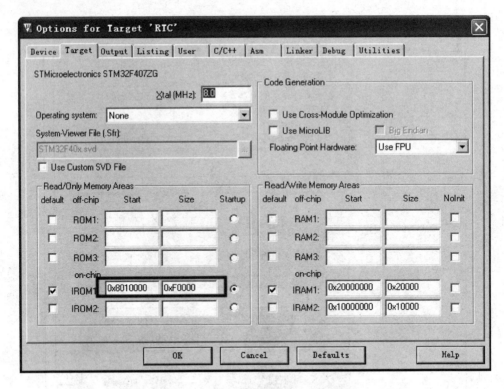

图 36.3　FLASH APP Target 选项卡设置

　　默认的条件下，图中 IROM1 的起始地址（Start）一般为 0X08000000，大小（Size）为 0X100000，即从 0X08000000 开始的 1 024 KB 空间为程序存储区。而图中设置起始地址（Start）为 0X08010000，即偏移量为 0X10000（64 KB），因而，留给 APP 用的 FLASH 空间（Size）只有 0X100000－0X10000＝0XF0000（960 KB）大小了。设置好 Start 和 Szie 就完成 APP 程序的起始地址设置。

　　这里的 64 KB 需要根据 Bootloader 程序大小进行选择，比如本章的 Bootloader 程序为 36 KB 左右，理论上只需要确保 APP 起始地址在 Bootloader 之后，并且偏移量为 0X200 的倍数即可（相关知识请参考 http://www.openedv.com/posts/list/392.htm）。这里选择 64 KB（0X10000），留了一些余量，方便 Bootloader 以后的升级修改。

　　这是针对 FLASH APP 的起始地址设置，如果是 SRAM APP，那么起始地址设置如图 36.4 所示。

　　这里将 IROM1 的起始地址（Start）定义为 0X20001000，大小为 0X19000（100 KB），即从地址 0X20000000 偏移 0X1000 开始存放 APP 代码。因为整个 STM32F407ZGT6 的 SRAM 大小（不算 CCM）为 128 KB，所以 IRAM1（SRAM）的起始地址变为 0X2001A000，大小只有 0X6000（24 KB）。这样，整个 STM32F407ZGT6 的 SRAM（不含 CCM）分配情况为：最开始的 4 KB 给 Bootloader 程序使用，随后的 100 KB 存放 APP 程序，最后 24 KB 用作 APP 程序的内存。这个分配关系可以根据自己的实际情况修改，不一定和这里的设置一模一样，不过也需要注意，保证偏移量为 0X200 的倍

第36章 串口 IAP 实验

图 36.4 SRAM APP Target 选项卡设置

数(这里为 0X1000)。

2. 中断向量表的偏移量设置方法

之前讲解过,在系统启动的时候会首先调用 SystemInit 函数初始化时钟系统,同时 SystemInit 还完成了中断向量表的设置。我们可以打开 SystemInit 函数,看看函数体的结尾处有这样几行代码:

```
#ifdef VECT_TAB_SRAM
    SCB->VTOR = SRAM_BASE | VECT_TAB_OFFSET;
                                /* Vector Table Relocation in Internal SRAM. */
#else
    SCB->VTOR = FLASH_BASE | VECT_TAB_OFFSET;
                                /* Vector Table Relocation in Internal FLASH. */
#endif
```

从代码可以理解,VTOR 寄存器存放的是中断向量表的起始地址。默认的情况 VECT_TAB_SRAM 是没有定义,所以执行"SCB→VTOR = FLASH_BASE | VECT_TAB_OFFSET;"。对于 FLASH APP,我们设置为 FLASH_BASE+偏移量 0x10000,所以可以在 SystemInit 函数里面修改 SCB→VTOR 的值。当然为了尽可能不修改系统级别文件,我们也可以在 FLASH APP 的 main 函数最开头处添加如下代码实现中断向量表的起始地址的重设:

```
SCB->VTOR = FLASH_BASE | 0x10000;
```

以上是 FLASH APP 的情况,当使用 SRAM APP 的时候,设置起始地址为:SRAM_BASE+0x1000,同样的方法,在 SRAM APP 的 main 函数最开始处添加下面代码:

```
SCB->VTOR = SRAM_BASE | 0x1000;
```

这样就完成了中断向量表偏移量的设置。

通过以上两个步骤的设置就可以生成 APP 程序了,只要 APP 程序的 FLASH 和 SRAM 大小不超过我们的设置即可。不过 MDK 默认生成的文件是.hex 文件,并不方便用作 IAP 更新,我们希望生成的文件是.bin 文件,这样可以方便进行 IAP 升级。这里通过 MDK 自带的格式转换工具 fromelf.exe 来实现.axf 文件到.bin 文件的转换,该工具在 MDK 的安装目录\ARM\BIN40 文件夹里面。

fromelf.exe 转换工具的语法格式为：fromelf [options] input_file。其中，options 有很多选项可以设置，详细使用请参考本书配套资料"mdk 如何生成 bin 文件.doc"。

选择 Options for Target'Target1'对话框的 User 选项卡，在 Run User Programs After Build/Rebuild 栏选中 Run #1，并写入：D:\MDK5.11A\ARM\ARMCC\bin\fromelf.exe — bin - o ..\OBJ\TEST.bin ..\OBJ\TEST.axf，如图 36.5 所示。

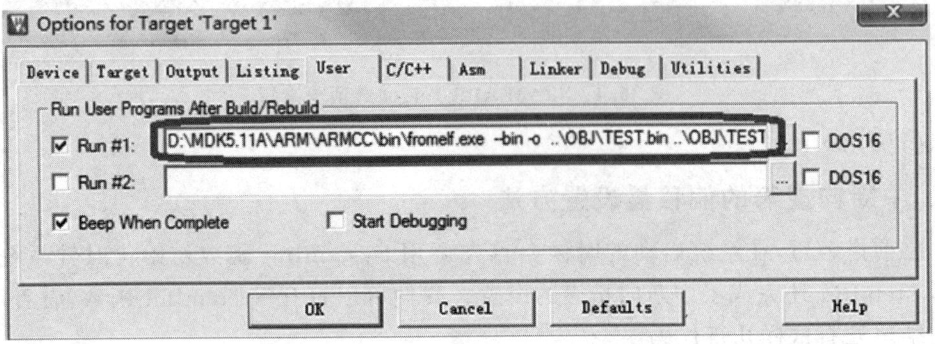

图 36.5 MDK 生成.bin 文件设置方法

通过这一步设置就可以在 MDK 编译成功之后调用 fromelf.exe（注意，笔者的 MDK 是安装在 D:\MDK5.11A 文件夹下，如果安装在其他目录，则根据自己的目录修改 fromelf.exe 的路径），根据当前工程的 TEST.axf 生成一个 TEST.bin 的文件。并存放在 axf 文件相同的目录下，即工程的 OBJ 文件夹里面。在得到.bin 文件之后，我们只需要将这个 bin 文件传送给单片机即可执行 IAP 升级。

最后再来看看 APP 程序的生成步骤：
① 设置 APP 程序的起始地址和存储空间大小。
对于在 FLASH 里面运行的 APP 程序，我们只需要设置 APP 程序的起始地址和存储空间大小即可。而对于在 SRAM 里面运行的 APP 程序，我们还需要设置 SRAM 的起始地址和大小。无论哪种 APP 程序，都需要确保 APP 程序的大小和所占 SRAM 大小不超过设置范围。
② 设置中断向量表偏移量。按照上面讲解，重新设置 SCB→VTOR 的值即可。
③ 设置编译后运行 fromelf.exe，生成.bin 文件。通过在 User 选项卡，设置编译后调用 fromelf.exe，根据.axf 文件生成.bin 文件，用于 IAP 更新。

通过以上 3 个步骤就可以得到一个.bin 的 APP 程序，通过 Bootlader 程序即可实现更新。

36.2 硬件设计

本章实验（Bootloader 部分）功能简介：开机的时候先显示提示信息，然后等待串口输入接收 APP 程序（无校验，一次性接收），在串口接收到 APP 程序之后即可执行

IAP。如果是 SRAM APP,通过按下 KEY0 即可执行这个收到的 SRAM APP 程序。如果是 FLASH APP,则需要先按下 KEY_UP 按键,将串口接收到的 APP 程序存放到 STM32F4 的 FLASH,之后再按 KEY2 即可执行这个 FLASH APP 程序。通过 KEY1 按键,可以手动清除串口接收到的 APP 程序。DS0 用于指示程序运行状态。

本实验用到的资源如下:指示灯 DS0、4 个按键(KEY0、KEY1、KEY2、KEY_UP)、串口、TFTLCD 模块。这些用到的硬件在之前都已经介绍过,这里就不再介绍了。

36.3 软件设计

本章总共需要 3 个程序:Bootloader、FLASH APP、SRAM APP。其中,我们选择之前做过的 RTC 实验(在第 17 章介绍)来作为 FLASH APP 程序(起始地址为 0X08010000),选择触摸屏实验(在第 26 章介绍)来作为 SRAM APP 程序(起始地址为 0X20001000)。Bootloader 则是通过 TFTLCD 显示实验(在第 15 章介绍)修改得来。SRAM APP 和 FLASH APP 的生成请结合本书配套资料源码以及 36.1 节的介绍自行理解。本章软件设计仅针对 Bootloader 程序。

复制第 17 章的工程(即实验 13)作为本章的工程模版(命名为 IAP Bootloader V1.0),并复制第 28 章实验(FLASH 模拟 EEPROM 实验)的 STMFLASH 文件夹到本工程的 HARDWARE 文件夹下,打开本实验工程,并将 STMFLASH 文件夹内的 stmflash.c 加入 HARDWARE 组下,同时将 STMFLASH 加入头文件包含路径。

在 HARDWARE 文件夹所在的文件夹下新建一个 IAP 的文件夹,并在该文件夹下新建 iap.c 和 iap.h 两个文件。然后在工程里面新建一个 IAP 的组,将 iap.c 加入该组下面。最后,将 IAP 文件夹加入头文件包含路径。

打开 iap.c,输入如下代码:

```c
iapfun jump2app;
u32 iapbuf[512];        //2 KB 缓存
//appxaddr:应用程序的起始地址 appbuf:应用程序 CODE
//appsize:应用程序大小(字节)
void iap_write_appbin(u32 appxaddr,u8 * appbuf,u32 appsize)
{
    u32 t; u16 i = 0; u32 temp;
    u32 fwaddr = appxaddr;                              //当前写入的地址
    u8 * dfu = appbuf;
    for(t = 0;t<appsize;t + = 4)
    {
        temp = (u32)dfu[3]<<24;
        temp| = (u32)dfu[2]<<16;
        temp| = (u32)dfu[1]<<8;
        temp| = (u32)dfu[0];
        dfu + = 4;                                      //偏移 4 个字节
        iapbuf[i ++ ] = temp;
        if(i == 512)
        {   i = 0;
```

```c
            STMFLASH_Write(fwaddr,iapbuf,512);
            fwaddr + = 2048;                                //偏移 2048   512*4=2 048
        }
    }
    if(i)STMFLASH_Write(fwaddr,iapbuf,i);                   //将最后的一些内容字节写进去
}
//跳转到应用程序段
//appxaddr:用户代码起始地址
void iap_load_app(u32 appxaddr)
{
    if((( * (vu32 * )appxaddr)&0x2FFE0000) == 0x20000000)   //检查栈顶地址是否合法
    {
        jump2app = (iapfun) * (vu32 * )(appxaddr + 4);
        //用户代码区第二个字为程序开始地址(复位地址)
        MSR_MSP( * (vu32 * )appxaddr);
        //初始化 APP 堆栈指针(用户代码区的第一个字用于存放栈顶地址)
        jump2app();                                          //跳转到 APP
    }
}
```

该文件总共只有 2 个函数,其中,iap_write_appbin 函数用于将存放在串口接收 buf 里面的 APP 程序写入到 FLASH。iap_load_app 函数用于跳转到 APP 程序运行,其参数 appxaddr 为 APP 程序的起始地址,程序先判断栈顶地址是否合法,在得到合法的栈顶地址后,通过 MSR_MSP 函数(该函数在 sys.c 文件)设置栈顶地址,最后通过一个虚拟的函数(jump2app)跳转到 APP 程序执行代码,实现 IAP→APP 的跳转。

头文件 iap.h 的内容比较简单,主要是一些宏定义和函数申明,这里不列出来了。

本章通过串口接收 APP 程序,我们将 usart.c 和 usart.h 做了稍微修改,在 usart.h 中定义 USART_REC_LEN 为 120 KB,也就是串口最大一次可以接收 120 KB 的数据,这也是本 Bootloader 程序所能接收的最大 APP 程序大小。然后新增一个 USART_RX_CNT 的变量,用于记录接收的文件大小,而 USART_RX_STA 不再使用。在 usart.c 里面修改 USART1_IRQHandler 部分代码如下:

```c
//串口 1 中断服务程序
//注意,读取 USARTx->SR 能避免莫名其妙的错误
u8 USART_RX_BUF[USART_REC_LEN] __attribute__ ((at(0X20001000)));
//接收缓冲,最大 USART_REC_LEN 个字节,起始地址为 0X20001000
//接收状态
//bit15,     接收完成标志 bit14,    接收到 0x0d
//bit13~0,接收到的有效字节数目
u16 USART_RX_STA = 0;                   //接收状态标记
u32 USART_RX_CNT = 0;                   //接收的字节数
void USART1_IRQHandler(void)
{
    u8 res;
#ifdef OS_CRITICAL_METHOD
//如果 OS_CRITICAL_METHOD 定义了,说明使用 μC/OS-II 了
    OSIntEnter();
#endif
```

第36章 串口 IAP 实验

```
        if(USART_GetITStatus(USART1,USART_IT_RXNE)!= RESET)
        {
            Res = USART_ReceiveData(USART1);//(USART1->DR);      //读取接收到的数据
                if(USART_RX_CNT<USART_REC_LEN)
            {
                USART_RX_BUF[USART_RX_CNT] = Res;
                USART_RX_CNT++;
            }
        } #ifdef OS_CRITICAL_METHOD
//如果 OS_CRITICAL_METHOD 定义了,说明使用 μC/OS-II 了
        OSIntExit();
#endif
}
```

这里指定 USART_RX_BUF 的地址是从 0X20001000 开始,该地址也就是 SRAM APP 程序的起始地址!然后在 USART1_IRQHandler 函数里面将串口发送过来的数据,全部接收到 USART_RX_BUF,并通过 USART_RX_CNT 计数。

改完 usart.c 和 usart.h 之后,修改 main 函数如下:

```
int main(void)
{
    u8 t; u8 key; u8 clearflag = 0;
    u16 oldcount = 0;                                        //老的串口接收数据值
    u32 applenth = 0;                                        //接收的 app 代码长度
    NVIC_PriorityGroupConfig(NVIC_PriorityGroup_2);          //设置系统中断优先级分组2
    delay_init(168);                                         //初始化延时函数
    uart_init(460800);                                       //初始化串口波特率为 115 200
    LED_Init();                                              //初始化 LED
    LCD_Init();                                              //LCD 初始化
    KEY_Init();                                              //按键初始化
    ……//省略部分代码
    //显示提示信息
    POINT_COLOR = BLUE;                                      //设置字体为蓝色
    while(1)
    {
        if(USART_RX_CNT)
        {
            if(oldcount == USART_RX_CNT)                     //新周期内,没收到数据,认为本次接收完成
            {
                applenth = USART_RX_CNT;
                oldcount = 0;
                USART_RX_CNT = 0;
                printf("用户程序接收完成!\r\n");
                printf("代码长度:%dBytes\r\n",applenth);
            }else oldcount = USART_RX_CNT;
        }
        t++;delay_ms(10);
        if(t == 30)
        {
            LED0 = ! LED0;t = 0;
            if(clearflag)
```

```c
        {
            clearflag--;
            if(clearflag == 0)LCD_Fill(30,210,240,210+16,WHITE);//清除显示
        }
    }
    key = KEY_Scan(0);
    if(key == WKUP_PRES)                                              //WK_UP 按键按下
    {
        if(applenth)
        {   printf("开始更新固件...\r\n");
            LCD_ShowString(30,210,200,16,16,"Copying APP2FLASH...");
            if((( * (vu32 * )(0X20001000 + 4))&0xFF000000) == 0x08000000)
            //判断是否为 0X08XXXXXX
            {
                iap_write_appbin(FLASH_APP1_ADDR,USART_RX_BUF,applenth);
                //更新 FLASH 代码
                LCD_ShowString(30,210,200,16,16,"Copy APP Successed!!");
                printf("固件更新完成！\r\n");
            }else
            {   LCD_ShowString(30,210,200,16,16,"Illegal FLASH APP!   ");
                printf("非 FLASH 应用程序！\r\n");
            }
        }else
        {   printf("没有可以更新的固件！\r\n");
            LCD_ShowString(30,210,200,16,16,"No APP!");
        }
        clearflag = 7;//标志更新了显示,并且设置 7 * 300ms 后清除显示
    }
    if(key == KEY1_PRES)                                              //KEY1 按下
    {
        if(applenth)
        {   printf("固件清除完成！\r\n");
            LCD_ShowString(30,210,200,16,16,"APP Erase Successed!");
            applenth = 0;
        }else
        {   printf("没有可以清除的固件！\r\n");
            LCD_ShowString(30,210,200,16,16,"No APP!");
        }
        clearflag = 7;//标志更新了显示,并且设置 7 * 300ms 后清除显示
    }
    if(key == KEY2_PRES)                                              //KEY2 按下
    {
        printf("开始执行 FLASH 用户代码!! \r\n");
        if((( * (vu32 * )(FLASH_APP1_ADDR + 4))&0xFF000000) == 0x08000000)
        //判断是否为 0X08XXXXXX
        {
            iap_load_app(FLASH_APP1_ADDR);                //执行 FLASH APP 代码
        }else
        {printf("非 FLASH 应用程序,无法执行！\r\n");
            LCD_ShowString(30,210,200,16,16,"Illegal FLASH APP!");
        }
```

```
            clearflag = 7;//标志更新了显示,并且设置 7 * 300ms 后清除显示
        }
        if(key == KEY0_PRES)                                              //KEY0 按下
        {
            printf("开始执行 SRAM 用户代码!! \r\n");
            if((( * (vu32 * )(0X20001000 + 4))&0xFF000000) == 0x20000000)
            //判断是否为 0X20XXXXXX
            {    iap_load_app(0X20001000);                                //SRAM 地址
            }else
            {   printf("非 SRAM 应用程序,无法执行! \r\n");
                LCD_ShowString(30,210,200,16,16,"Illegal SRAM APP!");
            }
            clearflag = 7;//标志更新了显示,并且设置 7 * 300ms 后清除显示
        }
    }
}
```

该段代码实现了串口数据处理,以及 IAP 更新和跳转等各项操作。Bootloader 程序就设计完成了,但是一般要求 bootloader 程序越小越好(给 APP 省空间嘛),实际应用时可以尽量精简代码来得到最小的 IAP。本章例程仅作演示用,所以不对代码做任何精简,最后得到工程截图如图 36.6 所示。

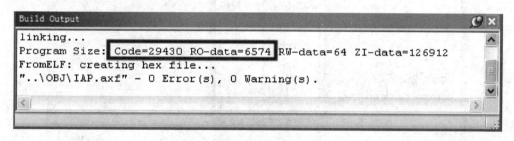

图 36.6 Bootloader 工程截图

可以看出,Bootloader 大小为 36 KB 左右,比较大,主要原因是液晶驱动和 printf 占用了比较多的 FLASH,如果想删减代码,可以去掉不用的 LCD 部分代码和 printf 等,本章为了演示效果,保留了这些代码。至此,本实验的软件设计部分结束。

FLASH APP 和 SRAM APP 两部分代码根据 36.1 节的介绍可自行修改,注意,FLASH APP 的起始地址必须是 0X08010000,而 SRAM APP 的起始地址必须是 0X20001000。

36.4　下载验证

编译成功之后,下载代码到 ALIENTEK 探索者 STM32F4 开发板上,得到如图 36.7 所示界面。

此时,可以通过串口发送 FLASH APP 或者 SRAM APP 到探索者 STM32F4 开发板,如图 36.8 所示。

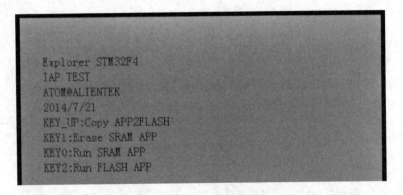

图 36.7 IAP 程序界面

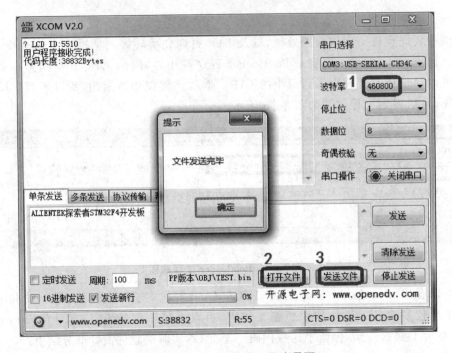

图 36.8 串口发送 APP 程序界面

　　首先找到开发板 USB 转串口的串口号,打开串口(笔者的计算机是 COM3),然后设置波特率为 460 800(图 36.8 中标号 1 所示),然后,单击"打开文件"按钮(标号 2 所示),找到 APP 程序生成的.bin 文件(注意:文件类型须选择所有文件,默认是只打开 txt 文件的),最后单击"发送文件"(图中标号 3 所示),将.bin 文件发送给探索者 STM32F4 开发板,发送完成后,XCOM 会提示文件发送完毕。开发板收到 APP 程序之后就可以通过 KEY0、KEY2 运行这个 APP 程序了(如果是 FLASH APP,则先需要通过 KEY_UP 将其存入对应 FLASH 区域)。

第 37 章

USB 读卡器(Slave)实验

STM32F407 系列芯片都自带了 USB OTG FS 和 USB OTG HS(HS 需要外扩高速 PHY 芯片实现,速度可达 480 Mbps),支持 USB Host 和 USB Device。探索者 STM32F4 开发板没有外扩高速 PHY 芯片,仅支持 USB OTG FS(FS,即全速,12 Mbps),所有 USB 相关例程均使用 USB OTG FS 实现。本章将介绍如何利用 USB OTG FS 在 ALIENTEK 探索者 STM32F4 开发板实现一个 USB 读卡器。

37.1 USB 简介

USB 是 Universal Serial BUS(通用串行总线)的缩写,中文简称为"通串线",是一个外部总线标准,用于规范计算机与外部设备的连接和通信,是应用在 PC 领域的接口技术,是 1994 年底由英特尔、康柏、IBM、Microsoft 等多家公司联合提出的。USB 接口支持设备的即插即用和热插拔功能。

USB 发展到现在已经有 USB1.0/1.1/2.0/3.0 等多个版本,用得最多的就是 USB1.1 和 USB2.0,USB3.0 目前已经开始普及。STM32F407 自带的 USB 符合 USB2.0 规范。

标准 USB 共由 4 根线组成,除 VCC/GND 外,另外为 D+和 D−,这两根数据线采用差分电压的方式进行数据传输。在 USB 主机上,D−和 D+都接了 15 kΩ 的电阻到地,所以在没有设备接入的时候,D+、D−均是低电平。而在 USB 设备中,如果是高速设备,则会在 D+上接一个 1.5 kΩ 的电阻到 VCC;而如果是低速设备,则会在 D−上接一个 1.5 kΩ 的电阻到 VCC。这样当设备接入主机的时候,主机就可以判断是否有设备接入,并能判断设备是高速设备还是低速设备。接下来简单介绍 STM32 的 USB 控制器。

STM32F407 系列芯片自带有 USB OTG FS(全速)和 USB OTG HS(高速),其中,HS 需要外扩高速 PHY 芯片实现,这里不做介绍。STM32F407 的 USB OTG FS 是一款双角色设备(DRD)控制器,同时支持从机功能和主机功能,完全符合 USB 2.0 规范的 On-The-Go 补充标准。此外,该控制器也可配置为"仅主机"模式或"仅从机"模式,完全符合 USB 2.0 规范。在主机模式下,OTG FS 支持全速(FS,12 Mbps)和低速(LS,1.5 Mbps)收发器,而从机模式下则仅支持全速(FS,12 Mbps)收发器。OTG FS 同时支持 HNP 和 SRP。

STM32F407 的 USB OTG FS 主要特性可分为 3 类:通用特性、主机模式特性和从机模式特性。

1. **通用特性**
   - 经 USB-IF 认证,符合通用串行总线规范第 2.0 版。
   - 集成全速 PHY,且完全支持定义在标准规范 OTG 补充第 1.3 版中的 OTG 协议。
     ① 支持 A-B 器件识别(ID 线);
     ② 支持主机协商协议(HNP)和会话请求协议(SRP);
     ③ 允许主机关闭 VBUS 以在 OTG 应用中节省电池电量;
     ④ 支持通过内部比较器对 VBUS 电平采取监控;
     ⑤ 支持主机到从机的角色动态切换。
   - 可通过软件配置为以下角色:
     ① 具有 SRP 功能的 USB FS 从机(B 器件);
     ② 具有 SRP 功能的 USB FS/LS 主机(A 器件);
     ③ USB On-The-Go 全速双角色设备。
   - 支持 FS SOF 和 LS Keep-alive 令牌:
     ① SOF 脉冲可通过 PAD 输出;
     ② SOF 脉冲从内部连接到定时器 2(TIM2);
     ③ 可配置的帧周期;
     ④ 可配置的帧结束中断。
   - 具有省电功能,例如在 USB 挂起期间停止系统、关闭数字模块时钟、对 PHY 和 DFIFO 电源加以管理。
   - 具有采用高级 FIFO 控制的 1.25 KB 专用 RAM:
     ① 可将 RAM 空间划分为不同 FIFO,以便灵活有效地使用 RAM;
     ② 每个 FIFO 可存储多个数据包;
     ③ 动态分配存储区;
     ④ FIFO 大小可配置为非 2 的幂次方值,以便连续使用存储单元。
   - 一帧之内可以无需要应用程序干预,以达到最大 USB 带宽。

2. **主机(Host)模式特性**
   - 通过外部电荷泵生成 VBUS 电压。
   - 8 个主机通道(管道):每个通道都可以动态实现重新配置,可支持任何类型的 USB 传输。
   - 内置硬件调度器可:
     ① 在周期性硬件队列中存储多达 8 个中断加同步传输请求;
     ② 在非周期性硬件队列中存储多达 8 个控制加批量传输请求。
   - 管理一个共享 RX FIFO、一个周期性 TX FIFO 和一个非周期性 TX FIFO,以有效使用 USB 数据 RAM。

第37章 USB读卡器(Slave)实验

3. 从机(Slave/Device)模式特性

- 一个双向控制端点0；
- 3个 IN 端点(EP)，可配置为支持批量传输、中断传输或同步传输；
- 3个 OUT 端点(EP)，可配置为支持批量传输、中断传输或同步传输；
- 管理一个共享 Rx FIFO 和一个 Tx-OUT FIFO，以高效使用 USB 数据 RAM；
- 管理4个专用 Tx-IN FIFO(分别用于每个使能的 IN EP)，降低应用程序负荷支持软断开功能。

STM32F407 USB OTG FS 框图如图37.1所示。对于 USB OTG FS 功能模块，STM32F4 通过 AHB 总线访问(AHB 频率必须大于14.2 MHz)，其中，48 MHz 的 USB 时钟来自时钟树图里面的 PLL48CK(和 SDIO 共用)。STM32F4 USB OTG FS 的其他介绍请参考《STM32F4xx 中文参考手册》第30章。

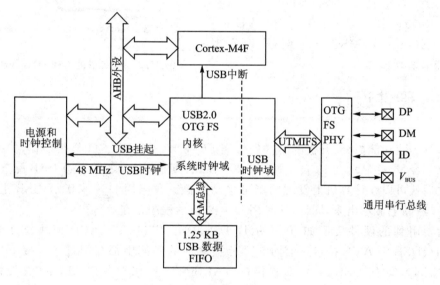

图37.1　USB OTG 框图

要正常使用 STM32F4 的 USB，就得编写 USB 驱动，而整个 USB 通信的详细过程是很复杂的，有兴趣的读者可以去看看《圈圈教你玩 USB》，该书对 USB 通信有详细讲解。如果要自己编写 USB 驱动，那是一件相当困难的事情，尤其对于从没了解过 USB 的人来说，基本上不花个一两年时间学习是没法搞定的。不过，ST 提供了一个完整的 USB OTG 驱动库(包括主机和设备)，通过这个库可以很方便地实现我们所要的功能，而不需要详细了解 USB 的整个驱动，大大缩短了开发时间和精力。

ST 提供的 USB OTG 库可以在 http://www.stmcu.org/download/index.php?act=ziliao&id=150 下载到(UM1021)。这里已经下载到开发板本书配套资料:8，STM32 参考资料→STM32 USB 学习资料，文件名:stm32_f105-07_f2_f4_usb-host-device_lib.zip。该库包含了 STM32F4 USB 主机(Host)和从机(Device)驱动库，并提供了10个例程供我们参考，如图37.2所示。

如图37.2所示，ST提供了3类例程：即设备类(Device，即Slave)、主从一体类(Host_Device)和主机类(Host)，总共10个例程。整个USB OTG库还有一个说明文档"CD00289278.pdf"（在本书配套资料有），即UM1021。该文档详细介绍了USB OTG库的各个组成部分以及所提供的例程使用方法，有兴趣学习USB的朋友这个文档是必须仔细看的。

这10个例程虽然都是基于官方EVAL板的，但是很容易移植到探索者STM32F407开发板上，本章就是移植：STM32_USB-Host-Device_Lib_V2.1.0\Project\USB_Device_Examples\MSC这个例程，以实现USB读卡器功能。

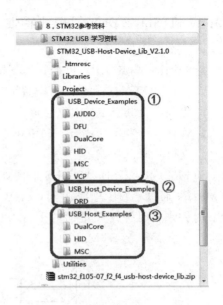

图37.2　ST提供的USB OTG例程

37.2　硬件设计

本章实验功能简介：开机的时候先检测SD卡和SPI FLASH是否存在，如果存在则获取其容量，并显示在LCD上面（如果不存在，则报错）。之后开始USB配置，配置成功之后就可以在计算机上发现两个可移动磁盘。我们用DS1来指示USB正在读/写，并在液晶上显示出来，同样，还是用DS0来指示程序正在运行。

所要用到的硬件资源如下：指示灯DS0、DS1、串口、TFTLCD模块、SD卡、SPI FLASH、USB SLAVE接口。前面5部分在之前的实例中都介绍过了。接下来看看USB与STM32的USB SLAVE连接口。ALIENTEK探索者STM32F4开发板采用的是5PIN的MiniUSB接头，用来和计算机的USB相连接，连接电路如图37.3所示。可以看出，USB座没有直接连接到STM32F4上面，而是通过P11转接，所以我们需要通过跳线帽将PA11和PA12分别连接到D−和D+，如图37.4所示。不过这个MiniUSB座和USB-A座(USB_HOST)是共用D+和D−的，所以不能同时使用。这个在使用的时候，要特别注意！本实验测试时，USB_HOST不能插入任何USB设备！

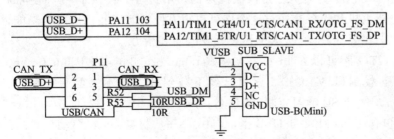

图37.3　MiniUSB接口与STM32的连接电路图

图37.4　硬件连接示意图

37.3 软件设计

本章在实验 38 SD 卡实验的基础上修改,代码移植自 ST 官方例程:STM32_USB-Host-Device_Lib_V2.1.0\Project\USB_Device_Examples\MSC,打开该例程即可知道 USB 相关的代码有哪些,如图 37.5 所示。

有了这个官方例程做指引,我们就知道具体需要哪些文件,从而实现本章例程。

首先,在本章例程(即实验 38 SD 卡实验)的工程文件夹下面新建 USB 文件夹,并复制官方 USB 驱动库相关代码到该文件夹下,即复制本书配套资料:8,STM32 参考资料→STM32 USB 学习资料→STM32_USB-Host-Device_Lib_V2.1.0→Libraries 文件夹下的 STM32_USB_Device_Library、STM32_USB_HOST_Library 和 STM32_USB_OTG_Driver 这 3 个文件夹的源码到该文件夹下面。

然后,在 USB 文件夹下新建 USB_APP 文件夹存放 MSC 实现相关代码,即 STM32_USB-Host-Device_Lib_V2.1.0→Project→USB_Device_Examples→MSC→src 下的部分代码:usb_bsp.c、usbd_storage_msd.c、usbd_desc.c 和 usbd_usr.c 这 4 个.c 文件,同时复制 STM32_USB-Host-Device_Lib_V2.1.0→Project→USB_Device_Examples→MSC→inc 下面的 usb_conf.h、usbd_conf.h 和 usbd_desc.h 这 3 个文件到 USB_APP 文件夹下。最后 USB_APP 文件夹下的文件如图 37.6 所示。

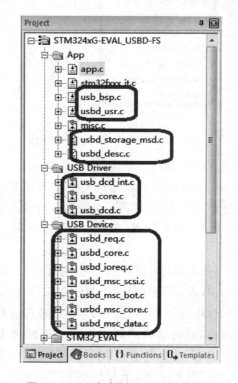

图 37.5 ST 官方例程 USB 相关代码

之后,根据 ST 官方 MSC 例程,在本章例程的基础上新建分组添加相关代码。添加好之后,如图 37.7 所示。

移植时,我们重点要修改的就是 USB_APP 文件夹下面的代码。其他代码(USB_OTG 和 USB_DEVICE 文件夹下的代码)一般不用修改。

usb_bsp.c 提供了几个 USB 库需要用到的底层初始化函数,包括 I/O 设置、中断设置、VBUS 配置以及延时函数等,需要我们自己实现。USB Device(Slave)和 USB Host 共用这个.c 文件。

usbd_desc.c 提供了 USB 设备类的描述符,直接决定了 USB 设备的类型、断点、接口、字符串、制造商等重要信息。这个里面的内容一般不用修改,直接用官方的即可。

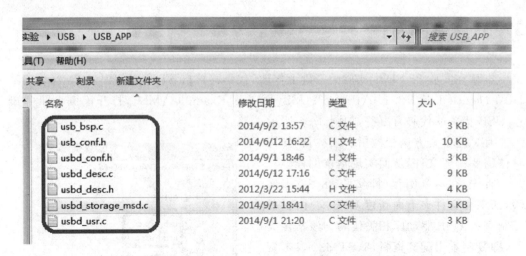

图 37.6 USB_APP 代码

注意，usbd_desc.c 里面的 usbd 即 device 类，usbh 即 host 类，所以通过文件名可以很容易区分该文件是用在 device 还是 host，而只有 usb 字样的那就是 device 和 host 可以共用的。

usbd_usr.c 提供用户应用层接口函数，即 USB 设备类的一些回调函数。当 USB 状态机处理完不同事务的时候，会调用这些回调函数，通过这些回调函数就可以知道 USB 当前状态，比如是否枚举成功了、是否连接上了、是否断开了等，根据这些状态，用户应用程序可以执行不同操作，完成特定功能。

usbd_storage_msd.c 提供一些磁盘操作函数，包括支持的磁盘个数以及每个磁盘的初始化和读/写等函数。本章设置了 2 个磁盘：SD 卡和 SPI FLASH。

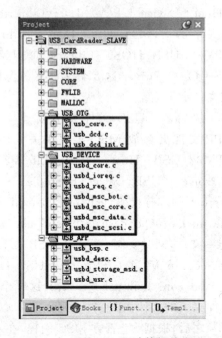

图 37.7 添加 USB 驱动等相关代码

以上 4 个.c 文件里面的函数基本上都是以回调函数的形式被 USB 驱动库调用的。这些代码的具体修改过程请参考本书配套资料中的本例程源码，这里只提几个重点地方讲解下：

① 要使用 USB OTG FS，必须在 MDK 编译器的全局宏定义里面定义 USE_USB_OTG_FS 宏，如图 37.8 所示。

② 因为探索者 STM32F407 开发板没有用到 VUSB 电压检测，所以要在 usb_conf.h 里面将宏定义 #define VBUS_SENSING_ENABLED 屏蔽掉。

③ 通过修改 usbd_conf.h 里面的 MSC_MEDIA_PACKET 定义值大小，可以一定

第 37 章 USB 读卡器(Slave)实验

图 37.8 定义全局宏 USE_USB_OTG_FS

程度提高 USB 读/写速度(越大越快),本例程设置 12×1 024,也就是 12K 大小。

④ 官方例程不支持大于 4G 的 SD 卡,得修改 usbd_msc_scsi.c 里面的 SCSI_blk_addr 类型为 uint64_t,才可以支持大于 4G 的卡,官方默认是 uint32_t,最大只能支持 4G 卡。注意:usbd_msc_scsi.c 文件是只读的,得先修改属性,去掉只读属性才可以更改。

以上 4 点就是移植的时候需要特别注意的,其他就不详细介绍了(USB 相关源码解释请参考 CD00289278.pdf 文档),最后修改 main.c 里面代码如下:

```
USB_OTG_CORE_HANDLE USB_OTG_dev;
extern vu8 USB_STATUS_REG;                      //USB 状态
extern vu8 bDeviceState;                        //USB 连接情况
int main(void)
{
    u8 offline_cnt = 0; u8 tct = 0;
    u8 Divece_STA; u8 USB_STA;
    NVIC_PriorityGroupConfig(NVIC_PriorityGroup_2);  //设置系统中断优先级分组 2
    delay_init(168);                            //初始化延时函数
    uart_init(115200);                          //初始化串口波特率为 115 200
    LED_Init();                                 //初始化 LED
    LCD_Init();                                 //LCD 初始化
    KEY_Init();                                 //按键初始化
    W25QXX_Init();                              //初始化 W25Q128
    ……//省略部分代码
    if(SD_Init())LCD_ShowString(30,130,200,16,16,"SD Card Error!");  //检测 SD 卡错误
    else                                        //SD 卡正常
    {
        LCD_ShowString(30,130,200,16,16,"SD Card Size:    MB");
        LCD_ShowNum(134,130,SDCardInfo.CardCapacity>>20,5,16);  //显示 SD 卡容量
    }
    if(W25QXX_ReadID()!= W25Q128)
    LCD_ShowString(30,130,200,16,16,"W25Q128 Error!");//检测 W25Q128 错误
    else LCD_ShowString(30,150,200,16,16,"SPI FLASH Size:12MB");  //SPI FLASH 正常
    LCD_ShowString(30,170,200,16,16,"USB Connecting...");    //提示正在建立连接
    USBD_Init(&USB_OTG_dev,USB_OTG_FS_CORE_ID,&USR_desc,&USBD_MSC_cb,&USR_cb);
    delay_ms(1800);
    while(1)
    {
        delay_ms(1);
```

```c
        if(USB_STA! = USB_STATUS_REG)                           //状态改变了
        {
            LCD_Fill(30,190,240,190 + 16,WHITE);        //清除显示
            if(USB_STATUS_REG&0x01)                                 //正在写
            {
                LED1 = 0;
                LCD_ShowString(30,190,200,16,16,"USB Writing..."); //USB 正在写数据
            }
            if(USB_STATUS_REG&0x02)                                 //正在读
            {
                LED1 = 0;
                LCD_ShowString(30,190,200,16,16,"USB Reading..."); //USB 正在读数据
            }
            if(USB_STATUS_REG&0x04)
            LCD_ShowString(30,210,200,16,16,"USB Write Err ");   //提示写入错误
            else LCD_Fill(30,210,240,210 + 16,WHITE);            //清除显示
            if(USB_STATUS_REG&0x08)
            LCD_ShowString(30,230,200,16,16,"USB Read  Err ");   //提示读出错误
            else LCD_Fill(30,230,240,230 + 16,WHITE);            //清除显示
            USB_STA = USB_STATUS_REG;                            //记录最后的状态
        }
        if(Divece_STA! = bDeviceState)
        {
            if(bDeviceState == 1)LCD_ShowString(30,170,200,16,16,"USB Connected");
            else LCD_ShowString(30,170,200,16,16,"USB DisConnected "); //USB 被拔出了
            Divece_STA = bDeviceState;
        }
        tct ++ ;
        if(tct == 200)
        {   tct = 0; LED1 = 1;
            LED0 = ! LED0;                                       //提示系统在运行
            if(USB_STATUS_REG&0x10)
            {   offline_cnt = 0;                         //USB 连接了,则清除 offline 计数器
                bDeviceState = 1;
            }else                                                //没有得到轮询
            {   offline_cnt ++ ;
                if(offline_cnt>10)bDeviceState = 0;
                                              //2 s 内没收到在线标记,则 USB 被拔出了
            }
            USB_STATUS_REG = 0;
        }
    };
}
```

其中,USB_OTG_CORE_HANDLE 是一个全局结构体类型,用于存储 USB 通信中 USB 内核需要使用的的各种变量、状态和缓存等,任何 USB 通信(不论主机,还是从机)都必须定义这么一个结构体,这里定义成 USB_OTG_dev。

然后,USB 初始化非常简单,只需要调用 USBD_Init 函数即可。顾名思义,该函数是 USB 设备类初始化函数,本章的 USB 读卡器属于 USB 设备类,所以使用该函数。该函数初始化了 USB 设备类处理的各种回调函数,以便 USB 驱动库调用。执行完该

函数以后,USB 就启动了,所有 USB 事务都是通过 USB 中断触发,并由 USB 驱动库自动处理。USB 中断服务函数在 usbd_usr.c 里面:

```
//USB OTG 中断服务函数处理所有 USB 中断
void OTG_FS_IRQHandler(void)
{
    USBD_OTG_ISR_Handler(&USB_OTG_dev);
}
```

该函数调用 USBD_OTG_ISR_Handler 函数来处理各种 USB 中断请求。因此在 main 函数里面,我们的处理过程就非常简单,通过两个全局状态变量(USB_STATUS_REG 和 bDeviceState)来判断 USB 状态,并在 LCD 上面显示相关提示信息。

USB_STATUS_REG 在 usbd_storage_msd.c 里面定义一个全局变量,不同的位表示不同状态,用来指示当前 USB 的读写等操作状态。bDeviceState 是在 usbd_usr.c 里面定义的一个全局变量,0 表示 USB 还没有连接;1 表示 USB 已经连接。

37.4 下载验证

编译成功之后,下载代码到探索者 STM32F4 开发板上,在 USB 配置成功后(假设已经插入 SD 卡,注意:USB 数据线要插在 USB_SLAVE 口,不是 USB_232 端口!另外,USB_HOST 接口也不要插入任何设备,否则会干扰),LCD 显示效果如图 37.9 所示。此时,计算机提示发现新硬件,并开始自动安装驱动,如图 37.10 所示。

等 USB 配置成功后,DS1 不亮,DS0 闪烁,并且在计算机上可以看到我们的磁盘,如图 37.11 所示。打开设备管理器可以发现,通用串行总线控制器里面多出了一个 USB 大容量存储设备,同时看到磁盘驱动器里面多了 2 个磁盘,如图 37.12 所示。

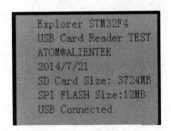

图 37.9 USB 连接成功

图 37.10 USB 读卡器被电脑找到

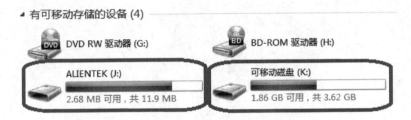

图 37.11 计算机找到 USB 读卡器的两个盘符

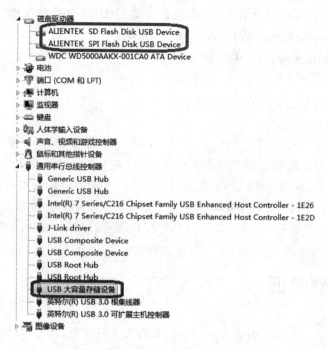

图 37.12 通过设备管理器查看磁盘驱动器

此时,我们就可以通过计算机读/写 SD 卡或者 SPI FLASH 里面的内容了。在执行读/写操作的时候,就可以看到 DS1 亮,并且会在液晶上显示当前的读/写状态。注意,在对 SPI FLASH 操作的时候,最好不要频繁往里面写数据,否则很容易将 SPI FLASH 写爆!

第 38 章

USB U 盘(Host)实验

本章介绍 STM32F407 的 USB HOST 应用,即通过 USB HOST 功能实现读/写 U 盘/读卡器等大容量 USB 存储设备。

38.1 U 盘简介

U 盘,全称 USB 闪存盘,英文名 USB flash disk,是一种使用 USB 接口的无需物理驱动器的微型高容量移动存储产品。通过 USB 接口与主机连接实现即插即用,是最常用的移动存储设备之一。

STM32F4 的 USB OTG FS 支持 U 盘,并且 ST 官方提供了 USB HOST 大容量存储设备(MSC)例程,ST 官方例程路径为本书配套资料:8,STM32 参考资料→STM32 USB 学习资料→STM32_USB‐Host‐Device_Lib_V2.1.0→Project→USB_Host_Examples→MSC。本章代码就要移植该例程到探索者 STM32F4 开发板上,以通过 STM32F4 的 USB HOST 接口读/写 U 盘或 SD 卡读卡器等设备。

38.2 硬件设计

本章实验功能简介:开机后检测字库,然后初始化 USB HOST,并不断轮询。当检测并识别 U 盘后,在 LCD 上面显示 U 盘总容量和剩余容量,此时便可以通过 USMART 调用 FATFS 相关函数来测试 U 盘数据的读/写了,方法同 FATFS 实验一模一样。当 U 盘没插入的时候,DS0 闪烁,提示程序运行;当 U 盘插入后,DS1 闪烁,提示可以通过 USMART 测试了。

所要用到的硬件资源如下:指示灯 DS0/DS1、串口、TFTLCD 模块、SD 卡(非必须)、SPI FLASH、USB HOST 接口。前面 5 部分在之前的实例中都介绍过了。接下来看看 USB 与 STM32 的 USB HOST 连接口。

ALIENTEK 探索者 STM32F4 开发板的 USB HOST 接口采用的是侧式 USB‐A 座,和 USB SLAVE 的 5PIN MiniUSB 接头共用 USB_DM 和 USB_DP 信号,所以 USB HOST 和 USB SLAVE 不能同时使用。

USB HOST 同 STM32F4 的连接原理图,如图 38.1 所示。可以看出,USB_HOST 和 USB_SLAVE 共用 USB_DM/DP 信号,通过 P11 连接到 STM32F4。所以需要通过

跳线帽将 PA11 和 PA12 分别连接到 D− 和 D+，如图 38.2 所示。

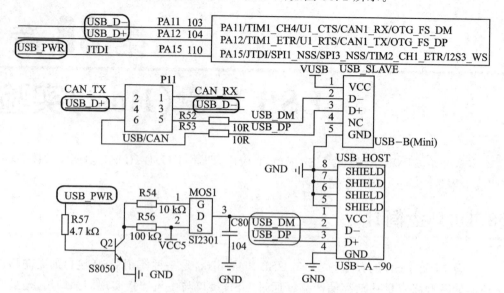

图 38.1 USB HOST 接口与 STM32F4 的连接原理图

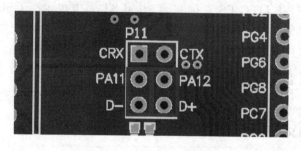

图 38.2 硬件连接示意图

图 38.1 中还有一个 USB_PWR 的控制信号，用于控制给 USB 设备供电；该信号连接在 PA15 上面，和 JTAG 的 JTDI 信号共用，所以建议使用 SWD 模式调试，这样 PA15 就解放了，可以用于 USB_PWR 的控制。

使用 USB HOST 驱动外部 USB 设备的时候，必须要先控制 USB_PWR 输出 1，给外部设备供电之后才可以识别到外部设备！

38.3 软件设计

本章在实验 41（图片显示实验）的基础上修改，代码移植自 ST 官方例程 STM32_USB−Host−Device_Lib_V2.1.0\Project\USB_Host_Examples\MSC。打开该例程即可知道 USB 相关的代码有哪些，如图 38.3 所示。

有了这个官方例程做指引，我们就知道具体需要哪些文件，从而实现本章例程。从图 38.3 可以看出，这里并没有像图 37.5 那样区分不同分组，而是都放到 USB_Host 组下,看起来有点乱;移植的时候还是以 40 章的方式,分不同分组添加代码,方便阅读和管理。usbh_msc_fatfs.c 是为了支持 fatfs 而写的一些底层接口函数,例程就直接放到 diskio.c 里面了,方便统一管理。

本例程的具体移植步骤这里就不一一介绍了,最终移植好之后的工程截图如图 38.4 所示。

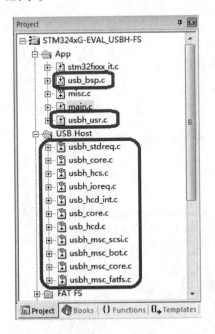

图 38.3　ST 官方例程 USB 相关代码

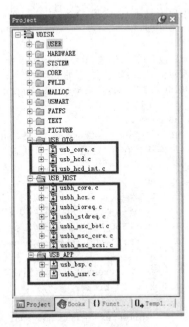

图 38.4　添加 USB 驱动等相关代码

移植时重点要修改的就是 USB_APP 文件夹下面的代码。其他代码(USB_OTG 和 USB_HOST 文件夹下的代码)一般不用修改。

usb_bsp.c 的代码和第 37 章的一样,可以用第 37 章的代码直接替换即可正常使用。usbh_usr.c 提供用户应用层接口函数,相比第 37 章例程,USB HOST 通信的回调函数更多一些,这里重点介绍 3 个函数,代码如下:

```
extern u8 USH_User_App(void);        //用户测试主程序
//USB HOST MSC 类用户应用程序
int USBH_USR_MSC_Application(void)
{
    u8 res = 0;
    switch(AppState)
    {
        case USH_USR_FS_INIT://初始化文件系统
            printf("开始执行用户程序!!! \r\n");
            AppState = USH_USR_FS_TEST;
            break;
        case USH_USR_FS_TEST:    //执行 USB OTG 测试主程序
            res = USH_User_App();//用户主程序
```

```c
                res = 0;
                if(res)AppState = USH_USR_FS_INIT;
                break;
            default:break;
        }
        return res;
}
//用户定义函数,实现 fatfs diskio 的接口函数
extern USBH_HOST            USB_Host;
//读 U 盘
//buf:读数据缓存区;sector:扇区地址;cnt:扇区个数
//返回值:错误状态;0,正常;其他,错误代码
u8 USBH_UDISK_Read(u8 * buf,u32 sector,u32 cnt)
{
    u8 res = 1;
    if(HCD_IsDeviceConnected(&USB_OTG_Core)&&AppState == USH_USR_FS_TEST)
    //连接还存在,且是 APP 测试状态
    {
        do
        {
            res = USBH_MSC_Read10(&USB_OTG_Core,buf,sector,512 * cnt);
            USBH_MSC_HandleBOTXfer(&USB_OTG_Core ,&USB_Host);
            if(! HCD_IsDeviceConnected(&USB_OTG_Core))
            {
                res = 1;//读写错误
                break;
            };
        }while(res == USBH_MSC_BUSY);
    }else res = 1;
    if(res == USBH_MSC_OK)res = 0;
    return res;
}
//写 U 盘
//buf:写数据缓存区;sector:扇区地址;cnt:扇区个数
//返回值:错误状态;0,正常;其他,错误代码
u8 USBH_UDISK_Write(u8 * buf,u32 sector,u32 cnt)
{
    u8 res = 1;
    if(HCD_IsDeviceConnected(&USB_OTG_Core)&&AppState == USH_USR_FS_TEST)
    //连接还存在,且是 APP 测试状态
    {
        do
        {
            res = USBH_MSC_Write10(&USB_OTG_Core,buf,sector,512 * cnt);
            USBH_MSC_HandleBOTXfer(&USB_OTG_Core ,&USB_Host);
            if(! HCD_IsDeviceConnected(&USB_OTG_Core))
            {
                res = 1;//读写错误
                break;
            };
        }while(res == USBH_MSC_BUSY);
```

第38章 USB U盘(Host)实验

```
        }else res = 1;
        if(res == USBH_MSC_OK)res = 0;
        return res;
}
```

其中,USBH_USR_MSC_Application 函数通过状态机的方式处理相关事务,执行到这个函数,说明 U 盘已经被成功识别了,此时用户可以执行一些自己想要做的事情,比如读取 U 盘文件等,这里直接进入 USH_User_App 函数执行各种处理,后续会介绍该函数。

USBH_UDISK_Read 和 USBH_UDISK_Write 这两个函数用于 U 盘读/写,从指定扇区地址读/写指定个数的扇区数据,这两个函数配合 FATFS 即可实现对 U 盘的文件读/写访问。

其他代码请参考本书配套资料中的本例程源码,最后修改 main.c 里面代码如下:

```
USBH_HOST    USB_Host;
USB_OTG_CORE_HANDLE    USB_OTG_Core;
//用户测试主程序
//返回值:0,正常;1,有问题
u8 USH_User_App(void)
{
    u32 total,free;u8 res = 0;
    Show_Str(30,140,200,16,"设备连接成功!",16,0);
    f_mount(fs[2],"2:",1);      //重新挂载 U 盘
    res = exf_getfree("2:",&total,&free);
    if(res == 0)
    {
        POINT_COLOR = BLUE;//设置字体为蓝色
        LCD_ShowString(30,160,200,16,16,"FATFS OK!");
        LCD_ShowString(30,180,200,16,16,"U Disk Total Size:      MB");
        LCD_ShowString(30,200,200,16,16,"U Disk  Free Size:      MB");
        LCD_ShowNum(174,180,total>>10,5,16);//显示 U 盘总容量 MB
        LCD_ShowNum(174,200,free>>10,5,16);
    }
    while(HCD_IsDeviceConnected(&USB_OTG_Core))//设备连接成功,死循环
    {
        LED1 = ! LED1;
        delay_ms(200);
    }
    f_mount(0,"2:",1);                         //卸载 U 盘
    POINT_COLOR = RED;                         //设置字体为红色
    Show_Str(30,140,200,16,"设备连接中...",16,0);
    LCD_Fill(30,160,239,220,WHITE);
    return res;
}
int main(void)
{
    u8 t;
    ……//省略部分初始化代码
    W25QXX_Init();                             //SPI FLASH 初始化
    usmart_dev.init(84);                       //初始化 USMART
```

```c
    my_mem_init(SRAMIN);                                    //初始化内部内存池
    exfuns_init();                                          //为 fatfs 相关变量申请内存
    piclib_init();                                          //初始化画图
    f_mount(fs[0],"0:",1);                                  //挂载 SD 卡
    f_mount(fs[1],"1:",1);                                  //挂载外部 SPI FLASH 盘
    POINT_COLOR = RED;
    while(font_init())                                      //检查字库
    {
        LCD_ShowString(60,50,200,16,16,"Font Error!"); delay_ms(200);
        LCD_Fill(60,50,240,66,WHITE); delay_ms(200); //清除显示
    }
    ……//省略部分代码
    //初始化 USB 主机
    USBH_Init(&USB_OTG_Core,USB_OTG_FS_CORE_ID,&USB_Host,&USBH_MSC_cb,&USR_Call-
              backs);
    while(1)
    {
        USBH_Process(&USB_OTG_Core, &USB_Host);
        delay_ms(1);
        t ++;
        if(t == 200){ LED0 = ! LED0; t = 0;}
    }
}
```

相比 USB SLAVE 例程,这里多了一个 USB_HOST 的结构体定义:USB_Host,用于存储主机相关状态。所以,使用 USB 主机的时候,需要两个结构体:USB_OTG_CORE_HANDLE 和 USB_HOST。

USB 初始化使用的是 USBH_Init,用于 USB 主机初始化,包括对 USB 硬件和 USB 驱动库的初始化。如果是 USB SLAVE 通信,只需要调用 USBD_Init 函数即可;不过 USB HOST 还需要调用另外一个函数 USBH_Process,该函数用于实现 USB 主机通信的核心状态机处理;该函数必须在主函数里面被循环调用,而且调用频率得比较快才行(越快越好),以便及时处理各种事务。注意,USBH_Process 函数仅在 U 盘识别阶段需要频繁反复调用,但是当 U 盘被识别后,剩下的操作(U 盘读/写)都可以由 USB 中断处理。

这里主要看看 USH_User_App 函数,该函数前面有提到,是在 USBH_USR_MSC_Application 函数里面被调用,用于实现 U 盘插入后用户想要实现的功能。一旦进入到该函数,即表示 U 盘已经成功识别了,所以,函数里面提示设备连接成功,挂载 U 盘(U 盘盘符为 2,0 代表 SD 卡,1 代表 SPI FLASH)并读取 U 盘总容量和剩余容量,显示在 LCD 上面,然后进入死循环;只要 USB 连接一直存在,则一直死循环,同时控制 LED1 闪烁,提示 U 盘已经准备好了。

U 盘拔出来后卸载 U 盘,然后再次提示设备连接中,则到 main 函数死循环,等待 U 盘再次连上。最后,需要将 FATFS 相关测试函数(mf_open、mf_close 等函数)加入 USMART 管理,这里同第 33 章(FATFS 实验)一模一样,可以参考第 33 章的方法操作。

第 38 章　USB U 盘(Host)实验

38.4　下载验证

代码编译成功之后，下载到探索者 STM32F4 开发板上，然后在 USB_HOST 端子插入 U 盘/读卡器(带卡)。注意：此时 USB SLAVE 口不要插 USB 线到计算机，否则会干扰！

等 U 盘成功识别后，便可以看到 LCD 显示 U 盘容量等信息，如图 38.5 所示。

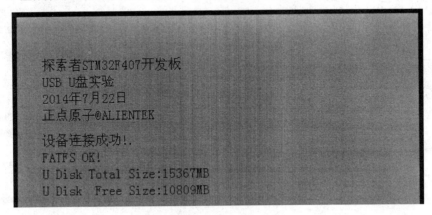

图 38.5　U 盘识别成功

此时便可以通过 USMART 来测试 U 盘读/写了，如图 38.6 和图 38.7 所示。

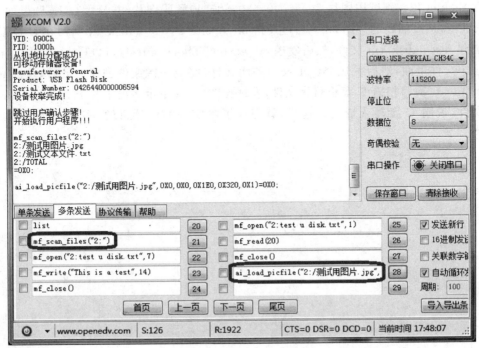

图 38.6　测试读取 U 盘读取

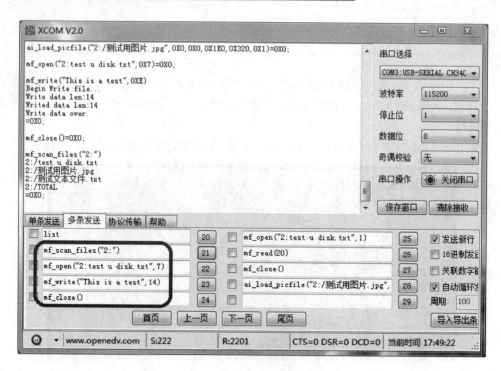

图 38.7　测试 U 盘写入

图 38.6 通过发送 mf_scan_files("2:")扫描 U 盘根目录所有文件,然后通过 ai_load_picfile("2:/测试用图片.jpg",0,0,480,800,1)解码图片,并显示在 LCD 上面,说明读 U 盘是没问题的。图 38.7 通过发送 mf_open("2:test u disk.txt",7)在 U 盘根目录创建 test u disk.txt 文件,然后发送 mf_write("This is a test",14)写入 This is a test 到这个文件里面,然后发送 mf_close()关闭文件,完成一次文件创建。最后,发送 mf_scan_files("2:")扫描 U 盘根目录文件,发现比图 38.6 所示多出了一个 test u disk.txt 的文件,说明 U 盘写入成功。这样,就完成了本实验的设计目的,实现 U 盘的读/写操作。

参考文献

[1] 张洋. 原子教你玩 STM32(库函数版)[M]. 北京:北京航空航天大学出版社,2010.
[2] 刘军. 例说 STM32[M]. 2 版. 北京:北京航空航天大学出版社. 2014.
[3] 意法半导体. STM32F4xx 中文参考手册[M]. 4 版. 2013.
[4] JosephYiu. ARM Cortex-M3 权威指南[M]. 宋岩,译. 北京:北京航空航天大学出版社,2009.
[5] 刘荣. 圈圈教你玩 USB[M]. 北京:北京航空航天大学出版社,2009.
[6] http://www.sjhf.net.